子量は，IUPAC 原
会（1994）と日
原子量小委員会
で承認された有効
の数値である．

素）

11	12	13	14	15	16	17	18
							2 He 4.003 ● ヘリウム
		5 B 10.81 ホウ素	6 C 12.01 炭素	7 N 14.01 ● 窒素	8 O 16.00 ● 酸素	9 F 19.00 ● フッ素	10 Ne 20.18 ● ネオン
		13 Al 26.98 アルミニウム	14 Si 28.09 ケイ素	15 P 30.97 リン	16 S 32.07 硫黄	17 Cl 35.45 ● 塩素	18 Ar 39.95 ● アルゴン
29 Cu 63.55 銅	30 Zn 65.39 亜鉛	31 Ga 69.72 ガリウム	32 Ge 72.61 ゲルマニウム	33 As 74.92 ヒ素	34 Se 78.96 セレン	35 Br 79.90 ○ 臭素	36 Kr 83.80 ● クリプトン
47 Ag 107.9 銀	48 Cd 112.4 カドミウム	49 In 114.8 インジウム	50 Sn 118.7 スズ	51 Sb 121.8 アンチモン	52 Te 127.6 テルル	53 I 126.9 ヨウ素	54 Xe 131.3 ● キセノン
79 Au 197.0 金	80 Hg 200.6 ○ 水銀	81 Tl 204.4 タリウム	82 Pb 207.2 鉛	83 Bi 209.0 ビスマス	84 Po (210) ポロニウム	85 At (210) アスタチン	86 Rn (222) ● ラドン
111 Rg (280) レントゲニウム	112 Cn (285) コペルニシウム	113 Nh (278) ニホニウム	114 Fl (289) フロレビウム	115 Mc (289) モスコビウム	116 Lv (293) リバモリウム	117 Ts (293) テネシン	118 Og (294) オガネソン
						ハロゲン	希ガス

65 Tb 158.9 テルビウム	66 Dy 162.5 ジスプロシウム	67 Ho 164.9 ホルミウム	68 Er 167.3 エルビウム	69 Tm 168.9 ツリウム	70 Yb 173.0 イッテルビウム	71 Lu 175.0 ルテチウム
97 Bk (247) バークリウム	98 Cf (252) カリホルニウム	99 Es (252) アインスタイニウム	100 Fm (257) フェルミウム	101 Md (258) メンデレビウム	102 No (259) ノーベリウム	103 Lr (262) ローレンシウム

（　）内の数字はもっとも長い半減期をもつ同位体の質量数

取水口

着水井

フロック形成池

沈殿池全景

急速沪過池

中央監視室

（写真はいずれも，石川県企業局鶴来浄水場）

最初沈殿池

ばっ気槽

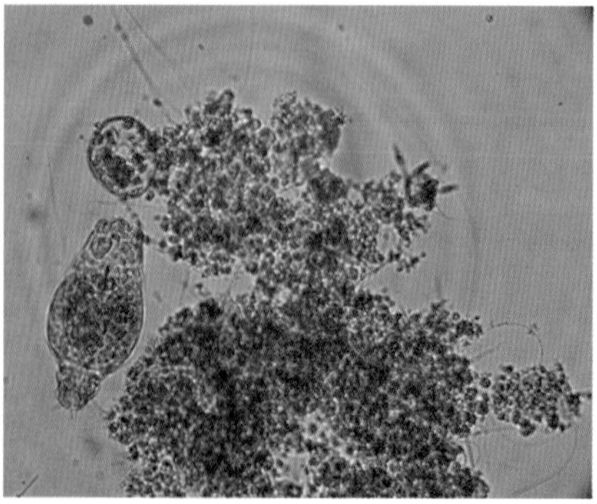

活性汚泥フロック

最終沈殿池

重力濃縮槽

嫌気性消化槽

（施設の写真はいずれも，千葉県船橋市西浦下水処理場）

大学土木

水環境工学

改訂4版

松尾 友矩　編
田中 修三・神子 直之・齋藤 利晃・長岡 裕　共著

Ohmsha

ま　え　が　き

水環境工学の対象となる水環境は，空間的には河川，湖沼，地下水，海域および地球規模での海洋を視野に含むものとなり，かかわる生態系には，ウイルス，バクテリア，原生動物，魚類，動物，野鳥，植物などが含まれることになる．そして，人々の活動と水環境との共生関係がテーマとなる．

本書においてもこれまでと同様に，人々の生活を直接に支える上水道施設（原水の取水，浄水，排水・給水の諸施設），下水道施設（汚水・雨水の収集，下水処理，汚泥処理の諸施設）にかかわる計画，設計，維持管理に必要となる基礎知識と応用技術の解説を中心とし，基礎的な水環境科学の分野と水環境にかかわる地域計画への応用分野の解説から構成している．今回の改訂においては，各章において補充を行うとともに，特に第1章において熱力学の基礎，第3章において微生物活動についての解説を強化している．

本書の初版（1999年3月出版）の執筆者は，第1章田中修三（明星大学），第2章安田正志（金沢工業大学），第3章田中和博（日本大学），第4章長岡裕（武蔵工業大学，現東京都市大学）の各教授で，改訂2版（2005年12月出版）では，第2章に土佐光司（金沢工業大学）准教授（当時）の参画を得ていた．改訂3版（2014年3月出版）では，前任著者の退任や逝去の事情を受けて，第2章は神子直之（立命館大学），第3章は斎藤利晃（日本大学）の各教授に担当して頂き，序章に水環境問題の歴史的展開についての解説を加えた．

筆者は，教科書として利用される書籍は，時代の変化，理論の進化，技術の発展を適切に反映した内容として改訂を続けることが望ましいと考えている．しかし，成書の改訂，増補等は出版社の判断，社会的な需要の存否など，複合的な判断が必要となる．今回改訂4版が出版されたのは，多くの利用者，読者の支援，理解が重要な要素であることは明らかであり，深甚なる謝意を表したい．

2023年11月

松　尾　友　矩

目　次

序　章　水環境技術の歴史的展開

第１章　水環境の基礎科学

第3章 下　水　道

序章
水環境技術の歴史的展開

都市に集まる人々

通りの雑踏

1 はじめに

21 世紀は水の世紀といわれる．それは，地球上における水の存在が，石油などのエネルギーや他の鉱物資源と同じように，きわめて貴重な資源として，国際的な関心あるいは対立の原因となりうる存在となってきたことを示している．水は，特に淡水の水は，自然の循環の中で補給され，その自然の補給速度に見合う速度や密度で使われている限りは，その地域においての人間活動を制約するものとはならないが，自然の循環の速度を超え，密度を超えて利用しようとするとき，その地域にとっては貴重な資源となる．水が資源としての重要さを増すとき，その地域の水は「水資源」として認識される．

「水資源」の資源としての価値を決める要素は，水を必要としている「とき」に，必要な「速度，量，あるいは水位」として，必要な「水質」で供給されることにある．灌漑期に水がなく，収穫期に水があっても適切な資源とはいえない．地下水などは井戸に浸出する速度に合わせて使うなら，十分に安定な水源となるが，その供給速度（量）はあまり大きくない．また，湖沼，河川などの水環境においては，水位が低下したり，水量が低下したのでは，環境保全のための水としての価値は低下する．さらに，水質の要件は，水の用途との関係できわめて多様な内容となる．人々の飲料に供される水は清浄な水の代表ではあるが，半導体の製造にはさらに清浄な超純水が必要となるし，家庭や工場から排出される排水は環境汚染の原因物質を含むことになり，それぞれに対応する必要な水処理技術の開発が求められることになる．

もちろん，環境の水としては，死海などの特別な塩水湖を除けば，陸地起源の溶存物質を集めた結果として，海洋水が最も塩分濃度が高い水塊となる．海洋水は，地球上の水の 97％を占めている．南極大陸や高山の氷河，湖沼，あるいは地下深くに固定されている淡水を除くと，地球上を循環する淡水量は 0.65％程度といわれている．このわずかな淡水量が，人々の生活と最も密接な関係をもつ水の存在となる．そして水の存在の地球上での分布の偏り，季節的な変動，水質的な多様性に対応し，水を資源として有効に利用する技術的な工夫が求められることになる．

水環境工学の内容は，このような地球上の水環境をめぐる基礎から応用までの対応策を求める工学の分野となるが，歴史的には，人間活動と水環境の汚染の問題としてその発展の歴史がスタートしている．その事例をまずロンドンの上下水道の歴史にみてみたい．

2 ロンドンにおける上水道・下水道の歴史[1)]

ロンドンの近代は18世紀後半から始まる．この時期，イギリス東部に位置するノーフォーク地方の名前に由来する，ノーフォーク農法の成功などにより食料生産の増産に支えられる人口増大と，併せて進む農村部での囲い込み運動による農村から都市への人口移動により，都市人口は急激な増大を果たしていく．ロンドンの人口は1801年には86.5万人であったものが，1841年には187.4万人に，1861年には280.4万人へと急速に増大していく．1800年前後のころと推測される時代の英国の都会の状況を写した挿絵として，本章扉に示されるような雑踏が紹介されている[2)]．

この都市人口の増大を支えるためには，都市域での産業の育成，食料増産の成果，水供給システムの改善，住宅地の拡大と衛生環境の確保が必要となる事情は，現代にも通じる条件である．産業の成長は産業革命と呼ばれる近代工業の芽生えが，ロンドンを中心とする地域において進行し，農村からの移住者を含め，多くの労働者に働く場所を提供していた．この工業化を可能としたエネルギー源は石炭の利用法の改善にあったが，蒸気機関の発明による蒸気ポンプの発展は，都市域における水の供給，排水に際して大きな役割を果たすことになった．

鉛のパイプやさらに鉄管を利用し，大規模でかつ個別の給水を果たす近代上水道は，1761年にロンドンで蒸気ポンプの利用が始まってからとなる．増大する人口の圧力に対して，水を供給することは，まず果たさなければならないインフラ整備となる．ロンドン上水道は，1904年からロンドン市の管理とされているが，それまでの間は，八つの民営の水供給会社が競争的に，あるいは協同的に都市生活を維持する水の供給にあずかっていた．

この民間の水会社から市営の水管理に移行していく過程では，市民の生活にとって最も必要な基本的な生活必需品である水の供給が，水会社の違いから異なる条件で供給されるということは避けるべきであり，公的な水システムを自治体の責任で管理し，市民に平等に水を供給する制度として確立してきた．しかし，現代においては，市町村等の公的機関が管理するより，一定の基準の下で，管理運営は民間事業者に任せるほうが経済的に効率的であるという議論も提起されてきている．水道供給事業を民間の会社に任せるのか，公的な自治体が責任をもつべきかの議論は，現代では改めて大きな課題となっている．

1800 年代以降のロンドンの主要な水源は，テムズ河からの取水であった．上水道で供給される水を浄化する方法については，緩速砂沪過法が採用されることになるが，上水道の水質管理の重要さが確認されるのは，1830 年代から 40 年代にロンドンを襲ったコレラの経験によっている．1853 年から 54 年にかけてのコレラの発症の過程を疫学的に調査したジョン・スノーらの結論として，汚染した水源を利用する水道の利用者にコレラ発症の多いことを明らかにしたことから，上水道の水源の選択，水処理の導入，都市からの排水の管理の必要性が確認され，以後の上水道の水質問題，都市からの排水問題が都市の衛生管理に非常に重要な意味をもつことが理解されることとなった．

このコレラと水源選択の問題，水処理の必要性の確認は，特定の疾病と病原菌の関係がまだ解明されていない時代の事情であるが，水質汚染とその原因物質への配慮の必要性を示すものであった．結果的には緩速砂沪過法は，細菌類の除去にもたいへん効果的で，上水道の安全性を維持するうえで，大きな効果を示すものであった．ちなみに，コレラ菌の確認は，1883 年のことである．水質科学的な知識も不足していたことを考えれば，疫学的調査の結果から，水源の選択の変更，水処理技術の導入，そして下水道施設の導入，河川汚染の防止へと対策を進めた当時のロンドン市の為政者の積極的な判断は，大いに評価されるところである．

このように原因が特定できない中でも，疾病との関係を推定していく方法は，疫学的手法と呼ばれるが，近代における日本での公害病対策においても重要な役割を果たしてきた．しかし，日本では，工場排水問題等の対応の中では，疫学的な調査の結論より，科学的な分析技術と原因物質の特定へのこだわりが大きく，結果として排水対策に遅れが生じ，被害者の増加をきたしてしまった反省も求められるところである．環境保全の問題には，因果関係が不明なままに影響の現れている事例も多くあることに注意が必要といえる．

さて，都市に住む人口が増大し，生産活動が盛んになるとき，都市に課せられる大きな課題は，人々が住む住宅を用意すること，生産活動の拠点となる工場などを建設する用地が必要となること，そして人々への生活環境を良好に改善していくことである．近代都市が求められる各種の対策の必要性が産業革命が最も早く進行した英国都市において顕在化してきた．田園都市論をはじめとする都市計画の必要性，公害対策の必要性の中で，エドウィン・チャドウィックらが1842年に発表した『大英帝国における労働人口集団の衛生状態に関する報告書』において，当時の労働者階級の生活環境の劣悪さを明らかにした．都市における生活環境の悪化の中では，当時のエネルギー源があまり質の良くない石炭であったことにより，大気汚染も大きな課題であった．

水にかかわる環境問題としては，住宅地の拡大は，必然的に低湿地への宅地開発となりやすく，生活環境からの排水の問題は大きな課題となっていた．そして，相対的に大量の水が，上水道として送り込まれることを考えると，雨や水利用によるたまり水を排除して，併せて環境衛生への配慮を払うことが必要となった．上水道から供給される水は，結果としては現代でもそうであるが，日々の生活から排出される炊事，洗濯，風呂等からの雑排水と水洗トイレからのトイレ排水として排出される．このトイレの排水を，雨水を含むその他の排水と合わせて排除するべきかどうかについては，議論があったが，結果としては増大するトイレ排水の排除対策として，その他の水と合わせて身近な生活空間から排除するシステムとして，整備されることになった．

近代下水道の歴史は，この人々の都市生活を支えるために，工夫され発展してきた．都市生活を支える上水道の供給増大，生活空間の増大に伴う雨水の排除の必要性の増大，そして水洗トイレの必然的な普及による排水の増大は，都市生活の環境保全にとって，きわめて重要な意味をもっていた．ロンドンの下水道計画は，テムズ河に流れ込む雨水や地下水を流す中小河川をそのまま利用した排水施設，あるいは馬車道の整備に対応して設置された覆いのある側溝を利用した排水施設が原型となるものである．

この生活系の雑排水やトイレ排水を都市排水施設に受け入れる決定は，最初から予定されてはいなかった．それは，都市の雨水排水路が雑排水，特にトイレ排水を流すことによって汚染され，雨水排水路の維持管理に支障をきたすことへの配慮と，し尿は貴重な肥料としても認識されていたことによる．しかし，現実の流れでは，前述のとおり雑排水やトイレ排水の絶対的な量の増大は，都市環境保全の観点からは，雨水排水路へ受け入れざるをえなくなり，現在につながる合流式の下水道システムが確立してきたことになる．

この事情は，新しい建物については1844年の首都建物法により家庭汚水を都市内雨水排水路へ流すことが強制され，コレラの大流行への対処指針としても，1848 年の公衆衛生法の制定以後は，家庭からの汚水は都市内雨水排水路である下水管へ接続することが義務化された．しかしこのことはそれまでは汚水だめに貯留されていた大量のし尿を集めてテムズ河へ直接流すことになったので，テムズ河の汚染はきわめて深刻な状況となっていった．ウエストミンスター寺院や国会議事堂のある地域においても，テムズ河汚染はひどいもので，悪臭とヘドロの蓄積は橋を渡る人々や議会の開催にも影響を与えるものとなっていた．

このようなテムズ河の汚染の進行に対処するためにロンドン市の下水道計画は立てられていくが，具体的には 1858 年に契約されたジョセフ・バザルゲットによるテムズ河への下水の流入を遮断する遮集水路の建設を主要な内容とするものであった．これはテムズ河の両岸の地下に遮集水路を設置して，下水のテムズ河への流入を阻止し，ロンドン中心街への汚染の影響を避けようとするものであった．このように，雨水と汚水を合わせて流し，地域にとって重要な水域を汚染から守る下水道方式は，現代の下水道施設計画にも引き継がれているが，無処理の直接放流は，やはり下流域での河川汚染の原因になるものであることから，河川への放流前に下水の処理を行うことが求められていた．この遮集式の下水道システムを動かすためには大型ポンプの開発が必要となるが，水を運ぶポンプの開発はすでに上水道のシステムにおいて大型のポンプの経験はしていたことになる．

当時考えられた下水処理の方法は，用地の余裕のあるところでは，肥料価値の利用を合わせた灌漑用水として利用する方法が推奨されたが，用地の制約があるところでは，石灰を利用する薬品凝集沈殿法が採用されていた．現代にもつながる生物の作用を利用した処理法は，散水沪床法の開発をみながら，浮遊性のフロックを形成するバクテリアや原生動物からなる微生物を利用し，これらの微生物の返送システムを導入し連続運転を可能とした活性汚泥法の開発が進み，1915 年に初めて実際規模での運転が始まっている．

近代上水道，下水道はこのように，産業革命が進み，都市への人口集中が進む中で，都市に住む人々の基本的な生活条件としての「飲み水とその他の生活用水の供給」と基本的な生活環境の保全のための「雨水と生活系の雑排水とトイレ排水の排除」を行う社会的インフラとして整備されてきたことがわかる．この基本的な役割は現代においても変わるものではなく，人々の生存にとって基本的に必要なものとして位置づけられるものである．国連の活動の中でも，水と衛生の問題は，「Basic human needs」の問題として，「Millennium Development Goals」[3)] の中でも急がれる達成目標として定められている．水環境工学の分野としても今後の国際的な展開の中で，「水の世紀」を支える役割は大きい．

3　日本における水環境汚染の進行と対策技術の展開[1)]

日本の近代化は，明治の時代に始まるといえる．明治維新が1868年で，西洋の文物を取り入れる速度はきわめて速いものがあり，水環境に関する知識としては，特定の疾病と病原菌の関係については上水道や下水道を取り入れる時期には，十分な知識を備えていたと考えられる．日本の近代水道は1870～80年にみられたコレラの大流行への対策として，1890年に帝国議会により公布された「水道条例」により制度化された．上水道の整備は下水道の整備に先駆けて進むが，これは，コレラ等の病原菌対策は上水道の整備で解決できるとの判断も加わっていたと推定され，下水道の整備が遅れる原因ともなった．

日本の最初の近代上水道は，横浜市において英国人技術者であるヘンリー・パーマーが，英国のシステムに準じて，適切に処理した水を，鉄管などを用いて，有圧の条件下で給水を行う近代上水道を1887年に完成した．1890年の水道条例の制定を経て，横浜市に移管され市営の上水道事業として発展してきた．下水道システムについては，1990年の旧下水道法の制定以後，各地で建設が進むことになるが，当初の目的は「土地の清潔を保つため」とされており，雨水や生活雑排水による水たまりの排除が主要なテーマとなっていた．水洗トイレの普及は見込まれておらず，コレラ対策を含む衛生の問題が重要な位置づけとなるのは，1958年の新下水道法への改正以後となる．

このような明治の時代の近代化の動きは，第二次世界大戦の時代を経て，事実上停止してしまうことになる．その意味では，近代上水道，下水道の発展は1945年の終戦後から始まるといえる．この戦後の日本の経済発展は著しいものがあり，工業化の進展，人口の増大は，いくつもの環境汚染の問題を引き起こしてきた．1945年以後のGDPはめざましい成長をみせ，特に1960年から進められた所得倍増計画の下では，経済成長は年率で10%を超える年が11年間で7回を数え最大では12.4%，最低でも6.2%を達成していた．

この急激な経済成長は，環境問題においては多くの課題を残すものとなった．水環境分野においては，1956年に確認された工場排水に含まれる有機水銀によ

写真-1　合成洗剤(ABS)の泡で汚染される多摩川の様子（1960年代）

写真-2　汚染の激しい隅田川の様子（1960年代）

る水俣病の発症にみられるような深刻な人体影響を残す環境影響を経験することとなった．1960年代前半においては，東京の代表的な河川である隅田川や多摩川において，**写真-1**，**-2**に示されるようなひどい汚染状態にあった．現代では，隅田川では屋形船での食事などの観光的な事業が発展しているし，多摩川では鮎の遡上も多くみられレクリエーション利用も進んでいる．

2000年以降の環境問題は，地球温暖化問題に限らず，化学物質の管理の問題においても国際的な協調を必要とする地球レベルの環境問題となっている．ストックホルム条約は，残留性有機汚染物質（POPs）の製造，使用の原則禁止，非意図的生成物の排出削減を定めるものであり，2021年には182か国および欧州連合等が締結している．また，途上国等への有害物質の輸出等を規制する取組みとしては，ロッテルダム条約（2004年発効，39物質）が知られている．なお，残留性有機汚染物質の定義は，難分解性，生態蓄積性，長距離移動性（大気への拡散，海流や渡り鳥などにより地球レベルで移動し，北極や南極地域等に蓄積する特性）を有し，人に対しては発がん性，神経毒性，免疫毒性，生殖毒性を示し，環境に対しては生態毒性を示す化学物質となる．海洋におけるプラスチック汚染に関するG7海洋プラスチック憲章には日本とアメリカは署名していない．日本においては，プラスチックごみの減量化ならびに化粧品へのマイクロビーズの使用停止の取組みが進められている．抗生物質等の薬剤に対する抵抗性を示す病原菌の出現は水系汚染の問題でもある．上水道，下水道における消毒プロセスの問題として生成，防除の両面において課題が残されている．

このような時代とともに変化する水環境問題への対応を，ごく概括的にまとめると，**表-1**のように整理することができる．本書各章での説明の中から，課題の本質，基礎的原理，対策技術の詳細について学んでほしい．

表-1　水環境にかかわる主要な汚染物質と問題になった事例の時代背景と技術的対応

年代区分	対象となる物質等	問題となる事例・状況	技術的対応の概要
1800～50 年	・特定されてはいないが病原菌が想定されていた	ヨーロッパ諸国でのコレラ等の蔓延，被害の拡大	水源の選択・上水道の整備
1850～1970 年	・易分解性の有機物（BOD 物質等）	テムズ河の有機物汚染，隅田川での有機物汚染の進行	下水道の建設，下水処理技術（生物処理）の発展
1950～70 年	・重金属汚染，難分解性蓄積性有害物	水俣病（有機水銀），イタイイタイ病(カドミウム)の発症, DDT, BHC 等の食品への蓄積，生物非分解性合成洗剤（ABS）による被害	発生源対策の実施，製造・使用の禁止，制限
1970～80 年	・窒素，リンなどの栄養塩類	瀬戸内海での赤潮の発生，湖沼等の富栄養化の進行	栄養塩類除去技術の開発
1980～90 年	・微量有害物質（発がん物質，異臭味物質など）	水道水中でのトリハロメタンの確認，トリクロロエチレン等による地下水汚染の進行，おいしい水への関心の増大	浄水プロセスへの高度処理技術の開発・導入
1990 年～	・二酸化炭素，メタン，N_2O 等の温室効果ガス ・病原性微生物(O-157，クリプトスポリジウム，病原性ウイルス) ・微量有害化学物質	地球温暖化問題等の地球環境問題への関心の増大 強毒性細菌，耐塩素性微生物による水道被害の確認 環境ホルモン，ダイオキシン類への関心の増大	省エネ，省資源，エネルギー生産技術の開発 消毒技術の見直し，オゾン，紫外線消毒の開発，発生源対策の確認 高度水処理技術の開発
2000 年～	・下水汚泥の資源利用 ・残留性有機汚染物質(POPs)による汚染(当初は 12 物質，2021 年現在 30 物質) ・海洋におけるプラスチックごみとマイクロプラスチックによる汚染 ・多薬剤耐性菌の問題	・資源制約への関心の増大 ・人に対する有害性，環境に対する有毒性 ・海洋の環境破壊，生態系への影響 ・抗生物質等の薬剤に抵抗性をもつ病原菌の増大	・循環型社会形成基本法の制定（2000 年） ・残留性有機汚染物質に関するストックホルム条約(2001 年採択, 2004 年発効) ・国連海洋会議の開催(2017 年)，G7 海洋プラスチック憲章制定（2018 年） ・薬剤利用の適正化の推進 ・消毒技術の改善

第 1 章
水環境の基礎科学

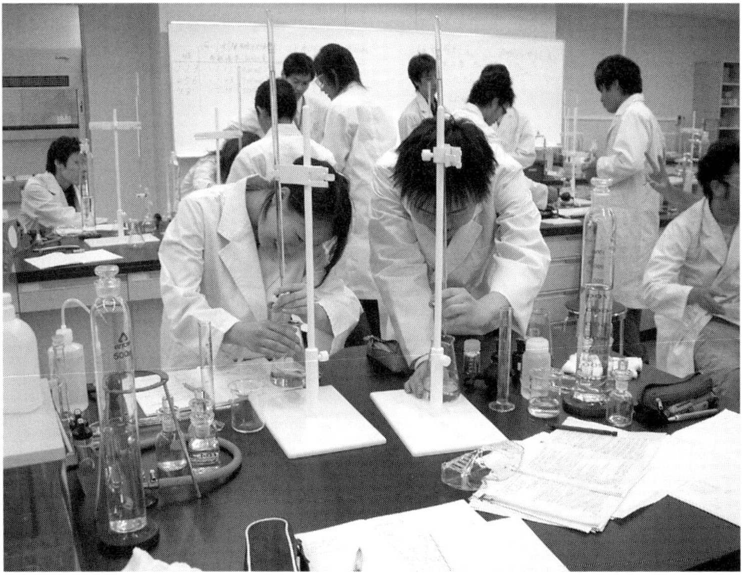

学生の水質分析実験

本章は，水環境工学の学習を始めるにあたって，まず必要となる水環境にかかわる基礎科学を学ぶことを目的とする．具体的な内容としては水文と水利用，水質の化学，化学反応の熱力学，微生物による反応，水質の指標，放射性物質，水環境の生態と環境問題などについてまとめている．

1　水文と水利用

我々は日常生活の中でほとんど無意識に水を利用していることが多いが，水は地球上にどのような形態でどのくらいの量で存在し，また我々の生活とどのようなかかわりをもっているのだろうか．本節では，自然界や都市域での水の循環，降雨の流出と流出モデルおよび水利用と親水環境などについて説明する．

1　水の循環

（a）　自然の水量と水循環

地球上に存在する水の総量は約14億 km^3 と推定され[1),3)]，そのうち96.5%は海水であり，陸水の占める率は低い．水は各種の形態をとりながら存在しており，**表1·1**に示す地球上の形態別水量の算定例によれば，我々の水利用で最も重要な役割を果たしている地下水（ground water）と地表水（surface water）は，それぞれ全水量の1.69%と0.014%にすぎない．また，地表水は湖沼水と河川水を含むが，そのほとんどは湖沼水であり，さらに湖沼水の48%が塩水であるので，上記の全水量に対する地表水の比率を淡水湖沼と河川に限れば約0.01%となる．地球はしばしば水の惑星といわれるが，我々にとって計算上の利用可能な淡水量は地下水と地表水の約0.001億 km^3 であり，地球上の全水量のうちのきわめて限られた水量でしかない．

表 1·1　地球上の存在形態別の水量[3)]

存在形態	体積〔10^3 km^3〕	比率〔%〕
海水	1 338 000	96.54
陸水		
氷雪	24 364	1.76
地下水	23 400	1.69
地表水*	190	0.014
土壌水	17	0.001
生物体の水	1	—
大気中の水分	13	0.001
全水量	1 385 985	100

＊　地表水には河川水と湖沼水を含む．

自然水は表1·1のようにいろいろな存在形態をとるが，それらは独立して存在するのではなく，地球上の大気，地表面および地下にわたって常に循環しており，これを水循環（hydrological cycle）と呼ぶ．地球上の水循環を模式的に示すと**図1·1**のとおりである．地球表面の海水や地表水は太陽熱によって温められて蒸発（evaporation）し，土壌水は植物によって吸収されて葉面から蒸散（transpiration）する．これらの蒸発や蒸散による水分は大気中に水蒸気として

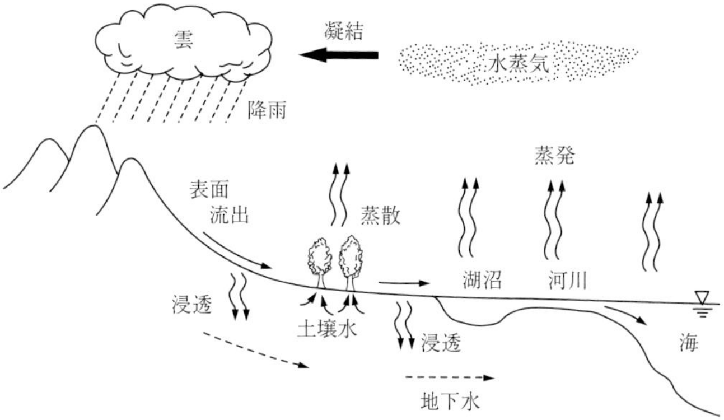

図 1・1　自然の水循環

滞留するが，その大部分は凝結して雲となり，気象条件の変化に応じて雨や雪となって再び地球表面に降水（precipitation）として落下する．降水として地表に落下した水は地表面を流出し，湖沼や河川を経て最終的に海へ注ぐが，流出過程で地下に浸透して地下水や土壌水となる部分もある．そして，地表水や海水は再び大気中に蒸発して，自然の水循環が形成される．

（b）　都市域の水収支

都市域においては，人口の集中と都市基盤の整備が水循環に少なからず影響を及ぼし，自然とは異なるその地域特有の水収支を形成する．例えば，都市の人口増加は水不足をもたらし，そして水資源の開発や他流域からの水の導入が必要となり，その結果水の自然の流れを変える．また，上水道における上流域の水源からの取水や下水道における下流域での処理水の放流は，地表面の自然流出のバイパスを形成し，また，道路や建物は地表面の不浸透面積を増加させ，雨水の地下への浸透を妨げ，降雨時の地表面での流出量を増加させる．

都市域の水収支の例として，虫明（1992年）の調べた東京23区の年間水収支を**図 1・2**に示す．調査が1979年時点のものでいささか古いが，この図から当時の東京23区の水収支には次のような特徴が指摘されている[2)]．

⑴　この区域の年間降水量をはるかに超える水量が上水として他流域（その8割が利根川水系）から導入されている．

⑵　雨水浸透に匹敵する水量が上水道管からの漏水として地下水のかん養源となる一方，それとほぼ同量の地下水が地下鉄などの地下構造物へ浸出し排出

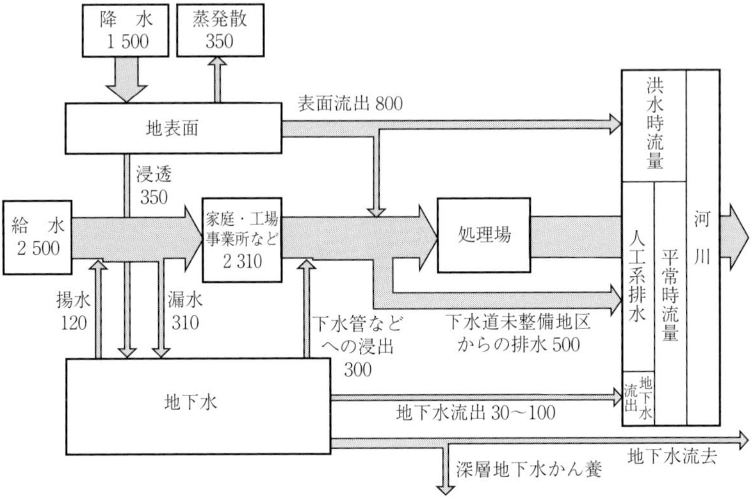

図 1・2 東京都 23 区の年間水収支（単位：mm）[2)]
(1979 年時点，不浸透面積率 65%，下水道普及率 75%．河川とは，多摩川，荒川，隅田川の本川は含まない，台地中小河川．)

されている．

(3) 河川の平常時の流量構成をみると，地下水流出すなわち自然循環系からの清流成分の 5～10 倍程度が下水道未整備区域からの排水で占められている．都市河川の水量は豊富にみえるが，その大部分は家庭などからの雑排水が水源である．下水道が整備されるとともに川の水は確実に減少していく．

(4) 上水から転じた下水の膨大な処理水をいかに活用するかは，今後，都市の水循環を考えるうえできわめて重要な課題である．

2012（平成 24）年度で東京都の下水道普及率は 99.4%（23 区では 99.9%）であり，上述の都市河川の晴天時流量の減少傾向はますます深刻になってきている．例えば，典型的都市河川である神田川では，その晴天時流量の約 96% は下水処理場からの放流水であり，自然の流量はわずかにすぎない．これに対して，都市化による不浸透面積の増加は雨天時の河川流量を一気に増大させ，都市河川の氾濫を引き起こす．一方，都市河川とはいえどもその水域には多種多様な生物が生息し，我々人間もそこから多くの便益を得ている．このようなことから，都市域における好ましい水循環システムとは，洪水に対して安全であること（治水），良質な水が十分に確保できること（用水確保），および自然の水循環系に近い水環境を保全すること（水環境保全），これらの三要素がバランスよく考慮されたものでなければならないといえる．

2 降雨の流出特性

（a） 降　　雨

雨滴として地表に達した水を降雨，雪のそれを降雪といい，その他のものを含め，大気から地表に達した水を総称して降水という．降水量は，一般に内径 20 cm の受水器に降ったある時間内の水量を受水面積で除して，水の深さ〔mm〕で表される．

我々が利用可能な淡水は現在のところ地表水と地下水を主な水源としており，それらの源はすべて降水である．我が国は多雨地帯であるアジアモンスーン地帯に位置し，国土庁（現国土交通省）で算定している我が国の降水量は全国平均で約 1 730 mm/年（総量で約 6 550 億 m^3/年）である[3)]．世界の年平均降水量が約 1 170 mm/年（総量で約 1 087 220 億 m^3/年）であるので，我が国の降水量は世界平均の約 1.5 倍にあたる．しかし，これを人口 1 人当りの降水総量にすると約 5 000 m^3/(人･年) であり，世界平均約 20 000 m^3/(人･年) の 1/4 程度にすぎない．また，降水量には地域差があり，例えば北海道では約 1 150 mm/年であるのに対して，北陸地方では約 2 380 mm/年であり，関東臨海地方は約 1 660 mm/年となっている．

年平均降水量では降水量のより細かな時間的分布はわからないので，河川の出水現象のように短時間の現象を取り扱う場合，それに対応した小刻みな降雨量を検討する必要がある．このような短時間内の降雨の強弱は一般に降雨強度（rainfall intensity）によって表される．降雨強度は，降雨量を受水面積で除し，さらにそれを観測時間で割算して，1 時間当りの降雨量〔mm/h〕に換算したものである．例えば，ある観測地点で 4 時間に 40 mm 降った場合の降雨強度は 10 mm/h であり，そのうち 10 分間に 4 mm 降ったときがあれば，その 10 分間の降雨強度は 24 mm/h であるという．このように，降雨強度は 1 降雨（雨の降り始めから終りまでの継続した降雨）の中でも観測時間のとり方によって異なる．降雨強度が 20 mm/h 以上になると，一般に強い雨と感じる．

近年，地球温暖化による気候変動は，降雨に質的・量的な変化を引き起こし，水利用にも影響を与えている．気候変動により，1 時間降水量 50 mm を超える豪雨や日降水量が数百 mm に達する大雨が発生する一方で，年間の降雨日数は減少しており，地域によっては取水が制限される渇水が生じている．全国のアメダス（AMeDAS：Automated Meteorological Data Acquisition System，自動気象データ収集システム）による 1 300 地点の観測によると，1 時間降水量 50 mm 以上の短時間強雨の年間発生回数は近年 10 年間で約 29 回増加し，逆に日降水量 1 mm 以上の年間日数は 100 年で 9.5 日減少している．このような雨の降り方の変化は，地球温暖化の進行に伴い，ますます極端になることが予測されている．

（b）　降雨の流出過程

降雨は，地表面に落下した後，一部は地中に浸透し，残りは地表を流出するが，このうち河川などに流出（到達）する成分を有効降雨という．有効降雨のうち，地表を流出する成分を表面流出（surface flow）といい，さらに地中に浸透した降雨のうち，比較的浅い透水性のよい層内を浸透・流下して河川に到達する成分を中間流出（interflow），土壌中のより深い層の地下水帯にまで浸透して地下水流となり，ゆっくりと河川に流出してくるものを地下水流出（groundwater flow）と呼ぶ．なお，中間流出は地表面付近の多孔質の表層を流れる早い流出と断層面や岩の割れ目を流れる遅い流出の 2 成分に分けることもある．

表面流出と中間流出は降雨後短時間で河川に到達し，河川水面に直接滴下する降雨と合わせて直接流出（direct flow）と呼ばれ，河川流量に急激な変化をもたらすのが特徴である．一方，地下水流出は河川の長期流況を支配する成分であ

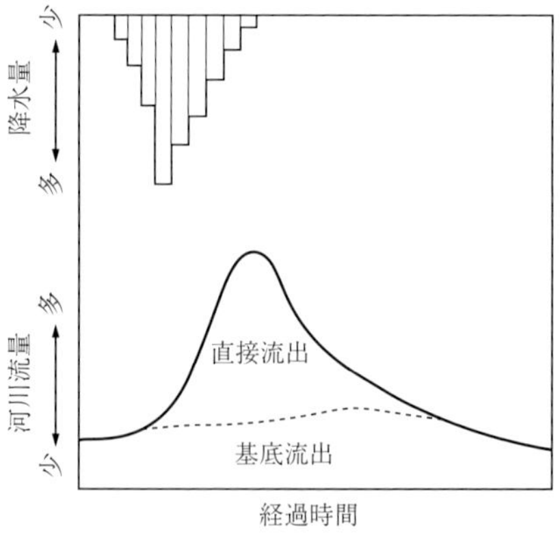

図 1・3　降水量と河川流量の時間分布
（ハイドログラフ）

り，間接流出（indirect flow）または基底流出（base flow）ともいわれる．**図 1·3** に降水量と河川流量の時間分布（ハイドログラフ）の概念を示す．降雨の流出は地表面の不浸透面積に大きく左右される．都市化による道路や建物の建設は不浸透面積を増大させ，降雨は表面流出により短時間で多量に河川に到達し，いわゆる都市河川の氾濫を引き起こすことがある．また，表面流出の増大は，地表面の汚濁物質の河川への流入をも増加させ，河川水質を悪化させる．

（c） 降雨流出モデル（タンクモデル）

流域の水収支や河川の洪水対策あるいは降雨流出が河川水質に及ぼす影響などを検討するには，降雨の河川への流出現象を解析する必要があり，この降雨から流出への変換を定量的に求めるために数理モデルが使われる．降雨流出モデルは，ピーク流量とその発生時刻などの予測に使われる短期流出（洪水流出）モデルと，対象期間内のハイドログラフの全波形の予測に重点が置かれた長期流出（低水流出）モデルとの２種類に大別される．これらのモデルの内容は水文学書[4),5),6)]に譲るとして，ここでは短期流出モデルの一例のみを紹介する．

短期流出モデルとしては，1932 年にシャーマン（Sherman）が提案した単位図法をはじめとして，いくつかのモデルが作成されているが，以下に我が国で広く用いられているタンクモデル（tank model）を簡単に解説する．

菅原（1972 年）は，降雨の流出機構として流域内の水が指数関数的に流出するという仮定に基づき，流域からの流出成分をいくつかのタンクに置き換えて，それぞれのタンクにおける貯留と流出を解析するタンクモデルを開発した[7)]．**図 1·4** に示すように，最もよく用いられるのは３個のタンクを直列に縦に並べた３段１列モデルである．それぞれのタンクは底と底から高さ h のところの側壁に孔が開いており，降雨は底の孔（浸透孔）から浸透し，また側壁の孔（流出孔）からは，第１タンク V_1 の流出孔から表面流出，第２タンク V_2 の流出孔から中間流出，第３タンク V_3 の流出孔から地下水流出が起こる．このとき浸透孔からの水が下のタンクへの降雨補給となる．V_3 の浸透孔からの流出はさらに深層の地

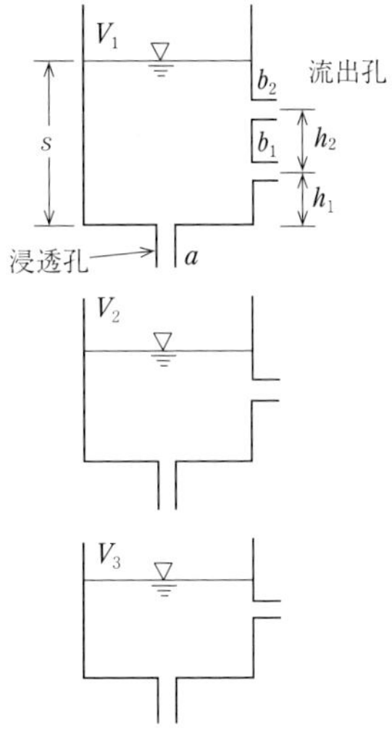

図 1·4　タンクモデルの例

下水流出に相当する．すなわち，降雨により雨が V_1 に加えられると，その雨水はまず浸透孔より下のタンクに浸透し，やがて水深が h 以上になると流出孔からの流出が始まり，以下同様に V_2 と V_3 での浸透と流出が起こる．

浸透孔と流出孔に記した係数 a と b は，その孔を通して流れる流量と水圧の比である．例えば，浸透孔からの流量を浸透高 q_i〔mm/h〕で表し，水圧をタンク内の貯留高 s〔mm〕で表すと

$$q_i = as \qquad (1\cdot 1)$$

流出孔からの流出高 q_f も，流出孔より上の水深（$s-h$）に比例すると仮定して，同様にその水深と係数 b の積として求めることができる．また，流出孔が底から h の高さにあるのは，雨が降り始めてから地表層がある程度水を含むまでは流出が起こらないことを考慮しているからである．

3　水利用と親水環境

(a)　水　利　用

我が国の年平均の降水総量は約 6 400 億 m^3/年であるが，降水量から蒸発散によって失われる量を差し引いた水資源賦存量は平水年で約 4 100 億 m^3/年であるといわれている．さらに，我が国では降雨が梅雨時や台風時に集中しており，かつ河川勾配が急で流下時間が短いため，この水資源賦存量のうちかなりの量が利用されないまま海に流出する．

我が国の水利用状況は，取水量ベースで整理すると，**表 1·2** に示すとおりである[3)]．近年の都市用水と農業用水の合計使用量は 815 億 m^3/年前後であり，そのうち都市用水が約 33% を占めている．水使用量の推移をみると，都市用水は

表 1・2　全国の形態別水使用量（取水量ベース，単位：億 m^3/年）

用水形態＼年	1975	1980	1985	1990	1995	2000	2005	2010	2015	2019
都市用水	280	280	287	303	303	298	285	271	259	252
生活用水	114	128	143	158	163	164	159	154	148	148
工業用水	166	152	144	145	140	134	126	117	111	103
農業用水	570	580	585	585	585	572	549	544	540	533
合　計	850	860	872	889	889	870	834	815	799	785

〔注〕 1.　都市用水は生活用水と工業用水の合計．
　　　2.　工業用水は淡水補給量．

1965年以降（昭和40年代）に急増し，1975年には約280億 m^3/年になり，その後も緩やかな増加を示したが，近年は減少している．一方，農業用水は1985年以後あまり変化はなかったが，近年減少している．

ここで，都市用水の内訳をみると，工業用水が1975年以後に減少しているが，生活用水は2000年ごろまで毎年少しずつ増加しており，都市用水の増加は生活用水の増加に起因していることがわかる．工業用水の減少は，産業構造の変化や回収水の利用などにより，取水量が減少していることによる．生活用水は1990～2000年の平均で約0.6億 m^3/年の割合で増加したが，新たな水資源の確保は困難であり近年は少しずつ減少している．

水利用には，水それ自体の利用のほかに，水産業，水上交通あるいはレクリエーションなどのための水空間としての利用もある．水空間の利用は，特に四方を海で囲まれた我が国にとって重要な関心事であり，海域，湖沼および河川は生産や水運の場としても我々の生活に不可欠の存在である．また，都市においては水辺が生活空間の一部として重要な役割を果たしていることが見直され，いわゆる“親水”が水環境学の重要な概念の一つとして考えられるようになった．生産や水運は本書の領域外であるので，親水環境について次に説明する．

(b) 親 水 環 境

都市化が進むにつれて，物質的豊かさや利便性の向上と相反して，そこでの生活は狭い住宅や少ない空き地あるいは遠距離通勤など空間的制約が増え，人々は安らぐ場の少ない生活環境に置かれてきている．しかし，都市の生活環境にも安らぎやゆとりのある“快適さ”が求められ，この概念がアメニティ（amenity）という言葉で表されている．近年，水辺のような親水環境が都市における重要なアメニティ要素として見直されるようになった．我々は，水が我々の生活に不可欠であるばかりでなく，日常生活の中で水辺が心の安らぎを与えてくれることを，いわば本能的に感じているのではないだろうか．今日のような高密度都市においてこそ，広い空間をもつ親水環境が必要とされているのであり，またその中には文化的にも価値をもつものがあると思われる．

都市に接する親水環境として，まず河川・湖沼の水辺や海浜などの自然水域があるが，人工の水路や池などもその中に含まれよう．親水環境という概念は，水空間を単に水の器としてではなく，その周辺すなわち水辺を含む水環境としてとらえるものであり，外の空間との継続した広がりをもっている．例えば，河川は水資源や治水機能の観点から重要な器としての土木構造物であるが，水辺での水遊びや釣り，あるいは河川敷や堤防での散策など，人々の憩いの場として周辺の都市生活に貴重なアメニティを提供しているのである．先に述べた都市域における好ましい水循環システムの三要素の中で，水環境保全には親水環境も重要な因子として含まれていると考えるべきである．アメニティという概念はきわめて感覚的であり，それは地域や時代背景によって異なるだろうが，都市の高密度化が進めば進むほど，親水環境の役割はこれからもその重要性を増すだろう．

2　水質の化学

本節では，水中での物質の濃度と溶解，酸・塩基や酸化還元などに関する化学反応の基礎および化学反応の速度や温度依存性などについて説明する．

1　水中での物質の濃度と溶解

（a）　物質の濃度

ある物質を溶かした溶液（solution）において，物質を溶かしている液体を溶媒（solvent），溶けている物質を溶質（solute）という．溶媒は溶液中で最も濃度の高い成分であり，水溶液の場合は水が溶媒である．

溶液中の成分濃度は，質量濃度，百分率，モル濃度などにより表される．質量濃度は溶液の単位体積当りの溶質質量であり，一般に mg/l が用いられる．百分率には質量百分率 w/w% と容量百分率 v/v% がある．溶質が微量の場合は，%（$1/10^2$）ではなく，$1/10^6$ を表す ppm（parts per million）や $1/10^9$ の ppb（parts per billion）などが用いられる．また，水中での質量濃度の mg/l は，水 1 l が約 1 kg であるとして，ppm とも呼ばれることがある．

モル濃度（molarity）は溶液 1 l 中に溶けている溶質の物質量（mol）であり，mol/l あるいは記号 M（molar）で表す．また，溶媒 1 kg に溶けている溶質の物理量は質量モル濃度（molality）と呼ばれ，mol/kg を用いる．

（b）　水への物質の溶解

物質は気体，液体，固体の状態（これを物質の三態という）で存在し，水質とはこれらの物質が水中で溶解あるいは分散している濃度を意味しているといえる．水への物質の溶解は温度，圧力および物質の極性などに影響される．

（1） **物質の極性** 酸素分子 O_2 や窒素分子 N_2 のように同種の原子による共有結合では，電子は両方の原子に同等に共有される．しかし，水分子 H_2O のような異種の原子による共有結合の場合，原子の電子を引き寄せる力である電気陰性度（electronegativity）が O 原子のほうが H 原子より大きいため，**図 1·5** に示すように電子は O 原子のほうに片寄り（これを分極という），O 原子は負（$\delta-$）に，H 原子は正（$\delta+$）に帯電する．このような分極する性質を極性（polarity）といい，極性は物質の水への溶解に強い影響を及ぼす．水分子は極性が強いので，一般に極性分子は引き寄せられて水に溶けるが，無極性分子はあまり溶けない．

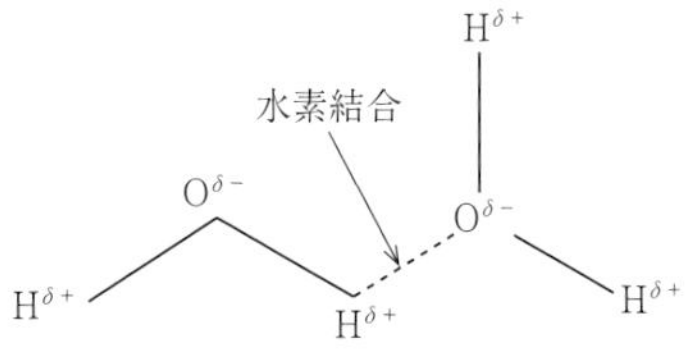

図 1・5 水分子の分極と水素結合

また，水の OH 基の正に帯電した H 原子にほかの分子の負電荷を帯びた原子が近づくと，H 原子を挟んで分子間に引力が働き結合する．これを水素結合（hydrogen bond）という．水分子の水素結合は図 1·5 に示したとおりである．

（2） **気体の溶解** 気体の体積は温度や圧力によって変化し，その関係は一般に次の理想気体の状態方程式で表される．

$$PV = nRT \tag{1・2}$$

ここに，P は気体の圧力〔atm または Pa〕，V は体積〔l〕，n は物質量〔mol〕，R は気体定数（0.082 atm·l/(K·mol) または 8.314 J/(K·mol)），T は絶対温度〔K〕である．ただし，1 atm = 1.013 × 10^5 Pa である．なお，国際純正・応用化学連合（IUPAC）は，1981 年推奨として，化学熱力学における物質の物理化学的変化に対して，標準状態圧力を 10^5 Pa（= 1 bar，bar はバール）と定義することを勧告した．ここに，1 atm = 1.013 bar であり，1 atm を 1 bar に置き換えると 1.3% の誤差が生ずるが，許容誤差の範囲とみなされ，熱力学では標準状態圧力として 10^5 Pa を用いることが多くなっている．ただし，大気圧の国際基準となる値は 1.013 × 10^5 Pa であり，我が国の計量法体系では気圧の単位は atm と定められているので，特に断らない限り，本書では atm を使用する．

また，空気のような混合気体の場合，各成分が全圧に寄与する程度は分圧（partial pressure）で定義され，全圧は分圧の和（$P = P_1 + P_2 + \cdots$）として表される．各成分の分圧は，ダルトン（Dalton）の分圧の法則に従い，全圧にその成分の体積の割合を掛けて求められる．

$$P_1 = X_1 P,\ \ P_2 = X_2 P,\ \ \cdots \tag{1・3}$$

ここに，X は各成分の混合気体に対する体積の割合である．例えば，空気の主な成分の体積の割合は $N_2 = 0.78$，$O_2 = 0.21$，$Ar = 0.01$，$CO_2 = 0.0004$ である．

気体の水に対する溶解度は温度と気体の圧力に左右され，温度が低いほど，また気体の圧力が高いほど溶解度は高くなる．一定温度下での液体への気体の溶解度は，ヘンリー（Henry）の法則に従い，気相の気体分圧に比例するので，その関係は次式で表される．

$$C_{\mathrm{eq}} = K_s P_i \tag{1・4}$$

ここに，C_{eq} は気体 i の平衡濃度〔ml/l〕，K_s は吸収係数（ヘンリー定数ともいう）〔ml/(l·atm)〕，P_i は気体 i の分圧〔atm〕である．**表1·3** は各温度における 1 atm の気体が水に溶解する体積を，0°C(273.15 K) で 1 atm(101.3 kPa) の標準状態（standard temperature and pressure：STP)に換算した値であり，この表より K_s が得られる．また，P_i は式（1·3）より求められる．例えば，空気の場合，空気の全圧が 1 atm のとき酸素分圧は 0.21 atm であるので，20°C での水中の酸素濃度は標準状態で $31.4 \times 0.21 = 6.59$ ml/l となる．さらに，1 mol の気体は標準状態で 22.4 l の体積を占めるので，このときの溶存酸素はモル濃度で表すと $6.59/22.4 = 0.29$ mM であり，質量濃度では $0.29 \times 32 = 9.28$ mg/l となる．

表 1・3 気体の水における吸収係数（溶解度）*

気体	0°C	10°C	20°C	30°C
H_2	21.4	19.6	18.2	17.0
N_2	23.0	18.5	15.5	13.6
O_2	49.3	38.4	31.4	26.7
CH_4	55.6	41.8	33.1	27.6
NH_3	1 300	910	711	—
CO_2	1 710	1 190	878	665
H_2S	4 690	3 520	2 670	—

* 各温度において 1 atm の気体が水 1 l 中に溶ける体積を 0°C，1 atm での体積に換算した値（ml/(l·atm) at STP）．

ある温度での気体の体積は，次式にて標準状態での値に換算することができる．

$$V_0 = \frac{P - P_w}{P_0} \frac{T_0}{T} V \tag{1・5}$$

ここに，V は気体の体積〔l〕，P は圧力〔mmHg〕，T は絶対温度〔K〕，P_w は水の蒸気圧〔mmHg〕であり，各記号の添字の 0 は標準状態を意味する．また，圧力は水銀柱 760 mmHg = 1 atm である．

（3） **液体の溶解**　いろいろな液体の水への溶解は極性の影響を強く受ける．例えば，エタノール（CH_3CH_2OH）は水と任意の割合で完全に溶けるが，これはエタノールも水も分極したOH基をもち，両者の間に水素結合が形成されるからである．一方，極性をもたないペンタン（$CH_3(CH_2)_3CH_3$）は，構造はエタノールに類似しているが，水には溶けにくい．また，鎖状に伸びた炭素結合の部分が長くなればなるほど極性は小さくなり，水への溶解度は低くなる．例えば，ブタノール（$CH_3(CH_2)_3OH$）の溶解度は100 gの水に対して7.9 gであるが，ペンタノール（$CH_3(CH_2)_4OH$）のそれは2.7 gである．

（4） **固体の溶解**　固体の水への溶解において，イオン結合化合物や一部の共有結合化合物は水中でイオンに解離し，大部分の共有結合化合物は分子として溶解する．例えば，塩化ナトリウム（NaCl）は水中でNa^+とCl^-イオンの形で溶けており，水分子の陰極とNa^+および陽極とCl^-が引き合って，水分子が各イオンの周りを囲むような形で存在している．これを水和（hydration）という．一方，極性をもつ共有結合化合物の場合，例えばショ糖（$C_{12}H_{22}O_{11}$）は8個のOH基をもち，水との水素結合を形成して，ショ糖分子が水分子により囲まれて溶けることになる．

固体の水への溶解量は一般に温度の上昇とともに多くなるが，硫酸ナトリウムは32.4°C以上になると溶解量が逆に減少する．

2 化学反応の基礎

（a） 化学反応の平衡

化学反応の多くが式（1·6）に示すような可逆反応であり，右向きの反応と左向きの反応がつり合っている状態を平衡状態という．

$$aA + bB \rightleftharpoons cC + dD \tag{1·6}$$

この状態での平衡定数Kは次式で与えられる．

$$K=\frac{[C]^c[D]^d}{[A]^a[B]^b} \tag{1·7}$$

ここに，[ ]は物質のモル濃度を意味し，指数a，b，c，dは反応物質A，Bと生成物質C，Dのそれぞれの係数（モル数）である．Kは温度に依存するが，反応物質の初期濃度とは無関係の定数である．

(b) 水のイオン積と pH

水は中性の H_2O 分子として存在するだけでなく，わずかながら解離して H^+（実際には水和した H_3O^+ で存在）と OH^- にイオン化している．

$$H_2O + H_2O \rightleftharpoons H_3O^+ + OH^- \tag{1・8}$$

この反応は水自身が解離するので自己解離（autoprotolysis）と呼ばれる．水和したプロトン H_3O^+ はヒドロニウムイオンまたはオキソニウムイオンと呼ばれるが，簡単にするため普通は H^+ と表示されるので，以下この表示に従う．式（1・8）の平衡定数 K は次式で表される．

$$K = \frac{[H^+][OH^-]}{[H_2O]} \tag{1・9}$$

水の電離度は非常に小さく，溶媒である水の濃度変化はほとんどないので，$[H_2O]$ は一定とみなせる．ここに，$K_w = K[H_2O]$ と置き換え，また 25℃ で $K_w = 1.00 \times 10^{-14}$ であるので次式が得られる．

$$K_w = [H^+][OH^-] = 1.0 \times 10^{-14} \tag{1・10}$$

これを水のイオン積という．

また，水素イオン指数を表す pH は，次のように定義される．

$$pH = \log[H^+]^{-1} = -\log[H^+] \tag{1・11}$$

ここに，p はイオンのモル濃度の逆数の常用対数をとることを意味し，これは pH 以外にも適用される．式（1・10）に記号 p を適用すると

$$pK_w = pH + pOH = 14 \tag{1・12}$$

純水の場合 $[H^+] = [OH^-]$ であるので

$$pH = pOH = 7.0 \tag{1・13}$$

となり，純水の pH は中性であることがわかる．また，酸性溶液では $[H^+] > [OH^-]$ であるので $pH < 7.0$ となり，逆にアルカリ性（塩基性）溶液では $pH > 7.0$ となる．

(c) 酸と塩基

水中でのすべての化学反応は pH の影響を受け，pH は水中の酸（acid）と塩基（base）の相互作用によって決定される．以下に酸・塩基反応について解説する．

（1） 酸と塩基の定義　ブレンステッド（Brønsted）の定義に従えば，酸とはほかの物質に H^+（プロトン）を供与できる物質であり，塩基とはほかの物質

から H^+ を受容できる物質である．例えば，水中で酢酸は次のように解離する．

$$CH_3COOH + H_2O \rightleftharpoons H^+ + CH_3COO^- \qquad (1 \cdot 14)$$

酸$_1$　　塩基$_2$　　酸$_2$　　塩基$_1$

ここに，H^+ を供与する CH_3COOH は酸であり，その H^+ を受容する H_2O は塩基である．また，逆方向にみると，CH_3COO^- は塩基，H^+（実際には H_3O^+）は酸として働く．このような CH_3COOH（酸$_1$）と CH_3COO^-（塩基$_1$）の関係，H_2O（塩基$_2$）と H^+（酸$_2$）の関係は互いに共役（conjugate）であるという．

（2） **酸と塩基の強度**　酸と塩基の強度は H^+ を与えたり受け取ったりする傾向の程度により定義され，一般に水に対する相対強度で表される．酸を HA，塩基を BOH で表すと，水中での 1 価の酸と塩基の反応は一般に次の式で表される．

$$酸\ :HA + H_2O \rightleftharpoons H^+ + A^- \qquad (1 \cdot 15)$$

$$塩基:BOH + H_2O \rightleftharpoons B^+ + OH^- \qquad (1 \cdot 16)$$

ただし，塩基であるアンモニア（NH_3）の場合は BOH の形態をとらない．**表 1·4** に水環境工学の分野でしばしば遭遇する酸と塩基の例を示す．

表 1・4　酸と塩基の例

強　酸	弱　酸	強塩基	弱塩基
HCl	CH_3COOH	$NaOH$	NH_3
$HClO_4$	H_2CO_3	KOH	$Mg(OH)_2$
HNO_3	HNO_2	$Ca(OH)_2$	$Al(OH)_3$
H_2SO_4	H_2S	$Ba(OH)_2$	$Fe(OH)_3$

強酸や強塩基は水中でほぼ完全に解離する酸や塩基であり，そのモル濃度 [HA] や [BOH] が水の自己解離による $[H^+]$ や $[OH^-]$ より十分に大きい場合，水中の $[H^+]$ や $[OH^-]$ の濃度は強酸と強塩基の初期濃度から計算できる．

$$[H^+] = [HA] \qquad (1 \cdot 17)$$

$$[OH^-] = [BOH] \qquad (1 \cdot 18)$$

ただし，H_2A や $B(OH)_2$ で表される 2 価の強酸や強塩基の場合，$[H^+]$ や $[OH^-]$ の濃度はそれぞれ親物質の初期モル濃度の 2 倍の濃度となる．

弱酸は H^+ を供給する傾向が弱い酸であり，水溶液中で一部しか解離しない．この場合の H^+ の濃度は，平衡状態にある式（1·15）の平衡定数から求められる．

$$K_a = \frac{[H^+][A^-]}{[HA]} \qquad (1 \cdot 19)$$

ここに，K_a は酸解離定数と呼ばれる．

弱塩基は H^+ を受容する傾向が弱い塩基であり，水溶液中で一部しか解離しない．水中の OH^- の濃度は，弱酸の場合と同様，式（1·16）の平衡定数から計算できる．

$$K_b = \frac{[B^+][OH^-]}{[BOH]} \qquad (1 \cdot 20)$$

ここに，K_b は塩基解離定数である．

また，弱酸とその共役塩基の反応の場合，式（1·20）において $BOH \equiv A^-$，$B^+ \equiv HA$ となるので，式（1·19），式（1·20）および式（1·10）から

$$K_a K_b = [H^+][OH^-] = K_w \qquad (1 \cdot 21)$$

という関係が得られる．弱酸とその共役塩基の解離定数と pK 値を**表 1·5** に示す．K 値が大きいほど酸あるいは塩基として強く，pK 値が大きいほど酸あるいは塩基として弱い．

表 1·5 弱酸とその共役塩基（弱塩基）の解離定数（25°C）

弱　酸	化学式	K_a	pK_a	共役塩基	K_b	pK_b
亜硝酸	HNO_2	4.5×10^{-4}	3.35	亜硝酸イオン	2.2×10^{-11}	10.65
アンモニウムイオン	NH_4^+	5.6×10^{-10}	9.26	アンモニア	1.8×10^{-5}	4.74
酢酸	CH_3COOH	1.8×10^{-5}	4.74	酢酸イオン	5.6×10^{-10}	9.26
次亜塩素酸	$HClO$	3×10^{-8}	7.5	次亜塩素酸イオン	3×10^{-7}	6.5
炭酸	H_2CO_3	4.6×10^{-7}	6.34	炭酸水素イオン	2.2×10^{-8}	7.66
炭酸水素イオン	HCO_3^-	4.4×10^{-11}	10.36	炭酸イオン	2.3×10^{-4}	3.64
硫化水素	H_2S	1×10^{-7}	7.0	硫化水素イオン	1.1×10^{-7}	7.0
リン酸	H_3PO_4	7.5×10^{-3}	2.12	リン酸二水素イオン	1.3×10^{-12}	11.88
リン酸二水素イオン	$H_2PO_4^-$	6.2×10^{-8}	7.21	リン酸水素イオン	1.6×10^{-7}	6.79
リン酸水素イオン	HPO_4^{2-}	4.8×10^{-13}	12.32	リン酸イオン	2.1×10^{-2}	1.68

（3） **酸・塩基反応と中和滴定**　水中で酸と塩基が反応して塩と水を生ずる反応を中和反応といい，酸と塩基が反応して中和反応が完了する点を中和点という．中和点では酸からの H^+ と塩基からの OH^- が等モル数ずつ反応して，中性になるのが原則であるが，生成される塩によっては加水分解を起こして水溶液を酸性またはアルカリ性にする．酸（または塩基）を含む水溶液に濃度既知の塩基（または酸）を中和点に達するまで滴下して，水中の酸（または塩基）濃度を定

量する方法を滴定（titration）という．中和滴定の例として，弱酸を強塩基で滴定する場合の酸・塩基反応および pH について，以下に解説する．

弱酸として水中で 1 個の H^+ を解離する酸であるモノプロトン（monoprotic）酸を強塩基で滴定すると，pH と滴定量との関係は**図 1･6** のようになる．弱酸の滴定曲線は，塩基を添加し始めたとき急に上昇するが，塩基の濃度が増加すると pH の増加率が減少し，滴定の中間点を過ぎてからも徐々に増加し続ける（領域②）．さらに，中和点（点③）に達すると大きな pH 変化が起こり，その後滴定曲線は再び緩い上昇を示す（領域④）．このような滴定曲線上の点①と③および領域②と④の pH は，次の条件のもとに，その近似値を求めることができる．

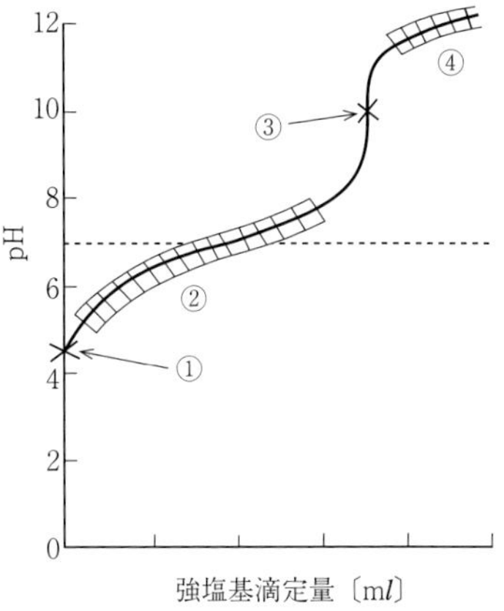

図 1・6 モノプロトン弱酸の強塩基による滴定

酸解離定数を表す式（1･19）より

$$[H^+]=\frac{K_a[HA]}{[A^-]} \qquad (1・22)$$

弱酸の初期モル濃度を C_a，添加される強塩基のモル濃度を C_b とすると

$$C_a=[HA]+[A^-] \qquad (1・23)$$

$$C_b=[B^+] \qquad (1・24)$$

水溶液中の電荷収支から陽電荷数と陰電荷数は等しく，電気的中性が保たれるので

$$[H^+]+[B^+]=[A^-]+[OH^-] \qquad (1・25)$$

まず，図 1･6 の点①は弱酸水溶液の初期 pH であり，その値は次のように求められる．式（1･25）において点①では $C_b=[B^+]=0$ および $[H^+]\gg[OH^-]$ であるので，$[H^+]\fallingdotseq[A^-]$ となり，これを式（1･22）に代入すると

$$[H^+]=(K_a[HA])^{1/2} \qquad (1・26)$$

さらに，弱酸であるので $C_a\gg[A^-]$ より $C_a\fallingdotseq[HA]$ となり，結局，点①の pH は次式で与えられる．

$$\mathrm{pH}=\frac{1}{2}(\mathrm{p}K_a-\log C_a) \qquad (1\cdot27)$$

次に，領域②では添加されたOH^-は完全にH^+により中和され，水中の$[OH^-]$はその他の化学種に比べて無視できる程度に小さい．したがって，領域②のpHは式（1･22）で計算できる．

$$\mathrm{pH}=\mathrm{p}K_a-\log\frac{[\mathrm{HA}]}{[\mathrm{A}^-]} \qquad (1\cdot28)$$

また，酸が半分中和される滴定の中間点では$[B^+]=(1/2)C_a$，$[B^+]\gg[H^+]$，$[A^-]\gg[OH^-]$であるので，式（1･25）より$[HA]=[A^-]$となり，この場合は式（1･28）を簡略化できる．

$$\mathrm{pH}=\mathrm{p}K_a \qquad (1\cdot29)$$

点③は滴定の中和点であり，$C_a=C_b$および$[OH^-]\gg[H^+]$であるから，式（1･23）～（1･25）より$[HA]\fallingdotseq[OH^-]$となる．この関係および式（1･10）を式（1･22）に適用すると

$$[\mathrm{H}^+]=\left(\frac{K_wK_a}{[\mathrm{A}^-]}\right)^{1/2} \qquad (1\cdot30)$$

さらに，$C_a=[A^-]$であるので，点③のpHは次式で与えられる．

$$\mathrm{pH}=\frac{1}{2}(\mathrm{p}K_w+\mathrm{p}K_a+\log C_a) \qquad (1\cdot31)$$

領域④では中和点を過ぎて，過剰に塩基を添加しており，この領域でのpHは過剰に添加された$[OH^-]$を計算すれば，次の式から容易に求められる．

$$\mathrm{pH}=\mathrm{p}K_w-\mathrm{pOH} \qquad (1\cdot32)$$

以上がモノプロトン酸に関する滴定であるが，複数個のプロトンを解離するポリプロトン酸（多塩基酸ともいう）の場合は段階的に解離し，その酸・塩基反応はより複雑になる．

（d） 物質の溶解と沈殿

すべての物質は，それがどんなに難溶解性であっても，水中で飽和状態に達するまで溶解し，固体化合物の場合その飽和濃度を超える分は沈殿する．いわゆる難溶解性化合物はその飽和量が非常に小さい物質であるといえる．水中での難溶解性化合物の溶解と沈殿の反応は一般に次のように表される．

$$\underline{\mathrm{A}_m\mathrm{B}_n} \rightleftharpoons m\mathrm{A}^{x+}+n\mathrm{B}^{y-} \qquad (1\cdot33)$$

$$K = \frac{[A^{x+}]^m [B^{y-}]^n}{[\underline{A_m B_n}]} \qquad (1 \cdot 34)$$

ここに，$\underline{A_m B_n}$ の下線は固体化合物または沈殿物を意味し，係数 $\boldsymbol{m}$，$\boldsymbol{n}$ および x，$\boldsymbol{y}$ はそれぞれイオン A，B のモル数および価数であり，また $\boldsymbol{K}$ は平衡定数である．さらに，水中での難溶解性化合物の溶解は微量であり，その濃度［$\underline{A_m B_n}$］はほとんど変化せず一定とみなせるので，式（1·34）から

$$K_{sp} = [A^{x+}]^m [B^{y-}]^n \qquad (1 \cdot 35)$$

という新しい定数が得られる．この $\boldsymbol{K_{sp}}$ を溶解度積（solubility product constant）という．

溶解度積は難溶解性化合物の溶解と沈殿の平衡関係を表す重要な指標であり，その基本原理は以下のようにまとめられる．

(1) 不飽和溶液では［A^{x+}］^{m}［B^{y-}］$^n < \boldsymbol{K_{sp}}$ の状態にあり，もし未溶解の化合物 $A_m B_n$ が存在すれば，［A^{x+}］^{m}［B^{y-}］$^n = \boldsymbol{K_{sp}}$ になる（飽和濃度になる）まで溶解して，やがて飽和溶液となる．

(2) 過飽和溶液では［A^{x+}］^{m}［B^{y-}］$^n > \boldsymbol{K_{sp}}$ の状態にあり，やがて化合物 $A_m B_n$ の結晶核が生成し始めると沈殿が生じ，［A^{x+}］^{m}［B^{y-}］$^n = \boldsymbol{K_{sp}}$ になる（飽和濃度に戻る）まで沈殿が続く．

代表的な難溶解性化合物の溶解度積を**表 1·6** に示す．

表 1・6 難溶解性化合物の溶解度積（25°C）

化合物	K_{sp}	化合物	K_{sp}
AgCl	1×10^{-10}	$Fe(OH)_2$	2×10^{-14}
$Al(OH)_3$	5×10^{-33}	FeS	4×10^{-19}
$BaCO_3$	7×10^{-9}	HgS	3×10^{-52}
$BaSO_4$	1×10^{-10}	$MgCO_3$	3×10^{-5}
$CaCO_3$	5×10^{-9}	$Mg(OH)_2$	1×10^{-11}
CaF_2	4×10^{-11}	$Mn(OH)_2$	4×10^{-14}
$CdCO_3$	3×10^{-14}	$PbCl_2$	1×10^{-4}
$Cu(OH)_2$	2×10^{-19}	$PbSO_4$	2×10^{-8}
$Fe(OH)_3$	1×10^{-36}	$Zn(OH)_2$	2×10^{-14}

多くの金属は酸化物あるいは水酸化物の形で固体として存在するが，水中では一部金属イオンとして溶解し，その反応は pH に依存する．例えば，価数 $\boldsymbol{Z}$ の金属 Me の酸化物あるいは水酸化物の水中での溶解平衡は次のように表すことができる．

$$Me(OH)_Z \rightleftharpoons Me^{Z+} + ZOH^- \qquad (1 \cdot 36)$$

$$MeO_{Z/2} + (Z/2)H_2O \rightleftharpoons Me^{Z+} + ZOH^- \qquad (1 \cdot 37)$$

また，上式の溶解度積はいずれも次式で与えられる．

$$K_{sp} = [Me^{Z+}][OH^-]^Z \qquad (1 \cdot 38)$$

したがって，酸化物あるいは水酸化物と平衡関係にある［Me^{Z+}］は pH の関数であり，次式により容易に計算できる．

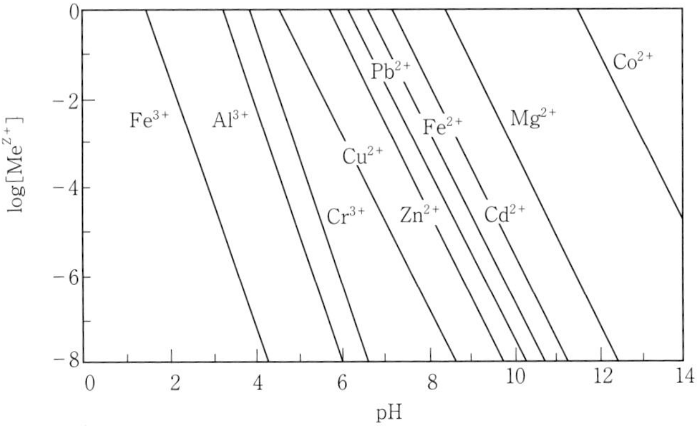

図 1・7 金属の酸化物または水酸化物の溶解度

$$\log[\mathrm{Me}^{Z+}] = \log K_{\mathrm{sp}} + Z\mathrm{p}K_w - Z\mathrm{pH} \qquad (1 \cdot 39)$$

ここに，$\log[\mathrm{Me}^{Z+}]$ は pH に関する直線になり，傾き（$d\log[\mathrm{Me}^{Z+}]/d\mathrm{pH}$）は $-Z$ となる．**図 1·7** に金属の酸化物あるいは水酸化物と平衡関係にある金属イオン濃度と pH の関係を示す．

ところで，ある化合物の溶解度積はその溶解度から容易に計算できる．しかし，溶解度積から異種の化合物の溶解度の大小を比較できる場合とできない場合があるので，注意を要する．比較する化合物が両方とも同じ型，例えば AgCl のような AB 型あるいは $Cu(OH)_2$ のような AB_2 型であれば，それらの溶解度積から両化合物の溶解度の大小を比較することができる．一方，それぞれ異なる型の化合物，例えば AB 型と AB_2 型の相対溶解度を単純に溶解度積の比較から知ることはできない．

（e） 酸化還元反応

水中での化学的あるいは生物学的反応は，その反応系の酸化還元状態に大きく依存する．酸化（oxidation）とは化学反応において原子，分子あるいはイオンなどの物質が電子（electron）を失うことであり，還元（reduction）とはこれらの物質が電子を得ることである．電子は通常の系では遊離の状態で存在することができないので，ある物質の酸化により失われた電子は必ずほかの物質に取り込まれ，電子を受け取った物質は還元される．酸化される物質は電子供与体（electron donor），またはほかの物質を還元するので還元剤（reducing agent）と呼ばれ，還元される物質は電子受容体（electron acceptor），またはほかの物質を酸化するので酸化剤（oxidizing agent）と呼ばれる．酸化還元反応（oxidation reduction reaction，これを redox reaction ともいう）は電子供与体と電子受容体との間での電子の授受として定義され，例えば以下に示す Fe^{2+} と Fe^{3+} を共役対としてとらえると，ブレンステッドの酸・塩基反応におけるプロトンの授受と概念的に類似している．しかし，電子は電線を伝わって移動できるが，プロトン移動は供与体と受容体が直接出合う必要があることなどの相違もある．

酸化還元反応の例として，2 価の鉄 Fe^{2+} が 3 価の鉄 Fe^{3+} に酸化される反応を説明しよう．仮にこの反応の酸化剤を酸素とすると，反応式は次のようになる．

$$4\,Fe^{2+} + O_2 + 4\,H^+ \rightleftharpoons 4\,Fe^{3+} + 2\,H_2O \qquad (1\cdot40)$$

ここで，電子の授受を明らかにするため，e を電子として式（1·40）を次の二つの反応に分けて表す．

$$4\,Fe^{2+} \rightleftharpoons 4\,Fe^{3+} + 4\,e \qquad \text{（酸化）} \qquad (1\cdot41)$$

$$O_2 + 4\,H^+ + 4\,e \rightleftharpoons 2\,H_2O \qquad \text{（還元）} \qquad (1\cdot42)$$

Fe^{2+} が電子を失って Fe^{3+} に酸化され，O_2 がその電子を受け取り H_2O に還元される反応であることがわかる．実際には水中に遊離の電子が存在することはないが，式（1·41）や式（1·42）のような電子の授受を表現する反応を半反応（half reaction）と呼び，複雑な酸化還元反応も半反応により電子の授受が明らかにされやすくなる．

酸化還元反応における酸化と還元を識別するには，反応に関与する分子全体で考えなくても，分子を構成する特定の原子の酸化数（oxidation number）の変化により知ることができる．すなわち，ある原子の酸化数が反応の前後で増加すれば酸化され，減少すれば還元されていることを意味する．酸化数は構成原子の電気陰性度に基づく見かけ上の原子価であり，次の規則に従って決められる．酸化数は各原子の上部に示す．

(1)　単体の酸化数は 0 とする．

・$\overset{0}{Ca}$，$\overset{0}{Cu}$，$\overset{0}{Cl}_2$，$\overset{0}{H}_2$ など

(2)　H 原子の酸化数は非金属元素との結合では +1，金属元素との結合では −1 とする．

・非金属元素との結合：$\overset{-3\,+1}{NH_3}$，$\overset{-4\,+1}{CH_4}$ など

・金属元素との結合　：$\overset{+1}{Na}\overset{-1}{H}$，$\overset{+2}{Ca}\overset{-1}{H_2}$ など

(3)　O 原子の酸化数は過酸化物では－1，その他の化合物では－2 とする．

・過酸化物　　　　：$\overset{+1}{H_2}\overset{-1}{O_2}$，$\overset{+1}{Na_2}\overset{-1}{O_2}$ など

・その他の化合物：$\overset{+4}{C}\overset{-2}{O_2}$，$\overset{+2}{Ca}\overset{-2}{O}$ など

(4)　単原子イオンの酸化数はその電荷に等しい．

・$\overset{-1}{Cl^-}$，$\overset{+2}{Fe^{2+}}$，$\overset{+1}{Na^+}$，$\overset{+2}{Mg^{2+}}$ など

(5)　イオン結合性物質は構成原子のイオン電荷を酸化数とする．

・NaCl：$\overset{+1}{Na^+}$，$\overset{-1}{Cl^-}$ など

(6)　異種原子による共有結合性物質では，**図 1·8** の H_2O の例のように，電気陰性度の高いほうの原子に共有電子をすべて帰属させる．

(7)　一つの分子中の構成原子の酸化数の和は 0 であり，多原子イオンでは酸化数の和がそのイオン電荷に等しい．

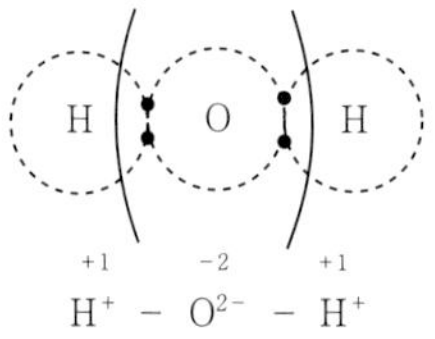

図 1・8　水分子の酸化数

酸化数の変化による酸化と還元の識別を，次の比較的複雑な反応を例にとり説明しよう．

$$2\,\overset{+1}{K}\overset{+7}{Mn}\overset{-2}{O_4} + 10\,\overset{+2}{Fe}\overset{+6}{S}\overset{-2}{O_4} + 8\,\overset{+1}{H_2}\overset{+6}{S}\overset{-2}{O_4} \rightleftharpoons 5\,\overset{+3}{Fe_2}(\overset{+6}{S}\overset{-2}{O_4})_3 + \overset{+1}{K_2}\overset{+6}{S}\overset{-2}{O_4} + 2\,\overset{+2}{Mn}\overset{+6}{S}\overset{-2}{O_4} + 8\,\overset{+1}{H_2}\overset{-2}{O} \qquad (1 \cdot 43)$$

各分子での酸化数の和は 0 であるが，一つの原子に注目すると，酸化数が左辺と右辺で変化しているのは Mn と Fe のみである．すなわち，Mn は＋7 から＋2 に還元され，Fe は＋2 から＋3 に酸化されており，この場合 $KMnO_4$ が電子受容体（酸化剤）であり，$FeSO_4$ が電子供与体（還元剤）である．なお，反応の前後での酸化数の変化は Mn が $2\times(+7)-2\times(+2)=+10$ であり，Fe が $10\times(+2)-5\times(+3)\times2=-10$ であるので，全体としてつり合っている．

3 化学反応の速度

(a) 反応次数と速度式

反応速度とは反応物質の減少速度または生成物質の増加速度のことであり，それぞれが濃度の時間変化で与えられる．例えば，一定温度で1種類の反応物質が1種類の生成物質に転換される反応を考えてみよう．

R(反応物質) ⟶ P(生成物質)

時間 t での R の濃度を C として，速度式を R の減少速度で表せば

$$-\frac{dC}{dt}=kC^n \tag{1・44}$$

式 (1･44) は反応物質の減少速度であるので－（マイナス）の符号を付け，$dC/dt=-kC^n$ の表記もとられる．一方，時間 t での P の濃度を C_p として，P の増加速度で表せば

$$\frac{dC_p}{dt}=k(C_0-C_p)^n \tag{1・45}$$

ここに，C_0 は R の初期濃度，k は速度定数で〔1/時間〕の次元をもつ．濃度項の指数 n は反応次数（reaction order）と呼ばれ，一般にその次数により反応は0次，1/2次，1次および2次反応に分けられる．2種類以上の反応物質が関与する場合は，各反応物質の濃度項の指数の和をもって反応次数とする．

各反応次数での速度式は，反応物質の減少速度で表すと，式 (1･44) の微分形あるいは $t=0$ で $C=C_0$ とした積分形で表される．

・0次反応（$n=0$）

$$-\frac{dC}{dt}=k \tag{1・46}$$

$$C=C_0-kt \tag{1・47}$$

・1/2次反応（$n=1/2$）

$$-\frac{dC}{dt}=kC^{1/2} \tag{1・48}$$

$$C^{1/2}=C_0^{1/2}-\left(\frac{k}{2}\right)t \tag{1・49}$$

・1次反応（$n=1$）

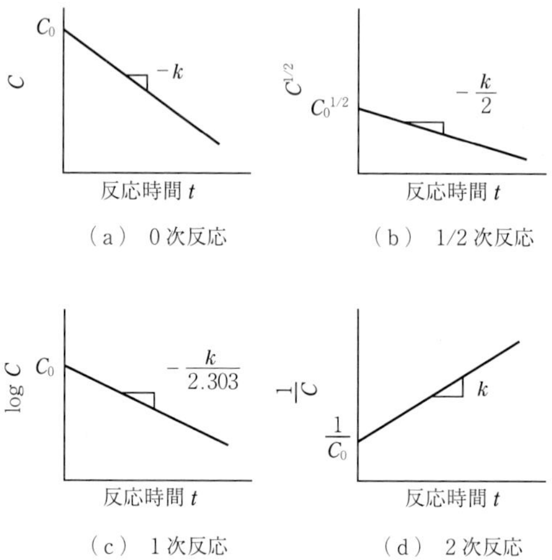

図 1・9　反応物質濃度と反応時間との関係

$$-\frac{dC}{dt}=kC \tag{1・50}$$

$$C=C_0e^{-kt} \tag{1・51 a}$$

$$\log C=\log C_0-\frac{k}{2.303}t \tag{1・51 b}$$

・2次反応（$n=2$）

$$-\frac{dC}{dt}=kC^2 \tag{1・52}$$

$$\frac{1}{C}=\frac{1}{C_0}+kt \tag{1・53}$$

式（1·47），式（1·49），式（1·51 b）および式（1·53）はいずれも直線式であり，それぞれの C，$C^{1/2}$，$\log C$ および $1/C$ を時間 t に対してプロットすれば，直線の傾きからその速度定数 k を求めることができる．**図 1·9** に反応物質濃度と反応時間との関係を示す．なお，0次反応は，式（1·46）からわかるように，反応速度が反応物質の濃度に依存しない反応である．

反応物質の濃度が半減するのに要する時間を半減期（half life）といい，一般に1次反応に従う現象の反応速度を表すのに利用される．式（1·50）を $t=t_{1/2}$ で

$C=(1/2)C_0$ として積分すると，半減期 $t_{1/2}$ は次式で定義される．

$$t_{1/2}=\frac{1}{k}\ln 2=\frac{0.693}{k} \tag{1・54}$$

このように，半減期は反応物質の初期濃度に依存しないので，さまざまな1次反応の速度を比較するのに便利である．

（b） 反応速度の温度依存性

反応速度は一般に温度の上昇によって増加するが，この反応速度の増加は速度定数の増加を意味している．温度による速度定数 k の変化は次のアレニウス（Arrhenius）式によって定義される．

$$\frac{d(\ln k)}{dt}=\frac{E_a}{RT^2} \tag{1・55}$$

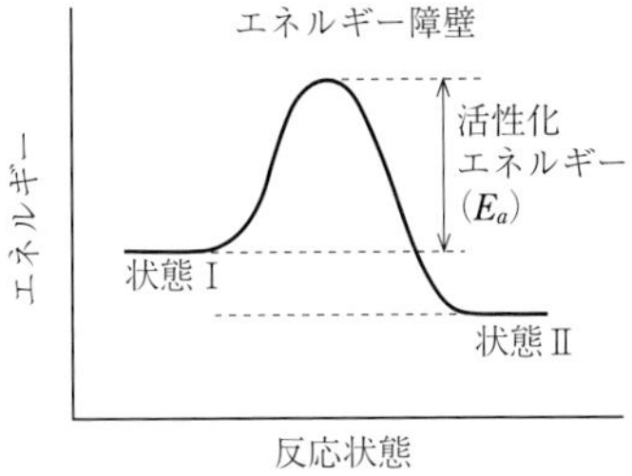

図 1・10 化学反応における活性化エネルギー

ここに，E_a は活性化エネルギー（activation energy），R は気体定数，T は絶対温度である．反応が進行するにはまず**図 1・10** に示すようなエネルギー障壁を越えなければならず，そのために必要な内部エネルギーの増加量が活性化エネルギーである．E_a の大きい反応は自発的に起こりにくい反応であり，反応を起こさせるには温度や圧力を上げる必要がある．また，ある種の反応では適当な物質を触媒（catalyst）として使用すると，触媒は活性化エネルギーを低下させる働きをもつので，活性化状態に達しやすく反応が進みやすくなる．

活性化エネルギーは一般にその反応に固有なものであるので，E_a を定数として式（1・55）を積分すると，k の温度に対する関係式が得られる．

$$\ln k=-\frac{E_a}{R}\frac{1}{T}+\ln A \tag{1・56}$$

$$k=Ae^{-E_a/RT} \tag{1・57}$$

ここに，A は頻度因子（frequency factor）と呼ばれ，反応物質の分子と分子が衝突する頻度を意味しているといえる．活性化エネルギー E_a を求めるには，温度を変えた反応からそれぞれの k を実験的に求め，式（1・56）の自然対数を常用対数に変換したうえで，$\log k$ と $1/T$ の関係をプロットして得られる直線の傾きから計算できる．

さらに，ある温度 T_1 と T_2 における速度定数をそれぞれ k_1 と k_2 として，$T=T_1$ と $T=T_2$ の間で式（1·55）を積分すると

$$\ln\left(\frac{k_2}{k_1}\right)=\frac{E_a}{RT_1T_2}(T_2-T_1) \tag{1・58}$$

ここで，大気温度付近で起こる反応では一般に T_1T_2 の変化は小さいので，E_a/RT_1T_2 を定数とみなして θ で置き換えると

$$k_2=k_1e^{\theta(T_2-T_1)} \tag{1・59}$$

この式は反応の速度定数と温度との関係を表すもので，θ は温度補正係数と呼ばれる．θ を前もって求めておけば，その反応において温度変化により反応速度がどの程度変化するかを予測できる．

3 化学反応の熱力学

物質の変化は，化学反応による化学変化（化学反応）と，状態が変化する物理変化（状態変化）に分けられる．前者は反応物質の化学結合を組み換えて，別の物質を生成する過程であるが，後者は状態量（圧力，体積，温度など）の変化であり，物質そのものは変化しない．いずれの変化も熱力学の法則に従っており，その機構を理解するには熱力学的なエネルギーの変化・交換に関する知識が必要である．ここでは，主に化学反応の機構（化学平衡，反応の進行方向，反応熱，酸化還元電位など）を理解するために，反応にかかわる熱力学の基礎的な事項を説明する．

1 熱力学的エネルギー

物質がもつ熱力学的エネルギーは，**図 1·11** のとおり，内部エネルギーと｛圧力×体積｝からなり，総エネルギーをエンタルピー（enthalpy）という．さらに，内部エネルギーは，仕事に使えるヘルムホルツ（Helmholtz）の自由エネルギー（free energy）と使えない束縛エネルギー（bound energy）に分かれる．｛圧力×体積｝は，体積膨張による仕事に使え

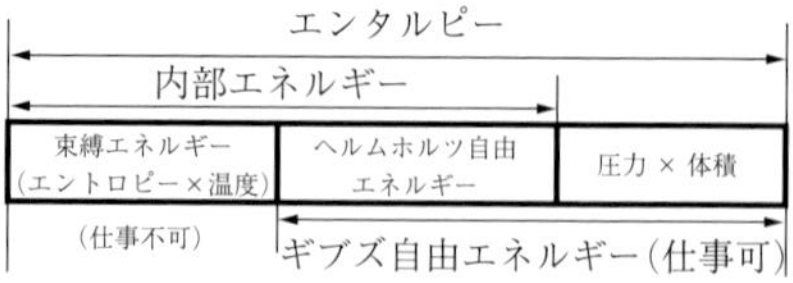

図 1・11 物質がもつ熱力学的エネルギー

る自由エネルギーであり，その単位｛圧力〔N/m^2〕×体積〔m^3〕=〔N･m〕｝はエネルギーの単位ジュール〔J〕の定義「1 N の力が物体を 1 m 動かしたときの仕事〔N･m〕」と同じである（N はニュートン）．また，ヘルムホルツの自由エネルギーと｛圧力×体積｝を合わせて，ギブズ（Gibbs）の自由エネルギー（以下，「ギブズエネルギー」という）と呼ぶ．

内部エネルギー（U）は，系の状態量の変化を決めるもので，その絶対値を知ることはできず，変化を取り扱うものである．熱力学第一法則に基づき，系に外界から熱を加えると，系の内部エネルギーは変化し，外界に仕事をする．「系」とは対象とする物質あるいはそれが占める空間であり，系の外側を「外界」と呼ぶ．系の変化前後の内部エネルギーの差，つまり内部エネルギー変化（ΔU）は，系と外界の間でやり取りされるエネルギーである熱（ΔQ）と仕事（W）の和で定義され，式（1･60）で表される．熱力学的変化は特定の記号の前に Δ（デルタ）を付けて表される．式（1･60）は，仕事と熱は互いに変換可能であり，系のエネルギーの増加・減少量は外界のエネルギーの減少・増加量に等しく，全体のエネルギーの総量は保存されるという「エネルギー保存則」に基づく．

$$\Delta U = \Delta Q + W \qquad (1 \cdot 60)$$

気体の場合，仕事（W）は体積変化によるものであり，大気圧（定圧）下で，圧力（P）と体積変化（ΔV）の積で表される．つまり，系がエネルギーを得る方向を正とすると，外界への仕事（W）は $-P\Delta V$ である．そこで，物質の状態 A から状態 B への変化を考え，式（1･60）を書き換えると，熱の移動を示す式（1･61）が得られる．ΔQ が正の場合，系は外界から熱をもらい，負の場合，系は熱を外界に放出することを意味する．

$$U_B - U_A = \Delta Q - P(V_B - V_A)$$

$$\Delta Q = \Delta U + P(V_B - V_A) = \Delta U + P\Delta V \qquad (1 \cdot 61)$$

また，状態 A から状態 B への変化によるエンタルピー（H，熱の Heat からきている）の差，つまりエンタルピー変化（ΔH）は，前出のエンタルピーの内訳（$H = U + PV$）から

$$\Delta H = H_B - H_A = (U_B + PV_B) - (U_A + PV_A) = \Delta U + P\Delta V = \Delta Q \qquad (1 \cdot 62)$$

であり，定圧下で起こる ΔH は系の熱の出入り（ΔQ）に等しい．

この関係は化学反応にも適用され，大気圧（定圧）下での反応物から生成物への化学変化においては，ΔH が正のときは吸熱反応および負のときは発熱反応で

ある．$\varDelta H$ が負の場合，系のエネルギー減少分は外界に反応熱として放出され，その熱量は $-\varDelta H$ に等しい．

一方，束縛エネルギーは｛エントロピー（entropy）×温度｝で定義され，このエントロピーは物質の集合状態である「乱雑さの程度」または「自由度」を表している．エントロピーが高くなると，系は自由度の高い安定した状態に近づく．例えば，氷（固体）が熱を加えられて水（液体）になる場合，氷は水分子が規則的に集まった（自由度が低い）状態であるが，液体の水は広がって乱雑な（自由な）状態である．このような状態変化の尺度がエントロピー（S，この原型を築いた物理学者 Sadi Carnot の S といわれている）である．

断熱系（物質と熱の出入りがなく，仕事の出入りはある系）におけるエントロピーの変化（$\varDelta S$）は，変化が可逆的である過程（可逆過程または可逆変化という）において，系に加えた熱量（$\varDelta Q$）を元の温度（T，絶対温度）で割った式（1·63）で定義される．可逆過程とは，状態 A から B への変化に対して，逆に状態 B から A に戻るとき，系と外界にともに変化がない経路で元の状態に戻る過程である．これは化学反応の可逆反応（反応式の左右どちらの方向にも進む反応）とは別である．

$$\varDelta S=\frac{\varDelta Q}{T} \tag{1・63}$$

断熱系におけるエントロピー変化は，可逆過程は $\varDelta S=0$ であり，不可逆過程は $\varDelta S>0$，つまりエントロピーが増大する方向に起こる変化である．これを「エントロピー増大の法則」（熱力学第二法則）という．化学反応は不可逆過程であり，仮に発熱反応で系が $\varDelta S<0$ でも，系と外界を含めた全体を断熱系とみなせば，反応は全体としてエントロピーが増大する方向に進む．なお，反応の平衡状態はエントロピー変化がない状態である．

このように，$\varDelta H$ は反応による熱の出入り，$\varDelta S$ は反応の進行方向を知る指標となる．しかし，実際に反応が進行するかどうかは，$\varDelta H$ と $\varDelta S$ の兼ね合いで決まる．それが反応物と生成物のギブズエネルギーの差，つまりギブズエネルギー変化（$\varDelta G$）である．

これら3要素の関係は，エンタルピーの内訳から，温度と圧力が一定（定温定圧）の下では次の式で表され，$\varDelta G$ により反応の進行と方向を知ることができる．

$$\Delta G = \Delta H - T\Delta S \qquad (1\cdot 64)$$

$\Delta G < 0$ の場合：自発的に進行する（反応式の右方向に進む）

$\Delta G = 0$ の場合：平衡状態

$\Delta G > 0$ の場合：自発的に進行しない（逆に左方向に進む）

このように，ΔG により化学反応の進行を判別することになるが，そのためには ΔG を定量的に評価する必要がある．これについては以下の 2 ～ 4 で説明する．

ところで，エントロピーは，熱力学第三法則より，絶対零度でゼロという基準があり，絶対値で議論することができるが，エンタルピーやギブズエネルギーは共通の基準をもたないので，絶対値ではなく，変化量で議論することになる．なお，絶対零度とは分子や原子の運動が完全に停止する状態の温度である．

2 標準状態における物質の生成エネルギー

化学反応の進行を議論するには，各エネルギーの変化を定量的に評価する必要があるので，その考え方を説明する．

物質のギブズエネルギーは，その物質から取り出せるエネルギーであり，物質を構成する原子の単体からその物質を生成するのに必要なエネルギーでもある．標準状態（定義は後述する）において，ある物質 1 mol をその構成原子の単体から生成する反応に伴う 3 要素のエネルギー変化を，標準生成エンタルピー（$\Delta_f H^\circ$, kJ/mol），標準生成エントロピー（$\Delta_f S^\circ$, J/K·mol）および標準生成ギブズエネルギー（$\Delta_f G^\circ$, kJ/mol）という（f：formation）．各記号の上添字 ° は標準状態を表し，「生成」は「変化」を意味するので Δ を付ける．ここに，構成原子の単体の $\Delta_f H^\circ$ と $\Delta_f G^\circ$ はゼロ（基準）に設定される．水溶液中のイオン反応の場合，H^+ の $\Delta_f H^\circ$ と $\Delta_f G^\circ$ をゼロとして，各イオンの $\Delta_f G^\circ$ が設定される．

標準状態において，式（1·64）は次のように表される．

$$\Delta_f G^\circ = \Delta_f H^\circ - T\Delta_f S^\circ \qquad (1\cdot 65)$$

さまざまな物質の（S°, $\Delta_f H^\circ$, $\Delta_f G^\circ$）が化学便覧（日本化学会編纂）にまとめられており，これを使えば化学反応による生成物の $\Delta_f G^\circ$ を式（1·65）から計算することができる．なお，エントロピーは，生成（$\Delta_f S^\circ$）ではなく，絶対値の標準エントロピー（S°）が与えられている．また，$\Delta_f G^\circ$ の具体的な計算例を補足①に示す．

物質の標準状態における生成ギブズエネルギーは式（1·65）から求めることが

でき，そのエネルギー変化は，反応の進行に関する基本的な特性や，他の反応との相対的な関係を評価するうえで有効な情報を提供してくれる．しかし，実際には反応の状態が必ずしも標準状態や物質1 molの生成とは限らない．そこで，任意の状態における物質の生成ギブズエネルギーの求め方を次に説明する．

3 任意の状態における物質の生成ギブズエネルギー

物質の生成に必要なエネルギーは，実際は反応の状態量（温度，圧力，物質量など）によって異なる．任意の状態では，式（1･66）に示すとおり，標準生成ギブズエネルギーに，任意の状態量に変化させるのに要するギブズエネルギーを加えて求める．

任意状態の物質のギブズエネルギー＝標準生成ギブズエネルギー
＋任意の状態量に変化させるのに要するギブズエネルギー
（1・66）

任意の状態に変化させるのに要するギブズエネルギー（$G_{任} - {}_{\mathrm{f}}G^{\circ}$）は，前出のエンタルピーの内訳（図1･11）または式（1･62）から，エンタルピー変化（ΔH）の微小変化量（無限小の差）（dH）をとり，理想気体の状態方程式を代入することによって，次式で表される（式の導出は補足②を参照）．

$$G_{任} - {}_{\mathrm{f}}G^{\circ} = RT \cdot \ln \frac{P_{任}}{P^{\circ}} = RT \cdot \ln P_{任} \qquad (1 \cdot 67)$$

式（1･66）から，任意状態の物質のギブズエネルギー（$G_{任}$）は次のように表される．

$$G_{任} = {}_{\mathrm{f}}G^{\circ} + RT \cdot \ln P_{任} \qquad (1 \cdot 68)$$

これは物質1 mol当りのギブズエネルギーを与える式であり，この1 mol当りのギブズエネルギーを化学ポテンシャル（μ）という．

混合気体でも同様であり，成分iの化学ポテンシャル（μ_i）と任意分圧（P_i）を使って，式（1･68）を書き直すと

$$\mu_i = \mu_i^{\circ} + RT \cdot \ln P_i \qquad (1 \cdot 69)$$

ここに，化学種が単一で存在する状態と他の物質との混合状態では化学種の性質が違ってくるので，混合状態での反応においては化学ポテンシャルで解析する．また，溶液において，物質iがその気相と平衡状態にあるとき，気体と液体の化学ポテンシャルは等しいので，溶液反応で，溶質の化学種（成分）の量を濃

度で表す場合，式(1·69) の分圧（P_i）にモル濃度（$[C_i]$）を当てはめればよい．

本章2節2項で扱った反応式（1·6）（p.23，以下に再掲）を例として，溶液反応における平衡条件の式（標準生成ギブズエネルギーの計算式でもある）を導出する．

$$a\mathrm{A} + b\mathrm{B} \rightleftharpoons c\mathrm{C} + d\mathrm{D} \tag{1·6}$$

反応物（A と B）および生成物（C と D）のギブズエネルギーは

反応物：$G_{\text{反応}} = a\{\mu_{\mathrm{A}}{}^{\circ} + RT\cdot\ln[C_{\mathrm{A}}]\} + b\{\mu_{\mathrm{B}}{}^{\circ} + RT\cdot\ln[C_{\mathrm{B}}]\}$

生成物：$G_{\text{生成}} = c\{\mu_{\mathrm{C}}{}^{\circ} + RT\cdot\ln[C_{\mathrm{C}}]\} + d\{\mu_{\mathrm{D}}{}^{\circ} + RT\cdot\ln[C_{\mathrm{D}}]\}$

反応の平衡状態では $G_{\text{反応}} = G_{\text{生成}}$ であり，左辺に各化学種の標準状態の化学ポテンシャル（ギブズエネルギー），右辺に任意の状態に変化させるのに要するギブズエネルギー変化をまとめる．

$$\begin{aligned}&(c\mu_{\mathrm{C}}{}^{\circ} + d\mu_{\mathrm{D}}{}^{\circ}) - (a\mu_{\mathrm{A}}{}^{\circ} + b\mu_{\mathrm{B}}{}^{\circ})\\&\quad = -RT\{(c\cdot\ln[C_{\mathrm{C}}] + d\cdot\ln[C_{\mathrm{D}}]) - (a\cdot\ln[C_{\mathrm{A}}] + b\cdot\ln[C_{\mathrm{B}}])\}\\&\quad = -RT\cdot\ln\frac{[C_{\mathrm{C}}]^c[C_{\mathrm{D}}]^d}{[C_{\mathrm{A}}]^a[C_{\mathrm{B}}]^b}\end{aligned}$$

右辺の化学種の濃度比 $\left(\dfrac{[C_{\mathrm{C}}]^c[C_{\mathrm{D}}]^d}{[C_{\mathrm{A}}]^a[C_{\mathrm{B}}]^b}\right)$ を平衡定数（K）（式（1·7），p.23）で置き換えると，式（1·6）の溶液反応における平衡条件式（1·70）が得られる．

$${}_{\mathrm{f}}G_{\text{生成}}{}^{\circ} - {}_{\mathrm{f}}G_{\text{反応}}{}^{\circ} = \Delta_{\mathrm{f}}G^{\circ} = -RT\cdot\ln K \tag{1·70}$$

${}_{\mathrm{f}}G_{\text{反応}}{}^{\circ}$：各反応物の標準生成ギブズエネルギーの合計

${}_{\mathrm{f}}G_{\text{生成}}{}^{\circ}$：各生成物の標準生成ギブズエネルギーの合計

なお，平衡定数（K）は，気体反応では分圧比の圧平衡定数（K_p），溶液反応では濃度比の濃度平衡定数（K_c）と呼ばれ，$K_p = K_cRT^{(c+d)-(a+b)}$ の関係にある．反応前後のモル数に変化がない場合，$(c+d) = (a+b)$ であり，K_p と K_c は等しい．ただし，濃度比は厳密には活量比（活量積/活量積）であるが，活量については後述する．

次に，式（1·6）の反応が平衡状態ではない（左右どちらかの方向に進む）場合，反応のギブズエネルギー変化（$\Delta_{\mathrm{r}}G$，r：reaction）は，式(1·68) に基づき

$$\Delta_{\mathrm{r}}G = \Delta_{\mathrm{f}}G^{\circ} + RT\cdot\ln Q_{\mathrm{c}} \tag{1·71}$$

ここに，Q_{c} は反応商（reaction quotient，添字 c は濃度比を意味する）と呼ば

れ，平衡状態ではない状態での濃度比 $\left(\frac{[C_{\mathrm{C}}]^{c}[C_{\mathrm{D}}]^{d}}{[C_{\mathrm{A}}]^{a}[C_{\mathrm{B}}]^{b}}\right)$ である．

式（1･6）の反応において，式（1･71）により，$\Delta_{\mathrm{r}}G<0$ であれば反応は右方向に進行し，$\Delta_{\mathrm{r}}G>0$ であれば左方向に進行する．なお，平衡に達すると，$\Delta_{\mathrm{r}}G=0$，つまり $\Delta_{\mathrm{f}}G^{\circ}=-RT\cdot\ln Q_{\mathrm{c}}=-RT\cdot\ln K$ となり，先に求めた平衡の条件式（1･70）が得られる．

4　酸化還元反応と電極電位

前述のとおり，化学反応に使われるエネルギーは，反応前後のギブズエネルギー変化（$\Delta_{\mathrm{r}}G$）であるが，これを直接測定するのは困難である．$\Delta_{\mathrm{r}}G$ は「仕事をなしうる潜在能力」であるので，酸化還元反応ではそれを電位として定義でき，反応前後の電位差として測定・解析することができる．

酸化還元反応は，本章2節2項で述べたように，電子供与体（還元剤）と電子受容体（酸化剤）との間で電子の授受（移動）がある化学反応である．この電子の移動は，供与体と受容体との間の電位差により起こり，それぞれの電位は標準水素電極（standard hydrogen electrode：SHE）との電位差として測定される．このとき，標準水素電極の電位（E_{SHE}）は0 V（Vはボルト）とする．電位は直接測定できる量ではなく，ある基準値との差，つまり電位差（電圧ともいう）として計測する．

この電位差を電極電位（electrode potential：E）および標準状態では標準電極電位（E°）という．また，電極電位は，半反応において還元方向の変化に対して定義されるので，還元電位（reduction potential）とも呼ばれる．

標準状態とは，溶液の場合，温度 25°C（絶対温度 298.15 K）および圧力 10^{5} Pa（1気圧）で，系内の化学種の活量（activity）が1である状態を指す．実在の溶液中の化学種は，溶質どうしあるいは溶質と溶媒間の相互作用により，溶質濃度に比例した反応性をそのまま示すわけではない．そこで，希薄溶液の理想系と実在する現実系における差を活量係数で補正し，（活量係数×濃度）で表される熱力学的な濃度の活量を用いる．一般的に，活量係数は化学種の濃度が高くなると小さくなり，逆に濃度が低くなると大きくなっていき，やがて限りなく1（理想系）に近づく．

次に，酸化還元反応において，電子の授受を示した半反応の平衡状態における電極電位の求め方について説明する．前述のとおり，熱力学的には化学種の量は活量で示すべきであるが，煩雑さを避けるため，ここでは活量係数を1（標準状態）としてモル濃度で表記する．

半反応の一般式を式（1·72）に示す．左辺のOxは酸化体（酸化剤），右辺のRedは還元体（還元剤）であり，aとbは平衡時のそれぞれのモル数およびzは移動電子数である．

$$\mathrm{aOx} + \mathrm{ze}^- \rightleftharpoons \mathrm{bRed} \qquad (1\cdot72)$$

なお，Oxが受け取る電子e^-は，先に説明したとおり，対となる別の半反応からの電子であり，この電子の授受により酸化還元反応が成立する．したがって，酸化還元反応の電位は，その一対の半反応において，電極電位の高いほうの電位と低いほうの電位の差で表される．ここに，電子は電位の低いほうから高いほうへ流れるので，電位の高いほうが還元され（反応は右方向に進む），低いほうが酸化される（反応は左方向に進む）．

ところで，ある電位（〔J/C〕または〔V〕，Cはクーロン）にある電荷量（C）は（電荷量×電位）〔J〕のエネルギーをもつので，半反応においてz molの電子がもつエネルギーは次式で表される．

$$\text{z mol の電子がもつエネルギー} = -\mathrm{z}\boldsymbol{FE} \qquad (1\cdot73)$$

ここに，$\boldsymbol{F}$はファラデー定数（1 molの電子の電荷量の絶対値，96 485 C/mol）であり，電子は負の電荷なのでマイナスのエネルギーをもつ．

標準状態では，酸化還元反応における標準電極電位（$\boldsymbol{E}^\circ$）がもつエネルギーが標準ギブズエネルギー変化（$\Delta_r G^\circ$）に等しいので

$$\Delta_r \boldsymbol{G}^\circ = -\mathrm{z}\boldsymbol{FE}^\circ \qquad (1\cdot74)$$

したがって，標準電極電位（$\boldsymbol{E}^\circ$）は次式で定義される．

$$\boldsymbol{E}^\circ = \frac{\Delta_r \boldsymbol{G}^\circ}{-\mathrm{z}\boldsymbol{F}} \qquad (1\cdot75)$$

また，反応に関与する物質が任意の濃度のとき，半反応の電子に生ずる電極電位（$\boldsymbol{E}$）は，次のネルンスト（Nernst）の式で表される．

$$\boldsymbol{E} = \boldsymbol{E}^\circ - \frac{\boldsymbol{RT}}{\mathrm{z}\boldsymbol{F}} \ln \frac{[\mathrm{Red}]^b}{[\mathrm{Ox}]^a} \qquad (1\cdot76)$$

ここに，$\boldsymbol{R}$は気体定数（8.314 J/K·mol），$\boldsymbol{T}$は絶対温度，$\boldsymbol{F}$はファラデー定数

および［ ］はOxとRedのモル濃度である．また，$\frac{[\mathrm{Red}]^b}{[\mathrm{Ox}]^a}=1$（右辺第2項=0）のとき，$E=E^\circ$となる．

例えば，前出の式（1･42）（p.31，以下に再掲）の半反応について，標準電極電位（E°）は次のように求められる．なお，式（1･42）は，Fe^{2+}のFe^{3+}への酸化に対する還元の半反応として紹介したが，生物反応においては酸素呼吸の半反応であり，好気性生物にとって重要な反応である．

$$O_2 + 4\,H^+ + 4\,e \rightleftharpoons 2\,H_2O \qquad (1\cdot42)$$

各物質の$\Delta_f G^\circ$〔kJ/mol〕：O_2〔g〕=0,

H^+(aq：水溶液)=0，H_2O〔l〕=−237.28

反応の$\Delta_r G^\circ$〔kJ/mol〕：2×(−237.28)−0=−474.56

電子のエネルギーは$-zFE^\circ$〔J〕：$-4\times96\,485\times E^\circ$

$=-385\,940\times E^\circ$

平衡状態で式（1･75）より，$E^\circ=\frac{-474.56\times1\,000}{-385\,940}=1.23\ \mathrm{V}$

式（1･42）の半反応の標準電極電位（E°）は1.23 Vであり，任意濃度での平衡時の電極電位（E）は式（1･76）により求めればよい．ただし，このE°は標準水素電極E_{SHE}の条件である［H^+］=1 mol/l，つまりpH=0を前提としているが，式（1･42）のように，水素イオンH^+を含む反応の電位は，実際は水溶液のpHに依存する．

標準水素電極の電位E_{SHE}は，［H^+］=1 mol/lの水溶液に白金電極を入れ，25°Cで周辺気圧が1気圧のH_2ガスで満たされている電極の電位で，これを0 Vと定義している．標準水素電極の系の半反応式と電極電位Eの式は，以下のとおりである．

$$2\,H^+ + 2e- \rightleftharpoons H_2[g] \qquad E^\circ=0\ \mathrm{V} \qquad (1\cdot77)$$

$$E=E^\circ-\frac{RT}{2F}\ln\frac{p(H_2)}{[H^+]^2} \qquad (1\cdot78)$$

式（1･78）に$p(H_2)=1$気圧と$E^\circ=0$ Vを代入し，また ln=2.303 log の変換を行うと

$$E=-\frac{8.314\times298.15}{2\times96\,485}\times2.303\log\frac{1}{[H^+]^2}$$

$$=0.0592\log[H^+]=-0.0592\,\mathrm{pH} \qquad (1\cdot79)$$

つまり，水溶液の pH で電位が変化する系では，pH が 1 上昇すると電位は 0.0592 V 低下し，例えば pH 7 では $\boldsymbol{E}_{\mathrm{SHE}} = -0.0592 \times 7 = -0.41$ V となる．

したがって，先に求めた式（1·42）における $\boldsymbol{E}^\circ$ は，自然界や生物反応で一般的な水溶液の pH 7 の場合，$\boldsymbol{E}^\circ = 1.23 - 0.41 = 0.82$ V となる．

酸化還元反応におけるギブズエネルギー変化（$\Delta_r G^\circ$ または $\Delta_r G$）は，一対の半反応（酸化と還元）の電極電位（$\boldsymbol{E}^\circ$ または $\boldsymbol{E}$）を求め，その差（${}_r\boldsymbol{E}^\circ$ または ${}_r\boldsymbol{E}$，これらは ORP でもある）から，式（1·74）により求めることができる．その際，酸化の半反応と還元の半反応との間で移動する電子数（z）が同じになるように反応式を組む必要がある．

環境中の水や電解質溶液での酸化還元反応に対しては，不活性の金属の測定電極を用いたセンサーにより酸化還元電位（Oxidation Reduction Potential：ORP，mV）を測定することができる．ただし，実測した ORP は，各種反応が複合されたもので，環境に依存する値であり，特定の物質の固有値ではない．式（1·76）からも推察できるように，ORP は試料中に酸化体が多ければプラスの電荷，還元体が多ければマイナスの電荷をもつ．ORP は，その数値がプラスに大であるほど酸化力が強く，マイナスに大であれば還元力が強いことを示す．水域の場合，前者は好気的環境，後者は嫌気的環境でみられる．ORP の測定において，一般的な ORP 計は，測定電極を白金，比較電極を塩化銀とするセンサーで測定するもので，標準水素電極による電位への換算はしていない．しかし，ORP 計による測定値に 200 mV を加えると，おおよその標準水素電極電位への換算値（Eh で表示される）を知ることができる．水環境で起こりうる酸化還元反応に対して，水溶液の Eh（条件：酸素分圧 0.21 気圧，水温 25°C，pH 7）として，好気呼吸が 760 mV，脱窒が 740 mV，硫酸塩還元が −180 mV およびメタン発酵が −240 mV などの例が報告されている．

補足説明

補足① 標準生成ギブズエネルギー（$\Delta_f G^\circ$）計算の例

標準状態における水素 H_2（g：気体）と酸素 O_2〔g〕から水 H_2O（l：液体）が生成される反応（式（1·80））を例として，もう少し具体的に説明しよう．ただし，外界は十分に大きく，系に外界を含めた全体の温度は反応前後で変わらない，つまり断熱系とみなせるものとする．

$$H_2 + \frac{1}{2} O_2 \rightarrow H_2O \quad (1 \cdot 80)$$

ここに，標準状態とは，化学熱力学では温度25°C（絶対温度298.15 K），圧力10^5 Pa（1気圧）であり，本章2節1項で説明したSTP（0°C，1気圧）とは温度が異なる．溶液の場合，これに溶質の化学種の活量が1という条件が加わる．

反応物の単体H_2とO_2の$\Delta_f H^\circ$と$\Delta_f G^\circ$はともにゼロであり，式（1･65）を使って，生成物H_2Oの$\Delta_f G^\circ$は次のように計算される．

化学便覧より

$$\Delta_f H^\circ \text{〔kJ/mol〕}: H_2 = 0,\ O_2 = 0,\ H_2O = -285.83$$

$$S^\circ \text{〔J/K･mol〕}: H_2 = 130.58,\ O_2 = \frac{205.03}{2} = 102.52,\ H_2O = 69.91$$

標準状態の温度T〔K〕= 298.15

式（1･65）において

$$\Delta_f H^\circ = -285.83 - (0+0) = -285.83 \text{ kJ/mol}$$

$$\Delta_f S^\circ = 69.91 - (130.58 + 102.52) = -163.19 \text{ J/K･mol}$$

$$\Delta_f G^\circ = -285.83 - 298.15 \times (-163.19 \times 10^{-3}) = -237.17 \text{ kJ/mol}$$

ここに，$\Delta_f H^\circ < 0$より，この反応は発熱反応であり，反応熱（$-\Delta_f H^\circ$）は285.83 kJ/molである．系のエントロピー変化（$\Delta S^\circ_{系}$）は，上記の$\Delta_f S^\circ$であり，この分が減少している．一方，反応熱は外界に伝わり，系と外界との熱のやり取りが可逆的と考えると，外界のエントロピー変化（$\Delta S^\circ_{外}$）は式（1･63）より計算され，その分が増加する．

$$\Delta S^\circ_{外} = \frac{\Delta Q}{T} = \frac{285.83 \times 10^3}{298.15} = 958.68 \text{ J/K･mol}$$

したがって，系と外界を含めた全体のエントロピー変化（$\Delta S^\circ_{全}$）は次のとおりである．

$$\Delta S^\circ_{全} = \Delta S^\circ_{系} + \Delta S^\circ_{外} = -163.19 + 958.68 = 795.49 \text{ J/K･mol}$$

$\Delta S^\circ_{全} > 0$より，全体のエントロピーは増加していることがわかる．

また，式（1･80）の反応によるH_2O〔l〕の$\Delta_f G^\circ$は-237.17 kJ/molであり，$\Delta_f G^\circ < 0$より，この反応は自発的に右方向に進むことがわかる．ただし，実際には水素が自然に発火・燃焼することはなく，最初は点火する必要がある．

補足②　任意状態のギブズエネルギーの算出方法

理想気体における任意状態のギブズエネルギーの算出方法を説明する．前出のエンタルピーの内訳（図1･11）あるいは式（1･62）から，エンタルピー変化（ΔH）の微小変化量（無限小の差）（dH）は以下のようになる．無限小の変化をとることにより，可逆過程に準ずる過程（準静的過程という）を構想し，系の状態の変化を記述（計算）することができる．

$$dH = dU + d(PV) = d\mathrm{U} + \{(P+dP)(V+dV) - PV\} = dU + PdV + VdP + dPdV$$

ここに，$dPdV$ は無限小の差どうしの積であり，無視できるので

$$dH = dU + PdV + VdP \qquad (1 \cdot 81)$$

同様に，式（1･64）と式（1･81）から，ギブズエネルギーの微小変化量（dG）は以下のように表される．

$$dG = dH - d(TS) = (dU + PdV + VdP) - (TdS + SdT) \qquad (1 \cdot 82)$$

エントロピー変化（ΔS）を微小変化量（dS）で表すと，式（1･63）は $dS = \dfrac{dQ}{T}$ であり，両辺に T を乗じると $TdS = dQ$ となる．さらに，式（1･61）を微小変化量で表すと，$dQ = dU + PdV$ であり，$TdS = dU + PdV$ が得られる．

これを式（1･82）に代入すると

$$dG = dU + PdV + VdP - (dU + PdV) - SdT = VdP - SdT \qquad (1 \cdot 83)$$

化学反応の前後で温度が一定の場合，$dT = 0$ であるので，式（1･83）は

$$dG = VdP \qquad (1 \cdot 84)$$

理想気体の状態方程式（式（1･2），p.21）を，$n = 1$ mol として，式(1･84）に代入する．

$$dG = \frac{RT}{P} dP$$

さらに，両辺を標準状態で圧力 P°（大気圧 = 1 気圧）から任意の圧力 $P_{任}$まで積分すると

$$\int dG = RT \int \frac{1}{P} dP \quad \rightarrow \quad G_{任} - {}_{\mathrm{f}}G^{\circ} = RT \cdot \ln \frac{P_{任}}{P^{\circ}} = RT \cdot \ln P_{任}$$

これが任意の状態量（濃度（分圧），温度）に変化させるのに要するギブズエネルギーである．

4 微生物による反応

本節では，細胞の構造と微生物の分類，微生物のエネルギー代謝および微生物の増殖と基質消費などについて解説する．

1　細胞の構造と微生物の分類

（a）　細胞の構造

水環境における水質や水処理に関与する微生物は，細菌（bacteria），藻類（algae），菌類（fungi），原生動物（protozoa）および後生動物（metazoa）などである．細菌，藻類，原生動物および一部の菌類は単細胞であり，残りの菌類と後生動物は多細胞である．これらの微生物の中で，水環境の水質と最も深いかかわりをもつのは細菌と藻類である．

細胞は細胞膜（cell membrane）に囲まれ，内部は核質（nucleoplasm）と細胞質（cytoplasm）とに分かれる．核質には2種類あり，細胞は核膜で包まれた核をもつ真核細胞（eucaryote）と核膜のない核様体をもつ原核細胞（procaryote）に分類される．すべての細菌と藍藻類は原核細胞に属し，藍藻類以外の藻類は真核細胞である．**図1･12**に原核細胞の概略の構造を示す．

原核細胞の核質はデオキシリボ核酸（DNA）からなる染色体の塊であり，遺伝情報の担い手である．細胞質にはリボソーム（ribosome）が存在し，これはタンパク質の合成をつかさどるリボ核酸（RNA）を含む．細胞膜は基質（substrate）の選択的透過性やエネルギー生成などに深いかかわりをもつ．基質とは生物反応に利用される物質をいう．細胞表層には細胞壁（cell wall）があり，さらにその外側はきょう膜（capsule）によって覆われている．細胞壁は細胞の形態を維持し，浸透圧に耐えるための防護壁の役割を果たしており，きょう膜は粘性の高い多糖類が細胞壁に付着したものである．また，細菌によってはべん毛（flagella）をもち，これを使って自由に動き回ることができる．

細胞を構成する物質のうち，その大半は水であり，細菌では約80%が水分である．残りの20%に相当する乾燥重量の90%以上が有機物質であり，そのうち

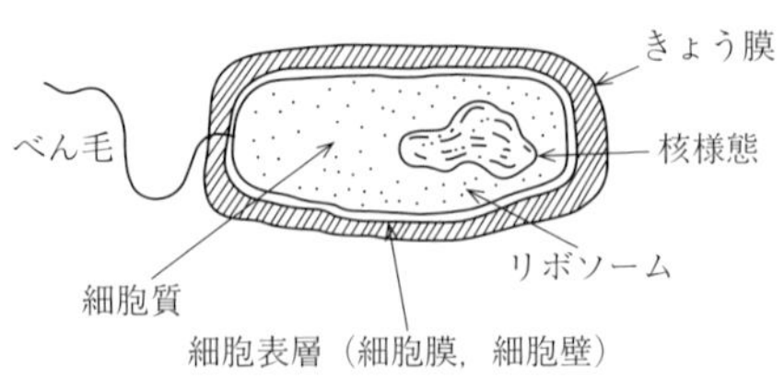

図1・12　原核細胞の構造（略図）

タンパク質が40〜60%，脂質が10〜15%を占め，炭水化物は細菌種や増殖条件によるが5〜30%程度といわれている．また，細菌は種々の元素によって構成されるが，その構成元素の乾燥重量ベースの割合から，細菌の化学組成式として一般に$C_{60}H_{87}O_{23}N_{12}P$（原子量の総和＝1 374）あるいは単純化した$C_5H_7O_2N$（原子量の総和＝113）という実験式が用いられる[8]．化学組成式$C_{60}H_{87}O_{23}N_{12}P$に従えば，細菌の主な構成元素の割合は炭素C＝720/1 374＝0.524，窒素N＝168/1 374＝0.122およびリンP＝31/1 374＝0.023であり，C：N：P≒23：5：1となる．この構成元素の割合は，水質や排水の生物処理に関与する細菌の増殖に必要なNやPなどの栄養物質（nutrient）の濃度を決定する因子でもある．ただし，後述するエネルギー獲得と細胞合成の両反応に有機物質（炭素源）が利用される場合，おおむね2倍量の炭素源が必要と考えられ，生物処理に適する排水の栄養バランスの適正な比率としてはC：N：P≒50：5：1という比がよいとされている．

（b） 微生物の代謝形態による分類

生きている生物による化学反応を代謝（metabolism）と呼び，それはエネルギー獲得のための反応と細胞合成（生合成ともいう）のための反応からなる．微生物は，代謝におけるエネルギー源と炭素源の相違から，**表1·7**のように四つのグループに分類される．エネルギー源の相違から，微生物は光エネルギーを化学エネルギーに変換して利用することのできる光合成（photosynthetic）と，基質の酸化還元反応によって生成するエネルギーを利用する化学合成（chemosynthetic）に分けられる．また，細胞合成のための炭素源に対しては，CO_2を利用する独立栄養（autotroph）と，有機物質を利用する従属栄養（heterotroph）の微生物が存在する．すなわち，微生物はエネルギー源から光合成と化学合成に，

表1·7 代謝形態による微生物の分類

エネルギー源	炭素源	グループ名	微生物の例
光合成（photosynthetic）	CO_2	光合成独立栄養（photo-autotroph）	藻類 硫黄細菌
	有機物質	光合成従属栄養（photo-heterotroph）	紅色非硫黄細菌 緑色非硫黄細菌
化学合成（chemosynthetic）	CO_2	化学合成独立栄養（chemo-autotroph）	硝化細菌 鉄酸化細菌
	有機物質	化学合成従属栄養（chemo-heterotroph）	多種の好気性細菌 メタン生成細菌

炭素源から独立栄養と従属栄養に分類され，その組合せで四つの代謝形態に分類される．

また，光合成および化学合成のいずれのエネルギー獲得反応においても酸化還元反応が含まれ，微生物は酸化反応による電子を最終的に受け取る電子受容体を必要とする．この最終電子受容体として重要な物質の一つが遊離酸素 O_2 である．ここに，微生物を O_2 の要求性から分類すると，酸素を必要とする好気性（aerobic），酸素以外の無機物質（NO_3^- や SO_4^{2-} などの酸化物を含めて）あるいは有機物質を利用する嫌気性（anaerobic），および酸素がある場合は酸素を優先的に利用し，ない場合は硝酸塩などを利用する通性（facultative）に分類される．化学合成従属栄養の微生物は有機物質の酸化反応によってエネルギーを獲得することができるが，同じ有機物質でも好気性微生物と嫌気性微生物ではその分解経路やエネルギー生成効率が異なる．

2　微生物のエネルギー代謝

（a）ATP によるエネルギー代謝

光合成や化学合成により得られるエネルギーは，式（1·85）の左向きの反応で表されるように，アデノシン二リン酸（ADP）がリン酸と結合してアデノシン三リン酸（ATP）に変換される際，リン酸結合の形で貯蔵される．これをリン酸化（phosphorylation）という．ATP はあらゆる生物にとってのエネルギー貯蔵物質であり，逆に式（1·85）の右向きの反応により ATP が加水分解されるとエネルギーが放出される．細胞合成反応はこのエネルギーを利用して進行する．加水分解の結果，ATP は ADP に転換されるが，ADP はエネルギー獲得反応により再び ATP に転換されることになる．

$$\mathrm{ATP} + \mathrm{H_2O} \underset{\text{エネルギー獲得}}{\overset{\text{エネルギー放出}}{\rightleftharpoons}} \mathrm{ADP} + \mathrm{P_i} \quad [+\text{エネルギー}] \tag{1・85}$$

ここに，P_i は無機のリン酸塩（PO_4^{3-}）である．ATP が ADP に加水分解される際，25°C で 30.5 kJ/mol のエネルギーが放出される．

細胞内で，ATP は二つの異なる機構で生成される．すなわち，基質レベルのリン酸化（substrate level phosphorylation）と酸化的リン酸化（oxidative phosphorylation）であり，その概念を**図 1·13** に示す．基質レベルのリン酸化では，

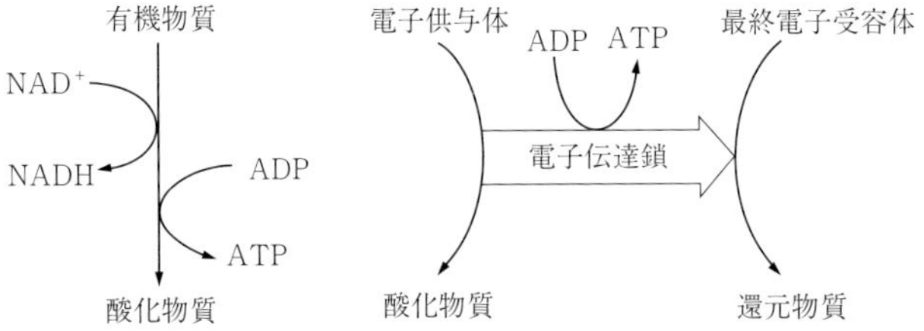

（a） 基質レベルのリン酸化　　（b） 酸化的リン酸化

図 1・13　リン酸化による ATP 生成

基質である有機物質の酸化により放出されるエネルギーの一部が捕捉され，ATP が生成される．このとき，酸化により放出される電子は電子輸送体であるニコチンアミドアデニンジヌクレオチド（NAD）により受け取られ，NAD は NADH（NAD の還元型）に還元される．一方，酸化的リン酸化では，電子が電子供与体から電子伝達鎖を通して最終電子受容体へと移動していき，その過程で ATP が生成される．呼吸や光合成は酸化的リン酸化に該当する．電子供与体として有機物質や無機物質が酸化され，放出された電子が電子伝達鎖の最終電子受容体として O_2 により捕捉される場合を好気性呼吸，また CO_2，NO_3^-，SO_4^{2-} などにより捕捉される場合を嫌気性呼吸という．光合成ではクロロフィルが電子供与体および電子受容体としての役割を果たすことができ，このリン酸化は循環的光リン酸化（cyclic photophosphorylation）と呼ばれる．

（b） 光合成微生物による代謝

光合成は光を必要とする明反応（light reaction）と必要としない暗反応（dark reaction）からなり，明反応で光エネルギーの化学エネルギーへの変換を行い，暗反応で細胞合成を行う．光合成は，植物や藻類にみられるように，一般的に明反応で酸素を発生するが，**図 1・14** に示すように，細菌型光合成では酸素を発生しない．例えば，藻類は，H_2O を電子供与体として，水中の CO_2 を還元して糖を合成する過程で O_2 を発生する．これに対して，光合成細

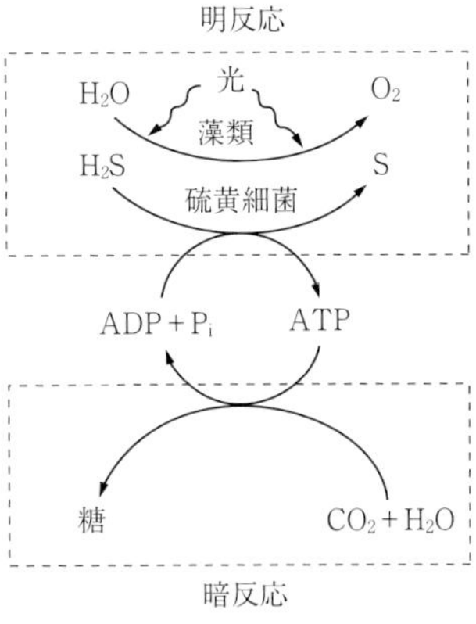

図 1・14　光合成の明反応と暗反応

菌である硫黄細菌は電子供与体としてH_2Sを利用し，O_2を発生することなく，CO_2を還元して糖を合成する．

（c）　化学合成従属栄養の微生物による代謝

化学合成従属栄養の微生物は有機物質を酸化してエネルギーを獲得することができ，このエネルギー獲得反応は異化（catabolism）と呼ばれる．また，そのエネルギーを利用した細胞合成の反応は同化（anabolism）と呼ばれる．前述したように，好気性微生物と嫌気性微生物では有機物質の分解経路やエネルギー生成効率が異なるが，異化には両方の微生物に共通の経路がある．この共通の異化経路の代表的なものが解糖経路（glycolytic pathway）であり，その概略を**図 1・15**に示す．解糖経路はE-M経路（Emden-Meyerhof pathway）とも呼ばれる．

解糖経路はグルコース（$C_6H_{12}O_6$）からピルビン酸（$CH_3COCOOH$）までの分解経路であり，その過程で2 molのATPが消費されるが，中間産物であるグリセルアルデヒド三リン酸とジヒドロキシアセトンリン酸の分解から，合計4 molのATPが生成される．したがって，解糖経路は1 molのグルコースから2 molのピルビン酸を生成し，その過程で基質レベルのリン酸化によって正味2 molのATPを生成することになる．ここに，解糖経路にはO_2は関与せず，好気性微生物および嫌気性微生物に共通な経路として利用される．しかし，糖分解の重要な

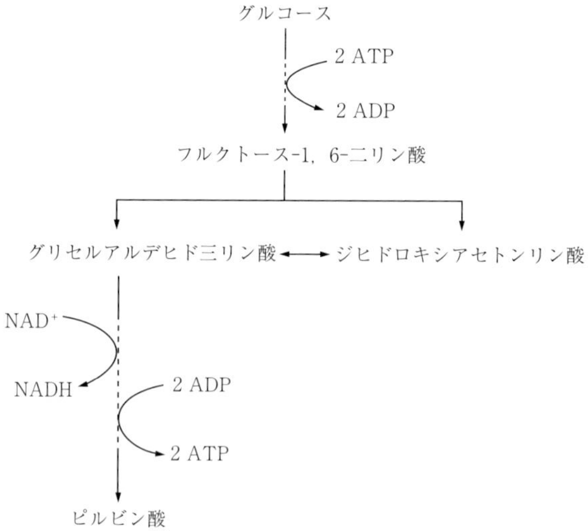

図 1・15　解糖経路（略図）

中間産物（解糖経路の最終産物）であるピルビン酸は，好気性分解と嫌気性分解では全く異なる経路でさらなる分解を受けることになる．

また，解糖経路ではピルビン酸までの分解過程でNADが還元され，全体として2 molのNADHが生成される．すべての反応が持続的に起こるためには，生成されたNADHは酸化されてNADに再生され，酸化還元のバランスが保持されなければならない．好気性条件では，NADHは好気性呼吸によりNADに酸化され，その過程で電子伝達鎖において1 molのNADHから3 molのATPが生成されるので，合計6 molのATPが生成される．すなわち，好気性の解糖経路では，基質レベルのリン酸化と酸化的リン酸化を合わせて，1 molのグルコースから正味8 molのATPが生成されることになる．一方，嫌気性条件では，解糖経路で生成されたNADHはピルビン酸の分解過程で酸化されるが，このNADの再生はATPを生成しない．

好気性微生物は，一般的にトリカルボン酸(TCA)回路（tricarboxylic acid cycle）を通して，ピルビン酸を最終的にCO_2とH_2Oにまで分解する．**図1·16**にTCA回路の略図を示すが，TCA回路はクレブス回路（Krebs cycle）またはクエン酸回路（citric acid cycle）とも呼ばれる．TCA回路で生成されるクエン酸などの産物は生合成の材料として利用される．TCA回路では，2 molのピルビン酸が完全に酸化される過程で，基質レベルのリン酸化と酸化的リン酸化を合わせて，正味30 molのATPが生成される．このとき，酸化的リン酸化の電子伝達鎖では水中のO_2が最終電子受容体として利用される．結局，好気性条件では，1 molのグルコースが解糖経路とTCA回路を通して完全に酸化される過程で，正味38 molのATPが生成されることになる．

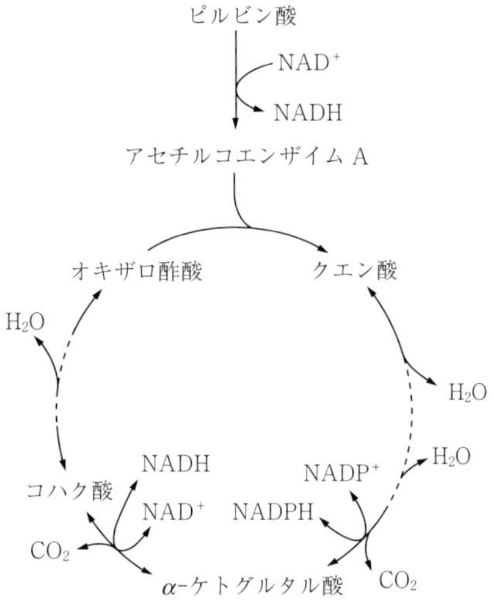

図1・16 トリカルボン酸（TCA）回路（略図）

嫌気性微生物によるピルビン酸の分解（発酵ともいう）は複雑であり，各種の産物への転換経路があるが，主な経路を要約すると**図1·17**のようになる．嫌気性細菌の場合，大別すると酸生成細菌とメタン生成細菌に分けられ，図1·17に示した分解は酸生成細菌によって行われる．また，その産物の一つである酢酸はメタン生成細菌によって利用される．酸生成細菌の種類によってピルビン酸の分解経路は異なるが，例えば*Clostridium pasteurianum*による分解では酢酸と酪酸が生成され，その過程で2 molのピルビン酸から1.3 molのATPが生成されるので，結局1 molのグルコースから正味3.3 molのATPが生成されることになる[9]．前述の好気性分解で1 molのグルコースから38 molのATPが生成されるのに対して，嫌気性分解ではその1/10程度のATPしか生成されず，エネルギー生成効率が非常に低いことがわかる．

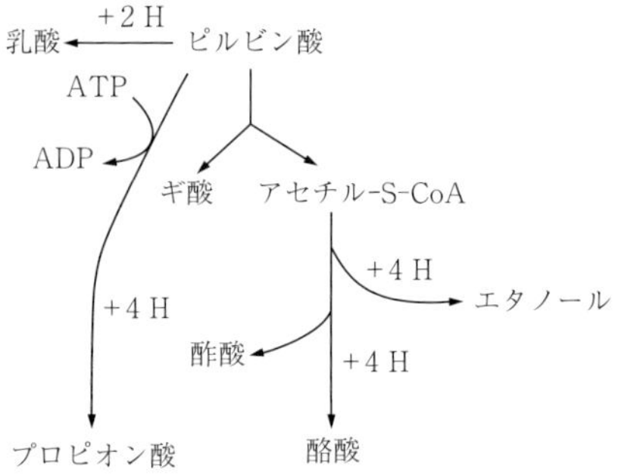

図 1・17 ピルビン酸の主な嫌気性分解経路（略図）

嫌気性微生物による炭水化物（グルコース等）の分解（解糖，発酵）過程で，水素H_2が生成され，さらにH_2とCO_2からメタンCH_4が生成されることがある．これはメタン生成細菌による反応であるが，いわゆる発酵（基質レベルのリン酸化）ではなく，H_2を電子供与体，CO_2を最終電子受容体とする酸化的リン酸化によるATP生成の反応であり，炭酸呼吸と呼ばれる．

3 微生物の増殖と基質消費

（a） 増殖曲線

微生物は，基質を分解してエネルギーを獲得しながら，細胞合成すなわち増殖を行う．化学合成従属栄養の微生物は基質として有機物質を利用し，回分培地（batch culture）における有機物質の減少量および微生物量（細胞数の対数表示）の時間との関係は**図1·18**のように表される．回分培地とは反応器に一度に基質を投入して培養する方式で，反応途中の基質の流入や流出はない．図1·18に示したように，微生物は，ある時間が経過すると，急激に基質を分解しながら増殖を始める．さらに時間が経過すると残存基質が少なくなり，微生物量は見かけ上一定となるが，やがて減少し始める．

この微生物の増殖曲線はいくつかの期に分類され，それぞれが次のような特性

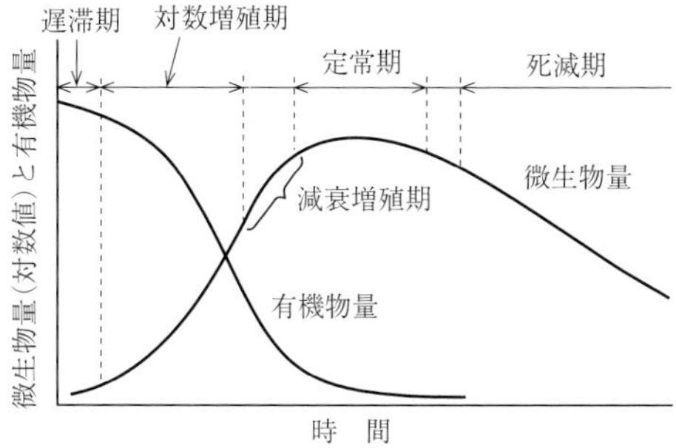

図 1・18 微生物の増殖曲線

をもつ.

(1) 遅滞期（lag phase）：微生物の質量は増加するが，細胞数の増加はあまりない．この期は微生物が新しい環境に慣れるための期間である．

(2) 対数増殖期（log growth phase）：基質が十分にあり，増殖曲線が対数目盛で直線を示し，微生物活性の最も高い期である．やがて，基質が少なくなり始めると増殖速度は低下し，減衰増殖期（declining growth phase）に入る．

(3) 定常期（stationary phase）：微生物の死滅が始まり，増殖量と死滅量がつり合って，細胞数は一定となる．

(4) 死滅期（death phase）：死滅量が増殖量を上回り，細胞数は徐々に減少していく．この期に達すると基質は完全になくなり，微生物は体内に蓄えた養分を消費し続けるが，最終的には死滅する．

図 1・18 は単一種の微生物の増殖曲線であるが，自然の水環境系や生物処理系は多種の微生物から構成される混合培養系である．この場合，それぞれの種が固有の増殖曲線を示すが，全体的には優占種の増殖に支配されることになる．

（b） 増殖速度

系内に基質が十分にあり，増殖曲線が対数目盛で直線を示す対数増殖期において，増殖速度は次の式で表される．

$$r_g = \frac{dX}{dt} = \mu X \qquad (1 \cdot 86)$$

ここに，r_g は増殖速度〔mg/(l・h)〕，X は微生物濃度〔mg/l〕，μ は単位微生物量当りの増殖速度を意味する比増殖速度〔1/h〕である．なお，微生物濃度は重量濃度で表してある．

もし基質が十分になく，基質濃度が増殖の律速因子になる場合，増殖曲線は減衰増殖期と定常期を含むものになる．このときの増殖速度は実験的にモノー（Monod）の式で表されることがわかっている．

$$\mu = \frac{\mu_m S}{K_s + S} \qquad (1\cdot 87)$$

ここに，μ_m は最大比増殖速度〔1/h〕，S は基質濃度〔mg/l〕，K_s は飽和定数〔mg/l〕で，K_s は $\mu_m/2$ を与える S の濃度である．**図 1·19** にモノー式で表される増殖曲線を示す．さらに，式（1·87）を式（1·86）に代入すると，増殖速度 r_g は次式で表され，これを真の増殖速度という．

$$r_g = \frac{\mu_m XS}{K_s + S} \qquad (1\cdot 88)$$

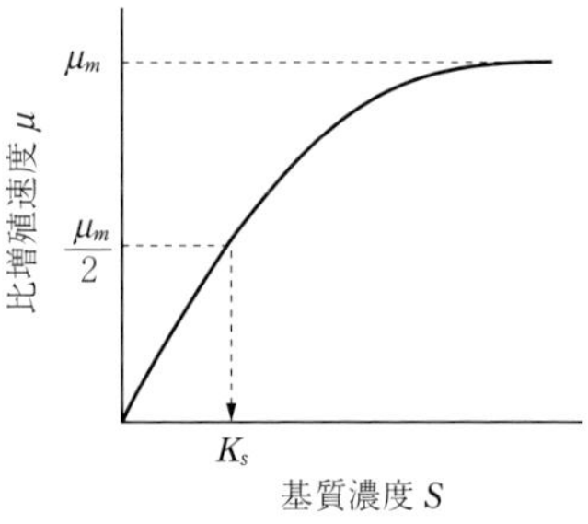

図 1・19　モノー型増殖曲線

この式において，$S \gg K_s$ の場合，すなわち基質が十分に存在する系では $r_g = \mu_m X$ と置け，S に関する 0 次反応式となる．この場合の速度式は対数増殖期の速度に相当する．また，$S \ll K_s$ の場合，すなわち基質がかなり不足している系では $r_g = \frac{\mu_m X}{K_s} S$ と置け，S に関する 1 次反応式となる．

さらに，増殖が死滅期に入ってくると，基質の枯渇により微生物は体内に蓄えた養分を消費し始め，やがて貯蔵養分の消費と死滅による微生物量の減少が無視できない状態になる．体内に蓄えた養分を消費することを内生呼吸（endogenous respiration）といい，増殖速度式の中では一般に死滅係数（decay coefficient）として考慮される．

$$r_g' = \frac{\mu_m XS}{K_s + S} - k_d X \qquad (1\cdot 89)$$

ここに，r_g' は正味の増殖速度〔mg/(l·h)〕，k_d は死滅係数〔1/h〕である．

（c）　基質消費速度

微生物による基質の消費速度は，菌体収率（yield coefficient）を介して，増殖速度との関係で表される．

$$r_u = -\frac{dS}{dt} = -\frac{r_g}{Y} \qquad (1 \cdot 90)$$

ここに，r_u は基質消費速度〔mg/(l·h)〕，Y は真の菌体収率である．菌体収率は消費された基質が菌体に転換された割合を示すもので，次のように定義される．

$$菌体収率 = \frac{増殖速度}{基質消費速度}$$

ここで，式（1·90）に式（1·88）を代入すると

$$r_u = -\frac{\mu_m XS}{Y(K_s + S)} \qquad (1 \cdot 91)$$

さらに，$\mu_m/Y \equiv \nu_m$ と置くと

$$r_u = -\frac{\nu_m XS}{K_s + S} \qquad (1 \cdot 92)$$

ここに，ν_m は最大比基質消費速度〔1/h〕を意味する．したがって，比基質消費速度は次式で示される．

$$\nu = \frac{\nu_m S}{K_s + S} \qquad (1 \cdot 93)$$

ここに，ν は比基質消費速度〔1/h〕であり，単位微生物量当りの基質消費速度を意味する．

菌体収率に及ぼす内生呼吸の影響は，式（1·90）の r_g を r_g' に置き換えることにより考慮される．

$$Y' = -\frac{r_g'}{r_u} \qquad (1 \cdot 94)$$

ここに，Y' は正味の菌体収率と呼ばれる．

これらの増殖速度式や基質消費速度式は，水環境の水質変化や生物反応器のモデル解析をするのに利用されている．また，微生物の増殖や基質消費は，基質濃度のほかに，pH，温度，溶存酸素濃度および阻害物質の存在などの環境条件により大きく影響を受ける．したがって，モデル解析にあたっては，これらの因子も十分に考慮する必要がある．

5 水質の指標

本節では，外観および固形物質など，無機イオン，有機物質，微生物および有害（毒）物質などにかかわる水質指標の概要について解説する．各指標の分析方法は上水試験方法[10]や下水試験方法[11]などを参照されたい．

1 外観および固形物質などにかかわる指標

（a） 透視度，透明度，濁度，色度

透視度は水の透明の程度を示す指標で，主に河川水や下排水の透明あるいは濁りの程度を採水現場で測定するのに有効である．透視度の測定では，試料を入れた透視度計の上部から透視し，底部に置いた白い標識板の二重十字線がはっきりと識別できるときの水層の高さを読み取り，その1 cmを1度として表す．**図1·20**に透視度計を示す．

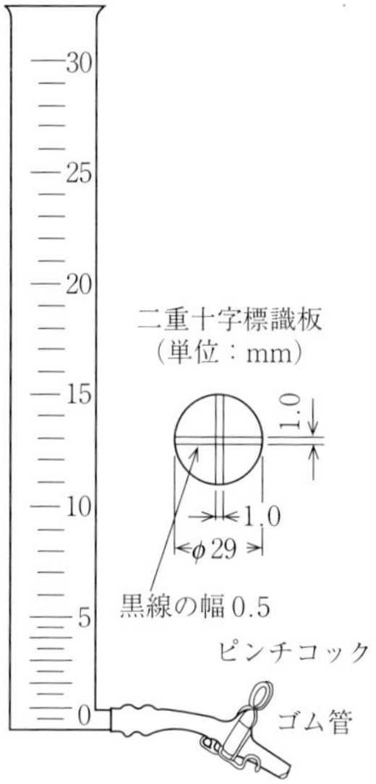

図 1・20　透視度計[11]

透明度（transparency）は透視度と同様に水の透明の程度を示す指標で，主に湖沼や貯水池などの現場で測定される．透明度の測定では，直径30 cmの白色円板を静かに水中に沈めていき，円板がみえなくなったときの水深と，逆にこれを引き上げながらみえ始めたときの水深を読み，その平均値を透明度〔m〕とする．

濁度（turbidity）は水の濁りの程度を示す指標で，土壌やその他の浮遊物質の混入による地表水や処理水の濁りを知るのに使用される．濁度は精製水1 *l*中に標準カオリン1 mgを含むときの濁りに相当するものを1度として表す．濁度の測定には，比色管を用いた視覚による方法（比濁法）と，分光光度計や積分球式濁度計を用いた計器による方法がある．

色度（colour）とは水中に含まれる溶存物質あるいはコロイド物質が呈する類黄色の程度をいい，河川水や地下水のフミン質による着色の程度を示すのに使われることが多い．色度の測定では，精製水1 *l*に塩化白金酸カリウム中の白金

1 mg および塩化コバルト中のコバルト 0.5 mg を含むときの呈色に相当するものを 1 度として表す．色度は目視によって測定するのが原則である．

（b） 蒸発残留物質，浮遊物質，強熱減量

蒸発残留物質（total solids：TS）とは，試料を蒸発乾固したときに残留する物質をいい，水中の固形物質と溶解性物質の析出分の総量を示す．蒸発残留物質の測定では，採水した試料の水分を水浴中で蒸発させ，さらに 105〜110°C の乾燥器内で 2 時間乾燥させた後，残留した物質の質量を測定し，試料 1 l 中に換算した質量濃度〔mg/l〕で表す．溶解性物質の析出分はカルシウム，マグネシウム，ナトリウムなどの無機塩類であり，一般に海水や地下水はその濃度が高い．

浮遊物質（suspended solids：SS）とは，水中に懸濁している固形物質をいい，一般に清浄な地表水では粘土成分が主体となるが，汚濁の進んだ地表水では有機物質の比率が高くなる．水中に存在する物質の粒径比較を**図 1·21** に示すが，浮遊物質とはおおむね粒径 1 μm 以上の粒子であり，細菌や藻類などの微生物も含まれる．浮遊物質の測定には，ガラス繊維沪紙法と遠心分離法があるが，通常はガラス繊維沪紙法が用いられ，遠心分離法は沪過しにくい試料に適用される．ガラス繊維沪紙法では，試料を孔径 1 μm のガラス繊維沪紙で吸引沪過し，沪過残渣を 105〜110°C の乾燥器内で 2 時間乾燥させた後，残渣の質量を測定し，試料 1 l 中に換算した質量濃度〔mg/l〕で表す．

強熱減量とは蒸発残留物質や浮遊物質を強熱灰化したときに揮散する物質であり，蒸発残留物質に対する強熱減量（volatile solids：VS）と浮遊物質に対する強熱減量（volatile suspended solids：VSS）がある．強熱減量は，蒸発残留物質または浮遊物質を 600 ± 25°C の電気炉で 30 分間加熱し，室温まで放冷後，残留する物質（これを強熱残留物質という）の質量を測定し，蒸発残留物質または浮

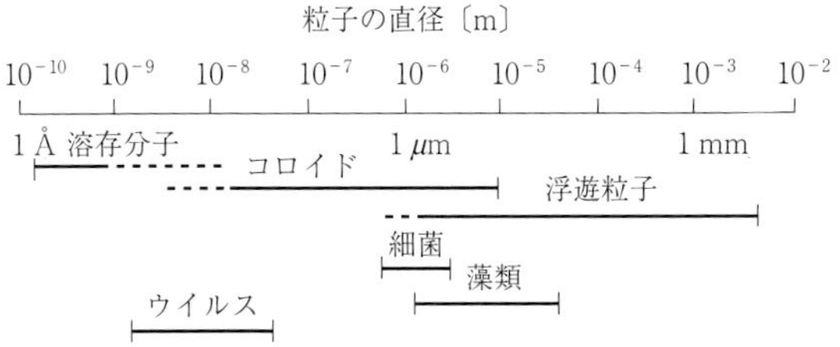

図 1・21　水系における物質の粒径比較

遊物質とそれぞれの強熱残留物質との差を mg/l で表したものである．強熱残留物質はおおむね無機物質であるので，強熱減量は試料中の固形の有機物質の濃度を示す指標として考えてよい．

2　無機イオンにかかわる指標

（a）　pH，電気伝導度

pH とは，本章の 2 節 2 項で述べたように，水素イオン濃度の逆数の常用対数をとった値（$pH = \log[H^+]^{-1}$）であり，水素イオン濃度指数ともいう．pH は一般にガラス電極を用いた pH 計で測定される．自然水の pH は中性付近であるので，酸性あるいはアルカリ性を示す場合は工場排水や鉱山排水などによる汚染が考えられる．また，水中の化学反応は pH の影響を受けるので，pH の値は水質変化や水処理効率を決定する重要な因子となる．

電気伝導度（conductivity）とは，水の導電性を示し，試料に含まれる陽イオンや陰イオンの総量に関係するので，イオン含有量の多い下排水や海水などの混入の推定に利用される．電気伝導度は，断面積 1 cm^2，距離 1 cm の相対する電極間にある溶液の 25°C における電導度を測定し，マイクロシーメンス〔μS/cm〕で表したものである．例えば，イオン 1 mg/l 当りの電気伝導度は，NH_4^+-N で 5.24，Na^+ で 2.13 および CO_3^{2-} で 2.82 μS/cm である．なお，電気伝導度は水温 1°C の上昇に比例して約 2% 増加する．

（b）　アルカリ度

アルカリ度（alkalinity）とは，水中のアルカリ成分が酸を中和する能力を示し，試料に含まれる炭酸塩や水酸化物などのアルカリ成分を所定の pH まで中和するのに要する酸の量を，これに対応する $CaCO_3$ の mg/l で表したものである．日本産業規格（JIS）では「酸消費量」と標記されている．自然水のアルカリ度は石灰岩などを含む地質に由来するが，工場や鉱山などからの排水が混入すると変化する．また，十分なアルカリ度をもつ水系においては，酸性排水の混入や化学反応による酸生成に対して，アルカリ成分が pH の低下を抑制する働きをする．したがって，アルカリ度は水生生物や水処理の最適 pH を維持するうえでも重要な指標となる．

アルカリ度は強酸による中和滴定によって測定するが，中和点の pH により，pH 4.8 の総アルカリ度または M アルカリ度と pH 8.3 のフェノールフタレイン

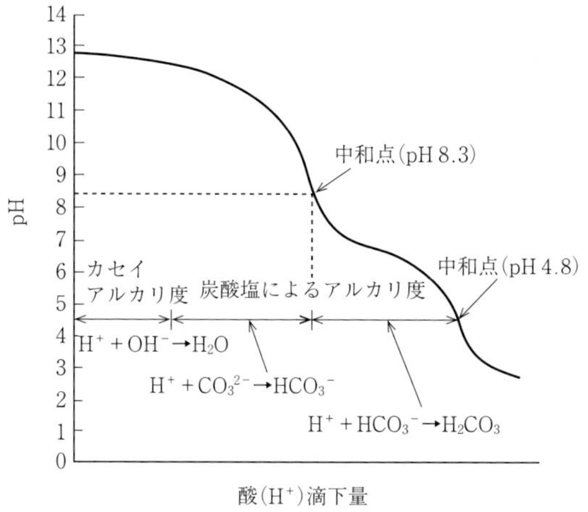

図 1・22　アルカリ度の滴定曲線

アルカリ度またはPアルカリ度に分けられる．**図 1·22** にアルカリ度の強酸による滴定曲線を示す．総アルカリ度の滴定においては，試料中の水酸イオンが式（1·95）に従って酸と反応するほか，炭酸成分が式（1·96）と式（1·97）に従って反応して酸を消費する．一方，Pアルカリ度の滴定では式（1·95）と式（1·96）の反応により酸が消費される．ただし，通常の試料では pH 10 以上であることは少ないので，水酸イオンによるアルカリ度を測定することはあまりなく，ほとんどの場合が炭酸塩アルカリ度である．

$$OH^- + H^+ \longrightarrow H_2O \qquad (1\cdot95)$$

$$CO_3^{2-} + H^+ \longrightarrow HCO_3^- \qquad (1\cdot96)$$

$$HCO_3^- + H^+ \longrightarrow H_2CO_3 \qquad (1\cdot97)$$

ここに，総アルカリ度においてはほぼ中性を示す HCO_3^- もアルカリ度として測定されるので，アルカリ度の高いことが必ずしもアルカリ件の強いことを意味するものではない．また，式（1·97）の H_2CO_3 は水中ではほとんど溶存 CO_2 として存在する．

地表水のアルカリ度は一般に 20～40 mg/*l*（$CaCO_3$）であり，地質の影響を受けやすい地下水は 30～80 mg/*l*（$CaCO_3$）と比較的高い．また，アルカリ度が 20 mg/*l*（$CaCO_3$）以下の水は鉄管を腐食させやすい性質をもつ．

(c) 硬　度

硬度（hardness）とは，水中の主としてCa^{2+}とMg^{2+}の量をこれに対応する$CaCO_3$のmg/lで表したものであり，例えば（Caのmg/l）×（$CaCO_3$の式量/Caの原子量）で求められる．水中のCa^{2+}とMg^{2+}は一般に地質からくるものであるが，下排水や海水などの混入によることもある．水の硬度が高いことによる障害としては，ボイラーや湯沸し器などにスケール（後述）が付着すること，石けんの泡立ちを悪くし洗浄力を低下させること，胃腸を害して下痢を起こす場合があることなどである．また，硬度は水の味にも影響を与え，硬度の高い水は口に残るような味がし，逆に低すぎる水は淡白で味気ない感じになる．硬度の高い水を硬水(hard water)，低い水を軟水(soft water）というが，世界保健機関(WHO)の飲料水水質基準では次のように分類している．

・軟水　　　　　：0～60 mg/l（$CaCO_3$）
・中程度の軟水：60～120 mg/l（$CaCO_3$）
・硬水　　　　　：120～180 mg/l（$CaCO_3$）
・非常な硬水　：180 mg/l（$CaCO_3$）以上

水中の硬度成分には$Ca(HCO_3)_2$や$Mg(HCO_3)_2$などの重炭酸塩および$CaCl_2$や$MgSO_4$などの非炭酸塩がある．重炭酸塩は煮沸すると$CaCO_3$や$MgCO_3$として析出し，これらの白い析出物をスケール（scale）と呼ぶ．重炭酸塩（わずかながら炭酸塩も含む）による硬度を炭酸塩硬度（carbonate hardness）または一時硬度といい，煮沸によって析出しない非炭酸塩による硬度を非炭酸塩硬度(noncarbonate hardness）または永久硬度という．炭酸塩硬度と非炭酸塩硬度を合わせたものが総硬度（total hardness）であり，このうちCa^{2+}によるものをカルシウム硬度，Mg^{2+}によるものをマグネシウム硬度と呼ぶ．硬度とアルカリ度はいずれも$CaCO_3$の濃度に換算して表しており，炭酸塩硬度と炭酸塩アルカリ度（CO_3^{2-}とHCO_3^-によるアルカリ度）には次の関係がある．

総硬度＞炭酸塩アルカリ度のとき
　　炭酸塩硬度＝炭酸塩アルカリ度
総硬度≦炭酸塩アルカリ度のとき
　　炭酸塩硬度＝総硬度

3 溶存酸素・有機物質・栄養物質にかかわる指標

(a) 溶 存 酸 素

溶存酸素（dissolved oxygen：DO）とは，水中に溶解している遊離酸素 O_2 のことであり，その濃度は通常 mg/l で表す．水中の有機物質が好気性細菌による分解を受けると DO が消費されるので，DO 濃度は水域の有機汚染の指標となる．DO は魚介類の呼吸や河川などでの好気性細菌による自浄作用にとって不可欠の物質であるが，水中の DO 濃度は容量百分率で表すと 20°C で 1% 以下であり，空気中の酸素の割合である 21% に比べてかなり低く，それだけ酸素不足に陥りやすいといえる．DO 濃度は滴定法や電極を用いた DO 計により測定され，滴定法では一般にウインクラー法のアジ化ナトリウム変法が用いられている．

水中の DO の供給源は，藻類の光合成によって発生する酸素も含まれるが，大部分は大気である．DO 濃度は大気と水の境界面での酸素の溶解平衡によって決まり，ある温度で平衡状態にあるときの DO の飽和濃度は，本章 2 節 1 項で述べたようにヘンリーの法則に基づいて計算することができる．DO の飽和濃度は温度に大きく依存し，また塩化物イオン（Cl^-）の影響も受ける．**図 1·23** に示すように，温度や Cl^- 濃度が高くなると DO の飽和濃度は低くなる．例えば，Cl^- を含まない水では DO の飽和濃度が 0°C での 14.6 mg/l から 40°C での 6.4 mg/l の範囲で減少し，海水の Cl^- 濃度に近い 20 000 mg/l を含む水では同じ温度で 11.3 mg/l から 5.3 mg/l の範囲で減少する．

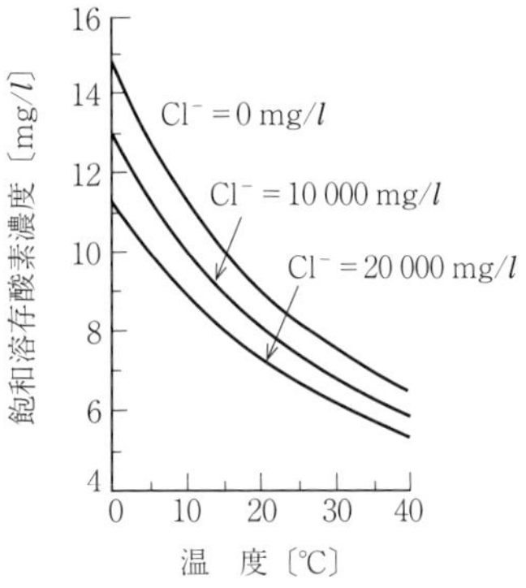

図 1・23　水中の飽和溶存酸素濃度に及ぼす温度と Cl^- の影響

(b) 生物化学的酸素要求量

生物化学的酸素要求量（biochemical oxygen demand：BOD）とは，従属栄養の好気性細菌が 20°C で試料中の有機物質を酸化分解するのに要する溶存酸素の量〔mg/l〕をいい，水中の生分解可能な有機物質の濃度の間接的指標として使われる．試料中の DO が十分にあれば，BOD は有機物質濃度に比例して高くなるので，BOD を有機汚染の程度の目安とすることができる．

水中のDOを消費する反応には，従属栄養細菌による有機物質の分解のほかに，独立栄養の硝化細菌によるアンモニアや亜硝酸の硝化反応，および亜硫酸イオンや硫化物などの還元性無機物質の化学的酸化反応がある．このうち無機物質の酸化反応による酸素消費は，瞬時の酸素要求量（immediate oxygen demand：IDOD）として，BODとは区別されている．試料のBODと反応時間との関係は，**図1·24**に示すように，一般に2段階の曲線で表される．これは，まず有機性の炭素化合物の生分解が起こり，次に無機性の窒素化合物の硝化反応が遅れて起こるためである．第1段階の反応は炭素系BOD，第2段階の反応は窒素系BODと呼ばれ，それぞれ次のような反応式で表される．

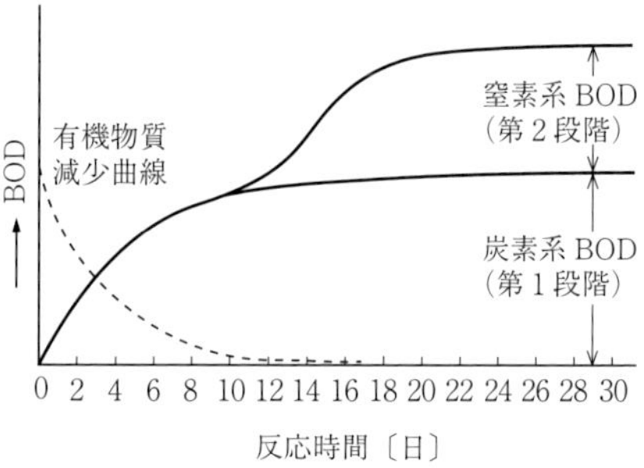

図 1·24　BODと反応時間の関係（BOD曲線）

(1)　炭素系BOD（有機物質の生分解）

$$C_nH_aO_bN_c + \left(n + \frac{a}{4} - \frac{b}{2} - \frac{3c}{4}\right)O_2 \longrightarrow nCO_2 + \left(\frac{a}{2} - \frac{3c}{2}\right)H_2O + cNH_3 \qquad (1 \cdot 98)$$

(2)　窒素系BOD（硝化反応）

$$NH_4^{\ +} + \frac{3}{2}O_2 \longrightarrow NO_2^{\ -} + 2H^+ + H_2O \qquad (1 \cdot 99)$$

$$NO_2^{\ -} + \frac{1}{2}O_2 \longrightarrow NO_3^{\ -} \qquad (1 \cdot 100)$$

BODを有機物質濃度の指標とするには，炭素系BODのみの値を知る必要がある．硝化細菌は，河川水や下排水などの試料にはわずかしか存在しないことが多く，また20°Cでの増殖速度も遅いため，BOD試験において10日前後までは硝化による酸素消費は少ない．一方，従属栄養細菌はこのころまでに生分解可能な有機物質の90% 程度は分解する．したがって，BOD 試験の反応日数を10日程度にすれば，炭素系BODのみを測定できることになる．しかし，実際にはBOD試験は通常20°Cで5日間の培養を行い，その間に消費されたDO量を求め，これをBOD_5と表示する．この培養条件は英国の河川の水温と流達時間に基づいているといわれるが，反応日数を5日にすれば硝化の影響も少ないことから，我が国でもBOD_5を採用している．

試料中に硝化細菌が十分含まれている場合，BOD試験において有機物質の分解と同時に硝化反応が起こり，始めから炭素系BODに窒素系BODが上積みされたBOD曲線となることがある．この場合，硝化反応を抑えるためには，アリルチオ尿素（ATU）のような硝化抑制剤が添加される．しかし，BOD試験の目的が，水中の有機物質濃度の指標を得ることであるか，あるいは硝化細菌によるDOの消費量を含める必要があるかによって，硝化抑制を行うか否かを決める必要があるだろう．

（c） 化学的酸素要求量

化学的酸素要求量（chemical oxygen demand：COD）とは，水中の有機物質が一定条件のもとで酸化剤により酸化分解されるのに要する酸素の量〔mg/*l*〕をいい，BODと同様に，水中の有機物質濃度の間接的指標として使われる．ただし，有機物質はその生分解性にかかわらず化学的に酸化されるので，COD試験から有機物質の生分解性に関する情報は得られない．JISでは「過マンガン酸カリウムによる酸素消費量」等と標記されている．

COD試験で用いる酸化剤は過マンガン酸カリウム（$KMnO_4$）あるいは二（重）クロム酸カリウム（$K_2Cr_2O_7$）であり，それぞれCOD_{Mn}法（permanganate method）およびCOD_{Cr}法（dichromate method）と称している．COD_{Mn}法では有機物質の酸化反応にかける時間は20〜30分であり，COD_{Cr}法の2時間より短いが，**表1·8**に示すように酸化力は各種の有機物質に対して$K_2Cr_2O_7$のほうが$KMnO_4$よりはるかに強い．COD_{Mn}法の場合，セルロースを除く炭水化物は比較的よく分解しているが，低級脂肪酸，アルコール，アミノ酸および芳香族化合物の酸化率はかなり低い．これに対して，COD_{Cr}法ではベンゼンとトルエンを除くほとんどの有機物質が90% 以上の分解を受けている．

前述のとおり，CODとは，試料水中の有機物（還元剤）を$KMnO_4$や$K_2Cr_2O_7$（酸化剤）で酸化分解したときに使われる酸化剤量を，酸素を酸化剤とした場合

表 1・8　各種有機物質の COD 値比較[12)]

物質名	理論値〔g/g〕	COD_{Cr}		COD_{Mn}	
		〔g/g〕	〔%〕	〔g/g〕	〔%〕
酢酸	1.07	1.00	93.5	0.074	7
プロピオン酸	1.51	1.46	96.7	0.13	8
酪酸	1.82	1.77	97.3	0.079	4
ステアリン酸	2.93	2.71	92.5	0	0
乳酸	1.07	0.93	86.8	0.42	40
メタノール	1.50	1.43	95.3	0.40	27
エタノール	2.09	1.97	94.3	0.23	11
ベンゼン	3.08	0.52	16.9	0	0
トルエン	3.13	0.66	21.0	<1.0	<1
フェノール	2.38	2.34	98.3	1.61	68
安息香酸	1.97	1.95	99.0	0.085	4
グルコース	1.07	1.05	97.6	0.63	59
可溶化デンプン	1.19	1.03	86.5	0.72	61
セルロース	1.19	1.09	92.0	0	0
グリシン	0.64	0.63	98.1	0.02	3
グルタミン酸	0.98	1.00	102	0.06	6
アラニン	1.08	1.05	97.2	0.007	<1

〔注〕 COD_{Cr}，COD_{Mn} ともに触媒として硫酸銀を使用している．

の酸素の量に換算したものである．そこで，酸化還元反応の視点から，COD_{Mn} 法を例として，酸化剤量の酸素量への換算について説明する．

COD_{Mn} 法における $KMnO_4$ の還元と酸素量への換算のための半反応を以下に示す．

$$MnO_4^- + 8\,H^+ + 5\,e^- \rightleftharpoons Mn^{2+} + 4\,H_2O \qquad (1\cdot101)$$

$$O_2 + 4\,H^+ + 4\,e^- \rightleftharpoons 2\,H_2O \qquad (1\cdot102)$$

式（1･101）に基づき，$KMnO_4$ が有機物質の酸化で放出される e^- を受け取り（$KMnO_4$ は還元され，酸化還元反応が起こる），その e^- を O_2 が受け取るとした場合に必要な O_2 量を式（1･102）により求める．

つまり，1 mol の $KMnO_4$ は 5 mol の e^- および O_2 は 4 mol の e^- を受け取るので，1 mol の $KMnO_4$ は 5/4＝1.25 mol の O_2 に相当する．COD_{Mn} 法（JIS K 0102，酸性法）では 5 mmol/l の $KMnO_4$ 溶液を用いるので

$$KMnO_4 \text{ 溶液 } 1\,ml = 5\,mmol \times 10^{-3} \times 1.25 \times 32\,mgO_2/mmol = 0.2\,mgO_2$$

に相当する．

試料中の有機物質の酸化で消費された $KMnO_4$ 溶液量に 0.2 を掛ければ，有機物質を酸化分解するのに要する酸素量，つまり試料の COD_{Mn} を求めることができる．なお，COD_{Cr} 法（JIS K 0102）においては，1 mol の $K_2Cr_2O_7$ は 1.5 mol の O_2 に相当する．

我が国では湖沼や海域の水質環境基準として COD_{Mn} 法による COD を採用しているが，諸外国の水質指標ではほとんどが有機物質の酸化力の強い COD_{Cr} 法を用いている．

（d） 全有機炭素

全有機炭素（total organic carbon：TOC）とは，水中に存在する有機物質の炭素を mg/l で表したもので，有機物質の炭素換算濃度あるいは有機汚染の指標として利用される．TOC は懸濁性の有機炭素と溶解性の有機炭素からなり，試料に懸濁物質が含まれている場合は，ホモジナイザーで懸濁物質を破砕してから測定する．溶解性の有機炭素は，試料を孔径 1 μm のガラス繊維沪紙あるいは 0.45 μm のメンブラン沪紙で沪過した沪液の炭素量であり，DOC（dissolved organic carbon）と表示されることもある．TOC は一般に有機物質を高温で燃焼させ，発生する二酸化炭素を赤外線分析計で測定し，その炭素量を求める．

（e） 窒素，リン

窒素やリンは微生物の増殖に不可欠の栄養物質であり，後述する閉鎖性水域の富栄養化や排水の生物処理に関連して，水の有機汚染や有機物質の生物学的分解に重要な影響を及ぼす物質である．

（1） **窒素**　水中の窒素（nitrogen）は主に大気，人や動物の排せつ物，工場排水および化石燃料の燃焼などに由来するものである．大気の約 78% を占める分子状窒素 N_2 の水への溶解量は気液平衡によって決まり，淡水の場合 20°C での飽和濃度は 15.5 mg/l である．また，家庭下水中には通常 20～30 mg/l の NH_3-N が含まれており，水産加工品や化学製品工場からの排水あるいは窒素肥料を使用する農地からの排水などにも窒素が含まれている．さらに，化石燃料の燃焼に伴い排出される窒素酸化物が，大気中で水と反応して硝酸になり，pH の低い酸性雨として地上に降り注ぐこともある．

窒素は酸化数 −3 から +5 の範囲で種々の化合物として存在するが，水環境において重要となる無機性窒素化合物は次の 4 種類である．

$$\overset{-3}{NH_3}/\overset{-3}{NH_4^+} — \overset{0}{N_2} — \overset{+3}{NO_2^-} — \overset{+5}{NO_3^-}$$

↑↓
有機性窒素
(アミノ酸)

これらの窒素化合物の自然界での変化は，一般に**図 1·25** のような窒素循環として表される．大気中の N_2 は土壌あるいは水系微生物により NH_3 として固定される．植物は NH_3 や NO_3^- を窒素源として摂取し，タンパク質（アミノ酸）を合成するが，動物は植物やほかの動物を摂取することによりタンパク質を取り入れる．これらの動植物の死がいや動物の排せつ物に含まれる有機性窒素は，細菌により分解されて NH_3 に転換される．また，NH_3 は好気的条件下で硝化細菌により，NO_2^- を経由して，NO_3^- にまで酸化され，さらに嫌気的条件下で NO_3^- は脱窒細菌により N_2 に還元され，大気に逸散する．

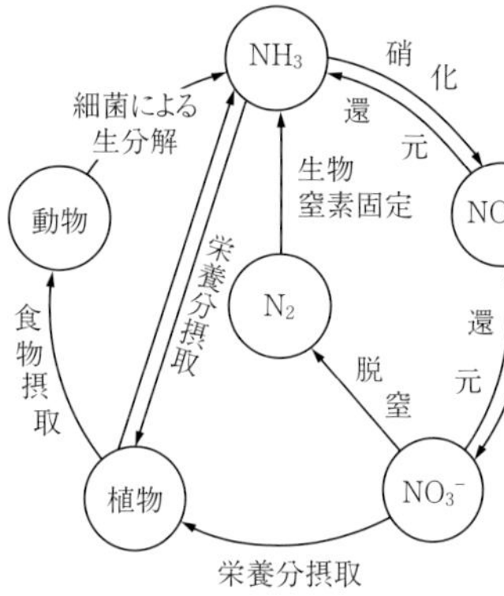

図 1・25　自然界での窒素循環

これが自然の窒素循環であるが，下排水として大量に窒素が放流されたり，化石燃料の燃焼により窒素酸化物を放出するなどの人工的なプロセスが加わると，窒素循環のバランスが崩れ，環境の汚染につながることになる．窒素は水域の富栄養化の原因となる栄養物質の一つである．また，NO_2^- の亜硝酸態窒素が含まれる水を多量に摂取すると，幼児の場合メトヘモグロビン血症を引き起こすことがある．硝酸・亜硝酸態窒素による水質汚染は，近年，特に地下水汚染で問題になっている．

また，亜酸化窒素 N_2O は地球温暖化の原因となる温室効果ガスの一つであり，その効果は CO_2 1分子当りの温室効果を1とした場合の約300倍に相当するといわれている．大気中の N_2O は化石燃料の燃焼によっても生成されるが，自然土壌での生物学的反応による生成が第一の起源とされている．土壌環境中で，N_2O は好気性条件下では NH_3 の硝化過程で発生し，嫌気性条件下では NO_3^- や NO_2^- の脱窒過程で発生する．同様に，硝化脱窒法による窒素除去を行う排水処理施設からも N_2O が発生していることが明らかになっている．

（2）**リン**　リン（phosphorus）は水中で無機のリン酸塩（phosphate）または有機リンとして存在する．水環境において重要となるリン酸塩はオルトリン酸塩（$PO_4{}^{3-}$）とポリリン酸塩（$P_2O_7{}^{4-}$，$P_3O_{10}{}^{5-}$）であるが，ポリリン酸塩は水中でしだいに加水分解されてオルトリン酸塩に転換される．一方，有機リンには動植物の体を構成するリンと農薬などの化学物質に由来するリンがあり，ここでは便宜的に前者を有機体リン，後者を有機リン系化学物質として区別する．

有機体リンは，水中で微生物による分解を受けると，オルトリン酸イオンとなって溶出してくる．有機リン系化学物質のうち農薬は一般に水に難溶性であるが，微量でも毒性が高く，しかも生分解性が低く残留性のあるものが多い．農薬以外の有機リン系化学物質の例としては，可塑剤や難燃材としてプラスチック類や合成ゴム類で利用されている有機リン酸トリエステル類（OPE）がある．OPEの毒性は比較的低いと考えられてきたが，近年神経毒性や発がん性があることが報告されている．

水域に存在するリンは一般に下排水の流入によるものが多い．家庭下水中の典型的なリン濃度は5～15 mgTP/lであり，化学肥料や水産加工品工場からの排水のリン濃度は家庭下水のそれより1桁高い．家庭下水中のリン源として，かつて合成洗剤に含まれるポリリン酸塩が大きな割合を占めていたが，我が国では無リン洗剤の普及によりその影響は低くなり，現在ではし尿中の食品由来のリンの影響が高い．また，農業排水には0.05～1 mgTP/l程度のリンが含まれており，畜舎排水も水域によってはリン源として無視できないこともある．

水中にCa^{2+}，Al^{3+}，Fe^{3+}などの金属イオンが存在すると，リン酸イオンはこれらの金属と反応して，金属塩として析出する．この金属塩の析出と溶解はpHに依存し，その関係は**図 1·26**に示すとおりである．Ca^{2+}はpHの比較的高い領域で不溶解性塩を生成し，例えばヒドロキシアパタイト$Ca_5(PO_4)_3OH$の溶解平衡は次の反応式で表される．

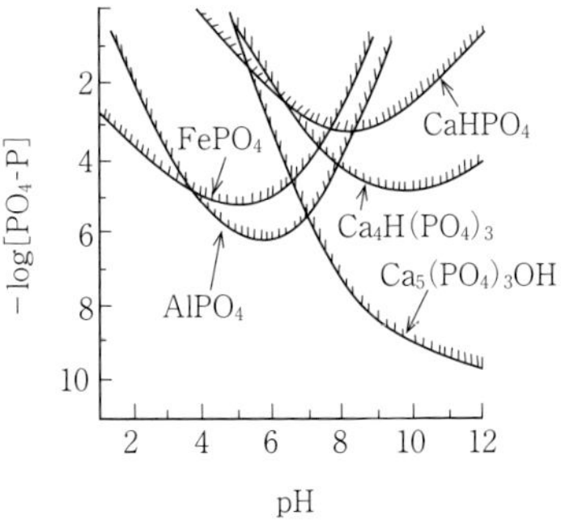

図 1・26　リン酸金属塩の溶解度
（$[Ca^{2+}]=10^{-3}$ M）

$$Ca_5(PO_4)_3OH \rightleftharpoons 5\,Ca^{2+} + 3\,PO_4{}^{3-} + OH^- \qquad (1\cdot103)$$

この反応の溶解度積は $K_{sp}=10^{-55.9}$ (25°C) であり，たいへん小さいため，アルカリ性域で適当な Ca^{2+} 濃度が与えられれば式（1·103）の反応は左向きに進行し，水中の PO_4-P 濃度はかなり低くなる．一方，Al^{3+} および Fe^{3+} はそれぞれ pH 6 および pH 5 付近で最大析出を与え，このとき水中の PO_4-P 濃度は最小となる．リンの金属塩としての析出は湖沼などの底泥でもみられ，底層部の pH や DO の変化によっては析出したリンが再溶出し，逆にリンを供給することになるので，富栄養化現象と深く関係してくる．

4　微生物にかかわる指標

(a)　細　　菌

水系感染症を引き起こす細菌にはコレラ菌やサルモネラ菌などいくつかの種が存在するが，これらの病原性細菌の多くが人や動物のふん便に由来する．そこで，細菌にかかわる水質汚染に対しては，水のふん便汚染を示すと考えられる一般細菌と大腸菌数が指標として広く使われている．

（1）　**一般細菌**　　一般細菌とは，ペトリ皿に入れた標準寒天培地を用いて 36°C で 24 時間培養したとき，培地に集落（colony）を形成するすべての細菌をいい，検水 1 ml で形成される集落数〔個/ml〕で表す．一般細菌は，従属栄養細菌のうち温血動物の体温前後で比較的短時間に集落を形成する細菌であり，その多くが病原性ではないが，一般細菌が多数検出される水は，ふん便による病原菌に汚染されていることを疑わせるものである．標準寒天培地は，ペプトン，酵母エキス，グルコースおよび粉末寒天を加熱溶解し，pH 7 に調整して滅菌した培地である．

一般細菌は，きわめて多種の細菌を含むので指標性に関して曖昧さを残し，また雨水の表面流出により水系の菌数が多くなることもあるので，必ずしもふん便による汚染を特定できるものではない．しかし，一般細菌には，大腸菌に比べて増殖速度の速い種が多数含まれ，しかも塩素に対して抵抗性をもつ種もあるので，微生物指標としての感度が高く，塩素消毒の効果の確認にも有効である．

（2）　**大腸菌数**　　大腸菌（Escherichia coli：E.coli，イーコリと呼ぶ）は，その多くが非病原性であるが，水系感染症の主な原因菌が温血動物（人を含む）のふん便を由来とすることから，水環境や水道水のふん便汚染の指標として使われている．かつて，ふん便汚染の指標として大腸菌群（fecal coliform group）が使われていたが，水道水質基準は 2004 年，水質環境基準は 2022 年に大腸菌に改定された．

大腸菌は，特定酵素基質培地法により，β-グルクロニダーゼ（GUS）活性を有すると判定された細菌で，GUS とは大腸菌が産生する加水分解酵素である．ところが，基準により測定結果の判定方法に違いがあり，水道水質基準は「検出されないこと」，つまり検出か不検出かであり，水質環境基準は試料 100 ml 中のコロニー数（Colony Forming Unit：CFU，菌の集落数），つまり大腸菌数で定められている．水道水質基準では，4 種類の培地・比色液からいずれかを選択し，24～28 時間の培養後，波長 366 nm の紫外線照射により，蛍光が強い場合は陽性（検出），弱い場合は陰性（不検出）と判定する．一方，水質環境基準では，特定酵素基質寒天培地またはこれと同等以上の培地を用い，試料をメンブランフィルターで沪過して，24 時間程度の培養後，フィルター上の青色のコロニー数（単位は CFU/100 ml）を数え，基準値と照合する．

大腸菌の大部分の菌株は非病原性であるが，一部の亜型に急性胃腸炎や下痢を引き起こす病原性大腸菌が存在する．例えば，大腸菌 O-157 は病原性大腸菌のうちの腸管出血性大腸菌である．しかし，大腸菌は低濃度の塩素でも短時間で死滅するので，塩素消毒が十分されていれば通常は問題となることはない．

(b) 寄 生 虫

水系感染症を起こすおそれのある寄生虫（parasites）の例として，全世界に分布しているアメーバ類や原虫のクリプトスポリジウムなどがあげられる．アメーバ類やクリプトスポリジウムの生活環（life cycle）には，増殖する栄養型の時期と，堅い被膜によって包まれて増殖しないシスト（アメーバ類）やオオシスト（クリプトスポリジウム）の時期がある．シストの大きさは 10～20 μm，オオシストは 5 μm 程度である．アメーバ類やクリプトスポリジウムは，水系ではそれぞれシストやオオシストの形態で存在し，これらの形態に変化することにより生残性や消毒剤に対する耐性が高くなる．

感染はシストやオオシストにより汚染された水や食物の摂取による経口感染で，これらが小腸に達すると腸粘膜細胞に侵入して増殖を始める．腸粘膜細胞が破壊されると，激しい腹痛や下痢を起こし，乳幼児や免疫力の弱い人の場合は死に至ることもある．

5 有害（毒）物質にかかわる指標

（a） 重 金 属

金属（metal）とは，元素周期表においてホウ素（B）とアスタチン（At）を結ぶ斜線の左側にある元素（水素を除く）の総称であり，重金属（heavy metal）とは一般に金属のうち密度が4 g/cm^3 以上の元素をいう．また，この斜線付近には金属と非金属の中間的な性質を示す類金属（metalloid）が存在し，ヒ素（As）やセレン（Se）などがこれに相当する．重金属による水環境の汚染は，有機水銀による水俣病やカドミウムによるイタイイタイ病にみられるように，深刻な健康被害を引き起こす危険性が高く，そのモニタリングや汚染防止はきわめて重要である．

我が国の水質環境基準の水質項目のうち，類金属を含めた重金属類はカドミウム（Cd），鉛（Pb），六価クロム（Cr(VI)），ヒ素（As），水銀（Hg）およびセレン（Se）である．**表1·9**にこれらの重金属類の特性と用途を示す．重金属類は一般に毒性が高く，また生物による分解も受けないので，水環境中に残留しやすいという特徴をもつ．

水環境中の重金属類の起源は，地殻，海水，大気などからの自然負荷，および

表 1・9　主要な重金属類の特性と用途（水質環境基準項目の重金属類）

重金属類[*1]	密度〔g/cm^3〕	沸点〔°C〕	毒性など[*2]	用　途　例
Cd	8.64	767	ヒト推定経口致死量 350～3 500 mgCd/人	顔料，ニッカド電池，合金，塩ビ安定剤
Pb	11.29	1 613	ラット経口 LD_{50}（酢酸鉛） 125 mg/kg	鉛管，蓄電池，電線被覆，はんだ，めっき，顔料
Cr(VI)	6.92	2 200	ラット経口 LD_{50}（$Na_2Cr_2O_7$） 19.8 mg/kg	工業用 $Na_2Cr_2O_7$，クロムなめし，染料
Hg	13.55	357	ヒト推定経口致死量（$HgCl_2$） 29～50 mg/kg	乾電池，蛍光灯，合金用アマルガム，触媒
As	5.73	615	ラット経口 LD_{50} 15～293 mgAs/kg	木材防腐剤，医薬品の原料
Se	4.80	736	ラット長期毒性試験 成長阻害 5 mg/kg	ガラス，セラミックス，光電池，コピー感光体合金

＊1　Se は類金属．
＊2　巻末の参考文献 13)，14) より作成．

鉱山，工場，農地，家庭からの排水負荷であるが，大部分は工場排水が発生源であると考えられる．ただし，有鉛ガソリンを使用している国では，道路に堆積した自動車排気ガス由来の鉛が降雨によって水域に流出することもあるだろう．また，生物処理で発生する下水汚泥の緑農地還元を行う場合，処理過程で水中の重金属類が汚泥中に濃縮されるので，流入水中の濃度だけではその安全性は決められない．

水環境における重金属類の濃度は，一般的に $\mu g/l$ レベルあるいはそれ以下の低い濃度であるが，底質や土壌ではその 10～100 倍の濃度で検出されることもある．また，重金属類は生物体内に濃縮・蓄積される傾向があり，食物連鎖の最終捕食者である人間にとって，たとえ水中濃度が低くても常に監視する必要がある．

（b） 有害化学物質

化学物質は，産業活動や日常生活において，多種多様なものが使われており，その中には環境汚染により人の健康被害や生態系の破壊を引き起こすものもある．近年，水環境の汚染が懸念される，あるいは発覚している化学物質，具体的には揮発性有機塩素化合物，ポリ塩化ビフェニル・ダイオキシン，パーフルオロアルキル化合物（PFAS）および内分泌かく乱化学物質（EDCs）について，その性状や汚染の現状等を説明する．

（1） **揮発性有機塩素化合物**　有機塩素化合物（organic chlorinated compoud）は日常生活や産業分野でさまざまな形で利用されており，例えば塩化ビニルの原料，ドライクリーニング剤，殺虫剤や除草剤あるいは機械・金属の洗浄剤として，広くしかも大量に使用されている．ところが，有機塩素化合物は一般に生分解性が低く，しかも毒性や発がん性をもつものが多いので，その水質汚染は直接的に人の健康被害を生じやすい．

有機塩素化合物には，沸点が低く揮発しやすい脂肪族（aliphatic）塩素化合物と揮発しにくい芳香族（aromatic）塩素化合物があり，前者は一般に揮発性有機塩素化合物と呼ばれている．**表 1·10** に代表的な揮発性有機塩素化合物の特性と用途例を示す．

揮発性有機塩素化合物はメタン（CH_4），エチレン（$H_2C{=}CH_2$）あるいはエタン（$H_3C{-}CH_3$）を骨格として，その H 原子が Cl 原子によって置換された構造をしている．この化合物が環境に放出されると大部分は大気に揮発するが，比重が

表 1・10　水質環境基準に関連する揮発性有機塩素化合物の特性と用途

化合物	構造式	性状*2	毒性〔mg/kg〕 LD_{50}(ラット，経口)*3	用途例
クロロホルム*1 (トリクロロメタン)	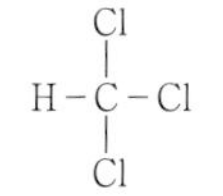	mp. −63.5℃ bp. 61.7℃ sg. 1.48	908	フッ素系冷媒 フッ素樹脂製造 医薬（麻酔，消毒）
ジクロロメタン	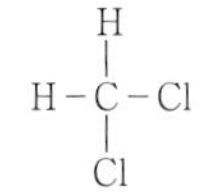	mp. −96.8℃ bp. 39.8℃ sg. 1.335	1 987	ペイントはく離剤 プリント基板洗浄剤 金属脱脂洗浄剤
四塩化炭素 (テトラクロロメタン)	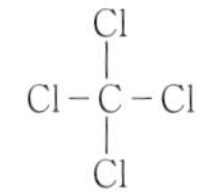	mp. −22.9℃ bp. 76.5℃ sg. 1.594	2 800	機械洗浄剤 不燃性溶剤 殺虫剤
トリクロロエチレン		mp. −86.4℃ bp. 86.7℃ sg. 1.465	4 920	金属脱脂洗浄剤 溶剤 殺虫剤
テトラクロロエチレン	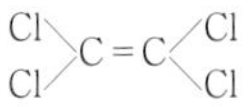	mp. −22.4℃ bp. 121.2℃ sg. 1.623	13 000	ドライクリーニング 原毛洗浄剤 溶剤

＊1　クロロホルムは要監視項目（ほかは水質環境基準項目）.

＊2　mp.：融点，bp.：沸点，sg.：比重.

＊3　LD_{50} は統計学的に被験動物の 50％ を死亡させると推定される化学物質の量．巻末の参考文献 13)，15) より作成.

1より大きく粘性が小さいので容易に土壌に浸透し，地下水にまで達することがある．また，揮発性有機塩素化合物は水への溶解度も比較的高いので，地下水に溶解し，広範囲な地下水汚染につながりやすい.

我が国では，1980年代前半から，電子機器製造工場などで脱脂洗浄剤として多量に使用されているトリクロロエチレン（TCE）やテトラクロロエチレン（PCE）などによる地下水汚染が広がっており，大きな社会問題となっている．TCE と PCE はいずれも水質環境基準が定められており，それぞれ 0.03 mg/l 以下と 0.01 mg/l 以下である.

一方，芳香族塩素化合物は，芳香族化合物のベンゼン環における H 原子が Cl 原子で置換されたものであり，揮発性は低く，水に対する溶解度も一般に低い．水環境の汚染に関連の深い芳香族塩素化合物としては，クロロベンゼン類とクロロフェノール類があり，これらは1個のベンゼン環をもつ化合物である．この化合物は，土壌に吸着されやすい性質をもち，土壌汚染で問題になることがあるが，低濃度でも毒性が高いので水の汚染物質としても監視する必要がある．

（2） **ポリ塩化ビフェニル，ダイオキシン**　ポリ塩化ビフェニル（PCB）は，2個のベンゼン環がつながったビフェニルのH原子がCl原子で置換されたものである（**図1·27**）．PCBはCl原子を1個から10個までもつことができ，さらにCl原子の位置の違いによって異性体が作られるので，理論的には209種類のPCBが存在する．PCBは一般に①燃えにくい，②揮発性が低い，③酸・アルカリに強い，④電気的絶縁性が高い，などの特性を備えたきわめて安定した物質である．このため，PCBは変圧器やコンデンサの絶縁油，プラスチックの可塑剤および各種熱媒体として広く使われた．

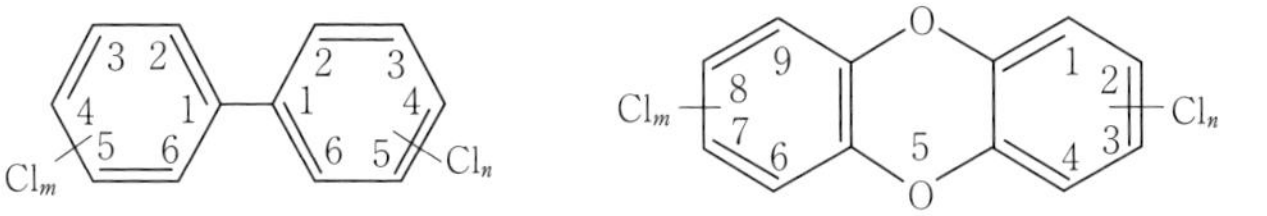

ポリ塩化ビフェニル（PCB）　ポリ塩化ジベンゾ-*p*-ジオキシン（PCDD）

図 1・27　ポリ塩化ビフェニルとポリ塩化ジベンゾ-*p*-ジオキシンの構造

しかし，PCBは毒性や蓄積性が高く，PCBによる人体の皮膚や肝臓の障害が指摘されるようになった．我が国でも，1968年ごろから米ぬか油の製造過程で熱媒体として使用していたPCBが混入し，その米ぬか油を摂取した人々が皮膚障害を起こしたり，脳や肝臓への付着により死亡するというカネミ油症事件が起きた．このようなことから，我が国では1972年にPCBの生産・使用が禁止された．しかし，PCBは現在世界中の海域でも検出されており，底泥への蓄積や食物連鎖による濃縮によって生態系に害を及ぼしていることがしだいに明らかになっている．

ダイオキシン（dioxin）のうち，ポリ塩化ジベンゾ-*p*-ジオキシン（PCDD）はCl置換された2個のベンゼン環が2個のO原子で結ばれた構造（図1·27）であり，そのClの数と位置により75種のPCDDが存在する．このうち2,3,7,8-テトラクロロジベンゾ-*p*-ジオキシン（2,3,7,8-TCDD）は人類が生み出した史上最強の毒性をもつ毒物といわれ，きわめて吸着性の高い不溶解性化合物である．PCDDは除草剤の原料となるクロロフェノールなどの合成時に副産物として生成されたり，ごみ焼却炉で塩素を含むプラスチック類を800℃以下の低温域で燃焼させると発生することがわかっている．

また，PCBやダイオキシンは，内分泌かく乱化学物質いわゆる環境ホルモンとして，生体内ホルモンのかく乱作用が疑われている物質でもある．環境ホルモンとは，生体内に取り込まれた場合，生体内ホルモンの合成，貯蔵，分泌などのホルモン作用を阻害する物質であり，例えば生殖機能を阻害したり，悪性腫瘍を引き起こしたりする可能性が指摘されている．

（3）　**パーフルオロアルキル化合物（PFAS）**　PFAS（ピーファス）は有機フッ素化合物であり，その一種のPFOS（パーフルオロオクタンスルホン酸，ピーフォス）とPFOA（パーフルオロオクタン酸，ピーフォア）は，産業分野や日常生活で消火剤，撥水剤およびコーティング剤などとして広く使われてきた．PFOS・PFOAの構造式を**図1·28**に示す．近年，これらはきわめて難分解性かつ生物蓄積性が高く，体内に摂取すると乳児の発達障害や免疫系・甲状腺への影響など，深刻な健康被害が懸念されることがわかってきた．

PFOS・PFOAの規制としては，2020年4月に水道水質基準の水質管理目標設定項目の暫定目標値および同年5月に水質環境基準の要監視項目（公共用水域・地下水）の暫定指針値として，50 ng/l以下（PFOSとPFOAの合算値）が定められた．また，POPs条約（残留性有機汚染物質に関するストックホルム条約）に基づき，PFOSは2010年に製造・使用が原則禁止され（火災時の使用を除く），PFOAは2021年にその使用製品の輸入禁止などの制限が設けられた．

PFOS・PFOAによる水質汚染状況は，環境省が2019・2020年度に実施した調査によると，公共用水域において最高濃度1 508 ng/lおよび暫定目標値超過が19地点あり（2019年度），地下水・湧水では最高濃度5 500 ng/l（2020年度）および暫定目標値超過が18地点（2019年度）である．暫定目標値を超過した地

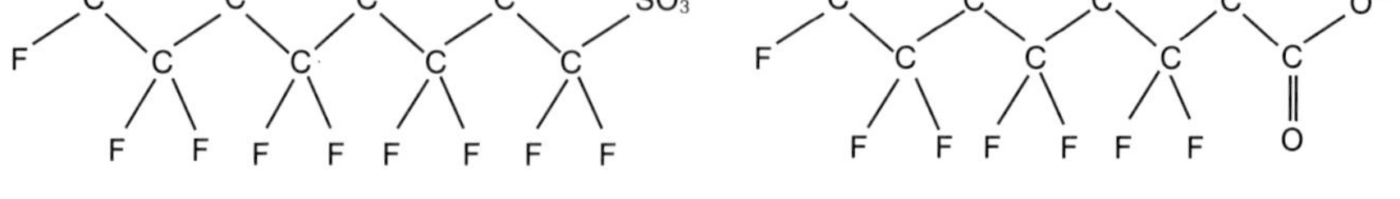

PFOS：($CF_3(CF_2)_7SO_3^-$)　　PFOA：($CF_3(CF_2)_6COO^-$)

図1·28　PFOSとPFOAの構造式

点は全国にわたるが，特に東京都，神奈川県，大阪府，兵庫県および沖縄県などがあげられる．今後も継続的な調査が必要であり，加えて汚染源の特定と対策を速やかに実施することが求められる．

（4） **内分泌かく乱化学物質（EDCs）**　内分泌かく乱化学物質（Endocrine Disrupting Chemicals：EDCs）とは，生体の内分泌系の働きをかく乱し，さまざまな障害や有害な影響を引き起こす外因性の化学物質である．EDCsは，WHO/IPCS（2002）定義に基づき，これまでに45物質（UNEP，2017）が確認されている．

環境省によるEDCsに関する調査・研究は，1998年の「SPEED '98」に始まり，ほぼ5年ごとに再構成し，現在5期目の「EXTEND 2022」に入っている．これまでに，内分泌かく乱作用をもつことが示唆された14物質が選定され，そのうち6物質（4-ノニルフェノール，ビスフェノールA，4-t-オクチルフェノール，エストロン，17 α-エチニルエストラジオールおよびリン酸トリフェニル）がメダカに対して内分泌かく乱作用を示し，かつ繁殖に対する有害性を示すことが確認された．これらの6物質がメダカの繁殖に及ぼす最低影響濃度と全国の公共用水域の水質濃度（4物質）を**表1·11**に整理した．

全国の公共用水域の水質の調査（2010〜2020年度）において，ビスフェノールAが比較的高い濃度（最高値280 ng/*l*）で検出されているが，調査4物質のいずれもメダカの繁殖に及ぼす最低影響濃度に比べると低い．しかし，ビスフェノールAはプラスチック製品（食品容器を含む），4-t-オクチルフェノールや4-ノニルフェノールは界面活性剤（合成洗剤）等に広く使用される物質であり，生

表1・11　内分泌かく乱化学物質のメダカの繁殖に及ぼす最低影響濃度と全国の公共用水域の水質濃度（4物質）

<table>
<tr><th>物質</th><th colspan="2">最低影響濃度</th><th colspan="2">水域水質濃度*</th></tr>
<tr><td>4-ノニルフェノール</td><td>1.27</td><td rowspan="3">μg/l</td><td>—</td><td rowspan="6">ng/l</td></tr>
<tr><td>ビスフェノールA</td><td>1 000</td><td>nd〜280</td></tr>
<tr><td>4-t-オクチルフェノール</td><td>9.91</td><td>nd〜31</td></tr>
<tr><td>エストロン</td><td>89.1</td><td rowspan="2">ng/l</td><td>nd〜4.1</td></tr>
<tr><td>17 α-エチニルエストラジオール</td><td>7.48</td><td>—</td></tr>
<tr><td>リン酸トリフェニル</td><td>44.9</td><td>μg/l</td><td>nd〜24</td></tr>
</table>

＊　2010〜2020年度の化学物質環境実体調査による調査
（出典：環境省，EXTEND2022（2022））

産量も多い．EDCs はその作用や該当物質が十分に解明されておらず，今後のさらなる調査・研究が求められる．なお，ノニルフェノールは水質環境基準と水道水の暫定目標値が定められている．

6 放射性物質

放射性物質による環境汚染は，主に原子力発電所で発生する放射性廃棄物や事故に起因する汚染および核兵器の開発・使用による汚染が考えられる．本節では放射性同位体と放射線の基礎事項を整理し，次に水環境の放射性物質汚染について説明する[16),18)]．

1 放射性同位体と放射線

放射性物質（radioactive material）は，それを構成する原子の原子核が不安定であり，安定な原子核になろうとして崩壊する（放射線を出す）物質である．原子は原子核とその周りを回っている電子からなり，原子核の中には陽子と中性子が存在する．同じ原子でも中性子の数が異なるものを同位体といい，このうち時間とともに陽子と中性子の数が変化するものを放射性同位体（radioactive isotope）という．放射性同位体の例をあげれば，ヨウ素（$^{129}\mathrm{I}$，$^{131}\mathrm{I}$，$^{133}\mathrm{I}$）やセシウム（$^{134}\mathrm{Cs}$，$^{136}\mathrm{Cs}$，$^{137}\mathrm{Cs}$）などがあり，元素記号の左肩に付けた数値は陽子数と中性子数の合計（質量数）である．

放射性物質の原子核が崩壊して放射線を出す能力を放射能（radioactivity）という．放射能の強さは1秒間に崩壊する原子核の数で表され，ベクレル（Bq）という単位を使うが，放射線の種類やエネルギーの大きさには関係しない．したがって，ベクレルが同じであっても，放射性物質の種類が違うと，放射線の量は異なってくる．また，放射能の強さ（または放射性同位体の量）が半分に減るのに要する時間を半減期といい，その長さは $^{131}\mathrm{I}$ が8日，$^{134}\mathrm{Cs}$ が2.1年および $^{137}\mathrm{Cs}$ が30年であるが，ウラン（$^{238}\mathrm{U}$）の約45億年のようにきわめて長いものもある（**表1·12**）．

放射線には粒子線（α 線，β 線，中性子線など）と電磁波（γ 線，X線など）がある．放射線の種類によってそのエネルギーは大きく異なり，例えば放射線を

表 1・12　放射性物質の放射線と半減期

放射性物質		放出される放射線*	半減期
ナトリウム 24	^{24}Na	$\beta \cdot \gamma$	15 時間
ラドン 222	^{222}Rn	$\alpha \cdot \gamma$	3.8 日
ヨウ素 131	^{131}I	$\beta \cdot \gamma$	8 日
セシウム 134	^{134}Cs	$\beta \cdot \gamma$	2.1 年
コバルト 60	^{60}Co	$\beta \cdot \gamma$	5.3 年
トリチウム 3	^{3}H	β	12.3 年
ストロンチウム 90	^{90}Sr	β	28.7 年
セシウム 137	^{137}Cs	$\beta \cdot \gamma$	30 年
ラジウム 226	^{226}Ra	$\alpha \cdot \gamma$	1 600 年
炭素 14	^{14}C	β	5 730 年
プルトニウム 239	^{239}Pu	$\alpha \cdot \gamma$	2.4 万年
カリウム 40	^{40}K	$\beta \cdot \gamma$	13 億年
ウラン 238	^{238}U	$\alpha \cdot \beta \cdot \gamma$	45 億年
トリウム 232	^{232}Th	$\alpha \cdot \beta \cdot \gamma$	141 億年

*　壊変生成物（原子核が放射線を出して別の原子核になったもの）からの放射線も含む．

遮断するには α 線は紙 1 枚，β 線は厚さ数 mm のアルミ板で可能だが，γ 線や X 線には鉛や厚い鉄板，中性子線にはコンクリートや水の厚い壁が必要となる．

放射線の人体への影響量を実効線量といい，人体が放射線から吸収したエネルギーである吸収線量をもとに放射線の種類と臓器への影響を補正して求める．吸収線量は放射線が当たる物質の 1 kg 当り 1 ジュールのエネルギー吸収（1 J/kg）を単位（グレイ：Gy）として表す．実効線量は吸収線量に放射線の種類による放射線荷重係数と人体の組織ごとの組織荷重係数を掛けた線量（シーベルト：Sv）の合計として求める（**表 1・13**）．

実効線量〔Sv〕= Σ（吸収線量〔Gy〕× 放射線荷重係数 × 組織荷重係数）

また，体外から放射線を浴びることを外部被ばく，放射性物質を含んだ食品の摂取やほこりなどの吸引による体内からの被ばくを内部被ばくという．内部被ばくは外部被ばくより桁違いに人体への影響が大きい．

私たちは日常的に自然からの放射線を浴びており，この自然線量は世界平均で 1 人当り 2.4 mSv/年である．その内訳は宇宙から 0.39 mSv，大地から 0.48

表 1・13　実効線量の計算に用いる荷重係数[19]

（a）放射線荷重係数

放射線の種類	放射線荷重係数
光子（γ 線，X 線）	1
電子（β 線）	1
陽　子	2
α 粒子，核分裂片，重い原子核	20

（b）組織荷重係数

組織・臓器	組織荷重係数	組織・臓器	組織荷重係数
乳　房	0.12	食　道	0.04
赤色骨髄	0.12	甲状腺	0.04
結　腸	0.12	唾液腺	0.01
肺	0.12	皮　膚	0.01
胃	0.12	骨表面	0.01
生殖腺	0.08	脳	0.01
膀　胱	0.04	残りの組織・臓器	0.12
肝　臓	0.04		

（出典：ICRP　Publication 103（2007））

mSv，空気中ラドンから 1.26 mSv および食物から 0.26 mSv である．自然線量は通常の生活では健康への影響はない．我が国の国民 1 人当りの平均被ばく線量は 3.75 mSv/年であり，このうち自然線量が 39%（1.48 mSv），医療被ばくが 60%（2.25 mSv）である．我が国の自然線量が世界平均より低いのは，空気中ラドンによる被ばくは場所による変動が大きく，我が国ではそれが世界平均の 1/3 程度であるからである．国際放射線防護委員会（ICRP，1990 年）は，自然線量と医療線量を除外して，被ばくの線量限度として一般公衆に対して 1 mSv/年，放射線作業者に対して 5 年間の平均値で 20 mSv/年（前提として 1 年間に 50 mSv を超えないこと）を勧告している．

我が国において放射性物質に係る環境基準は設定されていないが，東日本大震災（2011 年 3 月 11 日発生）による東京電力福島第一原子力発電所の事故を受けて，環境基準の設定が検討されている．今のところ，放射性物質による人の健康影響に対しては，ICRP 線量限度の 1 mSv/年（自然線量と医療線量を除く）を準用している．また，食品中の放射性物質の基準（厚労省令・告示）は，線量限度 1 mSv/年を超えないように，放射性セシウム等（^{134}Cs，^{137}Cs，^{90}Sr，Pu，^{106}Ru）に対して，飲料水 10 Bq/kg，牛乳 50 Bq/kg，一般食品 100 Bq/kg および乳児用食品 50 Bq/kg 以下としている．

2 水環境の放射性物質汚染

放射性物質が大気や海域に放出されると，大気や海域のみならず陸水域や土壌に対しても広域的かつ長期的な汚染となるおそれがある．放射性物質の環境への放出は，これまでのところ原子力発電所の事故によるものが明らかになっている．具体的には，米国ペンシルバニア州のスリーマイル島原子力発電所（1979年），旧ソ連・ウクライナのチェルノブイリ原子力発電所（1986年）および我が国の東京電力福島第一原子力発電所（2011年）の事故である．

福島第一原子力発電所の事故は，大気中に大量の放射性物質を放出し，その放射性物質は風に乗って広い地域に移動・拡散し，地表に降下した．大気中に放出された放射性物質は，主にヨウ素の ^{131}I とセシウムの ^{134}Cs と ^{137}Cs であった．降下した放射性物質は土，草木，建物，道路等の表面に付着したり，雨に流されて雨樋や側溝に集まったりした．福島県を中心とする周辺地域の水域（河川，湖沼）では，放射性セシウムが水質は不検出が多かったが，底質は2 000 Bq/kg程度以下で広範囲に検出され，原子力発電所20 km圏内では10万Bq/kgを超える高い値が検出された地点もあった．また，農地の土壌にも放射性物質が含まれ，作物に取り込まれるなどの影響も出た．

森林も含め陸域に沈着した放射性セシウムは，降雨流出によって河川を経由してダムや自然湖沼，海域へと移動し，再集積する．これにより，周辺地域と比べて局地的に放射線濃度が特に高いホットスポットの形成が懸念されている．特に，湖沼は飲料水や漁獲物などの自然の恵み（生態系サービス）を提供する重要な生態系であり，放射性物質の動態を把握する必要がある．水環境にかかわる放射性物質の動態については，調査・研究が行われるようになって間もないが，例えば放射性セシウムについて森林生態系から水域への移動に関する調査が行われている．

筑波山南東斜面の森林において，放射性セシウム ^{137}Cs の降雨による土壌表面への初期沈着量は，林外雨のほうが林内雨より大きく，雨水中の濃度も高いので，林内雨として降下時に樹冠（葉や枝や幹）への吸着や収着が生じていることがわかった．林外雨とは樹冠に触れることなく落下してくる雨のことで，林内雨とは樹冠に触れた後，森林内に降る雨のことである．雨水中の ^{137}Cs 濃度は平均で75 Bq/lであり，全量の80% 以上が溶存態で沈着していた．^{137}Cs の樹冠から土壌表面への移動量は，事故後1年間で地表面への初期流入量の6割程度となり，その大部分が樹冠吸着分の降雨による洗い出しであり，林内雨として移動したものであった．^{137}Csは，事故から1年3か月を経過した後でも，リター層（落葉などの土壌表層）を含む表層から6 cm深までに全蓄積量の75～95%が存在し，鉛直下方への移動がきわめて小さいことが確認された．樹冠経由での増加分を含め，リター層に存在する^{137}Csの多くは，粘土粒子に強く結合しているものと比べてはるかに動きやすく，森林生態系内での移行や系外の湖沼等への流出に大きな役割を果たす可能性が高い．リターなどの粒状有機物（particulate organic matter：POM）は下流水域で水生生物の餌として利用されるので，そこに吸着している^{137}Csは微細な無機粒子に吸着したものに比べ，水生生物への移行が生じやすいと考えられる．今後，POMを介した^{137}Cs流出量の定量評価と，POM摂食生物を源とする食物網を考慮した水生生物の汚染実態に関する調査が必要である（国立環境研究所，2013）[20]．

ところで，原発事故から10年後の福島県の水環境の汚染状況（2021年度調査）について，比較的高い濃度で検出されている放射性Csを取り上げて説明する．水質の場合，全水域においてほとんどが不検出であり，検出地点でも水道水の放射性Csの管理目標値10 Bq/kg（Bq/kgをBq/lと同等と扱う）を下回っている．ところが，底質（河川，湖沼，沿岸等の底質）と土壌（河川敷，湖畔，沿岸の土壌）では，河川と湖沼において原発20 km圏内に高濃度の汚染がみられる．放射性Cs（^{134}Csと^{137}Csの合計）の最大値は，底質が河川で約2 000 Bq/kg（乾），湖沼で約25万Bq/kg（乾）であり，土壌が河川で65 000 Bq/kg（乾），湖沼で約19万Bq/kg（乾）である．半減期の短い^{134}Csは大きく低下しているが，^{137}Csは，底質の河川を除き，あまり低下しておらず（逆に底質の湖沼は増加している），事故から10年後でも高い濃度で底質や土壌に蓄積・残留している．

土壌に吸着した放射性Csは，水環境中に長期間残留するので，空間線量率が下がらない要因になっている．空間線量率は，地表約1 m高の空間中のγ線量（μSv/h）であり，その場所における平均的な外部被ばく量を推測するのに使われる．2021年度調査において，最大値は河川敷で2.65 μSv/h，湖畔で6.50 μSv/hである．ICRPの人の健康影響に対する線量限度1 mSv/年は，空間線量率に換算すると，0.23 μSv/hにあたり（環境省，放射線による健康影響等に関する統一的な基礎資料（平成30年度版），2019），これに比べると，調査結果は一桁高い数値である．なお，陸域の土壌でも同様で，原発 20 km 圏内に限らず，広範囲の汚染地域で，土壌（主に表土）に吸着した放射性 Cs が陸域の空間線量率の低下を妨げている．

一方，事故の有無に関係なく，原子力発電所では管理・運転に伴う放射性廃棄物が発生し，それは高レベル放射性廃棄物と低レベル放射性廃棄物に区分される．高レベル放射性廃棄物は再処理施設において使用済燃料からウラン・プルトニウムを分離・回収した後の廃液と使用済燃料そのもの（再処理しない場合）である．それ以外の消耗品，廃水および廃器材等が低レベル放射性廃棄物であるが，放射能レベルに幅があり，比較的高いものも含まれる．放射性廃棄物の処分は，基本的には廃棄物を密封容器に入れて地中に最終処分する．高レベル放射性廃棄物の大部分の放射性物質は数百年の間にかなり減少するが，燃料のウラン鉱石と同程度の放射能にまで減少するには 1 万年程度はかかる．その間，最終処分地は安全に管理され，人間界から隔離されなければならない．

7　水環境の生態と環境問題

本節では，水環境の生態系と汚染源，河川の自浄作用，富栄養化および地下水の環境問題などについて説明する．

1　水環境の生態系と汚染源

(a)　生　態　系

自然界では，多種の生物がそれぞれの生活の場を占め，そこで相互に関連した物質やエネルギーの流れを維持しながら生活している．ここに，生物とその生活環境とを切り離すことはできず，生物による生命活動とそれを支える環境を生態系（ecosystem）という．生態系は複雑かつ微妙なバランスをもって維持されているが，それを構成する要素は生産者，消費者，分解者および非生物性物質に分類される．**図 1·29** に示すように，生態系はこれらの要素が相互に物質的なつながりをもって結ばれている．

非生物性物質とは，水，酸素，二酸化炭素，窒素・リンといった栄養物質などの生物生産の原料となる無機物質，および生物の排せつ物や死がいなどの有機物質である.

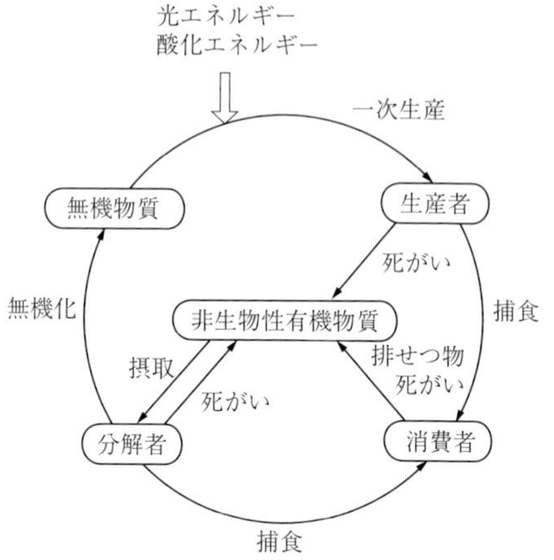

図 1・29 生態系の構成と物質循環

生産者は，光エネルギーや無機物質の酸化エネルギーを用いて，無機物質から細胞を構成する有機物質を合成する生物であり，一次生産者とも呼ばれる．水環境における代表的な生産者は光合成独立栄養の藻類であり，部分的には水生植物も含まれる．また，酸化エネルギーを利用する化学合成独立栄養の硝化細菌なども生産者に該当する．

消費者は，生産者が生産した有機物質を食物として消費（捕食）する従属栄養の生物であり，捕食者とも呼ばれる．動物プランクトン，魚類，哺乳類などが代表的な消費者であり，生産者を直接捕食するものを一次消費者，その一次消費者を捕食するものを二次消費者と呼ぶ．

分解者は，従属栄養の生物であり，生物の死がいや排せつ物（非生物性有機物質でありデトリタスともいう）を分解しながら生活し，デトリタスを生産者が再び利用可能な簡単な無機物質にまで分解する役割を果たしている．代表的な分解者は従属栄養の細菌や後生動物などである．

このように，生命の維持に必要な物質の大部分は生態系で循環しており，各生物に繰り返し利用されている．

生態系において，一次生産者をはじめとして，その後の消費者の捕食による一連の食物の流れを食物連鎖（food chain）といい，食物連鎖における生産者や消費者の各段階は栄養段階と呼ばれる．すなわち，一次生産者は第一栄養段階，一次消費者は第二栄養段階，および二次消費者は第三栄養段階であり，食物が一次生産者から数えて同じ段階にある生物は同じ栄養段階に属することになる．水環境における食物連鎖は，例えば一次生産者が藻類，その藻類を捕食する動物プランクトンが一次消費者，その動物プランクトンを捕食する小型魚類が二次消費者，さらにその小型魚類を捕食する大型魚類が三次消費者というぐあいである．地球上の最終捕食者は人間である．

重金属などの生物体内に蓄積されやすい物質は，食物連鎖を通して，より高次の消費者の体内に蓄積されていくことがあり，これを生物濃縮という．言い換えれば，生物濃縮とは，生物が本来生体の構成物質ではない物質を，その生活環境より高い濃度で体内に含有していることである．そのような物質は，食物連鎖により栄養段階が上がるほど体内で濃縮されていくという特性があるので，仮に水中の濃度が低くても生物に被害を及ぼす危険性がある．

（b）　汚染源と汚濁物質の流出

例えば水域に有機性の汚濁物質が流入しても，図 1·29 に示した経路で非生物性物質として循環利用されるうちは，特に汚染の問題は起こらない．しかし，汚濁物質の負荷が過度になり，水域における生態系の物質循環が崩れると，そこに水質汚濁（water pollution）という汚染が発生することになる．水環境汚染の指標としては，有機物質にかかわる汚染（有機汚染）の場合，BOD，COD，SS，全窒素（T-N）および全リン（T-P）などが用いられ，重金属汚染や化学物質汚染ではその原因物質が指標となる．また，環境に負荷される汚濁物質の量を汚濁負荷量といい，有機性の汚濁負荷量は例えばBOD 汚濁負荷量で表される．

水域に流入する汚濁物質の発生源，すなわち汚染源には人為的なものと自然的なものがある．人為的な汚染源としては，家庭排水，工場・事業場排水，畜舎排水および農地からの排水などがあり，また自然的な汚染源には，森林や土壌からの溶出物質および降雨に含まれる汚濁物質などがある．さらに，汚染源は，家庭排水や工場排水などのように汚濁物質の排出源が特定できる特定汚染源（point source）と，自然的汚染源あるいは都市域における路面や屋根に堆積した汚濁物質のように面的広がりをもち，その排出源を特定しにくい非特定汚染源（non-point source）に分けられる．なお，特定汚染源は点源，非特定汚染源は面源と呼ばれることもある．

汚濁負荷量のうち汚染源で発生する量を発生負荷量といい，このうち発生源から実際に外部に排出される量は排出負荷量と呼ばれる．例えば，工場で発生する排水を自家処理している場合，処理前の負荷量が発生負荷量であり，処理後に工場の敷地外に排出される負荷量が排出負荷量である．排出負荷が水域に流出する過程を概念的に**図 1·30** に示す．

排出負荷は水路や小河川などを経てある水域（河川，湖沼，海域）に到達するが，この負荷量を流達負荷量といい，流達負荷量と排出負荷量の比を流達率とす

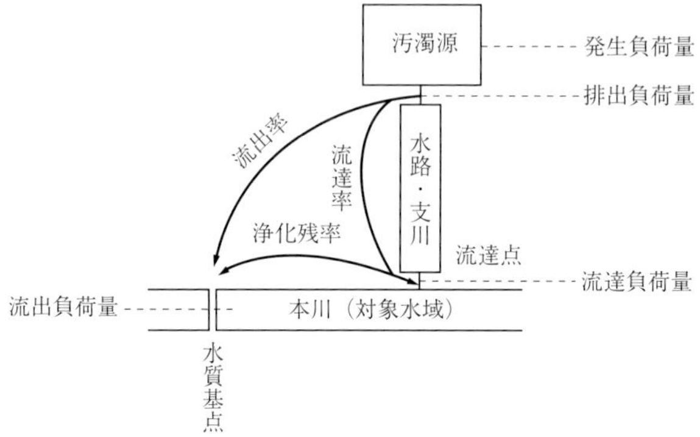

図 1・30 流域における汚濁負荷の流出過程[21]

る．一般に，ある流域の汚濁負荷が流入している水域で実測した負荷量は，その流域の排出負荷量に比べて小さくなる．これは汚濁物質が水域まで流下する過程で沈殿や分解により減少したり，排水が地下浸透したりするためである．したがって，流達率は通常1.0より小さくなる．また，市街地部は，舗装道路や建物などの不浸透面積が大きく，さらに側溝や排水路が整備されているため，一般に農村部より流達率が高くなる．

水域に到達した流達負荷がある水質基点に到達する量を流出負荷量といい，流出負荷量と流達負荷量の比を浄化残率とする．水質基点とは水質環境基準に対する水質監視や後述する水質汚濁解析を行う地点である．水域に流入した汚濁負荷は，流下過程で生物学的分解，沈殿，吸着などの作用によって減少していくので，この減少分を差し引いた汚濁負荷の残存率が浄化残率である．河川の場合，浄化残率は途中流入のない二つの地点における下流と上流の汚濁負荷量の比で求められる．また，流達率と浄化残率を乗じたもの，すなわち排出負荷が水質基点に到達する割合を流出率と呼ぶ．

水域の水質汚濁の現状把握や将来予測を行うことを水質汚濁解析というが，そのうち汚濁負荷の流出解析は上記の流達率や浄化残率などをもとにして行われる．汚濁負荷の流出過程は特定汚染源と非特定汚染源では大きく異なり，特定汚染源からの汚濁負荷は一般に排水として水路などを通って流出するが，非特定汚染源からの負荷は降雨に伴って流出する．また，特定汚染源からの汚濁負荷は排水処理などの削減対策をとりやすいが，非特定汚染源の場合，面的広がりをもつため対策をとりにくく，近年その汚濁負荷量の占める割合が高くなってきている．水質汚濁解析の結果は，下水道整備計画やその他の汚濁負荷削減対策の立案に重要な情報を与えてくれる．

2　河川の自浄作用

（a）　自浄作用の因子

河川に流入した汚濁物質は，河川を流下する過程で分解したり沈殿したりして，水中での濃度が少しずつ減少していく．この現象は河川の自浄作用（self-purification）と呼ばれ，河川の水質および浄化に大きな影響を及ぼす．有機性の汚濁物質に対する自浄作用には，水中の微生物による生物学的分解，吸着と沈殿，希釈の三つの因子が関係している．太陽光による汚濁物質の光分解も起こりうるが，河川の自浄作用に対する光分解の寄与度は一般に低いものと考えられる．

生物学的分解は，汚濁物質のうち溶解性の有機物質が好気性の従属栄養微生物によって分解される現象であり，有機物質は二酸化炭素と水およびアンモニア（タンパク質の場合）に分解される．分解に関与する主要な微生物は，浮遊性および河床の砂礫などに付着している細菌である．一方，吸着と沈殿は，溶解性あるいはコロイド状物質が河川水中の浮遊物質や河床に吸着され，さらに浮遊物質は物理的に沈殿して，水中からこれらの汚濁物質が除去される現象である．また，希釈は，汚濁物質が河川を流下する過程で拡散して，その濃度がしだいに薄くなる現象である．

自浄作用に寄与するこれらの因子のうち，生物学的分解は無機化による汚濁物質の量の減少であり，真の自浄作用と呼ばれ，また吸着と沈殿および希釈は水中の汚濁物質の濃度の低下であり，見かけの自浄作用と呼ばれる．見かけの自浄作用の場合，汚濁物質の水中での濃度は低下しても，河床を含めた水域全体としてはその量に変化はない．

（b）　ストリーター・フェルプス（Streeter-Phelps）の式

真の自浄作用において，生物学的分解の反応はBOD試験における炭素系BOD反応の式（1·98）と同じ式で表され，微生物は水中のDOを消費しながら有機物質を酸化分解する．したがって，水中のDO濃度は生物学的分解の重要な制限因子となり，流入する有機物質の量が多すぎると水中のDOが不足し，いずれ分解は起こらなくなる．

河川に流入した有機物質（一般にBODと考えてよい）の分解速度は有機物質量に比例し，この関係は，河川の流れ方向のみの変化を考えると，次の1次反応式で近似される．

$$\frac{dL}{dt} = -K_1 L \tag{1・104}$$

$$L = L_0 e^{-K_1 t} \tag{1・105}$$

ここに，LはBOD濃度〔mg/l〕，K_1は脱酸素係数〔1/日〕，tは時間〔日〕およびL_0は初期BOD濃度〔mg/l〕である．脱酸素係数K_1はBODの減少係数すなわち有機物質の分解に伴うDOの減少（脱酸素）係数を表している．式（1・104）の積分形である式（1・105）は，時間の経過すなわち汚濁物質の流下に伴いBOD濃度が指数関数的に減少することを意味し，この式からt日後あるいはその流下地点のBOD濃度を計算することができる．

また，生物学的分解の制限因子であるDO濃度の変化は，しばしば飽和溶存酸素量との差である酸素不足量で表される．そこで，酸素不足量を有機物質の酸化によって消費される酸素量と大気から供給される酸素量（これを再ばっ気（re-aeration）という）との差とすると，式（1・104）を用いて次の式で表すことができる．

$$\frac{dD}{dt} = K_1 L - K_2 D \tag{1・106}$$

ここに，Dは溶存酸素不足量〔mg/l〕で$D = C_s - C_t$（C_s：飽和溶存酸素量，C_t：時刻tでの溶存酸素量）で表され，K_2は再ばっ気係数〔1/日〕である．K_2は水面での乱れが大きくなると大きな値となるが，実際の河川で0.2～10〔1/日〕の範囲で報告されている．また，式（1・105）を式（1・106）に代入して積分すると，次の式が得られる．

$$D = \frac{K_1 L_0}{K_2 - K_1}\left(e^{-K_1 t} - e^{-K_2 t}\right) + D_0 e^{-K_2 t} \tag{1・107}$$

ここに，D_0は初期溶存酸素不足量〔mg/l〕である．式（1・107）は時間的にはt日後，距離的にはt日後の流下地点の酸素不足量を表す式であり，ストリーター・フェルプス（Streeter-Phelps）の式と呼ばれている．

式（1・105）や式（1・107）は汚濁物質が生物学的分解のみによって減少する場

合に適用されるが，実際の河川では吸着や沈殿などによる減少も無視できない．このことは，脱酸素係数 K_1 を実験室の BOD 試験から求め，さらに実際の河川で BOD 減少係数を求めると，一般に実河川の BOD 減少係数が K_1 より大きくなることから確認できる．したがって，実河川に対しては DO 消費を伴わない吸着や沈殿などによる減少も含めた BOD 減少係数が用いられており，それは次式で表される．

$$K_r = K_1 + K_3 \qquad (1 \cdot 108)$$

ここに，K_r は実河川の総合的な BOD 減少係数〔1/日〕，K_3 は吸着や沈殿などの DO を消費しない BOD 減少係数〔1/日〕である．K_r は河川の状況や汚濁源によって大きく変化し，おおむね 0.1～23〔1/日〕の範囲で実測されている．K_r のうち，大きく変動するのは K_3 であり，K_1 の変動は比較的小さく 0.1～0.7〔1/日〕の範囲であるといわれている[21]．なお，BOD 減少係数や再ばっ気係数は e を底とする自然対数で表す場合は大文字の K を用い，10 を底とする常用対数の場合は小文字の k で表され，互いに $K = 2.31\,k$ という式で変換できる．

(c)　溶存酸素垂下曲線

ストリーター・フェルプスの式を用いて，河川水中の DO 濃度と経過時間（または流下距離）の関係を描くと**図 1·31** のようになり，これを溶存酸素垂下曲線（DO sag curve）という．有機性の汚濁物質が河川に流入すると，初めは有機物

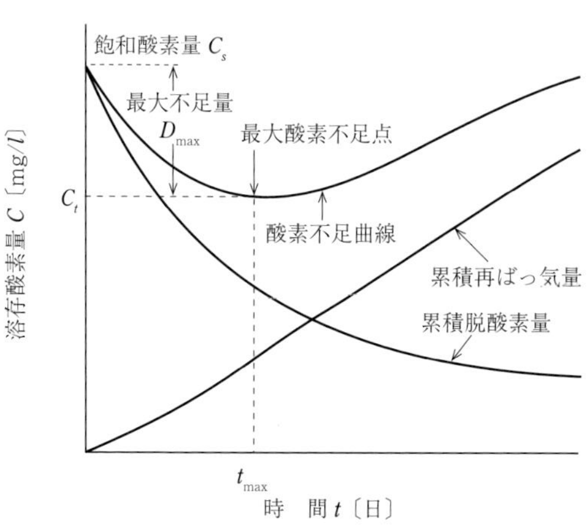

図 1·31　溶存酸素垂下曲線

質の分解による脱酸素量が再ばっ気量を上回り，DO濃度は低下するが，やがて脱酸素量が減少するにつれてDOが回復し始め，その後再ばっ気量が勝るようになると，DO濃度はしだいに飽和濃度に近づいていく．

水質汚濁の観点から，溶存酸素垂下曲線において重要となるのはDO濃度が最小となる点，すなわち溶存酸素不足量が最大となる点である．これは最大溶存酸素不足量 $D_{\max}$ およびそれの生ずる時間 $t_{\max}$ で定義され，それぞれ式（1·106）および式（1·107）において，$dD/dt=0$ と置くことにより求められる．

$$D_{\max}=\frac{K_1}{K_2}L_0\,e^{-K_1 t_{\max}} \tag{1·109}$$

$$t_{\max}=\frac{1}{K_2-K_1}\ln\left[\frac{K_2}{K_1}\left\{1-\frac{D_0(K_2-K_1)}{K_1L_0}\right\}\right] \tag{1·110}$$

これらの式からわかるように，$D_{\max}$ と $t_{\max}$ は K_1 と K_2 の値によって決定され，特に K_2/K_1 の比が重要な因子であるといえる．この比は自浄係数と呼ばれ，一般に河川の流速が速くなると K_2 の値が大きくなり，自浄係数の値も高くなる．

3 富 栄 養 化

（a） 閉鎖性水域の生態系と富栄養化

湖沼や内海・湾のように，地形が閉鎖的で外部との水の出入りが緩やかで，水が域内に長く滞留する水域を閉鎖性水域という．閉鎖性水域では，水が数十日から数百日の間滞留しているため，図1·29に示した物質循環の全過程が進行し，特に藻類の光合成による一次生産が水質汚濁に深くかかわってくる．以下に，湖沼を例にあげて，閉鎖性水域の生態系と富栄養化について説明する．

湖沼に窒素やリンなどの栄養物質がある量以上流入すると，藻類が光合成を行いながら異常に増殖し，これが有機性汚濁物質となって水質汚濁が進行する現象を富栄養化（eutrophication）という．富栄養化とは，**図1·32** に示すように，本来湖沼の数百年から数千年にわたる栄養状態の変化の一過程を示すものである．自然の湖沼は，長い年月をかけて，初めの水深が深くて栄養物質の少ない貧栄養（oligotrophic）湖から，流域からの栄養物質の流入を受けて中栄養（mesotrophic）湖となり，さらに水深が浅く栄養に富む富栄養（eutrophic）湖になり，最終的には湿原あるいは森林へと変遷していく．これに対して，ここでいう富栄養化とは，窒素やリンを含む排水の流入などの人為的要因により著しく栄養状態の

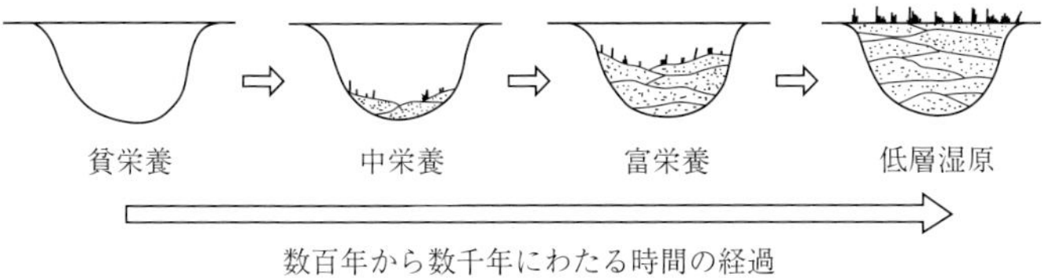

図 1・32　自然の湖沼の栄養状態の変化

変化速度が加速され，きわめて短期間に湖沼が富栄養状態になる現象である．

水中の窒素濃度がおおむね $500\ \mu g/l$ およびリン濃度が $30\ \mu g/l$ 以上になると，藻類の異常増殖が起こり，富栄養化が進行するといわれている．なお，窒素やリンなどの栄養物質は一般にアンモニウム塩やリン酸塩などの形態で存在するので，栄養塩とも呼ばれている．

ところで，湖沼の沖合いは一般に水深が深いため，その生態系は太陽光の届く有光層と届かない無光層および底泥に分けて考える必要がある．**図 1･33** に湖沼の生態系と栄養塩の動態を模式的に示す．有光層では，一次生産者である藻類（植物プランクトン）が流入した栄養塩を利用しながら光合成によって増殖するが，言い換えればこれは水域内で藻類という有機物質を生産することなので内部生産といい，また有光層は生産層とも呼ばれる．さらに，藻類の増殖は，それを

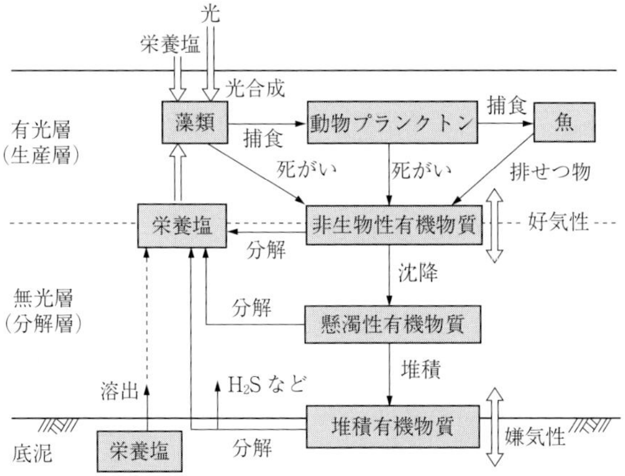

図 1・33　湖沼の生態系と栄養塩の動態

捕食する動物プランクトンの増殖を促す．これらのプランクトン類はいずれ死滅し，懸濁性有機物質として沈降する過程で，無光層の好気性細菌群によって分解され，再び栄養塩の供給源になる．ここに，無光層は分解層とも呼ばれる．

富栄養化が進行するにつれて，懸濁性有機物質の一部は分解しきれずに底泥に沈殿・堆積し，底層に DO があるうちはそこで好気性細菌の分解を受けるようになる．このとき底層の DO が消費される．この状態が続くと底層はやがて嫌気的環境になり，還元状態の中で底泥に含まれる栄養塩が溶出するようになり，富栄養化がますます進むことになる．また，底泥では嫌気性細菌による堆積有機物質の分解が起こり始め，その結果硫化水素やメチルメルカプタンなどの悪臭ガスが発生するようになる．

閉鎖性水域が富栄養化すると，湖沼では例えば藍藻類が異常増殖して，いわゆるアオコと呼ばれるマット状の層が水面を覆ったり，内海や湾では珪藻類の異常増殖による赤潮が発生したりする．赤潮が発生すると，前述のように底層の嫌気環境下では硫化水素が発生し，これを含んだ無酸素水塊が対流等により上昇すると表層の酸素によって硫化水素が酸化され，硫黄や硫黄酸化物の微粒子となり，これが太陽光を反射して海水を乳青色や乳白色に変色させる．この現象を青潮といい，無酸素水塊のみならず有毒な硫化水素は魚介類の大量死を招く．アオコや赤潮の発生は，DO 枯渇による魚介類のへい死（水産資源としての価値の低下），水質悪化による利水障害（水資源としての価値の低下），景観やレクリエーションの障害（観光資源としての価値の低下）をもたらすことになる．さらに，藻類の中には異臭味や毒性をもつ代謝産物を産生する種もいるので，水域が水道水源である場合には特に注意を要する．

(b)　温度躍層

湖沼の水温は夏と冬に水深方向に異なった温度分布を形成し，この分布が春と秋の季節を経て変化するが，そのとき水の循環が起こり，底層部の栄養塩が移動して，水域全体に行き渡り，結果的に汚濁の進行を助長する．湖沼の季節ごとの水深方向の温度分布を**図 1·34** に示す．

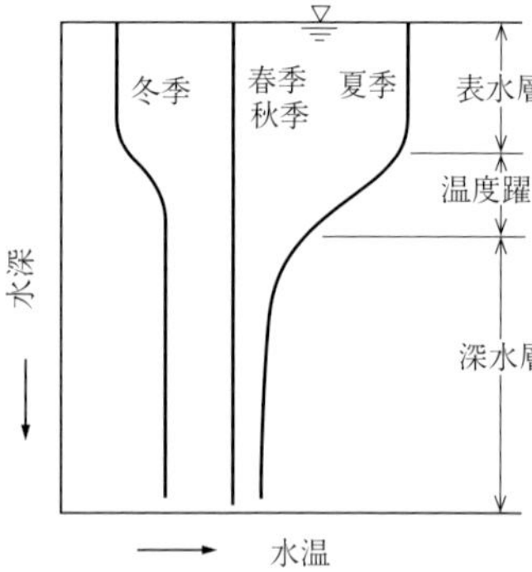

図 1・34　湖沼の水深方向の温度分布

夏季には，水面付近の水温が上昇し，表水

層の水の密度が水温の低い深水層のそれより小さくなり，その密度差によって表水層と深水層が分離（これを成層という）され，両層の混合はほとんど起こらない．表水層と深水層の間には急激な水温低下がみられる層があり，これを温度躍層または水温躍層という．やがて，夏が終わり秋が深まるにつれて，表水層の水温が徐々に低下し，表水層と深水層の密度差がなくなる．この状態で風などにより水のかく乱が生じると，両層は容易に混合する．これを秋の循環という．

秋の循環期を経て冬になると，夏季の温度分布とは逆に，表水層の水温が深水層より低くなり，その密度差によって表水層と深水層が分離され，比較的ゆるい成層化が起こる．やがて，春になると表水層の冷たい水はしだいに温められて，表水層と深水層の密度差がなくなり，秋と同様に春の循環が起こる．そして，再び夏の成層化に向かう．

温度躍層の上層と下層では，水温のみならず水質にも違いが出てくるので，成層期に水質を調べる場合は水深方向の採水地点を考慮する必要がある．一方，春と秋の循環期には，水深方向の水質は比較的均一になるが，湖水が全体的に濁りやすい．

4　地下水汚染

地下水は，地表水に比べて，一般に水質が良好でかつ温度変化が少なく，さらに井戸という簡単な施設によって取水ができるため，身近な水資源として各種の用途に広く利用されている．例えば，近年我が国では生活用水量の約 22%，工業用水量の約 28% および農業用水量の約 6% は地下水で賄われている．

地下水の環境問題として，1960 年代からの高度経済成長の過程で，工業用水として地下水が大量に採取されたため，地盤沈下や塩水化といった地下水障害が全国規模で発生した．地下水は水資源であるとともに，地盤の重要な構成要素の一つでもあり，過剰な揚水は地下水位の低下を招き，地盤が沈下したり，臨海部では帯水層への海水の浸入により地下水が塩水化したりする．しかし，これまでに地下水の採取規制や水源の地表水への転換などの措置が講じられてきたことから，地下水障害はかつてのような激しさはみられなくなりつつある．

ところが，近年トリクロロエチレン（TCE）やテトラクロロエチレン（PCE）などの有機塩素化合物や硝酸・亜硝酸態窒素による地下水の汚染が，新たな環境問題として顕在化してきた．有機塩素化合物の多くは毒性や発がん性をもち，亜硝酸態窒素は血液中のヘモグロビンをメトヘモグロビンに変え，多量に摂取すると呼吸障害を引き起こすメトヘモグロビン血症を起こす可能性のある物質である．また，硝酸態窒素は体内に入ると消化器系で還元され，亜硝酸態窒素に転換される．

TCEやPCEは，集積回路基盤や機械部品の洗浄剤およびドライクリーニング剤などに広く使用されている．これらの物質は，土壌に吸着されにくくかつ比重が大きいため，排水処理施設や排水路の不備あるいは廃液貯留槽の損傷などにより流出すると，容易に地下に浸透する．しかも，TCEやPCEは水に対する溶解度が小さいため少しずつ溶け出し，地下水に連続的に供給されるため，地下水の流れに伴って汚染が広がり，長期化するという特徴を有している．

1981年に米国の半導体工場が林立するシリコンバレーで有機塩素化合物による地下水汚染が発覚してから，我が国でも全国規模で地下水の水質調査が実施されるようになった．有機塩素化合物による地下水汚染はこの数年間ずっと続いており，平成23年度の継続監視調査ではTCEが2 049本の井戸のうち182本で環境基準を超過し(超過率8.9%)，PCEについては2 004本中448本（超過率22.3%）であった．

一方，硝酸・亜硝酸態窒素による地下水の窒素汚染の主な原因は，農地での過剰な施肥，生活排水の地下浸透処理および畜産廃棄物の不適切な管理などによる窒素成分の地下への浸透である．これらの原因で流出した窒素は一般にNH_4^+-Nの形態をしているが，土壌中で硝化細菌によりNO_2^--NやNO_3^--Nに酸化される．ここに，土壌粒子表面は負に帯電しており，NO_2^--NやNO_3^--Nの陰イオンは土壌に吸着されにくいため，流出した窒素は地下に浸透しやすくなる．

地下水の窒素汚染は，1960年代に米国のイリノイ州で浅井戸の硝酸態窒素濃度が高くなり，やがて水道水源である河川での濃度も飲料水の基準を超えてしまった事例があり，その原因は窒素肥料の施肥量の増加によるものとされている．その後，地下水の窒素汚染は世界各地で顕在化するようになり，我が国でも沖縄県宮古島，鹿児島県シラス台地，熊本県阿蘇火山灰地域，愛媛県松山市，長野県および岐阜県各務原市などで報告されている[22)]．鹿児島県シラス台地の場合，シラス土壌の地力を高めるための堆肥の施用，畑地への化学肥料の使用，畜産ふん尿の管理の不備，生活排水の地下浸透およびシラス土壌の透水性のよさといった複合的な要因によるものである．なお，地下水は降水が土壌を通して帯水層に浸透したものであり，地下水の汚染は土壌の汚染（次項参照）に起因することが多い．

5 土壌汚染

土壌汚染（soil pollution）は市街地と農用地の汚染に分けられ，前者は有害物質使用特定施設にかかわる工場や事業場の跡地で発生することが多く，後者は鉱山廃水等により汚染された河川水を灌漑用水として利用することで起こることが多い．このほか，汚染の原因となる有害物質による大気汚染や水質汚濁を通じて，二次的に土壌に負荷されて発生することもあり，また地盤にもともと含まれた有害金属類が溶け出し，土壌を汚染するという自然的要因の場合もある．土壌は水域や大気と比べて物質の移動性が低く，いったん汚染されると有害物質が土壌中に蓄積され，汚染が長期にわたることが多い．さらに，有害物質が汚染土壌から地下水に溶け出し，地下水の汚濁を併発しやすい．

農用地の土壌汚染は，古くは足尾銅山（足尾銅山鉱毒事件，1900 年ごろ）や神岡鉱山（イタイイタイ病，1950 年ごろ）の例があるが，近年でも 5 地域 42 地点の農用地において基準値（玄米中カドミウム濃度が 0.4 mg/kg）を超えるカドミウムが検出されている（2011 年度）．農用地汚染に関する実態調査によると，これまでに基準値を超えた農用地は 2011 年度末で 134 地域 7 575 ha であるが，そのうち面積で約 90% は農用地土壌汚染対策計画に基づく対策が完了している．

市街地等の土壌汚染は，有害物質使用特定施設にかかわる事業場等の跡地利用のための汚染調査や地下水の常時監視によって汚染が発覚している．土壌環境基準または土壌汚染対策法の指定基準を超える件数は毎年増加しており，近年では約 2 000 件の調査数に対して約 50% が基準を超過している．市街地等の土壌汚染の例として，築地にある東京都中央卸売市場の移転先である豊洲（東京ガス工場跡地）の土壌汚染がある．豊洲の土壌と地下水からはベンゼン，シアン化合物，鉛およびヒ素などの汚染が確認され，表層土壌からベンゼンが最高で環境基準の 43 000 倍の濃度で検出された．汚染された土壌の土地はその土壌が浄化されるまでは利活用ができないことになっており，近年土壌汚染により利用できないまたは著しく利用価値の低下した土地（ブラウンフィールド）が増加し，土地利用に新たな問題を投げかけている．

土壌汚染に係る環境基準（土壌環境基準）は，水質環境基準の健康項目に類して，重金属類，有機塩素化合物および農薬などの有害物質について定められている．ただし，土壌の汚染は農用地と市街地等で状況が異なるため，農用地に対しては特定有害物質としてカドミウム，銅およびヒ素の3物質に対する基準値が設けられており，例えばカドミウムは米1kgにつき0.4mg未満となっている．土壌の汚染防止対策としては，農用地に対しては「農用地の土壌の汚染防止等に関する法律」，市街地等については「土壌汚染対策法」が適用される．自然的要因による土壌汚染については，土壌環境基準は適用されないが，環境省の技術的助言として土壌汚染対策法の適用が可能であるとされている．

6　地球規模の水環境問題

近年，地球規模の環境問題が徐々に深刻化しており，その水環境への影響も顕在化してきた．具体的には，大気中の二酸化炭素濃度の増加に起因する気候変動（地球温暖化を含む）による降水・水環境への影響あるいは海洋の酸性化，およびプラスチック製品の海洋廃棄によるマイクロプラスチック海洋汚染など，地球規模の水環境問題を引き起こしている．

（a）　気候変動による水環境・水資源への影響

大気中のCO_2の濃度は，地上付近において世界平均が416 ppm（2021年）であり，1750年以前の278 ppmと比べて49% 増加している．大気による地球の温室効果の寄与率は，水蒸気が約6割，CO_2が約3割，その他が1割とされている．第21回気候変動枠組条約締約国会議（COP21，2015年）で，工業化以前（1850～1900年）に対する世界の平均気温について，2°C以下までの上昇を目標に，1.5°Cまでに抑える努力をすることになった（パリ協定）．しかし，すでに1900年から約1.5°C上昇しているのが現状である．

我が国においては，気象庁の観測によると平均CO_2濃度で421 ppm（2022年）であり，過去25年間の平均増加量は2.0～2.6 ppm/年である．これに伴い，我が国の年平均気温も上昇しており，年平均気温の基準値（1991～2020年の30年平均値）からの偏差の変化で，上昇率は100年で1.3°Cであり，特に顕著な気温上昇は1990年代以降に発生している．

気候変動による水環境・水資源への影響は，その変化から降水量・降水パターンの変化（降水変化），海面水位の上昇，水温上昇および気温上昇に整理することができる．

降水変化は極端な気象現象として現れ，月降水量における異常少雨の年間出現数が増加する一方，日降水量 100 mm 以上の短時間集中強雨も増加している．つまり，降水がほとんどない日が増加する反面，大雨の頻度は増えている．その結果，年単位でみると，河川流量や地下水位は低下するが，一方で合流式下水道越流水の越流頻度の増加や土砂流出の増加などが起こりうる．

海面水位の上昇は，地下水の塩水化や塩水の河川遡上などを引き起こす．また，水位上昇による沿岸低地の水没は，その水環境にもさまざまな影響を及ぼす．水温上昇は，藻類増殖や有機物生分解を促進させ，また閉鎖性水域では鉛直循環が抑制（成層が形成）される．成層形成は貧酸素層での栄養塩類の溶出を増加させ，一時的な水塊混合が起こると，有光層での藻類増殖を促し，富栄養化の増長につながる．また，気温上昇による蒸発散量の増加，積雪量の減少および水需要の増加は，水需給バランスの変化をもたらし，水資源の確保が困難になることが予想される．

（b）　海洋酸性化による海洋生態系の破壊

海洋は大気中 CO_2 の大きな吸収源であり，その CO_2 吸収・蓄積は大気中の CO_2 増加を緩和している．一方で，国連気候変動に関する政府間パネル（IPCC）の第 6 次報告書の WG 1 報告書（2021 年）は，海洋の CO_2 吸収により，全球の表面海水 pH は今世紀末には 19 世紀末に比べて 0.16〜0.44 低下し，海洋酸性化が進むと予測している．実際，世界各地の表面海水 pH で 10 年当り 0.019 の割合で低下が観測されている．日本近海でも，1998 年当時の表面海水 pH は 8.10 前後であったが，全体的に pH が 10 年当り 0.020 低下しており，世界平均と同程度の速度で酸性化が進行している．

海洋が酸性化すると，植物・動物プランクトン，サンゴ，貝類や甲殻類など，炭酸カルシウム（$CaCO_3$）の骨格や殻をもつ海洋生物にとって，海水中の水素イオン（H^+）濃度の増加により骨格や殻が溶解したり，その形成が困難となり，成長や繁殖に大きな影響が及ぶと考えられる．海水中の H^+ が増えると，酸・塩基平衡により式（1･111）の反応が右に進んで CO_3^{2-} の濃度が下がり，$CaCO_3$ は式（1･112）の左向き反応により溶解しやすくなり，同時に右向き反応による生成が困難となる．

$$H^+ + CO_3^{2-} \rightleftharpoons HCO_3^- \qquad (1\cdot111)$$

$$Ca^{2+} + CO_3^{2-} \rightleftharpoons CaCO_3 \qquad (1\cdot112)$$

この影響は食物連鎖を通じて高次消費者の生物にも及び，海洋生態系に大きな変化が起きるおそれがある．

（c）　マイクロプラスチック海洋汚染

近年，海洋に流出する廃プラスチック類による海洋汚染が地球規模で広がっており，すでに北極や南極にまで広がっているとみられている．1950年以降に生産されたプラスチック類約83億トンのうち，約63億トンがごみとして廃棄されたとの報告がある．このうち，毎年約800万トンのプラスチックごみが海洋に流出し，2050年には海洋中のプラスチックごみの重量が魚の重量を超える，という試算もある．

海洋に放出されたプラスチックごみは，時間が経つにつれ波や紫外線等の影響により小さくなり，あるいは洗顔料や歯磨き粉に含まれるプラスチック粒子など，5 mm以下のマイクロプラスチックと呼ばれる微細片・粒子となる．マイクロプラスチックには，製造時に化学物質が添加されていたり，漂流時に化学物質が吸着することにより，有害物質が含まれていたりすることがある．

したがって，マイクロプラスチックは，魚介類が直接摂取したり，あるいは食物連鎖により高次消費者の生物に蓄積したりして，海洋生態系に深刻な影響が出ることが懸念されている．実際，世界中で，死んだ海鳥の胃からプラスチックが多くみつかり，魚の胃からも細かいプラスチックが発見されている．実験室レベルではあるが，マイクロプラスチックが海洋生物の体内に取り込まれると，炎症反応や摂食障害などにつながることがわかっている．

演　習　問　題

[1]　都市域の好ましい水循環システムについて，自然の水循環との相違を踏まえて述べよ．

[2]　図1･4の最上段のタンク V_1 からなる1段タンクモデルにおいて，流出孔が高さ $h_1=20$ mm と $h_2=30$ mm のところにあり，浸透孔と流出孔の係数がそれぞれ $a=0.05$ と $b_1=b_2=0.02$ である場合，タンク内の貯留高 s が100 mm のときの浸透高 q_i と流出高 q_f を求めよ．

[3]　問題[2]において $s=200$ mm のときの q_i と q_f を求め，浸透高と流出高が $s=100$ mm

のときと比べてどのように変化するかを述べよ.

4　純水に対して HCl を 0.01 M の濃度になるように加えたとき，その塩酸水溶液の pH と pOH はいくらになるか.

5　25°C で 0.1 M の Mg^{2+} が存在する水に対して，$Mg(OH)_2$ として沈殿させることによって Mg^{2+} を 0.001 M 以下にするためには pH をいくらに調整すればよいか.

6　ある化合物が次のような分解を示す場合，その反応が 1 次反応に従うことを示し，さらに反応速度定数を求めよ.

反応時間〔h〕	0	2	4	6	8
化合物濃度〔mg/l〕	20.0	13.2	8.8	5.9	4.0

7　微生物の代謝形態をエネルギー源と炭素源から四つに分類し，それぞれの代謝形態について簡単に説明せよ.

8　基質が連続流入している完全混合型生物反応器において，基質の流入濃度 S_i と流出濃度 S_e がそれぞれ 150 mg/l と 20 mg/l であり，滞留時間 t が 6 h のときの微生物の真の増殖速度 r_g が 10 mg/(l·h) であるとする．この反応器における基質消費速度 r_u と真の菌体収率 Y を計算せよ.

9　Ca 40 mg/l と Mg 12 mg/l を含む水の総硬度を計算し，WHO の基準に照らして軟水か硬水かを判定せよ.

10　グルコース（$C_6H_{12}O_6$）1 g の理論的酸素要求量（ThOD）と TOC を計算せよ．なお，ThOD は式（1·98）を用いて計算せよ.

11　大腸菌の大部分の菌株は非病原性であるが，それにもかかわらず大腸菌数が疫学的な水質指標として用いられている理由を述べよ.

12　ある河川の流量が 0.5 m^3/s，BOD 濃度が 2 mg/l であり，この河川に工場排水が流量 1 000 m^3/日，BOD 濃度 100 mg/l で流入し，排水と河川水は完全に混合しているとする．このとき，工場排水の BOD 負荷量〔kg/日〕と工場排水流入後の河川水の BOD 濃度を計算せよ.

13　ある河川の地点 A で BOD が 4.0 mg/l および DO が 6.0 mg/l であり，地点 A から下流の地点 B までの流下時間が 1 日であるとするとき，地点 B での BOD と DO の濃度を求めよ．ただし，地点 A-B 間での途中流入はなく，また BOD の減少は 1 次反応式で示され，脱酸素係数 K_1 が 0.5/日および再ばっ気係数 K_2 が 0.6/日であり，DO の飽和値は 8.0 mg/l とする.

14　湖沼の富栄養化現象について説明せよ.

第2章 上水道

生物の存在には水が必須であり，人間にとっても例外ではない．文明発展の歴史の中で，人間は都市を発展させ，その都市は水を得るための特別なシステム，すなわち上水道のシステムを開発・発展させてきた．水の供給処理技術の発展は現代都市文明を支える基盤となっている．

本章では，上水道に関する計画や全体的システム，上水道を構成する個別施設ならびに浄水プロセスなどについて，土木工学技術者，あるいは環境工学技術者がもつべき基本的知識や考え方を説明する．

1　水道の基本計画

我が国の水道普及率は2020年度において全国平均で98.1%となっており，100%に近づいてきている．こうした状況のため，上水道を新たに建設するという意味では上水道計画の必要性はなくなりつつあるかのようにみられるが，都市の再開発，新都心の建設など，新しい都市の発展に伴って上水道をどうするかという問題はやはりなくならないのである．また古くなってきたシステムをどのように更新していくのかという問題，少子化や節水意識の高まりによる水使用量の減少とそれに伴う料金収入の低下等，経営的に持続可能な上水道をどう維持していけばよいのか，議論すべき課題も多い．

上水道はいうまでもなく都市や地域の社会基盤的施設の一つである．したがって上水道の計画は都市計画や地域開発計画，水資源計画など関連する計画との整合性を保つ必要がある．また上水道は都市や地域の住民に飲料水の供給を第一義とする施設であるから，人間の健康についての配慮が必須である．

我が国では水道に関する行政は水道法が基礎になっており，同法では水道は市町村の業務とされており，国の監督官庁は厚生労働省である．

本節では，我が国における上水道の基本的考え方を水道法をみることによって理解し，次いで水道水の水質基準の内容，さらに上水道の基本計画に関連する事項について説明する．

1　水　道　法

(a)　上水道の役割

上水道は，都市や地域における水の利用要求に対して安全な水を必要なだけ供給するための施設である．水利用としては，生活用水，都市用水，工業用水，農業用水などに分類できるが，上水道による水の供給は，主として生活用水と都市用水ということができる．中でも人間生存の基本的条件である飲料水の供給が中心となる．そのほか日常生活や都市活動においてさまざまに水の利用を行っている．上水道の役割はこうした水の利用を安全に行えるようにすることである．

上水道の発展を歴史的にみると，消化器系感染症の防止に大きな貢献をした．我が国においては明治30年代（1900年ごろ）以後，近代水道の普及が進んできたが，その上水道の普及に伴って，医学的対策とともにコレラ，チフスをはじめ猛威を振るった消化器系感染症による発病者や死者が急速に減少した．現在においても，発展途上国における上水道の普及への援助がこうした感染症の撲滅に大きな助けになることが期待できる．

（b） 水道の三要素

水道が都市施設としてその役割を果たすための必須の要因は水量，水質，水圧であり，これを水道の三要素ともいう．水量の要素とは，水道は通常の水需要に対して安定した給水ができるということである．地震や渇水等の災害時および事故等の非常時においても住民の生活に著しい支障をきたさないように給水することが求められる．

水質については，いうまでもなく飲料水の供給という使命から，安全で良質の水を供給しなければならない．このための最も基本的なことは水源水質の保全である．

さらに水圧としては，都市建築物は多層階からなることから，その上層階での利用の便を図ることが求められる．水道としては中層建築物への直接給水ができるようにしていくことが課題である．

（c） 水道法の意義

我が国の最初の水道条例は1890（明治23）年に制定された．1957年に水道法として整備されてほぼ現在の形になっているが，1992年，2003年に水道水質基準が大幅に改正され，さらに，令和元年における水道法の改正では，人口減少に伴う水の需要の減少，水道施設の老朽化，人材不足等の課題に対応して水道の基盤の強化を図るため，広域連携の推進，官民連携の推進などが盛り込まれるなど常に見直しが検討されており，最新の情報を参照する必要がある．水道法第1条でその目的は「水道の施設および管理を適正かつ合理的ならしめることと，水道事業を保護育成することの両者によって，清浄で豊富低廉な水の供給を図り，もって公衆衛生の向上と生活環境の改善に寄与すること」としている．また同第3条で「水道とは，導管およびその他の工作物により，水を人の飲用に適する水として供給する施設の総体をいう．ただし，臨時に施設されたものを除く」と規定している．経済社会の高度な発展に伴って水道水源や水道を取り巻く環境状況も大きく変化している．そうしたことから，2014年の水質基準の改正において水質基準項目は51項目とされ，その後も水質管理目標設定項目が27項目（128物質），要検討項目が47項目設定され，逐次改正されている．

水道法では，水道の種類を，水道事業，水道用水供給事業および専用水道の3種類に分類している．このうち，水道事業は，上水道事業と簡易水道事業から構成されている．また，2001年の改正により，貯水槽水道が定義され，ビルなどの貯水槽水道における管理の強化が図られた．水道に関する事故が小規模水道において多発しており，事故防止には小規模水道の管理強化が必要であると考えられたからである．

なお，水道法は水道事業全体に関する原理原則を述べたものであり，実際にはそれを支えるいくつもの法令等が事業の推進に役立っている．具体的には，水道法施行令，水道法施行規則，水質基準に関する省令，水道施設の技術的基準を定める省令などがある．中でも，水道法第4条第2項の規定に基づく，「水質基準に関する省令」（厚生労働省令）が水道水質基準を規定している．さらに，ここでの測定方法は，「水質基準に関する省令の規定に基づき厚生労働大臣が定める方法」（厚生労働省告示）に従うこととされており，これを参照することが必要となる．また，水道の施設計画等に関しては，（公社）日本水道協会が発刊している「水道施設設計指針」（本稿執筆時最新版：2012年度版）が有益な指針を提供しており，水道の信頼性を維持するうえで大きく貢献している．

2　水道水の水質

（a）　水利用と水質

人間による水の利用は，生物としての人間の生命維持に利用される飲料水や，日常生活のさまざまな場面，すなわち風呂や洗面，洗車や散水などに利用される水の供給，その他都市生活に必要とする公園の噴水，公衆トイレなどへの利用，さらには水路の維持など環境を構成する水の利用などがある．これらのうち，質的に最も要求水準の高いものは飲料水としての水質である．我が国の水道は原則的に1系統で給水する一元給水方式であるので，最も水準の高い飲料水に必要とされる水質で給水するのが安全上合理的である．最近では排水の処理水の再利用が進み，いわゆる中水道と呼ばれるシステムも一部では実用化されているが，それに必要な水質はその利用目的によって決められる．

（b）　水道水質基準

水質基準の原則としては，有害物質や病原生物を含まず衛生的に安全であること，着色や濁り，異臭味がなく，不快感や不安感を起こさせるなどの利用上の障害がないこと，水道施設や設備に悪影響のないことなどがあげられる．我が国の水道法では第4条に水質基準の規定があり，さらにその詳細な基準については厚生労働省令で定めることとなっている．

（c） 水質基準項目

現行の水質基準では，全国的にみて検出率が低くても，人の健康の保護または生活上の支障を生ずるおそれのあるものはすべて基準項目として設定された．人の健康の保護に関連する項目は，生涯にわたって継続的な摂取をしても人の健康に影響が生じないことを基本とし，リスクアセスメントの手法を用いて基準値が定められている．

リスクアセスメントによる基準の定め方の基本的な考え方は，以下のとおりである．毒性にしきい値（毒性が発現しない一定の用量）がある場合は，動物あるいは人に対する最大無毒性量（no observed adverse effect level：NOAEL）を不確実係数で割って求めた耐容一日摂取量（tolerable daily intake：TDI）に基づき，基準値が定められる．不確実係数とは，毒性試験結果に対する種内差，種間差，毒性試験の質などを考慮するために用いられるものである．一方，しきい値がない場合は，水道水からの摂取による生涯リスクが10^{-5}となる値を毒性試験により求めて用いられる．

水道事業者に水質検査を義務づける項目は基本的なものに限ることとされ，事業者は合理的な範囲で，検査回数の回数減や省略が可能である．このため，水道事業者には，事業年度の開始前に採水場所，検査頻度とその理由，省略項目とその理由などを記した水質検査計画の策定と公表が求められている．

「水道水質基準」の項目は現在51項目あり，そのすべての項目について基準値に適合する必要がある．さらに，将来にわたり水道水質管理上留意すべき物質については「水質管理目標設定項目」とされ，目標値が設定された．そこに含まれる農薬類については，総農薬方式が新たに導入され，検査対象農薬は，事業者が地域の状況を勘案して適切に設定するとされている．また，「要検討項目」46項目は，毒性評価が定まらない，浄水中存在量が不明等により情報・知見を収集すべきものと位置づけられている．

（d） おいしい水

おいしい水に対する関心の高まりを受けて，厚生省（現厚生労働省）で研究会を設けて全国の水道を対象に調査を行い，1985年においしい水の水質要件がまとめられた．その要件の一覧を**表2·1**に示す．

表 2・1　おいしい水の水質要件

水質項目	数値
蒸発残留物	30～200 mg/*l*
硬度	10～100 mg/*l*
遊離炭酸	3～ 30 mg/*l*
過マンガン酸カリウム消費量	3 mg/*l* 以下
臭気度	3 以下
残留塩素	0.4 mg/*l* 以下
水温	20℃ 以下

（出典：水道協会雑誌　第54巻第5号（1985））

（e）　各水質基準項目の意義

水道水質基準の各項目の具体的な基準値は巻末の付表4に示すとおりである．主要な項目について以下に概説する．

一般細菌*：一般細菌とは標準寒天培地により36±1℃で24±2時間培養して発現する集落の数であり，この検査法で検出されるすべての細菌を表している．一般細菌が基準値より多い場合には，何らかの汚染または病原生物の混入が疑われるということである．

大腸菌：大腸菌とは，人畜からの排せつ物による汚染などを示す指標であり，病原生物による汚染の疑いに関連する項目である．従来培養技術が制約となって大腸菌群が指標として採用されてきたが，迅速・簡便な大腸菌の培養技術が確立されて，直接的にふん便由来である大腸菌に代えられた．

重金属類*：カドミウムなど6種類である．カドミウムは亜鉛精錬の副産物であるが，合金，顔料など多くの用途がある．イタイイタイ病の一因であると考えられている．水銀は毒性が強いばかりではなく，無機水銀がメチル化したメチル水銀が水俣病の原因であることが知られている．セレンは電子部品材料，顔料などの用途があり，ヒ素に類縁の元素で慢性毒性が考慮された．鉛は水道で使用している鉛管からの溶出が主な要因であるが，慢性，急性毒性が知られており，健康に影響を及ぼさないとされる鉛血中濃度を超えることがないことを基準としている．

シアン化物イオンおよび塩化シアン*：シアン化合物はめっき工業，金属精錬，写真工業などに利用される．シアン化合物にはシアンイオンを容易に遊離するものと金属錯体を形成するものがあり，シアンイオンはきわめて毒性が強い．

硝酸態窒素および亜硝酸態窒素*：主として1歳未満の乳児にメトヘモグロビン血症を起こす可能性があり，基準値はその防止の観点から決められた．

*　日本環境管理学会編　新水道水質基準ガイドブック　丸善　(1994) より（要約）．

フッ素およびその化合物，ホウ素およびその化合物：フッ素は虫歯予防に効果があると知られているが，基準値は斑状歯発生予防の観点から決められた．ホウ素は動物実験で生殖毒性および発生毒性が知られている．

合成化学物質：四塩化炭素などが含まれる．いずれも急性毒性，慢性毒性，発がん性などが考慮されて設定された．

消毒副生成物：消毒に用いられる塩素剤は水中の有機物や無機物と反応して各種の物質を生成する．これらの物質を消毒副生成物という．トリハロメタン，ハロ酢酸，臭素酸，塩素酸およびホルムアルデヒドについて基準値が定められている．トリハロメタンはメタンの誘導体である有機ハロゲン化合物であり，クロロホルムなどが含まれ，発がん性があるとされる．トリハロメタンは，クロロホルム，ジブロモクロロメタン，ブロモジクロロメタン，ブロモホルムのそれぞれと，これらの濃度を合計した総トリハロメタンに基準値が定められている．ハロ酢酸は肝毒性や神経毒性などがあるとされ，クロロ酢酸，ジクロロ酢酸およびトリクロロ酢酸のそれぞれに基準値が定められている．

金属類：亜鉛は高濃度では水に不快な収れん味や白濁を生ずる．鉄は洗濯物への着色および異臭味障害を生ずる．銅は洗濯物や水道設備への着色を生ずる．ある濃度以上では不快味を感ずる．ナトリウムは味覚への障害を生ずる．マンガンは黒い水の障害を生ずる．それらの障害を防止する観点から各基準値が設定されている．

塩化物イオン：塩化物イオンは下水，家庭排水，ふん尿などに含まれるので汚染の指標になる．基準値は汚染に関係のない塩化物イオンに対して味を感じない程度として設定されている．

カルシウム，マグネシウムなど（硬度）：石けんの泡立ちなどに影響する．

蒸発残留物：主成分はいわゆるミネラルでカルシウム，マグネシウム，ケイ素などであり，溶解物質の中には衛生上障害をもたらすものもあり，多量では水の味を悪くすることもある．

陰イオン界面活性剤*：発泡や異臭味の原因になるが，基準値としては発泡を防止する観点から決められた．

有機化学物質：臭味発生の防止の観点から決められている．フェノール類では塩素処理で生成するクロロフェノール類が微量で強い異臭味を発生する．

有機物（全有機炭素 TOC）：水にふん尿，下水などが混入した場合には高くなるので，汚濁の指標になる．

pH：水道施設の腐食を防止するために設定された．

味，臭気*：水道水質の基本的指標であるが，異臭味があれば何らかの事故などの問題が起きている可能性がある．また，富栄養化した湖沼などで繁殖した藍藻類や放線菌が産生するかび臭物質としては，ジェオスミンおよび2-メチルイソボルネオールに基準が設定されている．

色度，濁度：着色した水や濁りのある水が出るということは，水質的に何らかの異常が発生している可能性があるのでその原因追求が必要である．

（f）水道水質に関する課題

近年，公共用水域における水質汚濁の改善は停滞した状態にあり，水道水源となっている湖沼の富栄養化などにより，異臭味水の供給が全国で約2000万人に達するとされている．また科学技術の高度の発展の結果として各種合成化学物質の利用が拡大し，従来みられなかったような化学物質が活用されている．これに伴い，自然界では分解が困難であるとか，生態系に悪影響を与えるおそれのあるような化学物質もみられるようになってきた．一方では，国民の水道に対するニーズも多様化してきており，より質の高い水道水の供給が望まれている．おいしい水に対するニーズもその一つである．

水道水は塩素消毒されて消費者に供給されるが，1996年，塩素消毒が有効ではない原虫クリプトスポリジウム（*Cryptosporidium parvum*）による下痢症が，水道水を介して集団的に感染する事例が埼玉県で発生した．また，農薬，POPs(残留性有機汚染物質)，内分泌かく乱化学物質などの微量化学物質やトリハロメタンを代表とする消毒副生成物など，水道水としても安全性のため新たに対策が必要となる可能性のある問題もある．こうしたことから，従来の塩素消毒に頼るだけではなく，新しい考え方に基づく基準や浄水システムが工夫されなければならないだろう．

上記クリプトスポリジウムの感染事故に関しては，1996年に「水道におけるクリプトスポリジウム暫定対策指針」が厚生省（当時）から対策として公表された．その後，クリプトスポリジウム等塩素耐性微生物の対策として紫外線照射が有効であるとの知見の蓄積が進み，2007年の「水道におけるクリプトスポリジ

* 日本環境管理学会編　新水道水質基準ガイドブック　丸善（1994）より（要約）．

ウム等対策指針」において紫外線照射が処理技術の1つとして位置づけられた.問題への対処として新たな技術による対応がなされた例である.

3 基本計画

(a) 上水道計画の考え方

上水道計画は,新設,拡張の場合ばかりではなく,既存施設の改良,更新など種々の場合がある.また計画すべき地域を取り巻く状況もさまざまである.すなわち水源の状況をはじめ,地形,地質などの自然的状況,土地利用,都市の性格,市民の意識などの社会経済的状況も異なる.したがってそのような地域特性を十分に配慮した計画でなければならない.また水道事業は長期にわたることから数次の整備計画に分け,段階的に実施していくことが適切である場合も多い.その場合には全体としての長期的な目標を明確にしておき,各計画の間の整合性を保持しつつ,必要があれば見直しができるようにしておくことが大切である.

(b) 基本計画策定手順

基本計画を策定する際の標準的な手順としては,① 基礎調査,② 基本方針の策定,③ 基本事項の決定,④ 整備内容の決定というステップがあげられる.

基礎調査の内容事項としては,① 給水区域ならびに給水量の決定に必要な事項,② 総合的な上位計画や関連する水道事業計画,③ 水道施設の位置および構造の決定に必要な自然的・社会的条件,④ 類似の水道施設についての資料,⑤ 各種水源について利水の可能性と水量・水質の状況,⑥ 現有施設の評価,⑦ 公害の防止および自然環境の保全のための環境影響評価などがあげられ,これらの事項について十分な調査を行うことが必要である.

上水道基本計画の基本方針すなわち計画目標は,自然的・社会的状況,需要水量の増減,水源の水量・水質の動向,需要者の意識,既存施設の問題点などについて各種調査を行い,設定するようにしなければならない.基本方針の内容としては,① 給水区域,② 広域的水道整備計画などの上位計画との整合性,③ 安全な水の安定的供給,④ 渇水時や地震時などの異常時における対応策,⑤ 維持管理,⑥ 経営などに関する各種事項があげられる.水道の使命から,安全性・安定性の高い施設であることが第一の目標となるべきである.衛生的で安全な水が必要な水量,適切な水圧で常時供給されなければならず,このためには水需要に対応した水源の確保や適切な上水道施設の整備が必要となる.

4 基本事項の決定

基本計画策定上の基本事項としては，① 計画年次，② 計画給水区域，③ 計画給水人口，④ 計画給水量などがあり，これらは施設の拡張および改良，更新などあらゆる上水道施設整備についての基礎となる事項である．

（a） 計画年次

計画年次は，基本計画が対象とされる期間である．将来予測の確実性，施設整備の合理性を考慮しながら可能な限り長期間の設定となるようにすべきである．標準的には計画策定時より 15～20 年間とされている．

（b） 給水区域

計画給水区域は，計画年次までに配水管を布設し，給水しようとする区域である．水道事業の適正で効率的な運営を行っていくため，合理的な施設の建設ならびに維持管理ができるように広域的に配慮して決める必要がある．

（c） 給水人口

計画給水人口は，計画給水区域内の人口に計画給水普及率を乗じて決定する．将来人口の推計方法としては，主として時系列傾向分析や要因別分析によるものがある．このうち前者は，計画給水区域内の人口について過去からの時系列データに一定の方程式を当てはめて将来人口を推計しようとするものである．この方法の主なものとしては，次のようなものがある．

なお，以下の各式において y は推計年の値，x は基準年からの経過年数の値，y_0 は基準年度の値，r は年平均増加率である．また a，b，K，A は定数であり，e は自然対数の底である．

(1) 年平均人口増減数による手法：人口の増加数または減少数が一定である場合に適用できる．

$$y = ax + b \qquad (2\cdot1)$$

(2) 年平均人口増減率による手法：人口の増加率または減少率が一定である場合に適用できる．

$$y = y_0(1 + r)^x \qquad (2\cdot2)$$

(3) 修正指数曲線式による手法：人口増加が発展期を過ぎて極限値に近づきつつある場合に適用できる．

$$y = K - ab^x \qquad (2\cdot3)$$

(4)　べき曲線式による手法：べき数によって広い範囲にわたって適用できる．

$$y = y_0 + Ax^a \qquad (2 \cdot 4)$$

(5)　ロジスティック曲線式による手法：人口が徐々に増加し，期間の中間に増加率が最も大きく，次いで増加率が減少して飽和値に近づいていく場合に適用できる．

$$y = \frac{K}{1 + e^{(a - bx)}} \qquad (2 \cdot 5)$$

一方，後者の要因別分析による方法は，現在人口を基礎として人口の変動要因である出生，死亡，転出，転入などを加減して推計する方法である．

将来人口の推計については，水道計画の分野ばかりではなく，各種都市計画においても人口の将来計画を基礎としている．したがってそうした計画における将来人口推計値も参考にして必要な修正を加えて活用することが必要である．

(d)　給　水　量

計画給水量は，計画給水区域の人々の水使用の現況，さらに将来に予測される状況が反映される．水利用状況は，住民の生活水準や意識状況によって影響を受ける．すでに高度に発展し都市化した生活水準の我が国においては，一人当りの水使用量が増大していくことも予想される．しかし水源水域の汚染が進んでいる状況でもあり，水源の確保が重要な課題となることが予想されている．今後は，節水の重要性がいっそう高まるとともに，一度使用して処理した水の再利用について考慮することも重要になる．

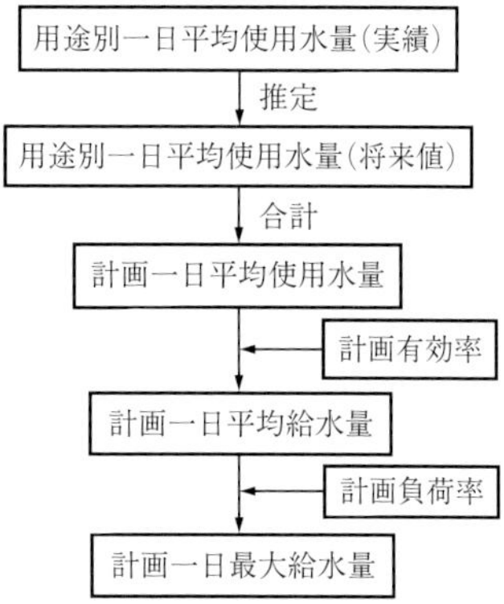

図 2・1　計画給水量算定(用途別)の一般的な手順
(出典：水道施設設計指針　日本水道協会（2012))

基本計画における計画給水量の算定は，原則として用途別に推計し，一般に**図 2･1** に示す手順によって次式のとおり行われる．

$$\text{計画一日平均給水量} = \frac{\text{計画一日平均使用水量}}{\text{計画有効率}} \qquad (2 \cdot 6)$$

$$\text{計画一日最大給水量} = \frac{\text{計画一日平均給水量}}{\text{計画負荷率}} \qquad (2 \cdot 7)$$

ここで有効率とは，水道施設で給水される水量に対して実際に使用できる水量の割合を示す．施設の老朽化などにより漏水量が多い場合にはこの率が小さくなり，余分の水の供給が必要になる．計画有効率は，配水のコントロールや配水管の整備状況などによって影響を受けるが，できるだけ高い数値を設定することが望ましい．計画有収率とは，計画有効率から無収率（＝無収水量/給水量）を引いた値である．

負荷率は，水利用の一日における変動の大きさを示すものであり，式（2·7）に示すとおり，計画一日平均給水量の計画一日最大給水量に対する比率である．一般には小規模な都市ほど変動が大きく，負荷率は小さくなる傾向がある．計画負荷率の設定にあたっては，長期的な傾向を把握し，過去の実績値や同様な規模の都市の実情などを調査して決める必要がある．

使用水量やその他の基礎資料が整備されていない場合には，やむをえず一人一日平均使用水量をもとに各計画給水量を算定することもできる．

$$\text{計画一人一日平均給水量} = \frac{\text{計画一人一日平均使用水量}}{\text{計画有効率}} \quad (2\cdot8)$$

$$\text{計画一人一日最大給水量} = \frac{\text{計画一人一日平均給水量}}{\text{計画負荷率}} \quad (2\cdot9)$$

$$\text{計画一日平均給水量} = \text{計画一人一日平均給水量} \times \text{計画給水人口} \quad (2\cdot10)$$

$$\text{計画一日最大給水量} = \text{計画一人一日最大給水量} \times \text{計画給水人口} \quad (2\cdot11)$$

各水量を根拠とする施設の計画水量を**表2·2**にまとめて示す．

表 2・2　施設別水量の種別と算定根拠

種　別	算定根拠
計画取水量	計画一日最大給水量＋作業用水
計画導水量	計画取水量（＝計画一日最大給水量＋作業用水）
計画浄水量	計画一日最大給水量
計画送水量	計画一日最大給水量
計画配水量	通常時：計画時間最大配水量（＝計画一日最大給水量÷24×時間係数） 火災時：計画一日最大給水量÷24＋消火用水量

5 水需要予測

計画給水量を決定する基礎は水需要の将来予測である．水需要に影響する因子としては，社会的・経済的発展の動向や都市の特性などがあげられるので，総合的に判断することが必要である．

推計にあたっては，一般に水道事業体の給水区域全域を対象とするが，地区別に推計することが適切な場合もある．推計の手法としては，① 時系列分析，② 回帰分析，③ 要因別分析，④ 使用目的別分析などがある．

水利用の用途別標準分類表としては**表 2·3** に示すように，生活用水，業務・営業用水，工場用水，その他に分類される．

生活用水は，原則としては一般家庭で使用される水であるが，この中には家事用水のほか，実際上区分の困難さから家事兼営業用水が含まれることがある．生活用水の将来推計においてはその増加要因と減少要因の両方を考慮する．すなわ

表 2・3 用途別標準分類表

大分類	中分類	小分類	摘要
生活用水	一般家庭用	家事用	家事専用（一般住宅，共同住宅，共用栓）のもの
		家事兼営業用	家事専用のほか一般商店など営業用を兼ねるもの（店舗付き住宅など）
業務・営業用水	官公署用	官公署用	学校，病院，工場を除く国，地方公共団体などの機関
		公衆用	公衆便所，公衆水飲み栓，噴水など
		その他	官公署以外の非営利的施設でほかの用途分類に属さないもの
	学校用	学校用	学校，幼稚園，各種専門学校など
	病院用	病院用	病院，産院，診療所など
	事務所用	事務所用	会社，その他法人，団体，個人の事務に使用されるもの
	営業用	営業用	ホテル，旅館，百貨店，スーパー，一般営業用に住居を別にするもの 飲食店 結婚式場，サウナ，バス・タクシー会社の洗車用など 劇場，娯楽場など
		公衆浴場用	
工場用水	工場用	工場用	
その他	その他	その他	船舶給水，他水道への分水など
			水道事業用水，水道メーター不感水量など

（出典：水道施設設計指針　日本水道協会（2012））

ち将来の生活様式，都市活動の状況などについて考察し，それが水利用にどのように反映するかの見通しを立てる必要がある．水環境の現状を考慮すると，おそらく将来的には水利用の増大傾向を抑制していくように誘導することが必要となろう．一人一日使用水量の実績値の例を**表 2·4** に示す．また使用目的別の使用水量の例を**表 2·5** に示す．

業務・営業用水は，事務所，官公署，学校など都市活動に使用される水であ

表 2・4 世帯構成人員別一人一日使用水量〔l/(人·日)〕

人員 / 都市	1人	2人	3人	4人	5人	6人	平均	備考（調査年度）
G市	260	267	244	196	179	182	237	平成21年度（2009年度）
B市	253	−	−	−	−	−	−	世帯構成別に集計していないため，平均から割り戻して回答（2010年度）
D市	241	228	209	182	169	164	215	平成22年度（2010年度）
E市	245	−	−	−	−	−	−	平成22年度（2010年度）

（出典：水道施設設計指針 日本水道協会（2012））

表 2・5 使用目的別基礎水量

種別 / 都市	個人目的〔l/(人·日)〕			世帯目的〔l/(世·日)〕	
	入 浴	水洗便所	手洗い・洗面	風呂（注水）	洗 濯
E市	28	50	7.7	115	147
F市	85	43	—	259	208
G市	42	52.7	27	136.6	163.8
I市	40	31	30	160	180
H市	39	36	20	194	160

種別 / 都市	世帯目的〔l/(世·日)〕			備 考
	台 所	散 水	その他	
E市	157	17	19	1997年度
F市	170	29	19	1998年度
G市	—	33	—	1988年度
I市	129	—	54	1995年度
H市	76	—	80	1995年度

（出典：水道施設設計指針 日本水道協会（2012））

り，都市の性格や社会経済活動によって影響を受ける．大都市では大型の都市開発プロジェクトが実施されることがあり，その場合は水需要が大きいのであらかじめ考慮しておく必要がある．

工場用水，その他の用水についてはその都市の実情と将来計画に基づいて合理的な計画を立てる必要がある．

2 上水道施設

上水道の各施設の規模や性能は，上水道の基本計画に基づいて決定される．本節では，上水道の施設が通常どのような構成になっており，またそれぞれの構成施設がどのような考え方に基づいて設計されるかについて取り上げる．ただし，最重要な浄水プロセスについては節を改めた．このために必要な関連の知識としては土木工学分野の水理学のほか，土質工学や構造力学などの基礎知識があげられる．上水道施設の建設，維持管理には広い分野の工学が関連しており，建築，機械，電気，計装などの各分野にわたる総合工学であるといえる．

1 上水道施設の構成

（a） 上水道施設

上水道施設は，水源から水道水の原料である原水を取り込み，水路によって浄水場まで運搬して浄水場で飲める水に変換し，さらにその水を各家庭や事業所などの消費者へ配給するための都市施設である．このような水源から消費者までの水道の施設は，貯水，取水，導水，浄水，送水，配水の各施設と，給水装置からなるシステムである．**図 2·2** に各施設の概念図を，**図 2·3** に上水道施設の系統配置の代表的な例を示す．本書では，浄水以外の各施設について本節において述

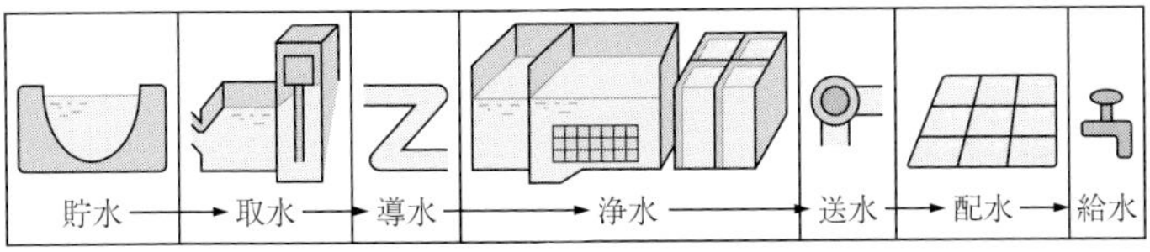

図 2・2　各施設の概念図

べ，浄水プロセスおよび施設について次節において述べる．

上水道施設の全般的な配列および水位関係は，次の各事項に配慮しなければならない．

(1)　地形との整合を図り，地形を極力利用すること．

(2)　人口動向など将来の都市形態に適合するものとし，施設の改良・更新，拡張に支障を生じないようにすること．

(3)　非常時でも，できるだけ断減水が生じないようにすること．

(4)　将来にわたり良質な原水を安定的に得られること．

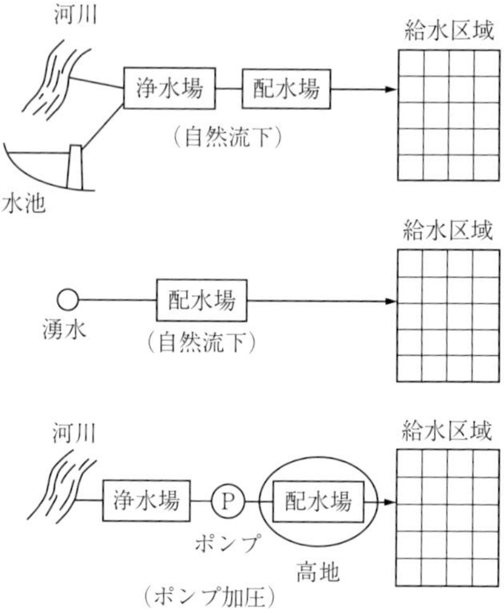

図 2・3　上水道施設の系統配置の例

(5)　施設の建設および維持管理が安全かつ容易に行えるとともに，合理的・経済的となるよう配慮されていること．

(6)　広域的にみて，水道用水供給事業および水道事業相互の間で合理的かつ相互融通可能な位置となるよう施設の配置に配慮すること．

我が国は地震が多く，また風水害の可能性も高い．1995 年 1 月 17 日に発生した阪神・淡路大震災，および 2011 年 3 月 11 日に発生した東日本大震災においても水道は大きな被害を被った．こうした災害に対しても上水道施設は安全性を保持しておくようにしなくてはならない．

(b)　上水道施設設計の基本

上水道施設の設計の考え方の基本としては，次の各事項に対応していなくてはならない．

(1)　構造上安全で，水理的な諸条件を満たし，必要な能力を備えていること．

(2)　水質上安全であること．

(3)　法令や基準に準拠していること．

(4)　経済性に配慮しつつ，施工および維持管理が有利であること．

(5)　将来の拡張，改良，更新に配慮していること．

2 水源および水源水質の特徴

(a) 日本の水資源

我が国の年間降水量は国土庁（現国土交通省）の 1971〜2000 年の推計によると平水年で 1 718 mm であり，先進工業国の中では多いほうである．しかし，1 人当りの降水量に換算してみると必ずしも多いとはいえず，我が国の水資源は豊富であるというよりも，むしろ有限であるとの考え方が重要である．しかも我が国の水資源の特徴としては，その分布に地域性があること，また季節性があることなどがあげられる．我が国の河川は流況係数が大きく，季節により流量が大きく変動する．また流出係数も世界の河川に比べて大きく，このことは降雨水量の大部分が，短時間のうちに河海に流出してしまうことを示している．

水利用にあたっては，貯水によって平準化を図ることが必要になるほか，総合的な水利用の計画が必要になる．また，都市部においては節水を図るばかりではなく，一度使用して処理した水の再利用を図っていくことが重要である．

我が国の都市用水（生活用水と工業用水の合計）は，2019 年で総計約 252 億 m^3/年である．そのうち水道事業を介して供給に至る取水量は 153.8 億 m^3/年であり，その水源の内訳としては地表水（河川水，ダム湖水，湖沼水）が 74.7%，井戸水が 19.1% という割合になっており，地表水の割合が大きい．この都市用水量を平均降水量に換算すると約 70 mm となり，我が国の降水総量からみるとわずか 5% 程度にすぎない．水資源の有効利用という観点から前述の処理水の再利用のほかに，この利用率を上げるための施策を講じていくことが考えられる．利用率を上げるための施策には，ダムや河口ぜき，ため池，地下貯留槽の建設などがあるが，経済的・社会的影響ばかりではなく，環境影響にも配慮した総合的な検討が必要である．

(b) 河 川 水

地表水は河川水，湖沼水およびダム湖水などである．河川水を取水する場合には安定した取水のために，水位-水量曲線を作成して流量を求める必要がある．

(1) 洪水流量，洪水位：各年の最大流量とその水位

(2) 豊水流量，豊水位：1 年を通じて 95 日はこれを下らない水量と水位

(3) 平水流量，平水位：1 年を通じて 185 日はこれを下らない水量と水位

(4) 低水流量，低水位：1 年を通じて 275 日はこれを下らない水量と水位

⑸　渇水流量，渇水位：1 年を通じて 355 日はこれを下らない水量と水位

このほか過去における最大水量と最大水位，ならびに最大渇水流量と最大渇水位はそれぞれ既往最大洪水流量，既往最大洪水位，既往最大渇水流量，既往最大渇水位と定義される．これらのうち特に既往最大渇水位は取水施設の取水位を決める根拠となる．

河川水の水質の特徴としては次のような点があげられる．

⑴　粘土質などの懸濁成分が多い．

⑵　地下水に比して溶解成分が少ない．

⑶　四季の水温変化が大きい．冬季と夏季で 20～30°C の違いがみられる．

⑷　降雨や降雪により水質の変化が著しい．

（c）　湖沼・ダム湖水

湖沼やダム湖では水温の垂直分布は季節的に変化して，水質も影響を受ける．温帯湖では水温が最高 4°C 以上，最低は 4°C 以下で，一般に春と秋に循環期があり，夏と冬は停滞期となる．循環期には底泥からの栄養塩類や有機物質の浮上混合が起きやすくなる．冬季水温が 4°C 以下にはならない熱帯湖では，一般に春，夏，秋は停滞期であり，冬に循環期になる．

ダム湖では，水の平均滞留時間が短く湖内の流速が大きい場合と，水の平均滞留時間が長く湖内の流速がきわめて小さい場合とに分けられて，前者は「ながれダム湖」，後者は「とまりダム湖」と呼ばれる[1]．ながれダム湖は川に近く，夏でも温度成層はみられず，湖底に至るまで酸素が豊富である．一方，とまりダム湖は自然湖に近く，夏季には温度成層が生ずる．このとまりダム湖に上流から有機物の流入が多いときは湖底に堆積し，湖底に無酸素層ができることがある．

したがって湖沼水またはダム湖水を直接取水する場合には，良質の水を選択して取水できるように深さに応じた取水口を設けることが必要である．

湖沼およびダム湖では生物の死がい，土砂の堆積などにより窒素，リンなどの栄養塩類が蓄積して富栄養化が進行しやすい．富栄養化により藻類などの生物生産量が増大し，その結果として水の色が青緑色に悪化したり透明度が低下，生息する魚の種類や量が変化するような現象が起きる．上流部からの河川流入や周辺部からの人為的汚染によって栄養塩類が供給される場合には急速に富栄養化が進行することになるので，流入河川や農地，山林や地下水などからの栄養塩類の流入負荷量の調査が重要である．

富栄養化した湖沼水やダム湖水を水道水源にした場合の影響としては，次のようなことがあげられる．

(1) アンモニアによる塩素要求量の増加
(2) プランクトンなどの繁殖による臭味の発生
(3) プランクトンによる沪過池の閉塞
(4) 底質からの鉄，マンガンの溶出に起因する赤水などの障害
(5) 凝集沈殿処理への障害

(d) ダム湖の水質保全

ダム湖における水質保全対策方法としては，硫酸銅や塩素剤などの薬剤を散布して藻類などの生物の増殖を抑制する方法，エアリフトやポンプなどを用いて空気を吹き込みながら貯留水を人工的に循環させる方法，リンなどの栄養塩類の供給源である底泥のしゅんせつ，さらには藻類が繁殖している上層水や底泥からの栄養塩類を多く含有する低層水を流下させて水質の一時的回復を図る方法などがあげられる．しかしいずれの方法も，その適用による下流側への影響などについて注意深く検討を行ったうえで計画されるべきである．**図 2·4** に間欠式空気揚水筒の原理を示す．

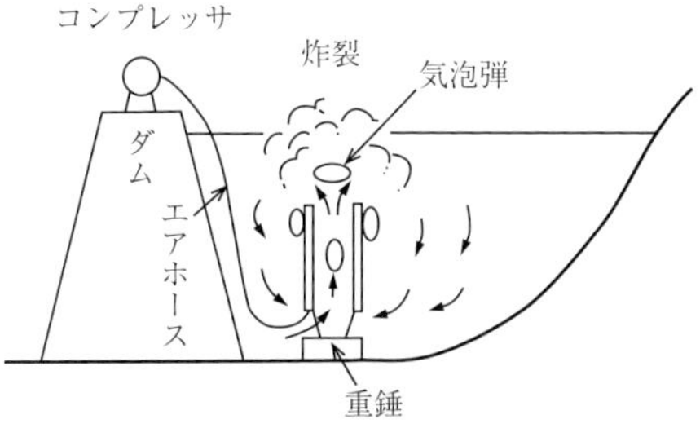

図 2・4 間欠式空気揚水筒の原理

(e) 地　下　水

地下水の存在形態としては地層水と裂か水があり，前者は不圧地下水と被圧地下水に区分される．また，不圧地下水の一種に，河川水が河床またはその付近を潜流する伏流水がある．取水施設としては一般に，不圧地下水では浅井戸，被圧地下水では深井戸が用いられ，さらに伏流水では浅井戸や集水埋きょなどが用いられる．地下水はかん養速度がきわめて小さいので，過剰にくみ上げると地下水位の低下を招くおそれがあり，地盤沈下の原因となる．また沿岸部では地下水の塩水化を引き起こすこともある．

(f) 地下水の水質の特徴

地下水の水質の特徴としては，地表水と比較して溶解性の無機質を含有する．地質の影響を受けカルシウムやマグネシウム，鉄，マンガンなどのイオンや重炭

酸イオン，塩素イオン，硫酸イオンなどが溶解している．一般に水温は年間を通じてほぼ一定である．近年トリクロロエチレンやテトラクロロエチレンなどの有機塩素系溶剤による地下水汚染が問題になっているが，地下水の汚染は回復がきわめて困難であり，汚染防止に努める必要がある．また水道水として適当であるかどうかの水質調査が重要になってきている．

3　貯水および取水施設

(a)　貯 水 施 設

水道水源として流量に恵まれた河川や地下水を利用できる場合には貯水施設は不要であるが，後述するような表流水量の季節的変動により，渇水期に取水が困難である場合などでは，貯水施設の設置により豊水期の流量を貯留して平準化を図り，渇水期においても取水可能にする必要がある．また新規に取水を計画する場合には，一般に新しく水量を確保するために貯水施設の設置が計画される．

貯水施設を形態から分類すると，ダム，湖沼，遊水池，河口ぜき，ため池，地下ダムなどがある．使用目的から分類すると，もっぱら水道用に設置される専用ダムと，洪水調節，発電，灌漑，工業用水道などの水道以外の用途をも含む多目的ダムがある．水道専用ダムは一般には水道用水の新規開発を目的に建設される．貯水施設の形態，使用目的は，河川などの自然的状況，その建設や維持管理の経済性，さらには社会的要因などを総合的に判断して計画されるべきである．

(b)　必要貯水容量の決定

貯水施設の必要貯水容量の決定は，計画基準年の水収支計算に基づいて行われ，計画取水量が河川の流況に支障を及ぼさないようにしなければならない．水量に対して配慮すべきものとしては，既得水利権量，舟運，漁業，観光，流水の清潔の維持，塩害防止，地下水位の維持，河川関係の各種施設などがある．

ダム湖の貯水容量は，取水基準地点における必要な確保水量すなわち計画取水量と，各種維持水量などを確保するためのダム湖からの補給量とダム湖への流入量の差引きから求められる．この水収支計算は通常半旬単位（5日単位）の平均流量を基礎に行われる．簡便法による必要貯水量の計算としては，流量図表による方法と流量累加曲線図表による方法（リップルの方法）が知られており，それぞれ**図2·5**と**図2·6**にその考え方を示す．前者においては，図中の斜線の部分の最も大きい面積が求める貯水量であり，後者においては計画取水量累加曲線と

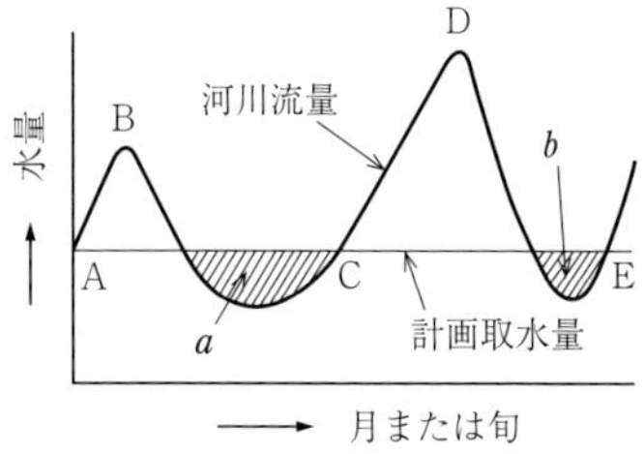

図 2・5 簡便法による必要貯水量の算定（流量図表による方法）

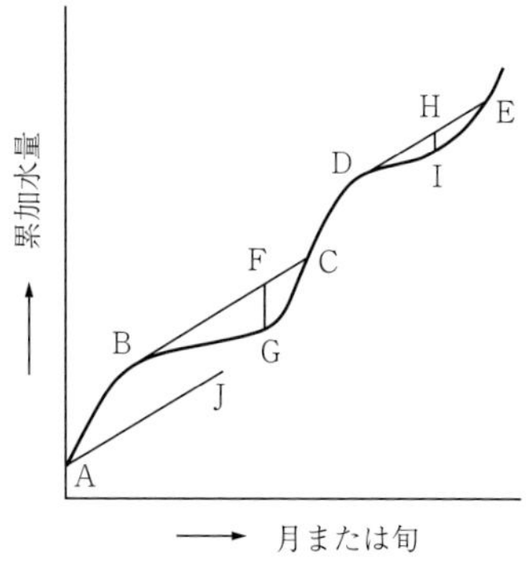

図 2・6 簡便法による必要貯水量の算定（流量累加曲線図表による方法：リップルの方法）

同じ勾配の線に対して縦距（図ではFGまたはHI）のうち最大のものである．

（c） 取 水 施 設

取水施設は水源地において取水し，浄水場へ送るための施設である．計画取水量は計画一日最大給水量を基準とし，その他必要に応じて作業用水を見込んで決定する．取水施設は年間を通じて安定して確実に取水できる場所を選んで設置する．河川水の場合は将来においても流心の変化，河床の上昇や低下のおそれがなく，流速が緩やかな地点を選定する．また汚水の流入地点についての検討が重要である．湖沼水の場合は年間を通じて水位が安定しており，流入河川が運ぶ土砂などの影響を受けないような地点でなければならない．取水予定地点の地形，地質については十分に調査し，取水施設の構造上の安定が得られる地点である必要

取水施設の種類

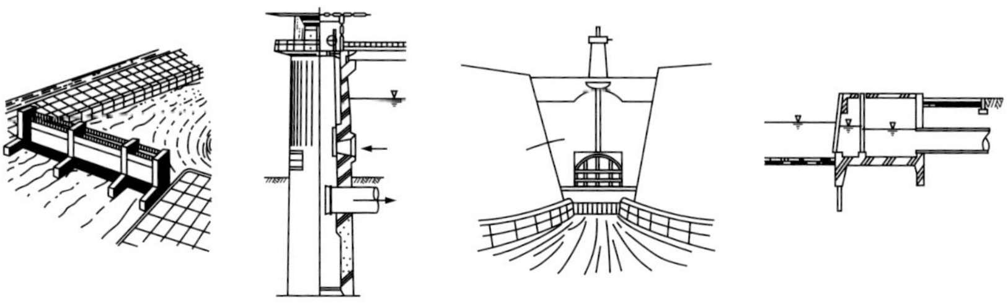

（a） 取水ぜき　（b） 取水塔　（c） 取水門　（d） 取水管きょ

図 2・7 代表的な取水施設の概略図

がある．また，ほかの河川管理施設に近接して設置しない，河川改修計画を調査してその影響を受けない，などの考慮が必要である．

取水施設の種類としては取水ぜき，取水塔，取水門，取水管きょ，取水枠，集水埋きょ，浅井戸，深井戸などがあり，取水地点の状況や取水量に対し適切な施設を選択する．代表的取水施設の概略図を**図 2·7** に示す．取水施設には，水位・水量測定設備のほか，必要に応じて水質監視設備などを設ける．

（d）　地下水の取水

地下水の取水地点は，既設の井戸または集水埋きょに影響が少なく，沿岸部では海水の影響がないこと，浅井戸の場合は付近に汚染源のないことなどを考慮して選択する必要がある．沿岸部での海水の影響に関して，海から地中に浸入する海水の層と陸から海へ流出する淡水の層のつり合いの関係についてはガイベン・ヘルツベルグの法則が知られており，**図 2·8** にその概要を示す．

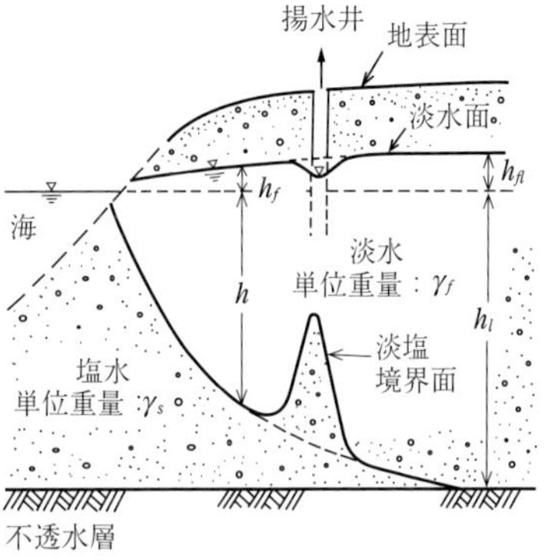

図 2・8　淡水と海水の平衡図
（出典：水理公式集　昭和 62 年版　土木学会）

採水層の特性と揚水井の性能を調査するために揚水試験が行われる．解析方法としては平衡式によるティームの方法など，非平衡式によるタイス，ジェイコブスの方法などがある．

集水埋きょおよび浅井戸からの地下水揚水について，基本的な水理公式のいくつかを示す．

（1）　**集水埋きょ 1**（自由水面をもつ地下水で水平な不透水上の埋きょの場合）

$$Q=\frac{k(H^2-h^2)\cdot l}{L} \qquad (2\cdot 12)$$

ここに，Q は揚水量〔m³/s〕，H は現地下水深〔m〕，h は埋きょの水深〔m〕，l は埋きょ長〔m〕，L は影響半径〔m〕，k は透水係数〔m/s〕である．

（2）　**集水埋きょ 2**（埋きょの底が不透水層に到達せず，不透水層まであまり深くない場合）

$$Q=\frac{k(H^2-h^2)\cdot l}{L}\sqrt{\frac{t+0.5r}{h}}\sqrt[4]{\frac{2h-t}{h}} \qquad (2\cdot 13)$$

ここに，r は埋きょの半径〔m〕，h は埋きょの水位から不透水層までの深さ〔m〕，t は埋きょ内の水深〔m〕である．

（3） **浅井戸**（完全貫入井戸の場合）

$$Q=\frac{\pi k(H^2-h_0{}^2)}{2.3\log_{10}(R/r_0)} \qquad (2\cdot14)$$

ここに，h_0 は井戸の水深〔m〕，R は影響半径〔m〕，r_0 は井戸の半径〔m〕である．

4 導水と送水

（a） 導水施設

導水施設は，取水施設から浄水場まで取水した原水を導くための施設である．施設の構成は，導水管，導水きょ，さらに必要な場合にはポンプ施設からなる．水路としては，ポンプ加圧方式では管水路とし，自然流下方式では管水路と開水路があるが，一部ポンプ加圧方式を併用する場合もある．導水施設の設計には，外部からの水質汚染防止，施設の耐震性，耐久性や維持管理の容易さなどに配慮する．計画導水量は取水した水の運搬から計画取水量を基準とする．付属設備は，導水管については遮断弁，制御弁や空気弁，排水設備など，導水きょについては制水扉または角落とし，人孔，余水吐き，開きょの場合には巡視道路などがある．

（b） 送水施設

送水施設は，浄水場から配水池まで送水する施設であり，送水管および必要な場合はポンプ施設からなる．この水路はすでに浄化した水の運搬であるから，汚染防止など安全性を確保する必要がある．送水方式は浄水場と配水池の水位関係，中間の地形などの関係から自然流下方式かポンプ加圧方式が選択される．浄水場と配水池の間に必要な水量を送る十分な水位差がある場合には，安定性が高いこと，運転管理が容易であることなどの面から自然流下方式とするのが一般的である．計画送水量は計画一日最大給水量を基準とする．送水管の付属設備は配水管の場合と同様である．

（c） 勾配，断面の決定・流速公式

導水管は常に計画取水量が流下できることが必要である．このため管径の算定にあたっては最小の動水勾配の場合を考えておけば十分であるから，始点の水位

を低水位とし終点の水位を高水位として決定するとよい（**図2·9**に自然流下方式の場合とポンプ加圧方式の場合の動水勾配線の関係を例示する）．ポンプ導水の場合は，ポンプ井の低水位と浄水場着水井との落差および損失水頭からポンプの全揚程を考えればよいが，ポンプ揚程と管径との経済的関係を考慮する必要がある．例えば管径を小さくすれば管の布設費は安くなるが，ポンプ揚程が大きくなり，逆に不経済となる．一般に計画導水量に対して総経費が最小となる最も経済的な管径が存在する．

導水管を設計する場合の平均流速は，自然流下の場合は3.0 m/s程度，ポンプ加圧方式の場合は前述の経済的に有利な管径のときの流速とする．自然流下方式の場合，流速はできるだけ大きいほうが管径は小さくなるが，流速が大きくなると管内面の摩擦が大きくなることや，バルブ操作時の異常な圧力変動などによる管路の不安定などの観点から，過去の実績に基づきこの流速が選ばれている．

導水きょの場合は，平均流速の最大流速を3.0 m/s程度，最小流速を0.3 m/s程度とする．導水きょは一般にコンクリートで作られるので，水路内部の摩擦を

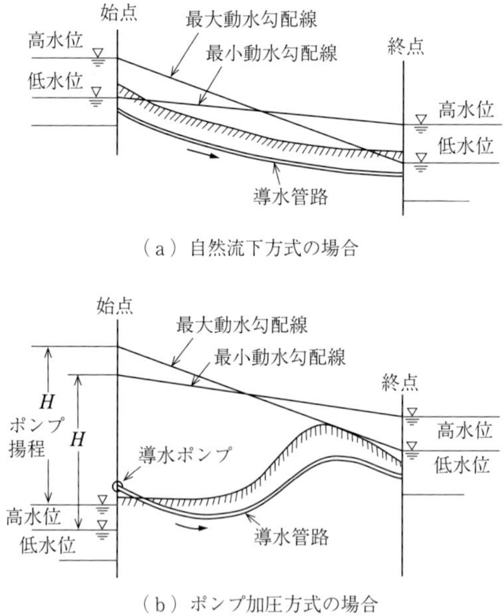

（a）自然流下方式の場合

（b）ポンプ加圧方式の場合

図 2・9　自然流下方式とポンプ加圧方式の動水勾配線の関係

配慮して過去の実績から最大流速が設定される一方，細かい砂が水路内に沈殿しないように最小流速が設定されている．送水管，送水きょについての平均流速もそれぞれ導水管，導水きょに準ずる．

流速の計算に用いられる流速公式は，導水管，送水管については一般にヘイゼン・ウィリアムズ公式が用いられ，導水きょに対しては，ガンギレー・クッター公式（クッター公式とも呼ぶ），およびマニング公式がある．通常はマニング公式が用いられる．それぞれの公式を次に示す．

（1）　ヘイゼン・ウィリアムズ公式

$$V = 0.84935CR^{0.63}I^{0.54} \tag{2・15}$$

（2）　ガンギレー・クッター公式

$$V = \frac{23 + \dfrac{1}{n} + \dfrac{0.00155}{I}}{1 + \left(23 + \dfrac{0.00155}{I}\right)\dfrac{n}{\sqrt{R}}}\sqrt{R \cdot I} \tag{2・16}$$

（3）　マニング公式

$$V = \frac{1}{n} \cdot R^{2/3} \cdot I^{1/2} \tag{2・17}$$

ここに，Vは平均流速〔m/s〕，Rは径深〔m〕，Iは動水勾配，Cは流速係数，nは粗度係数である．設計時のnの値は，モルタルライニングの場合で0.013～0.015である．

開水路については**図 2･10** のような水理特性曲線が利用できる．これからわかるように，最大流量や最大流速は満管流ではなくやや水位が下がったところに発生する．

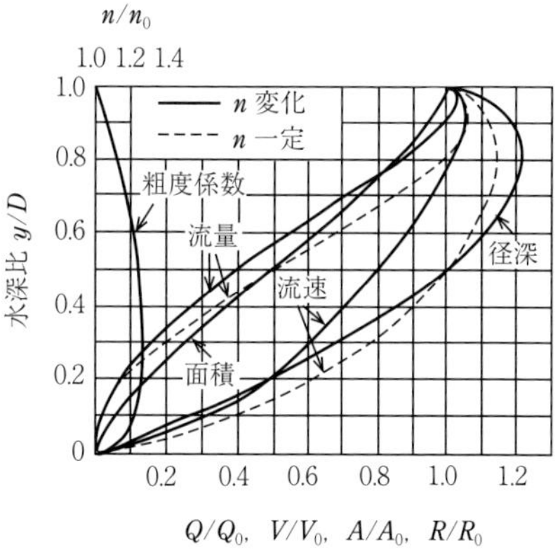

図 2・10　円形管の水理特性曲線
（出典：水理公式集　昭和62年版　土木学会）

5 配水と給水

（a）　配水施設容量の決定

配水施設は配水池，配水塔，高架タンク，配水管，ポンプなどからなり，浄水場から送水管で送られた水を配水池に受け，さらに配水管まで供給する施設である．個々の需要者はこの配水管に給水管を接続して給水を受ける．配水池は，配水量の時間変動を調整する機能，および異常時にその影響を緩和する役割をもっている．当該の配水区域へできるだけ均等な配水が行われるように配水区域の中心に配置されるのが望ましく，あるいは数か所に分散することもある．

計画配水量は，平常時には原則として当該配水区域の計画時間最大配水量とし，火災時には計画一日最大給水量の1時間当りの水量と消火用水量の合計とする．需要者の水利用は一日の生活サイクルを反映して変動が大きく，その最大利用時にも対応できることが必要である．火災時には一時的に集中して給水することになり，本来は計画時間最大給水量に消火水量を合計するのが理想的である．しかし，そのためには配水管の管径を大きくしなければならないため，経済性を考慮して計画一日最大給水量の1時間当りとしている．時間最大利用時には一時的に水圧が低下するが，需要者の協力によって消火用水を確保しようとするものである．

計画時間最大配水量を決定する際の時間係数は，次式のように定義される．

$$q = K\frac{Q}{24} \qquad (2\cdot18)$$

ここに，q は計画時間最大配水量〔m^3/h〕，Q は計画一日最大給水量〔m^3/日〕，K は時間係数である．

時間係数は給水区域内の昼夜間人口の変動，工場，事業所などによる使用形態などによって影響され，一般には**図 2·11** に示されるように給水人口が多いほど時間係数は小さくなる傾向がある．

配水池の有効容量は，給水区域の計画一日最大給水量の12時間分を標準とし，地域の特性，水道施設の安定性などを考慮する．一般的には夜間に貯留しておき，昼間の利用量に対応して配水するパターンであるので，時間変動調整のための容量が必要であり，また渇水時や水質事故などの異常時にも対応できる容量が必要である．

配水方式としては配水池，配水区域の高低関係によって，自然流下方式とポンプ加圧方式に分けられる．自然流下方式はポンプ加圧方式に比較して，停電時などを考慮すると給水の安全性が高いと考えられ，原則としては自然流下方式が採用されることとしている．

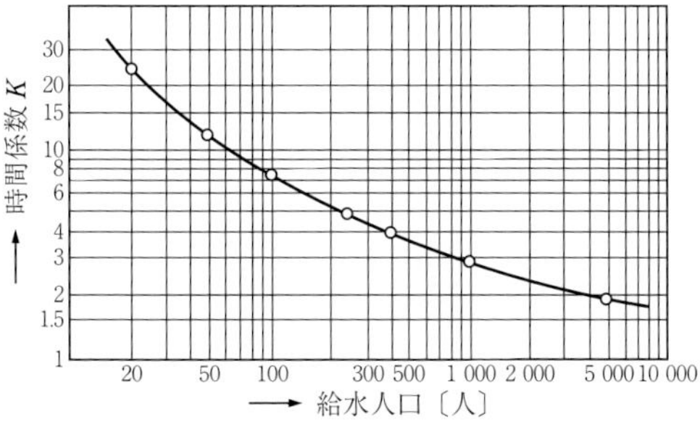

図 2・11　給水人口と時間係数（簡易水道等国庫補助事業にかかる施設基準，日本水道協会，2012）

(b) 配 水 管 路

配水管としては，ダクタイル鋳鉄管，鋼管および硬質塩化ビニル管が使用される．これらの管はそれぞれ特徴をもつので，使用条件に応じて最適なものを選定する．管の強度としては，管の最大静水圧と水撃圧などの内圧，さらに土圧，路面荷重および地震力などの外圧に耐えるものでなくてはならない．

配水管路の水圧は，最大静水圧としては原則として 740 kPa を超えないこととされている．この数値は配水管の使用管種であるダクタイル鋳鉄管，鋼管，硬質塩化ビニル管のうちで最も最高使用圧力の小さい硬質塩化ビニル管に対応している．

最小動水圧は，従来は 2 階建て建築物への直接給水を可能とする考え方であったが，現行の施設基準では，3 階以上にも直接給水を行う範囲など，地域の特性によって水圧を設定する考え方となっている．ただし，火災時には使用中の消火栓で正圧でなくてはならない．配水管網の中に古い時期に設置された経年管や石綿セメント管などが混在しているときは，動水圧の上昇が事故の発生や漏水量の増加となる場合があるので，配水管や給水管の整備を進めながら高圧に対応していくようにすることが必要である．最大動水圧は直接給水の範囲の拡大を考慮して，最高 0.50 MPa 程度とすることとなっている．

配水管路の流量計算に適用される流速公式は，ヘイゼン・ウィリアムズ公式，ガンギレー・クッター公式および池田公式などであるが，最もよく用いられるのはヘイゼン・ウィリアムズ公式である．流速係数 C は管内面の粗度や屈曲などによって影響され，設計時の C の値は例えば新管を利用する場合は 110，直線部のみの場合は130である．

(c) 配水管網計算

配水区域内においては管路に死水区間ができないようにし，管路のすみずみにまで流れるようにしておく必要がある．また各管路区間においても需要量に対して十分配水されるようにする必要がある．こうしたことを考慮して，網の目のように張り巡らされている配水管網に対して特有の計算法が開発されている．大別すると流量法と水位法に分けられるが，流量法の代表的なものがハーディ・クロス法である．これは反復近似計算法であるといえる．その概要を以下に記す．

配水区域の全体の管網をいくつかの回路に分ける．そのとき，次の条件を仮定する．

(1) 各管路の節点における流入水量と流出水量のそれぞれの和は等しい．

(2) ある一つの閉回路の損失水頭の代数和は0である．ただし，ここでは時計回りの方向の流れを＋とし，反時計回りを－とする．

実際の流量と損失水頭をQ，H，さらに仮定した流量と損失水頭をq，hとし，その補正量をΔQ，ΔHとすると，$Q=q+\Delta Q$，$H=h+\Delta H$となる．損失水頭Hと流量Qの関係は一般に$H=kQ^n$と表すことができる．ここでkとnは定数であり，その値は適用する各種流速公式によって決められる．同様に$h=kq^n$である．これに$Q=q+\Delta Q$，$H=h+\Delta H$を代入してテイラー展開し，ΔQ^2以上の項は無視できるとすると，損失水頭の補正量は$\Delta H=nkq^{n-1}\Delta Q$と近似できることになる．

ここで**図2·12**のような管網を例とする．図中の一つの閉回路で損失水頭の和は$\Sigma H=H_{AB}+H_{BC}+H_{CD}+H_{DA}=0$，また$\Sigma H=\Sigma h+\Sigma\Delta H=0$である．したがって，$\Sigma h+\Sigma nkq^{n-1}\Delta Q=0$となる．よって

$$\Delta Q=-\frac{\Sigma h}{n\Sigma kq^{n-1}}=-\frac{\Sigma h}{n\Sigma(h/q)} \tag{2・19}$$

ここに，ΔQは一つの閉回路に対する補正流量である．この補正流量を一つの閉回路に属するすべての管に等しく適用できるとして，これを先に仮定した流量qに加えた$q+\Delta Q$を第1近似値として，当初の流量と置き換えて改めて同様の計算を行う．同様にしてΣhが0になるまで繰り返せばよいのである．実用上はΣhが許容誤差範囲内となったときに終了する．

流速公式としてヘイゼン・ウィリアムズ公式を適用したときには$n=1.85$であり，マニング公式であれば$n=2$である．

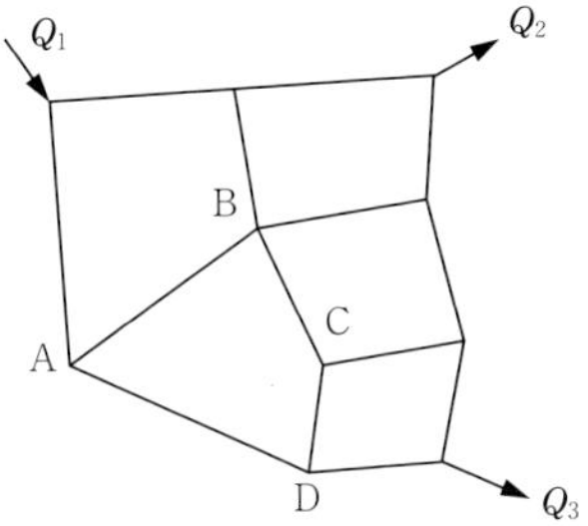

図 2・12　配水管網の例

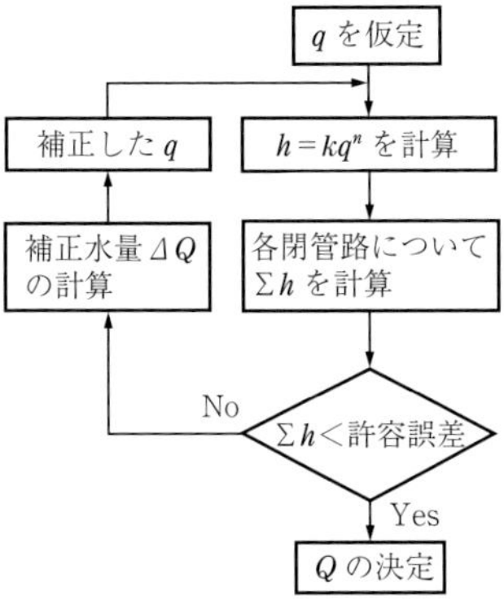

図 2・13　管網計算のフローチャート

図 2·13 に管網計算のフローチャートを示す．

（d） 管路の埋設

配水管は原則として公道に布設されるが，その場合には道路法ならびに関係法令によらなければならない．管の埋設に関連して，作用する土圧，基礎の設計，伸縮継手，異形管防護，電食ならびにその他の腐食防止などについて考慮しなければならない．河川，道路などを横断する場合に水管橋，橋梁添架管などが用いられる．

管きょの布設工法として，市街地では開削工法を用いることが困難な場合が多く，非開削工法である推進工法やシールド工法が用いられる．既設管を断水することなく分岐管を取り出したり，バルブを設置したりする場合には不断水工法が適用される．

（e） 給 水 施 設

給水装置は需要者の費用で設置されるものであり，日常の管理責任は需要者側にある．給水装置は給水管とそれに直結する給水用具から構成されるが，生活様式の多様化により給水用具へのニーズが変化してきている．需要者は給水管を配水管に接続して水道水を利用するが，その際メーターにより計測された水量に対して料金を支払う．

給水方式としては，配水管の水圧を利用する直結方式と，いったん受水槽に貯留して給水する受水槽方式とがある．需要者の必要とする水量，水圧が確保できるときは，需要者の水利用目的に対応して直結方式とするが，これが困難なときは受水槽方式にする．

給水管および給水装置の構造および材質は「給水装置の構造及び材質の基準に関する省令」に定められた基準に適合するものを使用する．基準適合の確認方法には，自己認証，第三者認証などがある．設計仕様水量は，給水器具の種類別吐水量とその同時使用率を考慮した水量，または建物の用途による種類別使用水量などを考慮して定める．また給水区域における水利用の実態などについて考慮する必要がある．

給水管の損失水頭の計算には，管径 50 mm 以下の場合はウェストン公式を適用する．管径 75 mm 以上の管では配水管の場合を準用する．

ウェストン公式は次式で示される．

$$h=\left(0.0126+\frac{0.01739-0.1087d}{\sqrt{V}}\right)\frac{l}{d}\frac{V^2}{2g} \qquad (2\cdot 20)$$

ここに，h は管の摩擦損失水頭〔m〕，V は管内の平均流速〔m/s〕，l は管長〔m〕，d は管の実内径〔m〕，g は重力加速度〔m/s^2〕である．

6　ポンプ設備・電気機械設備など

上水道施設の随所にポンプが利用されている．通常の維持管理上でも水道全体のエネルギー使用量のうちでポンプ運転における電力使用量の比率が大きい．ポンプは取水，導水，送水，配水など水の運搬に大きな役割を果たしているばかりでなく，薬品注入などの浄水プロセスにも各種のポンプが使われる．したがってポンプの設計は重要であり，水道が総合技術である一面を示している．

ポンプ形式としては，渦巻ポンプ，ディフューザポンプ，斜流ポンプ，軸流ポンプ，水中モータポンプなどが使用されている．

ポンプの特性は比速度で表現される．比速度はポンプの揚程，軸動力，効率に関係しており，比速度が同じであればその特性曲線はほぼ同じとなる．比速度は次式で示され，種々の比速度の値に対してその特性曲線が示される．

$$N_s=N\frac{Q^{1/2}}{H^{3/4}} \qquad (2\cdot 21)$$

ここに，N_s は比速度，N は回転速度〔min^{-1}〕，Q は揚水量〔m^3/min〕，H は全揚程〔m〕である．

ポンプの仕様の決定にあたっては，全揚程，吐出し量，口径，原動機出力，回転速度などについて検討することが必要である．

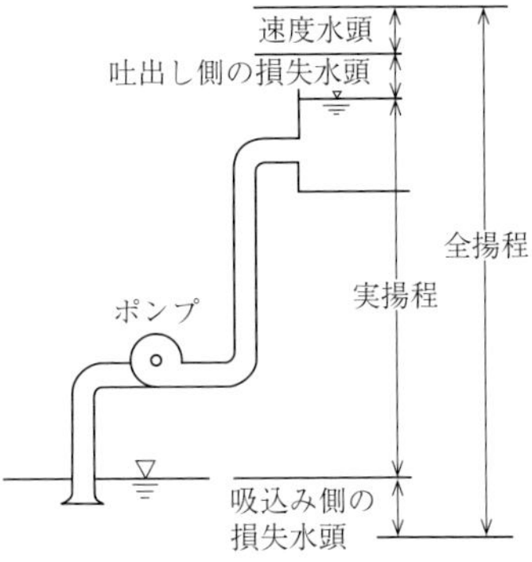

図 2・14　ポンプの全揚程の例

図2·14に横軸ポンプの全揚程の例を示す．ポンプの大きさは口径によって示されるが，一般には次式で表される．

$$D=146\sqrt{\frac{Q}{v}} \qquad (2 \cdot 22)$$

ここに，D はポンプの口径〔mm〕，Q はポンプの吐出し量〔m^3/min〕，v は吸込み口または吐出し口の速度〔m/s〕である．一般には $v=2$ m/s を標準としている．

原動機の出力は次式によって計算される．

$$P=\frac{0.163\gamma \cdot Q \cdot H}{\eta} \cdot (1+\alpha) \qquad (2 \cdot 23)$$

ここに，P は原動機の出力〔kW〕，γ は液の単位体積当りの重量，Q はポンプの吐出し量〔m^3/min〕，H はポンプの全揚程〔m〕，η はポンプの効率，α は余裕率（0.1～0.15）である．

ポンプの運転中キャビテーションが発生しない範囲となるように仕様を決定しなければならない．

その他関連する設備として，電動機，バルブ，電力設備，さらには計装設備などがあり，上水道施設の設計は環境工学，土木工学から機械工学，電気工学の分野に至るまできわめて広い分野にまたがるということができる．水道技術者はそれらを総合する観点をもったオーガナイザーであるとの心構えが必要だろう．

3 浄水プロセス

本節では，水源で取水され，浄水場へ運ばれてきた水道原水を飲料水としての水質に変換する諸プロセスとその基礎的なメカニズムについて説明する．まず浄水プロセスの全体像について説明し，その後，各ユニットプロセスである沈殿，凝集沈殿，沪過，さらに水道水の安全にかかわる消毒や高度浄化プロセスについて順次取り上げる．

1　浄水施設（浄水方式と原水水質）

浄水施設は水道の中枢をなす施設であり，その計画，設計には種々の面からの検討が必要である．浄水施設の整備には施設の新設，拡張の場合と改良，更新の場合があり，それぞれにおいて適切な調査，計画の進め方をする必要がある．浄水処理され供給される水道水の水質は厚生労働省令に規定された基準を厳守することはもちろんであるが，それ以上にできるだけよい水，おいしい水を供給できるように努力すべきである．

浄水方法としては次に示すような方式があり，それぞれ適用できる原水水質に条件がある．

（a）　消毒のみの方式（図 2･15 参照）

原水水質が良好で，消毒のみで水質基準が満足される場合に適用できる．しかし，クリプトスポリジウム等に汚染されるおそれのある場合には，この方式は採用できない．上流部に汚染の発生源がなく，指標菌が検出されていないことが採用の条件になる．

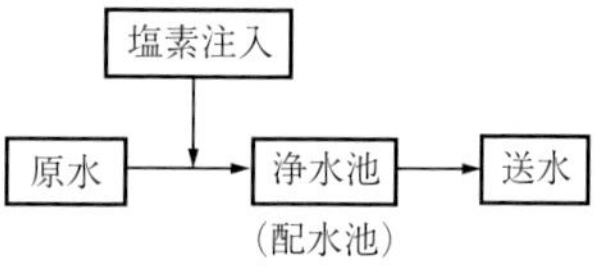

図 2・15　消毒のみの方式

（b）　緩速沪過方式（図 2･16 参照）

原水の水質が良好で，濁度も低く安定している（おおむね 10 度以下）場合に選定される．このような原水は，地下水，富栄養化の進んでいないダム湖水，湖沼水，汚濁の進んでいない河川水などにみられる．緩速沪過方式は通常，普通沈殿と組み合わされるが，沪過としては比較的細かい砂層を 4～5 m/日の速さでゆっくり通過する間に溶存物質が砂層に抑留されたり，砂層表面に増殖した微生物

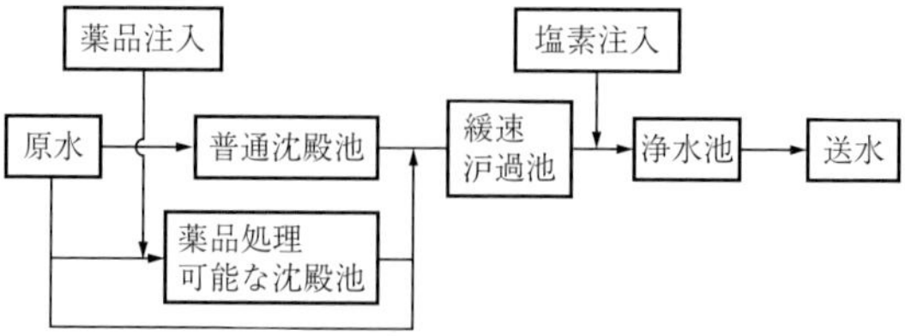

図 2・16　緩速沪過方式

の働きによって浄化される.

(c) 急速沪過方式（図 2·17 参照）

原水水質が緩速沪過では対応不可能な場合や敷地面積が十分にとれない場合にはこの方式とする．この方式は通常，薬品凝集沈殿と沪過速度の大きい急速沪過との組合せが主体である．薬品凝集沈殿では微細な懸濁粒子は凝集剤によって集合し，粒径を大きくすることにより沈殿しやすくする．さらに砂層を緩速沪過の30 倍程度またはそれ以上の速さで通過させることにより浮遊物質を物理化学的に砂層表面に抑留させることにより効率的に浄化する．しかし溶解性物質の除去性能は低いので，必要な場合には別途，活性炭処理，オゾン処理，生物処理およびエアレーションをはじめとする高度浄水処理を付加する．

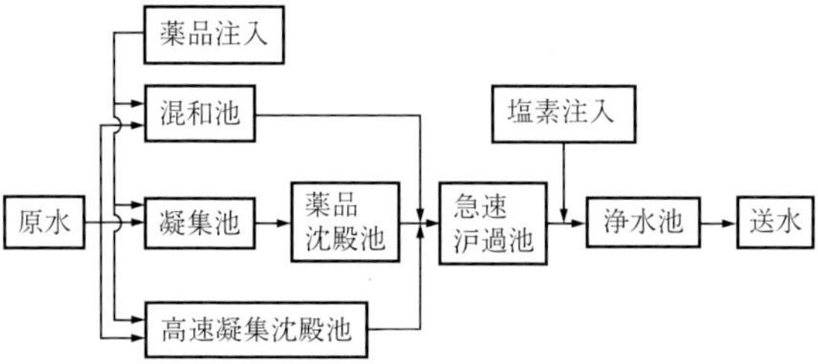

図 2・17 急速沪過方式

浄水施設における計画浄水量は，計画一日最大給水量を基準とし，それに作業用水などを見込んで決定する．作業用水としては，沈殿池の排泥，沪過池の洗浄用水または洗砂用水，薬品の溶解水など浄水プロセスに伴って必要になる水のほか，場内給水や清掃用水などの雑用水がある．

図 2·18 に実際の浄水場の平面図の例を示す．この例は急速沪過方式であるが，我が国ではこのような急速沪過方式を採用している浄水場が多い．

(d) 膜沪過方式

懸濁物質，コロイドまたは低分子物質の除去を目的とする場合に採用される．除去対象とする物質の粒径や分子量に応じて，精密沪過膜，限外沪過膜，ナノ沪過膜などが用いられる．膜沪過方式は，一般に，運転管理が容易で水質が安定しており，用地面積が少なくてすむとされている．膜の性能維持などを目的として凝集などの前処理を行うことがある．

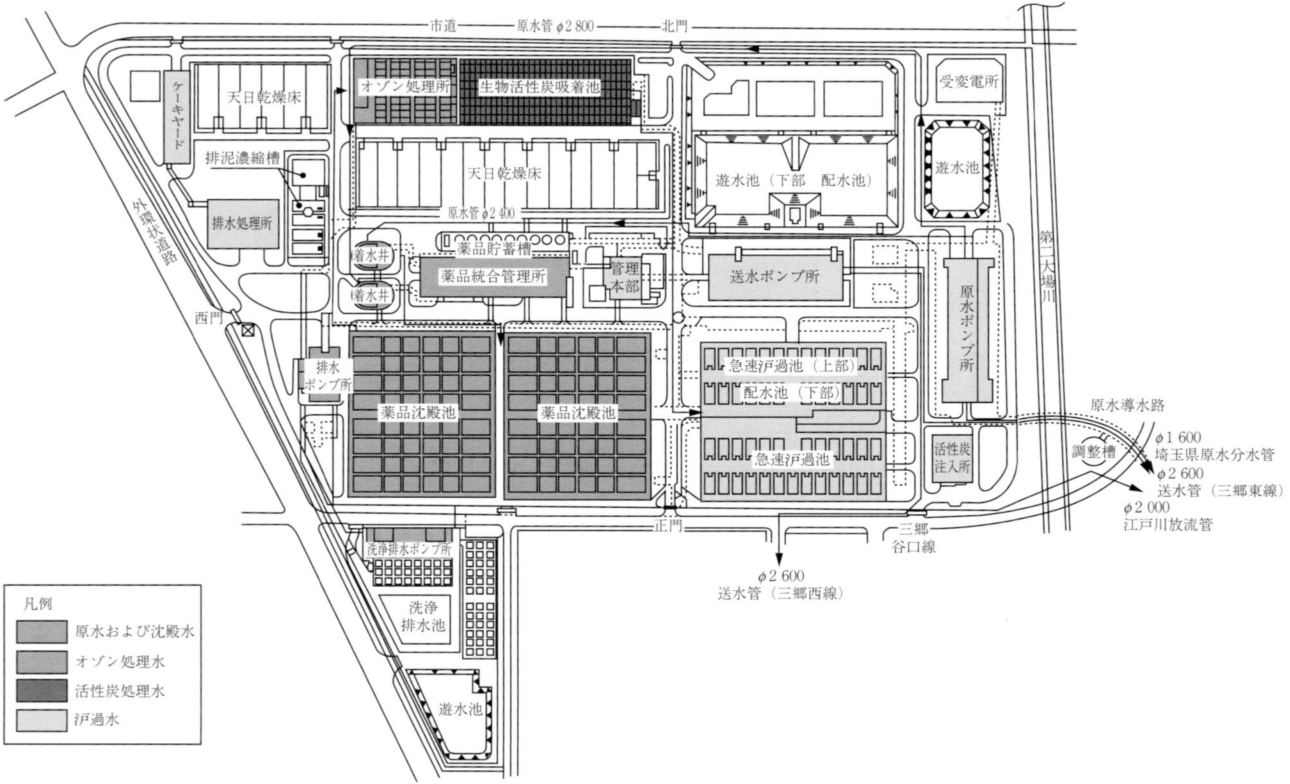

図 2・18 高度浄水処理方式（オゾン・粒状活性炭）の浄水場の平面図（東京都水道局三郷浄水場）
（出典：水道施設設計指針 日本水道協会（2000））

2 沈殿と凝集

(a) 単粒子の沈殿

沈殿現象の基礎となるのは単一粒子の沈降である．

等速沈殿では，粒子に作用する重力に対して浮力と粒子の抵抗力がつり合っている．すなわちそれらの力の関係は次式のように表せる．

$$(\rho' - \rho)gV = \frac{C_d A \rho v^2}{2} \qquad (2 \cdot 24)$$

ここに，ρ' は粒子の密度，ρ は流体の密度，g は重力の加速度，V は粒子の体積，C_d は抵抗係数，A は粒子の沈降方向に垂直な断面積，v は等速時の沈降速度である．また粒子の直径を d とする．

ここから等速沈降速度は

$$v = \sqrt{\frac{4}{3}\frac{g}{C_d}\cdot\frac{\rho' - \rho}{\rho}\cdot d} \qquad (2 \cdot 25)$$

抵抗係数 C_d はレイノルズ数 $Re = \rho dv/\mu$ によって変化し，等速沈降速度もそれに伴い異なった公式に変形される．**表 2･6** にレイノルズ数の種々の範囲と沈降速度式の関係を示す．

表 2・6　レイノルズ数の種々の範囲と沈降速度式の関係

Re 数の範囲	n	C_d	沈降速度式	式の名称
＜1	1	$24/Re$	$g(\rho' - \rho)d^2/(18\mu)$	ストークス式
1～100	0.5	$12.65/Re^{0.5}$	$0.223[(\rho' - \rho)^2/\mu\rho \cdot g^2]^{1/3}d$	アレン式
10^3～2.5×10^5	0	0.4	$1.82[(\rho' - \rho)/\rho \cdot gd]^{1/2}$	ニュートン式

（出典：水理公式集　昭和 62 年版　土木学会）

(b) 理想沈殿池

沈殿池とは，原水中の浮遊物質やフロックを沈降作用により汚泥として底部に集積して排泥する装置である．池内の流れはできるだけ整流状態となっていることが望ましく，装置的に種々の工夫がされている．

浮遊物質やフロックの沈殿除去メカニズムの解析によって除去性能を考察し，設計指針を得るためには装置内の流れの状態を単純化することが必要である．そのためのモデルが理想沈殿池である．これにはいくつかの前提条件があり，例えば槽内を流れる流速が一定であること，いったん沈殿して底部に到達した粒子は再び浮上することはないことなどである．

図 2·19 に理想沈殿池のモデルを示す．

同図で示したように理想沈殿池の上端から流入した粒子がちょうど流出端で底部に達する沈降速度は $v_0 = Q/A$ である．すなわちこれは流入水量を沈殿池の表面積で割った値であり，表面負荷率と定義される．沈殿池に流入する粒子の沈降速度 v がこの値より大きいときは 100％ 除去されることになるが，この値より小さいときは，その除去率は v/v_0 となる．これから沈殿池の除去率を高めるためには沈殿池の表面積 A を大きくする，沈降速度 v を大きくする，あるいは流入水量 Q を小さくすることなどが考えられる．

沈殿池の表面積を大きくするための工夫として**図 2·20** に示すように 2 階式の沈殿池がある．この考え方を究極的に推し進めて考え出されたのが，傾斜板式沈殿池あるいは傾斜管式沈殿池である．その原理を**図 2·21** に示す．

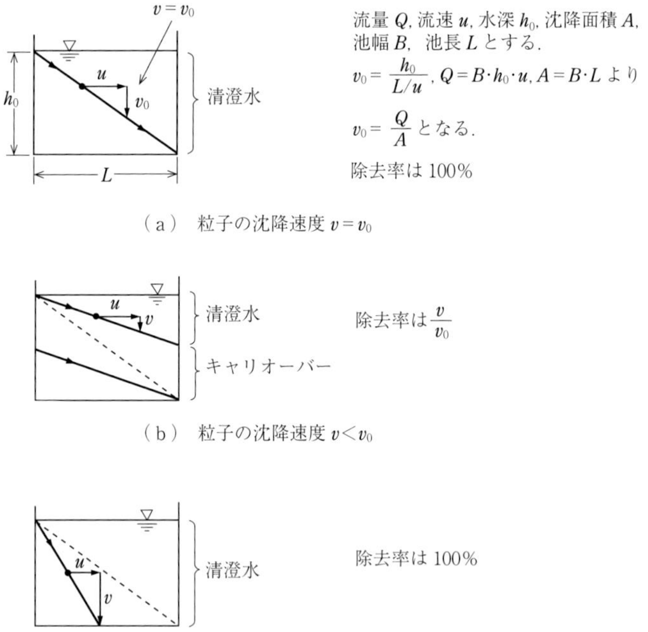

（a）　粒子の沈降速度 $v = v_0$

（b）　粒子の沈降速度 $v < v_0$

（c）　粒子の沈降速度 $v > v_0$

図 2・19　横流式沈殿池（理想的沈殿地）
（出典：水道施設設計指針・解説　日本水道協会（2012））

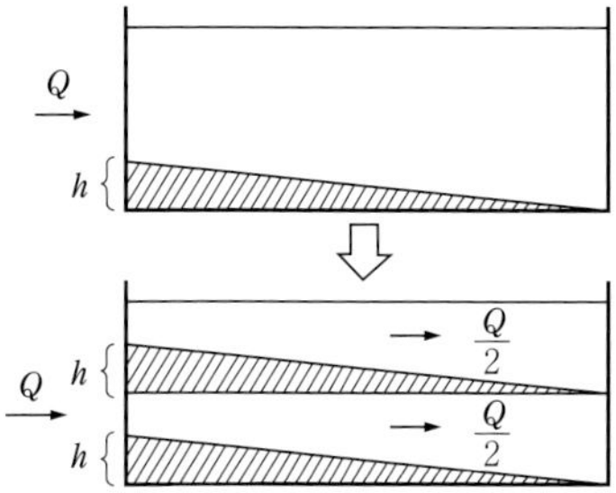

図 2・20　2階式沈殿池の効果
（この例では除去率が2倍になる）

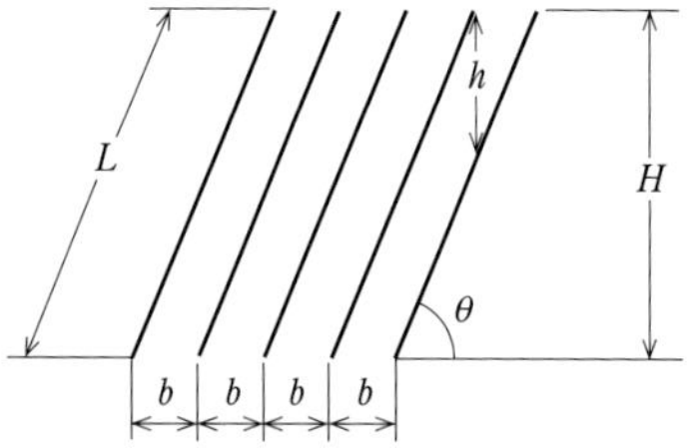

図 2・21　傾斜板の効果

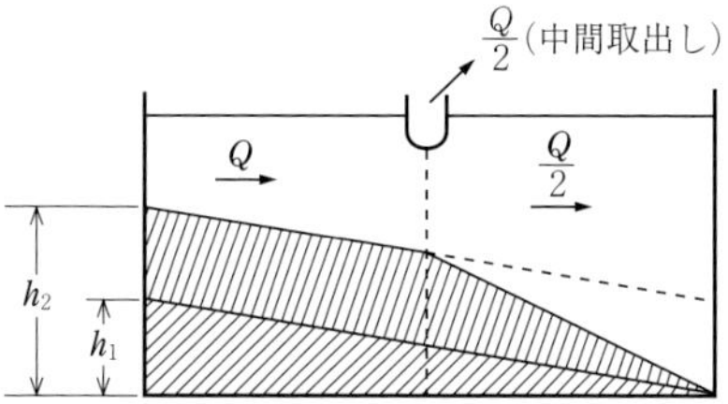

沈殿可能範囲が h_1 から h_2 へ拡大する．

図 2・22　中間取出しの効果

沈殿粒子やフロックの大きさをできるだけ大きくして沈降速度を大きくしようという試みは，凝集理論の発達や凝集剤や凝集補助剤の開発などにより達成されてきた．流量 Q を小さくすることによる沈殿効率の向上についても，**図 2·22** に示すように途中での取出しにより実現している例がある．

（c） 凝 集 沈 殿

個々の粒子の状態では容易に沈降しないような状態の懸濁物質を，互いに付着させ合うことによりフロック化して沈殿しやすくする操作を凝集という．

一般に粒子径 $10^{\ 3}$ mm 以下のものはコロイド粒子と呼ばれ，ブラウン運動で知られているようにそのままでは沈降しにくく，凝集によりフロック化することが必要である．一方，コロイド粒子より大きいサイズの粒子の場合は普通沈殿で沈殿可能であり，またコロイド粒子よりも小さい粒子の場合はイオン交換や吸着などによりいずれも直接的処理が可能である．粒径と処理方法の関係を**図 2·23** に示す．

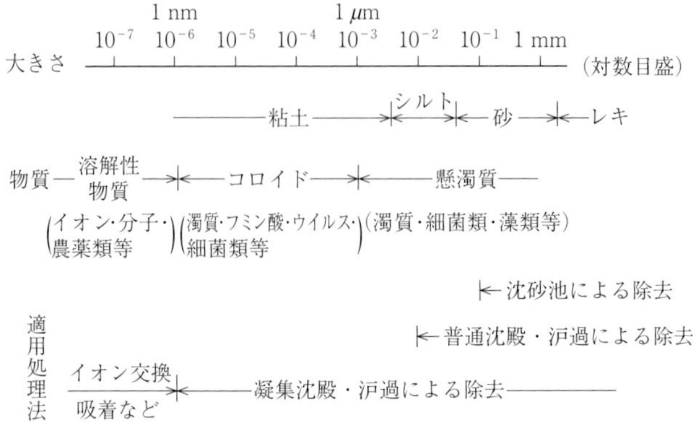

図 2・23　水中に存在する物質と適用処理法
（出典：水道施設設計指針　日本水道協会（2012））

（d）凝　集　剤

凝集を行わせるためには凝集剤が必要で，水道用硫酸アルミニウム，水道用ポリ塩化アルミニウム，塩化第二鉄および水道用ポリシリカ鉄が用いられる．硫酸アルミニウムは硫酸ばん土とも呼ばれ，固形状と液体状がある．取扱いの容易さから液体状のほうがよく使われている．ポリ塩化アルミニウムは液体状でパックとも呼ばれる．それ自身加水分解し重合しているので，一般に硫酸アルミニウムに比べて優れた凝集性を示し，適用 pH 値範囲が広く，アルカリ度の低下量も少ないなどの性質を有している．鉄系凝集剤は，適用 pH 値範囲が広く，硫酸アルミニウムに比べてフロックが沈殿しやすいといった利点もあるが，酸性が強く腐食性が強いため接液部の性質が制限される．ポリシリカ鉄は比較的新しく，使用実績と評価の蓄積が期待される．

アルミニウム塩の凝集剤としての作用は次のようである．アルミニウム塩を水に溶かすと加水分解して正に荷電したアルミニウムヒドロキソ錯体を生ずる．水中の懸濁コロイドはその表面が負に帯電しているので，アルミニウム塩が添加されると中和されて，懸濁コロイドは互いに反発することがなくなり集合してフロック化されるようになる．コロイド粒子間にはファンデルワールス力という分子間力が働いており，電気的反発力がなくなるとこの力が作用して結合することになる．粒子表面の電位はゼータ電位で示され，±10 mV 程度の範囲になると凝集する．

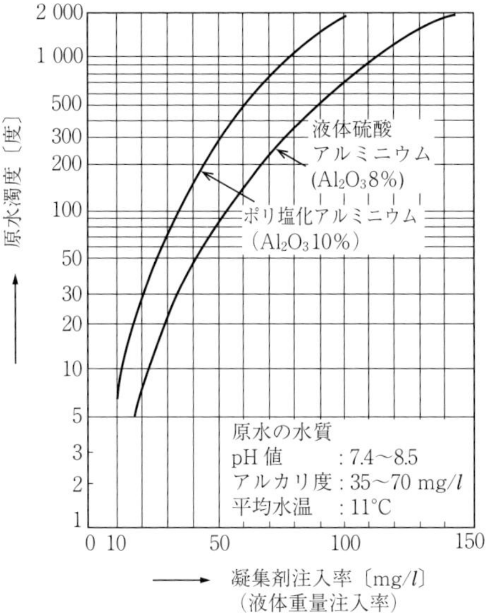

図 2・24　原水濁度と凝集剤注入率
（東京都水道局小作浄水場の一例）
（出典：水道施設設計指針　日本水道協会（2000））

凝集剤の添加量は実験によって決めることが必要で，そのための試験はジャーテストといい，そのための装置はジャーテスターと呼ばれる．原水に凝集剤を段階的に加えてジャーテストを行い，フロック形成と沈殿状態の最適な注入率を判定する．このとき，濁度，pH 値，アルカリ度などを測定する．**図 2・24** に濁度と凝集剤注入率の関係例を示す．

（e）　アルカリ剤

アルミニウム塩は，凝集作用において水中のアルカリ分と反応しアルカリ度を消費する．例えば硫酸アルミニウムの場合の反応は次のとおりである．

$$Al_2(SO_4)_3 + 6\,NaOH \longrightarrow 2\,Al(OH)_3 + 3\,Na_2SO_4 \qquad (2 \cdot 26)$$

表 2・7 に各種凝集剤に対するアルカリ度の増加・減少量を示す．これにより必要なアルカリ剤量を推定することができる．

（f）　凝集補助剤

降雨時の原水濁度が高いときや冬季で水温が低いときなどには，凝集剤，アルカリ剤を使っても十分に凝集しない場合がある．こうした場合には，凝集補助剤

表 2・7　浄水薬品 1 mg/l 注入によるアルカリ度の増減

薬品名			アルカリ度	
			増加	減少
水酸化カルシウム（消石灰 CaO として）		（72%）	1.29	－
炭酸ナトリウム（ソーダ灰 Na_2CO_3 として）		（99%）	0.93	－
液体水酸化ナトリウム（液体カセイソーダ NaOH）		（45%）	0.56	－
		（20%）	0.25	－
硫酸アルミニウム（Al_2O_3 として）	液体	（7%）	－	0.21
	液体	（8%）	－	0.24
	固体	（15%）	－	0.45
ポリ塩化アルミニウム〔Al_2O_3（10%）塩基度（50%）として〕			－	0.15
ポリシリカ鉄（PSI-025）（Fe として）		（4%）	－	0.11
		（6%）	－	0.18
塩素（Cl_2）			－	1.41

を添加してフロックを大きくし，沈降分離を促進させることができる．凝集補助剤としては，活性ケイ酸，水道用アルギン酸ソーダなどが用いられる．しかしポリ塩化アルミニウムの場合には凝集補助剤を必要としない場合が多い．凝集補助剤の添加量は，ジャーテストによって凝集剤の添加とともに実験的に決める．

（g） 凝集沈殿池の設計

凝集沈殿プロセスは，凝集剤を注入してかくはんする混和池とフロックを成長させるフロック形成池，それに薬品沈殿池から構成される．混和池では凝集剤を注入後，直ちに急速かくはんし，その混和時間は計画浄水量に対して 1～5 分間が標準である．フロック形成池は，ゆっくりかくはんすることによりフロックの成長を進めるものであり，その滞留時間は計画浄水量に対して 20～40 分間を標準としている．

沈殿池のタイプとしては，横流式や傾斜板式などのほか，高速凝集沈殿池もある．横流式沈殿池の形状は長方形であり，その長さは幅の 3～8 倍を標準とする．有効水深は 3～4 m 程度とし，これに堆泥深さ 30 cm 以上を見込む．池底は排泥に便利なように排水口に向かって勾配をつけておく．横流式沈殿池の大きさを決める基礎となる表面負荷率は，実績から単層式沈殿池では 15～30 mm/min，多層式沈殿池では 15～25 mm/min とされている．池内の平均流速は，沈殿した汚泥が再浮上しないように決めることが必要であるが，0.4 m/min 以下を標準としている．

傾斜板式沈殿池の傾斜板の働きは，図 2･21 からわかるように，水深 H の沈殿池に対して沈殿効率が H/h 倍増大することになる．傾斜板式沈殿池は沈降装置の形状によって水平流式と上向流式がある．水平流式の場合には表面負荷率は 4～9 mm/min，池内の平均流速は 0.6 m/min 以下とする．上向流式では表面負荷率 7～14 mm/min，池内の平均上昇流速は 80 mm/min 以下とする．その他，沈殿池内に傾斜板などを設置する場合の基準が定められている．

高速凝集沈殿池は，原水濁度 10 度以上，最高濁度 1 000 度以下，濁度，水温の変動が少なく，処理水量の変動も小さい場合に適している．機構上からはスラリー循環形，スラッジ・ブランケット形，これらの複合タイプがある．

沈殿池の性能を向上維持するために付帯設備にも種々の工夫をすることが必要である．整流設備は整流壁により水流が池断面に均一に流れるようにし，池内の偏流，密度流を少なくして沈殿効率を高める．その他，流入口や取出し設備，排泥設備などがある．

（h） 普通沈殿池

普通沈殿池は，凝集処理を行わずに自然沈降によって懸濁物質を除去するものであり，緩速沪過の前処理プロセスと位置づけられる．構成や構造は凝集沈殿池に準じて設計され，表面負荷率は 5～10 mm/min，池内の平均流速は 0.3 m/min 以下を標準としている．

3 沪　　過

沪過プロセスは，沈殿プロセスに続いて，微細な懸濁粒子を沪過によって除去するものである．これに続く消毒を経て給水されるので沪過プロセスは重要である．沪過には急速沪過と緩速沪過があり，通常は前者には薬品凝集沈殿が組み合わされ，後者には普通沈殿が組み合わされる．

（a） 急 速 沪 過

急速沪過方式は，凝集によってあらかじめ懸濁粒子をフロックとして大きく成長させ，沪過砂層を比較的速い速度で通過させることによってフロックを沪層表面に抑留させるプロセスである．フロックを沪層表面に抑留させることをふるい作用という．

急速沪過の懸濁物質除去機構は次の２段階で考えられている．

(1) 第１の段階は，懸濁粒子が流線から外れて沪材の表面近くに移送される過程である．ここでは，ふるい作用と阻止作用，重力沈殿作用などが卓越する．

(2) 次は輸送された粒子が沪材表面に付着して捕捉される過程で，懸濁粒子と沪材表面の状態が影響する．

このように急速沪過は物理化学的作用が主体であるので，沪材表面積が大きいほうが有利である．沪材表面積は沪材の粒径の関数となり，沪材粒径の小さいほど表面積は大きくなるが，抑留した懸濁物質が沪層内部に蓄積して損失水頭が大きくなるので，粒径と沪層厚さの最適条件を選ぶことが必要である．

図 2·25 に急速沪過池の一般的な構造を示す．

沪過面積は計画浄水量を沪過速度で除して計算される．池数は予備を含め最小限２池以上とし，予備池は 10 池まで当りに１池とする．１池当りの沪過面積は 150 m^2 以下とし，形状は長方形を標準とする．１池当りの面積を大きくすると均一に流下することが困難になるので限界がある．

砂面上の水位は沪層中に負圧を生じないようにするが，一般には水深 1〜1.5

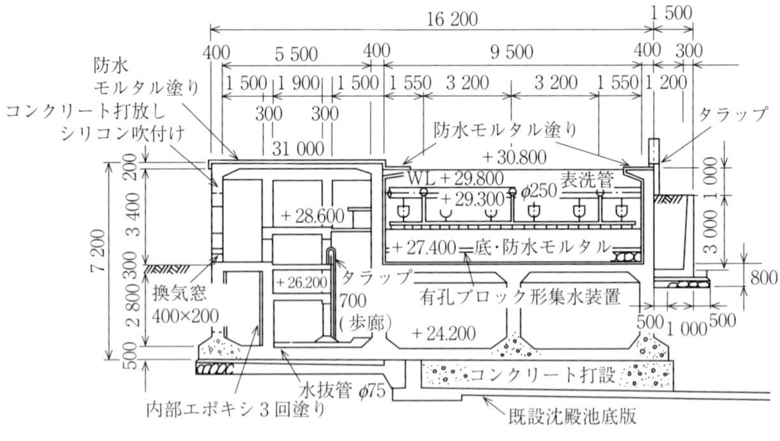

図 2・25 急速沪過池の一般的構造図（枚方市水道局中宮浄水場）（単位：mm）
（出典：水道施設設計指針 日本水道協会（2012））

mとしている場合が多い．沪過速度は120～150 m/日が標準であり，砂層の厚さは60～70 cmである．沪過砂の粒径分布は一般に粒径加積曲線で示されるが，急速沪過に使われる砂の有効径は0.45～0.7 mmの範囲とし，均等係数は1.70以下，最大径は2.0 mmを超えず，最小径は0.3mmを下らないことになっている．比重は2.57～2.67の範囲とする．この比重の範囲以外の場合には有機物質や多孔質の砂，石灰石や重金属類の鉱石などを含んでいるおそれがあるので避ける．**図2·26**に粒径加積曲線の例および有効径と均等係数の求め方を示す．

沪過砂の下部には，沪過砂が漏出しないように砂利層を置き，その下部に沪過した水を均等に受けるため下部集水装置が設けられる．

急速沪過池では沪過の継続により，沪層内の損失水頭が上昇し沪過水量が減少してくるので，流量を調整する機構を備えている必要がある．調整方式としては定圧沪過と定速沪過があるが，前者では沪過流量が減少していくので，一般には

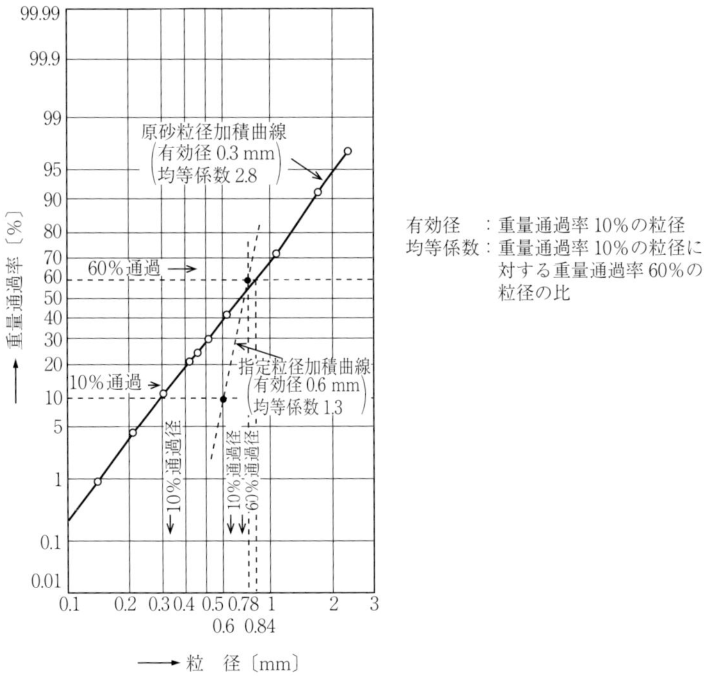

図 2・26　粒径加積曲線の例
（出典：水道施設設計指針　日本水道協会（2012））

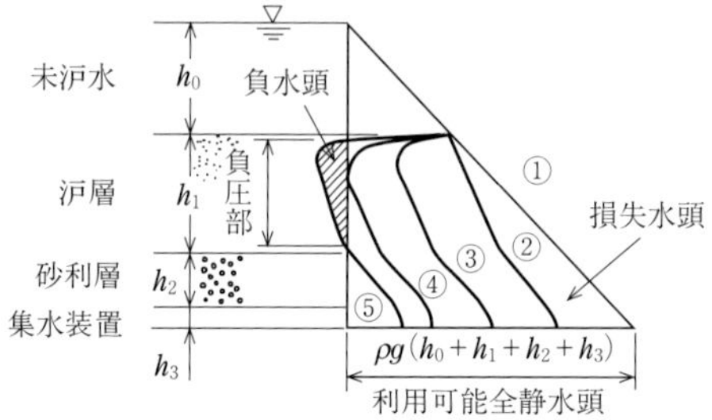

図 2・27　沪槽内の水圧分布
（出典：水道施設設計指針　日本水道協会（2012））

定速沪過が採用される．沪層の閉塞の進行に従って，上流側水位を上昇させるか下流側水位を低下させることによって流速を一定に保持するものである．沪槽内の水圧分布の変化の一例を**図 2·27** に示す．沪層内部が負圧となると沪過を継続できないので沪材の洗浄を行う．逆洗装置としては通常は逆流洗浄と表面洗浄を組み合わせた方式とするが，表面洗浄方式には固定式と回転式がある．逆洗の関連装置としては洗浄水を貯留する洗浄タンクや洗浄ポンプなどが適切に配置されることが必要である．

（b）緩速沪過

緩速沪過方式は，砂層表面の生物沪過膜に水中の懸濁物質や溶解物質が捕捉され酸化分解されることを主な浄化作用とするプロセスである．生物沪過膜は寒天状をなしており，沪過を行うと砂層の表面に増殖した微生物群により形成され，有機物はこの膜において酸化分解される．生物作用も利用しているので，ある限度内でアンモニア性窒素，臭気，鉄，マンガン，合成洗剤，フェノールなども除去できる．このように物理化学的作用のほかに生物学的作用を活用している点が急速沪過との違いである．しかし生物作用を活用するためにはある程度原水が良好であることが必要であり，汚濁の進行している場合には適切ではない．

図 2·28 に緩速沪過池の構造を示す．

砂層上の水面から下部集水装置の下面まで 2.5～3.5 m が標準である．沪過速度は 4～5 m/日で，急速沪過の 1/30～1/40 の速度である．沪過面積は，計画浄水量をこの沪過速度で除して求められる．池数は予備池を含めて 2 池以上とするが，沪過池の維持日数，汚砂削り取り時間や補砂の所要日数などを考慮する．沪過砂については，有効径は 0.3～0.45 mm が多く使用されており，均等係数は

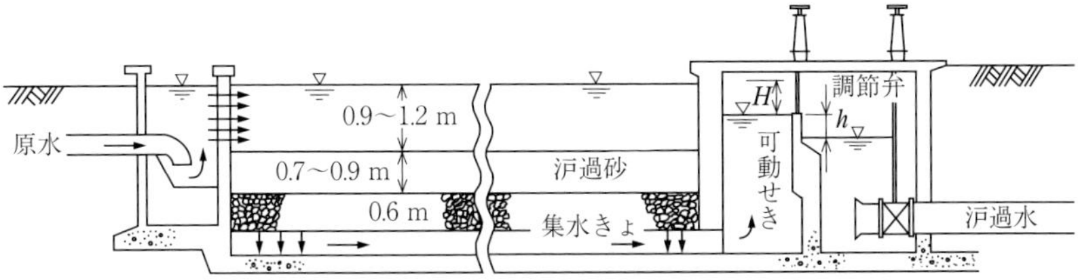

図 2・28 緩速沪過池の構造略図
（出典：水道施設設計指針　日本水道協会（2012））

2.0 以下，最大径は 2.0 mm を超えず，最小径は 0.18 mm としている．

下部集水装置，流量調節装置や沪過損失水頭計などの指示計のほかバルブなどの調整装置，逆送設備，流入設備や洗砂設備などの関連設備が必要である．

緩速沪過の場合，懸濁物質は表層に集中し，沪過を継続すると損失水頭が大きくなってくるので，これに伴い流出側の水位を下げて定速沪過を維持する．損失水頭が大きくなって沪過を継続できなくなったときは，沪過を中止して沪層の表層部分を 10 mm 程度削って沪過層の再生を図る．

緩速沪過はその原理上から薬品処理を必要とせず，一部の溶解物質の除去も可能であるなどの長所をもつが，沪過速度が小さいために広大な面積を必要とすること，汚砂かき取りに労力を要することなどが短所と考えられて，我が国の現況では緩速沪過を採用するところは少ない．

（c） 膜沪過施設

膜沪過で用いられる膜には精密沪過膜，限外沪過膜，ナノ沪過膜がある．精密沪過膜（MF）は分離粒径 0.01 μm 以上の膜である．限外沪過膜は分画分子量 1 000〜300 000 程度（粒径 1〜数十 nm）の膜である．ナノ沪過膜は分子量で数百程度以下の物質を分離する．膜の性能は，通常，90％ 排除限界で示されている．したがって，表示されている孔径や分子量を超える粒子もある程度は膜を通過する可能性があることに注意する必要がある．

膜沪過方式には，ケーシング収納方式と槽浸漬方式がある．また，それぞれに，全量沪過方式とクロスフロー方式がある．

膜材質は有機膜と無機膜に分けられ，有機膜は酢酸セルロース（CA），ポリアクリロニトリル（PAN），ポリスルホン（PS），ポリフッ化ビニリデン（PVDF）等が用いられる．無機膜としてはセラミックが用いられる．膜材質の選定には，

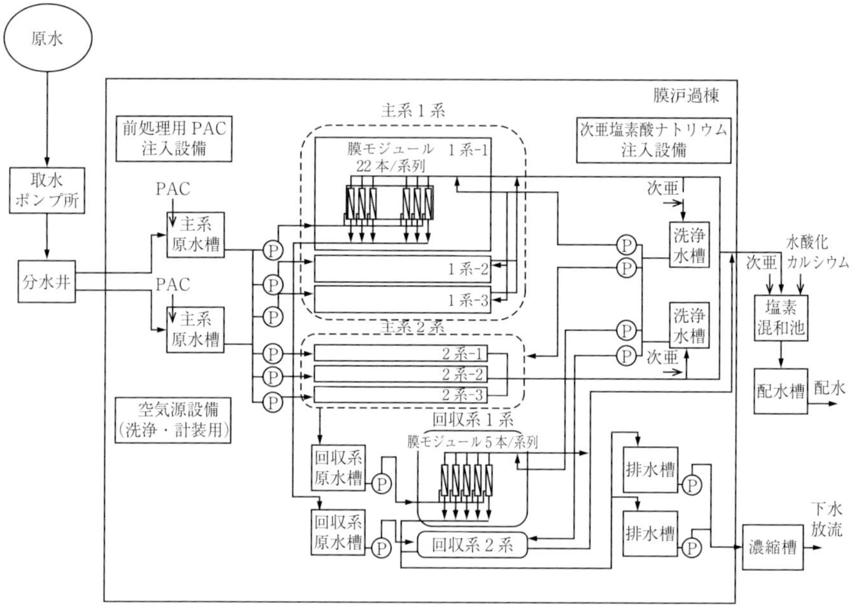

図 2・29　膜沪過設備浄水処理フローの例（東京都水道局砧浄水場　40 000 m^3/日）

それぞれの膜材質がもつ特性，処理対象水の性状，洗浄方式等を考慮することが必要である．

図 2·29 に膜沪過設備浄水処理フローの例を示す．

(d)　浄　水　池

浄水池は，浄水処理の運転管理上生じてくる沪過水量と送水量の間の不均衡を調整するために設けられる．その他事故，故障時の対応，施設の点検や保全作業などに備えるものである．

通常は計画浄水量の1時間分以上を浄水池の有効容量とする．池数は原則として2池以上である．浄水池はすでに浄化した水を貯留するので外部からの汚染を防ぎ，また直射日光を遮断して藻類の繁殖を防止するなどのため覆いぶたをし，また漏水を防止することも必要である．一般には鉄筋コンクリート造であるが，プレストレストコンクリート造や鋼板製，強化プラスチック製などもある．

4 消　　毒

水系伝染病の原因となる細菌，ウイルス，原生動物などを不活化し，衛生学的に安全な水を供給するためのプロセスが消毒である．これは，水道の最も重要な目的の一つが水系伝染病の防止であったことからも，欠くことのできないプロセスである．通常，消毒は浄水プロセスの最後に行われる．

（a） 塩素消毒の種類

我が国においては消毒は塩素によるとされている．これは，① 塩素による消毒は効果が確実であること，② 塩素には残留性があるため，浄水場から蛇口まで消毒の効果を保つことが可能であること，③ 大量の水が処理可能で注入制御が容易であること，④ 価格が安いこと，などの理由による．

水道水の消毒に用いられる塩素剤には，液化塩素，次亜塩素酸ナトリウム，次亜塩素酸カルシウム（高度さらし粉）およびクロラミンがある．

（1） **液化塩素**　液化塩素は塩素ガス（Cl_2）を液化させたもので，これを徐々に気化させながら水に溶解させ，以下の反応により消毒効果を得る．

$$Cl_2 + H_2O \rightleftharpoons HOCl(\text{次亜塩素酸}) + HCl \qquad (2\cdot27)$$

$$HOCl \rightleftharpoons H^+ + OCl^-(\text{次亜塩素酸イオン}) \qquad (2\cdot28)$$

次亜塩素酸と次亜塩素酸イオンはともに遊離残留塩素と呼ばれ，ともに強い殺菌力を有しているが，殺菌力は次亜塩素酸のほうが次亜塩素酸イオンの80倍ほど高くなるため，酸性域で殺菌力が強くなる．塩素ガスは毒性が強いために，取扱いには注意が必要である．

（2） **次亜塩素酸ナトリウム**　次亜塩素酸ナトリウムは水酸化ナトリウム水溶液に塩素を通して作られる淡黄色の液体で，12% 程度の有効塩素濃度を有するものを使用する．これを水に注入することにより以下の反応を生じ，塩素の場合と同様に殺菌力を得る．

$$NaClO + H_2O \rightleftharpoons HOCl(\text{次亜塩素酸}) + NaOH \qquad (2\cdot29)$$

$$HOCl \rightleftharpoons H^+ + OCl^-(\text{次亜塩素酸イオン}) \qquad (2\cdot30)$$

液体塩素のような危険性はなく，取扱いも容易であるが，長期間の貯蔵により有効塩素濃度が減少する．電解法により自家製造することもある．

なお，NaClO の有効塩素は以下の式により当量の塩素濃度に換算する（NaClO 中の Cl の 2 倍となる）．

$$ClO^- + H_2O + 2e^- \longrightarrow Cl^- + 2OH^-$$

（3）　**高度さらし粉**　次亜塩素酸カルシウム（高度さらし粉）は消石灰に塩素を吸収させて作られるものである．塩素の有効成分が多く，また貯蔵による塩素の低下も1年間に1～4%と少ないが，注入の際には溶解しなければ作業効率が悪く，また発火するおそれもあるので，非常用以外はあまり使用されなくなった．

（4）　**クロラミン**　クロラミンは塩素剤とアンモニアを注入して以下の反応により生成させ，消毒剤として使用するものである．

$$NH_3 + HOCl \longrightarrow NH_2Cl\text{（モノクロラミン）} + H_2O \qquad (2\cdot31)$$

$$NH_3 + 2HOCl \longrightarrow NHCl_2\text{（ジクロラミン）} + 2H_2O \qquad (2\cdot32)$$

$$NH_3 + 3HOCl \longrightarrow NCl_3\text{（トリクロラミン）} + 3H_2O \qquad (2\cdot33)$$

上記の3種のクロラミンのうちモノクロラミンとジクロラミンは結合塩素または結合残留塩素と呼ばれ，その生成比は接触時間，pHなどにより異なる．消毒力はモノ＞ジ＞トリの順に大きいが，最も消毒力の大きいモノクロラミンでも遊離型に比べて1桁ほど小さい．このため，消毒効果が完全となるようにするには，先に塩素を加えて遊離塩素によって消毒した後，アンモニアを加えてクロラミンを生成させることもある．クロラミンは消毒効果が小さいが，トリハロメタン（後述）を生成しない，残留効果が高い，塩素臭を残さないなどの長所がある．

（b）　塩素処理の方法（不連続点塩素消毒法と結合塩素処理）

アンモニア性窒素を含む水に塩素剤を注入すると，クロラミンを生成し，塩素注入率を上げるに従って結合型の残留塩素が増える（**図2·30**）．しかし，塩素注入率が点A以上に達すると，クロラミンが窒素ガスまでに酸化され，残留塩素は逆に減少する．しかし点B（不連続点）を超えるとクロラミンが消費され尽くされ，残留塩素（遊離型）が再び増える．不連続点を超えるように塩素を注入して遊離残留塩素を生じさせる方法を不連続点塩素消毒法といい，不連続点を超えずに結合残留塩素によって消毒する方法を結合塩素処理とい

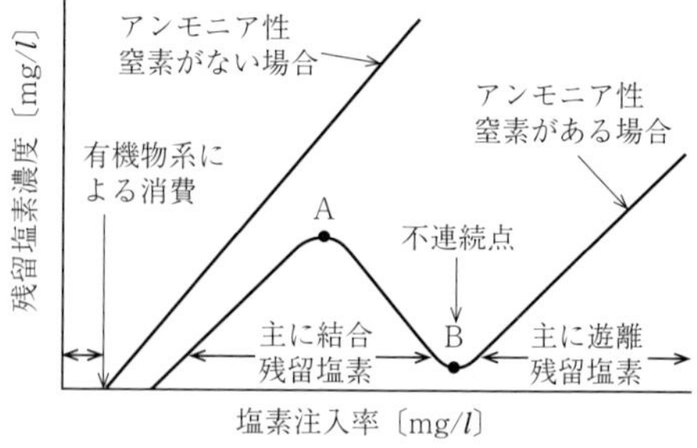

図 2・30　塩素注入率と残留塩素濃度との関係

う．我が国では，末端の給水栓における残留塩素を遊離塩素で 0.1 mg/l 以上，結合塩素では 0.4 mg/l 以上でなければならないとしている．

（c） トリハロメタンの生成

水道原水には，自然の土壌や下水処理水などに由来するフミン質と呼ばれる有機物が含まれることがあるが，これに塩素消毒を施すと遊離塩素と反応してトリハロメタンと呼ばれる物質が生成する．トリハロメタンはメタン（CH_4）の中の水素 3 個が塩素，ヨウ素，臭素などのハロゲン原子で置換された物質の総称で，クロロホルム（$CHCl_3$）が水道水中では大きな割合を占める．水道水質基準では総トリハロメタンの上限値を 0.1 mg/l と定めている．

（d） その他の消毒方法

（1） **二酸化塩素**（ClO_2） 遊離塩素と同等以上の酸化力があるが，トリハロメタンが生成しにくく，水中のアンモニアとも反応しない．二酸化塩素のみでは，残留塩素の要件を満たさないので，最終的には消毒用塩素の注入が必要となる．通常は，亜塩素酸ナトリウムなどを用いて，浄水場内で製造して使用する．注入率は最大で 0.6 mg/l と定められており，水質管理目標設定項目の二酸化塩素および反応生成物の亜塩素酸（ClO_2^-），および水質基準項目の塩素酸（ClO_3^-）のそれぞれの濃度の上限値がすべて 0.6 mg/l となっている．

（2） **オゾン**（O_3） 塩素よりも強い酸化力を有する．トリハロメタンを生成しないが，残留性がない．かび臭物質などの除去のために用いられることが多い．

（3） **紫外線** 微生物の遺伝子に作用して複製能を失わせることにより消毒効果を発揮する．254 nm 付近の波長に効果があるといわれており，光源として用いられるものには主に低圧紫外線ランプとより高出力の中圧紫外線ランプがある．塩素消毒で不活化されないクリプトスポリジウムに対して効果があり，水道における対応措置と位置づけられたが，これはあくまでもクリプトスポリジウム対策であり現段階で消毒用途とは認められていない．

5 高度浄水処理

（a） 処理フロー

通常の浄水処理では十分に除去できない，かび臭物質，トリハロメタンおよびトリハロメタン前駆物質，色度，アンモニア性窒素などの除去のための処理であ

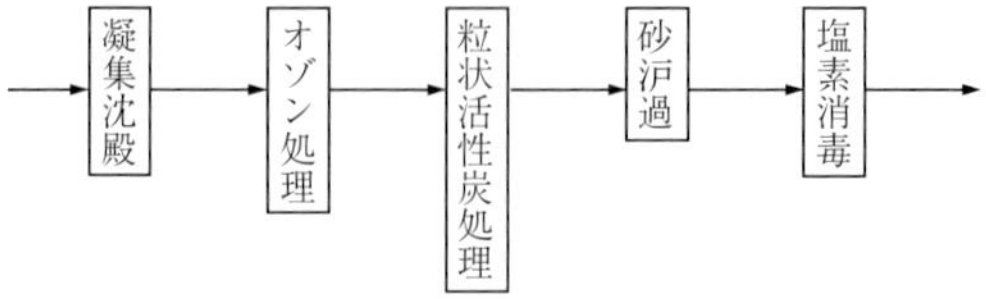

図 2・31　オゾン・粒状活性炭処理による高度浄水処理の例

る．**図 2·31** は我が国で多く採用されているオゾン・粒状活性炭処理による代表的なフローである．凝集沈殿によって濁質を除去した後，かび臭物質などを除去するフローとなっている．

（b）　オゾン処理

強い酸化力により，異臭味，フミン質などによる色度，消毒副生成物を低減する．また，難分解性有機物の生物分解性を増大させ，後段の粒状活性炭処理の処理性を向上させる．さらに，溶存している2価マンガンを酸化し，後段に沪過プロセスがあれば除去できる．通常，オゾン注入率は0.5～3 mg/l，接触時間は10分程度であり，排オゾン処理が必要である．臭素と反応して臭素酸（BrO^{3-}：水質基準 0.01 mg/l）以下を生成するので，注入率には注意する．

（c）　粒状活性炭処理

活性炭による吸着作用によって，異臭味，トリハロメタンおよびトリハロメタン前駆物質，色度などを除去できるが，前段で塩素処理を行わないことにより，活性炭層内の微生物による分解作用が期待できる（生物活性炭）．前段のオゾン処理によって溶存酸素が飽和しているので，易分解性となった有機物の酸化分解，アンモニア性窒素の硝化が期待できる．多くは固定層式で，粒径0.4～2.4 mm，線速度10～20 m/h，層厚1.5～3.0 m，接触時間6～15分程度である．逆流洗浄が必要であるが，活性炭の取替え頻度は，微生物の作用により長く，1年以上の場合が多い．

活性炭層に生息する微生物や代謝物質などが流出するので，通常，後段に砂沪過施設などが必要である．

6　クリプトスポリジウム等対策

（a）　クリプトスポリジウム対策の指針

水道水に起因するクリプトスポリジウムによる感染症が1996年6月に埼玉県

で発生した．クリプトスポリジウムおよびジアルジアは耐塩素性が強く，適切な塩素消毒が行われていても十分に不活化されていないおそれがある．そこで，クリプトスポリジウムのオオシスト（嚢胞体）およびジアルジアのシスト（嚢子）が細菌よりも大きく濁度成分として扱われるサイズであることから，混入のおそれがある場合には沪過等の設備をするか，水源を変更するよう「水道におけるクリプトスポリジウム暫定対策指針」において1996年に規定された．さらに，2000年ごろ，紫外線照射がクリプトスポリジウムの感染力に対して高い不活化効果をもつことが明らかになったため，2007年の「水道におけるクリプトスポリジウム等対策指針」において紫外線照射が対応措置として位置づけられた．ここでの紫外線照射の適用範囲は指標菌（大腸菌および嫌気性芽胞菌）が検出された地表水以外を水源とする施設に限られていたが，2019年の同対策指針改正により地表水を原水とする施設においても紫外線照射の適用が可能となった．

（b） 紫外線照射による微生物不活化の機構とその装置

旧来より紫外線が微生物の不活化に有効であることは広く知られていた．紫外線とは，波長が可視光線よりも短い側に隣接する電磁波の一種であり，物質に吸収されることによりさまざまな反応を引き起こす．紫外線の強さは紫外線照度（あるいは紫外線強度）と呼ばれ，単位は mW/cm^2 である。紫外線照射による微生物の不活化率は微生物に到達する紫外線量（あるいは紫外線照射量）で決ま

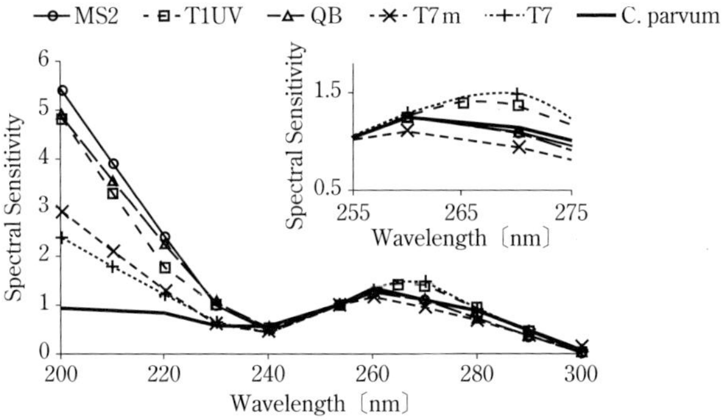

図 2・32　さまざまな微生物に対する各波長の不活化効率の 254 nm に対する相対値
（MS2，T1UV，QB，T7m，T7 はそれぞれ大腸菌ファージ株，C. parvum はクリプトスポリジウムのパルブム株を示す）
（出典：参考文献 21)）

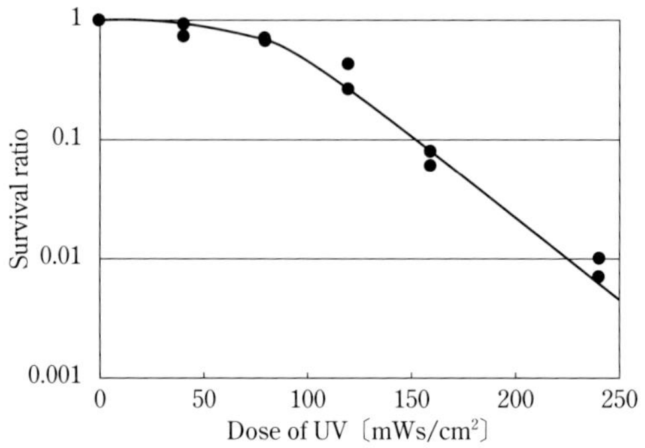

図 2・33　紫外線照射のクリプトスポリジウム生育活性（脱嚢試験）への効果
（出典：参考文献 22)）

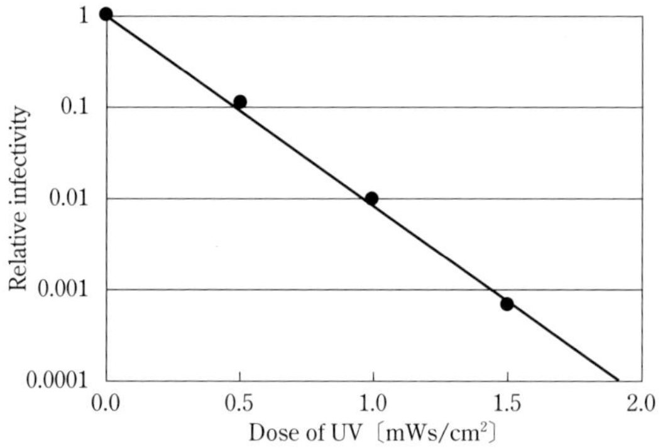

図 2・34　紫外線照射のクリプトスポリジウム感染性への効果
（出典：参考文献 22)）

り，これは紫外線照度に照射時間を乗じたもので，単位は mJ/cm^2 である．

微生物の不活化効率は紫外線の波長に依存する．**図 2·32** は，各波長における各微生物の不活化効率の 254 nm に対する相対値を示したものである．260 nm 付近を中心とした数十 nm の波長範囲およびクリプトスポリジウム以外は 230 nm 以下の波長範囲も不活化に有効である．

クリプトスポリジウムの検出には主として検鏡法が用いられており，それを利用した脱嚢試験（オーシスト（嚢胞体）からのスポロゾイト（虫体）の脱出活性）で紫外線の効果を評価した結果，不活化には多くの紫外線量を要するため適さないと考えられていた（**図 2･33**）．しかし，実験動物等に対する感染性で紫外線のクリプトスポリジウムへの影響を調べたところ，低い紫外線量で不活化されたため有効であることが明らかとなった（**図 2･34**）．

クリプトスポリジウム等対策として導入される紫外線照射は，運転の容易さとエネルギーコスト削減のため，ランプを水没させた連続式照射槽で行われる．装置の例を**図 2･35** に示す．ランプ自体を接液させると破損時の水銀流失や漏電のおそれがあるため，石英ガラス製の鞘管にランプは内蔵される．ランプが正常に点灯していることを常時確認するために紫外線センサーが設置される．鞘管には汚染物質が付着する可能性があるため，それを物理的に除去するためのワイパーが付属する場合もある．紫外線照射の場合には，その有無を即時的直接的に確認できる水質項目がないため，装置が機能するか常時監視することで，その有効性を担保する方策が取られている．

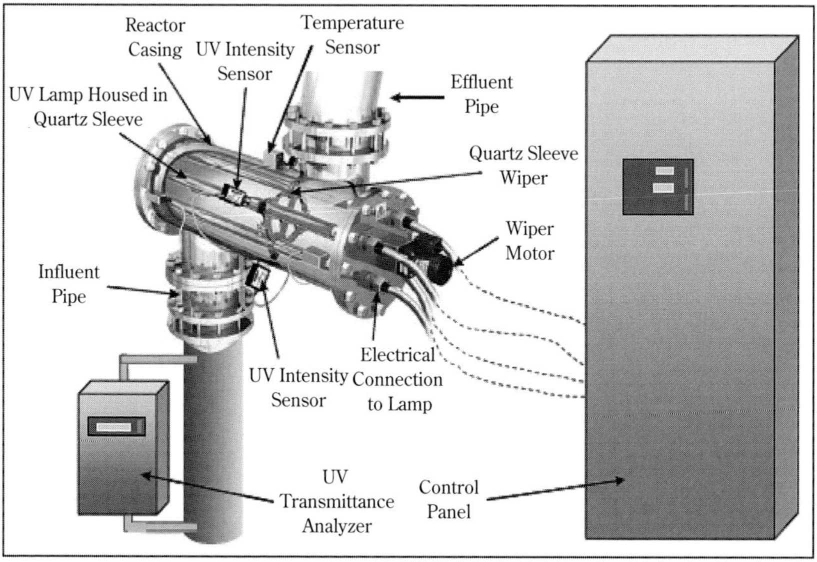

Source : Courtesy of and adapted from Sevem Trent Services
Note : Not to scale

図 2・35 紫外線照射装置

（出典：参考文献 23)）

4 水道の将来

我が国の水道普及率はすでに100% に近づいており，日常の水利用はすべて水道に依存するというような状況である．しかしながら，水道を取り巻く環境は必ずしも手放しで問題なしとすることができない面があり，今後の推移を見守っていく必要がある．特に地球規模の環境問題が認識されるようになり，水道に対してもその影響が憂慮される．生活の利便性の過度の追求は，逆に生活基盤をぜい弱なものにする危険性がある．

本節では地球環境時代といわれる21世紀の水道を工学技術者としてどのように考えるべきか，またその中で予測される問題点などについて考えることにする．

1 地球環境問題と水道

1992年6月ブラジルのリオデジャネイロで開催された「環境と開発に関する国連会議」いわゆる「地球サミット」を契期として，地球環境保全に対する関心が高まり，水道においても地球環境の観点からの検討は重要な課題である．

水道が関係すると考えられる地球環境の主要な問題としては地球温暖化があげられる．地球温暖化は，主としてエネルギー消費による炭酸ガスをはじめとする温暖化ガスの大気中濃度の増加が原因であり，その対策としてエネルギー利用の抑制が課題となる．水道のエネルギー消費を電力使用量によってみると電気事業者の電力供給量の約1.1% 程度を占めることが知られており，無視できない割合であるといえる．このことは，地球環境の観点から水道においてもエネルギー利用の節減を図ることの意義が大きいことを示している．

一方，地球環境の変化から水道が受けると推定される影響も考えられる．地球温暖化による重要な影響としては気候の変化があげられ，降水量や蒸発量の変化が関連すると考えられる．水道が利用できる水資源量は水源地域からの降雨流出量に影響されるが，それには例えば森林面積や土壌への浸透量などの要因も影響する．また湖沼やダム貯水池などでは水温の上昇から富栄養化の進行も予測され，その結果現在でも課題となっている異臭味の問題がよりひどくなることも考えられる．

さらに酸性雨は我が国においてはまだその被害が顕在化しているとはいえないが，今後の重要な問題の一つであり，水道にも影響すると考えられる．酸性雨が森林，土壌，湖沼などへ影響し，水源のかん養機能が低下することが考えられる．また酸性雨によって大気や地表面からの金属の溶解による水源水質への影響，さらにはコンクリート構造物などの劣化や腐食による水道施設への影響などが考えられる．

これらの地球環境の変化による水道への影響の可能性は現在のところまだ十分に解明されているとはいえず，今後の研究が必要である．しかしながら，与える影響としては広範囲であり，また現代の高度に発達した社会は水道なしには存在しえないことから，地球環境と水道の関係について十分に検討し対策を考えておくことが必要だろう．

2 省エネルギー

地球環境問題の一つである地球温暖化は，前述のようにエネルギー消費の結果として顕在化すると考えられることから，社会基盤施設，あるいは生活基盤施設についてもそのエネルギー使用量を極力節減していく努力が重要である．水道ではその用水運搬にポンプ圧送が大きな割合を占めており，ポンプシステムに消費される電力量が大きい．また浄水場の各種浄水処理にも薬品をはじめとして間接的にエネルギーが消費されている．こうした直接間接に使われるエネルギーをできるだけ節約するようにしていかなければならない．

一方では水道がもっているエネルギーをむだにしている場合もある．その事例として漏水があげられる．水道からの漏水は都市の地下水のかん養に貢献しているともいわれるくらいであるが，漏水のために必要以上の水を取水し浄化して運搬しなければならないわけで，このことによるエネルギー消費を考慮し漏水防止に努める必要がある．また水道は一般に圧力をかけて消費者へ配水するが，この圧力は水のもつエネルギーであり，必要に応じて大気に解放したり，ポンプにより加圧したりしている．この水のもつ圧力を有効に保持し活用することも将来の省エネルギーのための施策として検討されるべきだろう．

3 新しいニーズ

水道の役割は水道法第１条に規定されていることから，清浄で豊富かつ低廉な水を供給することであるとされてきた．需要者が必要とするときに必要な量の水が安い料金で得られることが水道の主要な目的であったといえる．しかし，これまでに述べてきたことからもわかるとおり，上水道を取り巻く状況は変わりつつある．その状況の変化に対応して例えば水道水質基準の見直しが行われたり，水道水源の保全にかかわる法律が制定されたりしている．また，水道施設の管理・運営に関して民間委託の活用の動きもみられる．

水道に対する社会の新しいニーズが生まれてきている．その第一は飲料水に対する安全性のニーズであるといえる．高度に発達した科学技術社会において自然にはみられない新しい合成化学物質が作り出されたり，あるいは従来使用されたことのない合成化学物質が重要な役割を負ったりしている．そうしたものの中には人の健康上有害であるものも少なくはなく，しかも水道を通じて人体に摂取されることもありうる．将来においてもこのような合成化学物質の利用を避けることができないとすれば，人の健康へのリスクの評価を行い有効な防止対策が立てられる必要がある．

家庭用水では水の使われ方が従来とは異なってくる可能性がある．例えば洗面，風呂における水の使用形態である．すでに下水道の普及により家庭生活における水利用の形態が変化してしまっている．このことは例えば災害時においてはトイレの使用がたちまち不可能となり，日常生活に大きな支障をきたしたことでも実証されている．また都市内では，潤いのある空間を形成するために水の流れを活用した設計がなされている．その水源はビルの屋上に集めた雨水であったり，下水の処理水の再利用であったりしている．こうした親水空間に利用される用水は人が直接手で触れることも考えられることから安全な水であることが必須であり，そのための高度処理も必要である．さらにはすでに一つのビル内あるいは地域内において下水の処理水を滅菌してトイレ用水として使用する例も増えている．いわゆる中水道である．こうしたことから今後はますます水道の安全性に対するニーズが高まっていくものと考えられる．

もう一つのニーズは水道水供給に対する安定性であるといえる．生活の近代化や向上に伴う便利さへの要求は水使用量の増大をもたらしている．飲料水については一人当りの必要量に限度があるが，家庭用水や都市活動用水は生活様式などの変化向上によってその使用量が増大する．こうした増大する水需要量に対応していくためには水道水源の確保が必要になる．しかし一方では新規の水道水源の確保は今後難しくなっていくことが考えられることから，下水処理水の再利用や節水を推進することが必要だろう．

4 開発途上国の水道

我が国はすでにきわめて高い水道普及率を達成しているが，開発途上国ではいまだ衛生的な飲料水の供給を得られない人々も多い．さらに急速な都市化の進展から新たに都市へ流入する人々への水道水の供給が追いついていない場合も知られている．こうした開発途上国に対して先進諸国からの経済的・技術的援助によって衛生的な飲料水の供給に協力していく必要がある．換言すれば21世紀の重要な地球環境問題の一つであるということができよう．ここで考慮しておくべきことは，開発途上国の現状を無視して我が国におけるような技術をそのまま移転するようなことは無意味だということであり，このことはすでに多くの援助関係者から指摘されているところである．協力される国や地域の実情に応じた適正な技術の開発や導入が重要である．

演　習　問　題

1 我が国における一人一日当りの平均給水量はいくらか．諸外国の例も調べよ．

2 人口10万人の都市に必要な家庭用水量はいくらと見込まれるか．

3 問題 2 で，水道普及率と計画一人一日最大給水量を我が国の例から設定して，計画一日最大給水量を算定せよ．

4 我が国の都市を選んで，その人口に関する統計資料を調べ，その将来人口を推定せよ．

5 ppm，ppb，pptはそれぞれ何の略か，またその定義を説明せよ．

6 水道水質基準に関連して「水質管理目標設定項目」の具体的な項目などについて調べてみよう．

7 次の溶液のpHはそれぞれいくらか．

① 0.001 N HCl溶液

② 0.001 N NaOH溶液

8 我が国と欧米の河川水，または地下水についてカルシウムおよびマグネシウムの各濃度を調べ，それぞれその硬度を計算せよ．

9　我が国の水道水は諸外国と比べて水質的にどのような特徴があるといえるか．

10　清浄な雨水を直接受水した水と渓流を流れる水を飲み比べたとき，どちらをおいしいと感ずるだろうか．また，その理由は何か．

11　表流水と地下水の水質の特徴的違いをあげよ．

12　河川の取水施設の種類と特徴を調べよ．

13　本文中の揚水量を示す公式（2･14）を導け．

14　直径 0.2 m の浅井戸で地下水をくみ上げたとき，$H = 6$ m，$h = 5$ m，$R = 150$ m であった．透水係数 K を 1.6×10^{-2} とするとその揚水量はいくらか．

15　問題 14 において，揚水量 $Q = 20\ l$/s としたとき，井戸の水位はいくらか．

16　鉄筋コンクリート造長方形断面の導水路がある．幅 3 m，有効水深 1.5 m，水面勾配 1/1 000 のとき，平均流速と流量はいくらか（ガンギレー・クッター公式，マニング公式を用いよ）．

17　10 km 離れている取水施設と浄水場着水井の間で水位の最小高低差 15 m である．流量 2 m^3/s を円形管により自然流下で導水するとき，必要な円形断面の大きさはいくらか．

18　右図の配水管網で $Q = 0.07$ m^3/s のとき AB 方向，AE 方向の各流量はいくらか．

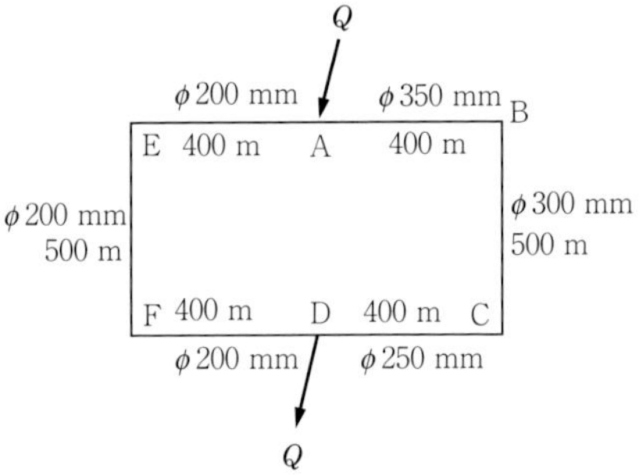

19　一日の給水量が 50 000 m^3 の水道に配水池を 1 か所設けるとすると，その必要容量はいくらか．

20　粒径 0.1 mm，密度 2.65 g/cm^3 の微粒子が沈降するときの終速度はいくらか．

21　表面負荷率 50 m^3/(m^2･日）で，沈降速度 0.046 cm/s のときの理想沈殿池で期待できる除去率はいくらか．

22　問題 21 で有効水深を 3.5 m とし，水平流速を 30 cm/min とすると，必要な沈殿池の長さはいくらか．

23　ある普通沈殿池で処理水量 4 000 m^3/日であり，幅 8 m，長さ 30 m，有効水深 4 m としたとき，滞留時間，平均流速，表面負荷率はそれぞれいくらか．

24　ジャーテストにより知ることができる事項を説明せよ．

25　凝集の基礎理論である電気二重層とゼータ電位について説明せよ．

26　凝集剤として硫酸アルミニウム（固形）を用い，15 mg/l 消費したとき，アルカリ度はいくら減少するか．これを元のアルカリ度に戻すためには消石灰をいくら投入するとよいか．

27　日量 10 000 m^3 を浄化している浄水場で，硫酸アルミニウム（液体）の注入率 50 mg/l で，アルカリ度の減少がないものとするとき，必要な凝集剤量とアルカリ剤量はそれぞれいくらか．

28　沈殿池に傾斜板を設置することによる沈殿効率向上の理由を説明せよ．

29　10 000 m^3/日の浄水場で，急速沪過池または緩速沪過池を設置する場合，それぞれの沪過池の必要面積はいくらか．

30　急速沪過法と緩速沪過法によって得られる水道水の水質的特性を比較せよ．

31　10 000 m^3/日の浄水場で，注入塩素濃度が 0.4 mg/l であるとき，必要な塩素量はいくらか．

32　水道水の消毒方法として塩素消毒のもつ長所は何か．

33　トリハロメタンの発生を抑えるという観点から好ましい消毒方法の例をあげよ．

34　水道原水よりかび臭を除去する処理プロセスの例を示せ．

第3章
下水道

松橋不知火浄水管理センター（熊本県）（写真提供：日本下水道事業団）

下水道は，汚水や雨水を集め，処理し，自然界に戻すための施設である．人の血液系になぞらえれば，都市をはじめ人が住む場所において上水道が動脈であり，下水道は静脈である．

本章では下水道のしくみ，管路施設，処理施設などについて学ぶ．

1　下水道基本計画

1　下水道の概要

(a)　下水の定義

下水道法第2条に,「下水とは, 生活もしくは事業（耕作の事業を除く.）に起因し, もしくは付随する廃水（以下「汚水」という.）または雨水をいう」と規定されている. ここでいう汚水とは, トイレ, 台所, 浴室などからの排水や洗濯排水など家庭から排出される排水に加え, 飲食店や事務所など営業に伴う排水や工場排水を含むものである. これらの排水は, 一般に多量の有機物を含み, 未処理のまま放流されると河川や湖沼など公共用水域の水質汚濁を引き起こしうることに加え, 衛生上有害な病原細菌を含む可能性があることから汚水と呼ばれている.

一方, 自然現象として降る雨も下水である. 雨の一部は蒸発によって地上から失われるほか, 公園などの緑地から地下に浸透するが, その大部分は家屋や舗装道路など透過性の低い素材で覆われた地表面に滞留して浸水被害をもたらす. 特に, 近年は気候変動に起因するとされる集中豪雨による浸水被害が多発しており, 河川に放流される前の内水による浸水被害対策, さらには河川行政と連携した外水対策は下水道の重要な役割の一つである. また, 地表面を流出する雨水は, 結果として都市の洗浄排水でもあり, 汚水に比べるとその濃度は低いものの路面に堆積したさまざまな汚濁物質を含みうる. 特に, 初期雨水にその傾向が顕著である.

すなわち, これら汚水と雨水はいずれも我々の生活環境から速やかに排除する必要があり, その役割を担っているのが下水道である.

(b)　下水道の施設としくみ

下水道は, 下水道法第2条において,「下水を排除するために設けられる排水管, 排水きょその他の排水施設（かんがい排水施設を除く.）, これに接続して下水を処理するために設けられる処理施設（し尿浄化槽を除く.）またはこれらの施設を補完するために設けられるポンプ施設, 貯留施設その他の施設の総体をいう」として定義されている. すなわち, 家庭や工場から排出された下水を集めて

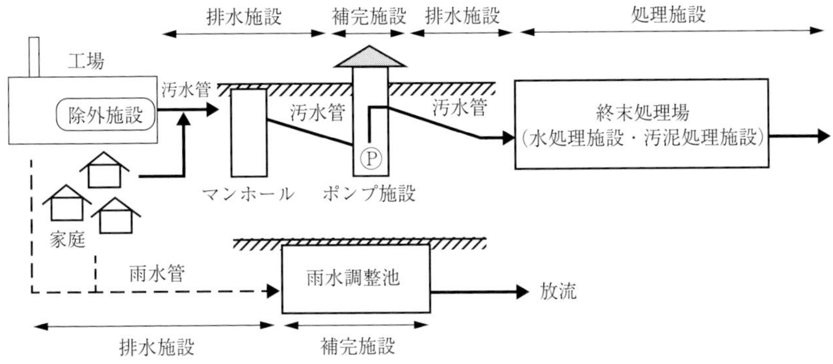

図 3・1 下水道施設（分流式）の概念図

排水するための排水管や排水きょからなる排水施設，排水施設により送られた下水の処理とその工程から生じる汚泥を処理する処理施設，および，それらの機能を補完するためのポンプ施設や貯留施設などの補完施設の3施設に大別される．

分流式下水道を例に下水道施設の全体像を**図 3·1** に示す．工場や事業場から排出された排水は必要に応じて除害施設を経るなどして下水道排除基準を満足した後，下水管に排除される．汚水（合流式では雨水を含む）は原則自然流下で下水管内を運ばれるが，埋設深さが深くなりすぎないように途中でポンプ場を経るなどして終末処理場へ送られる．これらの終末処理場まで下水を運ぶ施設が排水施設であり，中継ポンプ場などは補完施設にあたる．それ以降が処理施設である．終末処理場では沈殿による固液分離と，好気性微生物による分解によって汚濁物質を除去し，浄化された処理水が放流される．また，分解に寄与した微生物は汚泥として処理水から分離され，資源・エネルギー化される．一方，雨水は分流式下水道では汚水と別に収集され，放流先の状況によって雨水調整池や雨水貯留管などの補完施設を経て公共用水域に放流される．

（c） 下水道の目的と役割

下水道の目的は下水道法第1条に，「……下水道の整備を図り，もって都市の健全な発達及び公衆衛生の向上に寄与し，あわせて公共用水域の水質の保全に資すること」と記載されている．すなわち，法律の直接的な目的は下水道の整備にあるが，それにより都市の健全な発達と公衆衛生の向上，ならびに公共用水域の水質保全を達成しようとするもので，これらが下水道自身の目的であるといえる．具体的には，市街地の排水を改善し浸水防除を図ること，汚水の停滞を防ぎ速やかに排除することで公衆衛生の向上を図ること，汚水を処理後に排水することで水質保全を図ることであるが，時代とともにその意味するところは拡大してきている．例えば，汚水処理を下水道によらない地域の浸水対策，下水熱の利用や汚泥の資源・エネルギー利用などについても下水道法で規定が加えられているが，これらの浸水対策や地球温暖化対策，循環型社会への貢献なども下水道の目的であり，都市の健全な発達と公衆衛生の向上という当初の目的に含めて考えてよい．

2　下水道に関する法令等

(a)　下 水 道 法

下水道に関する基本的な法律としては下水道法がある．**表 3·1** に下水道法の制定および改訂の流れを時代背景とともに示す．下水道法の歴史は長く，1900（明治 33）年に土地の清潔を保つことを目的に旧下水道法が制定された．当時はコレラの流行などもあり汚水や雨水の速やかな排除が求められた．その後，身の回りの衛生状態は改善される一方，周辺の水質汚濁が社会問題化されつつある中で，より公共的な視点から旧下水道法は 1958 年に全面的に改正されて新下水道法に移行され，都市の健全な発達と公衆衛生の向上に寄与することが下水道の目

表 3・1　下水道法の制定・改訂に関する主たる変遷と時代背景

時代背景	下水道法	下水道関連法の制定と改訂
コレラの流行，浸水被害	1900 年制定 旧下水道法	土地の清潔の保持
生活環境への関心	1958 年制定 新下水道法	都市の健全な発達 公衆衛生の向上
公共用水域の水質悪化	1970 年改正	公共用水域の水質保全 流域別下水道整備総合計画
リサイクル社会への対応	1996 年改正	汚泥減量の努力義務化
都市型水害の頻発 閉鎖性水域の水質改善	2005 年改正	雨水流域下水道の創設 流総計画への高度処理追加
地域の自主性及び自立性を高めるための改革	2011 年改正	構造基準や維持管理基準など地域の実情に応じた設定
集中豪雨による浸水 下水道施設の老朽化 再生可能エネルギー	2015 年改正	雨水貯留施設の管理協定制度 維持修繕基準の創設 熱交換器設置の規制緩和

的と位置づけられた．公共用水域の水質改善への下水道の寄与が期待される中，さらに1970年のいわゆる公害国会において下水道法の改正がなされ，公共用水域の水質保全も下水道の目的に加えられた．これは，1960年ごろから始まった我が国の高度成長時代に人口と産業が都市に集中し，公共用水域へ汚水と工場排水が多量に垂れ流され，きわめて深刻な水質汚濁問題を引き起こしたことを時代背景としている．そのため，流域別下水道整備総合計画の必要性もうたわれ，流域下水道と公共下水道への終末処理場の設置を必須とすることなどが定められた．その後，表に示されるようにリサイクル社会への対応や都市型水害の発生など，新たな社会問題への対応を行うべく，下水道法の改正が行われてきた．

下水道は一般公衆が共同で使用するものであり法律上公共用物に分類されることから，下水道法は公物管理法としての側面を有している．また1970年の改正により，公共用水域保全という環境法としての側面や使用料徴取の根拠などを示した経済行政法としての側面も有しているといえる．

（b） 下水道法施行令および下水道法施行規則

国会において法律として定められる下水道法に対し，それを補完するための政令として下水道法施行令，および，省令としての下水道法施行規則が定められている．下水道法施行令には，排水施設や処理施設など下水道施設の構造の技術上の基準や水質上の基準，さらに維持管理に関する基準などが定められ，下水道法施行規則には，流域別下水道整備総合計画などの作成方法や設置・届出に関すること，計画放流水質などについてより具体的な内容が規定されている．

（c） 流域別下水道整備総合計画（流総計画）

下水道法第2条の2第2項に流域別下水道整備総合計画（流総計画）が規定されている．これは，本来市町村業務である下水道について，都道府県が広域的な立場で下水道整備に関する総合的な計画を立てることを定めたもので，水質環境基準が設定された公共用水域でその汚濁源が二つ以上の市町村にまたがる水域が対象となる．流総計画は，流域単位での下水道整備に関する基本計画であり，下水道整備に関する基本方針，下水を排除すべき区域，処理すべき区域，下水道の根幹施設の配置，構造，能力，下水道整備の実施順位などの内容からなる．また流総計画は，公共下水道や流域下水道の事業計画より上位に位置づけられ，対象地域に含まれるこれらの計画は流総計画に合致しなければならないとされている．

2005年の下水道法の一部改正において高度処理の積極的な推進が求められたことから，流総計画において高度処理が重要な位置づけとされている．また，2015年には四次元流総を掲げ大きな改革がなされた．具体的には，水環境の改善に向けてより効果的・能動的な下水道管理を実現させるために，水質，エネルギー，時間および空間という四つの次元で流総計画のあり方を提案する形に変更されるとともに，マスタープランである流総計画の策定のほか，流総計画に基づく各下水道計画策定時にも各種技術提案を行うように改革された．なお，四次元流総にいう水質とは，地域の実情に応じた多様な目標の設定を可能にすること，エネルギーとは，下水道の有する資源やエネルギーのポテンシャルを算定して利用促進を図ることやエネルギー消費の削減も考慮した計画処理水質とすること，時間とは，時間経過に伴う状況変化を鋭敏に捉えアダプティブコントロールを徹底して整備方針の中間での見直しを行うこと，また空間とは，広域化など統廃合のあり方を検討し，下水道施設の配置を費用やエネルギー消費等から総合的に考えていくことである．

（d）　その他の関連する法律など

下水道に関連する法律としては，都市計画法，環境基本法，下水道からの排水の水質基準を定める水質汚濁防止法，水道源水の水質保全に関連する法律などのほか，廃棄物の処理及び清掃に関する法律，海洋汚染及び海上災害の防止に関する法律，大気汚染防止法などがある．都市計画法において下水道は，道路や公園と合わせて都市施設として規定されている．そのため，下水道に関する都市計画を定めると，都市計画制限や受益者負担金の徴収を行うことができるなど，都市計画事業として建設を行うことができる．

また法律ではないが，下水道施設の計画および維持管理に関する指針として(公社)日本下水道協会から「下水道施設計画・設計指針と解説」，「下水道維持管理指針」，「下水試験方法」などが刊行されている．

3　下水道の種類

図3·2に，汚水処理施設を分類した図を示す．汚水処理施設には，法令で定める下水道の他に，農業集落排水施設や合併処理浄化槽，コミュニティ・プラントなどがある．下水道法第2条において，法令上の下水道は公共下水道，流域下水道および都市下水路に分けられ，さらに公共下水道は狭義の公共下水道として

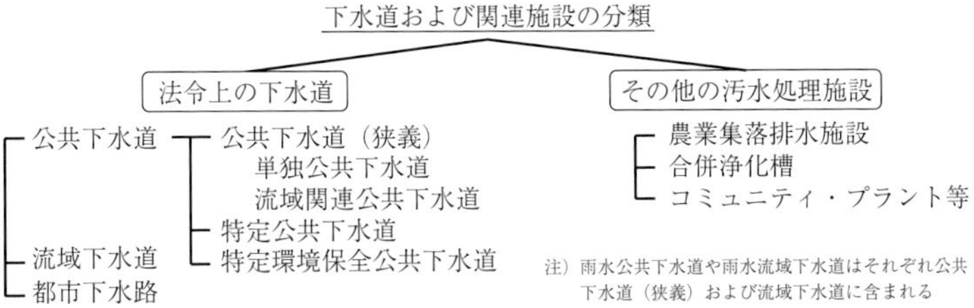

図 3・2　下水道および関連施設の分類

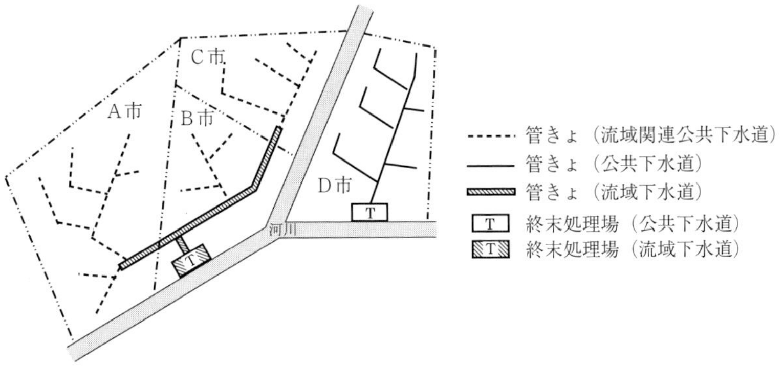

図 3・3　公共下水道および流域下水道の概念図

の単独公共下水道および流域関連公共下水道，特定公共下水道および特定環境保全公共下水道に分かれている．

流域下水道および公共下水道に関する説明を下記に，またそれらの概念図を**図 3·3** に示す．

（1）　**公共下水道**　　主として市街地における下水を排除し，また処理するために，原則として地方公共団体が設置や管理を行うもので，終末処理場（下水処理場）を有する単独公共下水道と，終末処理場を個別に有せず流域下水道に接続する流域関連公共下水道がある．また，市街地における雨水のみを排除し，公共用水域に放流するか流域下水道に接続する雨水公共下水道があり，これも地方公共団体が管理することになっている．

公共下水道のうち市街化区域以外の区域に設置されるものを特定環境保全公共下水道といい，自然保護下水道，農山漁村下水道などがある．また公共下水道のうち，特定の事業者の事業活動に主として利用され，計画汚水量の約 2/3 以上が事業活動に起因するものを特定公共下水道という．

（2）**流域下水道**　水質保全が重要な公共用水域を対象に，二つ以上の市町村の区域にわたって設置される下水道の流域下水道である．施設は幹線管きょ，ポンプ場および下水処理場から構成されている．その設置および管理は原則として都道府県が行う．市町村は，計画区域内の下水を排除するため，流域幹線管きょに接続する枝線管きょからなる流域関連公共下水道を設置および管理を行う．

また，市街化の進展や集中豪雨の頻発への対策として，雨水流域下水道が整備されている．これは，下水処理場を有する公共下水道により排除される雨水のみを二つ以上の市町村から集めて排除するもので，流量調節施設を備えることとなっている．

（3）**都市下水路**　主として市街地内の雨水や雑排水の排除を目的とし，地方公共団体が設置・管理する終末処理場を有しない排水路である．

4 下水道計画

（a）下水道計画

下水道計画とは，終末処理場において汚水を処理する処理区域と，雨水を排水する排水区域を定め，必要な調査を行い，目標年次における汚水量と雨水量などを予測し，管きょおよび処理場などの施設計画を立てることである．下水が都市域における人間活動を反映したものであることから，下水道計画は長期にわたる人間活動や都市のあり方の予測を前提にしなければならない．さらに人口減少社会において，巨大なインフラである下水道施設の維持管理は大きな課題である．適切な維持管理計画に基づき，持続可能な事業運営を可能にする計画を立てる必要がある．

また，下水道の建設には長い期間と多額の費用を要する．したがって下水道計画にあたっては，まず十分な事前調査と広範囲にわたる資料収集を行い，それらをもとに，計画区域における人口動態や産業構造，都市活動，生活様式に至るまで将来の都市像を把握することが必要である．計画に直接必要とされる主な統計資料や調査事項は次のとおりである．

⑴　計画対象区域の自然条件（気象，地形，地質，地下水，河川など公共用水域の流量，水位，利用状況など）

⑵　関連する法律や計画（水質環境基準，法令上の規制，流域別下水道整備総合計画，都市計画，河川計画など）

(3) 発生負荷量（現在および将来の人口，工業出荷額，上水道給水量，工場排水量および水質，汚濁負荷原単位など）

(4) 既設施設（し尿処理施設や地下埋設物など）

(5) 処理水や汚泥の処分や有効利用のあり方

次にこれらの調査資料をもとに，計画年次における計画下水量および下水の水質などを予測して下水道施設の形状や規模を定める．これらを行うことで投資額や維持管理費についてもおおむね定められることになるが，過大な施設はむだな投資となる一方で，予測値が小さすぎると施設容量が不足し，二重投資になるおそれがある．予測値が必ず不確定要素を含んでいることを考えれば，段階的な整備の必要性が理解される．施設計画段階においては，管きょ，ポンプ場，処理場および吐口などの施設の配置および施設能力などを定める．施設用地についても過大にならないように気をつける必要があるが，将来的に高度処理化やエネルギー化施設の建設などの用地にもなりうるので，ある程度余裕のある用地計画を立てることが望ましい．

（b） 目標計画年次と計画区域

（1） **計画年次**　下水道事業は，計画段階から施設建設完了まで相当長期にわたることに加え，完成後の土木施設の耐用年数が約50年であること，特に管きょ施設の段階的な能力増強は施工上からも経済的にも困難であることなどから，可能な限り長期の計画とし，余裕のある施設計画にすることが望ましい．一方で，我が国の人口が減少傾向にあることなども踏まえて過大な計画は避けなければならない．こうしたことから，計画目標年次は基準年次からおおむね20～30年後を目標としているが，中間年次を設定して見直しを行うこととしている．

（2） **計画区域**　計画区域は，公共下水道により下水を排除することができる地域（排水区域）であり，下水道整備の対象とする区域である．合流式下水道もしくは分流式下水道のいずれを採用する場合にあっても，汚水処理を行う処理区域（処理区域）と雨水の排除により浸水の防除を図る区域に分けて決定する．区域を決定する際には，行政上の境界にこだわらず，地形や土地利用の将来予測などを考慮に入れつつ，経済性や維持管理性などの視点から定めることになる．また，処理区域については終末処理場ごとに分割して処理区とし，さらに受けもつ幹線ごとに処理分区を決定する．

(c) 計画人口

計画人口は計画区域での計画下水量算定の基礎になるもので，計画常住人口と計画移動人口に分けられる．後者は，特に昼夜間で人口の変動が多い地域において考慮すべきもので，就業者や修学者の移動によるものや観光地・リゾート地における季節的な移動がある．いずれの場合も，市町村が都市計画などで目標年次の人口を定めている場合はそれを参考に使用することができる．なお，人口減少が進むと使用料収入の減少とそれに伴う下水道事業経営の悪化が懸念される．計画段階から人口減少を適切に見込む必要がある．

(d) 排除方式

下水の排除方式としては，**図3·4**に示すように分流式と合流式がある．分流式は，雨水と汚水を別の管きょで収集し，汚水のみを終末処理場で処理し，また合流式は，汚水と雨水を同じ管きょで収集し，雨水も含めて終末処理場で処理をする方式である．分流式の場合，下水を家屋から集める段階から汚水と雨水を分離し，汚水については，私設の汚水ますから公共汚水ますを経て汚水管により終末処理場へ導いて処理し，雨水については，私設の雨水ますから公共雨水ますを経て，雨水管により河川などの放流先へ放流する．一方，合流式は，汚水と雨水を同じ私設の汚水ますおよび公共汚水ますを経て収集し，公共雨水ますにおいて

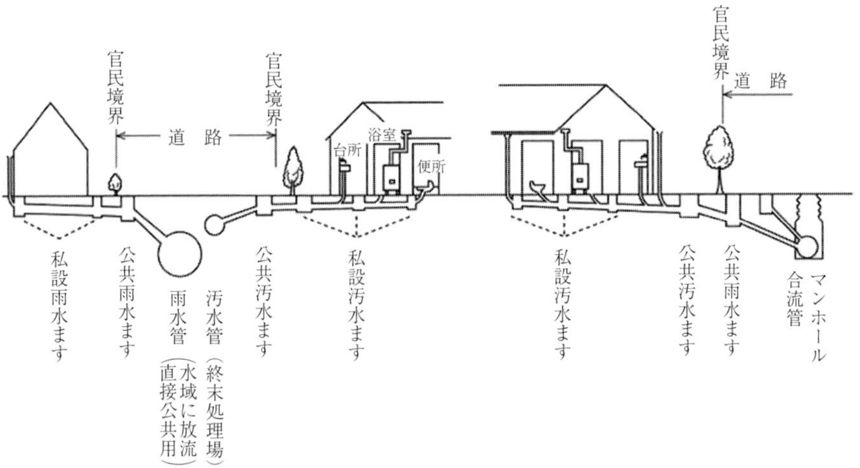

図 3·4　排除方式の相違と排水設備
（出典：日本の下水道　その現状と課題　日本下水道協会（2005））

道路の雨水も1本の合流管に流入させて終末処理場まで運ぶ．晴天時には汚水だけが下水処理場へ送られ，雨天時には晴天時時間最大汚水量の一定倍率（希釈倍率もしくは遮集倍率といい，通常3倍）までの下水を下水処理場に送り，残りの下水は放流先近くに設けられた雨水吐室またはポンプ場から河川などの公共用水域に直接放流される．

表 3・2 分流式下水道と合流式下水道の特徴

		分流式	合流式
基本的なしくみ		汚水管と雨水管による排除	汚水と雨水の一体排除（合流管）
施工性	管きょ	2本の管きょを埋設する必要があり，施工が困難な場合がある．	1本ですむため一般に地下埋設物との競合を生じにくい．
		汚水管内での沈殿を防止するために適切な流速を確保する必要があり，勾配を大きく取ることから埋設深さが深くなる．	汚水管と比べて大きな管きょを必要とする．
	誤接続	雨水管に汚水管が接続されると未処理汚水が公共用水域に放流されてしまう．逆に汚水管に雨水管が接続され雨天時浸入水問題を生じる場合がある．	誤接続は生じない．
維持管理	堆積物	汚水管については比較的少ない．	土砂が流入しやすい．
		雨水管では合流管と同様に土砂流入により堆積しやすい．	径が大きく勾配が緩やかで晴天時流量が少ないため，沈殿物を生じやすく腐敗につながりやすい．
	清掃/補修	雨水管は雨水による洗浄効果が期待できる．	径が大きいため，一般に清掃や補修はしやすい．また雨水による洗浄効果が期待できる．
費用	管きょ	一般に建設費は高くなる．ただし，既存水路等で雨水排除が可能な場合は，汚水管の敷設だけですむ．	1本ですむので，一般に安価である．
		汚水管は一般に深くなるため，建設費や維持管理費が高くなる傾向にある．	
放流先の水質や衛生的生活環境への影響	汚水	汚水は基本的にすべて処理場に送られて処理されるため問題は少ないが，雨天時浸入水がある場合は衛生上の問題等を生じる場合がある．	降雨時に未処理汚水が雨水吐から公共用水域に直接放流されること（いわゆるCSO問題）があり，水質保全上好ましくない．
	雨水（路面排水など）	路面排水は道路の洗浄排水であり，降雨初期には汚濁が著しい場合もあるが未処理で放流されてしまう．	遮集量の範囲内であれば，路面排水も処理される．

両者の特徴を**表3·2**にまとめた．合流式は建設費，施工性，維持管理などの視点から有利であることから，古くから下水道事業を行ってきた都市で採用されることが多かった．現在では主に放流先の水質保全の観点から，原則，分流式で計画することになっている．合流式の場合，晴天時には汚水のみが流れるので十分な流速を確保できずに沈殿物が堆積して腐敗する問題や，特に降雨初期時に沈殿物が洗い流されて汚濁負荷の高い下水が未処理で放流されてしまうファーストフラッシュの問題，そもそも遮集量を超えると未処理下水を放流せざるをえないなど水質保全上の懸念がある．そこで，平成14年度に合流式下水道緊急改善事業が創設されるなど，既設合流式下水道の分流式への改造や，せき上げや雨水滞水池の設置などを組み合わせた遮集倍率の増加，スクリーンによるきょう雑物の除去による越流水質の改善などの対策が取られるようになっている．合わせて降雨量10 mm以上30 mm以下の降雨においては雨天時放流水質基準が設けられ，BOD 40 mg/lが定められている．なお，この基準は個々の雨水吐口には適用されず，ある合流式下水道からの放流水全体を対象とし，全雨水吐口と処理施設からの放流水の空間的および時間的加重平均値として定められている．また，合流式下水道改善の目標が分流式下水道並みであることから，仮に分流式下水道に置き換えた場合に排出される年間のBOD負荷量と同程度になるように設定されている．

なお，分流式下水道においても，降雨初期の雨水は路面の汚濁物質などを含んでいることや，雨天時浸入水による溢水や宅内への逆流などを生じるおそれもあり，地域の状況に応じて適切な排除方式を慎重に決定する必要がある．

(e)　計画汚水量

汚水としては，一般家庭からの生活汚水，事務所や飲食店から発生する営業汚水，工場から発生する工場排水，観光汚水に加え，その他の汚水および地下水がある．計画年次におけるこれらの予測水量を加えたものが計画汚水量である．なお，合流式下水道の場合は，晴天時計画時間最大汚水量に遮集雨水量を加えたものを雨天時計画汚水量とする．また，分流式下水道においては，雨天時浸入水量を含めた計画が必要になる．雨天時浸入水とは，雨天時にマンホールや汚水管の継手から直接雨水が浸入するものと，地下に浸透した雨水が劣化による破損箇所などから浸入するものがあり，処理への影響だけでなく，汚水管からの溢水のおそれもあることから適切に見積もり，対策を講じる必要がある．

計画汚水量として算定すべき重要な指標として，下記に示す計画一日平均汚水量，計画一日最大汚水量および計画時間最大汚水量の３つがある．

（1）　**計画一日平均汚水量**　　計画年次における年間の総発生汚水量を365日で除したものであり，使用料収入などの計算に用いる．総発生汚水量は，生活汚水，営業汚水，工場排水，観光汚水，その他の汚水および地下水の将来推計値のうち必要な項目についての和をとって求める．

（2）　**計画一日最大汚水量**　　計画年次において最大の汚水量が発生する日の発生汚水量のことであり，処理施設を設計する際の基礎となる．実績があれば実績値を用い，実績値が入手できなければ日最大値に対する日平均値の比を用いて式（3·1）により算出する．使用する比の値は，生活汚水や営業汚水，観光汚水およびその他の汚水については0.7～0.8，工場排水については1：1を用いる．

計画一日最大汚水量

＝一人一日最大汚水量×（1＋営業用水率）×計画人口＋工場排水量

＋その他汚水量＋地下水量　　　　　　　　　　　　　（3・1）

（3）　**計画時間最大汚水量**　　計画時間最大汚水量は，計画一日最大汚水量発生日におけるピーク時1時間汚水量の24時間換算値であり，管きょなどの施設設計の基礎となる．**図3·5**に示されるように，処理場に流入する下水量は一日のうちでも時間で大きく変動する．生活汚水や営業汚水，観光汚水，その他の汚水についての日最大値に対する時間最大値の比は，中規模以上の都市で1.3～1.8倍，小規模市町村や観光地などでは1.5倍以上であり，2.0倍を超える場合もある．また，工場排水については推定値を用いるか，日最大値の2倍を時間最大

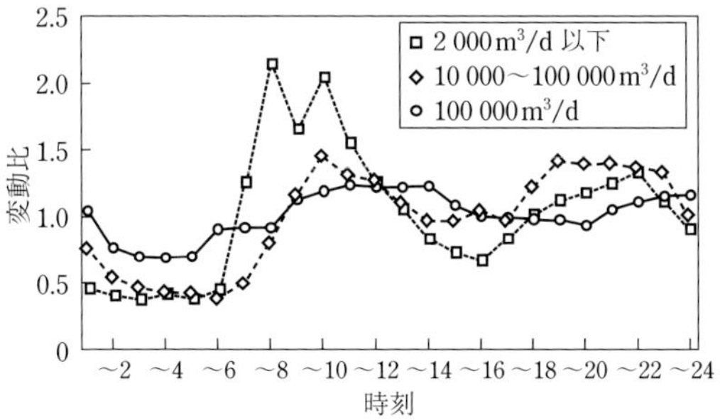

図 3・5　処理場規模における変動比の時間変化の例
（出典：下水道施設計画・設計指針と解説　前編　日本下水道協会（2019）をもとに作成）

大値とする．

（4）**生活汚水量**　水道により給水されている区域では，水道計画における一人一日給水量を一人一日汚水量とし，それ以外では類似実績をもとに一人一日汚水量を算出し，計画人口を乗じて求める．

（5）**営業汚水量**　事務所や飲食店，学校，従業員300人未満の中小工場などからの汚水量を合わせたもので，給水実績値などを踏まえて予測する．その他の方法として，上水道計画における業務・営業用水量を参考にするか，昼間人口予測を用いた算定，または用途地域等の土地利用状況に基づいて求めた割増係数を生活汚水量に乗じて求める方法などがある．営業用水に関する割増係数の一例として，用途地域別に商業地域で0.6～0.8，住居地域で0.3，準工業地域で0.5，工業地域で0.2があげられているが，本来都市の性格によって大きく異なることから，実態調査に基づいて係数を求めることが望ましい．

（6）**工場排水量**　工場排水を下水道に受け入れる場合は，下水道施設の損傷や下水処理への悪影響を避ける必要がある．下水道法では，そのおそれがある工場排水について，除害施設（前処理施設）を工場が設置することを義務づけている．工場排水量の計画値は実態調査に基づいて設定することが望ましいが，業種別の出荷額や敷地面積をもとに原単位を用いて算出する方法もある．

（7）**観光汚水量**　実態調査による計画が困難な場合には，宿泊客と日帰り客に分けて一人一日当りの汚水量を類似の観光地を参考にするなどして求め，それぞれの客数を乗じて推定する．それらの方法が使用できない場合には，使用区分による違いに留意しつつ，宿泊客は定住者の使用水量の50% 程度，日帰り客は15% 程度として推定する方法もある．実態としては，業務・営業用水に含まれることも多いことから，特別に計上しない場合もある．

（8）**その他の汚水量**　畜産排水や温泉排水などが対象になる．畜産排水も実績を基本とするが，困難な場合は**表3·3**に示す原単位を用いて予測する．

表 3·3　家畜による排水量および汚濁負荷量原単位

項目	牛	豚	馬
水量（l/頭/d）	45～135	13.5	—
BOD（g/頭/d）	640	200	220
COD（g/頭/d）	530	130	700
SS（g/頭/d）	3 000	700	5 000
T-N（g/頭/d）	290	40	170
T-P（g/頭/d）	50	25	40

（出典：流域別下水道整備総合計画調査　指針と解説　国土交通省（2015））

（9）**地下水量**　継手部や管きょの損傷箇所などから地下水が浸入することがある．既整備地区については，晴天時流入水量と有収水量の実績データから地下水浸入量を推定する．推定が困難な場合は，一人一日最大汚水量（生活汚水量と営業汚水量の和）の10～20%を地下水量とする．

（f） 計画雨水量

雨水を適切に排除し浸水を防除するために雨水管理計画が立てられる．雨水管理計画の方針として，施設整備に時間がかかることなどから段階的な整備とすること，計画降雨を超えることを想定して減災対策を推進すること，下水道施設だけに頼らず既存ストックを活用すること，ソフト対策と組み合わせて総合的な対策にすることなどがあげられる．具体的には，防災対策の対象となる計画降雨と，計画降雨を超える降雨のうち，減災対策の対象とする照査降雨の両方について，対象降雨や防災および減災の目標，目標達成に向けた対策などを定める．計画降雨とは，浸水防除のために下水道事業の計画に位置づけられる降雨（レベル1降雨）のことで，下水道施設の整備を目標とするものである．一方，照査降雨とは，計画降雨を上回る降雨のうち減災対策の対象とする降雨のことで，安全な避難の確保を図るための想定最大規模降雨（レベル2降雨）と，レベル2降雨と計画降雨の間の降雨で浸水被害の軽減のための目標降雨（レベル1'降雨）の2つがある．これら対象降雨に対し，計画雨水量を求めて対策を立てることになる．

（1） **計画雨水量** 計画降雨に対する最大計画雨水流出量を計画雨水量とする．算定には実験式を用いることもできるが，近年の集中豪雨対策としては式(3･2)に示す合理式を用いたほうが良い場合も多い．

$$Q=\frac{C\cdot I\cdot A}{360} \qquad (3\cdot 2)$$

ここに，Qは最大雨水流出量〔m^3/s〕，Cは流出係数（－），Iは流達時間における降雨強度〔mm/h〕，Aは排水面積〔ha〕である．

（2） **降雨強度公式** 降雨のレベルは降雨強度によって表される．降雨強度とは，ある時間中に降った雨を高さで表したもので，一時間当りに換算して〔mm/h〕で表す．例えば，10分間に5 mmの降雨があれば降雨強度は30 mm/hと表現される．通常は確率年を5～10年と定め，5～10年に一度降る大きさの降雨強度を計画降雨とする．降雨強度は降雨継続時間の短い雨ほど大きくなる傾向があり，例えば，式(3･3)のようなタルボット（Talbot）型が降雨強度式として用いられる.

$$I=\frac{a}{t+b} \qquad (3 \cdot 3)$$

ここに，Iは降雨強度〔mm/h〕，tは降雨継続時間〔min〕，aやbは定数である.

降雨強度公式には，他にもシャーマン（Sherman）型，久野・石黒型，クリーブランド（Cleveland）型などが提案されている.

（3） **流出係数** 排水区域に降った雨の全量が下水管へ流入するわけではなく，蒸発したり浸透したりした残りが下水管きょに流入する．この下水管きょへの流入量の全降雨量に対する割合を流出係数という．流出係数は，気温，土質，地表面の状態，雨の降り方などの影響を受けるので，正確に予測することは困難である．屋根や道路といった地表面の工種別，または地域特性別に，**表3·4**と**表3·5**に示すような流出係数が与えられている.

浸水防除の考え方からすれば，可能な限り浸透を増やして流出係数を小さくすることが望ましい．例えば，浸透が期待できる公園や間地の計画的整備，雨水貯留施設や透水性舗装の整備などが対策として考えられる.

（4） **流出時間** 流出時間は，流入時間と流達時間の和で求められる．流入時間とは，雨水が排水区域の最遠隔の地点から管きょに流入するまでの時間のこ

表 3・4 工種別基礎流出係数

工種	流出係数	工種	流出係数
屋　根	0.85～0.95	間　地	0.10～0.30
道　路	0.80～0.90	芝，樹木の多い公園	0.05～0.25
その他の不透面	0.75～0.85	勾配の緩い山地	0.20～0.40
水　面	1.00	勾配の急な山地	0.40～0.60

（出典：下水道施設計画・設計指針と解説　前編　日本下水道協会（2019））

表 3・5 用途別総括流出係数

地　　域	流出係数
敷地内に間地が非常に少ない商業地域および類似の住宅地域	0.80
浸透面の野外作業場等の間地を若干もつ工場地域および若干庭がある住宅区域	0.65
住宅公団団地等の中層住宅団地および一戸建て住宅の多い地域	0.50
庭園を多くもつ高級住宅地域および畑地等が割合残っている郊外地域	0.35

（出典：下水道施設計画・設計指針と解説　前編　日本下水道協会（2019））

とで，経験的に5～10分の値が取られる．また，流下時間とは，雨水が管きょの最上流端から雨水流出量の検討地点まで流れてくる時間のことで，管きょ内の平均流速で管きょ延長を除すことで求められる．降雨の継続時間が流達時間より長いときには，全排水区域からの雨水が同時に下水管きょの終端に集まるが，降雨継続時間が短いときなどには，全排水区域からの雨水が同時に終端に集まらずに遅れて流出が生じる場合があり，解析には注意が必要である．

（g） 計画水質

計画水質には計画流入水質と計画放流水質がある．前者は処理場に流入する下水の水質で，水処理施設および汚泥処理施設の計画に使用し，後者は放流先の目標水質等に応じて定める．計画流入水質の項目としては，一般にBOD（生物化学的酸素要求量），SS（浮遊物質），T-N（全窒素），T-P（全リン）が用いられ，放流先によってはCOD（化学的酸素要求量）などについても検討する．

算定にあたっては，計画汚濁負荷量を計画一日平均汚水量で除して求める．計画汚濁負荷量は，営業汚水，工場排水，観光汚水およびその他の汚水について求めた汚濁負荷量の和により求める．生活汚水については，**表3·6**のようにし尿と雑排水に分けて一人一日当りの汚濁負荷量に計画人口を乗じて求める．営業汚水の計画汚濁負荷量については，業務の種類や就業状況などによって推定し，それが困難な場合は生活汚水と同一濃度と仮定して求める．工場排水の汚濁負荷量は，排出量の多い

表 3・6 一人一日当りの汚濁負荷量

項目	平均値〔g/人/日〕	平均的な内訳	
		し尿	雑排水
BOD	58	18	40
COD	28	10	18
SS	44	20	24
T-N	13	9.0	4.0
T-P	1.4	0.9	0.5

（出典：流域別下水道整備総合計画調査　指針と解説　国土交通省（2015））

表 3・7 観光客汚濁負荷量の割合

項目	定住人口〔%〕	宿泊観光客〔%〕	日帰り観光客〔%〕
BOD	100	85	24
COD	100	85	24
SS	100	84	23
T-N	100	95	40
T-P	100	86	27

（出典：流域別下水道整備総合計画調査　指針と解説　国土交通省（2015））

ものは処理施設に及ぼす影響が大きいので実態調査を行い，その他は業種別の出荷額当りの汚濁負荷原単位などを用いて推定する．観光客などに起因する汚水の汚濁負荷量については，実測もしくは類似観光地の例を参考に求めるが，困難な場合は**表 3·7** に示すように日帰りと宿泊に分け，定住人口の負荷量との比を用いて汚濁負荷量原単位を求めて推測する．なお，地下水の汚濁負荷量は0として扱う．

なお，計画放流水質については，本章3節において後述する．

2 管路施設

管路施設とは，管きょ，マンホール，雨水吐室，吐口，ます，取付管など，下水を家庭などの発生源からポンプ場，下水処理場または放流先まで流下させるための施設のことである．

下水の排除方式には合流式と分流式があり，また送水方式は原則自然流下であるが圧力式も用いられており，それぞれに適した管きょ計画が必要となる．下水道管きょの耐用年数は50年とされているが，すでに超過しているか，近い将来耐用年数を超える管きょが多数あり，老朽化対策としての維持管理・更新のあり方や耐震化等災害対策が重要な課題となっている．

1 管路計画

管きょには，分流式で用いる汚水管きょと雨水管きょ，合流式で用いる合流管きょおよび遮集管きょの4つがある．管きょ計画において配慮すべき特徴を**表 3·8** にまとめた．

表 3・8　排除方式ごとの設計値

排除方式	管きょの種類	計画量算定根拠	流速 (最小～最大)	最小管径
分流式	汚水管きょ	計画時間最大汚水量	0.6～3.0 m/s	200 mm
	雨水管きょ	計画雨水量	0.8～3.0 m/s	250 mm
合流式	合流管きょ	計画時間最大汚水量と 計画雨水量との合計	0.8～3.0 m/s	250 mm
	遮集管きょ	雨天時計画汚水量	0.6～3.0 m/s	

(a) 計画下水量

4 種の管きょはいずれも対象下水が異なり，それぞれに応じた計画下水量とする．すなわち，汚水管きょは計画時間最大汚水量，雨水管きょは計画雨水量，合流管きょは計画時間最大汚水量と計画雨水量の合計，また，遮集管きょは雨天時計画汚水量をそれぞれ計画下水量とする．なお，下水を円滑に流下させるため，特に汚水管きょについて，内径に応じて計画下水量の 25～100% の余裕を見込むことになっている．

(b) 流量計算

管きょ施設は原則暗きょであり，自然流下方式として計画されるが，地形等の事情から真空式下水道や圧力式下水道収集システムが一部で採用されている．

下水には多量の浮遊物が含まれているが，管きょ内の流量を計算する場合には清水として扱い，自然流下の場合にはマニング式またはクッター式，圧送式や圧力式の場合にはヘイゼン・ウィリアムズ式を用いる．

マニング式やクッター式で用いる粗度係数の値として，陶管や鉄筋コンクリート管などでは 0.013，硬質塩化ビニル管や強化プラスチック複合管などには 0.010 を用いる．なお，更生管の場合は種類によるが，一般に硬質塩化ビニル管と同程度を見込む．ヘイゼン・ウィリアムズ式の流速係数の値は，屈曲損失等を含んだものとして一般に 110 が使用される．

(c) 管内流速

管きょの勾配は地表面勾配に従えば経済的であるが，流速が小さすぎると管きょ内に沈殿物が堆積するおそれがあり，逆に大きすぎると管きょを破損するおそれがある．下流に進むほど流量が増えるので流速を大きくできることから，一般に勾配は下流に進むほど緩くし，流速を漸増させる方式を取る．

管きょ内の流速は理想的には 1.0～1.8 m/s とされているが，下水中の沈殿物が堆積しない最小流速と，管きょが破損しない程度の最大流速の範囲が定められている．汚水管きょおよび遮集管きょの場合は，最小流速 0.6 m/s，最大流速 3.0 m/s 程度，雨水管きょおよび合流管きょの場合は，土砂が混入して沈殿物の比重が大きくなることから，最小流速を 0.8 m/s，最大流速を 3.0 m/s としている．

(d) 管きょの種類と断面形状

管きょの種類としては，コンクリート管，硬質塩化ビニル管などの樹脂系の管，ダグタイル鋳鉄管や鋼管などの金属製の管に大別される．管きょが有すべき要件としては，内圧や外圧に対して強度を有していること，耐震性や摩耗に強いこと，酸による腐食に強いこと，十分な水密性を有すること，内面ができるだけ平滑であること，経済的であることなどがあげられる．管きょの種類は，道路の状況や気温・地下水などの自然条件，硫化水素発生の可能性，改築時の工法などを考慮して選定する．

（1）　**コンクリート管**　　一般に用いられている遠心力鉄筋コンクリート管（ヒューム管）は，剛性を有するためたわみや変形を生じにくいが，比較的重く酸により腐食しやすい性質を有する．一方，セメントを使用しないレジンコンクリート管も使用されており，剛性管であることに加えて耐食性に優れ，鉄筋コンクリート管より軽い性質を有する．

（2）　**樹指系管**　　硬質塩化ビニル管や強化プラスチック管などが小口径の管きょに広く採用されている．いずれも軽量で施工性に優れている可とう性管であり，耐食性も高い．ポリエチレン管も同様の利点を有するが，熱や紫外線，有機溶剤には注意が必要である．

（3）　**金属製管**　　ダグタイル鋳鉄管や鋼管が用いられている．いずれも重量はやや重いが強度や耐久性に優れ，可とう性を有している．特にダグタイル鋳鉄管は内部に球状の黒鉛を含み，曲げに強く強靭で耐食性に優れるとされている．

（e）　断面形状と大きさ

管きょの断面形は**図 3·6** に示されるように円形，矩《く》形，馬てい形，卵形などがあるが，円形管が最も多く用いられている．管の大きさにいては，排水設備の取付けや維持管理が困難にならないような最小管径として，汚水管きょでは 200 mm，雨水管きょおよび合流管きょでは 250 mm，圧送管きょでは 75 mm を標準としている．

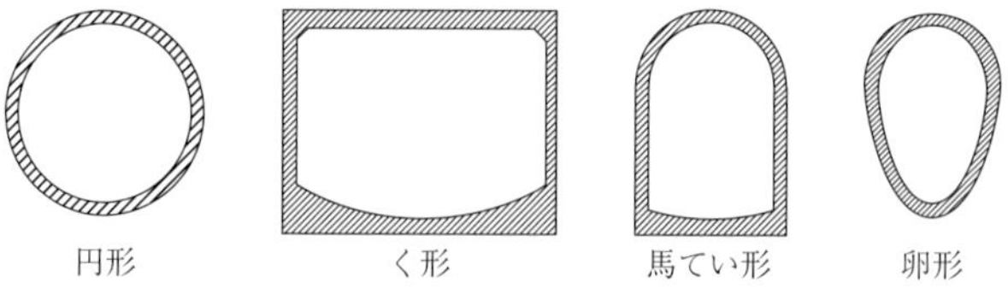

図 3・6　管きょ断面の種類
（出典：下水道施設計画・設計指針と解説　前編　日本下水道協会（2019））

(f) 埋設位置および深さ

管きょは道路やその他の公有地に布設されるのが一般的であり，埋設位置および深さについては，それら公用地の管理者と協議して許可を得る必要がある．管きょの土かぶり（地表面から管きょ上部までの距離）は，取付管の位置，管きょの勾配，路面荷重，その他の埋設物，施工や維持管理のしやすさなどを考慮して決められる．下水道管の本線を公道に埋設する場合は3m以下としないこととしており，工事実施上やむをえない場合においても1mは確保することになっている．

(g) 管きょの保護および基礎

管きょの保護に関しては，主に以下の三点への配慮が必要とされている．

一つは，土圧や上載荷重が管きょの耐荷力を超える場合であり，必要に応じてコンクリートや鉄筋コンクリートで管きょを巻き立てて外圧に対して保護することが求められる．二つ目に，管きょ内面が摩耗や腐食などにより損傷するおそれがある場合には，耐食性の材質を使用するか，合成樹脂などを用いて管内面のライニングまたはコーティングを行うことが求められる．三つ目は，管きょの埋め戻し時に関するもので，地震時の液状化の可能性に配慮しつつ，適切な締固めが行えるような工法の選定が求められる．

管きょを敷設する際の基礎工のあり方についても，地盤や管種に応じた適切な方法を用いるように十分な配慮が必要である．さもなくば，管きょが不同沈下を起こし，下水の停滞による腐敗と悪臭発生の原因となる．また，管きょの破損により漏水や地下水の浸入が生じ，ひどい場合には周辺土砂の流入や道路陥没などの事故が発生することがある．

表3·9は，管きょの種類と地盤条件から一般的に用いられる基礎工の例を，また，それら基礎工の断面図を管種別に**図3·7**に示す．表に示されるように，地盤が安定している場所に剛性管を施工する場合には，砂基礎や砕石基礎が用いられ，軟弱地盤に施工する場合には，外圧による変形を拘束できる剛性を保持するため，コンクリート基礎などが用いられる．また，きわめて軟弱な地盤に施工する場合には鳥居基礎やはしご胴木基礎が用いられる．一方，硬質塩化ビニルなど可とう性管きょの基礎は，原則として自由支承の砂または砕石とし，条件によっては管側面の土の受動抵抗力を確保するため，ベッドシート基礎やソイルセメント基礎などが用いられる．ちなみに，硬質土とは硬質粘土や礫混り土および礫

表 3・9　地盤と管の種類に応じた基礎の例

管種		硬質土および普通土	軟弱土	極軟弱土
剛性管	鉄筋コンクリート管 レジンコンクリート管	砂基礎 砕石基礎 コンクリート基礎	砂基礎 砕石基礎 はしご胴木基礎 コンクリート基礎	はしご胴木基礎 鳥居基礎 鉄筋コンクリート基礎
可とう性管	硬質塩化ビニル管 ポリエチレン管	砂基礎	砂基礎 ベッドシート基礎 ソイルセメント基礎	ベッドシート基礎 ソイルセメント基礎 はしご胴木基礎 布基礎
	強化プラスチック管	砂基礎 砕石基礎		
	ダグタイル鋳鉄管 鋼管	砂基礎	砂基礎	砂基礎 はしご胴木基礎 布基礎

（出典：下水道施設計画・設計指針と解説　前編　日本下水道協会（2019））

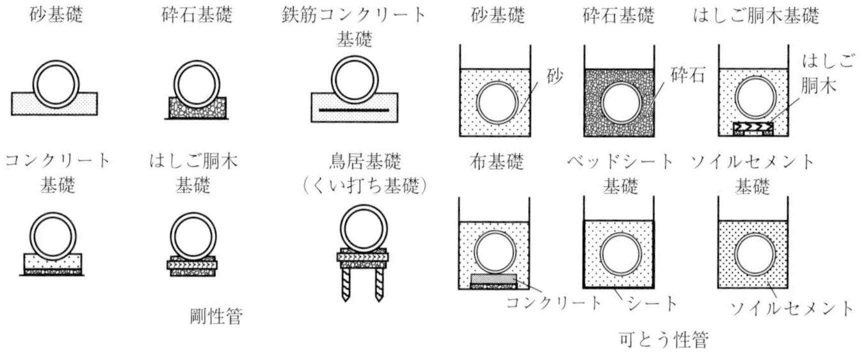

図 3・7　管種と基礎工の例
（出典：下水道施設計画・設計指針と解説　前編　日本下水道協会（2019）をもとに作成）

混り砂を指し，普通土とは砂，ロームおよび砂質粘土，また軟弱土はシルトおよび有機質土，また極軟弱土は非常に緩いシルトおよび有機質土として分類される．いずれにしても，基礎工は管きょの工事費に大きく影響するので，慎重に選定する必要がある．

（h）　管きょの接合

管きょの方向，勾配または管径が変わる箇所および管きょの合流する箇所にはマンホールが設けられる．また管きょの直線部においても，維持管理のために，管きょ径 600 mm 以下で 75 m，1 000 mm 以下で 100 m，1 500 mm 以下で 150

mおよび1 500 mm超で200 mを最大間隔として，マンホールを設けることになっている．

管きょを接合する方法には，**図3·8**に示すように水面接合，管頂接合，管中心接合および管底接合がある．水面接合は，上流側と下流側の管の計画水位を一致させるように接合するもので，水理学的に最も合理的な接合方法である．管頂

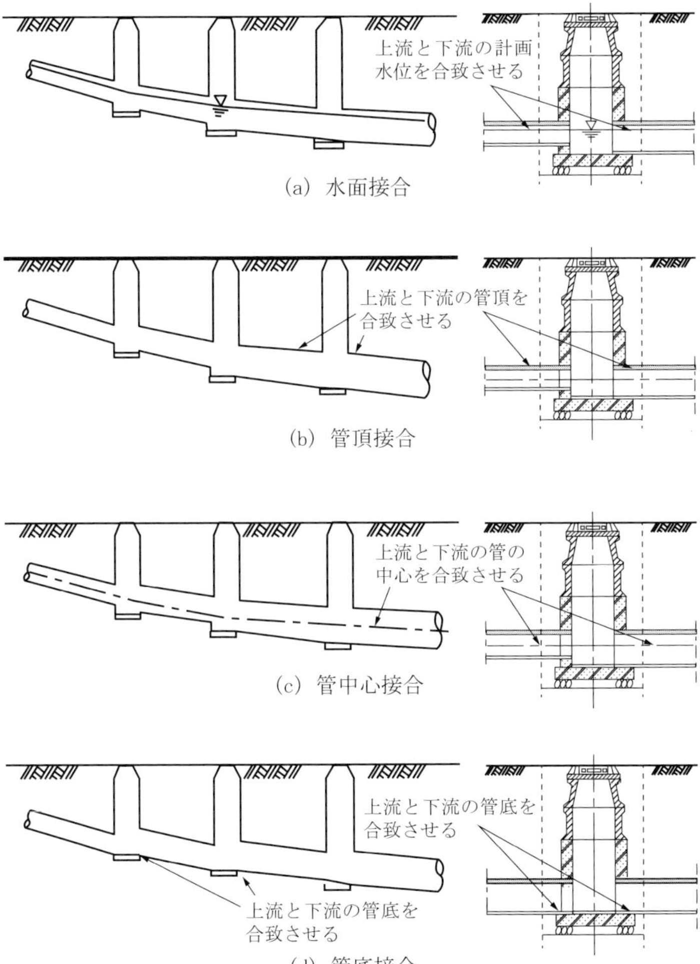

図 3・8　管きょの接合の種類
（出典：下水道施設計画・設計指針と解説　前編　日本下水道協会（2019）に追記）

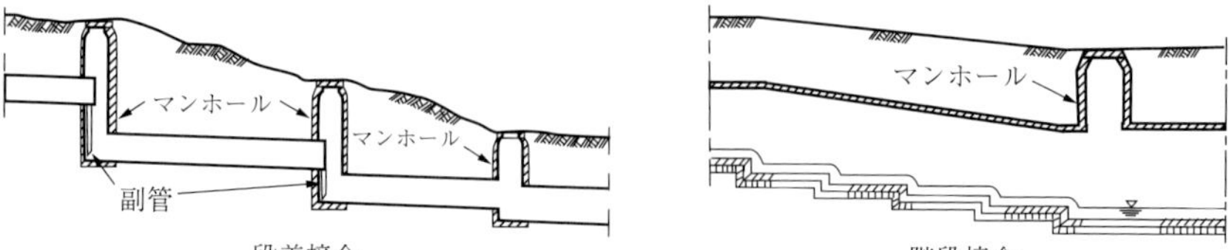

段差接合　　　階段接合

図 3・9　段差接合および階段接合の概念図
（出典：下水道施設計画・設計指針と解説　前編　日本下水道協会（2019））

接合は，上流側と下流側の管の管頂を一致させるもので，勾配をとれるため水理学的には最も安全な方法である．ただし，埋設深さが増すため建設費が高くなる傾向があり，また大きなポンプ揚程を必要とする場合がある．管中心接合は，上流側と下流側の管の中心を合わせて接合するもので，水理計算を必要としない特徴を有する．水面接合と管頂接合の中間的な方法として，水面接合に準用されることがある．管底接合は，上流側と下流側の管底を合わせるように接合する方法で，土かぶりを小さくできるので建設費を節減できるが，上流部において自由水面を確保できないおそれがある．なお，原則として水面接合または管頂接合が使用されるが，計画下水量に対する水位の算出を必要としない場合や，管底を下げられない場合には管中心接合や管底接合が用いられる．

また地表勾配が急な場合，管きょ内流速を抑えるために下水管の上流側の掘削深さを大きく取るか，下流側の土かぶりを小さくするかの方法を取る．それらの対策が取れない場合には，上流側の埋設深さが深くなりすぎず，下流側の最小土かぶりを保つために，**図 3・9** のような段差接合や階段接合が用いられる．段差接合の場合は，段差を 1.5 m 以内とし，段差を与えるごとにマンホールを設け，また，段差が 0.6 m 以上の場合には副管を設けることとなっている．副管は，流れを分けることによりマンホールの壁や底部の摩耗を防ぐとともに，清掃作業を容易にする効果もあるが，下水の流れが乱れるため硫化水素の発生が生じやすく，工事費が高くなる傾向にある．一方，階段接合は，大孔径管きょまたは現場打ち管きょに設けられる．これらの対策で困難な場合には，減勢工の設置による流速の抑制や石張りによる洗掘防止などの対策を検討する．

（ i ）　管きょの継手

下水管きょは，その他の埋設物に比べて埋設深さが深くなるので，地下水位が高く，継手が不完全な場合は，地下水が多量に管きょに浸入する．地下水の浸入は計画段階である程度考慮に入れてあるが，大量に浸入するとポンプ能力の不足，管きょ容量の不足や，下水処理施設における処理機能の低下などの障害を生ずる．特に，砂質土で地下水位が高く，継手が不完全な場合には，地下水が浸入するだけでなく，管きょ周辺の地盤が緩くなることや，土砂を管きょ内に引き込むことがある．その結果，管きょの閉塞，不同沈下，道路陥没などの事故を引き起こすことさえある．したがって，継手は基礎工とともに管きょ計画における重要な選定事項であり，土質条件や，地下水位などを検討して，水密性と耐久性に優れたものでなければならない．また，軟弱地盤において管きょをマンホールなどの剛性の高い構造物と接合する場合は，可とう性のある継手を用いる必要がある．特に，地震対策として，可とう性継手の採用は重要である．

（j）伏　越　し

河川や鉄道などの下に下水管を通過させる場合に，横断部分の前後の土かぶりをあまり深くしないため，逆サイホンの圧力管として**図 3･10** に示すような伏越しを施工することがある．伏越しは，施工上の難しさや，沈殿物が堆積しやすく清掃が難しいなど維持管理上の課題もあることから，原則として設置を避けることが望ましい．そのため既設の伏越しについても改築時に解消するよう検討することになっている．やむをえず設置する場合には，閉塞時の対応，清掃時の下水の排水対策などを考慮して伏越し管きょを複数設置するなどの工夫を行う．なお，下水道法施行令において5年に1回以上の頻度での点検対象とされている．図に示されるように，管きょ内で土砂や汚泥などが堆積するのをできるだけ防ぐため，断面を縮小し，管きょ内流速を上流管きょ内流速の 20～30% 増しとなるように計画することが望ましい．また管きょ内は満管状態で空気との接触がなく嫌気状態になりやすい．その結果，特に下流側の上部で硫酸腐食が生じやすく，

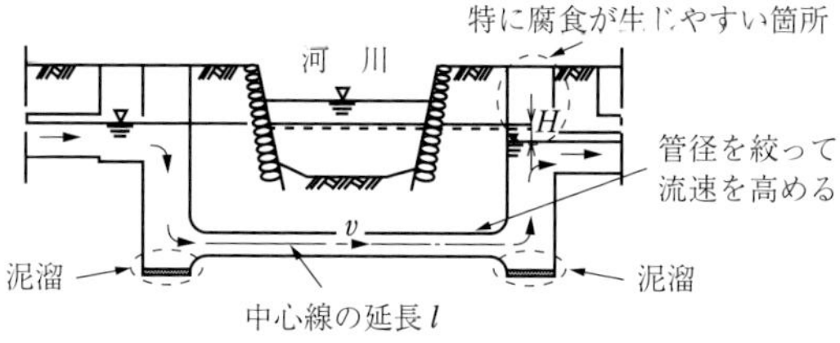

図 3・10　伏越しの概念図
（出典：下水道施設計画・設計指針と解説　前編　日本下水道協会（2019）に追記）

その対策も検討する必要がある．なお，伏越しの損失水頭は式（3･4）で求めることができる．

$$H = i \cdot l + \beta \times \frac{v^2}{2g} + \alpha \qquad (3 \cdot 4)$$

ここに，Hは伏越しの損失水頭〔m〕，iは伏越し管きょ内の流速に対する動水勾配（分数または小数），lは伏越し管きょの長さ〔m〕，vは伏越し管きょ内流速〔m/s〕，gは重力の加速度（9.8 m/s^2），αは30〜50 mm，βは1.5である．

(k)　雨水吐室

前述のとおり，合流式下水道においては，雨天時には晴天時時間最大汚水量の3倍程度（遮集倍率または希釈倍率）の下水のみを下水処理場に送り，残りは雨水吐室またはポンプ場から直接放流することになる．

図3･11に雨水吐室の例を示す．雨水が越流するせきは原則として完全越流ぜきとして設計される．このとき，汚水中の固形物なども放流されてしまうことから，沪過スクリーンの設置など種々の対策が取られている．

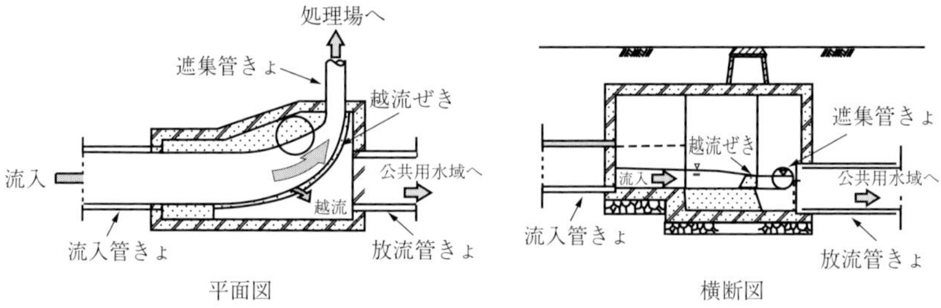

図 3・11　雨水吐の機能と構造の概念図
（出典：下水道施設計画・設計指針と解説　前編　日本下水道協会（2019）に追記）

(l)　排水設備

排水設備は道路と私有地の官民境界から私有地側に設置する私設下水道施設である．水洗便所や台所などの排水管，ますなどが含まれる．これらの施設の維持管理は設置者の義務である．また下水道法では水洗便所は公共下水道の使用開始が告示されてから3年以内に設置するよう義務づけている．

2 管きょの改築

（a） 管きょの老朽化

令和3年度末までの各年度における下水道管路管理延長の推移を**図3·12**に示す．我が国の下水道管きょ総延長は約49万kmに達し，その約6%である3万kmほどが標準耐用年数50年を経過した老朽管である．さらに，10年後の令和13年には約9万km（約18%），20年後の令和23年には約20万km（約40%）になると予想され，標準耐用年数を超えた下水道管の割合が今後急速に増加するとされている．すなわち，持続的な下水道機能を確保するためには，計画的な維持管理と改築を行っていく必要がある．

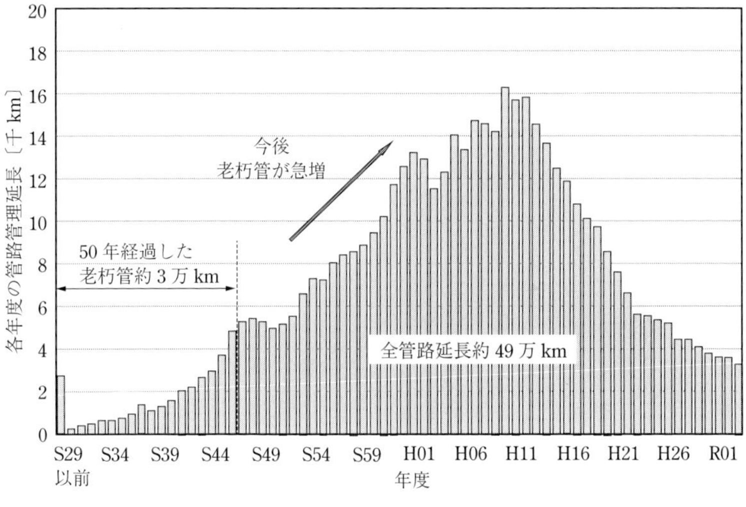

図 3・12　各年度における下水道管路管理延長の推移（令和3年度末）

（b） 改築形式と工法

改築工法の分類を**図3·13**に示す．改築工法には，古くなった管を新しい管に付け替える敷設替工法と，既存の管を利用してその内面に更生材による新しい管を構築する更生工法がある．それらの使い分けとしては，一般に，はじめに更生工法の適用可能性について検討し，管きょの種類や劣化状況，たるみや破損の程度，継手のずれなどから判断して更生工法での施工が困難な場合や，更生後に管の有効内径が減少するために流下能力が確保できない場合には敷設替えを行う．

- 改築
  - 更生工法
    - 自立管 — 反転工法，形成工法，製管工法など
    - 複合管 — 製管工法
    - 二層構造管 — 反転工法，形成工法
  - 敷設替工法 — 開削工法，改築推進工法など

図 3・13　改築工法の分類

更生工法には自立管形式と複合管形式，二層構造管形式がある．自立管は，更生材単独でも自立可能な強度を有するもので，新管と同等以上の耐荷性能と耐久性等を有するものである．一方，複合管は，既設の管きょと一体化して新管と同等以上の性能を有するようにしたもので，既設管の残存強度を加味した設計となる．二層構造管は，既設管と更生管が内接した状態で二層を構成し，土圧などの外力を両者が負担する構造で，既設管が残存強度を十分に有している場合に用いられる．

3　ポンプ場施設

(a)　ポンプ場施設の機能と種類

ポンプ場は下水を揚水する施設であり，ポンプ棟には揚水のためのポンプ設備，受電設備や監視室などが設けられる．ポンプ場の計画下水量は，分流式下水道の汚水ポンプ場では計画時間最大汚水量，雨水ポンプ場では計画雨水量とし，合流式下水道の汚水ポンプ場では雨天時計画汚水量，雨水ポンプ場では合流管きょの計画下水量から雨天時計画汚水量（遮集量）を差し引いた量とする．なお，ポンプ場は下水を絶え間なく排除する重要な役割を有しており，集中豪雨時や地震時にもその揚水機能を発揮できるように，特に耐水化や耐震化などの対策を適切に行う必要がある．

下水道で用いるポンプ施設には次の３種類がある．

（1）　**中継ポンプ場**　　下水は自然流下で流すことを原則にしているため，排水面積が広く土地が平坦な場合には特に，下流にいくほど管きょの埋設深さが深くなり，建設や維持管理が難しく，経済性も悪くなる．そこで管路の途中で下水をポンプを用いて地表近くまで揚水し，そこから再び自然流下で下流へ下水を流す．このような目的のために設けられる施設が中継ポンプ場である．

（2）　**排水ポンプ場**　　排水区域内に降った雨水が低地で浸水被害を生じないように河海へ放流するために設けられるポンプ場で，雨水ポンプ場とも呼ばれ

る．台風や近年の集中豪雨の際には流達時間が短く，排水区域の低地が短時間に冠水するおそれがあるので，大容量で始動の速いポンプを設置する必要がある．

（3）　**処理場内ポンプ場**　　終末処理場内には流入ポンプ施設と放流ポンプ施設がある．下水は処理場内の各処理施設を自然流下で流されて，最終的に放流されることから，最初沈殿池の水位は後続の各施設の損失水頭に相当する分だけ放流先水位より高くなければならない．そのために設けられるのが流入ポンプ施設であり，それに先立って，後述するスクリーンと沈砂池が設けられる．また，処理後に自然流下で放流できない場合には放流ポンプ施設を設ける．

（b）　スクリーンおよび沈砂池

図 3·14 は分流式下水道の雨水ポンプ施設の例である．下水にはさまざまなきょう雑物が混入しているため，これらを除去せずに流すとポンプの閉塞や故障の原因となり，処理機能の阻害や放流先の汚濁を引き起こす可能性がある．そのため，流入ゲートを通過した下水は，沈砂池およびごみなどを除去するためのスクリーンを経た後，ポンプ井に誘導されポンプ揚水される．一般に，出口側の吐水槽には逆流防止弁を設置する．

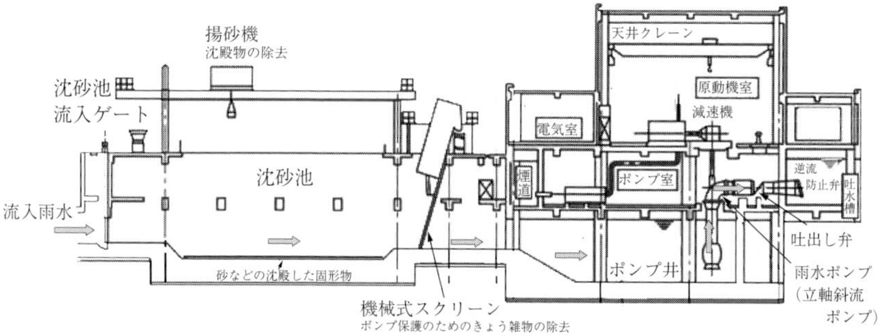

図 3·14　分流式雨水ポンプ施設における設備の概念図
（出典：下水道施設計画・設計指針と解説　前編　日本下水道協会（2019）に追記）

（c）　ポンプ設備

下水道に用いられるポンプには軸流ポンプ，斜流ポンプ，渦巻斜流ポンプ，渦巻ポンプがある．ポンプ選定の主な指標に全揚程および比速度があるが，全揚程については軸流ポンプが最も小さく，表記順に大きくなり渦巻ポンプが最大にな

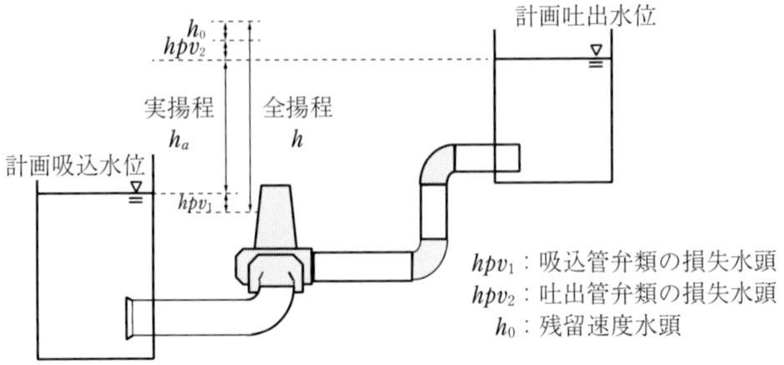

図 3・15　立軸渦巻斜流ポンプの揚程
（出典：下水道施設計画・設計指針と解説　前編　日本下水道協会（2019）をもとに作成）

る傾向がある．一方，比速度については軸流ポンプが一番大きく，表記順に小さくなり渦巻ポンプが最小になる傾向がある．すなわち，用途に応じた適切な選択が必要になる．一般に，軸流ポンプは雨水用に用いられることが多く，斜流ポンプは水位変動の大きい雨水排水に適しているとされる．

立軸渦巻斜流ポンプを例に，全揚程と実揚程および損失水頭の関係を示した図を**図 3·15** に示す．計画吐出水位と計画吸込水位との差が実揚程（h_a）であり，それに残留速度（V_0）による速度水頭と，吸込側と吐出側の損失水頭（hpv_1＋hpv_2）を加えたものが全揚程（h）である．

3 下水処理

1 下水処理の基本

（a） 下水処理の目的

管きょ施設で収集された下水は，有機物や栄養塩類のほか，病原性微生物をも含みうる．下水処理の目的は，下水処理場へ送られてきた下水を微生物によって処理し，清澄で衛生学的に安全な水に変換することにより衛生的な生活環境と公共用水域の水質保全を達成することにある．一方，処理に寄与した微生物が増殖するため，微生物を含む汚泥が大量に発生する．汚泥は有機物を多量に含む固形物であり，これをそのまま放置すれば腐敗して衛生環境を悪化させることから，産業廃棄物に指定されている．水処理と汚泥処理の両方がなされて初めて下水処理の目的が達成されるといえる.

一方，見方を変えてみると，下水処理は下水を処理水という形で再度利用可能な水に再生しているともいえる．また，下水汚泥は有機物であることからエネルギー回収が可能であり，さらに窒素やリンなどの栄養塩を含んでいることから肥料としての利用も考えられる．つまり，下水は処理するものではなく，下水に含まれる資源やエネルギーを回収した結果，水が浄化されるという発想が可能である．下水処理場は，地域における資源・エネルギー循環の核であり，循環型社会に欠かせない社会インフラとして位置づけられる所以である.

（b） 下水処理施設の基本フロー

下水処理施設の基本的なフローを**図 3·16** に示す．流入した下水は，沈砂池施設を経て大きなきょう雑物や砂などの成分が取り除かれた後，ポンプによって揚水されて最初沈殿池に導かれる．通常，最初沈殿池，反応タンクおよび最終沈殿池は複数系列設置されることから，複数の処理系列に均等に所定量の下水を安定して導くために，分水槽が設けられる．また，下水の流入量および水質は時間によって大きく変化することから，処理場によっては流入水量や水質を均一にして処理の安定化を図る目的で，分水槽の前に汚水調整池を設ける場合がある．分水槽を経た下水は状況によって再度ポンプで必要な水位を得た後，最初沈殿池，反応タンク，最終沈殿池および消毒施設の順に流下して処理され，公共用水域に放流される．また，最初沈殿池と最終沈殿池で除去された固形物（汚泥）は汚泥処理工程にて処理されるが，その際に得られる分離液には汚濁物質が残っていることから，一般に，返流水として最初沈殿池に戻され，流入してきた下水とともに処理される.

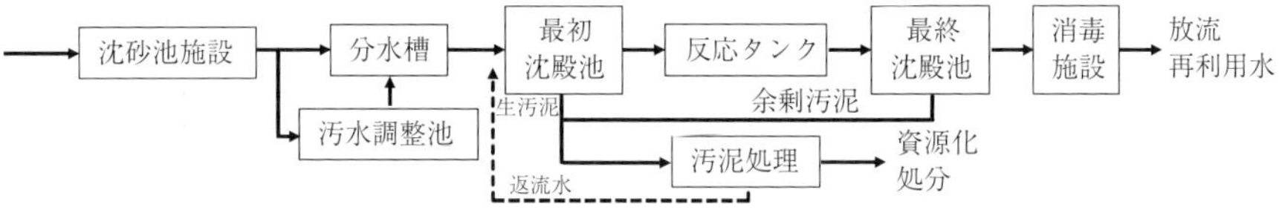

図 3・16　水処理施設の基本フロー

（1） **沈砂池**　沈砂池には汚水用と雨水用があり，いずれも 2 池以上設置することになっている．**図 3·17** に，沈砂池施設の概念図を示す．下水には，砂やごみ，厨芥，繊維，棒切れなど大小さまざまな物が混入しているため，それらを

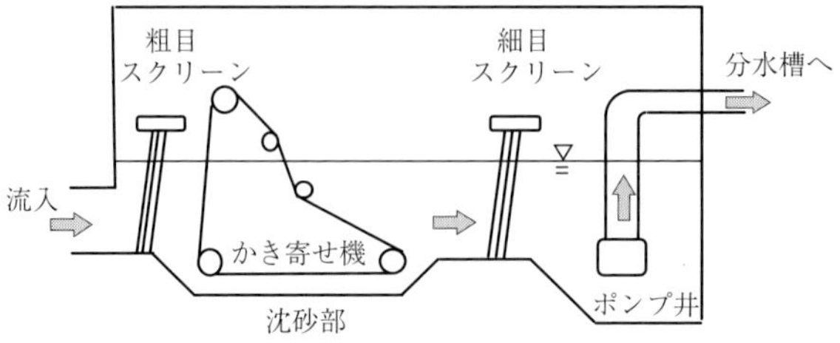

図 3・17 沈砂池施設の概念図

取り除くために沈砂池の前後にスクリーンを設けることになっている．沈砂池の前段に粗大な浮遊物質を除去する粗目スクリーン，後段に細目スクリーンを設けるのが一般的である．粗目スクリーンの目幅はおおむね 50～150 mm ほどで，一般に 100 mm または 150 mm のスクリーンが用いられ，細目スクリーンの場合は一般に，汚水用で 15～25 mm，雨水用で 25～50 mm が用いられる．沈砂部には，比重 2.65 程度の砂分などを取り除くため，池幅 1～5 m，底部勾配 1/100～2/100 程度の直方体の池を設け，平均流速 0.3 m/s 程度，滞留時間 30～60 s 程度で通過させる．水面積負荷については，汚水沈砂池で 0.2 mm 以上の粒子を対象として 1 800 m^3/m^2/d 程度，雨水沈砂池では 0.4mm 以上の粒子を対象として 3 600 m^3/m^2/d 程度とされている．

スクリーンに捕捉されたきょう雑物（スクリーンかす）の発生量は，地域の状況によって異なるが，おおむね下水 1 000 m^3 当り，分流汚水で 0.0005～0.005 m^3，分流雨水および合流汚水で 0.0005～0.01 m^3 程度とされている．捕捉されたスクリーンかすを取り除くために，手かき式または機械式のかき揚げ装置が設けられる．また，沈砂池に沈殿した土砂を除去するために，機械的な除砂装置が設けられる．除砂装置としては，沈砂をかき揚げるパケットコンベヤ式，集砂ノズルやスクリューコンベヤなどで沈砂を集めてから水中ポンプ等で集める流体搬送式がある．

（2） **水処理プロセス**　水処理プロセスは最初沈殿池，反応タンク，最終沈殿池および塩素混和池で形成される．最初沈殿池は，下水中の浮遊物質（SS）分のうち比較的比重の大きいものを沈殿分離することで，後段の生物処理の負荷を削減するための予備処理として位置づけられる．しかし，最初沈殿池で集められた汚泥は有機物を多く含みエネルギー量も大きいことから，むしろ積極的に最初沈殿池で有機物を回収しエネルギー化する試みもなされており，予備処理としての位置づけ以上の意味を有する場合も多くなっている．反応タンクでは，微生物と汚水が混合されることで，汚水中の有機物などが微生物に利用されて除去され，浄化された水と増殖した微生物となる．最終沈殿池では，浄化に寄与して増殖した微生物を含む汚泥と処理水との固液分離が行われ，処理水は塩素消毒後に放流される．分離された微生物のうち，一部は安定した処理を行うために反応タンクに戻され，残りは余剰汚泥として排出され最初沈殿池汚泥とともに処理される．

（c） 水処理の分類

水処理は大別すると一次処理，二次処理および高度処理に分けられる．一次処理とは，下水中の固形物や浮遊物を沈殿または浮上させて物理的に分離除去を行うもので，最初沈殿地がそれにあたる．二次処理とは，一次処理後の下水を微生物の反応により生物学的に有機物質の除去を行う処理のことである．高度処理とは，一次処理や二次処理では十分に除去できない有機物，窒素，リンなどをより高度に処理を行うものである．

通常の二次処理で除去されるBOD，SSおよびCODの除去率は，流入下水の性状や施設の運転状況などによって異なるが，一般的には**表3·10**に示される程度である．

表 3・10　一次処理と二次処理のおよその処理効率

分類	処理方式	BOD〔%〕	SS〔%〕	COD〔%〕
一次処理	沈殿法	30～50	40～60	30～50
二次処理注1	生物処理法注2	90～95	90～95	75～85

〔注〕 1．一次処理と合わせた合計の除去率
2．標準活性汚泥法等

（d） 計画放流水質

放流水の水質については，水質汚濁防止法および条例により，有害物質と一般項目について排水基準が定められている．これらのうち，下水処理の除去対象物質以外については，下水の処理による水質基準の遵守を担保できないため，工場等からの排水の受け入れ時に基準を満足するよう下水道排除基準が設けられている．つまり計画放流水質は，下水処理の除去対象物質のみを対象にしている．具体的には，下水道法施行規則において，**表3·11**に示される水質上の上限値を超

えない範囲で，下水道管理者は自ら計画放流水質の目標値を定められることになっている．なお，独自に目標水質を決めることができるのは，河川など放流先の状況や総量規制，流総計画などとの整合性についての事情が地域によって異なるためである．ま

表 3・11　下水道法施行規則第4条の2に規定された水質の上限値

BOD	15 mg/l 以下
窒素含有量	20 mg/l 以下
リン含有量	3 mg/l 以下

表 3・12　下水道法施行令第5条の5第2項に示された代表的な処理方法の概要

<table>
<tr><th rowspan="2">基本的な処理法[注1]</th><th colspan="3">組み合わせる処理法[注3]</th><th colspan="3">計画放流水質</th></tr>
<tr><th>急速沪過法</th><th>凝集剤添加</th><th>有機物添加</th><th>BOD_5
mg/l</th><th>TN
mg/l</th><th>TP
mg/l</th></tr>
<tr><td rowspan="2">標準活性汚泥法[注4]</td><td>—</td><td>—</td><td>—</td><td>10<…≦15</td><td>—</td><td>—</td></tr>
<tr><td></td><td>—</td><td>—</td><td>≦10</td><td>—</td><td>—</td></tr>
<tr><td rowspan="3">嫌気好気活性汚泥法</td><td>—</td><td>—</td><td>—</td><td>10<…≦15</td><td>—</td><td>≦3</td></tr>
<tr><td>○</td><td>—</td><td>—</td><td>≦10</td><td>—</td><td>1<…≦3</td></tr>
<tr><td>○</td><td>○</td><td>—</td><td>≦10</td><td>—</td><td>≦1</td></tr>
<tr><td rowspan="6">循環式硝化脱窒法[注5]</td><td>—</td><td>—</td><td>—</td><td rowspan="2">10<…≦15</td><td rowspan="2">≦10</td><td>—</td></tr>
<tr><td>—</td><td>○</td><td>—</td><td>≦3</td></tr>
<tr><td>○</td><td>—</td><td>—</td><td rowspan="4">≦10</td><td rowspan="2">10<…≦20</td><td>—</td></tr>
<tr><td>○</td><td>○</td><td>—</td><td>≦1</td></tr>
<tr><td>○</td><td>—</td><td>○</td><td rowspan="2">≦10</td><td>—</td></tr>
<tr><td>○</td><td>○</td><td>○</td><td>0.5<…≦1</td></tr>
<tr><td rowspan="5">嫌気無酸素好気法</td><td>—</td><td>—</td><td>—</td><td>10<…≦15</td><td>≦20</td><td>≦3</td></tr>
<tr><td>○</td><td>—</td><td>—</td><td rowspan="4">≦10</td><td rowspan="2">10<…≦20</td><td>1<…≦3</td></tr>
<tr><td>○</td><td>○</td><td>—</td><td>≦1</td></tr>
<tr><td>○</td><td>—</td><td>○</td><td rowspan="2">≦10</td><td>1<…≦3</td></tr>
<tr><td>○</td><td>○</td><td>○</td><td>≦0.5</td></tr>
<tr><td rowspan="2">循環式硝化脱窒型
膜分離活性汚泥法</td><td>—</td><td>—</td><td>—</td><td rowspan="2">≦10</td><td rowspan="2">≦10</td><td>—</td></tr>
<tr><td>—</td><td>○</td><td>—</td><td>≦0.5</td></tr>
</table>

〔注〕1. 記載されている処理方法と同等以上の処理方法を含む．

2. ○は主たる処理法に当該処理を追加することを意味する．

3. 下水道法施行令において，急速沪過法は有機物除去を対象にし，また，有機物添加は窒素除去および凝集剤添加はリン除去を対象にしている．

4. 有機物除去を目的として，標準活性汚泥法と同等以上の処理が可能な処理方式として6処理方式（オキシデーションディッチ法，長時間エアレーション法，回分式活性汚泥法，酸素活性汚泥法，好気沪床法，接触酸化法）が運用通知により示されている．

5. 有機物および窒素の除去を目的として，循環式硝化脱窒法および循環式硝化脱窒型膜分離活性汚泥法と同等以上の処理が可能な処理方式として3処理方式（硝化内生脱窒法活性汚泥法，ステップ流入式多段硝化脱窒法，高度処理オキシデーションディッチ法）が運用通知により示されている．

た，計画放流水質の目標値を満足するため，処理施設の構造の技術上の基準（**表 3·12**）が下水道法施行令に定められており，その技術上の基準に適合しなければならないことが下水道法第 8 条に定められている．なお，雨水の影響が大きい場合の放流水質基準については，合流式下水道について別途定められており，全雨水吐からの放流水の水質と下水処理場からの放流水質を流量で加重平均した BOD 値が 40 mg/l 以下でなければならないとされている．

2 沈　　殿

水処理法における沈殿法とは，水と汚泥との比重の違いを用いて両者を分離するもので，最も単純かつ安価な水処理方法である．下水処理の初期においては物理化学的処理法の一つとして独立に用いられてきたが，単に沈殿法のみによる下水処理では不十分であることから，現在では後述する生物処理と組み合わせて最初沈殿池または最終沈殿池として用いられている．最初沈殿池は，下水中の砂質成分などを含む比重の大きい浮遊物質を沈殿分離することにより，後段の生物処理の負荷を低減するための予備処理として位置づけられ，一次処理に分類される．一方，最終沈殿池は，生物処理により発生する汚泥と処理水とを分離し，清澄な処理水を得るために用いられる．

（a） 最初沈殿池

最初沈殿池の形状は長方形，正方形または円形であり，一般にはコンクリート造である．**図 3·18** に沈殿池の構造例を示す．流入した汚水は流入ゲートを通過した後，流入口に設置された有孔整流壁を通過し，断面全体を均等に通過して沈殿池内に誘導される．汚水が沈殿池内を穏やかに流下する間に粒子成分が重力によって沈降し，沈殿池底面に堆積する．沈殿した汚泥は高分解性の有機物を多く含むため腐敗しやすく，また流れの乱れなどにより再浮上して流出することが懸

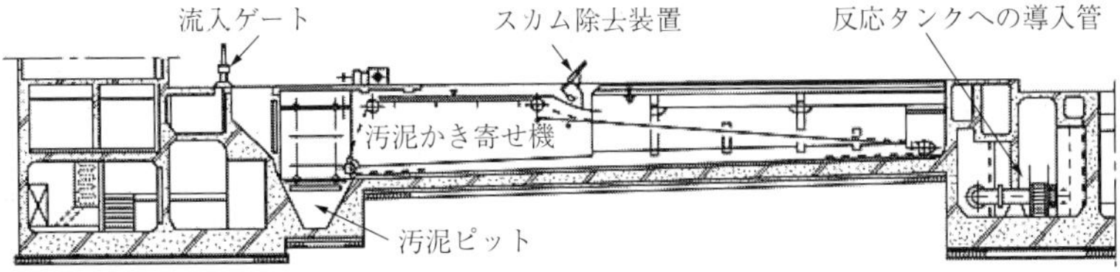

図 3·18　最初沈殿池の断面図
（出典：下水道施設計画・設計指針と解説　後編　日本下水道協会（2019）をもとに作成）

念されるため，速やかに排除することが望ましい．そこで汚泥かき寄せ機が設置され，沈殿した汚泥を下流側から上流側にかき寄せて上流側に設けられた汚泥ピットに溜め，汚泥引抜き設備により排出する構造になっている．一方，上澄み水は越流ぜきを経て反応タンクに導かれて微生物により処理される．すなわち最初沈殿池は後段の生物処理の負荷を低減する機能を有するといえる．また下水中のSSや沈殿した汚泥の一部が沈殿池の水面にスカムとして浮上することがあるので，沈殿地の上部にはスカム除去設備が設けられる．

なお，近年は生汚泥（最初沈殿池汚泥）に含まれる有機物のエネルギー価値が見直されており，可能な限り沈殿効率を上げてエネルギー回収量を増やす技術の開発もさまざまになされている．その意味では単に後段の生物処理を補佐するのみならず，エネルギー回収技術としても位置づけられるといえる．ただし，過剰に有機物を除去すると窒素やリンを除去するための有機物が不足する場合があることから，バイパス水路を設置して沈砂池流出水を直接反応タンクに流入できるようにしていることもある．

（b）　最終沈殿池

最終沈殿池は，反応タンクにより処理された水と浄化に寄与して増殖した微生物を固液分離する重要な機能を有し，その機能が損なわれると処理水の悪化につながる．基本的なしくみや構造は最初沈殿池と同様である．ただし，固形物を主に構成する微生物の沈降性は運転状況によって大きく変化し，また一般に最初沈殿池の汚泥より劣ることから，慎重な設計と運転管理が求められる．すなわち，汚泥の浮上流出による処理水の悪化を防止するため，やや深めの有効水深や低めの水面積負荷を確保したり，可能な範囲で越流ぜきを上げたりするなどの対策が用いられる．

（c）　設 計 諸 元

沈殿池を適切に設計するためには，水面積負荷，沈殿時間，越流負荷などいくつか重要な因子がある．**表3·13**は，標準活性汚泥法などで用いられている沈殿池の基本的な設計諸元を示したものである．構造については長方形池，円形池および正方形池について，それぞれ表のようなおよその大きさが設定されている．沈殿池容量を設定するための設計水量は，最初沈殿池および最終沈殿池ともに基本的に計画一日最大汚水量を用い，合流式の場合の最初沈殿池については雨天時計画汚水量を用いる．また，容量の設計に際しては，あらかじめ必要な水面積負

表 3・13　沈殿池の基本的な設計諸元

項目	最初沈殿池			最終沈殿池
排除方式	分流式	合流式		分流式・合流式
設計水量	計画一日 最大汚水量	計画一日 最大汚水量	雨天時 計画汚水量	計画一日 最大汚水量
長方形池　幅と長さの比	1：3 以上	1：3 以上	1：3 以上	1：3 以上
正方形池　一辺の長さと深さの比	6：1〜	6：1〜	6：1〜	6：1〜
円形池　直径と深さの比	12：1 程度	12：1 程度	12：1 程度	12：1 程度
水面積負荷〔$m^3/(m^2\cdot d)$〕	35〜70	25〜50	25〜50	20〜30
沈殿時間〔h〕	1.5	3	0.5 以上	3〜4
有効水深〔m〕	2.5〜4.0	2.5〜4.0	2.5〜4.0	2.5〜4.0
越流負荷〔$m^3/(m\cdot d)$〕	250	250	250	150

（出典：下水道施設計画・設計指針と解説　後編　日本下水道協会（2019）をもとに作成）

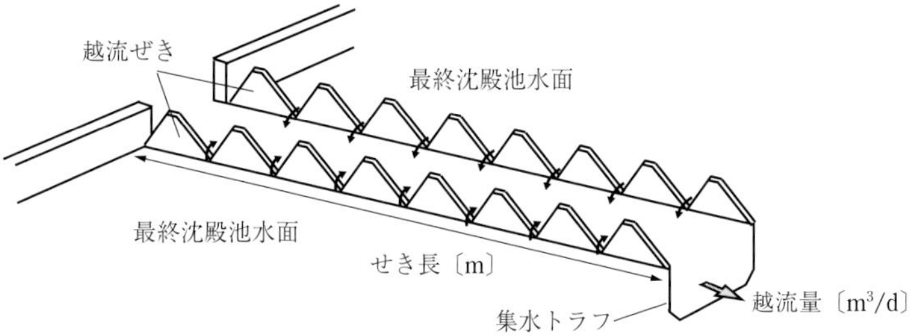

図 3・19　越流ぜきの例

荷を定め，次いで処理水量と有効水深または沈殿時間より決定する．

水面積負荷については，SS 除去の観点からは小さいほうが望ましく，沈降性に劣る微生物を多く含む最終沈殿池では，低めの水面積負荷と長い沈殿時間で設計される．最初沈殿池については，合流式では 25〜50 $m^3/(m^2\cdot d)$ が設定されているが，分流式では 35〜70 $m^3/(m^2\cdot d)$ と大きな負荷を与える設計で値が設定されている．これは分流式において高度に SS を除去しすぎると汚泥の沈降性が悪化し，最終沈殿池での固液分離に影響することが懸念されるためである．そのため沈殿時間も短く設定されている．有効水深はいずれも 2.5〜4.0 m であるが，前述のとおり最終沈殿池では深めに設計される場合がある．越流負荷とは，波形のせき頂部からの越流水量をせきの単位長さ当りに示したものである．**図 3・19** に越流ぜきの概念図を示す．越流負荷は次式で表され，清澄な処理水を安定して得るため最終沈殿池では越流負荷は小さく設定されている．

$$越流負荷 = \frac{Q}{2L}$$

ここに，L〔m〕はせき長，Q〔m^3/d〕はせき両面からの合計越流量である．

3 生 物 処 理

（a） 基本的な生物処理のしくみ

多くの下水処理場で利用されている活性汚泥法を例として**図 3·20** に示す．最初沈殿池で固形物（SS）がある程度取り除かれた下水中には，有機物や窒素，リンなどが溶存態または微細な粒子態で含まれ，反応タンク内の活性汚泥および最終沈殿池から戻される返送汚泥と混合される．下水中の有機物や粒子態の多くは微生物の塊（フロック）の表面に吸着される．微生物は，曝気ガスから溶解した酸素を呼吸しながら有機物を酸化分解し，有機物および窒素やリンの一部を細胞合成に利用する．その結果，酸素が消費されながら下水から有機物や窒素，リンが除去され，また，増殖した微生物が固形性の有機物（汚泥）として生成される．前述のとおり，最終沈殿池において，生成した汚泥と処理された下水が分離され，上澄みは処理水として消毒後に放流される．沈殿した汚泥の一部は返送汚泥として反応タンク入口に適量戻され安定した処理が可能になる．残った汚泥は余剰汚泥として系外に排出され，エネルギーや堆肥生産などに利用される．

（b） 生物処理の分類

生物による処理は，機能する微生物の種類によって，好気性処理と嫌気性処理に大別され，また微生物の存在形態によって浮遊性微生物による活性汚泥法と付着性微生物を利用する生物膜法に分類される．

（1） **微生物のエネルギー生産**　微生物はその活性を維持するためにエネル

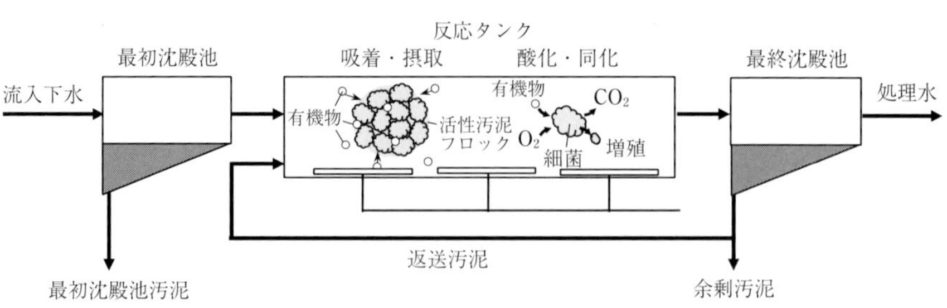

図 3·20　活性汚泥法のしくみと生物処理の概念図

ギー生産を必要とする．微生物のエネルギー生産メカニズムには，酸化的リン酸化と基質レベルのリン酸化の2種類があり，それらによりエネルギー貯蔵物質であるATPが生産される．酸化的リン酸化は，酸化還元反応前後の反応物質間のギブスエネルギー変化の大きさに応じて，また基質レベルのリン酸化においては，高エネルギー物質の加水分解において生じるギブスエネルギー変化に応じて，それぞれATPが生成される．

微生物が行う酸化的リン酸化において，電子を与える側の代表的な電子供与体としては，有機物やアンモニア（NH_3），水素（H_2）などがあげられ，それぞれ酸化されて，二酸化炭素（CO_2）や硝酸（NO_3^-），メタンなどに転換される．一方，電子を受け取る側の代表的な電子受容体としては，分子状の酸素（O_2）や結合型の酸素である硝酸（NO_3^-），硫酸（SO_4^{2-}），二酸化炭素（CO_2）などがあげられ，それぞれ水（H_2O），窒素（N_2），硫化水素（H_2S），メタンなどに変換される．酸化的リン酸化によりエネルギーを得る反応は呼吸とも呼ばれ，分子状の酸素が用いられる反応を好気性呼吸，結合酸素を用いる反応を嫌気性呼吸と呼ぶ．好気性呼吸によりエネルギーを獲得する微生物のうち，有機物を電子供与体とするものを好気性従属栄養微生物，アンモニアなどの無機物を電子供与体とする微生物は炭素同化を行うことから好気性独立栄養微生物と呼ばれる．また，嫌気性呼吸のうち，有機物と硝酸を用いて窒素ガスを生成する反応を硝酸呼吸もしくは脱窒反応と呼び，有機物と硫酸を用いて硫化水素を生成する反応を硫酸呼吸または硫酸還元反応，水素分子を電子供与体とし二酸化炭素を電子受容体としてメタンを生成する反応は，炭酸呼吸またはメタン生成反応と呼ばれる．

一方，基質レベルのリン酸化により主要なエネルギーを取得する反応は発酵と呼ばれる．発酵は有機物と有機物の間で電子の授受を行う反応で，炭水化物や脂質，タンパク質などの有機物を有機酸やアルコールに分解する反応である．発酵から得られるエネルギーは呼吸に比べてきわめて少ないため，発酵に利用できる有機物の種類は限定され，さらに生成される物質も特定の有機酸に限定される．そのため，乳酸菌や酢酸菌など，発酵に寄与する微生物は生成物により特徴づけられるものが多い．発酵に寄与する細菌は，主として嫌気性条件下で活動し，酸素の存在により阻害されるものが多い．ただし，酸素に対して耐性をもつものもある．高分子の有機物が発酵過程により分解される場合，有機酸の連鎖的な分解を経て多くの場合に最終生成物として酢酸を生成することになるが，特に長鎖脂肪酸の発酵においては，前述の自由エネルギー変化の観点から中間代謝物である水素の除去が反応の進行に必要となり，炭酸呼吸によるメタン生成反応を同時に進行させることが重要である．メタン生成過程については，汚泥消化の項においてさらに説明する．

（2）**好気性処理と嫌気性処理**　好気性処理とは，酸素呼吸を行う微生物を用いた処理のことで，反応タンクへの酸素の供給を必要とし，標準活性汚泥法を含め下水処理で一般に用いられている．好気性処理では酸素呼吸を行うためにエネルギー効率が高く，処理速度が速く良好な処理水質が得られるが，一方で分解しにくい微生物から構成される余剰汚泥が多く発生するため，その処理に関して工夫が必要になる．

一方，酸素を用いずに処理する方法を嫌気性処理と呼び，嫌気性呼吸を行う微生物と発酵を行う微生物の働きを利用している．窒素除去にかかわる脱窒プロセスや有機物濃度の高い余剰汚泥の減量化・安定化処理とメタン回収のために用いられる嫌気性消化プロセスが例示される．嫌気性処理で機能する嫌気性細菌にとって，酸素の存在はむしろ活性を阻害する因子となることが多く，一般に密閉系を利用して処理がなされる．嫌気的な反応で得られるエネルギーは酸素呼吸と比較して小さいため，反応速度が遅く処理水質も十分には低下しないが，メタンや水素をエネルギーとして回収することが可能であることや，余剰汚泥量が少ないという利点を有する．

（3）**活性汚泥法と生物膜法**　活性汚泥法は，水中に浮遊した微生物を利用した処理法であり，通常の下水処理で用いられている．微生物と有機物の接触を高く保てるため微生物量当りの処理速度を高められる一方，処理後に固液分離を行う必要があり，最終沈殿池における固液分離の状況が処理水質を大きく作用する．一方，微生物を接触材に付着させることで固液分離の必要性を改善し，微生物濃度を高めて処理を行う方法として生物膜法がある．またさらに，それらを組み合わせた方法として水より軽い接触材に付着させた微生物と浮遊微生物を共存させた担体併用型の処理法がある．

（c）生物処理に寄与する微生物

前述のとおり，下水処理の主な目的は有機物の除去であり，一般的な下水処理においては好気性従属栄養細菌を用いた好気性処理が行われている．地域によっては富栄養化対策として窒素やリンを除去することも求められており，それらの反応槽では，窒素の除去に寄与する硝化細菌や脱窒細菌，リンの除去に寄与するポリリン酸蓄積細菌を共存させた処理が行われている．これら処理対象物質に応じて多様な微生物によるさまざまな反応を利用した水処理が行われることになるが，汚泥の嫌気性消化で用いられるメタン生成細菌なども含め，いずれも酸化還元反応を利用した化学合成によりエネルギーを獲得し，そのエネルギーを利用して細胞合成を行っていることは共通している．しかし，得られるエネルギー量にそれぞれ違いがあるため，処理速度や増殖速度などに違いがあり，それぞれに利用する反応経路に応じた反応タンクおよびその運転方法に工夫を必要とする．下水処理に関与する多様な細菌を炭素源やエネルギー源（電子供与体および電子受容体）でまとめたものを**表 3·14** に示す．

（1）　**好気性従属栄養細菌**　　有機物の好気性処理に寄与する最も一般的な細

表 3・14　生物処理など下水道に関連する細菌の炭素源およびエネルギー源

	細菌種	主な炭素源	主たるエネルギー獲得形式[注1]	主なエネルギー源		自由エネルギー変化量[注2] (kJ/mol－e^-)	主な生成物	処理方式など関連事象
				電子供与体	電子受容体			
従属栄養細菌	好気性従属栄養細菌	有機物	好気性呼吸	有機物	O_2	－120	CO_2	好気性処理
	脱窒細菌	有機物	嫌気性呼吸	有機物	NO_3^-	－114	N_2	生物学的窒素除去
	嫌気性細菌	有機物	発酵	有機物	有機物	－30	有機酸	嫌気性消化
	硫酸還元細菌	有機酸	嫌気性呼吸	有機酸	SO_4^{2-}	－21	H_2S	嫌気性消化 コンクリート腐食
	メタン生成細菌	酢酸	嫌気性呼吸	酢酸	酢酸	－6	CH_4	嫌気性消化
独立栄養細菌	アンモニア酸化細菌	CO_2	好気性呼吸	アンモニア	O_2	－45	NO_2^-	生物学的窒素除去
	亜硝酸酸化細菌	CO_2	好気性呼吸	亜硝酸	O_2	－39	NO_3^-	生物学的窒素除去
	硫黄酸化細菌	CO_2	好気性呼吸	H_2S	O_2	－99	SO_4^{2-}	コンクリート腐食
	メタン生成細菌	CO_2	嫌気性呼吸	H_2	CO_2	－16	CH_4	嫌気性消化

〔注〕 1．呼吸を行う微生物も解糖系などにおいて基質レベルのリン酸化も行っている

2．生物学的排水処理工学（北尾高嶺著，コロナ社，2003）に記載の自由エネルギー値をもとに算出

菌で，好気性有機物分解細菌とも呼ばれ，標準活性汚泥法など下水の有機物除去で活躍する．前述の反応タンク内で次式に示されるように酸素を利用して異化代謝を行い，有機物を酸化して生物活動にとって必要なエネルギーを獲得（式（3·5））している．

$$\text{有機物} + O_2 \longrightarrow CO_2 + H_2O + \text{エネルギー} \quad (3\cdot5)$$

好気呼吸と呼ばれるこの反応において，有機物は電子供与体として作用し，二酸化炭素に酸化される一方，酸素は電子受容体として作用して水に還元される．表3·14に示されるようにこの反応の電子量当りのエネルギー効率はきわめて高く，得られたエネルギーは有機物を基質とした細胞合成のために利用される．これを同化代謝と呼び，異化代謝と合わせると以下の式（3·6）のように表される．

$$\text{有機物} + O_2 \longrightarrow \text{細胞} + CO_2 + H_2O \quad (3\cdot6)$$

なお，細胞には窒素やリン，硫黄など他の元素も必要であることから，同時に摂取されて下水から除去される．また，エネルギー効率が高いことは摂取した有機物の細胞への転換率が高いことでもあり，余剰汚泥の発生量も多くなる．

（2） **硝化細菌**　自然界において大気中の窒素ガスはアンモニアに固定され，さまざまな生物に利用された後，硝化および脱窒を経て大気中に窒素ガスとして戻される．窒素循環における硝化を担っているのが硝化細菌である．下水中にはアンモニアの形で窒素が存在していることから，脱窒に必要な亜硝酸や硝酸をアンモニアの酸化により生成する役割を有している．いわば窒素除去の第一段階を担う細菌である．硝化細菌は，アンモニアを酸化するアンモニア酸化細菌とそれにより生成した亜硝酸を硝酸に酸化する亜硝酸酸化細菌で構成される．いずれの細菌も無機物の酸化によりエネルギーを獲得し，有機物を利用せず無機物である二酸化炭素を炭素源として炭素同化を行う好気性独立栄養細菌である．つまり，有機物除去には寄与しない．異化代謝の式をアンモニア酸化と亜硝酸酸化に分けて，それぞれ式（3·7）および式（3·8）に示す．電子供与体として有機物ではなくアンモニアが利用され，その酸化生成物である硝酸が右辺に加わっている．酸素が電子受容体として利用され，いわゆる酸素呼吸でエネルギーを獲得していることは同様である．表3·14に示されるように，いずれも電子量当りの獲得エネルギー量は少なく，増殖速度が遅いため，処理を期待する際は十分な好気的固形物滞留時間（A-SRT）を確保する必要がある．なお，式に示されるようにアンモニア1 gNを硝酸に酸化するには4.57 gの酸素を必要とするため，下水中に 30 mgN/l 程度のアンモニアがあると，その酸化に 140 mg/l 程度の酸素を必要とする．すなわち下水中の BOD に近い酸素消費が，放流先で生じてしまうおそれがある．そこで有機物処理を対象とした標準活性汚泥法においても硝化まで行うところが多い．また，アンモニアの酸化が生じると式に示されるように H^+ が生産されることから pH の低下が生じる．そのため，pH 管理が必要となる場合がある．

$$\text{アンモニア酸化}\quad NH_4^+ + 1.5\,O_2 \longrightarrow NO_2^- + H_2O + 2\,H^+ + \text{エネルギー} \qquad (3\cdot7)$$

$$\text{亜硝酸酸化}\quad NO_2^- + 0.5\,O_2 \longrightarrow NO_3^- + \text{エネルギー} \qquad (3\cdot8)$$

（3） **脱窒細菌**　無酸素条件で硝酸や亜硝酸を還元して窒素ガスに変換する微生物で，その主な正体は好気性従属栄養細菌である．つまり，多くの脱窒細菌は，酸素が存在する場合は酸素呼吸を行い，酸素がない条件において嫌気性呼吸である脱窒を行いエネルギーを獲得する通性嫌気性従属栄養細菌である．表に示されるように酸素呼吸に次いでエネルギー効率の高い反応である．異化代謝の式（3·9）を示す．なお，式中の CH_2O は有機物を簡易表現したものである．(1) との違いは酸素が硝酸に代わったことと硝酸の還元生成物として窒素が加わったことである．

$$1.25\,CH_2O + NO_3^- \longrightarrow 1.25\,CO_2 + 0.75\,H_2O + OH^- + 0.5\,N_2 + \text{エネルギー} \qquad (3\cdot9)$$

上式に示されるように，1mol の硝酸を窒素ガスに還元するには 1.25 mol の有機物（CH_2O），つまり理論的な COD/N 比で 2.86，また TOC/N 比で 1.07 を必要とすることがわかる．また，酸を消費して水酸化物イオンが生成されることから，硝化で失われたアルカリ度の回復に寄与することも示されている．

脱窒は自然界における窒素循環において重要な役割を果たしており，下水の処理においては生物学的窒素除去法の脱窒槽（無酸素槽）で水中のイオン態窒素を窒素ガスとして大気に還す役割を担っている．

（4） **硫酸還元細菌**　亜硝酸や硝酸が脱窒により消失して嫌気性細菌が活躍し始めると，生成した有機酸などを利用して硫酸を還元しエネルギーを獲得する硫酸還元細菌（硫酸呼吸細菌）が働く．異化代謝の式（3·10）を示す．有機物が酸化されて CO_2 や水になる一方，酸素の代わりに硫酸が還元され，硫化水素が生成される．硫化水素は毒性が強く下水管きょ内での作業に支障をきたすほか，下水管の硫酸腐食の原因にもなるため注意が必要である．**図3·21**にコンクリート製下水管きょの硫酸腐食現象の概念を示す．下水管内に有機物を含む固形物が堆積すると嫌気的環境になって硫酸還元が生じ硫化水素が発生する．硫化水素は常温で気体の物質であり，下水中から管きょ内に拡散する．管きょ内は酸素のある好気的環境にあり，また下水管上部や下水と接触する壁面は水分があることから硫黄酸化細菌により硫酸が再生産され，コンクリートが腐食する．最終的に硫酸を生成するのは硫黄酸化細菌であるが，発端は硫酸還元細菌による硫化水素の生産である．

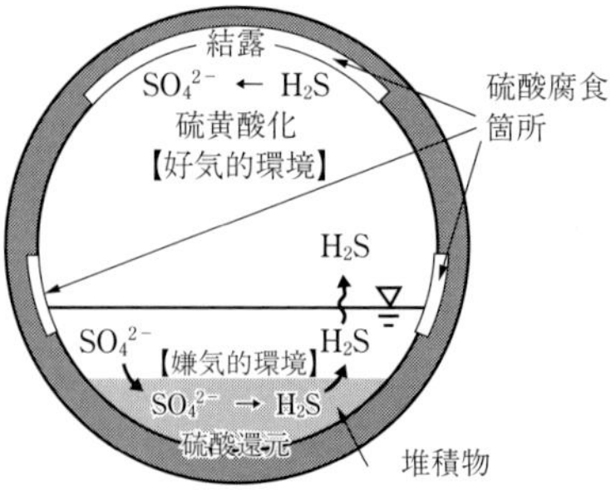

図 3・21　コンクリート製管きょの硫酸腐食の概念図

$$\text{有機物} + SO_4^{2-} \longrightarrow CO_2 + H_2O + H_2S + \text{エネルギー} \qquad (3\cdot10)$$

（5）　**メタン生成細菌**　　汚泥処理に用いられる消化槽など嫌気性処理の最終生成物は一般にメタンガスである．表に示されるようにメタンを生成する細菌には独立栄養と従属栄養の大きく2種類が存在し，いずれも電子量当りの獲得エネルギーはきわめて低く，増殖速度もきわめて小さい．前者は水素を電子供与体，二酸化炭素を電子受容体として炭酸呼吸による異化代謝を行い（式（3·11）），水素資化性メタン生成細菌，後者は酢酸などの有機酸をメタンに変換してエネルギーを獲得（式（3·12））する，酢酸資化性メタン生成細菌と呼ばれる．

$$\text{水素資化性メタン生成}\quad H_2 + CO_2 \longrightarrow CH_4 + \text{エネルギー} \qquad (3\cdot11)$$

$$\text{酢酸資化性メタン生成}\quad CH_3COOH \longrightarrow CH_4 + CO_2 + \text{エネルギー} \qquad (3\cdot12)$$

（6）　**嫌気性細菌**　　電子受容体となる酸素や硝酸，硫酸などが消失すると，有機物にその役割を担わせて有機物を電子供与体と電子受容体の両方の目的で使用する嫌気性細菌が活躍する．ただし，エネルギーの生成は酸化的リン酸化ではなく基質レベルであり，発酵と呼ばれる過程によりATPを生成する．一部の有機物からは水素が放出され，有機酸やアミン，CO_2が生成される．有機酸やアミンは独特の臭気を有する悪臭物質である．表に示されるように，電子量当りに獲得できるエネルギー量は少なく，増殖速度は遅く処理水質も一般に十分ではないが，余剰汚泥発生量は少なく，エネルギー回収可能なメタン生成の前処理として有効に利用されている．以下に異化代謝の式（3·13）を示す．

$$\text{有機物} \rightarrow \frac{\text{有機酸}}{\text{アミン}} + H_2 + CO_2 + H_2O + \text{エネルギー} \qquad (3\cdot13)$$

（7）**ポリリン酸蓄積細菌**　ポリリン酸蓄積細菌は，偏性好気性もしくは通性嫌気性の従属栄養細菌であり，細胞内にポリリン酸を蓄積する性質を有している．ポリリン酸はエネルギーの貯蔵物質であり，**図 3·22** に示されるように分解や再合成を通じて利用可能なエネルギーの生産やエネルギーの蓄積を行い，利用時にはおよそ 8 kcal/mol のエネルギーが得られるとされている．

ポリリン酸蓄積細菌の基本的な代謝を**図 3·23** に示す．嫌気条件下においてポリリン酸を加水分解してリン酸を放出し，得られた ATP を用いて摂取した有機物をポリヒドロキシアルカン酸（PHA）として蓄積する．また，好気条件下においては，蓄積した PHA を電子供与体として酸素呼吸を行って ATP を合成し，リン酸の再摂取とポリリン酸の再蓄積，PHA からの細胞合成（増殖）を行う．なお，無酸素条件下において脱窒でエネルギーを獲得する通性嫌気性ポリリン酸

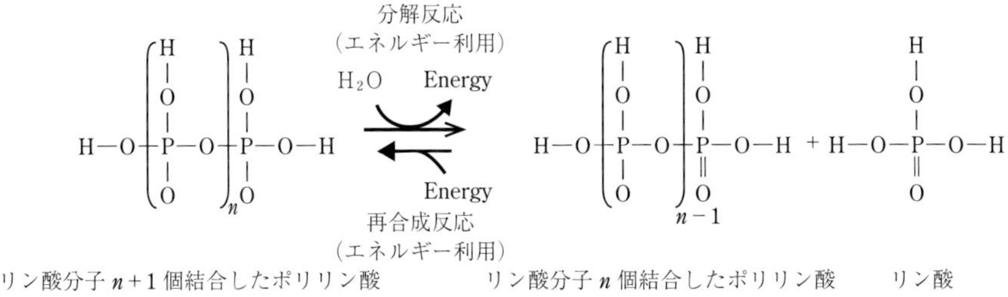

図 3・22　ポリリン酸の加水分解

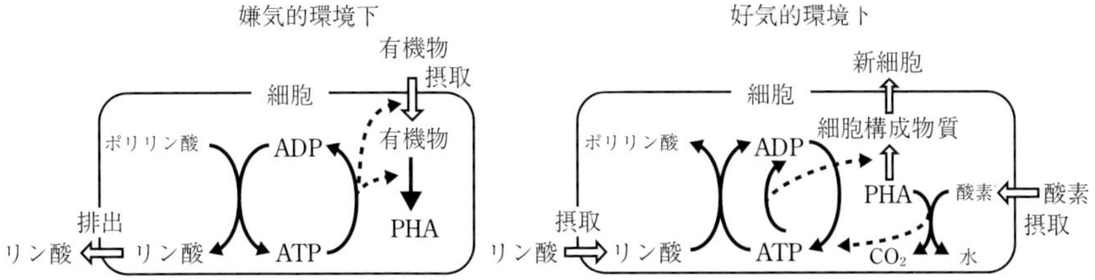

図 3・23　ポリリン酸蓄積細菌の基本的な代謝

蓄積細菌の存在も知られている．

（d）　生物反応タンクの混合形式

生物反応槽（反応タンク）は一般に，混合方式により押出し流れ型と完全混合型に大別される．前者は**図 3·24**（a）に示すように長い長方形の水路状のタンクであり，下水をその一端から流入させ理想的には流下方向に混合することなく他端から流出させる．流下に伴い処理が進行し BOD 濃度は低下するが，活性汚泥濃度の変化は大きくない．完全混合型反応タンクは，図の（b）に示すように流入した下水はタンク内の混合液と直ちに混合し，タンク内での濃度勾配は生じず流入負荷の変動に対して安定性がある．一方，一般に BOD の処理速度は BOD 濃度と正の相関があるため，完全混合槽では処理速度が若干低下する．

実際の施設では，図の（c）に示すような完全混合型のタンクを直列に配置した多槽完全混合型反応タンクが用いられる場合がある．また反応タンクの水深は 5 m 程度が普通であるが，処理場用地が限られている場合は，水深 10 m 程度の深層式タンクを利用することもある．

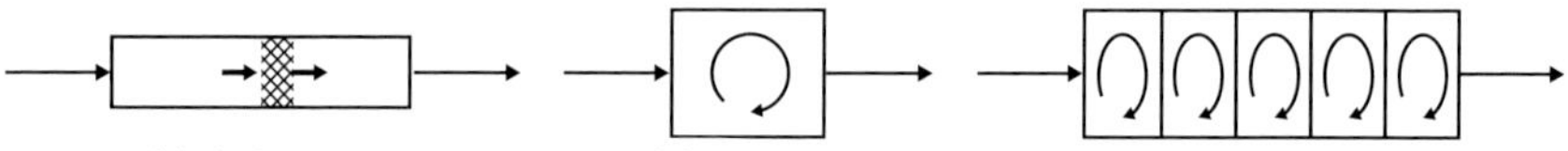

図 3·24　生物反応タンクの混合形式

4　活性汚泥法と生物膜法

（a）　標準活性汚泥法

浮遊微生物を用いた処理法を活性汚泥法と呼び，その代表的な処理法が標準活性汚泥法である．有機物の除去を主目的とし，好気性従属栄養細菌が主に活躍する．基本的なプロセスフローを**図 3·25** に示す．

標準活性汚泥法の反応タンク形状は長方形または正方形であり，幅は標準式では水深の 1〜2 倍，深槽式では同程度，また水理学的滞留時間（HRT）は 6〜8 時間を基本とする．安定して処理を行わせるためには，活性汚泥濃度（MLSS）を 1 500〜2 000 mg/l 程度，BOD-SS 負荷が 0.2〜0.4 kg BOD/(kg SS·d) になるようにする必要があり，最終沈殿池から排出された汚泥の一部を返送汚泥として適量反応槽に戻す．なお，有機物の除去を目的としているが，窒素・リンもある程

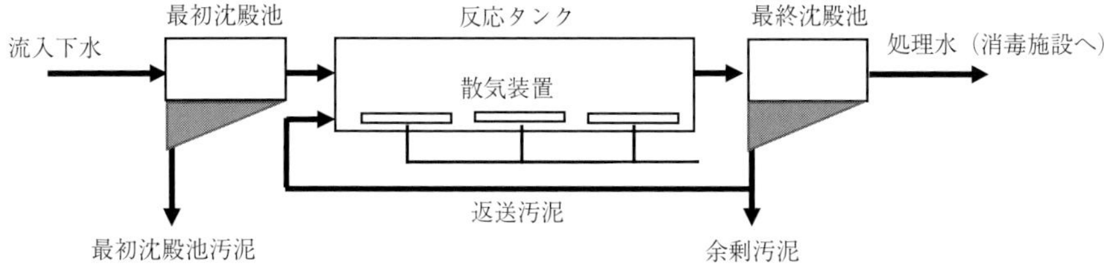

図 3・25　標準活性汚泥法の基本的なプロセスフロー

度の除去は可能である．例えば，固形物中に含まれていれば沈殿により除去され，また，微生物細胞が合成される際には基質として吸収される．流入下水の状況などによって事情は異なるが，窒素・リンをそれぞれ30％程度除去することが可能であるとされている．

（b）　活性汚泥法の管理因子

（1）　**水理学的滞留時間（HRT）**　流入下水が反応タンク内に流入してから排出されるまでの時間を水理学的滞留時間（Hydraulic Retention Time：HRT）と呼び，式（3·14）に示されるように反応タンク有効容積を流入水量で除して求める．一般に，水理学的滞留時間が長いほど処理水質は良好になるが，曝気エネルギーをより多く必要とする．HRTは，下水と微生物とが接触している時間を表していることから，反応時間であるともいえる．

$$\tau = \frac{V}{Q_{in}} \qquad (3 \cdot 14)$$

ここに，τは水理学的滞留時間〔d〕，V：反応タンク容量〔m^3〕，Q_{in}は流入水量〔m^3/d〕である．

（2）　**活性汚泥量**　反応タンク内で処理を担う活性汚泥量の指標に，MLSS（Mixed Liquor Suspended Solids：活性汚泥浮遊物質）およびMLVSS（Mixed Liquor Volatile Suspended Solids：活性汚泥有機性浮遊物質）がある．MLSSは，反応タンク中の浮遊物質濃度を表すもので，微生物以外にもさまざまな固形物質を含んでいる．一方，MLVSSは強熱減量であり，600°Cで30分強熱した際の残留分を無機物とし，MLSSから差し引くことで有機成分のみを表す指標として求めている．活性汚泥中の乾燥重量ベースの有機物比率（MLVSS/MLSS）は流入下水の水質等によるが，おおむね80％程度であるとされている．本来，微生物量の指標としてはMLVSSのほうが望ましいが，MLSSは乾燥重量を測定するのみで簡単に測定できるため，活性汚泥量の指標として一般に利用されている．

（3）**有機物負荷（F/M 比）**　活性汚泥による処理を安定して行わせるには，安定した量および質の基質を摂取させるような操作が望ましい．そのための操作因子の一つが，基質量と摂取する微生物の量の比を表す F/M 比（Food/Micro-organisms ratio）であり，基質を BOD，微生物量を MLSS で表した場合に，標準活性汚泥法ではおよそ 0.2～0.4 kg BOD/(kg MLSS·d) が適切であるとされている．流入水の量と質を考慮しつつ，その値に収まるように反応槽内の汚泥濃度（MLSS）を制御する．具体的には余剰汚泥の引き抜き量を制御することで行う．BOD-SS 負荷は，式（3·15）に示されるように流入 BOD 量を求めたうえで，反応タンク内の微生物量で除して求める．類似した指標に，式（3·16）に示す BOD-容積負荷〔kg BOD/(m^3·d)〕がある．これは反応タンク容積当りの負荷として計算するもので，汚泥濃度が不明な場合に有効であり，また反応タンクの大きさを定める場合にも有効である．

BOD-SS 負荷　$$L_{\mathrm{BOD}/X}=\frac{Q_{\mathrm{in}}\cdot C_{\mathrm{BOD,in}}}{X\cdot V} \qquad (3\cdot15)$$

BOD-容積負荷　$$L_{\mathrm{BOD}/V}=\frac{Q_{\mathrm{in}}\cdot C_{\mathrm{BOD,in}}}{V}\times10^{-3} \qquad (3\cdot16)$$

ここに，$L_{\mathrm{BOD}/X}$ は BOD-SS 負荷〔kg BOD/(kg MLSS·d)〕，$C_{\mathrm{BOD,in}}$：流入 BOD 濃度〔mg BOD/l〕，X：反応タンク内 MLSS 濃度〔mg MLSS/l〕，$L_{\mathrm{BOD}/V}$ は BOD-容積負荷〔kg BOD/(m^3·d)〕である．両者の関係は式（3·17）に示される．

$$L_{\mathrm{BOD}/V}=X\cdot L_{\mathrm{BOD}/X}\times10^{-3}=\frac{C_{\mathrm{BOD,in}}}{\tau}\times10^{-3} \qquad (3\cdot17)$$

（4）**汚泥返送比**　MLSS 濃度を直接的に制御する方法が汚泥返送比である．最終沈殿池から反応槽に戻される汚泥が流入水で希釈された結果，式（3·18）のように反応槽内の MLSS が与えられると考える．汚泥返送比（R_r）はこれを変形して得られるもので，式（3·19）に示されるように流入水量に対する返送汚泥量の比である．

$$X=\frac{Q_r}{Q_{\mathrm{in}}+Q_r}\cdot X_r \qquad (3\cdot18)$$

$$R_r=\frac{X}{X_r-X}=\frac{Q_r}{Q_{\mathrm{in}}} \qquad (3\cdot19)$$

ここに，Q_r は返送汚泥量〔m^3/d〕，X_r は返送汚泥濃度〔mg/l〕である．

返送汚泥濃度が既知である場合に，目標とする MLSS にするために必要な汚泥返送比は式（3·19）から求めることができる．なお，汚泥返送比を大きくして MLSS 濃度を高めると活性汚泥の内生呼吸によるエネルギー消費が増えることに加え，最終沈殿池での沈降性の悪化を引き起こしうるので注意が必要である．

（5）**固形物滞留時間（SRT）**　SRT は反応タンク内の微生物濃度の制御に用いられる重要な反応タンク管理指標の一つである．余剰汚泥量を少なくして SRT を大きくすると，反応タンク内の MLSS を大きくすることができ，結果として BOD-SS 負荷を小さくすることになる．逆に，余剰汚泥量を多くして SRT を短くとると，反応タンク内の MLSS 濃度が低下するため処理に要する散気量は小さくできるが，処理が不安定になる可能性がある．SRT は反応タンク，最終沈殿池，返送汚泥系を含めた水処理系内に汚泥が滞留する日数であり，最終沈殿池と返送汚泥系に存在する活性汚泥量を無視すると次式で表される．

$$\theta_X = \frac{V \cdot X}{Q_w \cdot X_w + (Q_{\mathrm{in}} - Q_w) \cdot C_{SS,\mathrm{out}}} \qquad (3 \cdot 20)$$

ここに，θ_X は SRTθ_X〔d〕，Q_w と X_w はそれぞれ余剰汚泥量〔m^3/d〕と余剰汚泥濃度〔mg/l〕，$C_{SS,\mathrm{out}}$ は処理水の SS 濃度〔mg/l〕である．

特に硝化細菌など増殖速度の低い微生物を反応タンク内に保持するための指標とする場合には，好気条件下に置かれた状態の滞留時間が重要であることから，好気的固形物滞留時間（A-SRT）を制御指標とすることがある．必要な滞留時間は水温によって異なるが，25°C でおおむね 5 日以上，20°C でおおむね 7 日以上また 15°C でおおむね 10 日以上が必要であるとされ，特に冬季の管理が重要となる．

$$\theta_{XA} = \frac{V_A \cdot X}{Q_w \cdot X_w + (Q_{\mathrm{in}} - Q_w) \cdot C_{SS,\mathrm{out}}} = \frac{V_A}{V} \cdot \theta_X \qquad (3 \cdot 21)$$

ここに，V_A は好気槽容量〔m^3〕である．

さらに処理水中の SS 量は反応タンク内の活性汚泥量に比べると無視できるので，式（3・22）は次のように近似される．すなわち，SRT は反応槽内の汚泥が余剰汚泥により引き抜かれる日数を表している．

$$\theta_X = \frac{V \cdot X}{Q_w \cdot X_w} \qquad (3 \cdot 22)$$

上式において，系が安定し反応タンク内の微生物濃度の変化がないとすれば，余剰汚泥の引き抜き量（$Q_w \cdot X_w$）は反応タンク内の増殖量（$V \cdot \mu X$）に等しいはずである．つまり，安定した系においては，活性汚泥の比増殖速度 μ はSRTの逆数に等しい．

$$\theta_X = \frac{V \cdot X}{V \cdot \mu X} = \frac{1}{\mu} \tag{3・23}$$

ここで，μ は比増殖速度である．

（6）**汚泥の沈降性**　最終沈殿池において活性汚泥が処理水と適切に分離されることが重要である．その成否を判断する汚泥の沈降性を表す指標としては，活性汚泥30分沈殿率（SV_{30}）および汚泥容量指標（SVI）がある．活性汚泥30分沈殿率は，容量が1 l のメスシリンダーに反応タンクの混合液をとり，30分間静置したときに沈殿した汚泥の占める体積割合を％で示したものである．測定は簡易であるが汚泥濃度により結果が変化しうるため，厳密には単位汚泥当りに変換した汚泥容量指標（SVI）が用いられる．SVIは，式（3·24）に示されるように，SV_{30} の試験時に汚泥体積を使用した汚泥の濃度で除して単位変換したものである．

$$\mathrm{SVI} = \frac{\mathrm{SV}_{30} \cdot 10^{-2} \cdot 10^{3}}{X \cdot 10^{-3}} \tag{3・24}$$

一般に，活性汚泥の沈降性が良好であればSVIは100～200前後であり，沈降性が不良な場合にはSVIの値は200以上となり沈降性が悪化した状態，すなわちバルキングが生じた状態であるとされる．ただし，目安は処理方式によって異なり，処理水質に影響を与えるような状態になくても，分流式の標準活性汚泥法では200を超え，オキシデーションディッチ法では300を超える場合もある．SVIが100前後の場合，メスシリンダー内の30分間静置後において汚泥はち密な状態に沈殿する．このときの沈殿汚泥のSS濃度は，返送汚泥の最大SS濃度と考えることができるので，反応タンク内に維持可能な最大のMLSS濃度は，式（3·25）のように返送汚泥比 R_r とSVIから求めることができる．

$$X = \frac{10^6}{\mathrm{SVI}} \cdot \frac{R_r}{1 + R_r} \tag{3・25}$$

（7）**その他の留意すべき事項**　活性汚泥法の処理に影響を与える因子には，栄養バランスや水温，pH，有害物質などさまざまなものがある．微生物の代謝に必要な栄養は有機物，窒素，リン，その他の微量成分などである．活性汚泥が正常に増殖するためには，BOD：窒素：リンの比が 100：5：1 程度であれば好ましいが，通常の下水の場合，幸いこのバランスはとれているので問題はない．ただし，工場排水が多量に流入しているような場合は，この栄養バランスを保つために必要な栄養塩を加えるという調整が必要なことがある．

水温も微生物の代謝に影響する．温度が 10°C 下がると反応速度が 1/2 に低下するとされている．寒冷地などでは冬季に下水の水温が低下することがあり，注意を要する．通常，下水の pH は 6.0～8.0 の範囲にあり，微生物の代謝に特に問題は生じない．ただし，硝化反応（硝化細菌によるアンモニア性窒素の亜硝酸性窒素または硝酸性窒素への酸化）が進行してアルカリ度が消費され，pH が低下する場合もある．有害物質については除害施設が適切に管理されていれば問題ないが，事故などにより活性汚泥に有害なシアンやフェノールなどが下水に混入すると，浄化機能に障害が生ずる．

（c）　必要空気量とエアレーション方式

活性汚泥に必要な酸素を供給し，反応タンク内をかくはんするためにエアレーション（曝気）が行われる．活性汚泥に必要な酸素量は，BOD の酸化に必要な酸素量と内生呼吸に必要な酸素量，硝化反応が生じる場合はこれに要する酸素量，さらに処理水とともに溶存酸素（DO）が持ち出されることから，DO 濃度の維持に必要な酸素量を加えたものになる．なお，脱窒が生じる場合はそれによる BOD 除去量を差し引く必要がある．このようにして求められた必要酸素量を供給できるように，散気装置の酸素溶解効率を考慮して反応タンクに送り込むべき必要空気量を求める．

エアレーションの方法は反応タンクの形状や散気装置の配置などにより各種の方法がある．**図 3·26** にその代表例として，水深 4～6 m 程度の標準式と 10 m 前後の深層式について示す．旋回流式は，流れに平行なタンク底面の片側に散気装置を配置するもので，空気の噴流により流下方向と垂直な面に旋回流を生じる．全面エアレーション式は，気泡径の小さい散気板をタンクの底面全体に配置するものであり，微細な気泡をタンク内全体に分散させて酸素移動効率を高めたものである．特に深層式では送風機側の圧力を十分に高くする必要がある．水中かくはん式は，送風機からの空気と上部より引き込んだ水とをタービン羽根で激しくかくはんすることで，強いせん断作用により空気泡を微細化しつつ，強い水流に

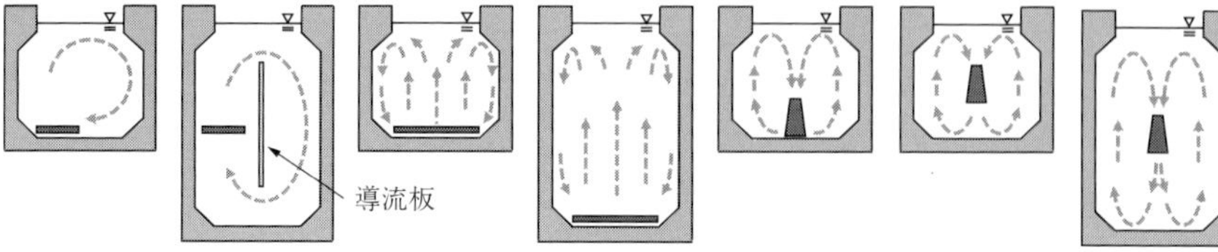

標準式　深層式
(a) 旋回流式

標準式　深層式
(b) 全面エアレーション式

水中モーター式　ドラフトチューブ式　深層式
(c) 水中かくはん式

図 3・26　エアレーション方式の種類
（出典：下水道施設計画・設計指針と解説　後編　日本下水道協会（2019）をもとに作成）

装置名	メンブレンパネル式散気装置	メンブレンパイプ式散気装置	高密度配置式散気装置	散気板（セラミック製，合成樹脂製）	多孔性散気筒（セラミック製，合成樹脂製）
概要図	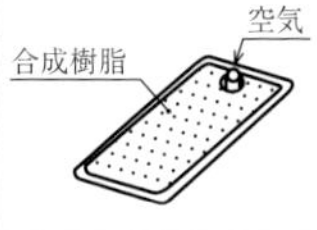	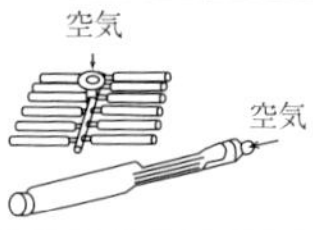	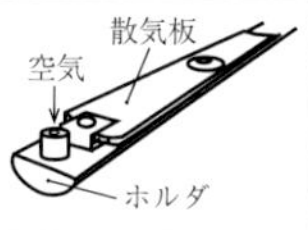		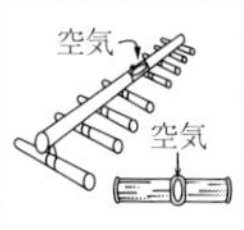

図 3・27　微細気泡散気装置の例

より気泡を分散させるしくみであり，高い酸素移動効率が期待できる．装置を底部に設置した水中モーター式と水面下 2～3 m のところに設置して底に向かって吹きつけるドラフトチューブ式がある．

散気装置には種々の装置があるが，酸素の溶解効率を高めるためには気液接触面積を大きくすることが有効であり，微細気泡と呼ばれる径の小さな気泡を生成する散気装置が多く利用されている．微細気泡散気装置の例を**図 3・27** に，また酸素移動効率の例を**表 3・15** に示す．なお，表に記載はないが水中かくはん式の酸素移動効率はおよそ 20～30% とされている．

合成樹脂製またはシリコン製のメンブレン散気装置（パネル式・パイプ式）

表 3・15　各種エアレーション装置の酸素移動効率 E_A

エアレーション方式	エアレーション装置		
	メンブレン式	高密度配置式	散気板/多孔性散気筒
全面エアレーション式	28～31%	27～31%	20～32%
旋回流式	26～30%	23～27%	14～16%

〔注〕　散気水深 5 m における清水に対する酸素移動効率
（出典：下水道施設計画・設計指針と解説　後編　日本下水道協会（2019）をもとに作成）

は，空気を送り込む際に膜が膨張して空隙が広がり，微細気泡が送り出されるもので特に旋回流式においても高い酸素溶解効率が得られる．また，散気停止時には細孔が閉じるので詰まりを生じにくい．一方，合成樹脂製またはセラミック製の散気板や散気筒は，固定径の細孔が設けられており，特に全面エアレーション式で高い酸素溶解効率を示す．散気を完全に停止すると逆流して目詰まりを生じやすい．下水処理場の維持管理費において，エアレーション用ブロワー（送風機）の電力費の占める割合が大きいため，できるだけ酸素溶解効率の高い散気装置を選定すべきである．しかしながら散気装置が混合液という過酷な条件の中で用いられることから，目詰まりの可能性や耐久性など維持管理性についても十分検討して選定すべきである．

（d）　有機物除去を主目的とする各種活性汚泥法

有機物除去を主目的とした活性汚泥法の各種変法を**表 3·16** にまとめた．各処理法ごとに，反応タンク内の MLSS 濃度や BOD-SS 負荷等に違いがあるほか，最初沈殿池を必要としない処理法もある．各種処理法について以下に記す．

（1）　**酸素活性汚泥法**　　基本的な原理や装置構成は標準活性汚泥法と同等であるが，空気の代わりに純酸素を曝気することを特徴とし，酸素分圧を高くすることで溶解効率の向上を図るものである．酸素溶解効率が高いため，高い有機物負荷と，高 MLSS 濃度の維持の両立が可能となり，飛躍的な HRT の低減を可能

表 3・16　有機物除去を主体とする各種活性汚泥法の特徴

処理方式	MLSS〔mg/l〕	BOD-SS 負荷〔kgBOD/(kgSS·d)〕	HRT〔h〕	水深〔m〕	備考
標準活性汚泥法	1 500～2 000	0.2～0.4	6～8	4～6	深層式の水深は約 10 m
酸素活性汚泥法	3 000～4 000	0.3～0.6	1.5～3	4～6	高負荷かつ高 MLSS が可能な純酸素利用
長時間エアレーション法	3 000～4 000	0.05～0.10	16～24	4～6	最初沈殿池省略，高 MLSS，低負荷，低汚泥発生量
オキシデーションディッチ法	3 000～4 000	0.03～0.05	24～36	1～5	最初沈殿池省略，無終端水路，高 MLSS，低負荷，低汚泥発生量
回分式活性汚泥法	1 500～2 000（高負荷時） 2 000～3 000（低負荷時）	0.2～0.4（高負荷時） 0.03～0.05（低負荷時）	幅広い	4～6	最初沈殿池省略，処理と沈殿・排出を一つのタンクで行う

（出典：下水道施設計画・設計指針と解説　後編　日本下水道協会（2019）をもとに作成）

にしている．したがって，敷地面積に制約があるような処理場では特に有効である．標準活性汚泥法と比較して，MLSS がおよそ 2 倍で HRT がおよそ 1/3 倍であることから，BOD-SS 負荷は 1.5 倍程度での運転になっている．

（2）**長時間エアレーション法**　低負荷運転により余剰汚泥の発生量を少なくすることを目的とした活性汚泥法で，最初沈殿池は設けない．反応タンクの構造は標準活性汚泥法と類似であるが，その他の設計条件はオキシデーションディッチ法とほぼ同じである．低負荷で SRT が長いため硝化反応が進行しやすく，処理水 pH の低下や最終沈殿池での汚泥浮上などの問題が生じることがある．本方式とオキシデーションディッチ法では，低負荷かつ高 MLSS 濃度を維持する必要があり，最終沈殿池の管理は標準活性汚泥法とは異なる．すなわち沈殿時間を標準活性汚泥法より長めの 6〜12 時間とし，水面積負荷は $8 \sim 12\ \mathrm{m^3/(m^2 \cdot d)}$ と低く設定する．

（3）**オキシデーションディッチ法**　**図 3·28** に示すように，主に機械式のエアレーション装置を有するコンクリート製の無終端水路を反応タンクとし，最終沈殿池から汚泥返送を行う処理方式で，我が国では中小規模の処理場で多く採用されている．余剰汚泥の引き抜きを少なく，MLSS 濃度を高めて低負荷で運転するもので，最初沈殿池は設けない．エアレーション装置によって酸素供給を行うとともに，汚泥が沈降しないように反応タンク内を循環させる．低負荷で運転されるため，流入変動に対して安定した処理が可能であり，また水温の低下（5 ℃近く）に対しても比較的安定した処理が可能である．低負荷で SRT が長いために硝化反応が進行しやすく，処理水 pH の低下や最終沈殿池での汚泥浮上などに注意する必要がある．最終沈殿池については長時間エアレーション法と同様の

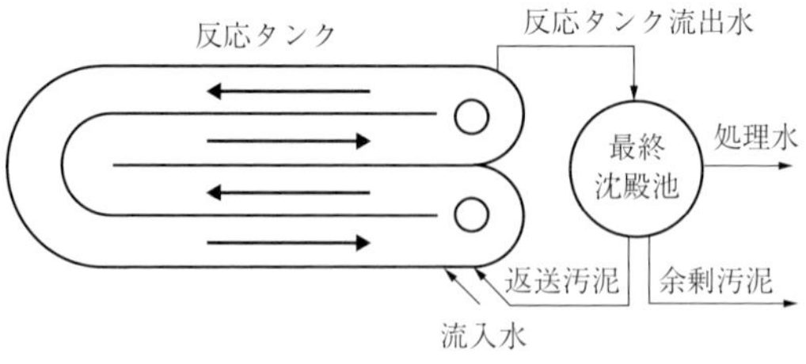

図 3・28　オキシデーションディッチ法
（出典：下水道施設計画・設計指針と解説　後編　日本下水道協会（2019）をもとに作成）

諸元を用い，滞留時間は長く水面積負荷は小さくとる．

（4） **回分式活性汚泥法**　**図 3·29** に示すように，一つの回分槽に時間を分けて反応タンクと最終沈殿池の機能をもたせ，活性汚泥による反応と混合液の沈殿，上澄みの排水，排泥の工程を時間的に繰り返す処理方法である．この方法の特徴は，流入下水の量や質に応じてエアレーション時間，沈殿時間などを自由に設定できること，混合液を理想的な静置状態で沈殿させるため固液分離が良好であること，有機物除去と同時にリンや窒素の除去が可能であるなどがあげられる．また，運転方法によっては糸状性バルキングの抑制が可能である．負荷条件として，標準活性汚泥法同等の高負荷型とオキシデーションディッチ法同等の低負荷型があり，前者は有機物除去に加えてリン除去能，後者は有機物除去に加えて窒素除去能に優れている．上澄みの排出にはフロート式，昇降式または固定式の排出装置が用いられる．回分槽にはスカムが蓄積しやすいので，スカム除去装置を設置するのが望ましいとされる．

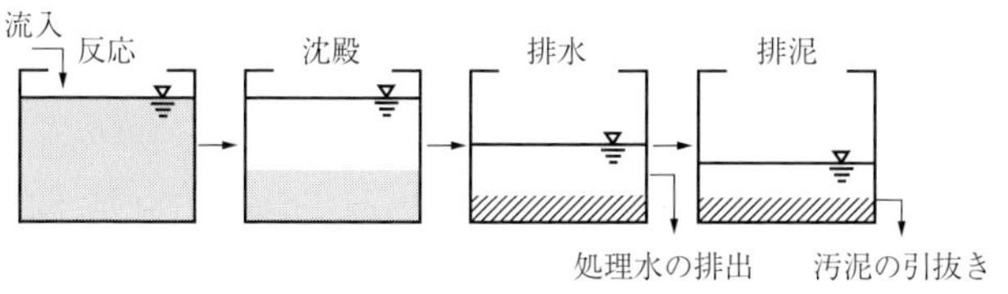

図 3・29　回分式活性汚泥法
（出典：下水道施設計画・設計指針と解説　後編　日本下水道協会（2019））

（e） 生 物 膜 法

（1） **生物膜法の特徴**　生物膜法は砕石や板などの接触材表面に付着した微生物膜を利用して下水を処理する方法である．接触剤の隙間を下水が移動する間に SS の捕捉と BOD の分解が行われる．必要な酸素は反応タンクの下部より供給する．支持体に形成される微生物量が増加しすぎると自然にその一部がはく離し，フレッシュな状態で処理が行われるなど自動的な調整機能を有する．活性汚泥法に必要不可欠な汚泥の返送や反応タンク内の汚泥濃度の調節は不要である．運転管理は比較的容易であるが，処理が悪化した場合に短時間での生物量の調整が難しいという欠点も有する．また，はく離した汚泥は最終沈殿池などにより処理水と分離する必要がある．生物膜法では硝化反応に関与する硝化細菌が保持されやすく硝化反応が容易に進行するという特徴を有する．この方法には好気性沪

表 3・17　代表的な生物膜法の特徴

処理方式	最初沈殿池		反応タンク		最終沈殿池	
	水面積負荷〔$m^3/(m^2 \cdot d)$〕	越流負荷〔$m^3/(m \cdot d)$〕	BOD-容積負荷〔$kgBOD/(m^3 \cdot d)$〕	沪過速度〔m/d〕	水面積負荷〔$m^3/(m^2 \cdot d)$〕	越流負荷〔$m^3/(m \cdot d)$〕
好気性沪床法	30	250 以下	2	25	—	—
接触酸化法	25～50	100 以下	0.3	—	20～30	80 以下

（出典：下水道施設計画・設計指針と解説　後編　日本下水道協会（2019）をもとに作成）

床法や接触酸化法などがある．

表 3·17 はこれらの方法の特徴をまとめたものである．

（2）　**好気性沪床法**　　**図 3·30** に示すように，3～5 mm 程度の粒径を有するアンスラサイトなどの接触材を 2 m ほどの高さで充てんした沪床の上部から最初沈殿池流出水を流入させ，下部から空気を送り込む．沪材間を通過する間に，沪材表面に付着した好気性微生物による有機物の分解と SS の捕捉を同時に行って処理を行う．沪過を用いるので最終沈殿池は設けない．処理時間の経過に伴って捕捉された SS や増殖した微生物により沪床が閉塞するので，定期的に空気および処理水を用いた逆洗を行い，逆洗排水は最初沈殿池に返送して処理を行う．

（3）　**接触酸化法**　　反応タンクに浸漬させた接触材の表面に好気性微生物を付着させて処理する方法である．酸素は反応タンク下部の散気装置から供給する．過剰に増殖した微生物は，やがてはく離して最終沈殿池により分離されるが，汚泥の返送は行わずに余剰汚泥として全量を引き抜く．接触材の形状には，チューブ状，ひも状，網状，ボール状などさまざまにあるが，いずれも比表面積

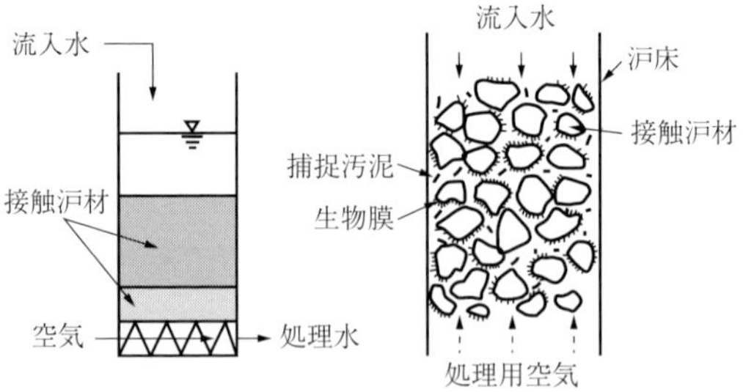

（a）好気性沪床の構造　　（b）沪床断面

図 3・30　好気性沪床法
（出典：下水道施設計画・設計指針と解説　後編　日本下水道協会（2019））

が大きく十分な空隙率を有するものが用いられる．また，反応タンクは２室以上として前段をやや大きめにし，前段は空隙が大きめ，後段は小さめの接触材を用いることが望ましい．接触材の充填率は55％程度，BOD-容積負荷は0.3 kg-BOD/(m^3·d) 程度とする．

5 高 度 処 理

(a) 高度処理の目的

高度処理とは二次処理で得られる処理水質以上の水質を得るための処理のことで，その目的として (1) 二次処理が主に対象としているBODやSSをより高度に除去することを目的とする場合，(2) 二次処理では処理が十分に期待できない窒素やリンなど富栄養化原因物質の除去を対象とする場合，(3) 処理水の再利用を目的とする場合の３種に大別される．

(b) 高度処理の方式

表3·18 に高度処理の除去対象物質と処理方式をまとめたものを示す．目的に

表 3・18 高度処理の除去対象物質と処理方式[注1]

<table>
<tr><th rowspan="2">導入目的</th><th rowspan="2">除去対象物質</th><th colspan="4">主たる処理方式</th></tr>
<tr><th colspan="2">物理化学的手法</th><th colspan="2">生物学的手法</th></tr>
<tr><td rowspan="8">公共用水域の水質保全</td><td rowspan="2">有機物（浮遊性）</td><td colspan="2">急速沪過法</td><td colspan="2">—</td></tr>
<tr><td rowspan="2">凝集沈殿法
膜分離法</td><td colspan="2" rowspan="2">生物膜沪過法</td><td rowspan="2">—</td></tr>
<tr><td rowspan="2">有機物（溶解性）</td></tr>
<tr><td colspan="2">オゾン酸化法，活性炭吸着法</td><td colspan="2">—</td></tr>
<tr><td rowspan="2">窒素</td><td colspan="2">—</td><td colspan="2">生物学的窒素除去法[注2]</td></tr>
<tr><td rowspan="2">—</td><td colspan="2" rowspan="2">凝集剤添加式生物学的窒素除去法</td><td rowspan="2">生物学的窒素・リン同時除去法[注3]</td></tr>
<tr><td rowspan="2">リン</td></tr>
<tr><td>凝集沪過法</td><td colspan="2">凝集剤添加式活性汚泥法</td><td>嫌気好気活性汚泥法</td></tr>
<tr><td rowspan="3">処理水再利用</td><td>濁度</td><td colspan="2">凝集沪過法，膜分離法</td><td colspan="2">—</td></tr>
<tr><td>色度</td><td colspan="2">オゾン酸化法，活性炭吸着法，膜分離法(RO)</td><td colspan="2">—</td></tr>
<tr><td>微生物</td><td colspan="2">消毒，凝集沪過法，膜分離法</td><td colspan="2">—</td></tr>
</table>

〔注〕 1. 急速沪過法の併用や有機物添加の付加などは除いた整理
2. 循環式硝化脱窒法，硝化内生脱窒法，ステップ流入式多段硝化脱窒法，高度処理オキシデーションディッチ法
3. 嫌気無酸素好気法，循環式硝化脱窒型膜分離活性汚泥法

（出典：下水道施設計画・設計指針と解説 後編 日本下水道協会（2019）をもとに作成）

応じて有機物，栄養塩類や濁度などさまざまにあり，またそれらを処理する方式も多様である．以下はこれらについてまとめたものである．

（1）**有機物除去**　有機物には浮遊性有機物と溶解性有機物があり，それぞれに適した処理法を選択する．浮遊性有機物と溶解性有機物のうちコロイドについては，凝集剤を添加することで沪過または沈殿により処理が可能である．また生物膜沪過法は，生物膜による捕捉効果と分解効果が期待でき，浮遊性および溶解性のいずれにも対応可能である．二次処理で除去できなかった溶解性有機物は，強い酸化力を有するオゾンによる分解や活性炭吸着などにより除去が可能である．

（2）**窒素およびリンの除去**　富栄養化対策として二次処理以上の窒素・リンの除去が必要な場合，窒素については生物学的な方法で，リンについては生物学的手法もしくは凝集剤添加により折出したリンを除去する物理化学的手法が用いられる．

（3）**再利用水のための濁度・色度・微生物の除去**　処理水は貴重な資源であり，水洗用水，散水用水，修景用水，工業用水，農業用水などに利用が可能である．それぞれの目的に応じた処理が必要になるが，濁度および微生物については浮遊性物質（SS）の除去と同じ考え方で，凝集沪過や膜分離が用いられる．微生物については消毒が用いられるが，塩素を利用する方法のほか，オゾンや紫外線を用いることもある．

（c）急速沪過法

急速沪過法は最終沈殿池の流出水の高度処理に用いられ，砂やアンスラサイトなどの粒状沪材からなる沪層に，計画一日最大沪過水量に対して300 m/d程度の沪過速度が得られるように，最終沈殿池の流出水を高速で流入させることで，流入水中の浮遊物が，沪材への付着や沪層でのふるい分け作用によって除去される．水位差を利用する重力式と所定の圧力を付加する圧力式に大別され，また沪過の方向として上向流式，下向流式または水平式がある．**図3·31**に代表的な固定床式急速沪過池の概念図を，下向流式と上向流式についてそれぞれ示す．下向流式では，沪過原水を沪層の上部より静かに流入させる．沪過原水は，沪過池と越流ぜきの水位差に応じて沪層を穏やかに下降し，その間に沪材に粒子が捕捉されて浄化される．沪材の目詰まりの解消は下部から供給される洗浄水（逆流洗浄）により行い，洗浄排水は上部から引き抜かれる．一方，上向流式は沪過原水

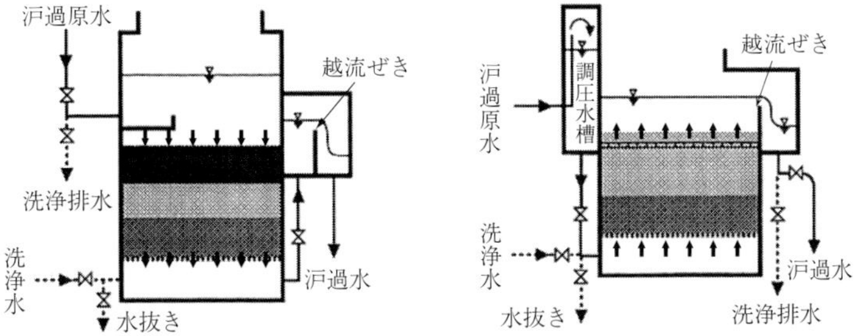

(a) 重力式下向流（固定床）　(b) 重力式上向流（固定床）

図 3・31　代表的な急速沪過池の概念図
（出典：高度処理施設設計マニュアル（案）日本下水道協会（1994）を一部改変）

を調圧水槽に導入し，越流ぜきとの水位差で上向流を生じさせる．洗浄水は原水と同様に沪層下部から供給し，上部から引き抜く．

いずれの方式においても，一般に，砂とアンスラサイトからなる2層とし，有効径1.5～2.0 mm で均等係数1.4以下の軽くて大きいアンスラサイトを上部に，その下部に小さくて重い砂を敷き詰める．砂については，均等係数1.4以下，有効径がアンスラサイトのおよそ1/2.7以下にならない程度に小さいものを用い，沪層厚はアンスラサイト層の60% を超えない程度とする．洗浄は一般に空気洗浄と表面洗浄を組み合わせ，一日一回程度行う．また，状況によっては凝集剤の添加を併用することで，より微細な粒子の除去効果を高めることができる．**図 3·32** に急速沪過の浮遊物質除去の一例を示す．図はさまざまな流入負荷を一定に，もしくは変動を与えたものの結果である．

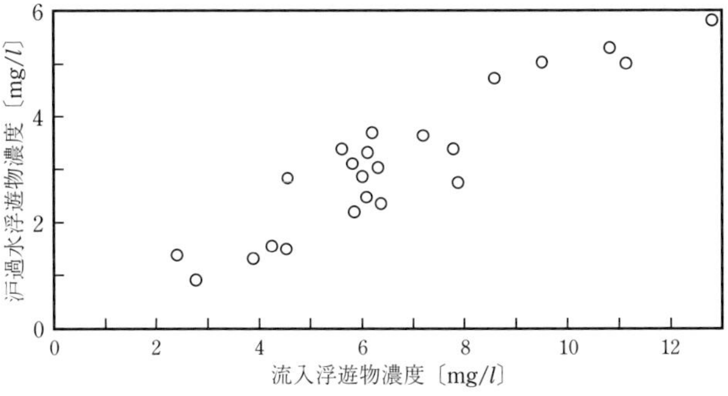

図 3・32　急速沪過法による浮遊物除去の一例
（出典：高度処理施設設計マニュアル（案）日本下水道協会（1994）を一部改変）

(d) 生物学的処理法による高度処理

表3·19に窒素およびリンの除去を併用する各主活性汚泥法の特徴をまとめた.

(1) **生物学的窒素除去法**　微生物を利用した窒素除去法は，下水中のアンモニアを硝酸に変換する硝化反応と硝酸を最終的に窒素ガスに変換する脱窒反応で構成される．硝化反応を行うのはアンモニア酸化細菌と亜硝酸酸化細菌で，いずれも独立栄養細菌であり，酸素呼吸を行いながらそれぞれアンモニア態窒素を亜硝酸態窒素，また亜硝酸態窒素を硝酸に変換する．硝化細菌の増殖速度は一般に遅いため，好気的固形物滞留時間（A-SRT）を長く取り，また，アンモニア態窒素を亜硝酸態窒素へ酸化する際にはpHが低下するため，必要に応じてアルカリ剤を添加する必要がある．一方，脱窒反応は通性嫌気性細菌である従属栄養性の脱窒細菌が，有機物を利用して亜硝酸態窒素や硝酸態窒素を窒素ガスへと還元する反応である．この脱窒反応は無酸素条件で生じ，無酸素タンクでは一般に曝気を行わない．また，酸が消費されるためアルカリ度が回復する.

(2) **硝化内生脱窒法**　生物学的窒素除去法における窒素の形態の変化は，硝化・脱窒の順であることから，その順に反応タンクを構成した処理法が硝化内

表 3・19　窒素やリン除去を併用する各種活性汚泥法の特徴

処理方式	MLSS〔mg/*l*〕	BOD-SS 負荷〔kgBOD/kgSS·d〕	HRT〔h〕	備考
循環式硝化脱窒法（循環法）	2 000～3 000	標準活性汚泥法より低負荷	14～18	
硝化内生脱窒法	2 500～4 000	標準活性汚泥法より低負荷	18～24	最初沈殿池なし
ステップ流入式多段硝化脱窒法	2 000～3 000（最終タンク）	0.05～0.10	計算による	硝化細菌保持のためのA-SRTと脱窒に必要な無酸素時間により算出
高度処理オキシデーションディッチ法	2 500～4 000	—	24～36	無終端水路．水深1～5 m．最初沈殿池なし
嫌気好気活性汚泥法（AO法）	1 500～2 000	0.2～0.4	7～10	嫌気槽HRT 1～2時間程度
嫌気無酸素好気法（A2O法）	2 000～3 000	標準活性汚泥法より低負荷	15～20	循環法HRTに嫌気槽HRTを加えたもの
循環式硝化脱窒型膜分離活性汚泥法	8 000～12 000	標準活性汚泥法より低負荷	5～6	水深3.6～5 m．最初沈殿池なし

（出典：下水道施設計画・設計指針と解説　後編　日本下水道協会（2019）をもとに作成）

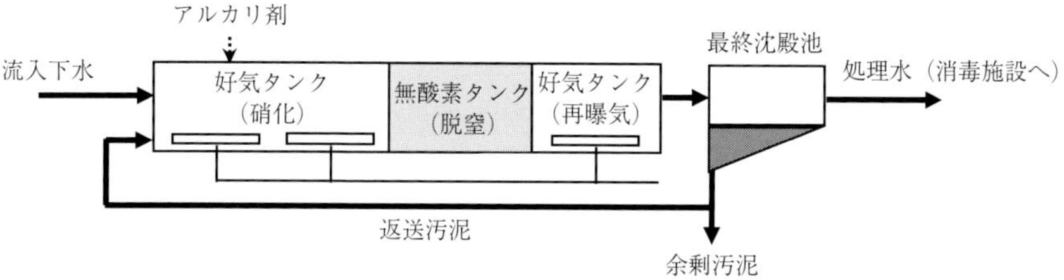

図 3・33　硝化内生脱窒法の基本的なプロセスフロー

生脱窒法である．**図 3·33** に基本的なプロセスフローを示す．この方法では始めの好気タンクで硝化が生じる際に pH が低下するため，水酸化ナトリウムなどのアルカリ剤の投入を必要とする場合がある．また，無酸素タンクでは脱窒のために有機物を必要とするが，始めの好気タンクである程度消費されてしまうことから，最初沈殿池を設けずに可能な限り多く有機物を反応タンクに流入させる．それでも基本的には内生脱窒が支配的になると思われ，脱窒の速度はある程度低減される．原理的には 100% の窒素除去が可能であるが，実際の除去率は 70～90 % 程度である．この処理法は後述する循環型硝化脱窒法と比べてもエネルギー消費が少なく，高効率での窒素除去が可能であるとされている．二つ目の好気タンクは再曝気用とされ，最終沈殿池での脱窒による汚泥浮上と，それに伴う水質悪化の防止や，放流水に DO を補給するために行われる．

（3）　**循環式硝化脱窒法**　　脱窒に必要な有機物を流入水から得ることで脱窒速度の改善とアルカリ度の回復を行う処理方式で，流入下水は脱窒槽から硝化槽へ流れる．**図 3·34** にプロセスフローを示す．下水中のアンモニアは無酸素タンクでは処理されず好気タンクで硝化されるため，脱窒を行うには好気タンク内の汚泥を脱窒槽に戻す必要がある．これを硝化循環液と呼び，脱窒槽に戻す管とポ

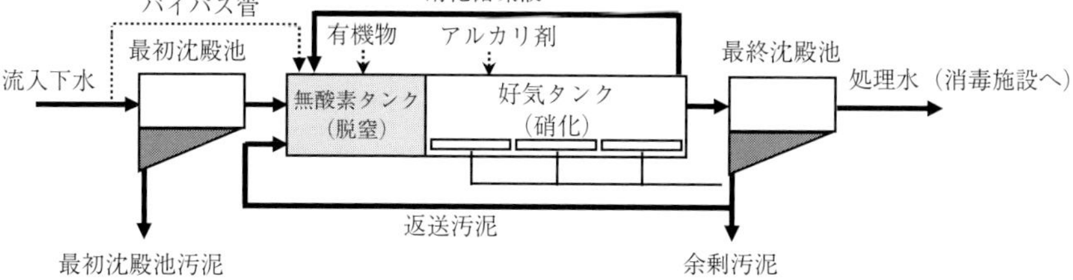

図 3・34　循環式硝化脱窒法の基本的なプロセスフロー

ンプを新たに設置する必要がある．また，アルカリ度低下に対応するために水酸化ナトリウムなどのアルカリ剤を投入する設備や，流入下水中の有機物が不足した場合にメタノールなどの有機物を脱窒槽に投入する設備を設ける．流入下水中の有機物が不足する場合には，最初沈殿池を通さずにバイパスして脱窒槽に流入させる方法もある．硝化内生脱窒法と比較して装置構成は複雑になるが，短時間で安定した窒素除去が期待できることから，我が国で最も利用されている生物学的窒素除去法である．なお，窒素除去率は硝化循環液を戻す割合によって変化し，返送汚泥を含めて以下の式により循環比を決定する．

$$R=\frac{Q_r+Q_c}{Q_{\mathrm{in}}} \qquad (3 \cdot 26)$$

ここで R は循環比，Q_r は返送汚泥量，Q_c は循環水量，Q_{in} は流入水量である．また，好気タンクで硝化が 100% 行われたうえで，循環により脱窒槽に戻された硝酸や亜硝酸がすべて脱窒されて窒素ガスに変換されたとすると，除去率は次式で表現される．

$$E_N=\frac{R}{1+R}\times 100 \qquad (3 \cdot 27)$$

ここで E_N は窒素除去率〔%〕である．窒素除去率の観点からは高い循環比で運転することが望ましいが，その分エネルギー消費が大きくなることから，実際には循環比は 2 程度を上限として運転がなされている．

（4） **生物学的リン除去法** 生物学的リン除去法は，**図 3·35** に示すように活性汚泥反応タンクの前半部分に遊離酸素（通常の溶存酸素）および結合酸素（亜硝酸や硝酸など）の存在しない嫌気タンクを設け，リンを蓄積できる細菌（ポリリン酸蓄積細菌）を優占的に増殖させ，BOD 除去と合わせてリン除去を行う方法で，嫌気好気活性汚泥法（AO 法）と呼ばれる．**図 3·36** に反応タンク内

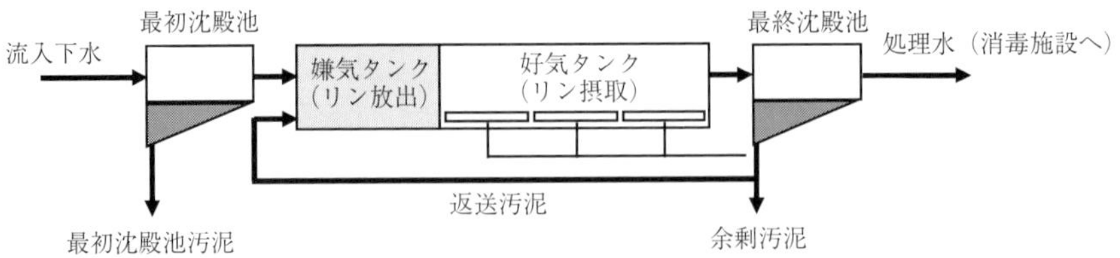

図 3・35 嫌気好気法の基本的なプロセスフロー

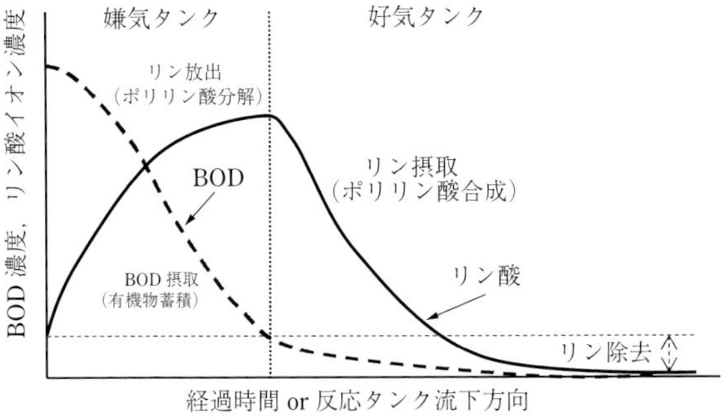

図 3・36　反応タンク内における挙動

で観察される水質変化を示す．嫌気タンクではポリリン酸蓄積細菌が有機物（BOD）を摂取して細胞内に蓄積し，同時にポリリン酸の分解により生じたリン酸を放出する．一方，好気タンクでは嫌気タンクで蓄積した有機物を用いた酸素呼吸を行ってエネルギーを獲得し，増殖を行うとともに放出したリン酸以上のリン酸を摂取してポリリン酸として再蓄積する．

標準活性汚泥法において汚泥のリン含有率は 0.02〜0.03 gP/gMLSS 程度であるが，嫌気好気活性汚泥法の汚泥ではリン含有率が 0.025〜0.050 gP/gMLSS まで高まる．このリン含有率の高い汚泥を余剰汚泥として引き抜くことでリン除去が行われる．この方法は，既設の活性汚泥法の反応タンクを簡単に改造することでリン除去が可能となるうえ，凝集剤のような薬品が不要で，活性汚泥の沈降性が改良できるなどの特徴を有している．そこで近年は，標準活性汚泥法の反応タンクの入口側の一部の曝気量を下げて，擬似嫌気好気法（擬似 AO 法）として運転していることも多い．なお，リンを蓄積する細菌を活性化させるには有機物が必要であり，雨天時など流入下水中の有機物濃度が低下して嫌気条件が十分に整わないと，処理効率が低下するため注意が必要である．

（5）　**生物学的窒素・リン同時除去法**　　生物学的手法により，窒素とリンの同時除去が可能なプロセスが，嫌気無酸素好気法（A2O 法）である．**図 3・37** に基本的なプロセスフローを示す．循環式硝化脱窒法と嫌気好気法を組み合わせたもので，遊離酸素も結合酸素もない嫌気タンクに流入水が導かれ，次いで遊離酸素はないが硝化循環液から結合酸素の供給を受ける無酸素タンク，最後に硝化を行う好気タンクが直列に連結された構成を有する．リンの除去と窒素の除去にはともに有

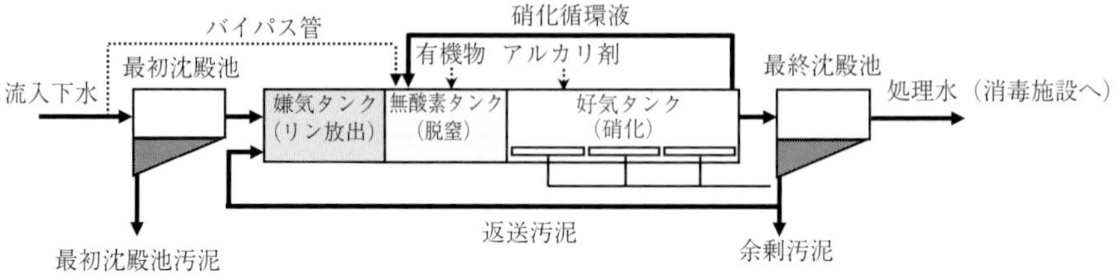

図 3・37　嫌気無酸素好気法の基本的なプロセスフロー

機物を必要とすることから，特に脱窒に必要な有機物が不足する場合がある．その場合には最初沈殿池をバイパスさせるか，メタノールなどの有機物を添加する．

（e）　凝集剤添加による物理化学的リン除去法

物理化学的なリンの除去法は凝集沈殿法と呼ばれる方法であり，鉄やアルミニウムなど3価の金属イオンを凝集剤として下水に投入することで，リン酸と反応して難溶解性の化合物を生成する反応に基づいている．凝集剤としては，ポリ塩化アルミニウム（PAC），硫酸ばん土，塩化鉄などが用いられる．従来は二次処理施設の後に独立して凝集沈殿池を設ける方法がとられたが，現在では生物反応タンク末端に凝集剤を直接添加し，最終沈殿池で固形物として除去する方法（凝集剤併用型活性汚泥法）が一般的に用いられている．例えば，標準活性汚泥法の反応タンクに凝集剤を添加した場合，処理水の全リン濃度を0.5 mg/l以下にすることができる．また，生物学的窒素除去法と組み合わせれば窒素とリンをともに除去するプロセスが可能になる．ただし，凝集剤を添加することにより硝化能力が低下することがあるので，凝集剤の種類や添加量などに注意する必要がある．

（f）　膜分離活性汚泥法

活性汚泥法のような浮遊性微生物を用いた生物処理法において，最も困難な運転操作が最終沈殿池における固液分離である．膜分離活性汚泥法（Membrane Bioreactors：MBR）は最終沈殿池の代わりに膜ユニットを用いて強制的に固液分離を行うプロセスである．通常の活性汚泥法と異なり最終沈殿池を必要とせず，したがって汚泥の沈降性管理や汚泥返送の必要がないという特徴を有する．また微生物の漏出がきわめて微量であることから，通常は消毒も必要としない．一方，短所として膜の目詰まりがあげられる．膜は曝気による振動を常に受けていることから，一般に急激な目詰まりはしにくいとされているが，通水とともにしだいに沪過抵抗が大きくなる．定期的に薬液などによる洗浄管理が必要である．

使用される膜としては，精密沪過膜（MF 膜）もしくは限外沪過膜（UF 膜）があり，基本的な設置方式としては**図 3·38** に示すように，生物反応槽内に膜ユニットを設置する浸漬型（一体型）と別の槽を設ける浸漬型（槽別置型），反応タンク外に設置する槽外型がある．浸漬型（一体型）はプロセス構成が単純で散気装置を膜の洗浄にも利用できるメリットがある．浸漬型（槽別置型）は循環ポンプを必要とするが，反応タンク用と膜洗浄用のそれぞれに適した散気装置を利用でき，反応タンク内の MLSS を膜分離槽より低く設定することができる．槽外型も循環用のポンプを必要とするが，薬液洗浄が容易で時間変動への対応幅が大きく，また透過流束を最も大きくできる特徴を有する．

いずれの設置方式においても，MLSS 濃度は 8 000～12 000 mg/l というきわめて高い MLSS で運転され，流入変動に対する処理の安定性に優れる一方，酸素の溶解効率はおよそ通常の 70％程度に低下し，必然的に長い SRT になることから，硝化の進行とそれによるアルカリ度の低下が生じる．pH の低下は処理の悪化を生じる懸念があることから，脱窒槽を設けてアルカリ度を回復させる必要が

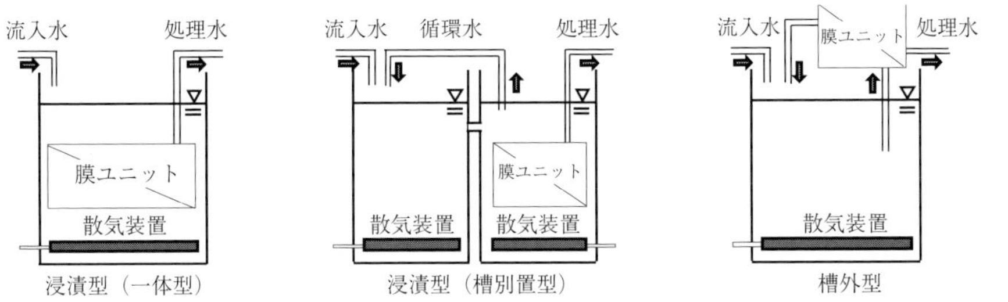

図 3・38　基本的な膜分離活性汚泥法の構造

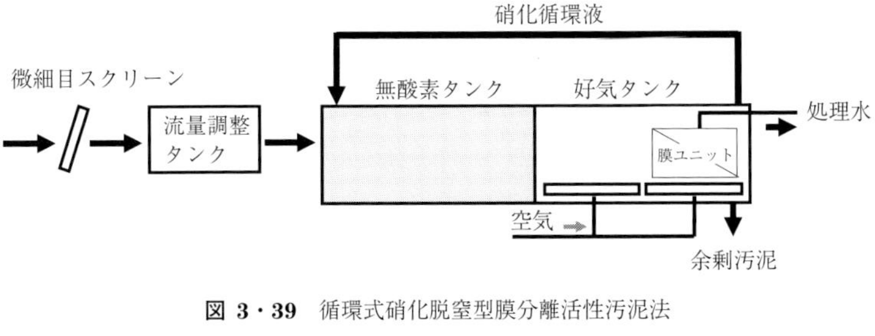

図 3・39　循環式硝化脱窒型膜分離活性汚泥法

ある．そこで，一般的には**図 3·39** に示す循環式硝化脱窒型膜分離活性汚泥法として利用されている．微細目スクリーンは沪過膜保護のために前処理として用いられ，一般に 1 mm 程度の目幅のものが利用される．最初沈殿池を用いない場合には流量調整タンクが流入変動を吸収するために用いられる．下水中の有機物は硝化循環液と混ぜ合わされて脱窒に利用され，アルカリ度の回復に寄与する．好気タンクでは残存有機物の除去とアンモニアの酸化が行われ，発生した硝酸イオンが無酸素タンクへ循環される．好気タンク末端に膜ユニットを設置し，処理水を引き抜く．余剰汚泥は反応タンクから直接引き抜くが，高濃度であるため濃縮タンクを省略して直接脱水することも可能である．

4 汚泥処理

下水汚泥は，基本的に廃棄物の処理及び清掃に関する法律（廃掃法）に定める産業廃棄物であり，法令に則った処理・処分を行う必要がある．一方で，下水道管理者が自ら処理を行う場合には，廃掃法対象ではなく，下水道法の適用がなされる．前述のとおり，下水の処理は微生物によって行われるため，下水処理に伴って増殖した微生物により主に構成される汚泥が発生する．下水汚泥は有機物を多く含み，エネルギー資源として利用できるほか，窒素やリンなど栄養分も豊富であることから，肥料としての利用も可能である．そこで，下水道法において，燃料または肥料として再利用するよう努力義務が課されている．いずれにせよ，処理・処分や利活用を行う場合において，関係法令への注意が必要である．

1 汚泥の種類と発生量

（a） 汚泥の種類

下水処理プロセスにおいて，最初沈殿池と最終沈殿池の２か所において汚泥が発生する．最初沈殿池で沈降分離された固形物は，最初沈殿池汚泥もしくは生汚泥と呼ばれ，無機分の含有率が高く，粒子径も相対的に大きいことから，沈降性は比較的良好であり，一般に重力濃縮槽で処理される．また，処理前であることから含有する有機物は分解性が高く，エネルギー利用に適している．一方，最終沈殿池で沈降分離され，反応タンクに返送されずに排出される汚泥（余剰汚泥）

は，活性汚泥を多く含むことから，有機分の含有量は高いが分解しにくく，沈降性や濃縮性に劣るため，一般に機械濃縮が行われる．生汚泥や余剰汚泥は個別に処理される場合もあるが，両者を合わせて混合汚泥として処理する場合も多い．このほか，高度処理過程で発生する汚泥などもあるが，汚泥発生量は主に生汚泥と余剰汚泥を加算して求められる．

（b）　計画発生汚泥量

汚泥処理施設を計画する際に用いられる計画発生汚泥量は，生汚泥発生量と余剰汚泥発生量を合算して求める．最初沈殿池で発生する生汚泥量は，流入水中のSSであり，おおむね40〜60％が除去されるとして，およその見積もりが可能である．また余剰汚泥発生量については下式を用いて，反応タンク内で除去された溶解性BODが菌体に転換したもの，分解されなかったSSおよび添加する薬剤等により固化されたSS，内生呼吸や処理水中への流出による減少を考慮して予測する．

$$\Delta X = a \cdot s\mathrm{BOD} + b \cdot SS - c \cdot MLSS - SS_{eff} \qquad (3 \cdot 28)$$

ここにΔXは余剰汚泥発生量，sBODは溶解性BOD量，aはsBODのうち汚泥に転換された割合，$MLSS$は反応タンク内の汚泥濃度，cは内生呼吸による減量，SS_{eff}は放流水中のSS量である．

実際に汚泥処理施設を計画する際には，生汚泥と余剰汚泥の発生量を区別せずに，総合SS除去率などを用いて次式により簡易に求めることができる．

$$\begin{aligned}&\text{計画発生汚泥量（固形物 t/d）}\\&\quad=\text{計画一日最大汚水量}〔\mathrm{m^3/d}〕\times\text{計画流入 SS 濃度}〔\mathrm{mg}/l〕\times 10^{-6}\\&\qquad\times\text{水処理施設での総合 SS 除去率}〔\%〕\times 10^{-2}\\&\qquad\times\text{除去 SS 量当りの汚泥発生率}〔\%〕\times 10^{-2}\end{aligned} \qquad (3 \cdot 29)$$

ここで総合SS除去率は，最初沈殿池における除去SS量および反応タンクや最終沈殿池において除去されるSS量と生成するSS量を加味したもので，**表3·20**に示すように処理方式ごとに異なる．一例をあげれば，オキシデーションディッチ法など低負荷で運転される処理方式では反応タンク内での汚泥分解率が上昇するため汚泥発生率は小さくなる．

上式で求めた汚泥量はSSとして求めたもので，含有する水分を無視した乾燥状態での固形物量である．湿潤状態の汚泥量として体積換算するには汚泥濃度と比重量を用いて次式により算出する．

表 3・20　除去SS量当りの汚泥発生率

処理方式		汚泥発生率〔%〕
活性汚泥法	標準活性汚泥法	100
	オキシデーションディッチ法 回分式活性汚泥法（低負荷） 長時間エアレーション法	75
	膜分離活性汚泥法	70
生物膜法	好気性沪床法	100
	接触酸化法	93

（出典：下水道施設計画・設計指針と解説　後編　日本下水道協会（2019）をもとに作成）

表 3・21　処理方式別汚泥濃度

処理方式		汚泥濃度〔%〕		
		初沈汚泥	余剰汚泥	混合汚泥
活性汚泥法	標準活性汚泥法	2～4	0.5～1.0	1.0
	オキシデーションディッチ法 回分式活性汚泥法（低負荷） 長時間エアレーション法	—	0.5～1.0	—
	膜分離活性汚泥法	—	0.8～1.2	—
生物膜法	好気性沪床法	—	—	1.0
	接触酸化法	2	0.8	1.0

（出典：下水道施設計画・設計指針と解説　後編　日本下水道協会（2019）をもとに作成）

計画発生汚泥量〔m^3/d〕

＝計画発生汚泥量（固形物 t/d）×100/汚泥濃度〔%〕

/比重量〔t/m^3〕　　(3・30)

ここで汚泥濃度〔%〕とは，全汚泥重量に対する乾燥固形物量の割合のことで，汚泥が乾燥固形物と水分で構成されることから，含水率とは次式の関係がある．

汚泥濃度〔%〕＝100－含水率〔%〕　　(3・31)

なお，除去SS量当りの汚泥濃度は流入水質等によって異なるが，参考値として処理方式別に**表 3・21**のような値が示されている．

2 汚 泥 処 理

下水処理で発生する汚泥は最終的に資源化されることが望ましい．固形分の70〜80％ほどを占める有機物はエネルギー化が可能であり，嫌気性消化を用いたメタンガスの生成や焼却排熱の利用などがあげられる．また窒素やリンを多く含むため，堆肥化やリンの回収による肥料としての利用が期待される．また無機成分も多く含むため，建設材料としての利用も可能である．これらの資源利用を考える場合にも，基本的には含水率を下げて減量化を図ること，有機物を分解して安定化させることが重要である．

減量化は濃縮や脱水，乾燥および焼却によって行われる．例えば，**図 3·40** に示されるように，濃縮によって含水率を 99％ から 97％ に，さらに脱水によって 80％ まで減量すると，汚泥濃度は濃縮により 1％ から 3％，脱水により 20％ に濃縮される．ここで，湿潤状態の汚泥の比重がほぼ 1 であり含水率 1％ の汚泥が $10\,\mathrm{kg/m^3}$ に相当することから，重量および体積はそれぞれ 1/3 および 1/20 に減量されることになる．

安定化は消化やコンポスト化，焼却などによって行われる．消化や焼却はエネルギー化と組み合わせて，またコンポスト化は肥料としての利用であり，いずれも資源化と組み合わせて行われる．

(a) 汚泥処理と資源化

図 3·41 に基本的な処理工程と資源としての利用をまとめた．発生した汚泥の含水率は 98〜99％ と高いことから，始めに濃縮が行われる．次いで，処理場によっては，消化槽で有機物を嫌気的に分解してバイオガス（CH_4 および CO_2）を

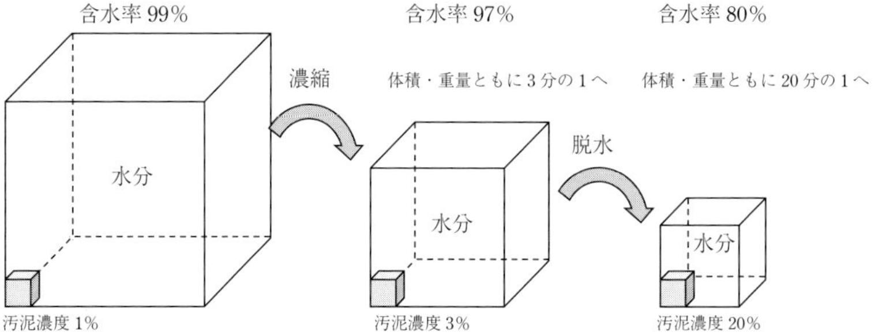

図 3・40　含水率変化と汚泥の減容化の関係

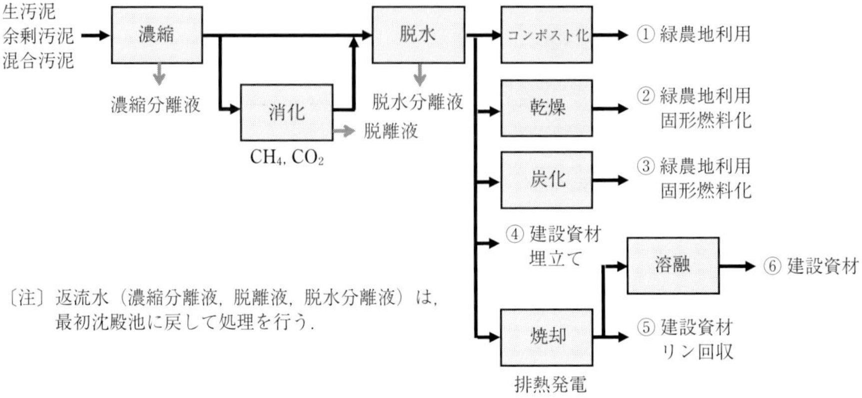

図 3・41　下水汚泥の処理方法と再資源化

生成する．脱水工程では消化槽を経て安定した汚泥もしくは濃縮汚泥の水分をさらに搾り取って含水率を低下させる．その後，図に示すように多様な工程により緑農地利用，エネルギー利用，建設資材利用などがなされていく．①は好気性発酵などにより滅菌と安定化を行った後に堆肥として緑農地に還元するものである．②は脱水汚泥を乾燥後，粒状に成形するなどして緑農地利用もしくはエネルギー利用する方法で，特に乾燥により含水率を十分に低下させれば自燃することから，固形燃料として利用可能である．③は脱水汚泥を酸素のない条件下で高温下に置き，蒸し焼きすることで炭化するもので，固形燃料としてエネルギー利用が可能であるほか，緑農地利用もできる．④は脱水汚泥をそのままセメント原料などとして，処分の形で利用するか埋立て処分をするものである．最も簡便であるが，含水率が高いため処分量が多いこと，そもそもエネルギーや栄養塩の回収がなされないという課題がある．⑤は脱水汚泥を焼却した後に残る焼却灰を利用するもので，路盤材やセメント原料などの建設資材としての利用や，可溶化してリンを回収し，肥料として利用することなどが可能である．また，焼却時には排熱を回収し熱として利用するか，排熱発電を行うなどしてエネルギー利用もできる．⑥は焼却灰を溶融して得られたスラグを路盤材やコンクリート骨材などの建設資材として利用するものである．なお，濃縮工程から排出される濃縮分離液，消化工程から排出される消化脱離液および脱水工程から排出される脱水分離液は総称して返流水と呼ばれ，一般に最初沈殿池に戻して処理される．

3 濃　　縮

汚泥の濃縮工程とは，最初沈殿池汚泥（生汚泥），余剰汚泥およびその混合汚泥を，重力濃縮もしくは機械濃縮によって含水率を低下させるもので，後段の消化工程および脱水工程を効率的に行うために重要な汚泥処理の第一歩である．重力濃縮は従来から最も一般的に用いられてきたが，近年，有機分の含有率が増加するなど汚泥性状に変化がみられ，年間を通じて安定した濃縮効率が得られない例も生じている．特に水温の上昇する夏季に汚泥が腐敗して濃縮効果を得られないことがある．したがって重力濃縮では濃縮の難しい余剰汚泥を遠心濃縮機や浮上濃縮タンクなどで機械濃縮する事例が増えている．

（a） 重 力 濃 縮

重力濃縮は主に生汚泥に用いられ，重力を利用して濃縮を行うもので，消費電力や騒音・振動が少ないという特徴を有している．**図 3･42** に例を示す．有効水深 4 m 程度の濃縮槽に水面積当り 60～90 kgSS/(m^2･日) 程度の固形物負荷で流入された汚泥が中央付近から半分程度の水深まで投入管により導入され，重力沈降し濃縮される．濃縮槽底部に堆積した汚泥はかき寄せ機で集められ引抜き管により排出される．水面に蓄積するガスを含んで軽くなった汚泥や脂分などの固形物（スカム）を除去するための設備が必要とされ，臭気対策のため覆蓋と脱臭管が設けられる場合もある．重力濃縮後の含水率は 96～98% 程度であり，有機成分が多いほど濃縮されにくい傾向にある．固形物の回収率は 80～90% 程度である．回収されなかった固形物は上澄み水とともに，返流水として最初沈殿池に戻されて処理される．

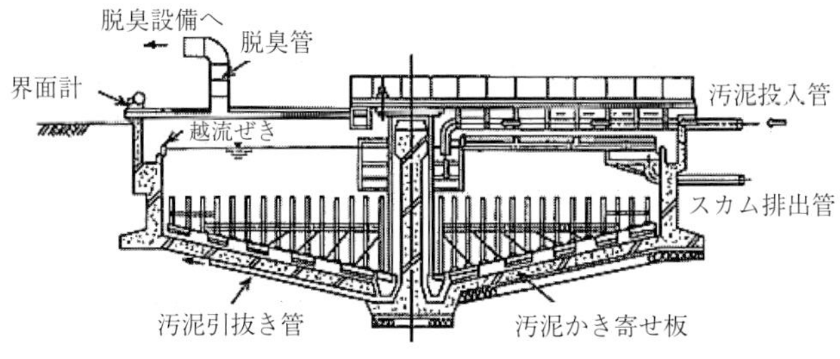

図 3・42　重力濃縮装置
（出典：下水道施設計画・設計指針と解説　後編　日本下水道協会（2019）に追記）

(b) 機械濃縮

機械濃縮には，大きく分けて遠心濃縮，浮上濃縮および沪過濃縮がある．

遠心濃縮は，重力で濃縮しにくい余剰汚泥に用いられ，遠心力（700～2 000 Gal）を利用して濃縮するもので，95～96% 程度の含水率の汚泥が得られる．遠心濃縮機の概念図を**図3･43**に示す．装置に供給された汚泥は本体の回転による遠心力で周辺部に移動し，回転体本体とわずかな差速で回転しているスクリューによって排出される一方，分離液が逆側に排出されることにより濃縮されるしくみである．固形物回収率は90% 程度であるが凝集剤を添加した場合は95% 程度である．消費電力は比較的大きく，騒音・振動対策のため密閉構造とする必要があるが，臭気対策は行いやすい．

浮上濃縮には，加圧浮上と常圧浮上があるが，常圧浮上濃縮が一般に用いられている．起泡助剤を投入した水と空気を機械かくはんすることにより生成した微細な気泡を，高分子凝集剤の作用により粗大フロック化した汚泥に吸着させ，水に対する見かけ比重を小さくして浮上分離する．浮上した汚泥はフロスと呼ばれ，走行式のかき取り機で集められる．固形物負荷として 25 kgDS/(m^2･日）が用いられる．また固形物量当りの供給空気量の比を気固比といい，これが低いと濃縮効果が得られないが，大きすぎると濃縮汚泥濃度が低下し，動力費の割に濃縮効果が上がらない．一般に 0.03～0.05 kg 空気/kgDS の気固比で運転され，含水率 95～96% の濃縮汚泥が得られる．

沪過濃縮として，ベルト式沪過濃縮が用いられている．概念図を**図3･44**に示す．ステンレス製もしくは樹脂製の沪布をベルトとして回転させ，高分子凝集剤を添加した汚泥を走行するベルトに供給すると，凝集剤と重力の作用により濃縮されて分離液がベルトを通過して分離され，含水率約 95～96% の濃縮汚泥が得られる．濃縮汚泥はスクレーパで回収され，その後沪布は砂沪過水などにより洗浄されて，再び沪過に用いられる．エネルギー消費や騒音・振動が少なく，密閉

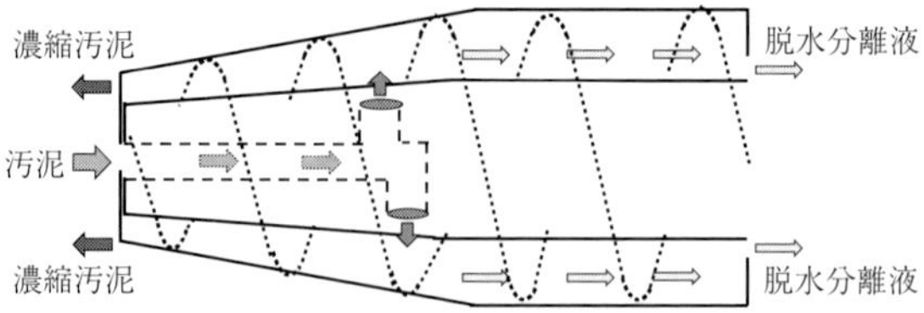

図 3･43　遠心濃縮機

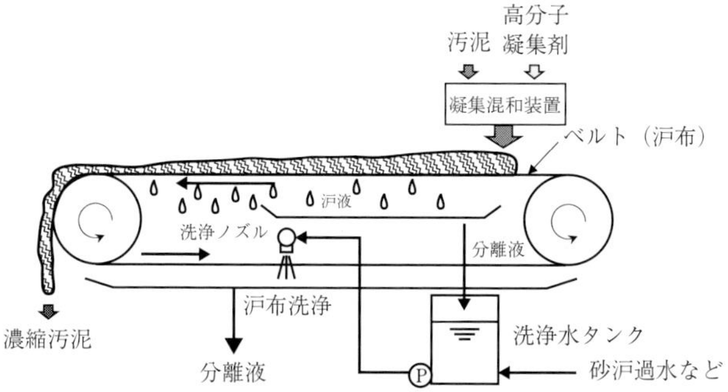

図 3・44　ベルト式沪過濃縮機
（出典：下水道施設計画・設計指針と解説　後編　日本下水道協会（2019）をもとに作成）

カバーの採用により臭気対策も容易である．固形物回収率 95% が得られる．

4 消　　化

消化プロセスは微生物を利用して汚泥中の有機物を分解し安定化を図るもので，嫌気性消化と好気性消化の二つのプロセスがある．後者は小規模の下水処理場で採用されることがある．

（a） 嫌気性消化の処理機構

酸素の存在しない（嫌気性）条件下で汚泥中の有機物を嫌気性細菌の働きにより最終的にメタンと二酸化炭素に分解する処理のことで，メタンとしてエネルギー回収が可能であるほか，回収した二酸化炭素を微細藻類など炭素同化型の光合成生物の生育に利用することや水素と反応させてメタンに変換することも可能である．ただし汚泥の分解率は半分程度であり，後段処理を必要とするほか，処理後の汚泥は脱水性が低下するという課題もある．

嫌気性消化は多様な微生物の働きによって進行し，酸性発酵期，酸性減退期およびアルカリ発酵期の三つの期間に分けられる．酸性発酵期には汚泥中のセルロースを含む炭水化物，タンパク質，脂肪などの高分子有機物が，酸生成菌の働きで，酢酸，プロピオン酸，酪酸などの揮発性有機酸と低級アルコール類に加水分解され，pH は 5〜6 まで低下する．その後，生成した揮発性有機酸の分解が始まり，硫化水素が生成される酸性減退期には pH が 6.8 程度まで上昇する．次いでアルカリ発酵期には，メタン生成菌の作用で有機酸や水素などを用いてメタンが生成され，pH は 7.0〜7.4 程度となる．

(b) 嫌気性消化の方式

メタン生成細菌は温度依存性が高く，消化温度を35～37°Cとする中温消化と50～55°Cとする高温消化がある．中温消化はおおむね20～30日の消化日数（汚泥の消化タンクでの滞留日数）で運転され，高温消化はおおむね10～15日程度で汚泥中の有機物の40～60%が液化・ガス化により減少し，無機物を含めると固形物減少率はおおむね30～40%である．いずれも温度を維持するために加温を必要とし，生成したメタンが利用されている．

消化方式には一段消化と二段消化がある．前者は消化タンクで固液分離を行わずとも脱水可能な濃度に高められる場合に採用される．機械濃縮を用いて投入汚泥濃度を高めておく必要があるが，タンク容量を小さくできることや加温のエネルギーを抑制できる特徴を有する．一方，後者は生物反応を行う一次タンクと固液分離を行う二次タンクで構成され，機械濃縮を行わないなど投入汚泥濃度が低い場合に用いられる．ただし，二次タンクでの濃縮が期待できない場合もあり，その場合は一段消化として利用している場合もある．

消化槽の加温方式には直接加温と間接加温がある．前者は消化により得られたメタンを用いて蒸気ボイラーで生成した蒸気を直接消化槽内の汚泥に投入する方式で，蒸気吸込み式とも呼ばれる．後者は熱交換器を利用するもので，汚泥を熱交換器に導いてメタンの燃焼により得られた熱を利用して加温し消化槽に戻す方式である．

(c) 消化タンクの構造

消化タンクは密閉構造の鉄筋コンクリート製が一般的であるが，近年鋼板製の消化槽も用いられている．形状は円筒形が古くから用いられてきたが，かくはん性に優れた卵形や亀甲形なども採用されている．いずれの場合も機械またはガスによるかくはん装置および消化ガスを貯めるためのガスホルダーを設け，また熱放散を少なくするため，消化タンクは断熱性を保つ構造にする．

(d) 消化ガスの組成と発生量

消化ガスは，標準状態換算で有機物1kg当り500～600 l ほど発生する．正常に運転がなされている場合の組成は，メタン60～65%および二酸化炭素33～35%が主たる成分で，その他のガスとして水素や窒素，硫化水素などが微量に含まれる．消化ガス中の硫化水素は0.02～0.08%ほどで，微量であるが腐食性が高いことから，一般にガスホルダーに貯留する前に脱硫装置を設ける．消化ガスの低位発熱量はメタンの低位発熱量を 50 MJ/kg として 21 000〜23 000 kJ/Nm^3 になり，消化槽の加温などに用いられているが，余裕があれば発電にも用いられ，さらにその排熱を回収して消化槽の加温をすることもできる．なお，消化ガス中にはケイ素と酸素の骨格を有するシロキサンが含まれており，発電を行う際には機器に影響を及ぼさないように除去装置を設置する必要がある．

5 脱　　水

脱水は汚泥中の水分を減少させることにより汚泥量を減少させ，その後の処理を容易にし処分費を軽減するために行われる．沪過式と遠心分離式に分類され，沪過式にはベルトプレス脱水機や圧入式スクリュープレス脱水機，回転加圧脱水機などがあり，遠心分離式には遠心脱水機がある．

（a） ベルトプレス脱水機

図 3･45 に示すようなベルトプレス脱水機は，多数のロールの間に 2 枚の沪布（上沪布と下沪布）を組み込み，高分子凝集剤を添加した汚泥を供給するもので，凝集した汚泥フロック間の間隙水が重力で沪過される重力脱水ゾーンと，上下の沪布の圧搾により間隙水とフロック粒子の付着水とが脱水される加圧脱水ゾーン，さらにロール間を波状に移動してせん断力と圧搾力により脱水する圧搾脱水ゾーンから構成されている．含水率 76〜81％ 程度に脱水された汚泥の塊（脱水ケーキ）はスクレーパにより沪布からはく離される．

（b） 圧入式スクリュープレス脱水機

圧入式スクリュープレス脱水機の概念図を**図 3･46** に示す．スクリーン機能を

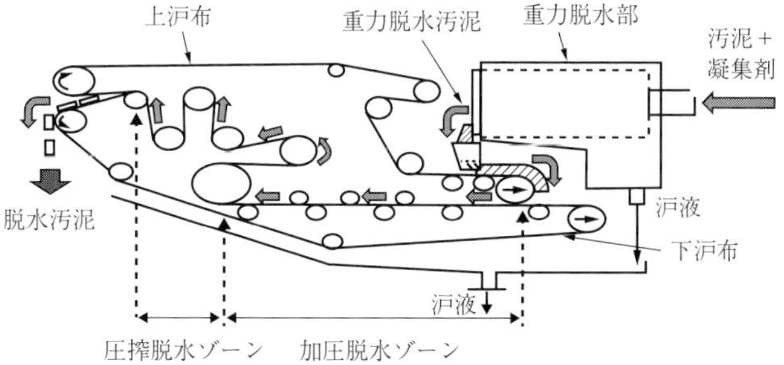

図 3・45 ベルトプレス脱水機の概念図
（出典：下水道施設計画・設計指針と解説　後編　日本下水道協会（2019）をもとに作成）

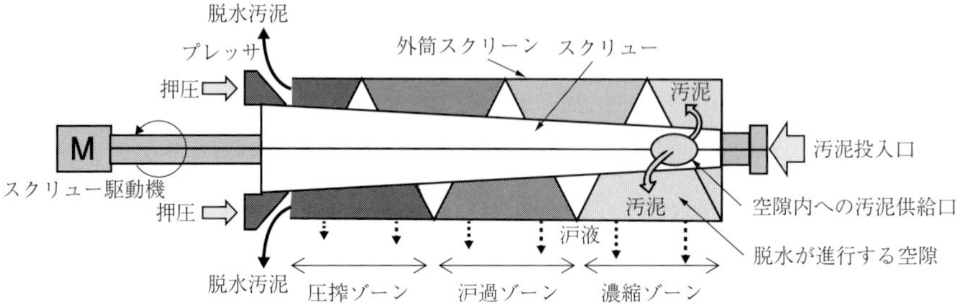

図 3・46　圧入式スクリュープレス脱水機の概念図
（出典：下水道施設計画・設計指針と解説　後編　日本下水道協会（2019）をもとに作成）

もつ外筒の内側に，回転しながら汚泥を吐き出すスクリューを有する構造である．高分子凝集剤を添加した汚泥はスクリューの細い側から内部に投入され，供給口からスクリューと外筒スクリーンの間隙に供給される．汚泥はスクリューにより出口側に運ばれながら，スクリューが太くなることで狭まる空間を強制的に通過させられるとともに，脱水汚泥の出口側からプレッサによる押圧でさらに強い圧搾を受ける．そのため，沪過作用と圧搾作用を受けて汚泥中の間隙水が外筒スクリーンの細孔を通じて外部に排出されるしくみである．含水率は混合生汚泥であれば76〜79%，消化汚泥であれば80〜83% が得られる．

（c）　遠心脱水機

汚泥に高分子凝集剤を1〜1.5%程度添加して混和し汚泥フロックを形成させ，ボウル（回転筒）が高速回転することで1 500〜3 000 Gal の遠心効果を与えて，短時間で分離液と汚泥ケーキに分離するしくみである．汚泥ケーキはスクリューコンベヤで運ばれて排出され，分離液は反対側に集められて排出される．分離液の排出にはせきを設け，脱水汚泥の含水率と分離液の水質との兼ね合いでその高

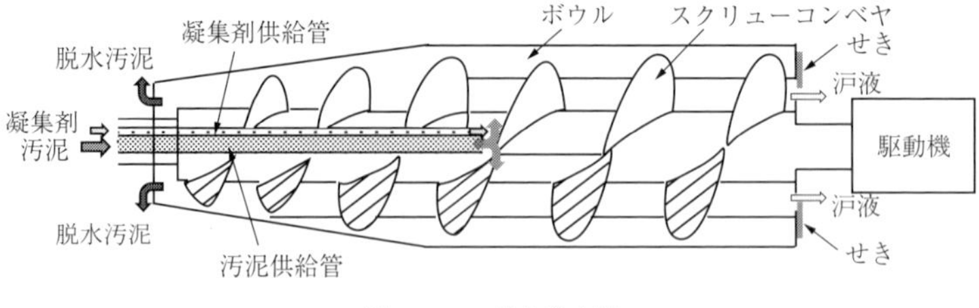

図 3・47　遠心脱水機
（出典：下水道施設計画・設計指針と解説　後編　日本下水道協会（2019）をもとに作成）

さを調整する．一例として，デカンタ式遠心脱水機の概念図を**図 3·47** に示す．凝集剤は外部で混合する場合と図のように機内で混合する場合があるが，近年は後者が多く採用されている．汚泥中の砂やきょう雑物は脱水機の摩耗や閉塞の原因となるので，事前にこれらの除去もしくは破砕が必要である．振動・騒音対策として密閉構造を必要とするため，臭気対策など維持管理も容易である．得られるケーキの含水率は混合汚泥で 69～74% で消化汚泥では 72～74% 程度である．

6 焼　　却

汚泥の焼却は，脱水汚泥に高温下で空気を供給して含有する有機物を燃焼させることで汚泥の減量化と安定化を図るものである．従来は補助燃料の使用などによりエネルギー消費の多いプロセスの一つであったが，近年は脱水性能の向上や排熱を利用した乾燥技術の開発などにより，燃焼時の排熱を効率良く回収できるようになった．そのため排熱発電を利用することで，状況によっては創エネルギー施設としての稼働も可能になってきている．なお，汚泥燃焼時に強い温室効果を有する亜酸化窒素（N_2O）が排出されることが知られているが，従来の焼却温度である 800°C よりも高い 850°C 程度の高温焼却技術などにより，その発生抑制が図られつつある．また，焼却灰は建設資材としての利用やリンを回収して肥料利用するなどの技術開発も行われており，単なる減量化・安定化技術ではなく創エネ・資源回収技術として位置づけられるようになってきている．

汚泥の焼却炉には流動焼却炉，多段焼却炉，階段式ストーカ炉，回転乾燥焼却炉などがあるが，下水汚泥の焼却では流動焼却炉が数多く利用されている．

（a） 流動焼却炉

流動焼却炉の概念図を**図 3·48** に示す．炉の内部にケイ砂などの流動媒体からなる流動層を設け，下部から空気を供給してケイ砂を流動させながら脱水汚泥と混合し，燃焼を行う．燃焼効率が高く，未燃分がきわめて少ない特徴を有する．また，炉の構造が簡単で炉内に機械的な可動部分がないため，運転操作が容易であるとされている．炉の排ガス温度は臭気成分が分解されるのに十分な温度であるため，排ガスの臭気対策を特別に検討する必要がないことも特徴である．また流動媒体であるケイ砂の蓄熱容量が大きいので，炉を短時間停止しても再起動時にわずかな再加熱で運転を再開できることも大きな特徴である．図は一般的な流動焼却炉であるが，ケイ砂ごと循環させて効率を高める循環式流動焼却炉や，燃焼空気の供給を高さ方向に多層に分けて行うことで，フリーボード部での高温燃焼により，N_2O 生成の抑制を可能にした多層燃焼式流動焼却炉，正圧条件下で燃焼させることで発生する排ガスの圧力を用いてタービンを稼働し，燃焼空気を圧縮して供給させる過給式流動焼却炉など，多様な技術が開発されている．

（b）　階段式ストーカ炉

階段式ストーカ炉は**図 3·49** に示すように階段状のストーカ，耐火れんが製の壁および天井からなる．比較的に含水率の低い汚泥ケーキを焼却するのに用いられる．ストーカ部分へ汚泥ケーキが付着するのを防止するとともに，焼却灰中に未燃焼物が残留しないようにするため，炉へ投入する汚泥ケーキの含水率を 50〜60% に調整する必要がある．

（c）　排ガス処理

いずれの焼却炉においても排ガス中にばい煙として硫黄酸化物，ばいじん，窒素酸化物，塩化水素，水銀などが含まれ，大気汚染防止法などの規制を受けることから，排ガス処理装置の設置が必要となる．排ガス処理装置のフローを**図 3·50** に示す．排ガス処理装置には，集じん装置，排煙処理塔，排ガス誘引ファンおよび煙突から構成され，主にばいじんや硫黄酸化物，塩化水素の除去を対象とする．硫黄酸化物や塩化水素を除去するために 20% 程度の濃度の水酸化ナトリウムが利用される．ばいじんの除去には冷却塔とバクフィルターを組み合わせた集じん装置が多く利用され，ダイオキシン対策として 200°C 程度まで冷却し，ばいじんを除去する．排煙処理塔は硫黄酸化物や塩化水素を除去するために設置

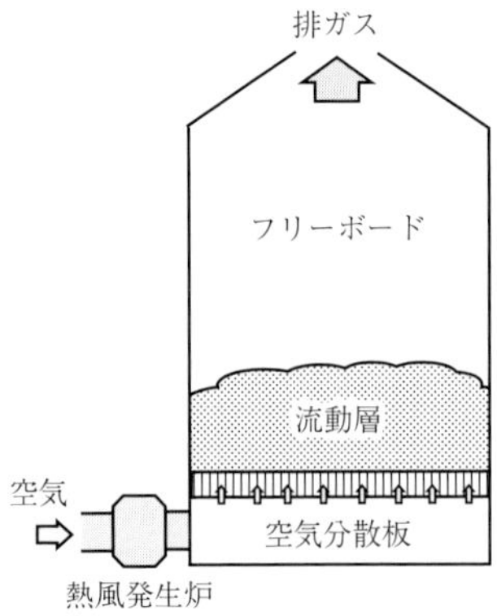

図 3・48　流動焼却炉

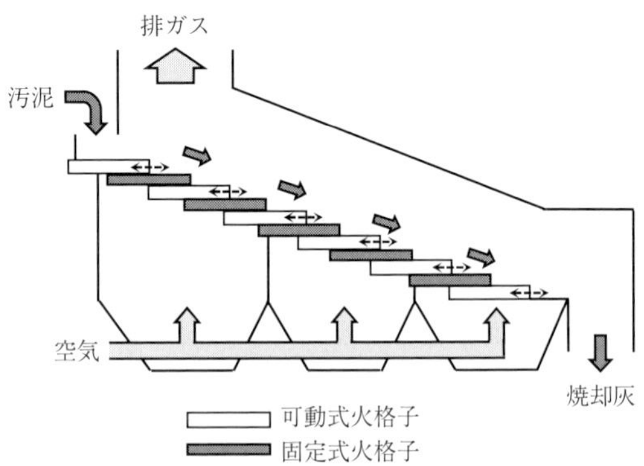

図 3・49　階段式ストーカ炉

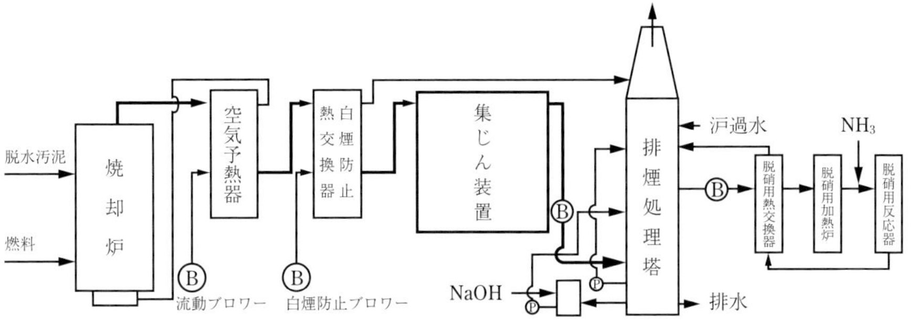

図 3・50　脱硝装置を含めた排ガス処理の例
（出典：下水道施設計画・設計指針と解説 後編 日本下水道協会 (2019) をもとに作成）

され，必要に応じて窒素酸化物処理のための脱硝装置などが設けられる．

7 汚泥の利活用

これまでにも記述してきたとおり，下水汚泥はエネルギー源としての有機物や肥料成分，建設資材として利用可能な無機物を豊富に含み，単に処分をするのではなく，有効に利用することが求められている．実際，いくつかの都市では地産地消型の循環資源として下水汚泥の利用が進められている．また，2015 年の下水道法改正時には，下水汚泥の減量化とともに，燃料や肥料として再生利用することが下水道管理者に求められるようになった．

（a） エネルギー利用

下水汚泥は有機物で構成されているためエネルギー的な価値が高い．したがって，無機物を建設資材として利用する際には，事前に有機物のエネルギー利用を図ることが望ましい．エネルギー化の手段はさまざまにあるが，主に消化ガス，乾燥汚泥または炭化汚泥の形での利用がなされている．

（1） **乾燥汚泥**　脱水汚泥を 500°C 前後の熱風を当てて乾燥し，含水率を 10% 程度まで低減させると固形燃料ができる．乾燥には直接加熱乾燥方式と間接加熱乾燥方式があり，未消化汚泥で 16～20 MJ/kg-DS，消化汚泥で 12～16 MJ/kg-DS の発熱量が期待できる．ただし，単に乾燥させただけの場合には臭気が問題になる場合がある．

（2） **炭化汚泥**　脱水汚泥を無酸素条件下で蒸し焼きし，熱分解を生じさせることでメタンやエタンなどの可燃性の分解ガスが放出され，炭化物が生産される．炭化温度により，低温炭化（およそ 300°C），中温炭化（およそ 500°C）および高温炭化（700°C 以上）に大別される．生成した炭化汚泥の熱量は低温炭化では乾燥汚泥とおおむね同等であるが，生産時の温度が高いほど熱量が低下する傾向があり，一般には乾燥汚泥より若干発熱量が劣る傾向にある．ただし，臭気の問題は温度が高いほど解消され，特に高温炭化では無臭であるとされている．

（b）　緑農地利用

下水汚泥は窒素やリンの含有量が高く，かつ各種のミネラルやビタミン類も豊富に含まれることから，肥料としての利用が行われてきた．一般的な肥料に比べてカリウムが少ないという性質を有しているものの，化学肥料の原料であるリン鉱石を 100% 輸入している我が国にとって，貴重な国産肥料として，緑農地利用の促進が期待されている．肥料としての利用方法には，堆肥化（コンポスト化），乾燥肥料，回収リンおよび炭化物としての利用がある．

（1）　**堆肥化**　　易分解性有機物が多い下水汚泥をそのまま農地に還元すると，酸欠による根腐れなどを引き起こすおそれがあることから，好気性発酵と呼ばれる堆肥化を行い，コンポストとして農地還元する方法が取られている．すなわち，酸素の存在下で好気性微生物により易分解性有機物を分解し，安定化させて緑農地利用可能な状態に変換する．好気的条件を確保するため，好気性発酵を行わせる前に通気性の改善や，含水率および pH などの調整を必要とし，これらの前処理を行った後に副資材として，もみがらやおがくずなどを添加し発酵させる．発酵時に切り返しなどにより酸素を適時供給すると発酵熱により温度が上昇し，水分が蒸発して減量化されるとともに，65°C 以上に温度が上昇することから病原菌や寄生虫卵などを不活化でき，病原生物に対して安全な堆肥にすることができる．発酵は一般に一次発酵（10～14 日程度）と二次発酵（自然通気 30～60 日，強制通気 20～30 日）の二段階で行われ，最後に利用性を改善するため造粒化を行って製品とする．

（2）　**汚泥乾燥**　　乾燥によって水分を蒸発させた汚泥を肥料として用いるもので，乾燥方式には加熱乾燥と天日乾燥の二つの方式がある．単なる乾燥であるため，肥料として有効な成分が残されている一方で，堆肥と異なり有機物量は変化しておらず，成育障害のおそれがある．したがって，元肥として利用される．

（3）　**リン回収**　　下水から除去されたリンは細胞中に蓄積していることから，嫌気性消化によって細胞が分解された後の水中や焼却した後に得られる焼却灰から回収できる．前者は，汚泥の処理過程で生じた脱水分離液や嫌気性消化後の汚泥の脱水により得られた脱離液から回収する．回収方法としてはHAP（ヒドロキシアパタイト：$Ca_{10}(OH)_2(PO_4)_6$）もしくはMAP（Magnesium Ammonium Phosphate：$MgNH_4PO_4$）として回収する方法があり，いずれも水酸化ナトリウムによってpHを高めに調整し，種となる小粒の晶析物を利用して効率を上げる技術が開発されている．回収したHAPおよびMAPは，それぞれ副産リン酸肥料および化成肥料として，肥料取締法で肥料登録されている．HAP法の場合にはSS濃度を下げて比較的低濃度のリン酸に適用したほうが回収率が高い傾向がある．一方，MAP法はリン酸濃度が高いほうが回収効率が良好である．

（c） 建設資材利用

下水汚泥は無機物を多く含むため，建設資材としての利用も有効である．例えば，セメント原料，土質改良材，路盤材，アスファルトフィラーなどの利用がなされている．

（1） **セメント原料** 脱水汚泥の構成成分はセメント原料の一つである粘土に似ており，セメント原料として利用されている．ただし，鉄筋腐食につながる塩素やセメント強度に影響を及ぼすリン酸が含まれており，それぞれ100 ppmおよび0.5% を超えないように注意する必要がある．

（2） **溶融スラグ** 汚泥溶融は乾燥汚泥または焼却灰を1 200～1 500°Cの高温で燃焼・融解したものを冷却してスラグ化するもので，冷却方法により急冷スラグと徐冷スラグに大別される．スラグの性状は冷却方法により大きく異なるが，いずれも路盤材や埋戻し材，コンクリート骨材など建設材料として利用されている．溶融の効果としては次の点があげられる．

⑴ 脱水ケーキを溶融してスラグ化した場合，汚泥ケーキを基準にすれば容積が1/15から1/20程度となり，焼却灰を基準にしても1/3程度まで容積を減らすことができる．

⑵ 溶融により汚泥ケーキ中の有機物は完全に酸化燃焼し，無機物である灰分から構成される安定化したスラグが最終生産物となる．

⑶ 汚泥に含まれていたクロムなどの重金属がスラグ中に溶出しない形で固定化されるほか，溶融時の条件によっては高温化でのガス化も期待でき，無害化が可能であるとされている．

5 今後の課題

令和3年度末の我が国の汚水処理人口普及率は92.6%で，下水道が80.6%を占め，次いで浄化槽9.4%，残る2.6%が農業集落排水事業などである．下水道管きょの総延長は約49万km，処理場数は約2200か所であり，巨大な社会資本を形成するに至っている．この間，衛生的な生活環境が維持され，河川水質が向上したことは下水道整備の成果にほかならない．一方，人口減少社会においては，一人当りの維持管理負担が増大することは避けられず，その対応は喫緊の課題である．また，脱炭素社会および循環型社会に貢献しうるきわめて有用なポテンシャルを下水道は有しており，その活用は社会的責務であるといえる．下水道を取り巻く新たな水質問題を含め，課題を総括する．

（a）　下水道事業の持続可能性

持続的に下水道事業を運営していくためには，いわゆるヒト・モノ・カネを適切に管理していくことが重要であるとされている．ヒト問題とは，下水道事業を支える職員数の減少であり，特に中小自治体において事業執行体制が脆弱化しており，今後さらなる悪化が予想されている．モノ問題とは，法定耐用年数を超過した老朽化施設が増大していくことであり，道路陥没事故なども生じている．また，カネ問題とは，収入源による経営の悪化である．下水道整備地域における人口減少はすなわち収入の減少を意味し，同じ施設をより少数の人口で支えることになる．

これらの問題に対し，今後取り組むべき対応策がいくつかあげられている．その一つが，ストックマネジメントの高度化である．ストックマネジメントとは施設や設備の維持管理を最大限に効率化することであり，下水道の施設や設備の情報が集約されている下水道台帳の電子化などデジタルトランスフォーメーションを活用し，維持管理計画を効率的に行えるようにすることなどである．広域化や共同化の推進もあげられており，具体的には，単独公共下水道の維持が困難な場合の流域下水道への接続，公共下水道への集落排水施設の接続，下水道処理区の統廃合などがあげられる．また，複数の終末処理場から汚泥を集約して処理を行うことや，複数の終末処理場の集中監視や運転管理の共同委託，使用料徴収・機材購入・水質検査の共同化など維持管理・事務の共同化も進められている．

（b）　気候変動に対する適応策としての浸水対策

近年，気候変動の影響と思われる集中豪雨が高頻度化し，都市型水害の激甚化・頻発化が顕著になっている．実際，都市部においては内水氾濫の被害額が外水氾濫の被害額と比べてきわめて多い状況にある．雨水排除に責任を有する下水道は，滞水池や管内貯留などハード対策に加えて，浸水リスクの評価と公表，浸水予測精度向上と退避行動のための時間確保技術の向上等を通じて，国民の命と財産の保全に資することが期待されている．一方，下水道事業自体も課題を抱えている．すなわち，外水氾濫時においても下水道施設機能が損なわれることがないように施設を耐水化することや，広域災害に対し自治体間が相互に支援し合えるような体制作りも喫緊の課題である．

（c）　脱炭素社会への貢献

2050年に温室効果ガスの排出を実質ゼロにすることは我が国の責務であり，下水道事業にも早期の脱炭素化が求められている．特に，下水道事業を抱える自治体においては温室効果ガスの排出に占める下水道事業の寄与は大きく，エネルギー消費のさらなる削減技術やエネルギーの高効率創出技術および温室効果ガス排出削減技術等の開発が求められている．創エネ技術としては，前述した下水汚泥からのメタンガス回収や固形燃料化技術があげられ，生ごみや食品系廃棄物など他産業の有機物をも受け入れ，さらなるエネルギー生産量の増加とそれに伴う地産地消型のエネルギー基地としての役割が期待されている．また，下水は冬季に温かく夏季に冷たい性質を有することから，下水熱を利用した省エネ型の地域冷暖房事業や給湯事業が可能である．特に，老朽化した管路を更生する際に熱回収管を併せて設置する技術も開発されており，下水熱利用の普及促進が期待される．下水道施設の広大な土地を利用した太陽光発電や放流先との水位差を利用した小水力発電の利用も行われている．また，温室効果ガス排出抑制策としては，電力消費による間接的なCO_2の排出抑制や，CO_2よりも強い温室効果を有するメタン（CH_4）や亜酸化窒素（N_2O）の排出抑制も重要である．特に，汚泥焼却や水処理プロセスから排出されるN_2Oの排出抑制技術の開発が求められている．

（d）　高度処理のあり方

高度処理の普及に伴って，閉鎖性水域において水質改善の傾向はみられるものの，CODの環境基準達成率は未だに湖沼で60％に満たず，また東京湾や伊勢湾，瀬戸内海においても70％を切る状況にある．一方，高度処理普及地域においては逆に栄養不足が報告され，養殖業などに影響が生じていることも指摘されている．そこで近年は，養殖に必要な時期は高度処理を行わずに栄養塩を供給し，赤潮の発生のおそれがある時期に高度処理を行うなど，季別に運転を変更する能動的水質管理も試みられている．また，活性汚泥法のエネルギー消費である 0.25〜0.45 kWh/m^3 に対して，高度処理を行うことで 4 割から 7 割増に相当する 0.10〜0.30 kWh/m^3 ほどのエネルギー消費が増加してしまうことが知られている．前述のとおり，窒素除去に伴う N_2O の排出抑制も課題であり，放流先に求められる水質と高度処理に伴うエネルギー消費，温室効果ガス排出抑制のバランスを各地域において考えていく必要がある．

（e） 耐　震　化

2011 年に発生した東北地方太平洋沖地震により，処理場やポンプ場の施設損傷，マンホールの浮上など下水道施設も多くの被害を受け，震災から半年を経過してもその 2 割程度が稼働を停止した状態であった．下水道は人々の日常生活に欠かせないライフラインであることから，地震発生時もその機能が維持できるよう耐震化を図るとともに，被害を最小化するための減災対策として，業務継続計画（Business Continuity Plan：BCP）を事前に策定しておくなどの取組みも求められている．ちなみに，2017 年度末で重要幹線の耐震化率は 50%，処理場においては 40% 弱であり，特に中小の自治体において耐震化率は改善されていない．

（f） 新しい水質問題への対応

新型コロナウイルスなど病原生物の多くは，人のふん便を介して下水にも排出される．したがって，下水をモニタリングすることで，さまざまな感染症の流行を検知し，また短期的な予測をすることも可能となる．この下水疫学という考え方は，他の感染症などにも応用が可能と思われ，下水道の新たな価値の創出につながることが期待されている．

マイクロプラスチックについては，その健康影響や生態系への影響など未だ不明な点が多いが，放流水の環境への漏出や下水処理での挙動が注目されている．これまでの調査報告によると，活性汚泥中に取り込まれるなどして放流水中の濃度は流入下水よりも低濃度化されていると思われる．いずれにせよ，この問題が本格化した場合には，除去施設もしくは排出源としての下水道施設の位置づけを明確にし，対策に寄与する手段を考える必要がある．

東北地方太平洋沖地震に伴って放射性物質が環境中に拡散されたことは記憶に新しい．特に，合流式下水道を採用している下水処理場においては，流入下水から検出されるとともに，下水汚泥中に放射性物質が蓄積される傾向にあった．そのため，エネルギー化を含めて利用が阻害されたのみならず，処分さえもできずに下水処理場敷地内に保管することとなった．その後，再利用や処分の基準について定められ，多くの問題は解消されたが，同様の事故が起きた場合の測定体制など事前の対策を検討しておくことが重要である．

（g）　国際貢献

我が国が培ってきた下水道事業のノウハウは，その技術的側面のみならず，法制度や資金調達方法に至るまで，幅広く世界の水・衛生問題の解決に寄与しうると考えられる．2009年に下水道グローバルセンター（Japan Global Center for Urban Sanitation：GCUS）が発足し，世界の衛生問題の解決への貢献と下水道関連企業の国際ビジネス展開支援が行われている．SDGsの目標6「安全な水とトイレを世界中に」にあるように，開発途上国の衛生状態の改善に対する貢献が期待される．

演　習　問　題

[1]　自分が住んでいる町の下水道のしくみを調べよ．

[2]　合流式下水道と分流式下水道の長所・短所を比較してまとめよ．

[3]　計画汚水量算定の基本的な考え方を述べよ．

[4]　計画雨水量算定の基本的な考え方を述べよ．

[5]　管きょの材質とその特徴を整理せよ．

[6]　管きょの接合方法の特徴を述べよ．

[7]　下水管きょの老朽化の状況について述べよ．

[8]　下水道における3種類のポンプ場施設をあげ，それぞれの役割を述べよ．

[9]　下水処理場への流入下水のBOD，SS濃度がそれぞれ200，180 mg/lである．処理水のBOD，SSをそれぞれ15，30 mg/l以下とするために必要な除去効率を求めよ．

[10]　活性汚泥法と生物膜法の長所・短所を比較せよ．

[11]　標準活性汚泥法の特徴を述べよ．

[12]　下水高度処理の目的を述べよ．

13　急速沪過法の特徴を述べよ.

14　循環式硝化脱窒法の特徴を述べよ.

15　膜分離活性汚泥法の特徴を述べよ.

16　汚泥処理の目的を述べよ.

17　一日最大汚水量が 1 000 m^3/日の標準活性汚泥法の下水処理場において，流入 SS 濃度 180 mg/l として発生汚泥量〔kg/日〕を求めよ.

18　問題 17 において汚泥の含水率を 98 %として，汚泥の容積〔m^3/日〕を求めよ.

19　汚泥の有効利用の方法について述べよ.

20　下水道事業の今後の課題について述べよ.

第 4 章
水環境計画と水環境技術

神奈川県・相模川流域　神奈川県内の水資源の多くは相模川水系に依存しており，ダム建設などの水資源計画とともに，上流に位置する相模湖の水質対策なども重要な課題となる．

水環境を保全し利用するためには，水環境に係る法制度の整備とともに，流域全体を見渡した全体的な水環境計画が必要となる．また，水環境を保全する技術としても公共下水道などの狭い意味での「下水道」以外の手段も必要となる．一方，近年の脱炭素化社会の実現に向けた動きを受け，上下水道分野においても対応が迫られている．本章では水環境に係る法制度の概要，水環境計画の考え方と保全技術全体，および脱炭素化に向けた総括的な考え方について説明する．

1　水環境に係る法制度

本節では，我が国における水環境保全の法規および水質環境基準と排水基準などについて説明する．

1　水環境保全の法規

（a）　水環境関連法の制定の背景

我が国では，1945年以後の戦後復興期を経て，1955～1970年ごろまでの工業化による高度経済成長期において，工場からの排水やばい煙などによる水質汚濁や大気汚染が発生し，環境破壊や人の健康被害といったいわゆる産業型公害による深刻な社会問題が起きた．例えば水質汚濁による健康被害では，熊本県水俣湾流域で新日本チッソ（株）水俣工場（酢酸ビニルなどの製造）からの排水に含まれたメチル水銀が原因となった水俣病，あるいは富山県神通川流域で三井神岡鉱山（亜鉛鉱などの採掘）からの排水に含まれたカドミウムによるイタイイタイ病などが発生した．

こうした公害に対処するため，1967年に制定された公害対策基本法が，1970年に改正および強化され，また翌71年には環境庁（現環境省）が設立された．1970年の第64臨時国会は公害国会とも呼ばれ，公害対策基本法の改正と併せて公害関係14法案が成立し，我が国の公害対策のための法体系がほぼ確立されるに至った．公害対策基本法では大気汚染，水質汚濁，土壌汚染，騒音，振動，地盤沈下，悪臭を典型七公害として位置づけ，さらにそれを受けてそれぞれの公害に対する個別の法律の制定や改正が行われた．

典型七公害のうち大気汚染，水質汚濁，土壌汚染および騒音については，人の健康を保護し，および生活環境を保全するうえで望ましい基準，すなわち環境基準が定められた．さらに，水質汚濁については水質汚濁防止法（1970年）が制定され，これに基づき排水基準が定められ，工場などからの排水の排出規制もなされるようになった．その結果，工場排水に起因する有機物質や重金属による水質汚濁は確かに改善されてきた．

しかし，公害対策基本法の成立からおよそ半世紀が過ぎた現在，環境問題は質および規模において大きく変化してきている．この間，都市への人口集中がいっそう進み，経済の安定成長のもとで大量生産，大量消費および大量廃棄の都市生活が定着した．その結果，都市域では自動車排気ガスによる大気汚染や生活排水による水質汚濁など，いわゆる生活型公害が深刻化してきた．また，汚染がある地域に限定されていたこれまでの地域限定の公害に加えて，地球温暖化やオゾン層破壊などの地球規模の環境破壊が発生するようになり，一国内の環境問題を超えて，国際的協調のもとで対応しなければならない時代になってきた．

このようなことから公害対策基本法では現実の環境問題に十分対応できなくなり，1993 年に環境政策の基本理念とこれに基づく基本的施策の新しい枠組みを定めた環境基本法が制定された．**図 4·1** に我が国の水環境管理の法体系の概要を示す．

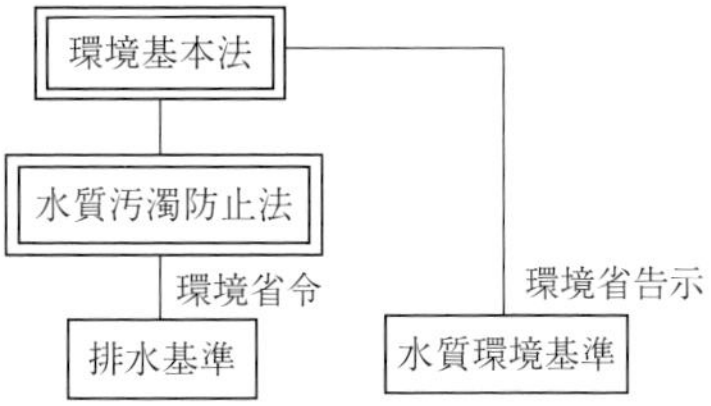

図 4・1　水環境管理の法体系の概要

（b）　環境基本法と水質汚濁防止法

環境基本法は，次の三つの基本理念のもとに，環境保全の施策の基本事項を定め，さらにその施策を総合的かつ計画的に推進するために必要な事項を定めている．基本理念としては，① 生態系の均衡の上に成り立つ環境の保全と継承（第 3 条），② 環境への負荷の少ない持続的発展が可能な社会の構築（第 4 条），③ 国際的協調による地球環境保全の積極的推進（第 5 条）を掲げている．これらの基本理念にのっとり環境保全の基本的施策として，環境基本計画の策定（第 15 条），環境基準の設定（第 16 条），公害防止計画の策定（第 17 条），環境影響評価の推進（第 20 条），地球環境保全等に関する国際協力（第 32 条）などを定め，また国民の環境保全についての関心と理解を深めるために 6 月 5 日を環境の日（第 10 条）としている．なお，放射性物質は，第 13 条において「原子力基本法そのほかの関係法律で定めるところによる」として環境基本法の枠外に置かれていたが，東日本大震災による放射能汚染を踏まえ，2012 年に第 13 条が削除され，放射性物質も対象となった．

水質汚濁防止法は，工場および事業場から公共用水域に排出される水の排出および地下に浸透する水の浸透を規制するとともに，生活排水対策の実施を推進することによって，公共用水域および地下水の水質汚濁の防止を図ることを目的としている．この法律において，公共用水域とは河川，湖沼，港湾，沿岸海域および灌漑用水路などをいい，排出水とは政令で定める特定施設を設置する工場または事業場（これを特定事業場という）から公共用水域に排出される水をいう．また，カドミウムなどの有害物質を製造，使用または処理する特定施設を設置する特定事業場から地下に浸透する水を特定地下浸透水という．

特定事業場からの排出水の排出の規制として，国は環境省令で排水基準（一律排水基準と呼ばれる）を定めるものとし，またこの排水基準では水質を十分に保全することができないと認められる区域については，都道府県が条例で一律排水基準よりも厳しい基準（上乗せ排水基準と呼ばれる）を定めることができることになっている（第3条）．さらに，濃度規制である排水基準のみでは環境基準の達成が困難であると認められる水域については，汚濁負荷量の総量規制基準を定めるものとしている（第4条）．また，特定地下浸透水のうち有害物質を含む水を地下に浸透させることは禁止されている（第12条の3）．

2　水質環境基準と排水基準

（a）　水質環境基準

環境基本法第16条に基づく環境基準のうち，水質汚濁に係る基準は水質環境基準と呼ばれる．水質環境基準は環境省告示として公布されており，1971年およびその後の改正を経て現在の公共用水域の水質環境基準が定められ，さらに1997年には地下水の水質環境基準が設定された．

公共用水域の水質環境基準は，人の健康の保護に関する環境基準（健康項目と呼ばれる）および生活環境の保全に関する環境基準（生活環境項目と呼ばれる）に分けて定められている．

健康項目は，巻末の付表1に示したように，カドミウムや水銀などの重金属，トリクロロエチレン（TCE）やテトラクロロエチレン（PCE）などの有機塩素化合物およびシマジンやチオベンカルブなどの農薬など，27項目の有害物質に係る基準が定められているが，水道水質基準における有害物質に関する項目とおおむね同じ基準値が定められている．一方，生活環境項目は，付表2に示したように，河川，湖沼および海域についてpHやBODまたはCODなどの基準が，その水域の利用目的の適応性からAA，A，Bなどの3～6段階の水域類型に分けて設定（これを類型指定という）されている．例えば河川の場合，全体流域をいくつかの小流域に分け，一般的に水質の良好な上流域はAA類型とし，下流に行くに従ってA類型，B類型というように達成可能な基準値を設定し，それを達成後はより厳しい基準をもつ類型へと見直しを図っていく．また，湖沼と海域については，富栄養化防止の観点から，窒素とリンの基準も定められている．河川・湖沼・海域について，さらに，水生生物保全・生態系の保護を目的として，水生生物の生息状況の適応性から，亜鉛，ノニルフェノールおよび直鎖アルキルベンゼンスルホン酸およびその塩の基準値が設定されている．これらの項目は，生活環境項目に位置づけられているが，従来の概念を超えて，水生生物の生息条件に基づき定められた項目という特徴をもっている．また，海域においては，水生生物が生息・再生産する場の適応性という視点から底層の溶存酸素量の基準値が設定されている．

地下水の水質環境基準は，有害物質に係る健康項目について定められており，その基準項目および基準値は付表1の基準とほぼ同じである．

また，ダイオキシン類対策特別措置法第7条に基づき，ダイオキシン類の環境基準が水質（公共用水域，地下水）に対しては1 pg-TEQ/*l* 以下（TEQは，2, 3, 7, 8-TCDD毒性当量）とされている．

（b） 排水基準

水質汚濁防止法第3条に基づく環境省令による排水基準（一般排水基準）は，特定事業場からの排出水に対して，健康項目と生活環境項目に分けて定められている．

健康項目では付表3の1に示したように，水質基準における健康項目（付表1）に有機リン化合物（有機リン系農薬4種）を加えた項目について基準値が定められ，すべての特定事業場に対して適用される．なお，排水基準のほとんどの項目の基準値は，排出水が放流先で10倍程度以上に希釈されるという前提で，水質環境基準健康項目の基準値の10倍の濃度に設定されている．

生活環境項目としては，付表3の2に示した15項目について基準値が定められているが，1日当りの平均的な排出水の量が50 m^3 以上である特定事業場の排出水についてのみ適用される（すそ切りと呼ばれる）．特定事業場数は2021年度末で約25万6千で，そのうち排出水量が50 m^3/日以上の事業場数は約3万であり，全体の約12% にすぎない．多くの特定事業場には付表3の2の排水基準が適用されていないことになるため，自治体によっては排出水量の制限の切下げや特定施設以外の施設への適用を行っているところもある．また，前述の上乗せ排水基準のほかに，規制対象項目を追加した条例による排水基準（横出し排水基準と呼ばれる）を定めている自治体もある．

3 水質総量規制

人口・産業が集中する広域的な閉鎖性海域では，排水基準に基づく濃度規制のみでは，COD などの環境基準の達成が困難であるので，内陸を含めて海域に流入する汚濁負荷を総合的に削減する制度であり（水質汚濁防止法第 4 条の 2 に基づく），東京湾，伊勢湾，瀬戸内海を指定水域として，1979 年に第一次総量削減計画が 1984 年度を目標として策定されて以来，5 年ごとに実施されている．当初は指定項目は COD のみであったが，第五次削減計画（1999～）から全窒素と全リンが指定されるようになった．

国は指定水域の環境基準を確保するために指定水域（**図 4･2** 参照）ごとに総量削減基本方針を策定し，知事は基本方針で示された各都府県の削減目標量を達成するための総量削減計画を策定し，発生源別の汚濁負荷量の削減目標量，その達成の方途，その他必要な事項を定める．総量規制基準は，指定地域内の排水量

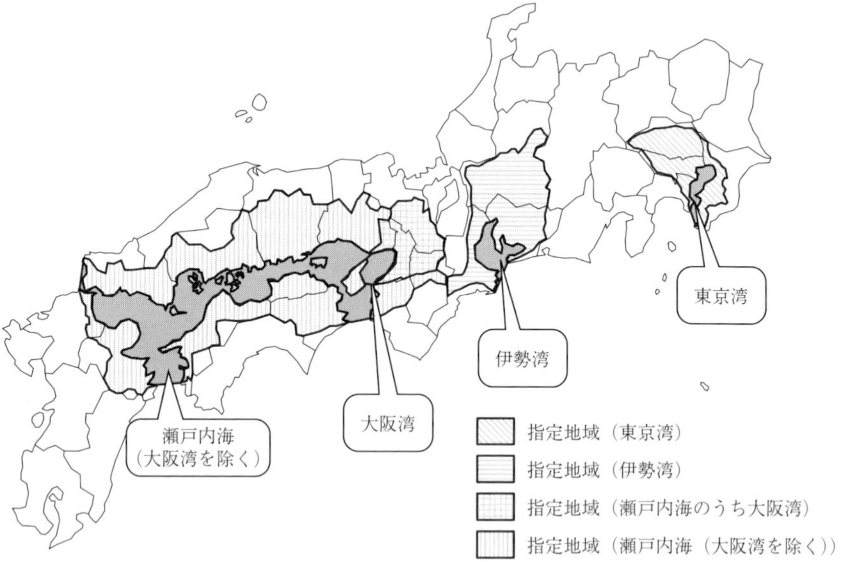

図 4･2　指定水域および指定地域

が 50 m^3/日以上の特定事業場を対象として排出水の汚濁負荷量について定める許容限度であり，COD，窒素，リンについて業種区分ごとに次式における C 値を定める．

$$L = C \times Q$$

ここに，L は総量規制基準〔kg/日〕，C は C 値〔mg/l〕，Q は排水量〔m^3/日〕である．

なお，2024 年度における削減目標量は**表 4·1** のとおりである．

表 4・1 2024 年度における対象水域別・項目別の削減目標量〔トン/日〕

	COD	T-N	T-P
東京湾	154	104	8.6
伊勢湾	127	41	3.5
瀬戸内海	372	389	24.6
（うち大阪湾）	(78)	(80)	(5.3)

2 水環境保全計画

1 流域単位での水環境保全計画の基本的考え方

水を高度に利用しつつ，水環境を保全する社会システムを構築するためには，流域・都市単位における水循環を見渡しながら計画を立てなければならない．**図 4·3** は流域・都市における水循環を模式的に表したものである．ここには水の流れとともに，水処理系において排出される汚泥についても流れを示している．

河川水は農業用水，工業用水，生活用水として利用された後，汚濁負荷とともに再び流域に戻る．その他に，畜産排水，森林，降雨などに由来する汚濁物質も流域に流れ込む．河川環境を維持し，水道原水水質や河川生態系を保全するため，生活排水は下水処理場などの大規模処理システムや浄化槽などの分散システムにおいて処理された後に河川に放流され，工業排水は放流基準を満たすように処理した後，放流される．

オフィスビルや工場内では，高度な処理システムを導入した水リサイクルが実施され，水使用量の抑制と下水処理場への汚濁負荷の低減が行われる．また，下

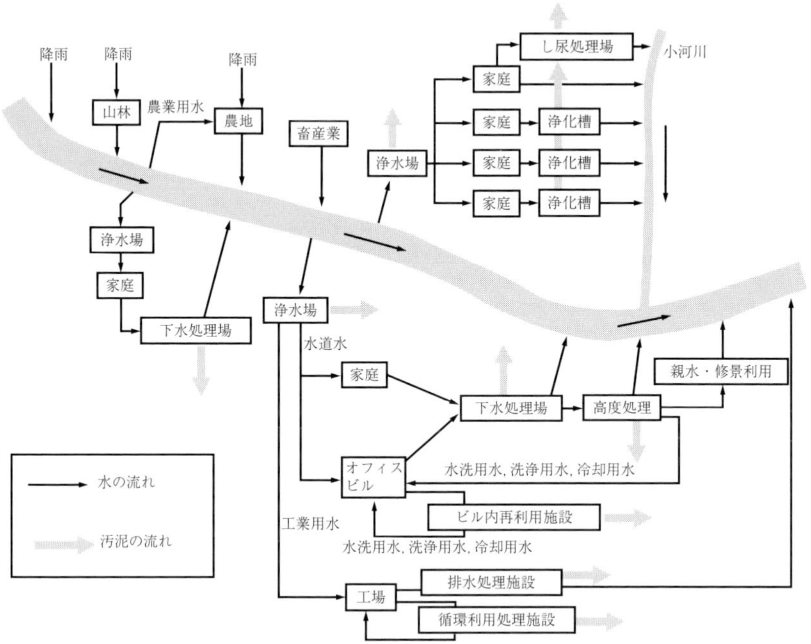

図 4・3　流域・都市における水循環

水処理水を高度に処理し，親水・修景用水としての利用や，ビルなどで再利用水として利用される．

浄水場や下水処理場などで発生した汚泥は，場合によっては消化によってメタンを回収した後に脱水・乾燥・焼却などのプロセスの後に建設材料や固形燃料，堆肥などとして有効利用される．浄化槽で発生した汚泥は，多くの場合，し尿処理場において処理されることになる．

流域・都市における水環境保全対策を立てる場合，以上の各プロセスが個々の場でばらばらに実施されるのでなく，全体を見渡して有機的なつながりをもつように全体計画を立てることが必要である．

2　水処理システムの種類と概要

生活排水による汚濁負荷を削減するための主な処理システムを**表 4・2** に示す．システムは下水道によるものとそれ以外のものとに大別される．下水道は発生

表 4・2　主な処理システムの概要

	下水道	農村集落排水施設など	浄化槽	コミュニティプラント
設置・維持管理主体	市町村	市町村・土地改良区	個人	市町村
対象地域	都市計画区域（公共下水道の場合）	農業集落	主に下水道事業計画区域外の家庭	下水道区域外の住宅団地など
概要	公共下水道は都市計画区域内の下水を排除し，または処理するためのもの	農業用用排水の水質保全，農業用用排水施設の機能維持，農村生活環境の改善を図るため，小さな集落が散在している農村部の特性に合わせて集落単位で効率的に整備する．浄化槽法の適用を受ける．	各家庭の敷地内に設置して汚水を処理する．2001 年 4 月の浄化槽法改正により，トイレからの汚水だけを処理する単独処理浄化槽が浄化槽の定義から削除され，原則合併処理浄化槽のみが設置可能となった．	地域し尿処理施設．下水道区域外で，市町村が定める一般廃棄物処理計画に沿って設置され，水洗便所のし尿と生活雑排水を併せて処理する施設
普及率（2021 年度末）	80.6%	2.5%	9.4%	0.1%

する下水を一括して集め処理するものであり，人口密度の高い都市域に適するシステムである．それ以外は，通常，農村地域など人口密度が小さく，管きょの建設費用が相対的に高くなる場合にとられる場合が多い．

3　下水道による流域環境保全―流域別下水道整備総合計画―

（a）　流域別下水道整備総合計画の概要

流域全体という視点から流域の水環境を保全するため，我が国で実際に策定される下水道計画に流域別下水道整備総合計画（流総計画）がある．ある公共用水水域の水質汚濁の原因がその流域中の複数の地方自治体にあり，水域保全のために下水道の整備が有効であるとき，各自治体が個別に下水道計画を策定するのではなく，流域全域にわたって最も合理的・総合的な下水道整備にかかわる総合的な基本計画を策定することが望まれる．このようなとき，都道府県は各水域ごとにこのような基本計画（流総計画）を策定し

(1)　流域の降水量，河川流量などの自然条件

(2)　汚水の量と水質（汚濁負荷量）の現状と予測

(3)　下水道整備にかかわる費用と汚濁負荷削減の効果

などの要素を考慮しながら，下水道整備に関する計画年度，整備区域，処理方式，放流先などの基本計画を策定する．

（b）基礎調査

計画の前提となる基礎調査として，まず流域の自然条件を把握する必要がある．これは，発生する汚濁物質は河川水などにより希釈されるため，実際に汚染が進行するか否かは流域のスケールによるからである．具体的には 10 か年以上の資料により以下のような事項を調査するとしている．

河川：低水流量（年間 275 日は利用しうる流量），渇水流量（年間 355 日は利用しうる流量）など

湖沼：平水位，低水位など

海域：平均満潮位，潮流の方向など

河川の流量は年中変動し，また年によっても異なるので，流量が小さく，汚濁物質の希釈率が小さくなるときでも環境基準を達成する計画を立案する必要がある．河川における環境基準の適合の判断は低水流量時のデータを用いることとなっているが，運用上は，1 年を通した水質測定値（毎月の測定であれば 12 個のデータ）の 75% 値（順番に並べて小さいほうから 75% の値）を用いている．

（c）汚濁負荷量の予測―原単位を用いた水需要および負荷量の算出―

人間活動に必要となる水需要を見積もり，これによって発生する汚水の流量および汚濁負荷量の算定は，水環境保全計画策定の第一歩である．通常，これらの算出は，一人一日当り，あるいは ha· 一日当りなどの単位で表される原単位を用いて行われる．以下に流総計画で用いられる重要な原単位の例を説明する．

① **生活系からの汚濁負荷量**　生活汚水による汚濁負荷量は，し尿および炊事，風呂，洗濯から発生する雑排水からなる．**表 4·3** は一人一日当りの汚濁負荷量の参考値である．ただしこの値は夜間人口をもとにして計算されたもので，外出者については営業排水負荷に含まれることになる．

生活汚水量は日平均 250～350 l/(人·日) 程度とすればよい．

表 4·3　一人一日当り汚濁負荷量〔g/(人·日)〕の参考値

項目	し尿	雑排水	計
BOD	18	40	58
COD	10	17	27
SS	20	25	45
T-N	9	2	11
T-P	0.9	0.4	1.3

（流域別下水道整備総合計画調査指針と解説　平成 20 年度版より作成）

② **営業・事務活動などからの汚濁負荷量**
飲食店，デパート，ホテル，事務所などからの汚

濁負荷量については，排水水質は生活汚水並みとして扱って差し支えない．

③　**工業用水の需要と汚濁負荷量**　工業活動に伴う原単位は，通常，単位製造出荷額一日当りで表される．そのうち主要な製造業におけるもののみを**表 4·4** に示す．

表 4・4　工業排水汚濁負荷量原単位の一例

	排水原単位〔m^3/(日・百万円)〕	BOD〔g/(日・百万円)〕	COD〔g/(日・百万円)〕	T-N〔g/(日・百万円)〕	T-P〔g/(日・百万円)〕
肉製品製造業	0.049	61.3	30.2	4.3	1.3
乳製品製造業	0.089	52.6	32.9	3.2	0.8
清涼飲料製造業	0.064	37	28.9	1.2	0.2
溶解パルプ製造業	7.104	7 938	7 685	630	65.1
洋紙製造業	4.097	1 205	780	39.9	3.8
石油化学系基礎製品製造業	0.032	35.3	82.4	1.5	0.1
石油精製業	0.025	2.1	5.7	0.3	0.1
なめし皮製造業	0.222	229	187	13.3	1.6
高炉による製鉄業	0.072	1.5	1 652	2 025	

（流域別下水道整備総合計画調査　指針と解説　平成 20 年度版より作成）

④　**家畜による汚濁負荷量**　家畜による負荷量を**表 4·5** に示す．

表 4・5　家畜による汚濁負荷量

項　目	牛	豚	馬
水量〔l/(頭・日)〕	45〜135	13.5	
BOD〔g/(頭・日)〕	640	200	220
COD〔g/(頭・日)〕	530	130	700
SS〔g/(頭・日)〕	3 000	700	5 000
T-N〔g/(頭・日)〕	290	40	170
T-P〔g/(頭・日)〕	50	25	40

（流域別下水道整備総合計画調査　指針と解説　平成 20 年度版より作成）

⑤　**観光客**　観光客による負荷量が多い地域では，定住人口の一人一日当り負荷量を参考に算出する．

⑥　**面源汚濁負荷量**　面源汚濁負荷とは，農耕地，市街地，自然の山林など，面的に広がる広い領域から発生する汚濁負荷量のことで，特に湖沼の富栄養化に対する影響などを考えると無視できないとされている．

表 4·6 に面源負荷量の参考値を示す．

(d)　汚 濁 解 析

下水道を整備することによる汚濁負荷量の削減が，河川あるいは湖沼などの水質浄化に与える効果を予測するためには，現状における汚濁負荷量と水質との関

表 4・6　面源負荷量の参考値

	COD〔kg/(ha・年)〕		T-N〔kg/(ha・年)〕		T-P〔kg/(ha・年)〕	
	A	B	A	B	A	B
山　林	8.9～98.9 (20.7)	0.91	1.4～7.0 (4.2)	6.7	0.05～0.46 (0.17)	0.18
水　田	4.1～87.6 (42.9)	6.4	5.8～33.4 (11.0)	28	0.29～4.89 (1.13)	0.36
畑　地	4.7～54.4 (19.1)	3.7	2.4～95.3 (32.2)	28	0.08～0.69 (0.36)	0.36
市街地	14.3～65.7 (51.1)	3.7	2.7～16.8 (12.1)	6.9	0.19～1.26 (0.81)	0.18

〔注〕 A：湖沼水質保全計画における値.（　）は平均値.
B：第六次総量削減計画における値の平均値.
（流域別下水道整備総合計画調査　指針と解説　平成20年度版より作成）

係の解析（汚濁解析）が必要となる．汚濁解析においては，対象とする水域の水質基準点における汚濁負荷量の算定に，流達率（排出負荷量が水路や支川を通る際の流入量と流出量の比），河川の自浄係数（負荷量が河川を流下するときの自浄作用による減少の大きさを表すもの）などを考慮に入れる．また，湖沼においては，富栄養化による汚濁負荷の発生についても，モデルを用いて算定する．

（e）汚濁負荷削減計画

水域の環境基準を達成するために，現況の流出汚濁負荷量から削減しなければならない負荷量（削減負荷量）を算定し，これを各発生源に配分する作業を行う．田畑や自然汚濁については削減負荷量の配分は行わない．他の人為的な発生源については現況の流出負荷量の比率によって配分することになる．生活排水については下水道の整備により，工場排水・家畜排水については排水規制により削減することになる．以上から下水道整備により達成すべき汚濁負荷量が定まり，下水道計画を策定することになる．

また，2005年から，東京湾などの閉鎖性水域の水質を改善する目的で，一定の流域別下水道整備総合計画には，終末処理場ごとの窒素またはリンの削減目標量と削減方法を定めることになった．さらに，高度処理を行っている自治体は，自らの削減目標量を超えて窒素またはリンを削減する場合，流域内の他の自治体の削減目標量の一部に相当するとして，費用負担を求めることができるようになり，流域全体で高度処理を効率的に推進することが可能となった．

下水道施設計画の策定にあたっては，① 地形（自然流下方式が可能か），② 地域特性（終末処理場立地の可能性），③ 既存の下水道施設および下水道計画（これらの変更，高度化），④ 河川等に及ぼす影響（放流位置の検討），⑤ 下水道技術の革新と汚泥処分計画，⑥ 処理水の有効利用（再利用），⑦ 費用と事業効果，⑧ 関連法令，⑨ 関係市町村の意見，を考慮することとされている．

4 下水道以外の水処理システム

（a） 概　説

人口密度が低い地域では，管きょの建設が非効率であるなどの理由により，下水道の整備よりも，浄化槽などの分散処理システムがコスト上有利になることがある．ここでは，下水道によらない水環境保全システムとして，浄化槽およびし尿処理システムの概要について述べる．

（b） 浄 化 槽

浄化槽といってもその規模はさまざまで，浄化槽法上では，1 世帯を処理対象とするものから，1 万人を処理対象とするような非常に大きなものまで含む．便宜上，処理対象人員 5〜50 人のものを小型浄化槽，51〜500 人を中型浄化槽，それ以上のものを大型浄化槽と呼ぶことが多い．

浄化槽には，し尿のみを処理する単独浄化槽と，し尿と雑排水を処理する合併処理浄化槽があるが，2001 年の浄化槽法の改正により，浄化槽の定義から単独浄化槽が削除され，合併処理浄化槽のみを浄化槽と定義して，浄化槽を恒久的な生活排水処理施設として明確化した．

したがって，浄化槽を新設するときは，合併処理浄化槽を設置しなければならず，既設の単独処理浄化槽は合併処理浄化槽への転換に努めるものとした．

浄化槽として特徴的な小型の戸別浄化槽の処理システムの例として嫌気沪床接触ばっ気方式の構造例を**図 4·4** に示す．流入水中の浮遊物質の大部分は嫌気沪床槽（第 1 室）を通過する際，いったん沪材上に捕捉されて嫌気的に分解された後，底部へ沈降し，蓄積される．沈降した汚泥はさらに嫌気的に分解され，無機化，減量化される．第 1 室で捕捉されきれなかった浮遊物質は第 2 室において同様に捕捉される．続く接触ばっ気槽においては接触材に付着した好気的微生物膜によって水中の有機物が除去され，最後に消毒される．はく離した生物膜は汚泥として嫌気性沪床に戻され，無機化，減量化が進行する．

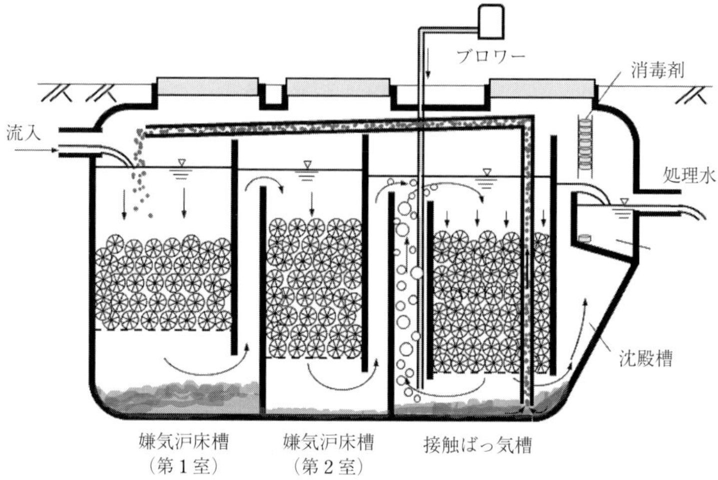

図 4・4　嫌気沪床接触ばっ気方式の戸別浄化槽の一例

小型浄化槽においては適切な維持管理がきわめて重要である．通常3〜4か月ごとに定期点検が実施され，最低1年ごとに槽内，特に沪材の洗浄および汚泥の引抜きが実施され，槽内は清掃された後に水道水で満たされる．引き抜かれた汚泥は，し尿処理施設（後述）で，し尿とともに処理される．

図4·4は主にBODを除去するための施設であるが，脱窒工程を加えた窒素除去型やリン除去型のものも普及している．

なお，浄化槽からの汚濁負荷量と除去率の参考値を**表4·7**に示す．

表 4・7　浄化槽からの汚濁負荷量と除去率の参考値（第六次総量削減計画における値の平均値，流域別下水道整備総合計画調査　指針と解説　平成20年度版より作成）

	COD		T-N		T-P	
	排出負荷量〔g/人/日〕	除去率〔%〕	排出負荷量〔g/人/日〕	除去率〔%〕	排出負荷量〔g/人/日〕	除去率〔%〕
合併処理浄化槽	10.3	65	8.3	31	0.77	35
単独処理浄化槽	4.3	57	7.5	17	0.64	18

(c)　し尿処理

浄化槽から発生する汚泥，およびくみ取り便槽からのし尿は，都市ごみなどと同様に一般廃棄物に分類されるが，これらはバキュームカーによって収集され

表 4・8　収集し尿の性状

		厚生省参考値	実測例（除渣し尿）
pH		7～9	7.0～8.8
BOD	〔mg/l〕	13 500	7 200～ 9 700
COD	〔mg/l〕	7 000	2 500～ 4 600
浮遊物質	〔mg/l〕	21 000	9 200～21 000
蒸発残留物	〔mg/l〕	30 000	TK-N　3 500～ 4 500
総窒素	〔mg/l〕	5 000	NH_4-N　2 000～ 3 000
塩素イオン	〔mg/l〕	5 500	3 200～ 4 200
リン酸イオン	〔mg/l〕	1 000	—

（出典：土木学会編　土木工学ハンドブック第 4 版　技報堂出版）

（生し尿は 1.5 か月に 1 回程度，浄化槽汚泥は 1 年に 1 回程度），し尿処理場において処理された後に放流されることになる．し尿および浄化槽汚泥の性状を**表 4･8** にまとめる．

し尿処理施設においては，BOD，窒素，リン，浮遊物質などを高度に除去し，放流水質を高めることがますます求められてきていることから，最近では多くの施設で膜分離高負荷生物学的脱窒素処理方式が採用されている．そのフローの一例を**図 4･5** に示す．

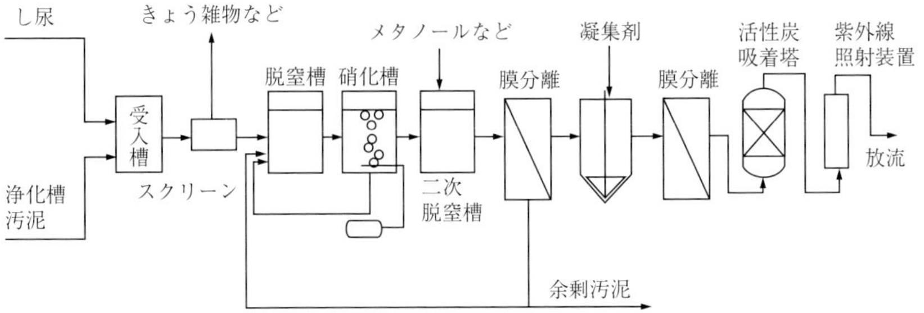

図 4・5　膜分離高負荷生物学的脱窒素処理施設のフローシートの例

し尿は一時滞留させて，砂，砂利，その他のきょう雑物を除去し，硝化液循環方式によって有機物と窒素を同時に除去した後，限外沪過膜によって活性汚泥と固液分離され，さらにリン除去（凝集処理），臭気・色除去（活性炭処理）などの高度処理が施されている．このように，通常の下水処理に比べて膜分離など高度な処理が施されていることが大きな特徴である．

3 水の再生利用

図4·3に示したように，水の再利用は流域内の水循環系において欠かせない要素となっている．2019年度末において，全国で全下水処理水の約1.45％にあたる約2億1 000万 m^3/年が再利用されており，その内訳は**表4·9**に示すとおりである．

表4・9　下水処理水の用途別再利用状況（2019年度）

再生利用用途	再利用量〔万 m^3/年〕	処理場数
水洗トイレ用水	777	39
環境用水		
修景用水	5 137	68
親水用水	435	13
河川維持用水	7 337	14
融雪用水	4 112	33
植樹帯・道路・街路・工事現場の清掃・散水	39	160
農業用水	1 294	26
工業用水道への供給	216	4
事業所・工場への供給	1 935	56
計	21 282	300

その他に建物内の再利用は大都市で広く普及しており，自治体によっては一定以上の延べ床面積の建築物では再生水利用，建物内循環利用，雨水利用等を実施するように指導されている（東京都：1万 m^2 以上，福岡市：5千 m^2 以上，千葉県：3万 m^2 以上，香川県：1万 m^2 以上）．

図4·6にビル内再生水利用システムの例を示す．多くの場合は厨房排水などを地下に設置する水処理装置によって処理し，これをトイレのフラッシュ用水などとして利用し，排水は下水道に放流する．このようなシステム導入は，都市全体の水使用量や下水道への負荷の低減の効果がある．

水再利用において求められる水質レベルは，その用途に応じて異なる．**表4·10**は，下水処理水の再生水利用に関する技術上の基準であるが，修景用水を除き，

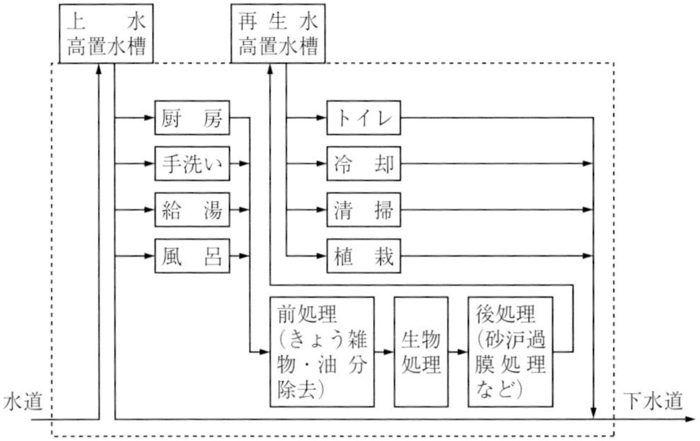

図 4・6 ビル内再生水利用システムの例

表 4・10 再生水利用に関する技術上の基準

	水洗用水	散水用水	修景用水	親水用水
大腸菌	不検出	不検出	（大腸菌群 1 000 個/100 ml 以下）	不検出
濁度	2 度以下			
pH	5.8～8.6			
外観	不快でないこと			
色度	—	—	40 度以下	10 度以下
臭気	不快でないこと			
残留塩素	遊離 0.1 mg/l 以上 結合 0.4 mg/l 以上	遊離 0.1 mg/l 以上 結合 0.4 mg/l 以上	—	遊離 0.1 mg/l 以上 結合 0.4 mg/l 以上
施設基準	砂沪過または同等以上の機能を有する施設を設ける			

（下水処理水の再利用水質基準等マニュアル（2005）より作成）

人体に接触あるいは取り込むおそれのある用途には，飲料水と同様の衛生学的基準が定められている．

これらに対応する水処理システムの概要を示したものが**表 4·11** である．

SS の除去で十分な場合は砂沪過が広く用いられているが，さらに高度な処理が要求される場合は，膜沪過を利用することが多い．再利用のための水処理システムとしては，活性汚泥法などの二次処理水を対象に表 4·10 の処理を行う場合と，活性汚泥法における最終沈殿池を膜沪過で置き換える膜分離活性汚泥法を利用する場合がある．**図 4·7** の例では，二次処理水を精密沪過膜と後段に続く逆

表 4・11　高度処理に用いられる処理プロセスと除去対象物質との関係
（○は除去可能の意味）

	凝集＋砂ろ過	オゾン処理	MF（精密ろ過膜）	UF（限外ろ過膜）	RO（逆浸透膜）
濁度（SS）	○		○	○	○
微生物類		○	○	○	○
BOD 等の有機物	○	○	○	○	○
臭気物質		○			○
色度成分		○			○

図 4・7　シンガポール NEWater プラントの RO 膜（チャンギ Sembcorp 水再生施設，22 万 8 千 m^3/日）

浸透膜で処理を行い，主に工業用水として再利用している．

4　地球温暖化対策と水環境分野の取組み

1　地球温暖化対策の基本的方針，目標と対策

2021 年 5 月，地球温暖化対策推進法の一部改正法が成立し，2050 年までのカーボンニュートラルの実現が法的に位置づけられた．また，2021 年 10 月に地球温暖化対策計画が閣議決定され，二酸化炭素以外も含む温室効果ガスのすべてを網羅し，新たな 2030 年度目標（2013 年度比で温室効果ガス 46％ 削減）の裏づけとなる対策・施策を記載して新目標実現への道筋を描いた．

図 4·8 は2021年度の部門別の温室効果ガス排出量の割合を示したものである．電気・熱配分前では発電などのエネルギー転換部門が大半を占めているが，電気・熱配分後では産業部門が多いものの，運輸，業務その他，家庭部門でほぼ等

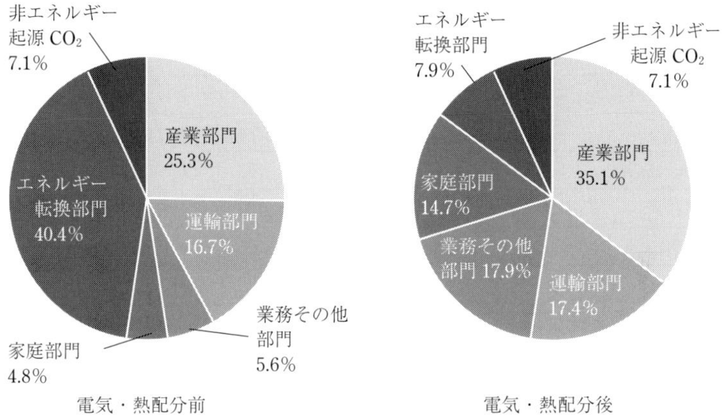

図 4・8　2021年度部門別温室効果ガス排出量
（出典：環境省・国立環境研究所：2021年度温室効果ガス排出・吸収量（確報値））

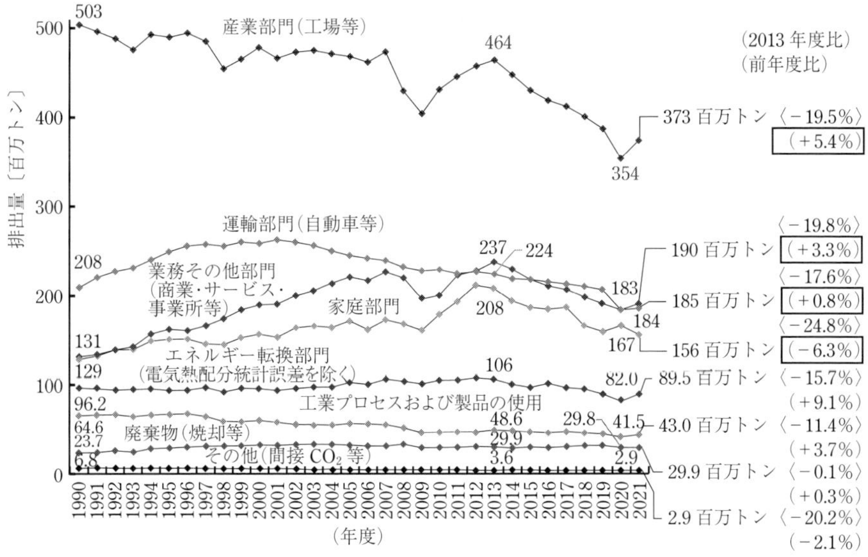

図 4・9　部門別温室効果ガス排出量の推移（電気・熱配分後）
（出典：環境省・国立環境研究所：2021年度温室効果ガス排出・吸収量（確報値））

表 4・12　温室効果ガス別その他の区分ごとの目標・目安

（地球温暖化対策計画（2021）より）

（単位：百万 t-CO_2）

	2013 年度実績	2019 年度実績（2013 年度比）	2030 年度の目標・目安（2013 年度比）
温室効果ガス排出量・吸収量	1 408	1 166　（▲17%）	760　（▲46%）
エネルギー起源二酸化炭素	1 235	1 029　（▲17%）	677　（▲45%）
産業部門	463	384　（▲17%）	289　（▲38%）
業務その他部門	238	193　（▲19%）	116　（▲51%）
家庭部門	208	159　（▲23%）	70　（▲66%）
運輸部門	224	206　（▲ 8%）	146　（▲35%）
エネルギー転換部門	106	89.3　（▲16%）	56　（▲47%）
非エネルギー起源二酸化炭素	82.3	79.2　（▲ 4%）	70.0　（▲15%）
メタン（CH_4）	30.0	28.4　（▲ 5%）	26.7　（▲11%）
一酸化二窒素（N_2O）	21.4	19.8　（▲ 8%）	17.8　（▲17%）
代替フロン等 4 ガス	39.1	55.4　（+42%）	21.8　（▲44%）
ハイドロフルオロカーボン（HFCs）	32.1	49.7　（+55%）	14.5　（▲55%）
パーフルオロカーボン（PFCs）	3.3	3.4　（+ 4%）	4.2　（+26%）
六ふっ化硫黄（SF_6）	2.1	2.0　（▲ 4%）	2.7　（+27%）
三ふっ化窒素（NF_3）	1.6	0.26（▲84%）	0.5　（▲70%）
温室効果ガス吸収源	—	▲45.9	▲47.7
二国間クレジット制度（JCM）	官民連携で 2030 年度までの累積で，1 億 t-CO_2 程度の国際的な排出削減・吸収量を目指す．我が国として獲得したクレジットを我が国の NDC 達成のために適切にカウントする		

しい割合となっている．

図 4・9 は，電気・熱配分後の部門別温室効果ガス排出量の推移を示したものである．産業部門は一貫して 1990 年以降は減少傾向にあるが，運輸，業務その他，家庭部門においては 1990 年以降は増加傾向にあったものの，2013 年以降は減少傾向に転じていることがわかる．

表 4・12 は地球温暖化対策計画に示されている，温室効果ガス別その他の区分ごとの温室効果ガス削減目標と目安を示しているものである．エネルギー起源排出量の削減目標が大半を占めており，業務その他部門と家庭部門における削減目

標が大きく設定されている．

2　水環境分野における取組みの考え方

上下水道事業は，温室効果ガス排出の部門の中で，業務その他部門に配分されている．水道事業においては，2020 年度において，全国の電力消費量に対して 0.857% に相当する 73 億 9 900 万 kWh の電力を消費しているが，水道事業では電力以外の温室効果ガスの排出はほとんどないので無視できるとすると，これは同年の温室効果ガス排出量の 0.284% に相当する（電力の CO_2 排出原単位を 0.441 kg CO_2/kWh とした）．下水道事業においては，2019 年度において 530 万 t-CO_2 の温室効果ガスを排出しており，同年の全国の排出量 12 億 1 200 万トンに対して，0.437% となっている．

以上を取りまとめて，水道と下水道の各事業からの温室効果ガスの排出を排出源ごとに比較したものが**図 4･10** である．両事業を合わせた温室効果ガスの排出量は，全国の排出量の約 0.72% に相当するが，両事業の排出の構造は大きく異なる．水道事業においては，水の輸送のポンプ動力に必要な電力がほとんどだ

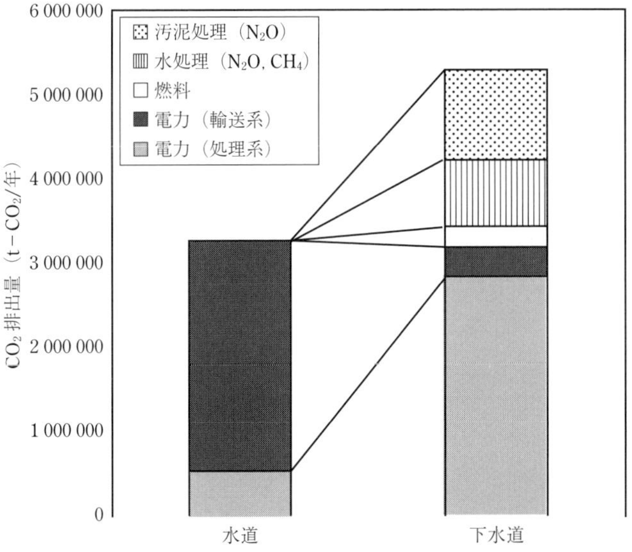

図 4・10　水道事業および下水道事業から排出される温暖化ガス
（水道は 2020 年度，下水道は 2019 年度データに基づく）

が，下水道事業においては，水処理工程におけるブロワー等にかかわる電力が最も大きな割合を占め，次いで水処理や汚泥処理（燃焼）の工程から排出される N_2O 等の温室効果ガスによる影響が大きくなっている．以上より，水道事業および下水道事業における脱炭素のための対策は大きく異なることになる．

3 水道システムにおける温暖化対策の考え方

図 4·11 は水源から需要者の蛇口までの水道システム全体を，高さの視点からみたときの概観図である．すでに述べたように，水道事業においては，水の輸送系におけるポンプ動力が温室効果ガス排出源であるため，取水から給水までをすべて自然流下系として，ポンプ動力が不要なシステムとすることが理想形となる．短期的には配水系統の効率化や配水コントロールによる省エネルギーの実現などが対策の中心となるが，長期的には取水位置を可能な限り上流の位置として，必要なポンプ動力を最小限とするだけでなく，場合によっては小水力発電による創エネルギーを実現することが望まれる．また，浄水場や配水池がもつ広大な敷地を利用し，太陽光発電による創エネルギーを図ることも考えられる．

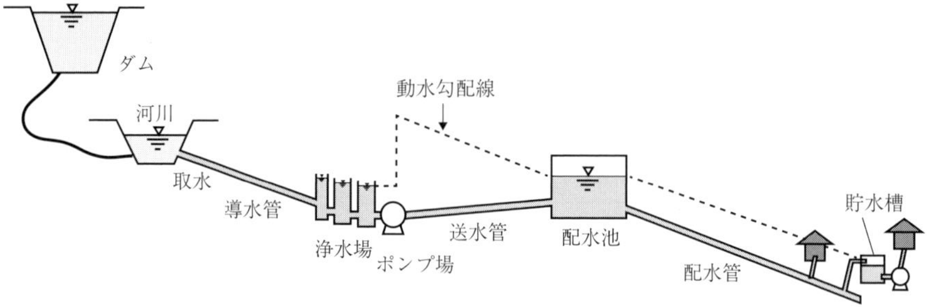

図 4・11　水道システムを高さの視点からみたときの概要

4 下水道システムにおける温暖化対策の考え方

下水道システムにおける温室効果ガス排出のほとんどは，水処理系および汚泥処理系からのものであるので，これらの削減のためには，各工程における電力消費量や燃料の使用量の削減に加え，水処理システムや汚泥焼却システムの改善による N_2O などの温室効果ガス排出の抑制が中心となる．また，現在の水処理システムが酸化によって下水中の有機物を無機化することが中心であり，そのための酸素の供給にエネルギーを必要とすることを考えると，下水中の有機物をできるだけ酸化することなく回収して，メタン発酵などのエネルギー回収系に送ることも効果的である．

また，下水汚泥が有する有機物の全エネルギーを熱量として換算すると，現状の下水道事業から排出される温室効果ガスのほぼ同量に相当するため，メタン発酵や汚泥炭化などによってこの潜在エネルギーを上手く活用する工夫をすることによって，大きな効果が期待できる．

さらに，水道事業と同様に，下水処理場は広大な敷地を有するため，太陽光発電による創エネルギーを図ることも効果的である．

5　廃棄物処理システムとの連携による地球温暖化対策

すでに述べたように，下水汚泥は創エネルギーの大きなポテンシャルをもつが，そのエネルギーを取り出すためのメタン回収などの技術は，生ごみなどの有機物系の廃棄物に対しても適用可能な技術である．したがって，現在，そのほとんどが焼却処理により処分がなされているこれらの廃棄物を下水汚泥と混合する形でエネルギー回収を図ることが可能となる．

具体的なシステム構造としては，生ごみなどを下水汚泥の処理センター等に搬入するケースと，ディスポーザーを積極的に導入して下水道システムによってこれらの処理場に回収し，汚泥として取り出してエネルギー回収することも考えられる．

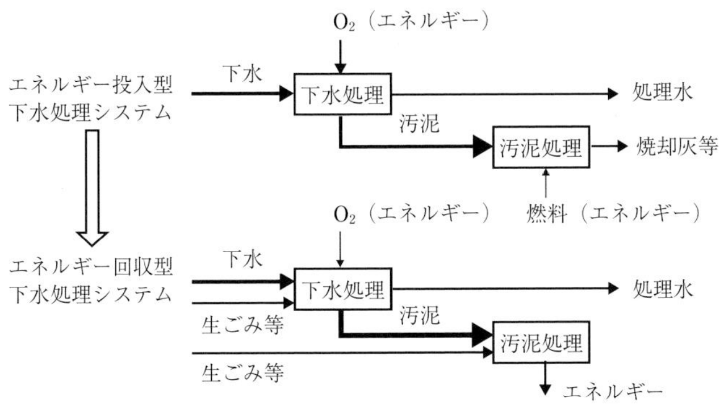

図 4・12　エネルギー投入型下水処理システムからエネルギー回収型下水処理システムへ

以上，本節4項と5項を取りまとめた概念図を**図4·12**に示す．下水処理システム全体を，下水および生ごみ等のもつ潜在的なエネルギーを回収するシステムへと転換することが期待される．

演 習 問 題

[1] 特定事業場からの排出水に係る一般排水基準と上乗せ排水基準について説明せよ．

[2] 水質環境基準における生活環境項目に係る類型指定について，河川を例として説明せよ．

[3] 水質総量規制の概要について説明せよ．

[4] ある湖沼の集水域に20万人が定住しており，下水道普及率は70%で未普及地域は浄化槽（合併浄化槽）が普及している．集水域の水田，山林，市街地の面積は，それぞれ10 000 ha，50 000 ha，20 000 haであり，また域内には畜産業（牛5 000頭）がある．この湖沼に流入するCODの負荷量を計算し，水田，山林，市街地，下水道，浄化槽，畜産業からのそれぞれの負荷量の割合を求めよ．ただし，下水処理場におけるCOD除去率を90%，畜産業からの排水の処理施設のCOD汚濁除去率を90%とする．

[5] 単独処理浄化槽を合併処理浄化槽に変更すると，浄化槽から発生するCODの負荷量は何%になるか．

[6] 下水処理水を，親水用水，水洗用水，工業用水として再利用するときの処理フローを考えよ．

[7] 水道事業および下水道事業における脱炭素化に向けての長期的な視点による対策にはどのようなものがあるか説明せよ．

[8] 下水道分野と廃棄物処理の分野との連携による脱炭素化の対策について説明せよ．

付　　表

（各水質項目について，測定方法に関連する事項は省略している．また最新の情報については，環境省などの Web サイトを参照してほしい）

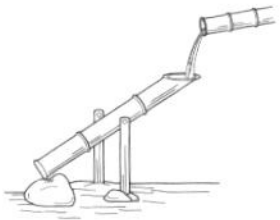

1　人の健康の保護に関する環境基準

（1）　公共用水域及び地下水の環境基準として共通に定められる項目と基準値

項　　目	基準値	項　　目	基準値
カドミウム	0.003 mg/l 以下	1,1,2—トリクロロエタン	0.006 mg/l 以下
全シアン	検出されないこと	トリクロロエチレン	0.01 mg/l 以下
鉛	0.01 mg/l 以下	テトラクロロエチレン	0.01 mg/l 以下
六価クロム	0.02 mg/l 以下	1,3-ジクロロプロペン	0.002 mg/l 以下
砒《ひ》素	0.01 mg/l 以下	チウラム	0.006 mg/l 以下
総水銀	0.0005 mg/l 以下	シマジン	0.003 mg/l 以下
アルキル水銀	検出されないこと	チオベンカルブ	0.02 mg/l 以下
PCB	検出されないこと	ベンゼン	0.01 mg/l 以下
ジクロロメタン	0.02 mg/l 以下	セレン	0.01 mg/l 以下
四塩化炭素	0.002 mg/l 以下	硝酸性窒素及び亜硝酸性窒素	10 mg/l 以下
1,2-ジクロロエタン	0.004 mg/l 以下	ふっ素	0.8 mg/l 以下
1,1-ジクロロエチレン	0.1 mg/l 以下	ほう素	1 mg/l 以下
シス-1,2-ジクロロエチレン	0.04 mg/l 以下	1,4-ジオキサン	0.05 mg/l 以下
1,1,1-トリクロロエタン	1 mg/l 以下		

備考　1.　基準値は年間平均値とする．ただし，全シアンに係る基準値については，最高値とする．

2.「検出されないこと」とは，測定方法の欄に掲げる方法により測定した場合において，その結果が当該方法の定量限界を下回ることをいう．別表 2 において同じ．

3.　海域については「ふっ素」及び「ほう素」の基準値は適用しない．

4.　硝酸性窒素及び亜硝酸性窒素の濃度は，規格 43.2.1，43.2.3，43.2.5 または 43.2.6 により測定された硝酸イオンの濃度に換算係数 0.2259 を乗じたものと規格 43.1 により測定された亜硝酸イオンの濃度に換算係数 0.3045 を乗じたものの和とする．

（2）　地下水の環境基準としてのみ定められる項目と基準値

項　目	基準値	項　目	基準値
1,2-ジクロロエチレン	0.04 mg/l 以下	クロロエチレン（塩化ビニルモノマー）	0.002 mg/l 以下
備考　指針値は年間平均値とする．			

（注）　1,2-ジクロロエチレンはシス体とトランス体の合計であり，上記（1）の環境基準のうちシス-1,2-ジクロロエチレンは地下水に対してはこの 1,2-ジクロロエチレンに含まれる．

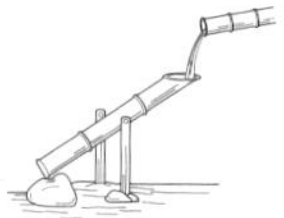

2　生活環境の保全に関する環境基準

1　河　　川

（1）　河川（湖沼を除く）

ア

項目／類型	利用目的の適応性	基準値				
		水素イオン濃度（pH）	生物化学的酸素要求量（BOD）	浮遊物質量（SS）	溶存酸素量（DO）	大腸菌数
AA	水道 1 級 自然環境保全及び A 以下の欄に掲げるもの	6.5 以上 8.5 以下	1 mg/l 以下	25 mg/l 以下	7.5 mg/l 以上	20 CFU/100 ml 以下
A	水道 2 級 水産 1 級 水浴及び B 以下の欄に掲げるもの	6.5 以上 8.5 以下	2 mg/l 以下	25 mg/l 以下	7.5 mg/l 以上	300 CFU/100 ml 以下
B	水道 3 級 水産 2 級 及び C 以下の欄に掲げるもの	6.5 以上 8.5 以下	3 mg/l 以下	25 mg/l 以下	5 mg/l 以上	1 000 CFU/100 ml 以下
C	水産 3 級 工業用水 1 級及び D 以下の欄に掲げるもの	6.5 以上 8.5 以下	5 mg/l 以下	50 mg/l 以下	5 mg/l 以上	—
D	工業用水 2 級 農業用水及び E の欄に掲げるもの	6.0 以上 8.5 以下	8 mg/l 以下	100 mg/l 以下	2 mg/l 以上	—
E	工業用水 3 級 環境保全	6.0 以上 8.5 以下	10 mg/l 以下	ごみ等の浮遊が認められないこと	2 mg/l 以上	—

備　考

1.　基準値は，日間平均値とする．ただし，大腸菌数に係る基準値については，90% 水質値（年間の日間平均値の全データをその値の小さいものから順に並べた際の 0.9×n 番目（n は日間平均値のデータ数）のデータ値（0.9×n が整数でない場合は端数を切り上げた整数番目の値をとる)) とする（湖沼，海域もこれに準ずる）．

2．農業用利水点については，水素イオン濃度 6.0 以上 7.5 以下，溶存酸素量 5 mg/l 以上とする（湖沼もこれに準ずる）．

3．（省略）

4．水道 1 級を利用目的としている地点（自然環境保全を利用目的としている地点を除く）については，大腸菌数 100 CFU/100 ml 以下とする．

5．水産 1 級，水産 2 級及び水産 3 級については，当分の間，大腸菌数の項目の基準値は適用しない（湖沼，海域もこれに準ずる）．

6．大腸菌数に用いる単位は CFU（コロニー形成単位（Colony Forming Unit））/100 ml とし，大腸菌を培地で培養し，発育したコロニー数を数えることで算出する．

（注）1　自然環境保全：自然探勝等の環境保全

2　水道 1 級：沪過等による簡易な浄水操作を行うもの
水道 2 級：沈殿沪過等による通常の浄水操作を行うもの
水道 3 級：前処理等を伴う高度の浄水操作を行うもの

3　水産 1 級：ヤマメ，イワナ等貧腐水性水域の水産生物用ならびに水産 2 級及び水産 3 級の水産生物用
水産 2 級：サケ科魚類及びアユ等貧腐水性水域の水産生物用及び水産 3 級の水産生物用
水産 3 級：コイ，フナ等，β-中腐水性水域の水産生物用

4　工業用水 1 級：沈殿等による通常の浄水操作を行うもの
工業用水 2 級：薬品注入等による高度の浄水操作を行うもの
工業用水 3 級：特殊の浄水操作を行うもの

5　環境保全：国民の日常生活（沿岸の遊歩等を含む）において不快感を生じない限度

イ

項目 / 類型	水生生物の生息状況の適応性	基準値		
		全亜鉛	ノニルフェノール	直鎖アルキルベンゼンスルホン酸及びその塩
生物 A	イワナ，サケ，マスなど比較的低温域を好む水生生物及びこれらの餌生物が生息する水域	0.03 mg/l 以下	0.001 mg/l 以下	0.03 mg/l 以下
生物特 A	生物 A の水域のうち，生物 A の欄に掲げる水生生物の産卵場（繁殖場）または幼稚仔の生育場として特に保全が必要な水域	0.03 mg/l 以下	0.0006 mg/l 以下	0.02 mg/l 以下
生物 B	コイ，フナなど比較的高温域を好む水生生物及びこれらの餌生物が生息する水域	0.03 mg/l 以下	0.002 mg/l 以下	0.05 mg/l 以下
生物特 B	生物 A または生物 B の水域のうち，生物 B の欄に掲げる水生生物の産卵場（繁殖場）または幼稚仔の生育場として特に保全が必要な水域	0.03 mg/l 以下	0.002 mg/l 以下	0.04 mg/l 以下

備　考
基準値は，年間平均値とする（湖沼，海域もこれに準ずる）．

（2） 湖沼（天然湖沼及び貯水量が 1 000 万 m^3 以上であり，かつ滞留時間が 4 日間以上である人工湖）

ア

項目／類型	利用目的の適応性	基準値				
		水素イオン濃度（pH）	化学的酸素要求量（COD）	浮遊物質量（SS）	溶存酸素量（DO）	大腸菌数
AA	水道 1 級 水産 1 級 自然環境保全及び A 以下の欄に掲げるもの	6.5 以上 8.5 以下	1 mg/l 以下	1 mg/l 以下	7.5 mg/l 以上	20 CFU/ 100 ml 以下
A	水道 2，3 級 水産 2 級 水浴及び B 以下の欄に掲げるもの	6.5 以上 8.5 以下	3 mg/l 以下	5 mg/l 以下	7.5 mg/l 以上	300 CFU/ 100 ml 以下
B	水道 3 級 工業用水 1 級 農業用水及び C の欄に掲げるもの	6.5 以上 8.5 以下	5 mg/l 以下	15 mg/l 以下	5 mg/l 以上	—
C	工業用水 2 級 環境保全	6.0 以上 8.5 以下	8 mg/l 以下	ごみ等の浮遊が認められないこと	2 mg/l 以上	—

備 考

1. 水産 1 級，水産 2 級及び水産 3 級については，当分の間，浮遊物質量の項目の基準値は適用しない．
2. 水道 1 級を利用目的としている地点（自然環境保全を利用目的としている地点を除く）については，大腸菌数 100 CFU/100 ml 以下とする．
3. 水道 3 級を利用目的としている地点（水浴または水道 2 級を利用目的としている地点を除く）については，大腸菌数 1 000 CFU/100 ml 以下とする．
4. 大腸菌数に用いる単位は CFU（コロニー形成単位（Colony Forming Unit））/100 ml とし，大腸菌を培地で培養し，発育したコロニー数を数えることで算出する．

（注） 1 自然環境保全：自然探勝等の環境保全
2 水道 1 級：ろ過等による簡易な浄水操作を行うもの
水道 2，3 級：沈殿ろ過等による通常の浄水操作，または，前処理等を伴う高度の浄水操作を行うもの
3 水産 1 級：ヒメマス等貧栄養湖型の水域の水産生物用ならびに水産 2 級及び水産 3 級の水産生物用
水産 2 級：サケ科魚類及びアユ等貧栄養湖型の水域の水産生物用ならびに水産 3 級の水産生物用
水産 3 級：コイ，フナ等富栄養湖型の水域の水産生物用
4 工業用水 1 級：沈殿等による通常の浄水操作を行うもの
工業用水 2 級：薬品注入等による高度の浄水操作，または，特殊な浄水操作を行うもの
5 環境保全：国民の日常生活（沿岸の遊歩等を含む）において不快感を生じない限度

イ

項目／類型	利用目的の適応性	基準値	
		全 窒 素	全 燐《りん》
I	自然環境保全及び II 以下の欄に掲げるもの	0.1 mg/l 以下	0.005 mg/l 以下
II	水道 1，2，3 級（特殊なものを除く） 水産 1 種 水浴及び III 以下の欄に掲げるもの	0.2 mg/l 以下	0.01 mg/l 以下

III	水道3級（特殊なもの）及びIV以下の欄に掲げるもの	0.4 mg/l 以下	0.03 mg/l 以下
IV	水産2種及びVの欄に掲げるもの	0.6 mg/l 以下	0.05 mg/l 以下
V	水産3種／工業用水／農業用水／環境保全	1 mg/l 以下	0.1 mg/l 以下

備　考
1. 基準値は，年間平均値とする.
2. 水域類型の指定は，湖沼植物プランクトンの著しい増殖を生ずるおそれがある湖沼について行うものとし，全窒素の項目の基準値は，全窒素が湖沼植物プランクトンの増殖の要因となる湖沼について適用する.
3. 農業用水については，全燐の項目の基準値は適用しない.

（注） 1　自然環境保全：自然探勝等の環境保全
2　水道1級：沪過等による簡易な浄水操作を行うもの
水道2級：沈殿沪過等による通常の浄水操作を行うもの
水道3級：前処理等を伴う高度の浄水操作を行うもの（「特殊なもの」とは，臭気物質の除去が可能な特殊な浄水操作を行うものをいう）.
3　水産1種：サケ科魚類及びアユ等の水産生物用ならびに水産2種及び水産3種の水産生物用
水産2種：ワカサギ等の水産生物用及び水産3種の水産生物用
水産3種：コイ，フナ等の水産生物用
4　環境保全：国民の日常生活（沿岸の遊歩等を含む）において不快感を生じない限度

ウ

項目／類型	水生生物の生息状況の適応性	基　準　値		
		全　亜　鉛	ノニルフェノール	直鎖アルキルベンゼンスルホン酸及びその塩
生物 A	イワナ，サケ，マスなど比較的低温域を好む水生生物及びこれらの餌生物が生息する水域	0.03 mg/l 以下	0.001 mg/l 以下	0.03 mg/l 以下
生物特 A	生物Aの水域のうち，生物Aの欄に掲げる水生生物の産卵場（繁殖場）または幼稚仔の生育場として特に保全が必要な水域	0.03 mg/l 以下	0.0006 mg/l 以下	0.02 mg/l 以下
生物 B	コイ，フナなど比較的高温域を好む水生生物及びこれらの餌生物が生息する水域	0.03 mg/l 以下	0.002 mg/l 以下	0.05 mg/l 以下
生物特 B	生物Aまたは生物Bの水域のうち，生物Bの欄に掲げる水生生物の産卵場（繁殖場）または幼稚仔の生育場として特に保全が必要な水域	0.03 mg/l 以下	0.002 mg/l 以下	0.04 mg/l 以下

エ

項目／類型	水生生物が生息・再生産する場の適応性	基準値
		底層溶存酸素量
生物 1	生息段階において貧酸素耐性の低い水生生物が生息できる場を保全・再生する水域または再生産段階において貧酸素耐性の低い水生生物が再生産できる場を保全・再生する水域	4.0 mg/l 以上

生物 2	生息段階において貧酸素耐性の低い水生生物を除き，水生生物が生息できる場を保全・再生する水域または再生産段階において貧酸素耐性の低い水生生物を除き，水生生物が再生産できる場を保全・再生する水域	3.0 mg/*l* 以上
生物 3	生息段階において貧酸素耐性の高い水生生物が生息できる場を保全・再生する水域，再生産段階において貧酸素耐性の高い水生生物が再生産できる場を保全・再生する水域または無生物域を解消する水域	2.0 mg/*l* 以上
備　考 1.　基準値は，日間平均値とする． 2.　底面近傍で溶存酸素量の変化が大きいことが想定される場合の採水には，横型のバンドン採水器を用いる．		

2 海　　域

ア

項目 類型	利用目的の 適　応　性	基　　準　　値				
		水素イオン濃度（pH）	化学的酸素要求量（COD）	溶存酸素量（DO）	大腸菌数	***n*-**ヘキサン抽出物質(油分等)
A	水産 1 級 水浴 自然環境保全及び B 以下の欄に掲げるもの	7.8 以上 8.3 以下	2 mg/*l* 以下	7.5 mg/*l* 以上	300 CFU/ 100 m*l* 以下	検出されないこと
B	水産 2 級 工業用水及び C の欄に掲げるもの	7.8 以上 8.3 以下	3 mg/*l* 以下	5 mg/*l* 以上	—	検出されないこと
C	環境保全	7.0 以上 8.3 以下	8 mg/*l* 以下	2 mg/*l* 以上	—	—
備　考 1.　自然環境保全を利用目的としている地点については，大腸菌数 20 CFU/100 m*l* 以下とする． 2.　（省略） 3.　大腸菌数に用いる単位は CFU（コロニー形成単位（Colony Forming Unit））/100m*l* とし，大腸菌を培地で培養し，発育したコロニー数を数えることで算出する．						

（注）1　自然環境保全：自然探勝等の環境保全

2　水産 1 級：マダイ，ブリ，ワカメ等の水産生物用及び水産 2 級の水産生物用

水産 2 級：ボラ，ノリ等の水産生物用

3　環境保全：国民の日常生活（沿岸の遊歩等を含む）において不快感を生じない限度

イ

項目 類型	利用目的の適応性	基　準　値	
		全　窒　素	全　燐《りん》
I	自然環境保全及び II 以下の欄に掲げるもの（水産 2 種及び 3 種を除く）	0.2 mg/*l* 以下	0.02 mg/*l* 以下
II	水産 1 種 水浴及び III 以下の欄に掲げるもの（水産 2 種及び 3 種を除く）	0.3 mg/*l* 以下	0.03 mg/*l* 以下

III	水産2種及びIVの欄に掲げるもの（水産3種を除く）	0.6 mg/l 以下	0.05 mg/l 以下
IV	水産3種 工業用水 生物生息環境保全	1 mg/l 以下	0.09 mg/l 以下
備　考 1．基準値は，年間平均値とする． 2．水域類型の指定は，海洋植物プランクトンの著しい増殖を生ずるおそれがある海域について行うものとする．			

（注）1　自然環境保全：自然探勝等の環境保全
2　水産1種：底生魚介類を含め多様な水産生物がバランス良く，かつ，安定して漁獲される
水産2種：一部の底生魚介類を除き，魚類を中心とした水産生物が多獲される
水産3種：汚濁に強い特定の水産生物が主に漁獲される
3　生物生息環境保全：年間を通して底生生物が生息できる限度

ウ

項目／類型	水生生物の生息状況の適応性	基　準　値		
		全　亜　鉛	ノニルフェノール	直鎖アルキルベンゼンスルホン酸及びその塩
生物 A	水生生物の生息する水域	0.02 mg/l 以下	0.001 mg/l 以下	0.01 mg/l 以下
生物特 A	生物 A の水域のうち，水生生物の産卵場（繁殖場）または幼稚仔の生育場として特に保全が必要な水域	0.01 mg/l 以下	0.0007 mg/l 以下	0.006 mg/l 以下

エ

項目／類型	水生生物が生息・再生産する場の適応性	基準値
		底層溶存酸素量
生物 1	生息段階において貧酸素耐性の低い水生生物が生息できる場を保全・再生する水域または再生産段階において貧酸素耐性の低い水生生物が再生産できる場を保全・再生する水域	4.0 mg/l 以上
生物 2	生息段階において貧酸素耐性の低い水生生物を除き，水生生物が生息できる場を保全・再生する水域または再生産段階において貧酸素耐性の低い水生生物を除き，水生生物が再生産できる場を保全・再生する水域	3.0 mg/l 以上
生物 3	生息段階において貧酸素耐性の高い水生生物が生息できる場を保全・再生する水域，再生産段階において貧酸素耐性の高い水生生物が再生産できる場を保全・再生する水域または無生物域を解消する水域	2.0 mg/l 以上
備　考 1．基準値は，日間平均値とする． 2．底面近傍で溶存酸素量の変化が大きいことが想定される場合の採水には，横型のバンドン採水器を用いる．		

3 一般排水基準

1. 有害物質

有害物質の種類	許容限度
カドミウム及びその化合物	0.03 mgCd/*l*
シアン化合物	1 mgCN/*l*
有機燐《りん》化合物（パラチオン，メチルパラチオン，メチルジメトン及びEPNに限る）	1 mg/*l*
鉛及びその化合物	0.1 mgPb/*l*
六価クロム化合物	0.5 mgCr(VI)/*l*
砒《ひ》素及びその化合物	0.1 mgAs/*l*
水銀及びアルキル水銀その他の水銀化合物	0.005 mgHg/*l*
アルキル水銀化合物	検出されないこと
ポリ塩化ビフェニル	0.003 mg/*l*
トリクロロエチレン	0.1 mg/*l*
テトラクロロエチレン	0.1 mg/*l*
ジクロロメタン	0.2 mg/*l*
四塩化炭素	0.02 mg/*l*
1,2-ジクロロエタン	0.04 mg/*l*
1,1-ジクロロエチレン	1 mg/*l*
シス-1,2-ジクロロエチレン	0.4 mg/*l*
1,1,1-トリクロロエタン	3 mg/*l*
1,1,2-トリクロロエタン	0.06 mg/*l*
1,3-ジクロロプロペン	0.02 mg/*l*
チウラム	0.06 mg/*l*
シマジン	0.03 mg/*l*
チオベンカルブ	0.2 mg/*l*
ベンゼン	0.1 mg/*l*
セレン及びその化合物	0.1 mgSe/*l*
ほう素及びその化合物	10 mgB/*l*（海域以外）　230 mgB/*l*（海域）
ふっ素及びその化合物	8 mgF/*l*（海域以外）　15 mgF/*l*（海域）
アンモニア，アンモニウム化合物，亜硝酸化合物及び硝酸化合物	(*)100 mg/*l*
1,4-ジオキサン	0.5 mg/*l*

（*）アンモニア性窒素に0.4を乗じたもの，亜硝酸性窒素及び硝酸性窒素の合計量．

備　考

1. 「検出されないこと」とは，第2条の規定に基づき環境大臣が定める方法により排出水の汚染状態を検定した場合において，その結果が当該検定法の定量限界を下回ることをいう．
2. 砒素及びその化合物についての排水基準は，水質汚濁防止法施行令及び廃棄物の処理及び清掃に関する法律施行令の一部を改正する政令（昭和49年政令第363号）の施行の際現にゆう出している温泉（温泉法（昭和23年法律第125号）第2条第1項に規定するものをいう．以下同じ）を利用する旅館業に属する事業場に係る排出水については，当分の間，適用しない．

2. その他の項目

項目	許容限度
水素イオン濃度（pH）	5.8 以上 8.6 以下（海域以外） 5.0 以上 9.0 以下（海域）
生物化学的酸素要求量（BOD）	160 mg/l（日間平均 120）
化学的酸素要求量（COD）	160 mg/l（日間平均 120）
浮遊物質量（SS）	200 mg/l（日間平均 150）
ノルマルヘキサン抽出物質含有量（鉱油類含有量）	5 mg/l
ノルマルヘキサン抽出物質含有量（動植物油脂類含有量）	30 mg/l
フェノール類含有量	5 mg/l
銅含有量	3 mg/l
亜鉛含有量	2 mg/l
溶解性鉄含有量	10 mg/l
溶解性マンガン含有量	10 mg/l
クロム含有量	2 mg/l
大腸菌群数	日間平均 3 000 個/cm^3
窒素含有量	120 mg/l（日間平均 60）
燐《りん》含有量	16 mg/l（日間平均 8）

備 考

1. 「日間平均」による許容限度は，1 日の排水の平均的な汚染状態について定めたものである．
2. この表に掲げる排水基準は，1 日当りの平均的な排出水の量が 50 m^3 以上である工場または事業場に係る排出水について適用する．
3. 水素イオン濃度及び溶解性鉄含有量についての排水基準は，硫黄鉱業（硫黄と共存する硫化鉄鉱を掘採する鉱業を含む）に属する工場または事業場に係る排出水については適用しない．
4. 水素イオン濃度，銅含有量，亜鉛含有量，溶解性鉄含有量，溶解性マンガン含有量及びクロム含有量についての排水基準は，水質汚濁防止法施行令及び廃棄物の処理及び清掃に関する法律施行令の一部を改正する政令の施行の際現にゆう出している温泉を利用する旅館業に属する事業場に係る排出水については，当分の間，適用しない．
5. 生物化学的酸素要求量についての排水基準は，海域及び湖沼以外の公共用水域に排出される排出水に限って適用し，化学的酸素要求量についての排水基準は，海域及び湖沼に排出される排出水に限って適用する．
6. 窒素含有量についての排水基準は，窒素が湖沼植物プランクトンの著しい増殖をもたらすおそれがある湖沼として環境大臣が定める湖沼，海洋植物プランクトンの著しい増殖をもたらすおそれがある海域（湖沼であって水の塩素イオン含有量が 1 l につき 9 000 mg を超えるものを含む．以下同じ）として環境大臣が定める海域及びこれらに流入する公共用水域に排出される排出水に限って適用する．
7. 燐含有量についての排水基準は，燐が湖沼植物プランクトンの著しい増殖をもたらすおそれがある湖沼として環境大臣が定める湖沼，海洋植物プランクトンの著しい増殖をもたらすおそれがある海域として環境大臣が定める海域及びこれらに流入する公共用水域に排出される排出水に限って適用する．

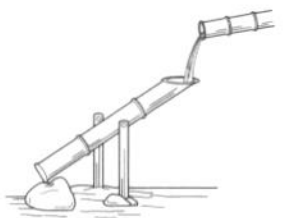

4 水道水質基準（2020 年 4 月 1 日）

（1） 水質基準項目と基準値（51 項目）

項　　目	基 準 値
一般細菌	1 ml の検水で形成される集落数が 100 以下
大腸菌	検出されないこと
カドミウム及びその化合物	0.003 mg/l 以下（カドミウムの量に関して）
水銀及びその化合物	0.0005 mg/l 以下（水銀の量に関して）
セレン及びその化合物	0.01 mg/l 以下（セレンの量に関して）
鉛及びその化合物	0.01 mg/l 以下（鉛の量に関して）
ヒ素及びその化合物	0.01 mg/l 以下（ヒ素の量に関して）
六価クロム化合物	0.02 mg/l 以下（六価クロムの量に関して）
亜硝酸態窒素	0.04 mg/l 以下
シアン化物イオン及び塩化シアン	0.01 mg/l 以下（シアンの量に関して）
硝酸態窒素及び亜硝酸態窒素	10 mg/l 以下
フッ素及びその化合物	0.8 mg/l 以下（フッ素の量に関して）
ホウ素及びその化合物	1.0 mg/l 以下（ホウ素の量に関して）
四塩化炭素	0.002 mg/l 以下
1,4-ジオキサン	0.05 mg/l 以下
シス-1,2-ジクロロエチレン及び トランス-1,2-ジクロロエチレン	0.04 mg/l 以下
ジクロロメタン	0.02 mg/l 以下
テトラクロロエチレン	0.01 mg/l 以下
トリクロロエチレン	0.01 mg/l 以下
ベンゼン	0.01 mg/l 以下
塩素酸	0.6 mg/l 以下
クロロ酢酸	0.02 mg/l 以下
クロロホルム	0.06 mg/l 以下
ジクロロ酢酸	0.03 mg/l 以下
ジブロモクロロメタン	0.1 mg/l 以下
臭素酸	0.01 mg/l 以下
総トリハロメタン	0.1 mg/l 以下

項　　目	基 準 値
トリクロロ酢酸	0.03 mg/l 以下
ブロモジクロロメタン	0.03 mg/l 以下
ブロモホルム	0.09 mg/l 以下
ホルムアルデヒド	0.08 mg/l 以下
亜鉛及びその化合物	1.0 mg/l 以下（亜鉛の量に関して）
アルミニウム及びその化合物	0.2 mg/l 以下（アルミニウムの量に関して）
鉄及びその化合物	0.3 mg/l 以下（鉄の量に関して）
銅及びその化合物	1.0 mg/l 以下（銅の量に関して）
ナトリウム及びその化合物	200 mg/l 以下（ナトリウムの量に関して）
マンガン及びその化合物	0.05 mg/l 以下（マンガンの量に関して）
塩化物イオン	200 mg/l 以下
カルシウム，マグネシウム等（硬度）	300 mg/l 以下
蒸発残留物	500 mg/l 以下
陰イオン界面活性剤	0.2 mg/l 以下
ジェオスミン	0.00001 mg/l（10 ng/l）以下
2—メチルイソボルネオール	0.00001 mg/l（10 ng/l）以下
非イオン界面活性剤	0.02 mg/l 以下
フェノール類	0.005 mg/l 以下（フェノールの量に換算して）
有機物（全有機炭素（TOC）の量）	3 mg/l 以下
pH 値	5.8 以上 8.6 以下
味	異常でないこと
臭気	異常でないこと
色度	5 度以下
濁度	2 度以下

（2）　水質管理目標設定項目と目標値（27 項目）（省略）

（3）　要検討項目と目標値（46 項目）（省略）

演習問題略解・ヒント

第 1 章

[1] 1節1項参照.

[2] $s = 100$ mm の場合

$$q\mathrm{i} = 100 \times 0.05 = 5 \text{ mm/h}$$

$$q_{f1} = (100 - 20) \times 0.02 = 1.6 \text{ mm/h}$$

$$q_{f2} = (100 - 50) \times 0.02 = 1.0 \text{ mm/h}$$

$$q_f = 1.6 + 1.0 = 2.6 \text{ mm/h}$$

[3] $s = 200$ mm の場合

$$q_i = 200 \times 0.05 = 10 \text{ mm/h}$$

$$q_{f1} = (200 - 20) \times 0.02 = 3.6 \text{ mm/h}$$

$$q_{f2} = (200 - 50) \times 0.02 = 3.0 \text{ mm/h}$$

$$q_f = 3.6 + 3.0 = 6.6 \text{ mm/h}$$

$$\frac{q_{i200}}{q_{i100}} = \frac{10}{5} = 2 \text{ 倍}$$

$$\frac{q_{f200}}{q_{f100}} = \frac{6.6}{2.6} = 2.54 \text{ 倍}$$

したがって，s が大きくなると q_f のほうが q_i より増大し，降雨の流出の占める比率が大きくなる.

[4] $HCl + H_2O \longrightarrow Cl^- + H^+$ より

$$[H^+] = 1 \times 10^{-2} \text{ mol}/l$$

$$\text{pH} = -\log[H^+] = -\log(10^{-2}) = 2.0$$

$$\text{pOH} = \text{p}K_w - \text{pH} = 14.0 - 2.0 = 12.0$$

[5] 表1·6より $Mg(OH)_2$ は $K_{sp} = 1 \times 10^{-11}$ である．$[Mg^{2+}] \leqq 0.001$ M にするには，式(1·39) より

$$\log\ [Mg^{2+}]\ = \log K_{sp} + Z\text{p}K_w - Z\text{pH} \leqq -3$$

$$\text{pH} \geqq \frac{-11 + 2 \times 14 + 3}{2} = 10$$

[6] 図1·9(c)のように，$\log C$ と t の関係が直線になることから1次反応であることを示し，直線の傾きから速度定数を求める.

$C/C_0 = e^{-kt}$ より

$$k = \frac{\ln \dfrac{C_0}{C}}{t}$$

例えば，$t=0$ と $t=8$ で直線の傾きを求めると

$$k = \frac{\ln \dfrac{20}{4.0}}{t} = 0.201\,\mathrm{h}^{-1}$$

[7]　4 節 1 項(b) 参照.

[8]　$r_u = \dfrac{-dS}{dt} = \dfrac{(S_i - S_e)}{t} = \dfrac{(150-20)}{6} = 21.7\ \mathrm{mg}/(l\cdot\mathrm{h})$

$$Y = \frac{-r_g}{r_u} = \frac{10}{21.7} = 0.46$$

[9]　$\mathrm{Ca}\ 40\ \mathrm{mg}/l = 40 \times \dfrac{CaCO_3}{Ca} = 40 \times \dfrac{100}{40} = 100\ \mathrm{mg}/l\,(CaCO_3)$

$\mathrm{Mg}\ 12\ \mathrm{mg}/l = 12 \times \dfrac{CaCO_3}{Mg} = 12 \times \dfrac{100}{24} = 50\ \mathrm{mg}/l\,(CaCO_3)$

したがって総硬度は $100+50=150\ \mathrm{mg}/l\,(CaCO_3)$ となるので，WHO 基準に従えば，硬水である.

[10]　式 (1·98) より

$$C_6H_{12}O_6 + (6+3-3)O_2 \longrightarrow 6\,CO_2 + 3\,H_2O$$

すなわち 1 mol の $C_6H_{12}O_6$ (分子量 180) が 6 mol の O_2 を要求する.

$$\mathrm{ThOD} = \frac{6\,O_2}{C_6H_{12}O_6} = \frac{192}{180} = 1.07\ \mathrm{g/g}$$

$$\mathrm{TOC} = \frac{6\,C}{C_6H_{12}O_6} = \frac{72}{180} = 0.4\ \mathrm{g/g}$$

[11]　5 節 4 項(a) 参照.

[12]　工場排水の BOD 負荷量 $= 1\,000 \times 100 \times 10^{-3} = 100$ kg/日

排水流入前の河川の BOD 負荷量 $= 43\,200 \times 2 \times 10^{-3} = 86.4$ kg/日

河川水の BOD 濃度 $= \dfrac{(100+86.4)\times 10^3}{(43\,200+1\,000)} = 4.2\ \mathrm{mg}/l$

[13]　式 (1·105) より

$$L = L_0 e^{-K_1 t} = 4.0 \times e^{-0.5\times 1} = 4 \times 0.6065 = 2.4\ \mathrm{mg}/l$$

ストリーター・フェルプスの式より

$$D = \frac{0.5 \times 4.0}{(0.6-0.5)}\left(e^{-0.5\times 1} - e^{-0.6\times 1}\right) + (8.0-6.0)\,e^{-0.6\times 1}$$

$$= 2.3\ \mathrm{mg}/l$$

$$DO = 8.0 - 2.3 = 5.7\ \mathrm{mg}/l$$

14　7節3項(a) 参照.

第 2 章

1　1節4～5項, 参考文献6), 7) など参照.

2　1節4～5項参照.

3　1節4項参照.

4　1節4項(c) 参照.

5　略

6　1節2項参照.

7　第1章2節2項(b) 参照.

①　3, ②　11

8　第1章5節2項(c), 第2章1節2項参照.

9　2節2項参照 (地質の特徴を考慮せよ).

10　1節2項(d) 参照.

11　2節2項参照.

12　2節3項(c) 参照.

13　揚水量と井戸の側面からの流入水量がバランスする式を作り, 変換して導くとよい.

14　式 (2･14) に各数値を代入すると, 解答は $7.75 \times 10^{-2}\ \mathrm{m^3/s}$ となる.

15　問題14と同様に式 (2･14) に各数値を代入すると, 解答は約5.8 m となる.

16　粗度係数を例えば $\boldsymbol{n} = 0.013$ とすると, ガンギレー・クッター公式では式 (2･16) を適用して平均流速2.03 m/s, 流量 $9.135\ \mathrm{m^3/s}$ となる. またマニング公式では式(2･17) を適用して平均流速2.01 m/s, 流量は $9.045\ \mathrm{m^3/s}$ となる.

17　ここでは $\boldsymbol{n} = 0.013$ とし, マニング公式により計算すると直径1.4 m となる.

18　2節4項(c) 参照. まず例えばAB方向へ $0.04\ \mathrm{m^3/s}$, AE方向へ $0.03\ \mathrm{m^3/s}$ の流量であると仮定して, 各管路ごとに式 (2･19) により補正流量を計算し, その補正流量を仮定した流量に加えて新しい仮定流量として再び補止流量を計算する. 解答はAB方向へ $0.05\ \mathrm{m^3/s}$, AE方向へ $0.02\ \mathrm{m^3/s}$ となる.

19　2節5項(a) 参照. 解答は $25\,000\ \mathrm{m^3}$.

20　表2･6からストークスの式を適用すると, 沈降速度は約0.7 cm/s となり, このときの $\boldsymbol{Re}$ 値は約0.53で1以下となり適用範囲に入っている.

21　3節2項(b) 参照. 解答は約80%.

22　流入した粒子が最上端から底部に達するまでの時間, 沈殿槽に滞留することが必要であることから，解答は約 38 m となる．

[23] 滞留時間は沈殿池容量を処理水量で除して約 6 時間，平均流速は処理水量を沈殿池流入断面積で除して約 8.7 cm/min，表面負荷率は処理水量を表面積で除して約 16.7 $m^3/(m^2 \cdot$日$)$ となる．

[24] 3 節 2 項(d)～(f) 参照．

[25] 3 節 2 項(d)，参考文献 8)，9)，20) など参照．

[26] 表 2·6 および表 2·7 参照．解答は減少するアルカリ度が 6.75 mg/l，必要な消石灰は 5.2 mg/l となる．

[27] 表 2·6 および表 2·7 参照．必要な凝集剤量は 500 kg．また，アルカリ剤として液体カセイソーダを使用すると 480 kg となる．

[28] 3 節 2 項(g) 参照．

[29] 急速沪過池の沪過速度を例えば 120 m/日，緩速沪過池では 4 m/日とすれば，必要面積はそれぞれ 84 m^2，2 500 m^2 となる．

[30] 3 節 3 項参照．

[31] 注入濃度と流量の積から，解答は 4 kg/日．

[32] 効果が確実であること，残留性があること，大量処理可能で注入制御が容易であること，安価であること．

[33] クロラミン処理，オゾン処理など．

[34] 図 2·29（オゾン・活性炭処理プロセス）参照．

第 3 章

[1] 略

[2] 1 節 4 項(d) 参照．

[3] 1 節 4 項(e) 参照．

[4] 1 節 4 項(f) 参照．

[5] 2 節 1 項(d) 参照．

[6] 2 節 1 項(h) 参照．

[7] 2 節 2 項(a) 参照．

[8] 2 節 3 項(a) 参照．

[9] $\text{BOD 除去率} = \dfrac{200-15}{200} \times 100 = 93\%$

$\text{SS 除去率} = \dfrac{180-30}{180} \times 100 = 83\%$

10　3節3項(b) 参照.

11　3節4項(a) 参照.

12　3節5項(a) 参照.

13　3節5項(c) 参照.

14　3節5項(d) 参照.

15　3節5項(f) 参照.

16　4節2項参照.

17　SSの総合除去率を90%として，式（3･29）から

$$\text{発生汚泥量} = 1\,000\ \text{m}^3/\text{日} \times 180\ \text{mg}/l \times 10^{-6} \times 90\% \times 10^{-2} \times 100\% \times 10^{-2}$$
$$= 0.162\ \text{t}/\text{日} = 162\ \text{kg}/\text{日}$$

18　汚泥濃度が2%なので，式（3･31）の関係から

$$162\ \text{kg}/\text{日} \div 20\ \text{kg}/\text{m}^3 = 8.1\ \text{m}^3/\text{日}$$

19　4節7項参照.

20　5節参照.

第4章

1　1節2項(b)参照.

2　1節2項(a)および付表2.1(1)参照.

3　1節3項参照.

4　表4･3，表4･5，表4･6(Bの値)，表4･7を参考にすると，汚濁負荷量と割合は下記のとおりとなる.

水田　：10 000 ha × 6.4 kg/(ha･年) = 64 t/年（10%）
山林　：50 000 ha × 0.91 kg/(ha･年) = 46 t/年（7%）
市街地：20 000 ha × 3.7 kg/(ha･年) = 74 t/年（12%）
下水道：200 000 人 × 0.70 × 27 kg/(人･日) × (1 − 0.90) = 139 t/年（22%）
浄化槽：200 000 人 × 0.30 × 27 kg/(人･日) × (1 − 0.65) = 209 t/年（33%）
畜産業：5 000 頭 × 530 kg/(頭･日) × (1 − 0.90) = 97 t/年（15%）
合計　：633 t/年

5　表4･3，表4･7の値を参考にすると，COD負荷量は以下のようになる.

（し尿）　（雑排水）
単独処理浄化槽：10 g/(人･日) × (1 − 0.57) + 17 g/(人･日) = 21.3 g/(人･日)
合併処理浄化槽：10 g/(人･日) × (1 − 0.65) + 17 g/(人･日) × (1 − 0.65) = 9.5 g/(人･日)
よって44%となる.

6　親水用水は大腸菌と色度が，水洗用水は大腸菌が，工業用水はイオン類が，それぞれ除去対象として重要となることを考慮し，表 4·10 や表 4·11 を参考にすると，一例として以下のようなフローが考えられる．

親水用水：二次処理水→凝集→砂沪過→オゾン処理→塩素消毒→

水洗用水：二次処理水→膜処理（MF 膜）→塩素消毒→

工業用水：二次処理水→膜処理（MF 膜）→膜処理（RO 膜）→

7　水道事業：取水位置を上流に移動し，位置エネルギーを活用して，ポンプ動力が不要なシステムとする．

下水道事業：流入汚水中の有機物をできるだけ酸化することなく，メタン発酵や燃料化によってエネルギー源として活用する．

8　生ごみを焼却することなく，下水汚泥と混合してメタン発酵や燃料化することによってエネルギー源として活用する．

参 考 文 献

序　章

1）ロンドンならびに日本における上下水道の歴史に関しては，多くの参考文献がある．ここでは，そのいくつかをまとめて紹介しておく

① 広瀬孝六郎：上水道学

② 斎藤健次郎：下水道の歴史，水道産業新聞社（1998）

③ 松尾友矩：環境学，岩波書店（2005）

④ 丹保憲仁：都市・地域水代謝システムの歴史と技術，鹿島出版会（2012）

⑤ 山村尊房：日本の水道事業の経験を生かした国際貢献のための政策形成に関する研究，東京都市大学博士論文（2012）

2）W・アシュワース著，下総薫（監訳）：イギリス田園都市の社会史—近代都市計画の誕生，お茶の水書房（1987）

3）Millennium Development Goals（MGDs）：2000 年 9 月ニューヨークで開催された国連ミレニアム・サミットで採択された国連ミレニアム宣言を基にまとめられた途上国に対する開発目標

第 1 章

1）土木工学大系編集委員会編：土木工学大系 24　ケーススタディ水資源，彰国社（1978）

2）虫明功臣：都市の水循環システムにおける「エコ」的側面，エコ・シビルエンジニアリング読本，土木学会誌別冊増刊，77-9，pp.80～83（1992）

3）国土交通省水管理・国土保全局水資源部：令和 4 年版　日本の水資源の現況，大蔵省印刷局（2022）

4）金丸昭治，高棹琢馬：水文学，朝倉書店（1975）

5）日野幹雄，長谷部正彦：水文流出解析，森北出版（1985）

6）市川正巳：水文学の基礎，古今書院（1992）

7）菅原正巳：流出解析法，共立出版（1972）

8）Sawyer, C. N., McCarty, P. L. and Parkin, G. F.: Chemistry for Environmen-

tal Engineering, 4 th ed., McGraw-Hill (1994)
9) 上木勝司，永井史郎：嫌気微生物学，養賢堂（1993）
10) 上水試験方法 2011 年版，日本水道協会（2011）
11) 下水試験方法 2012 年版，日本下水道協会（2012）
12) 徳平淳，宇井純，市川新，近藤準子：衛生工学者のための水質化学(11)－II 水質学各論，用水と廃水，12(2)，pp.10～20（1970）
13) 環境庁水質保全局水質規制課監修：新しい排水基準とその分析法，環境化学研究会（1994）
14) 労働省安全衛生部：化学物質の危険・有害便覧，中央労働災害防止協会（1991）
15) 環境庁環境化学物質研究会編：環境化学物質要覧，丸善（1988）
16) 環境省編：環境白書平成 25 年版，日経印刷（2013）
17) 環境省 Web サイト：https://www.env.go.jp/（2013）
18) 原子力安全研究協会：生活環境放射線，p.143（1992）
19) 電気事業連合会 Web サイト：https://www.fepc.or.jp/（2013）
20) 国立環境研究所：東日本大震災後の災害環境研究の成果，第 4 章（2013）
21) 建設省都市局下水道部監修：流域別下水道整備総合計画調査　指針と解説，日本下水道協会（1993）
22) 稲森悠平，藤本尚志，孔海南：地下水の硝酸汚染対策の動向と方向性，用水と廃水，39(10)，pp.34～42（1997）
23) 大木淳之：分析化学　物理化学の基礎（物質がもつエネルギーの内訳），北海道大学水産学部・水産科学研究院 Web サイト：https://repun-app.fish.hokudai.ac.jp/course/index.php?categoryid=204（2023）
24) 渡辺信久：環境と廃棄物資源循環における酸化還元反応―半電池反応から pH-O_2 分圧系までの展開―，廃棄物資源循環学会誌，25(2)（2014）
25) 戸田昭彦：熱力学まとめ（熱力学講義ノート），https://home.hiroshima-u.ac.jp/atoda/Thermodynamics/（2023）
26) 松尾友矩：2）排水の生物処理の基礎と応用（1），松尾友矩のページ，日本水道新聞社 Web サイト：https://suido-gesuido.co.jp/tomonori_matsuo/（2020）

第 2 章

1) 津田松苗：陸水生態学，共立出版（1974）
2) 厚生省監修：水道施設設計指針，日本水道協会（2000）
3) 日本環境管理学会編：新水道水質基準ガイドブック―建築物の水環境管理―，丸

善（1994）
4）水道と地球環境を考える研究会編：地球環境時代の水道，技報堂出版（1992）
5）厚生省編：厚生白書（平成 8 年版），大蔵省印刷局（1996）
6）国土庁長官官房水資源部編：日本の水資源（平成 9 年版），大蔵省印刷局（1997）
7）1995/96 年版　日本国勢図会，国勢社（1995）
8）丹保憲仁・小笠原紘一：浄水の技術，技報堂出版（1985）
9）海老江邦雄・芦立徳厚：衛生工学演習，森北出版（1992）
10）藤田賢二編著，山本和夫・滝沢智著：急速濾過・生物濾過・膜濾過，技報堂出版（1994）
11）高橋裕編：首都圏の水，東京大学出版会（1993）
12）小林康彦：水道の水源水質の保全，技報堂出版（1994）
13）遠藤士朗監修：上水道工学，森北出版（1988）
14）自治大学校地方行政研究会監修：水道課，ぎょうせい（1994）
15）丹保憲仁：水道とトリハロメタン，技報堂出版（1983）
16）金子光美：水質衛生学，技報堂出版（1996）
17）厚生省水道環境部監修：簡易水道維持管理マニュアル，全国簡易水道協議会（1985）
18）土木学会編：水理公式集，土木学会（1985）
19）井出哲夫：水処理工学第 2 版，技報堂出版（1995）
20）佐藤敦久・眞柄泰基編：上水道における藻類障害―安全で良質な水道水を求めて―，技報堂出版（1996）
21）https://www.sciencedirect.com/science/article/pii/S0043135414007982
22）https://www.researchgate.net/publication/8654582_Efficacy_of_UV_Irradiation_in_Inactivating_Cryptosporidiumparvum_Oocysts
23）https://www.epa.gov/system/files/documents/2022-10/ultraviolet-disinfection-guidance-manual-2006.pdf

第 3 章

1）日本の下水道　その現状と課題，日本下水道協会（2005），（2019）
2）茂庭竹生：上下水道工学，コロナ社（1985）
3）下水道法令研究会逐条解説　下水道法　第四次改訂版，ぎょうせい（2019）
4）日本下水道協会技術委員会編：下水道施設計画・設計指針と解説　前編，日本下水道協会（2009），（2019）

5) 流域別下水道整備総合計画調査　指針と解説，国土交通省（2015）
6) 下水道維持管理指針（総論編・マネジメント編）―2014―，日本下水道協会（2014）
7) 管きょ更生工法における設計・施工管理ガイドライン―2017 年版，日本下水道協会（2017）
8) 日本下水道協会技術委員会編：下水道施設計画・設計指針と解説　後編，日本下水道協会（2009），（2019）
9) 小規模下水道計画・設計・維持管理指針と解説，日本下水道協会（1997）
10) 北尾高嶺：生物学的排水処理工学，コロナ社（2003）
11) METCALF & EDDY, INC.：WASTE WATER ENGINEERING（1991）；松尾友矩，他監訳：水質環境工学，技報堂出版（1993）
12) 藤田賢二：改訂　下水道工学演習，学献社（1988）
13) 高度処理施設設計マニュアル（案），日本下水道協会（1994）
14) 下水道への膜処理技術導入のためのガイドライン［第 2 版］
15) 下水汚泥エネルギー化技術ガイドライン―改訂版―，国土交通省（2015）
16) 下水道における地球温暖化対策マニュアル～下水道部門における温室効果ガス排出抑制等指針の解説～，環境省・国土交通省（2016）

第 4 章

1) 日本下水道協会：流域別下水道整備総合計画調査指針と解説―平成 20 年版―（2008）
2) 北尾高嶺：浄化槽―個人下水道，ぎょうせい（1993）
3) 土木学会：土木工学ハンドブック第 4 版，技報堂出版（1989）
4) 日本水環境学会：日本の水環境行政 - 改訂版，ぎょうせい（2009）

索　引

ア 行

カ 行

サ　行

タ行

ナ 行

ハ 行

マ 行

ヤ 行

ラ 行

英 数 字

〈編者·著者略歴〉

松 尾 友 矩（まつお ともの り）
［編者·序章担当］
1965 年　東京大学大学院工学系研究科修士課程修了
1974 年　工学博士
現　在　東京大学名誉教授，元東洋大学学長

神 子 直 之（かみこ なおゆき）
［第 2 章担当］
1992 年　東京大学大学院工学系研究科博士課程修了
1992 年　博士（工学）
現　在　立命館大学理工学部環境都市工学科教授

長 岡　 裕（ながおか　ひろし）
［第 4 章・付表担当］
1988 年　東京大学大学院工学系研究科博士課程修了
1988 年　工学博士
現　在　東京都市大学建築都市デザイン学部都市工学科教授

田 中 修 三（たなか しゅうぞう）
［第 1 章担当］
1984 年　東京大学大学院工学系研究科博士課程修了
1984 年　工学博士
現　在　明星大学名誉教授·元副学長

齋 藤 利 晃（さいとう としあき）
［第 3 章担当］
1990 年　東京大学工学部反応化学科卒業
1997 年　東京大学大学院工学系研究科博士課程修了
1997 年　博士（工学）
現　在　日本大学理工学部土木工学科教授

大学土木 水環境工学（改訂4版）

1999 年 3 月 30 日　第 1 版第 1 刷発行
2005 年 12 月 15 日　改訂 2 版第 1 刷発行
2014 年 3 月 20 日　改訂 3 版第 1 刷発行
2023 年 11 月 28 日　改訂 4 版第 1 刷発行

編　者　松尾友矩
著　者　田中修三・神子直之
　　　　齋藤利晃・長岡　裕
発行者　村上和夫
発行所　株式会社 オーム社
　　　　郵便番号　101-8460
　　　　東京都千代田区神田錦町3-1
　　　　電 話 03（3233）0641（代表）
　　　　URL　https://www.ohmsha.co.jp/

印刷　中央印刷　　製本　協栄製本
ISBN978-4-274-23121-6　Printed in Japan

Pythonによる制御工学入門

改訂2版

南 裕樹 ● 著

Ohmsha

まえがき

本書は，Python プログラムを実行しながら，「使ってみる，やってみる」を通して，制御工学を体験することができる教科書です．

制御工学のメインテーマは，「モノの動きのデザイン」です．制御工学では，対象としているモノの特徴を数学的にモデル化し，そのモデルをもとに，どのような操作を加えて動かすかを数学的に考えます．制御工学の考え方や設計論は，ある程度理解してしまえば，とても強力なツールとなります．しかし，最初の段階では，抽象化することや応用数学の知見を活用することに難しさを感じる人が一定数いるでしょう．ならばと，Python プログラムを実行しながら制御工学を学ぶというコンセプトで本を執筆することにしました．

本書では，伝達関数モデルを対象とした古典制御から，状態空間モデルを対象とした現代制御，そして，ロバスト制御やモデル予測制御の基礎まで，制御工学の多岐にわたるトピックを取り上げています．タイトルに「入門」と書かれていますが，扱っている内容が簡単というわけではありません．あくまで，制御工学の教科書です．ただし，数学的な記述をできるだけ減らすようにし，そのかわりに，Python のサンプルコードを多く取り入れています．これらの Python プログラムを順番に実行していくことで，制御工学をひととおり体験することができます．さらに，2 人の登場人物（姉の「きなみ」と妹の「みゆう」）のかわいいイラストや対話形式の記述，やわらかいスタイルを取り入れて，ソフトな印象になるようにしました．初めて制御工学を学ぶ人や一度挫折して学び直したいと思っている人にも読みやすいと思います．

本書のサポートページでは，補足やサンプルコードを提供しています．

https://y373.sakura.ne.jp/minami/pyctrl

随時更新をしていますので，参考にしてください．

本書の初版は 2019 年 5 月に発行されました．そのきっかけは，「Python で制御工学」というチュートリアル講座（一般社団法人 システム制御情報学会主催）の企画でした．当時，著者は Python プログラミングをよく知りませんでした．しかし，Python Control Systems Library（Python-Control）を利用すれば，大学や高専のカリキュラムで学ぶ制御工学の演習が比較的簡単にできることがわかり，講座の開催と本書初版の執筆に至りました．初版が発行されてからは，多くの方にご愛読いただき，フィードバックを頂戴してきました．そして，おかげさまで，この度，改訂 2 版の発行となりました．

改訂 2 版では，より読みやすくなるように，全体的に加筆／修正をしただけでなく，新たに，最適制御（モデル予測制御）や非線形シミュレーションの解説を追加しました．また，Python-Control の開発はいまなお進んでいるところですので，現時点のバージョンに合わせて，サンプルコードを修正しました．

ところで，筆者と制御工学の出会いは，高専の 4 年生のときでした．対象としているモノを思い通りに操ることができる技術，という点に強く惹かれた記憶があります．また，数学的なツールを駆使して解析や設計をしていくことや，それまでに勉強していた力学や電気回路の内容を制御工学の言葉で説明できるということも，制御工学にハマっていった要因だったと思います．「制御」は，私たちの身のまわりにあふれていますが，当たり前のように溶け込んでいますので，そのありがたみを実感している人は多くないように思います．しかし，「制御がなければ，私たちの安心・安全・快適な生活が成り立たない」といっても過言ではありません．また，近年，さまざまなモノの知能化が進んでいますが，モノを思い通りに操り，世の中の在り方を変容させるためには「制御工学」の知識が必要です．そのため，制御工学（制御理論と制御技術）はとても重要な学問であるといえるでしょう．そのような魅力的な制御工学を，本書を通して好きになってもらえれば幸いです．

本書をまとめるにあたり，さまざまな方にお世話になりました．初版発行の際にお世話になった方々や読者の皆様はもちろんのこと，改訂 2 版の原稿をチェックしていただきました大阪大学 石川・南研究室の鈴木朱羅先生，荻尾優吾君，田中健太君をはじめ，研究室メンバーに厚く感謝します．

最後に，自宅で執筆する著者をあたたかく見守ってくれた妻と娘に感謝します．

2023 年 12 月

南　裕樹

目　次

第５章　閉ループ系に注目した制御系設計

第６章　開ループ系に注目した制御系設計

第７章　アドバンストな制御系設計

付　録　数学とプログラムの補足

第1章

制御とは

姉（きなみ：23 歳）と妹（みゆう：18 歳）が家で話をしています．

あっつ！　今年の夏は暑すぎて，勉強がはかどらないよ～

お姉ちゃん，休みの日なのに勉強してるの？
めずらしいね，エアコンの設定温度を下げようか．
（ピッピッピッ）

ありがとう．
最近，仕事で「制御工学」を勉強しないといけなくなったの．

えっ，制御？　そんなの大学で勉強したから楽勝だよね？
制御っておもしろいよね．

えぇまぁ・・・．（まったく意味不明で，結局単位を落とした）

いま，どのあたりを勉強してるの？
私，最近，LMI を使ったロバスト制御系設計をマスターしたから
教えてあげようか！

（こいつ，宇宙語しゃべってる．まったくわからん）
ラプラス変換ってやつをがんばって読んでいるけど，まったく頭に入ってこない．制御って数学だよね．これが何の役に立つのかまったくわからない．（ふん）

大学で何を学んだの？
制御って私たちの身のまわりにあふれているんだよ．
たとえば，エアコンって，温度を指定すると，部屋の温度をそれに近くなるようにしてくれるよね．それが制御だよ．

大学の先生がそんなこといっていたような・・・．

そういえば，お姉ちゃん，制御工学の単位とれなかったんでしょ．
だったら，そんな数学的にちゃんと書かれている本じゃなくて，まずはこっちの本を読んで勉強してみたら？

（制御の単位落としたことバレてたか・・・）
これも制御の本なんだ～．こっちにしてみる．

1.1 身のまわりの制御

いきなりですが，水道水を計量カップの 250 mL の目盛りのところまで入れる状況を思い浮かべてみましょう．水道のハンドルを少し回すと，水がちょろちょろと出ます．ただ，これでは，時間がかかりすぎてしまいます．そこで今度は，ハンドルを全開にしてみます．すると，すごい勢いで水が出て，あっという間にカップから水があふれます．これはよくないので，ハンドルの回し方を変えながら，水道から出る水の量を調整します．そして，水の量が 250 mL になったらハンドルを全閉します．

このような，目盛りの位置まで水をいれるという目標のもとで，水道のハンドルを調整するという行為を「制御（コントロール）」といいます．つまり，「対象としているものを，自分が思うままに操ること」が制御です．

制御を正確に定義すると，

> 注目している対象物に属する注目している状態が，何らかの目標とする状態になるように，その対象物に操作を加える行為

となります．先ほどの例では，注目している対象物が水道からカップに入る水で，注目している状態が水の量，目標とする状態が水の量が 250 mL であること，操作を加える行為がハンドルの調整です．

制御は，私たちの身のまわりにあふれていて，あたりまえのように溶け込んでいます．キャッチボールでボールを相手に届くように投げることも制御ですし，自転車に乗ることも，車を道に沿って運転することも，はたまた人にお願いをしてお手伝いをしてもらうことも，制御です．

子どもの頃，棒（ほうきや傘）を手で立たせて遊んだことがあると思いますが，これも制御です．**図 1.1** をみてみましょう．左の図は，地面に立てた棒が倒れる様子を示しています．棒には重力が働いていますので，その影響で倒れます．この現象は，ニュートンの運動方程式 $m\ddot{x} = f$ で記述されます．ただし，m は棒の質量，$\ddot{x}$ は棒の加速度，f は棒に働く力です．

図 1.1　制御の力で棒を倒れなくする

それでは，この棒を倒さずに立たせておくにはどうすればよいのでしょうか？たとえば，図 1.1 の右の図のように，$m\ddot{x} = u$ となるように外から力 u を加えます．そうすると，加速度 $\ddot{x}$ を力 u で自由に操作できるようになり，これによって，棒を立たせることができます．このように，注目している対象の特徴（振る舞い）を望ましいもの（目標とするもの）に書き換えることが，制御です．図 1.1 のような人間の手による制御を**手動制御**といいます．これに対して，モータやセンサ，コンピュータを使って制御することを**自動制御**といいます．

私たちの身のまわりには，自動制御があふれています．たとえば，家電製品の多くには自動制御が組み込まれています．エアコンは温度制御をしていますし，DVD プレイヤーはディスクの回転制御や読み出し部の位置決め制御をしています．それから，家電製品を使うための電気（交流）も，50 Hz（東日本）や 60 Hz（西日本）の周波数の品質を保つように制御されて供給されています．また，自動車や船，電車などの乗り物は制御技術の塊ですし，それらの部品をつくる際にも制御が不可欠です．鉄や鋼を製造する製鉄所や，部品を加工する工作機械，組み立てラインのロボットまで，制御が組み込まれています．さらに，ドローンやロケット，人工衛星にいたるまで，制御が欠かせません．

このことから，「私たちが日ごろ，安心・安全・快適な生活を送ることができているのは制御のおかげである」といっても過言ではないでしょう．

1.2　フィードバック制御

図 1.1 の例では，外部から力を加えて棒を立たせていました．この外部の力を**制御入力**といいます．制御を専門としている人々，いわゆる，制御屋さんは，適切な制御入力を決めることを考えます．そのときに重要となるのが，**フィードバック制御**という考え方です．これは，「現在の状況を見て，つぎの制御入力を決定する」というものです．たとえば，棒を立たせるとき，棒の傾きを目で把握し，棒が倒れていきそうな方向に手を動かします．これを図で表したものが，**図 1.2** です．このように，現在の状況をみて，つぎの行動を決定するのが，フィードバック制御です．

図 1.2 を整理した図が**図 1.3** です．これは，**ブロック線図**という制御屋さんがよく使う図です．どのような要素があって，どのような信号の流れがあるかをひと目でわかるように書いたものです．図 1.2 にあてはめると，棒が**制御対象**，手を動かす方法を決める部分（機能）が**制御器**となります．また，

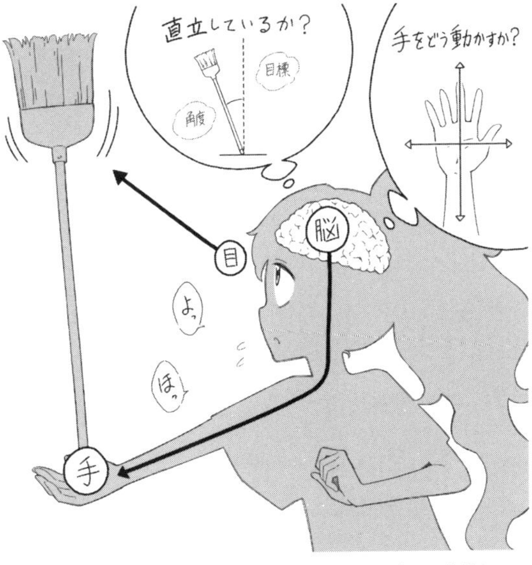

図 1.2　棒を立たせるためのフィードバック制御

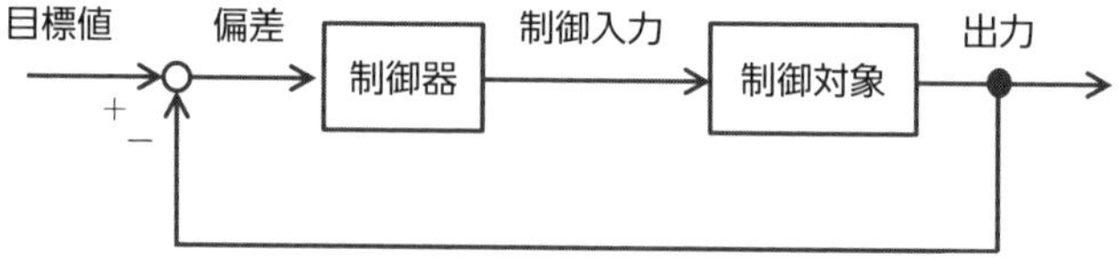

図 1.3　フィードバック制御系のブロック線図

手の動きが制御入力で，棒の傾き角度が出力，倒立状態を表す角度が**目標値**に対応します．さらに，出力と目標値の差のことを**偏差**といいます．

図 1.3 中の偏差は，目標値と出力から決まりますが，制御工学では一般に，

$$偏差 = 目標値 - 出力 = 目標値 + (-出力)$$

のように，出力にマイナスをかけた情報をフィードバックします．これを**ネガティブフィードバック**といいます．すなわち，制御工学におけるフィードバックは，このネガティブフィードバックが基本となります．

もう少し，数式を交えて説明してみましょう．ある時刻 k の棒の角度を x_k（棒が倒立しているときに 0 となる）とするとき，棒の運動方程式が漸化式

$$x_{k+1} = 2.1x_k + u_k$$

で表されたとします．ここで，u_k は時刻 k における棒に加える力，つまり制御入力です．いま，目標値を 0 とし，棒の角度 x_k を 0 にするために，制御入力を

$$u_k = 1.9 \times (0 - x_k)$$

のように決めたとします．x_k にマイナスをかけて目標値 0 に足し合わせていますので，ネガティブフィードバックです．このとき，フィードバック系全体の動きは，

$$x_{k+1} = 2.1x_k + 1.9 \times (0 - x_k) = 0.2x_k$$

に従います．つまり，この漸化式を解いて，x_k の値を調べることで，棒の動きを把握できます．棒の初期角度が $x_0 = 1$ のとき，

$$\begin{cases} x_1 = 0.2 \times 1 = 0.2 \\ x_2 = 0.2x_1 = 0.2 \times 0.2 = 0.04 \\ x_3 = 0.2x_2 = 0.2 \times 0.04 = 0.008 \end{cases}$$

となり，k を大きくしていくと，$x_\infty = 0$ となります．すなわち，時間の経過とともに，実際の棒の角度が目標値 0 に近づいていくことがわかります．

対して，x_k にマイナスをかけずに目標値に足し合わせる**ポジティブフィードバック**

$$u_k = 1.9 \times (0 + x_k)$$

を考えてみます．このときフィードバック系全体は，

$$x_{k+1} = 2.1x_k + 1.9 \times (0 + x_k) = 4x_k$$

となります．棒の初期角度が $x_0 = 1$ のとき，$x_1 = 4$，$x_2 = 16$，$x_3 = 64$ となり，k を大きくしていくと，棒の角度は目標値 0 からどんどん離れていってしまいます．これは，棒が倒れることを意味していますので，うまく制御できないことになります．

このように，目標に到達させる制御を考えるときには，目標値と出力の差を減少させていくことがポイントとなりますので，制御工学では基本的にネガティブフィードバックを考えて，制御系を構築していきます．

さて，フィードバック制御の役割について説明しておきます．大別するとつぎの三つの役割があります．

- 安定化　　：ほうっておいたら危険なものをうまく操る
- 目標値追従：制御対象の出力を目標値に近づけさせる
- 外乱抑制　：邪魔が入っても出力に影響が出ないようにする

一つ目の安定化は，ほうっておいたら暴走したり爆発したりする危険なものを安全に使えるようにするために必要です．たとえば，自動車が暴走しないようにすること，飛行機が墜落しないようにすること，工場が爆発しないようにすること，などが安定化の例です．二つ目の目標値追従は，制御対象の出力を目標値に近づけるために必要です．エアコンで部屋の温度を目標とする値にすること，エレベータを指定した階に移動させること，などが目標値追従の例です．三つ目の外乱抑制は，邪魔が入ったときにそれの影響が出力に出ないようにするために必要です．この邪魔は，外乱と呼ばれます．たとえば，上記の棒を立てる例において，風が吹いたり，誰かに棒をつつかれたりして，棒が傾いてしまう場合，風から受ける力やつつく力が外乱に対応します．

1.3 制御工学の役割

上記の棒を立てる例において，制御入力を $u_k = 1.9 \times (0 - x_k)$ のように決めましたが，どのように制御入力を決めるかを考えるのがまさしく制御工学です．すなわち，制御対象にあわせて，どのような制御方法にするのか，設計パラメータをどのように決めるのかを考えます（この例の場合は $u_k = a(0 - x_k)$ が制御方法で，$a = 1.9$ が設計パラメータとなっています）．この作業を制御系設計といい，制御屋さんの大事なお仕事です．

制御系設計の手順を図にしたものを**図 1.4** に示します．

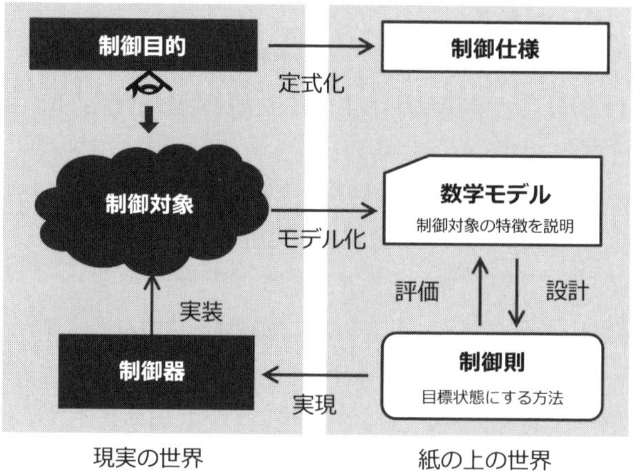

図 1.4　制御屋さんのお仕事

制御しようとする対象をうまく制御するためには，まず，制御対象の特徴をある程度正確にとらえた数学モデルを作成します．つまり，現実のモノを紙の上で表現します．ただし，運動方程式などをそのまま用いるのではなく，後のお仕事（制御系の解析や設計）がしやすいモデル表現を用います．これを**モデル化**といいます．

つぎに，そのモデルを使って制御対象の特徴を調べます．具体的には，制御入力を加えると，どのような振る舞いになるのかをある程度把握します．そうすれば, 目標の振る舞いになるように制御入力を決めることができるからです．

そして，制御入力を決定する**制御則**を設計します．制御則は，制御対象の特徴を望みのものに変えるためのものです．紙の上で，望ましい結果になるように制御則を改良したりしますが，望ましい結果は，**制御目的**により変わりますので，制御目的を定式化した**制御仕様**を満足するように制御則を設計します．

制御則ができたら，最後は，それをマイコンやコンピュータに制御器として実装して，制御対象を制御します．

制御系設計の具体例を説明します．**図 1.5** の台車の位置制御を考えます．いま，質量が 1 の台車を力 $u(:= f)$ で押したり引いたりして，目標の位置 0 まで到達させたいとします．

まず，台車の数学モデルは，台車の位置を y とすると，ニュートンの運動方程式より，質量が 1 なので，$\ddot{y}(t) = u(t)$ となります．つぎに，制御則の具体的な形として，$u(t) = -k_1y(t) - k_2\dot{y}(t)$ を考えます．これは，台車の位置情

図 1.5　台車の位置制御

報 $y(t)$ と速度情報 $\dot{y}(t)$ を利用して力 $u(t)$ の大きさを決めるフィードバック制御です．そうすると，台車に加える力を決める問題が，k_1 と k_2 を設計する問題に帰着されます．後は，目的「目標位置 0 まで到達させる」を達成するように，k_1 と k_2 を決定すればよいのです．

制御則 $u(t) = -k_1 y(t) - k_2 \dot{y}(t)$ を用いたときの台車の運動は，

$$\ddot{y}(t) + k_2 \dot{y}(t) + k_1 y(t) = 0 \tag{1.1}$$

で表すことができます．この微分方程式を解くと

$$y(t) = C_1 e^{\lambda_1 t} + C_2 e^{\lambda_2 t} \tag{1.2}$$

となり，これが台車の振る舞いを表す式となります．ここで，C_1 と C_2 は台車の初期位置 $y(0)$ と初期速度 $\dot{y}(0)$ から決まる値であり，λ_1 と λ_2 は特性多項式

$$p^2 + k_2 p + k_1 = 0 \tag{1.3}$$

の根です．

この問題での制御目的は，目標位置 0 まで到達させることですので，ある程度の時間が経過したときに台車が目標位置 0 に到達する，すなわち $y(t) \to 0\ (t \to \infty)$ となればよいわけです．ここで，式 (1.2) を見てみますと，λ_1 と λ_2 が負（実部が負）であれば，$y(t) \to 0\ (t \to \infty)$ が達成できることがわかります．また，それらの値が小さければ小さいほど，速く $y(t)$ が 0 に収束することもわかります．したがって，これらのことに注意して，k_1 と k_2 を決定すればよいことになります．この場合，式 (1.3) の根は，

$$\frac{-k_2 \pm \sqrt{k_2^2 - 4k_1}}{2} \tag{1.4}$$

となりますので，少なくとも $k_1 > 0$, $k_2 > 0$ と選んでおけばよさそうです．

上記のように，制御工学では，漠然と制御入力 $u(t)$ を探すのではなく，設計条件として，$u(t)$ の形を限定し，そこに含まれるパラメータを決定する問題に置き換えるという方法をとることが多いです．その上で，制御目的を達成するための条件，ここでは，k_1 と k_2 が満たすべき条件，を導出します．そして，設計パラメータを決定し，制御則をつくります．後は，その制御則を制御器として実装すれば，制御目的が達成されることになります．もちろん，制御対象や制御目的の複雑さのレベルはさまざまですが，制御系設計の考え方は概ね上記のとおりです．

1.4　本書の概要

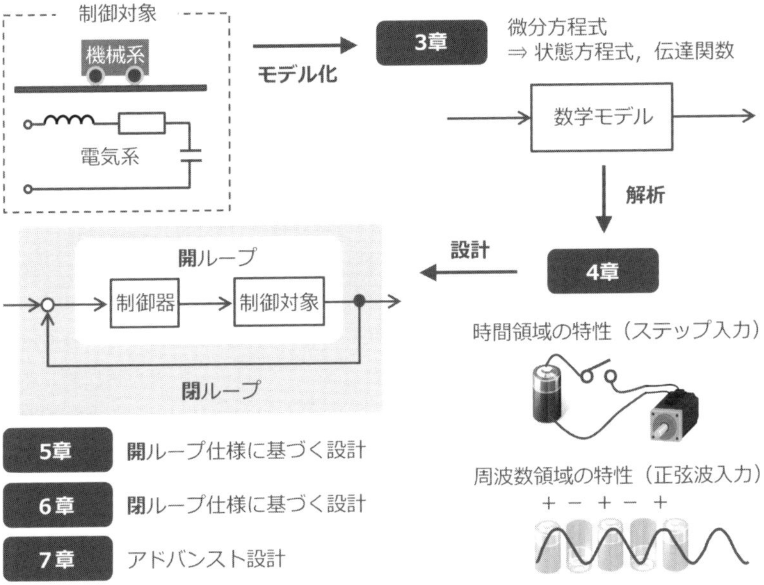

図 1.6　本書の構成

第 2 章では，Python プログラミングのお作法を学習します．本書は 第 3 章以降で，Python による演習を行いながら制御工学を勉強していきますので，その際に必要となる対話形式の開発環境（JupyterLab）の使い方や Python プログラミングの基礎を説明します．

第 3 章では，制御対象のモデル化について学習します．制御対象を上手に制御するためには，数学モデルに置き換えられることが望ましいです．実際，多くの制御対象は，微分方程式で記述できますが，制御工学では，それを伝達関数モデルや状態空間モデルに変換して利用します．なぜなら，制御工学には先人の生み出したさまざまなツールがありますが，そのほとんどが，伝達関数モデルや状態空間モデルに対して構築されているからです．そのため，制御のためのモデル化を知っておく必要があります．

第 4 章では，伝達関数モデルや状態空間モデルで表現された制御対象が具体的にどのような特性をもっているかを調べます．たとえば，モータに電池をつなげたときにどのように動くか？といったような時間応答の特性や，電池のプラスマイナスを交互に切り替えるとき，切り替える速さ（周波数）を変えると振る舞いがどう変わるか？といったような周波数応答の特性を学習します．また，制御対象の安定性やそのチェック方法を説明します．

第 5 章では，フィードバック制御系の設計について解説します．まず，制御対象の振る舞いを説明するいくつかの指標を説明します．そして，設計のための仕様の話をした後，その仕様を満足する制御器の設計を学習していきます．とくに，制御系設計でよく利用される PID 制御と状態フィードバック制御に焦点を当てて話を進めていきます．

第 6 章では，ループ整形を学習します．フィードバック制御系を構築するときには，フィードバック制御系全体の特性が望ましいものになるように制御器を設計しますが，ここでは，フィードバックループを切った開ループ系の特性に注目して設計をする方法を説明します．また，PID 制御に加えて，位相進み・遅れ補償にもふれます．

第 7 章では，アドバンストな制御系設計について説明します．状態空間モデルにおける状態を出力から推定するオブザーバを説明した後，制御対象に不確かさがある場合の制御手法であるロバスト制御を概説します．さらに，設計した制御器をマイコンなどに実装するときに必要な離散化や，ある評価関数を最小化する制御入力を求める最適制御問題とモデル予測制御を紹介します．

なお，本書では基本的に，

- 変数は，小文字アルファベットのイタリック体（y，u など）
- ベクトルは，小文字アルファベットのボールドイタリック体（$\boldsymbol{x}$，$\boldsymbol{e}$ など）
- 行列は，大文字アルファベットのボールドイタリック体（$\boldsymbol{A}$，$\boldsymbol{P}$ など）
- システムは，大文字アルファベットの筆記体（$\mathcal{P}$，$\mathcal{K}$ など）

で表しています．また，ベクトル $\boldsymbol{x}$ や行列 $\boldsymbol{A}$ の転置は $\boldsymbol{x}^\top$ や $\boldsymbol{A}^\top$ のように記述し，行列 $\boldsymbol{A}$ の逆行列は $\boldsymbol{A}^{-1}$，行列式は $\det\boldsymbol{A}$，階数は $\mathrm{rank}\,\boldsymbol{A}$ と書いています．さらに，行列 $\boldsymbol{M}$ に対して，$\boldsymbol{M} > 0$ は行列 $\boldsymbol{M}$ が正定値であることを意味しています．

第1章のまとめ

お姉ちゃん，制御について，なんとなくわかったぁ？

目標の状態になるように操作を加えることだね．
そして，フィードバック制御がとっても重要ってことはわかったよ！
これで私も大道芸人になれるかな・・・．

それはちょっと違うかも．

ところで，制御対象ってなんでもいいの？
なんでもいいっていわれると，胡散くさく聞こえる・・・．

そうだね．それが制御工学のよいところ．機械系でも電気系でも化学系でも，細かいテクニックは違うかもしれないけど，制御の考え方は同じなんだよ．そのかわり，どんな制御対象でも統一的に扱えるように，抽象化して議論することが多いから，数学をやっているように感じるかもしれないね．

なるほど，だから，制御の本は数学っぽいんだね．
あんた賢いね～せっかくだから，もう少し教えて．

えー．これから，先週録画していたアニメを見ようと思っていたのに・・・．

このおまんじゅうあげるから．お願いっ！

しかたないな～（モグモグ）

まとめ

- 身のまわりには制御があふれている．
- モノを思いどおりに操るためにフィードバック制御が重要である．
- 制御屋さんのお仕事は，「モデル化」「解析」「設計」である．

めもらんだむ

めもらんだむ、おわり!

第 2 章

Python の基礎

ところでこの本って，『Python（ぴとほん）による』って書いてあるけど，Python（ぴとほん）って何？

ぷっーお姉ちゃん，工学部出身なのに何も知らないんだね．
Python（ぱいそん）ね．Python はプログラミング言語だよ．
最近，AI ブームで機械学習とか流行っているけど，Python でプログラムコードを書く人が多いんだよ～

そうなんだ．

制御工学の勉強や研究では，MATLAB という数値計算ソフトウェアを使うことが多いんだけど，Python でも基本的な部分は同じようにできるんだよ．

MATLAB は知ってる！ 大学で使ったおぼえがある．

MATLAB 使ったことがあるなら，Python もすぐマスターできるよ．とくに制御工学で使う関数は MATLAB と似ているからね．

・・・(まったく覚えてない，いつも隣の子のプログラムをコピペしていたからなぁ～)．

この章に Python の基礎や JupyterLab という便利な環境の使い方なんかが書いてあるよ！

2.1　Python 環境の構築

本書では，Python 3.9 以降を使うことを前提としています．

必要なライブラリは，NumPy，Matplotlib，SciPy，SymPy および，制御工学用の関数が用意されている Python Control Systems Library (Python-Control) です．Python-Control の執筆時の最新版は，0.9.4 です．

環境構築の方法はさまざまありますが，

- Anaconda（https://anaconda.org）を利用する
- Google Colaboratory（無料クラウドサービス）を利用する
- Python インストーラ（https://www.python.org）を利用する

などが代表的です．どの方法も Windows, Mac で利用可能です．また, Python の統合開発環境には，PyCharm や JupyterLab (Jupyter Notebook)，Visual Studio Code, Spyder などがあります．

Python 環境の構築方法に関しては，本書のサポートページ

https://y373.sakura.ne.jp/minami/pyctrl

に資料を掲載していますので，参考にされるとよいでしょう．ただし，使用するライブラリはそれほど多くないので，読者のみなさんの独自の方法で構築されてもかまいません．

以下では, JupyterLab (Jupyter Notebook) や Visual Studio Code, Google Colaboratory など IPython を利用して対話形式でコード開発ができることを前提として説明を進めていきます．

2.2 JupyterLab の使い方

JupyterLab（ジュピターラボ）は，ブラウザ上で使えるオープンソースのコーディング環境です．**Jupyter Notebook** の後継ツールで，対話形式で開発を進めることができます．JupyterLab には，画面分割やタブ機能，セルのドラッグ&ドロップといった Jupyter Notebook にはなかった機能が多数含まれており，使い勝手がよくなっています．

まず，新規フォルダを作成してみましょう．**図 2.1** のように，左上のタブメニューの左から 2 番目の「+」ボタンを押して新規フォルダを作成します．フォルダ名は，作成されたフォルダを右クリックすることで表示されるメニューの [Rename] を選択し，変更します．たとえば，「Control」としておきましょう．

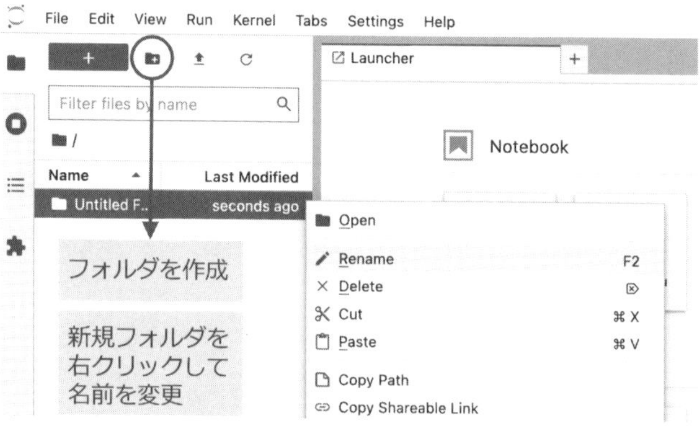

図 2.1　新規フォルダの作成

つぎに，フォルダ「Control」の中に新しいノートブックを作成します．**図 2.2** のように，[File] → [New] → [Notebook] を選択します．そして，Kernel は Python3 とします．フォルダのときと同様に，新規ノートブックを右クリックするとメニューが表示されますので，[Rename] で名前を変更します．たとえば，「Chapter2」としておきます．

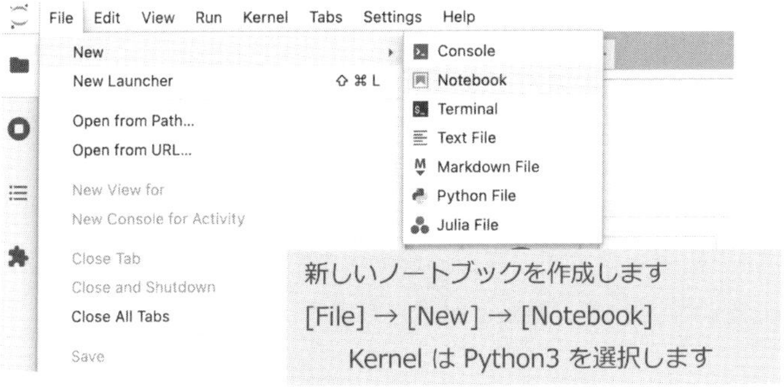

図 2.2　新規ノートブックの作成

なお，ノートブックの編集は，ノートブックを右クリックして表示されるメニューから行います．**図 2.3** のように，ノートブックの削除や切り取り，コピー，貼り付け，複製（コピー&貼り付け）なども可能です．

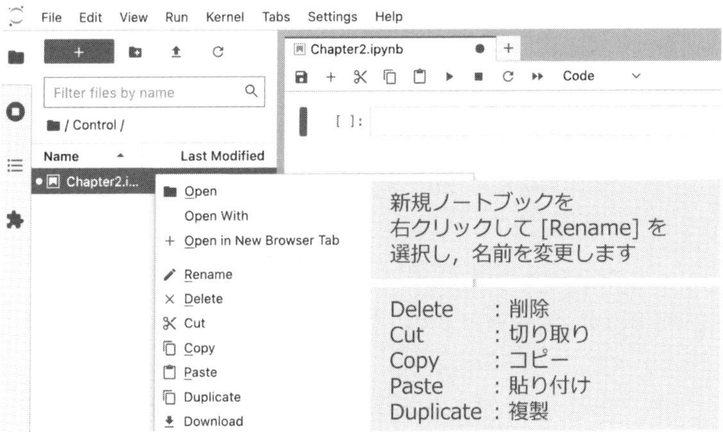

図 2.3　ノートブックの編集

ノートブックの画面を**図 2.4** に示します．セル（プログラムやコメントを記述するためのボックス）が配置されていて，「[ ]:」と表示されているセルをコードセルと呼びます．このコードセルに，プログラムを記述します．そして，[Shift] + [Enter] を押すとプログラムが実行され，その実行結果が下に表示されます．実行すると「[1]:」のように実行順を示す番号が表示されます．ただし，図 2.4 のように「[1]:」が表示されない場合もあります．

このように，JupyterLab では，対話形式でプログラムを記述し，実行していきます．また，セルを再選択することで，コードの修正や再実行を行うことができます．

さらに，ノートブックでは，Tab 補完ができます．たとえば，図 2.4 のように“ma”から始まるライブラリをインポートする際，“ma”とタイプした後で [Tab] キーを押すと，その候補が表示されます．

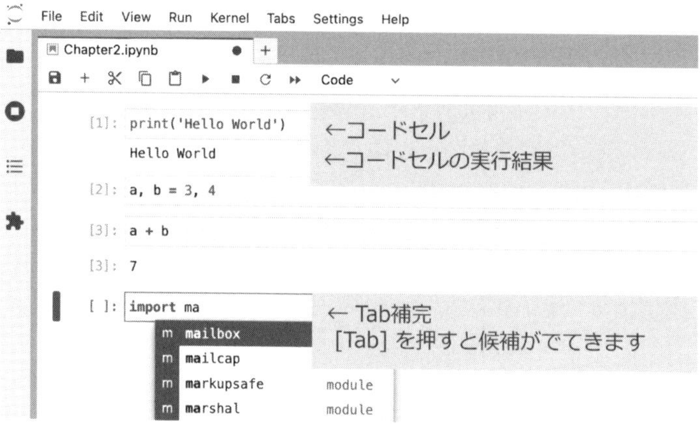

図 2.4　コードセルの実行と Tab 補完

ノートブックの編集をするには，ウィンドウの上部に配置されているボタンやセルの右端のボタンを使います．**図 2.5** にそれらのボタンの拡大図を示します．セルの移動，セルの削除，保存，セルの追加，セルの切り取り，セルのコピー，セルの貼り付け，セルの実行・停止，Kernel の再起動などを行うことができます．

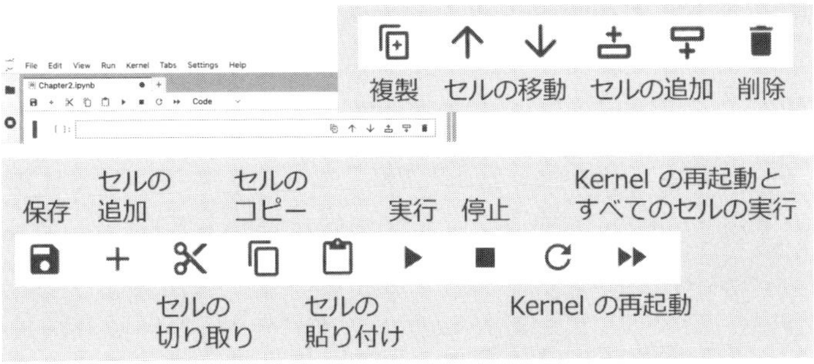

図 2.5　ノートブックの編集

各セルには，基本的に Python コードを書きますが，**図 2.6** のように，Markdown を選択すると，セルが変化してマークダウンセルとなり，コメント（プログラムコードの説明や補足など，Python で実行されないもの）が書けるようになります．

「# 見出し」や「## 小見出し」のようにすると，見出しをつけることができます．また，「$ TeX $」のように，$ マークで囲めば，TeX の数式を書くこともできます．コメントの確定は，[Shift] + [Enter] で行います．なお，セルを再選択すれば，修正も可能です．

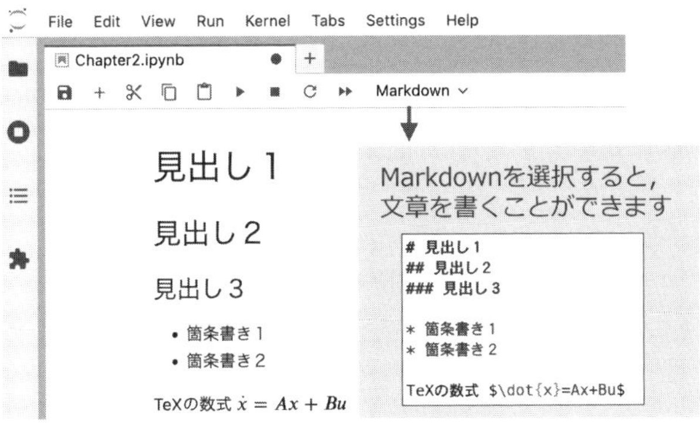

図 2.6　コメントの記述

また，help 関数を用いれば，個々の関数やオブジェクトのドキュメント（説明）を確認できます．たとえば，**図 2.7** では，print 関数のドキュメントを表示しています．help のかわりに，関数やオブジェクトの最後に「?」を付けて実行しても，ドキュメント内容を確認することができます．

さらに，[Shift]+[Tab] を押すと，同様の内容がポップアップ（別ウィンドウが最前面に現れる）で表示されます．この機能は，コーディング中に変数の型や変数の中身を調べるときなどに重宝します．

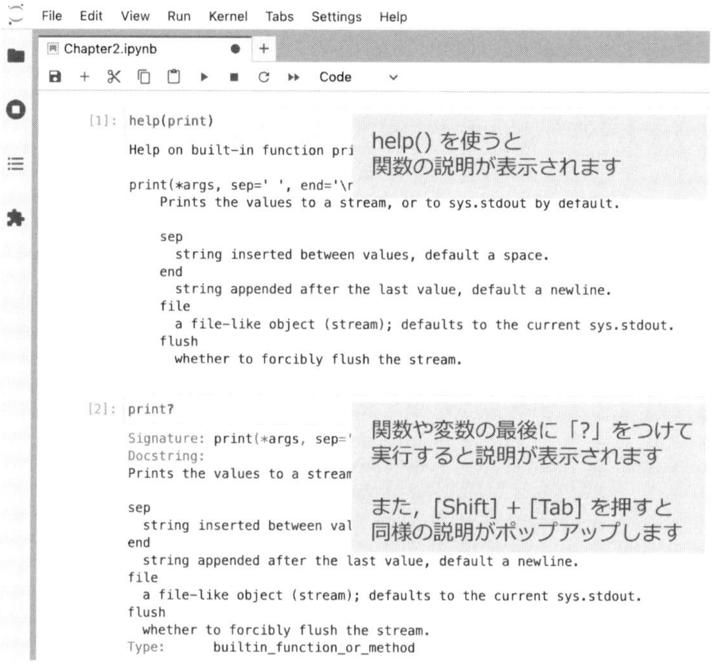

図 2.7　関数のヘルプの表示

2.3 Python の基礎

ここでは，Python のお作法を勉強していきます．具体的には，データと型，制御文，関数の定義，ライブラリなどです．

まずはじめに，プログラムにコメントを記述する方法を説明しておきます．

プログラムと区別するためには，「#」を使います．

```
# コメントです
print(1) # 1を表示
```

このように，コメントの前に # を付けます．行の先頭でなくても，他の文の最後でも # を付ければ記述できます．ただし，# を付けると以降は改行されるまでコメントとなりますので注意してください．

複数行のコメントは，

```
'''
コメント1
コメント2
'''
```

のように，トリプルクォート（三重引用符）「'''」や「"""」を用いて書くことができます．これは，関数の仕様などを説明するときに利用されます．

2.3.1 データと型

文字列

文字を並べたものが文字列です．たとえば，「Control」という文字列は，「C」「o」「n」「t」「r」「o」「l」の順に 7 つの文字を並べたものです．Python で文字列を記述するには，シングルクォーテーション「'」か，ダブルクォーテーション「"」を使います．

```
'Control'
"Control"
```

文字列を出力するには，print 関数を使います．

```
print('Control')
```

また，下記のようなエスケープシーケンスと呼ばれる特殊な文字も用意されています．ただし，以下の「\」マークは，バックスラッシュです．

\\ :「\」
\' : シングルクォーテーション
\" : ダブルクォーテーション
\n : 改行
\t : タブ

文字の連結には，「+」を使います．たとえば，

```
print('制御' + '工学')
```

とすると，「制御工学」が出力されます．さらに，繰り返し表示も可能で，

```
print('制御工学' * 5)
```

と書くと，文字列「制御工学」が 5 回出力されます．

文字数をカウントしたい場合は，len 関数を使います．たとえば，len(' せいぎょこうがく') とすると，8 が出力されます．

数　値

Python では，整数，浮動小数点数，複素数のそれぞれの数値を扱うことができます．整数としては，1，2，3，−3，−2，−1 などの 10 進数に加えて，2 進数や 16 進数も扱えます．2 進数の場合は，数値の先頭に「0b」を付け，16 進数の場合は，数値の先頭に「0x」を付けます．

```
12     # 10進数
0b1010 # 2進数 → 10
0xA1   # 16進数 → 161
```

浮動小数点数としては，1.2，3.1415 などが扱え，たとえば，4.3×10 の 3 乗や 4.3×10 の -3 乗はそれぞれ，

```
4.3e3    # (= 4300)
4.3e-3   # (= 0.0043)
```

と書くことができます．

また，複素数は，1+3j や 2.5+5.1j のように，虚部には虚数単位の「j」を付けます．なお，虚部が 1 の純虚数は，1j と記述します．

これらの数値を使って四則演算をすることができます．加算は「+」，減算は「-」，乗算は「*」，除算は「/」によって指示します．

```
1 + 2  # (= 3)
5 - 3  # (= 2)
4 * 6  # (= 24)
10 / 5 # (= 2.0)
```

商とその余りを求めるときは，「//」と「%」を用いて

```
17 // 5 # (= 3)
17 % 5  # (= 2)
```

とします．それから，べき乗の計算，たとえば，3 の 2 乗や 5 の 6 乗を計算したいときは，「**」を用いて

```
3 ** 2 # (= 3*3 = 9)
5 ** 6 # (= 5*5*5*5*5*5 = 15625)
```

とします．

変　数

Python では，あらゆるものが**オブジェクト**です．数値や文字列，ファイル（ライブラリ）さえもオブジェクトと呼ばれます．オブジェクトはデータ（属性）と，そのデータに対して定義されている関数から構成されています．数値や文字列などのオブジェクトを格納する箱を**変数**といいます．そして，オブジェクトに関係付けられている関数のことを**メソッド**といいます．

通常，C 言語などのプログラミングでは，オブジェクト（文字列や数値）の種類に合わせて変数を宣言する必要がありますが，Python では必要ありません．単純に，「=」で代入するだけです．たとえば，

```
x = 1
```

とすれば，変数 x に 1 が代入されます．このとき，1 が整数であることを勝手に認識してくれて，自動的に x が int 型（整数型）になります．後で変数の中身を確認するには，

```
print(x)
```

のように print 関数を使います．なお，JupyterLab では，

```
x
```

でも中身が表示できます．もし，x = 1 のように，文字列'x =' と変数 x の中身を同時に表示させたい場合は，

```
print('x =', x)
print(f'x = {x}')
```

のようにします．二つ目の方法を fstring（文字列置換）といいます．

また，変数の型は，type 関数を使うと調べることができます．

```
print(type(x))
```

とすれば，出力は，<class 'int'> となり，x が int 型であることがわかります．同様に，

```
y = 1.0
z = 2 + 3j
msg = 'Control'
ok = True
```

とすれば，1.0 は浮動小数点数ですので，変数 y は float 型になり，2+3j は複素数ですので，変数 z は complex 型，'Control' は文字列ですので，変数 msg は str 型（文字型）となります．そして，True や False は bool 型（ブーリアン型）と呼ばれるものですので，変数 ok は bool 型になります．

変数の型を変換する場合は，

```
s = int(y)
w = str(z)
```

などのようにします．上記の場合，y は float 型，z は complex 型でしたが，int() によって s が int 型になり，str() によって w が str 型になります．

なお，変数名の付け方には以下のルールがありますので注意してください．

- 名前の最初に数字は使えません
- if や for, lambda などの予約語（デフォルトで役割が決められている文字列）は使えません
- 大文字と小文字は区別されます

リスト

リスト（list）型と呼ばれる変数は，複数の要素を格納するために用います．以下のように複数の要素をカンマで区切って記述します．

```
data1 = [3, 5, 2, 4, 6, 1]
```

また，入れ子にして，リストの中にリストを入れることもできます．

```
data2 = [ [3, 5, 2], [4, 6, 1] ]
```

リストの各要素を取り出すときには，リスト内の各要素に割り振られているインデックスを指定します．ただし，先頭は 0 で，その後，1, 2, 3, …となることに注意が必要です．上の例の場合，data1[0] = 3，data1[1] = 5 となります．また，後ろからインデックスを指定することもでき，data1[-1] = 1，data1[-2] = 6 となります．

入れ子にしたリストの場合は，data2[0] = [3, 5, 2]，data2[1] = [4, 6, 1] のように 1 つ目のインデックスで中のリストが指定されます．さらに，そのリストの中のインデックスを指定することもでき，たとえば，data2[0][0] = 3，data2[1][1] = 6 となります．

リストの複数の要素を一度に取り出すことをスライスといいます．スライスは [開始インデックス: 終了インデックス] のように指定します．このようにすると，開始インデックスから終了インデックス -1 までの数値が抽出されます．たとえば，data1 に対して，

```
data1[0:2]
data1[2:4]
```

のようにすれば，$[3, 5]$ や $[2, 4]$ が得られます．

また，リストの最後に要素を追加するには，リストに対して定義された関数（メソッド）である append を使って，

```
data1.append(8)
print(data1)
```

のようにします．このときの結果は $[3, 5, 2, 4, 6, 1, 8]$ となります．リストの最初や途中に要素を追加するには，insert(挿入したい場所，挿入したいオブジェクト) を使います．たとえば，0 番目に 8 を追加するには，

```
data1.insert(0, 8)
print(data1)
```

とします．この結果は，[8, 3, 5, 2, 4, 6, 1, 8] となります．

一方，一部の要素を削除したい場合は，del を使います．

```
del data1[0]
```

とすれば，data1 の 0 番目の要素が削除されます（[3, 5, 2, 4, 6, 1, 8] となります）．しかし，del 文は強力で，del data1 のようにしてしまうと，data1 ごと消えてしまうので注意が必要です．これを回避するために，以下のように，pop を使う方法もあります．

```
data1.pop(0)
```

このようにすると，0 番目の要素だけが抜き取られます．

上記の append や insert，pop の他に，リストにはいくつかのメソッドが定義されています．たとえば，extend（= リストを拡張する），index（= インデックスを調べる），count（= 個数を数える），sort（= 並び替える），などがあります．help(list) によって定義されているメソッドとその機能が確認できます．

リストのコピーには注意が必要です．というのも，浅いコピーと深いコピーがあるからです．浅いコピーとは下記のようなものです．

```
x = [1, 2, 3]
y = x
y[0] = 10
print(y) # [10, 2, 3]と出力される
print(x) # xの値も[10, 2, 3]に変更される
```

このようにリストをコピーして変更すると，残しておきたいはずのもとのリストまで変更されてしまいます．これは，リストのアドレスのみがコピーされているためです．アドレスではなく値そのものをコピーするためには，メソッド copy を用いた深いコピーを使います．

```
x = [1, 2, 3]
y = x.copy()
y[0] = 10
print(y) # [10, 2, 3]と出力される
print(x) # xの値は変更されずに[1, 2, 3]と出力される
```

タプル

タプル（tuple）型はリスト型と同じで，複数の要素が順に並んでいるものです．しかし，タプルで作成されたオブジェクトの要素は変更できません．つまり，読み込み専用の変数です．このため，タプルにはリストほどメソッドが用意されておらず，count，index ぐらいしかありません．したがって，プログラム中で変更したくないものを定義しておく場合に利用します．

タプルは，丸かっこで囲み，カンマで要素を区切って記述します．

```
t = (1,2,3,4) # t = 1,2,3,4 でもよい
type(t)
```

なお，1 個しか入れない場合は，t=(1,) のようにカンマを入れます．カンマを入れないと，数値（int）と認識されてしまいます．

辞　書

辞書（dict）型は，key（キー）と value（値）で構成されます．たとえば，

```
d = { 'linestyle': '-.', 'color': 'k' }
```

のように key:value のセットで記述します．key は文字列でもよいですし，数値でもかまいません．参照する場合にはつぎのようにします．

```
print(d)
print(d['linestyle'])
print(d['color'])
```

結果は

```
{'color': 'k', 'linestyle': '-.'}
-.
k
```

となります．また，辞書では，リストと同様にメソッドも使えます．たとえば，辞書の特定の key の value を変更したい場合や新しい key:value を追加したい場合には，update を使います．

```
x = { 'linestyle':'--', 'label':'plt' }
d.update(x)
print(d)
```

```
{'linestyle': '--', 'color': 'k', 'label': 'plt'}
```

追加や変更する場合は，d['label'] = 'plt' のようにしても同様の結果となります．削除する場合は，d.pop('label') のようにします．

辞書オブジェクトは，関数の複数のキーワード引数（可変長引数）として使えます．その場合には，**d のように，** を付けて関数に渡します．

2.3.2 制御文

比較演算子と if 文

たとえば，$a = 4$ としたとき，$a < 5$ は正しいので，True（真）となります．一方，$a > 5$ は正しくないので，False（偽）となります．

このように，$<$ や $>$ といった演算子を用いて 2 つの値の大小関係を調べることができます．この演算子を比較演算子と呼び，以下のものがあります．

==	等しい
!=	等しくない
>	より大きい
>=	以上
<	未満
<=	以下

比較演算子を用いて条件式を作り，それを利用することで，処理の流れを切り替えることができます．条件によって処理を分けたい場合には，if 文を使います．if 文の書式は，

```
if 条件式:
    条件式が成立するときに実行する処理
else:
    条件式が成立しないときに実行する処理
```

です．つまり，「if」文ではまず条件式を記述し，その後に，「:」（コロン）を書きます．そして，次の行から条件式が成立したときに実行する文を記述していきます．実行する文はインデントを付けて（通常，半角スペース 4 個分字下げをして）記述します．他のプログラミング言語では「{」から「}」までをブロック（コードのまとまり）としたり，「if」文の次の行から「end」が現れるまでをブロックする場合が多いですが，Python では文のインデントだけでそれを表します．

```
if x < 0:
    print('x is negative')
elif x == 0:
    print('x is zero')
else:
    print('x is positive')
```

このようにすると，`x < 0` を満たすときに，`print('x is negative')` が実行されます．そして，`elif` は else if の略ですので，`x < 0` を満たさない場合において，`x == 0` を満たすときに，`print('x is zero')` が実行されます．さらに，それら以外の場合は，`print('x is positive')` が実行されます．

複数の条件を同時に判定したい場合には，`and` や `or` を使います．

```
if x < 0 and y < 0:
    print('x and y are negative')
```

```
if x < 0 or y < 0:
    print('x or y is negative')
```

それから，つぎのような記述も可能です．

```
y = [1, 2, 3]
if x in y:
    print('x is in y ')
```

このようにすると，x が y に含まれているとき，すなわち，x が 1, 2, 3 のどれかの場合に，'x is in y' が出力されます．対して，

```
y = [1, 2, 3]
if x not in y:
    print('x is not in y ')
```

のようにすれば，x が y に含まれていないときに，'x is not in y' が出力されます．

for 文

繰り返し処理をする（回数や終了条件を決めて複数回同じ処理をする）場合には，for 文を用います．Python での書式は次のようになっています．

```
for 変数 in 反復可能オブジェクト:
    実行する処理
```

「for」文は反復可能オブジェクト（たとえば，リストやタプルなど）から要素を順に変数に代入し，要素の数だけ処理を繰り返します．たとえば，リスト型のオブジェクトを指定した場合は，リストの要素を先頭から順に変数に代入しながら繰り返しを行います．

```
for x in [0, 1, 2]:
    print(x)
```

この例では，リスト [0, 1, 2] の要素を順に x に代入しながら print(x) を実行します．したがって，結果は，0，1，2 となります．ただし，繰り返し回数が多いときには，リストを準備することが面倒になってきます．そこで，range 関数を使います．たとえば，range(3) はリスト [0, 1, 2] と同じです．また，range(1, 5) は，[1, 2, 3, 4] と同じです．

enumerate 関数を使うと，リストの要素とそれに割り振られているインデックスを取り出すことができます．たとえば，つぎのようなコードを書くことができます．

```
for i, word in enumerate(['a', 'b', 'c']):
    print(i, word)
```

この結果は，

```
0 a
1 b
2 c
```

となり，リストの要素とインデックスを同時に利用することができます．

練習問題

下記の 2 つのプログラムの違いを確認してみましょう．

```
# プログラム1
for x in range(3):
    print(x)
    print('python')

# プログラム2
for x in range(3):
    print(x)
print('python')
```

2.3.3 関数定義

Python では，def を使って独自の関数を定義できます．したがって，ある目的で一連の同じ処理を繰り返す場合などでは，def を使って関数を新たに作成して利用するほうがよいでしょう．

関数の定義は，

```
def say_hello():
    print('こんにちは')
```

のようにします．ここで，say_hello が関数名で，print 文が関数の中身となります．この場合，say_hello() と実行すると，「こんにちは」が出力されます．

一般に関数といえば，入力と出力があります．Python でも入力と出力がある関数を作成することができます．入力（引数と呼ぶ）のある関数は，

```
def subject(name):
    print(name + '工学')
```

のように定義します．上の例では，name が引数となり，関数を呼び出すときに引数の値を指定することで，その値を用いて関数の中身が実行されます．この場合，subject(' 制御') とすると，「制御工学」が出力されます．

つぎに，出力（返り値や戻り値と呼ぶ）のある関数は，

```
def add(a,b):
    c = a + b
    return c
```

のように定義します．return で返り値を決めます．上の例では，関数 add(a, b) を c = a + b と定義し，c を返り値としています．したがって，result = add(3, 5) を実行すると，8 が result に代入されます．

また，複数の引数をまとめて関数に渡したい場合は，

```
def add(*args):
    return args[0] + args[1]
```

のように関数を定義し，value = [3, 5] の後，result = add(*value) を実行すると同様の結果が得られます．なお，辞書オブジェクトを引数（キーワード引数）とした場合には，**kwargs のように記述します．

2.3.4 ラムダ式，クロージャ，ジェネレータ，リスト内包表記

続いて，知っていると便利なラムダ式，クロージャ，ジェネレータ，リスト内包表記を紹介します．

ラムダ式

関数を定義する場合，def を用いますが，**ラムダ式**という記法を用いることで，名前を付けずに関数を定義することができます．そのような関数を**無名関数**といいます．

ラムダ式では，

```
lambda 引数:処理内容
```

というように，lambda の後に，関数の引数を書きます．そして「:」の後に引数を使った処理内容を書きます．たとえば，x を引数として，x**2 + x + 1 の計算結果を返り値とする関数をラムダ式で実装する場合，

```
y = (lambda x: x**2 + x + 1)(1.0)
print(y)
```

のように書きます．最後の 1.0 は，x に渡す値です．この場合，結果は，3.0 となります．

また，Python では，以下のように，関数を引数にした関数（高階関数[*1]と呼ぶ）を定義することができます．

*1　関数を引数や返り値とする関数で，代表的なものとして，map や filter があります．

```
f = lambda x: x**2 + x + 1
g = lambda f:(lambda x:(2 * f(x)))
```

関数 g の引数が関数 f になっており，g は，f(x) の値を 2 倍にするものです．この場合，f(1.0) は 3.0 になり，g(f)(1.0) は 6.0 となります．さらに，それだけでなく，g(g(f))(1.0) とすれば，12.0 が，g(g(g(f)))(1.0) とすれば，24.0 が得られます．このように，関数を再利用して，複数回同じ処理を施すことができるようになります．

クロージャ

上記の例では，関数の中に関数を入れていました．外側の関数の引数を内側の関数が利用し，そして，外側の関数の返り値が内側の関数となるとき，内側の関数を**クロージャ**といいます．具体例を以下に示します．

```
def outer(a, b):
    def inner(c):
        return c * (a + b)
    return inner

f = outer(1, 2)
r = f(3)
print(r)
```

outer 関数の中に inner 関数を定義しています．outer の返り値が inner 関数であることに注意してください．このとき，f = outer(1, 2) を実行したときの f は，a = 1, b = 2 を代入した inner 関数となっています．そして，r = f(3) で，c = 3 として inner 関数を実行すると，結果は，$3 * (1 + 2) = 9$ となります．さらに，f2 = outer(3, 4) をつくって，r2 = f2(3) として，$3 * (3 + 4) = 21$ の結果を得ることができます．このように，outer 関数の引数を記憶した inner 関数がクロージャです．この機能を利用することで，パラメータ（引数）の値を変更した複数の関数を簡単に準備して利用することができます．

ジェネレータ

ジェネレータは，関数の中に，“yield 処理内容”を複数書き，そして，関数を next() で呼び出すごとに 1 つずつ処理を実行していく機能です．

```
def linestyle_generator():
    linestyle = ['-', '--', '-.', ':']
    lineID = 0
    while True:
        yield linestyle[lineID]
        lineID = (lineID + 1) % len(linestyle)

LS = linestyle_generator() # LSというジェネレータを生成
for i in range(5):
    print(next(LS)) # LSの中の yield 部分を1回ずつ実行
```

このようにすると，- が出力された後に，-- が出力され，その後，-. : - が出力されます．つまり，ジェネレータは，関数の中身を一気に実行するのではなく，呼び出すごとに処理内容を変えたい場合に使います．

上記のコードは，グラフを作成する際，プロット関数を実行するたびに線種を変更したいときに利用できます．

リスト内包表記

リストを生成するときにつぎのような記述ができます．

```
t = (1, 2, 3, 4, 5)
r1 = [i for i in t]
print(r1)
```

実行結果は [1, 2, 3, 4, 5] となります．つまり，タプルの要素を順に取り出しながらリストに入れていっています．さらに，

```
r2 = [i for i in t if i % 2 == 0]
print(r2)
```

とすれば，2 で割り切れるものだけがリストの要素となり，結果は，[2, 4] となります．これを**リスト内包表記**といいます．

2.3.5 ライブラリ

ライブラリは複数のオブジェクト（メソッド）をひとまとまりにしたものです．Python にはさまざまなライブラリがあります．必要なライブラリを読み込んで使います．ライブラリは，import で読み込みます．たとえば，NumPy ライブラリを読み込むときは，

```
import numpy
```

とします．そして，numpy.sqrt() のように NumPy に準備されている関数を呼び出して用います．さらに，

```
import numpy as np
```

のように numpy を np という名前で読み込めば，たとえば，NumPy ライブラリの中にある sqrt 関数を np.sqrt() のようにして使うことができます．

また，

```
from numpy import sqrt
```

のようにすれば，numpy.sqrt を numpy や np を付けずに，sqrt のみで利用することができます．そして，

```
from numpy.linalg import *
```

のようにすれば，numpy.linalg の中にあるすべての関数（たとえば，det や inv）を利用することができます．ただし，異なるライブラリの中に名前が同じ関数が含まれている場合もありますので，複数のライブラリを読み込むときには競合しないように注意する必要があります．

Python には，基本的な機能を提供する標準ライブラリが付属しています．たとえば，日付や時間を扱う datetime，ファイルやディレクトリの操作をする os，乱数を生成する random などです．

ここでは，基本的な数学関数が利用できるようになる math ライブラリにつ

いて説明します．math ライブラリは，

```
import math
```

で読み込むことができます．これによって，三角関数（math.sin, math.cos, math.tan）や指数関数（math.exp），対数関数（math.log, math.log10），平方根（math.sqrt），ネイピア数（math.e）$e = 2.718281828459045$，円周率（math.pi）$\pi = 3.141592653589793$ などが利用できるようになります．

ほかにどのような関数が準備されているかは，help(math) を実行して，ドキュメントを確認してください．

練習問題

1 から 50 までの整数の和の平方根を計算して出力するプログラムを作成しなさい．

●解答例

```
from numpy import sqrt
# for文を使って足し合わせる
s=0
for x in range(1,51):
    s+=x
print(sqrt(s))

# sumを使う
s = sum(range(1,51))
print(sqrt(s))

# generator式を使う
s = sum(x for x in range(1,51))
print(sqrt(s))
```

2.4 本書で用いるライブラリ

ここでは，本書で用いるライブラリ NumPy, Matplotlib, SciPy, SymPy, Python-Control について簡単に説明します．

2.4.1 NumPy

NumPy は数値計算の基本ライブラリです．これを用いることで，多次元配列（ベクトルや行列，テンソル）の演算を効率よく，高速に行うことができます．そのため，信号・データ処理やシステム制御，機械学習に関する科学技術計算には欠かせません．

`import numpy as np` で NumPy ライブラリを読み込むことができ，平方根（`np.sqrt`），絶対値（`np.abs`），三角関数（`np.sin`，`np.cos`，`np.arcsin`，`np.arccos`），指数関数（`np.exp`），対数関数（`np.log`，`np.log10`），四捨五入（`np.round`）などの基本的な数値計算に必要な関数を使うことができます．さらに，弧度法 [rad] から度数法 [deg] へ変換する関数 `np.rad2deg` といったものまで用意されており，円周率（`np.pi`）やネイピア数（`np.e`）なども利用できます．また，配列の値を集約する関数 `np.sum`，`np.mean`，`np.max`，`np.min` などがあります．

複素数は虚部に `j` を付けることで表現しますが，その虚部だけを取り出す場合は，`np.imag` を用います．同様に `np.real` で実部を取り出すことができ，`np.conj` で共役複素数を求めることができます．

ベクトルや行列の演算も可能です．これらの定義には，`np.array` 関数を用います．ただし，関数の引数は，リストです．要素をカンマで区切って記述します．

```
x = np.array( [ 1, 2 ] )
print(x)
```

```
[1 2]
```

なお，リストを入れ子（ネスト）にした [[1], [2]] は縦ベクトルになり，[[1, 2]] は横ベクトルになります．

```
y = np.array( [ [1], [2] ] )
print(y)
```

```
[[1]
 [2]]
```

行列は，横ベクトルをカンマで区切って記述します．

```
A = np.array([ [1, 2], [-3, 4] ])
print(A)
```

```
[[ 1  2]
 [-3  4]]
```

また，np.array で行列やベクトルを定義すると，行列演算のメソッドが利用できます．たとえば，転置は，メソッドの T を使います．

```
print(A.T)
```

```
[[ 1 -3]
 [ 2  4]]
```

なお，A.transpose() や np.transpose(A) としても結果は同じです．

逆行列を求めるには，np.linalg.inv を用います．

```
B = np.linalg.inv(A)
print(B)
```

```
[[ 0.4 -0.2]
 [ 0.3  0.1]]
```

行列式や階数（ランク），固有値，ノルムの計算はつぎのようにします．

```
np.linalg.det(A) # 行列式
```

```
10.000000000000002
```

```
np.linalg.matrix_rank(A) # ランク
```

```
2
```

```
w, v = np.linalg.eig(A) # 固有値と固有ベクトル
print(f'eigenvalue = {w}')
print(f'eigenvector=\n{v}')
```

```
eigenvalue = [2.5+1.93649167j 2.5-1.93649167j]
eigenvector=
[[-0.38729833+0.5j -0.38729833-0.5j]
 [-0.77459667+0.j -0.77459667-0.j ]]
```

```
x = np.array([1, 2])
np.linalg.norm(x) # ノルム
```

```
2.23606797749979
```

単位行列や零行列，対角行列は以下のように作成することができます．

```
np.eye(3) # 3x3の単位行列
```

```
[[1. 0. 0.]
 [0. 1. 0.]
 [0. 0. 1.]]
```

```
np.zeros([2,3]) # 2x3の零行列
```

```
[[0. 0. 0.]
 [0. 0. 0.]]
```

```
np.diag([1,2,3]) # 対角要素が1,2,3の対角行列
```

```
[[1 0 0]
 [0 2 0]
 [0 0 3]]
```

また，np.arange を用いると数列を作ることができます．

```
Td = np.arange(0, 10, 1)
print(Td)
```

```
[0 1 2 3 4 5 6 7 8 9]
```

この場合，0 から 10 より小さい値までの 1 刻みの数列となります．

2.4.2 Matplotlib

Matplotlib はグラフを描画するためのライブラリです．これによって，さまざまなタイプのグラフやアニメーションを作成することができます．具体的なグラフの作成例は，Matplotlib のサイト（https://matplotlib.org）でみることができます．Matplotlib ライブラリは，

```
import matplotlib.pyplot as plt
```

のようにして読み込みます．

グラフの作成例をみてみましょう．

リスト 2.1 グラフ作成

```
import numpy as np
import matplotlib.pyplot as plt
x = np.arange(0, 4 * np.pi, 0.1)
y = np.sin(x)
plt.plot(x, y) # 横軸 x, 縦軸 y でプロット
plt.xlabel('x') # x 軸のラベルを設定
plt.ylabel('y') # y 軸のラベルを設定
plt.grid()      # グリッドの表示
plt.show()
```

このようにすることで**図 2.8** のグラフを描画できます[*2]．

しかし，グラフを細部までカスタマイズして，よりきれいなグラフをつくるときにはこれだけでは不十分です．細部までカスタマイズするためのオブジェクト指向のグラフ作成は，**リスト 2.2** のようにします．

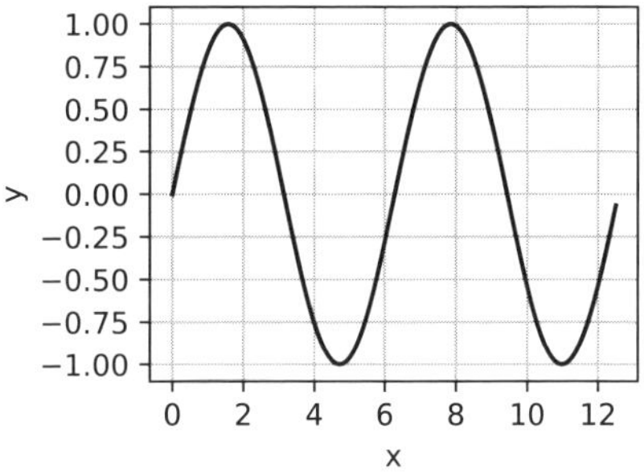

図 2.8 matplotlib を使って作成したグラフの例

リスト 2.2 オブジェクト指向のグラフ作成

```
fig, ax = plt.subplots() # Figure と Axes オブジェクトの作成
ax.plot(x, y) # Axes オブジェクトの中にグラフを作成
ax.set_xlabel('x') # x 軸のラベルを設定
ax.set_ylabel('y') # y 軸のラベルを設定
ax.grid()          # グリッドの表示
plt.show()
```

Figure オブジェクトの中に Axes オブジェクトを作成し，Axes オブジェクトのメソッド（.plot()）にデータを渡してグラフをプロットします[*3]．さら

＊2　なお，JupyterLab など IPython を使う環境では，plt.show() がなくてもグラフが描画されます．本書ではしばしば，plt.show() を省略しますが，グラフが描画されない場合は，追加してください．

＊3　fig = plt.figure() とした後，ax = fig.add_subplot(1, 1, 1) としても同じです．引数の 1, 1, 1 は，行，列，場所を表しています．

に，Axes オブジェクトのメソッド（.set_xlabel() など）でプロットの調整をします．**リスト 2.1** のように，オブジェクトを明示的に作成しなくてもグラフを描画できますが，個々のオブジェクトを明示的に作成することで，細部までカスタマイズしたグラフを作成することができます．たとえば，**図 2.9** のように，Figure の中に，2 つの Axes オブジェクトを作成することもできます．

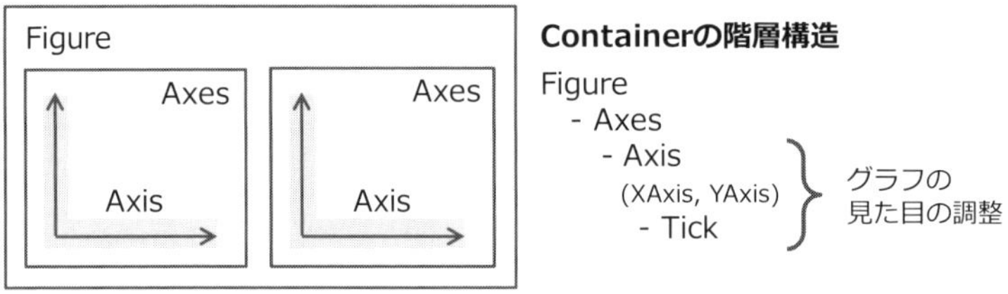

図 2.9　Figure の中に 2 つの Axes オブジェクトを作成

リスト 2.3 のようにすると，**図 2.10** が作成できます．

リスト 2.3　図 2.10 を作成するコード

```
fig, ax = plt.subplots(2,1) # 2行1列でグラフを配置

x = np.arange(0, 4 * np.pi, 0.1)
y = np.sin(x)
z = np.cos(x)
w = y + z

# 1つ目のグラフを作成
ax[0].plot(x, y, ls='-', label='sin', c='k')
ax[0].plot(x, z, ls='-.', label='cos', c='k')
ax[0].set_xlabel('x')
ax[0].set_ylabel('y, z')
ax[0].set_xlim(0, 4*np.pi)
ax[0].grid()
ax[0].legend() # 凡例の表示

# 2つ目のグラフを作成
ax[1].plot(x, w, color='k', marker='.')
ax[1].set_xlabel('x')
ax[1].set_ylabel('w')
```

```
ax[1].set_xlim(0, 4*np.pi)
ax[1].grid(ls=':')

fig.tight_layout() # グラフが重ならないようにする
```

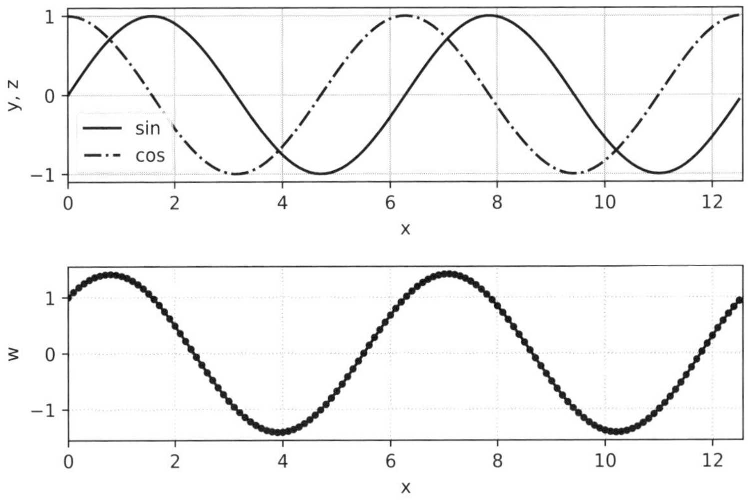

図 2.10　オブジェクト指向型のグラフのプロット

凡例は, プロットする際に `label = 'hogehoge'` を追加しておいて, 最後に, `ax.legend()` で出力します. さらに, 凡例を配置する場所は, `ax.legend(loc = 'best')` のように指定します. 場所の指定は, **表 2.1** に示すように, 文字列か数値で与えます.

表 2.1　凡例の位置を指定するための文字列と数値

'best'	0	'upper right'	1
'upper left'	2	'lower left'	3
'lower right'	4	'right'	5
'center left'	6	'center right'	7
'lower center'	8	'upper center'	9
'center'	10		

表 2.2　記号と線種の関係

記号	線種	記号	線種
-	実線	--	破線
-.	一点鎖線	:	点線

表 2.3　文字と色の関係

文字	色	文字	色
b	青	g	緑
r	赤	c	シアン
m	マゼンタ	y	黄
k	黒	w	白

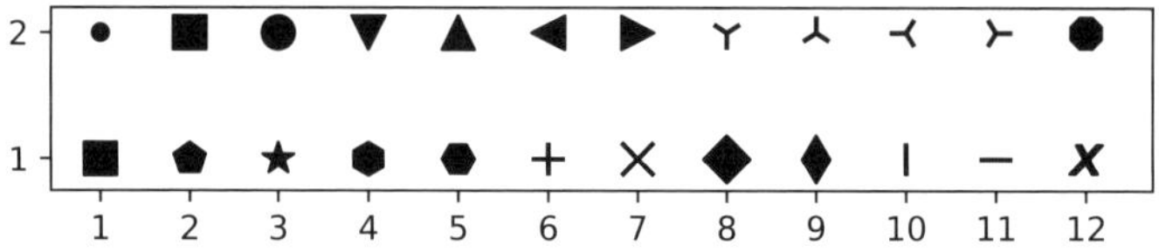

図 2.11　マーカーの種類

また，線の種類は，linestyle = ’-’ か ls = ’-’ で指定します．記号と線種の関係は**表 2.2** のとおりです．

線の太さは，linewidth = 2 か lw = 2 のように指定します．さらに，線の色は，color = ’r’ か c = ’r’ で指定します．文字と色の関係は**表 2.3** のとおりです．マーカーは marker = ’o’ で指定します．マーカーの種類は，

```
'.', ',', 'o', 'v', '^', '<', '>', '1', '2', '3', '4', '8'
's', 'p', '*', 'h', 'H', '+', 'x', 'D', 'd', '|', '_', '$x$'
```

などで，それらを順に実際にプロットしたものが，**図 2.11** です．

図を保存したい場合は，fig.savefig(’hogehoge.pdf’) のようにします．

2.4.3 SciPy

SciPy は数値計算アルゴリズムのライブラリです．数値積分や最適化，線形代数，信号処理，統計のための関数が用意されています．制御系解析・設計のための関数も含まれています．ここでは，微分方程式を解くための odeint を紹介します．

微分方程式

$$\dot{y}(t) = -\frac{1}{5}y(t) + \frac{1}{5}u(t)$$

の数値積分を実行してみましょう．いま，入力 $u(t)$ を

$$u(t) = \begin{cases} 0 & (t < 10) \\ 1 & (t \geq 10) \end{cases}$$

とし，下記のリスト 2.4 を実行すると，結果は**図 2.12** となります．微分方程式 system を def で定義し，それを odeint に初期値 y0 と時間 t とともに渡しています．

リスト 2.4　微分方程式の数値積分

```
from scipy.integrate import odeint
import numpy as np
import matplotlib.pyplot as plt

# 微分方程式を定義する
def system(y, t):
    if t < 10.0:
        u = 0.0
    else:
        u = 1.0
    dydt = (-y + u)/5.0
    return dydt

# 初期値と時間を設定して，微分方程式を解く
y0 = 0.5
t = np.arange(0, 40, 0.04)
y = odeint(system, y0, t)

# グラフを描画
fig, ax = plt.subplots()
ax.plot(t, y, label='y')
ax.plot(t, 1 * (t>=10), ls='--', label='u')
ax.set_xlabel('t')
ax.set_ylabel('y, u')
ax.legend(loc='best')
ax.grid(ls=':')
```

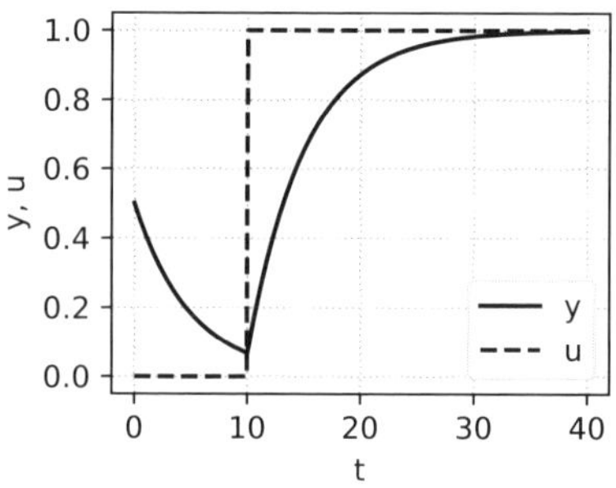

図 2.12　微分方程式の数値積分

2.4.4 SymPy

SymPy は数式処理（代数計算）を行うライブラリです．変数を文字のまま扱い，さまざまな計算を行うことができます．たとえば，式の展開や因数分解，微分，積分，さらには，ラプラス変換まで実行可能です．

```
import sympy as sp
sp.init_printing()
s = sp.Symbol('s')
root = sp.solve(2 * s**2 +5*s+3, s)
print(root)
```

```
[-3/2, -1]
```

上記の例では，Symbol で変数を文字として定義し，solve を使って多項式の根を求めています．さらに，init_printing() を実行しておけば，LaTeX 形式の出力が表示されます．ただし，print を使わずに，root を実行してください．

expand を使うと展開することができ，factor を使うと因数分解をすることができます．

```
f = sp.expand( (s+1)*(s+2)**2, s)
print(f)
```

```
s**3 + 5*s**2 + 8*s + 4
```

```
g = sp.factor(f, s)
print(g)
```

```
(s + 1)*(s + 2)**2
```

SymPy を用いれば，テイラー展開やラプラス変換もできます．

```
x = sp.Symbol('x')
sp.series( sp.sin(x), x0=0, n=8 ) # sin(x) の x=0 まわりのテイラー展開
```

```
x - x**3/6 + x**5/120 - x**7/5040 + O(x**8)
```

```
s = sp.Symbol('s')
t = sp.Symbol('t', positive=True)
a = sp.Symbol('a', real=True)
sp.laplace_transform(sp.exp(-a*t), t, s) # 指数関数のラプラス変換
```

```
(1/(a + s), -a, True)
```

本書では，上記のほかにも

- apart（部分分数分解）
- inverse_laplace_transform（逆ラプラス変換）

なども使用しています．

2.4.5 Python Control Systems Library (Python-Control)

Python-Control の関数については，本書では，とくに使用例とともに説明していきます．本書で使用する関数とその基本的な使い方（詳細な使用法は help やマニュアルでご確認ください）を**表 2.4**〜**表 2.8** にまとめていますので，本書を読み進めていく中で，適宜参照してください．なお，以下の表では，システム sys が

$$\mathcal{P}(s) = \frac{b_m s^m + \cdots + b_1 s + b_0}{a_n s^n + \cdots + a_1 s + a_0} = \frac{(s - z_1)\cdots(s - z_m)}{(s - p_1)\cdots(s - p_n)}$$

と表現されるとき，num は $[b_m \ \cdots \ b_0]$，den は $[a_n \ \cdots \ a_0]$，k は $\dfrac{b_0}{a_0}$，z は $[z_1 \ \cdots \ z_m]$，p は $[p_1 \ \cdots \ p_n]$ を表しています．また，システム sys が

$$\begin{cases} \dot{\boldsymbol{x}}(t) = \boldsymbol{A}\boldsymbol{x}(t) + \boldsymbol{B}u(t) \\ y(t) = \boldsymbol{C}\boldsymbol{x}(t) + \boldsymbol{D}u(t) \end{cases}$$

と表現されるとき，A は $\boldsymbol{A}$，B は $\boldsymbol{B}$，C は $\boldsymbol{C}$，D は $\boldsymbol{D}$ を表しています．

ライブラリの読み込みは，

```
import control as ct
```

とします．また，MATLAB ライクな関数を使用するときには，

```
from control.matlab import *
```

でライブラリを読み込みます*4．ワイルドカード（*）を用いてすべての関数を一度に読み込むことに抵抗がある場合は，

```
import control.matlab as mt
```

```
from control.matlab import 関数名
```

などとするとよいでしょう．

*4　control.bode_plot と control.matlab.bode は名前が異なりますが，関数は同じです．このように，control の中にある関数の一部については，MATLAB の関数名に合わせる形で，control.matlab の中に準備されています．

表 2.4 モデルの記述

関数名	使用例	説明
tf	sys = tf(num, den)	伝達関数モデルの定義
ss	sys = ss(A, B, C, D)	状態空間モデルの定義
tfdata	[[num]], [[den]] = tfdata(sys)	伝達関数の分子・分母多項式の抽出
ssdata	A, B, C, D = ssdata(sys)	状態空間の $\boldsymbol{A}, \boldsymbol{B}, \boldsymbol{C}, \boldsymbol{D}$ の抽出
tf2ss	sysss = tf2ss(systf)	伝達関数から状態空間への変換
ss2tf	systf = ss2tf(sysss)	状態空間から伝達関数への変換
series	sys = series(sys1, sys2)	システムの直列結合
parallel	sys = parallel(sys1, sys2)	システムの並列結合
feedback	sys = feedback(sys1, sys2, sign=-1)	システムのフィードバック結合
minreal	sysmin = minreal(sys)	最小実現

表 2.5 モデルの解析

関数名	使用例	説明
poles	p = poles(sys)	伝達関数の極を求める
zeros	z = zeros(sys)	伝達関数の零点を求める
dcgain	k = dcgain(sys)	直流ゲインを求める
step	y, t = step(sys, Td)	ステップ応答
stepinfo	info = stepinfo(sys)	ステップ応答の特徴解析
impulse	y, t = impulse(sys, Td, X0)	インパルス応答
initial	y, t = initial(sys, Td, X0)	初期値応答（零入力応答）
lsim	y, t, x = lsim(sys, Ud, Td, X0)	任意の入力に対する時間応答
bode	mag, phase, w = bode(sys, W)	ボード線図
nyquist	re, im, w = nyquist(sys, W)	ナイキスト線図
margin	gm, pm, wpc, wgc = margin(sys)	ゲイン余裕，位相余裕 位相交差周波数，ゲイン交差周波数の計算
freqresp	g, ph, w = freqresp(sys, Wc)	特定の周波数におけるゲインと位相の計算
ctrb	Uc = ctrb(A, B)	可制御性行列の計算
obsv	Uo = obsv(A, C)	可観測性行列の計算
lyap	P = lyap(M, Q)	リアプノフ方程式の解 $\boldsymbol{MP} + \boldsymbol{PM}^\top = -\boldsymbol{Q}$

表 2.6 モデルの解析（from control import canonical_form）

関数名	使用例	説明
canonical_form	S, T = canonical_form(sys, form='reachable') S, T = canonical_form(sys, form='observable')	可制御正準形 可観測正準形

表 2.7　制御系設計

関数名	使用例	説明
pade	`sys = pade(h, n)`	無駄時間要素のパデ近似 (h: 無駄時間，n: 次数)
acker	`F = acker(A, B, p)`	1 入力系に対する極配置法
place	`F = place(A, B, p)`	多入力系に対する極配置法
lqr	`F, X, E = lqr(A, B, Q, R)`	最適レギュレータ $J = \int_0^\infty (\boldsymbol{x}^\top \boldsymbol{Q}\boldsymbol{x} + \boldsymbol{u}^\top \boldsymbol{R}\boldsymbol{u})\mathrm{d}t$ を最小化 F: ゲイン，X: リッカチ方程式の解，E: 閉ループ極
lqe	`L, P, E` `= lqe(A, Bv, C, QN, RN)`	定常カルマンフィルタ QN: システム雑音の共分散，RN: 観測雑音の共分散 L: ゲイン，P: リッカチ方程式の解，E: 閉ループ極
care	`X, E, F = care(A, B, Q, R)`	リッカチ方程式の解 $\boldsymbol{A}^\top \boldsymbol{P} + \boldsymbol{P}\boldsymbol{A} - \boldsymbol{P}\boldsymbol{B}\boldsymbol{R}^{-1}\boldsymbol{B}^\top \boldsymbol{P} + \boldsymbol{Q} = 0$ X: 解，F:$\boldsymbol{F} = -\boldsymbol{R}^{-1}\boldsymbol{B}^\top \boldsymbol{P}$，E: 閉ループ極
c2d	`Pd = c2d(Pc, ts, method='zoh')`	連続時間モデルから離散時間モデルへの変換 zoh: 0 次ホールド，tustin: 双一次変換

表 2.8　制御系設計（from control import mixsyn）

関数名	使用例	説明
mixsyn	`K, E, Info = mixsyn(sys, Ws, Wu, Wt)`	混合感度問題を解く

ここにまとめているもの以外にも便利な関数があります．本書では，非線形シミュレーションを行うための関数や最適制御問題を解くための関数も紹介しています．

その他には，たとえば，根軌跡を求める関数 rlocus，平衡実現を求める関数 balred，H_2 制御系設計のための関数 h2syn，H_∞ 制御系設計のための関数 hinfsyn などがあります．

詳しくは，Python Control Systems Library

https://python-control.org

を参照してください．

第2章のまとめ

Pythonの基礎はだいたい理解できた？

制御を勉強する前に，すでにパンクしそう～

プログラムは，実際に自分で書かないと理解できないし，上達もしない．この本を読み進めていく中で，Pythonにも慣れると思うからがんばってね．わからないことがあったら，この章を見直してみたり，インターネットで調べたりしたらいいよ．

そうだね．とりあえず，読み進めるよ．

じゃ，私デートにいってくる

（妹よ，アニメとロボット好きでオタクかと思ってたけど，リア充だったんだね）ふぁあああああー

まとめ

- JupyterLabでは，セルにプログラムを記述し，[Shift] + [Enter] で実行する．
- Pythonにおける「データと型」「制御文」は他のプログラミング言語と作法が異なる．
- Pythonには便利なライブラリが用意されている．
- グラフの作成は，オブジェクト指向型にすると細部まで調整できる．
- 「Python-Control」ライブラリに制御屋さんのための関数が用意されている．

めもらんだむ

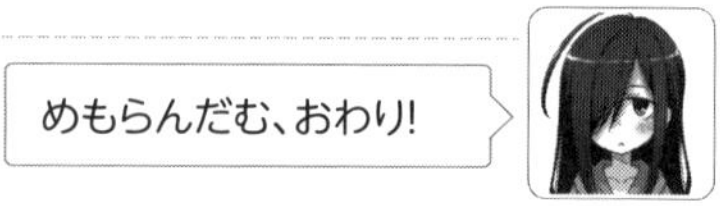

第 3 章

制御のためのモデル

ようやく制御の方法を勉強する段階にたどり着いたと思う.

まぁーそうだね. ところで, “モデル” のつくり方はしってる?

モデル?プラモデル?

いやいや, 制御対象のモ・デ・ル. 制御対象を制御するためには, 制御対象の特徴を知る必要があるから, その特徴をとらえた数学モデルをつくるんだよ. そして, ある入力を加えたときに, どのように振る舞うかを調べるんだよ.

あぁーそれね. 物理で習った運動方程式でいいの?

それもモデルだけど, 制御工学では, 運動方程式(微分方程式)を“伝達関数”とか“状態方程式”という形に変換して用いるんだよ.

そういえば, 最初に読もうとして挫折した本に, ラプラス変換をして, 伝達関数をつくるとかなんとか書いてあったような.

そうそう, それ. 微分方程式で表すより, 格段にわかりやすいんだよ. 伝達関数だと微分とか積分が出てこないし, 状態方程式だと時間微分が 1 つしか出てこない(1 階の)微分方程式になっている. まぁ, 制御対象が複雑になればなるほど, 伝達関数や状態方程式の恩恵を受けやすくなるという感じかな. 詳しくはこの章を読んで勉強してみてよ.

よし, いっちょやってやるかっ!

3.1 動的システムの表現

制御対象は多くの場合，動的なシステムです．

動的システムとは，現在の出力に過去の入力が関係するシステムのことです．**静的システム**との違いは，「メモリをもっているかどうかの違い」です．たとえば，**図 3.1** のようなシャープペンシルを考えてみます．よくある機構のものは，ノックするとカチッと音がして芯が押し出されます．ノックを入力，カチッという音を出力とすると，このシステムは静的システムです．なぜなら，カチッという音（出力）は，現在のノック（入力）のみによって決まり，過去のノックには影響されないからです．一方，ノックをする／しないを入力として，現在ペン先から外に出ている芯の長さを出力とすると，現在外に出ている芯の長さは現在の入力だけでは決まらず，過去にどれだけノックしたかの影響を受けます．したがって，このシステムは動的システムとなります．

上記の例を簡単な数式で表してみます．時刻 k での入力を u_k，出力を y_k とします．いま，u_k は $u_k = 1$ のときノックする，$u_k = 0$ のときノックしない，を表すことにします．静的システムの場合は，u_k のみで y_k が決まるので，$y_k = u_k$ のように表すことができます．一方，動的システムの場合は，$y_k = y_{k-1} + u_k$ のようになり，1 時刻前の芯の長さ y_{k-1} にノックをするかしないかの u_k を足し合わせることで，現在の芯の長さ y_k になります．また，$y_k = u_k + u_{k-1} + \cdots + u_0 + y_0$ のように書くこともできます．

さて，上記を踏まえて，動的システムの一般系を表しておきましょう．

入力を u，出力を y とする動的システムにおいて，時刻 t における出力 $y(t)$ が時刻 t までの入力と出力で決まるとするとき，このシステムはつぎの微分方程式で記述されます．

$$\begin{aligned}&\frac{\mathrm{d}^n}{\mathrm{d}t^n}y(t) + a_{n-1}\frac{\mathrm{d}^{n-1}}{\mathrm{d}t^{n-1}}y(t) + \cdots + a_1\frac{\mathrm{d}}{\mathrm{d}t}y(t) + a_0y(t)\\ &= b_m\frac{\mathrm{d}^m}{\mathrm{d}t^m}u(t) + b_{m-1}\frac{\mathrm{d}^{m-1}}{\mathrm{d}t^{m-1}}u(t) + \cdots + b_1\frac{\mathrm{d}}{\mathrm{d}t}u(t) + b_0u(t)\end{aligned} \tag{3.1}$$

ちなみに，時刻 t の出力が時刻 t の入力 $u(t)$ のみで決まる場合は，静的シス

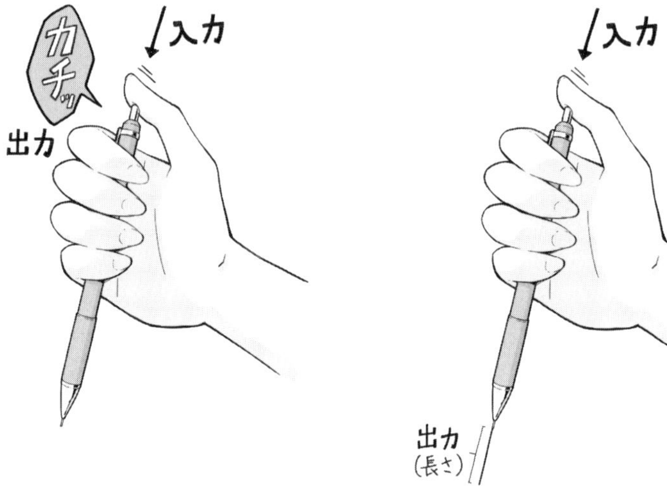

図 3.1　静的システムと動的システムの例

テム $y(t) = b_0 u(t)$ となります．

通常，多くの制御対象は微分方程式で記述できます．たとえば，機械系であれば運動方程式，電気系であれば回路方程式が微分方程式です．以下では，機械系・電気系の制御対象として，台車，垂直駆動アーム，RLC 回路，増幅回路を取り上げて，それらのモデル化について説明します．

3.1.1　台車のモデル

図 3.2 に示す台車のモデルを求めてみましょう．

台車の質量を M，台車の位置を $z(t)$，台車にかかる外力の総和を $F(t)$ とすると，運動方程式は，$M\ddot{z}(t) = F(t)$ となります．ここで，$\ddot{z}$ は z の 2 階の時間微分で加速度を表しています．また，$\dot{z}$ は z の 1 階の時間微分で速度に対応します．台車にかかる外力は，力 $f(t)$ と粘性摩擦力 $-\mu\dot{z}(t)$ ですので，外力の総和は，$F(t) = f(t) - \mu\dot{z}(t)$ です（粘性摩擦力は台車が進む方向とは逆向きに働きますので，符号を負にしています）．したがって，台車の運動方程式は，

$$M\ddot{z}(t) + \mu\dot{z}(t) = f(t) \tag{3.2}$$

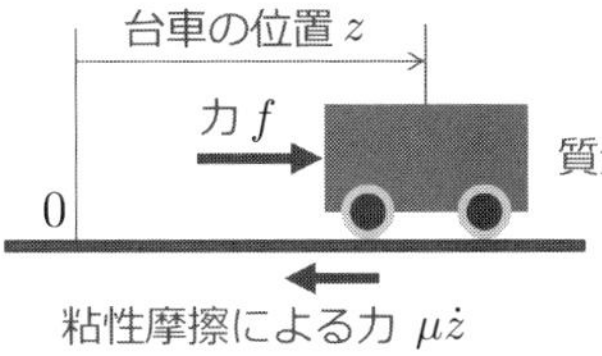

図 3.2　台　車

となります．そして出力を速度 $y(t) = \dot{z}(t)$，入力を力 $u(t) = f(t)$ とすると，

$$M\dot{y}(t) + \mu y(t) = u(t) \tag{3.3}$$

となります．

3.1.2　垂直駆動アームのモデル

つぎに，**図 3.3** に示す垂直駆動型のアームのモデルを求めてみます．アームの回転軸まわりの慣性モーメントを J，質量を M，そして，重力加速度の大きさを g とします．このとき，アームの角度を $\theta(t)$，アームに加わる外トルクの総和を $T(t)$ とすると，運動方程式は，$J\ddot{\theta}(t) = T(t)$ となります．外トルクは，トルク $\tau(t)$ と粘性摩擦力により生じるトルク $-\mu\dot{\theta}(t)$，そして，重力により生じるトルク $-Mg\ell\sin\theta(t)$ ですので，外トルクの総和は，$T(t) = \tau(t) - \mu\dot{\theta}(t) - Mg\ell\sin\theta(t)$ です．したがって，アームの運動方程式は，

$$J\ddot{\theta}(t) + \mu\dot{\theta}(t) + Mg\ell\sin\theta(t) = \tau(t) \tag{3.4}$$

となります．出力を $y(t) = \theta(t)$，入力を $u(t) = \tau(t)$ とすると，

$$J\ddot{y}(t) + \mu\dot{y}(t) + Mg\ell\sin y(t) = u(t) \tag{3.5}$$

となります．しかし，これは，式 (3.1) のような形ではありません．$\sin y(t)$ が含まれています．いいかえると，sin の非線形要素がじゃまで，式 (3.1) の線形な微分方程式では表せていません．

このような場合，たとえば，アームが $y(t) = 0$ の近傍で動くと仮定してモデルをつくります．これを**近似線形化**といいます．$\sin y(t)$ は $y(t) = 0$ の近傍では，$y(t)$ とみなすことができます（$w = \sin y$ のグラフで $y = 0$ の点で接線を描くと，それは $w = y$ の直線になります）．

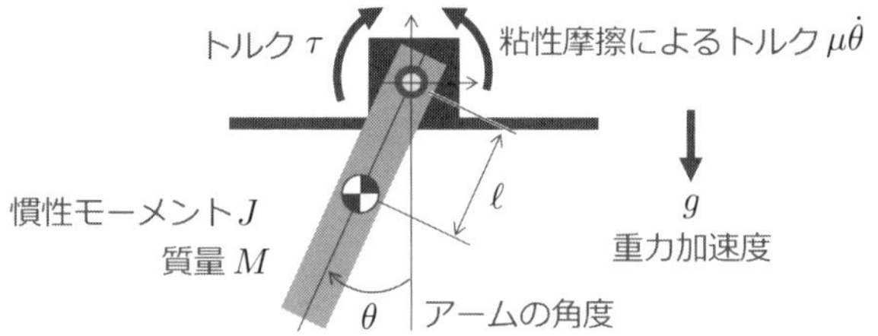

図 3.3　垂直駆動アーム

そこで，式 (3.5) で $\sin y(t) = y(t)$ とすると，線形な微分方程式

$$J\ddot{y}(t) + \mu\dot{y}(t) + Mg\ell y(t) = u(t) \tag{3.6}$$

が得られます．

3.1.3　RLC 回路のモデル

図 3.4 に示す抵抗器（R），コイル（L），キャパシタ（C）から構成される RLC 回路を考えてみましょう．いま，回路に印加する電圧を $v_{\rm in}(t)$，回路に流れる電流を $i(t)$，キャパシタの両端の電圧を $v_{\rm out}(t)$ とします．そして，抵抗器の抵抗を R，コイルのインダクタンスを L，キャパシタの静電容量を C とします．

このとき，オームの法則より，

$$v_{\rm in}(t) = L\frac{\rm d}{{\rm d}t}i(t) + Ri(t) + \frac{1}{C}\int_0^t i(\tau){\rm d}\tau \tag{3.7}$$

となります．ここで，出力を

$$y(t) = v_{\rm out}(t) = \frac{1}{C}\int_0^t i(\tau){\rm d}\tau$$

入力を

$$u(t) = v_{\rm in}(t)$$

とすると，$C\dot{y}(t) = i(t)$ ですので，

$$LC\ddot{y}(t) + RC\dot{y}(t) + y(t) = u(t) \tag{3.8}$$

となります．

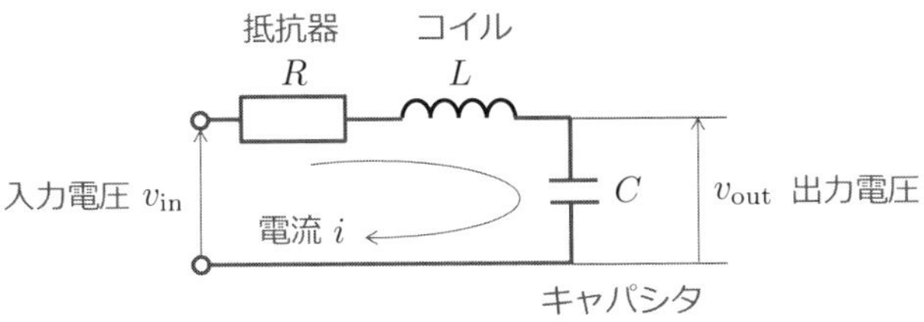

図 3.4　RLC 回路

3.1.4　増幅回路のモデル

図 3.5 に示すオペアンプを用いた増幅回路を考えます．入力電圧を $v_{\mathrm{in}}(t)$，出力電圧を $v_{\mathrm{out}}(t)$ とし，2 つの抵抗器の抵抗を R_1，R_2，キャパシタの静電容量を C とします．

図 3.5 のような回路を構成すると，オペアンプの 2 つの入力の電位差が 0 となります．これをバーチャルショートといいます．つまり，「図中の★マークの位置でオペアンプの 2 つの入力が短絡している」，すなわち，「上側の入力が GND と接地している」と考えることができます．このとき，オームの法則とキルヒホッフの法則を用いて回路方程式を導出します．抵抗 R_1 の抵抗器に流れる電流は，

$$i_1(t) = \frac{v_{\mathrm{in}}(t)}{R_1}$$

抵抗 R_2 の抵抗器に流れる電流は，

$$i_2(t) = \frac{v_{\mathrm{out}}(t)}{R_2}$$

です．そして，キャパシタに流れる電流 i_3 と出力電圧の関係は，

$$v_{\mathrm{out}}(t) = \frac{1}{C}\int i_3(t)\mathrm{d}t$$

となります．つまり，

$$\dot{v}_{\mathrm{out}}(t) = \frac{1}{C} i_3(t)$$

です．これらと，$i_1(t) + i_2(t) + i_3(t) = 0$ の関係より，

$$\frac{v_{\mathrm{in}}(t)}{R_1} + \frac{v_{\mathrm{out}}(t)}{R_2} + C\dot{v}_{\mathrm{out}}(t) = 0 \tag{3.9}$$

が得られます．したがって，出力を $y(t) = v_{\mathrm{out}}(t)$，入力を $u(t) = v_{\mathrm{in}}(t)$ とす

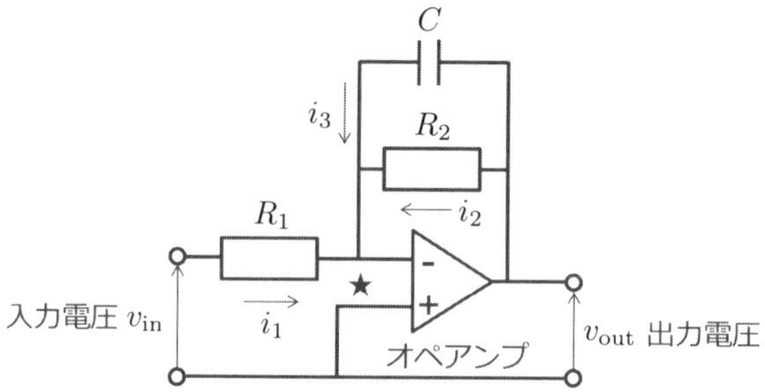

図 3.5　増幅回路

ると,

$$R_1R_2C\dot{y}(t) + R_1y(t) = -R_2u(t) \tag{3.10}$$

となります.

3.1.5　制御工学で用いるモデル表現

微分方程式の解を求めることで，制御対象の振る舞いを知ることができます．しかし，複雑な制御対象となればなるほど，多元高階の微分方程式となり，そして，その微分方程式を解くことは難しいことが多いです．また，解を求めたとしても，振る舞いを解析することは容易でないかもしれません．たとえば，次式で与えられる 2 つのシステムを考えます．

$$\begin{cases} \mathcal{P}_1: & \dfrac{\mathrm{d}^n}{\mathrm{d}t^n}y(t) + a_{n-1}\dfrac{\mathrm{d}^{n-1}}{\mathrm{d}t^{n-1}}y(t) + \cdots + a_1\dfrac{\mathrm{d}}{\mathrm{d}t}y(t) + a_0y(t) \\ & = b_m\dfrac{\mathrm{d}^m}{\mathrm{d}t^m}u(t) + b_{m-1}\dfrac{\mathrm{d}^{m-1}}{\mathrm{d}t^{m-1}}u(t) + \cdots + b_1\dfrac{\mathrm{d}}{\mathrm{d}t}u(t) + b_0u(t) \\ \mathcal{P}_2: & \dfrac{\mathrm{d}^n}{\mathrm{d}t^n}z(t) + c_{n-1}\dfrac{\mathrm{d}^{n-1}}{\mathrm{d}t^{n-1}}z(t) + \cdots + c_1\dfrac{\mathrm{d}}{\mathrm{d}t}z(t) + c_0z(t) \\ & = d_m\dfrac{\mathrm{d}^m}{\mathrm{d}t^m}y(t) + d_{m-1}\dfrac{\mathrm{d}^{m-1}}{\mathrm{d}t^{m-1}}y(t) + \cdots + d_1\dfrac{\mathrm{d}}{\mathrm{d}t}u(t) + d_0y(t) \end{cases} \tag{3.11}$$

そして，この 2 つのシステムを直列に結合します．このとき，入力 $u(t)$ を少し動かしたときに，$z(t)$ の値がどのように変化するかを調べることが難しいことは，想像できるでしょう．

したがって，制御工学では，微分方程式のまま扱うのではなく，「伝達関数モデル」や「状態空間モデル」に変換して用います．伝達関数モデルは，システムを複素関数として表現するものです．複数の方程式を 1 つの複素関数で表すことができますので，解析が容易になります．

また，状態空間モデルは，ベクトル値の 1 階微分方程式（状態方程式と呼ぶ）として表現するものです．ベクトル値にはなりますが，1 階微分方程式ですので，解を求めることも難しくなく，解析も容易です．それから，初期値の影響を陽に扱うことができます．さらに，多入出力系の扱いも容易になります．

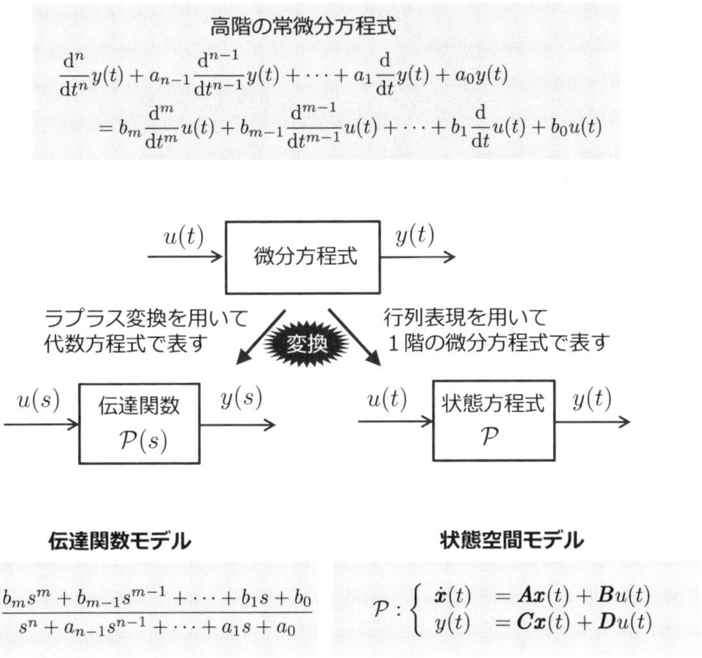

図 3.6　システムの表現方法

3.2　状態空間モデル

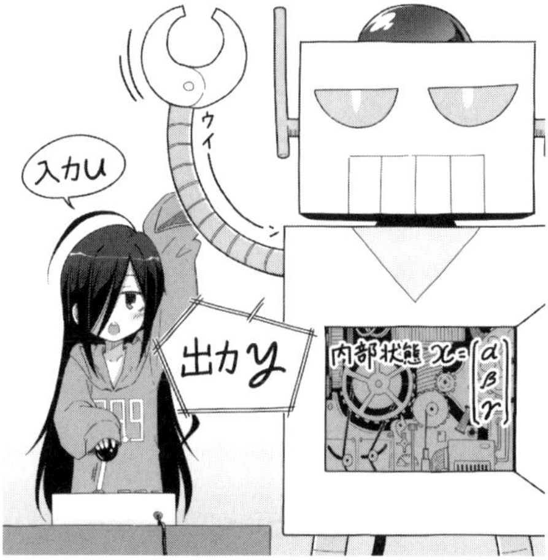

状態空間モデルは，行列表現を用いて，多元高階の微分方程式を 1 階の微分方程式で表現するものです．これは，「状態」と呼ばれる変数を定義して，入力 → 状態 → 出力の関係を記述するものとなります．

式 (3.1) はつぎの状態空間モデルで表現できる．

$$\mathcal{P}:\begin{cases}\dot{\boldsymbol{x}}(t) &= \boldsymbol{A}\boldsymbol{x}(t)+\boldsymbol{B}\boldsymbol{u}(t)\\ \boldsymbol{y}(t) &= \boldsymbol{C}\boldsymbol{x}(t)+\boldsymbol{D}\boldsymbol{u}(t)\end{cases}\tag{3.12}$$

ただし，$\boldsymbol{x}$ は状態，$\boldsymbol{u}$ は入力，$\boldsymbol{y}$ は出力であり，$\boldsymbol{A}$，$\boldsymbol{B}$，$\boldsymbol{C}$，$\boldsymbol{D}$ は定数行列である．たとえば，$\boldsymbol{x}$ が n 個の要素をもつ n 次元のベクトル，$\boldsymbol{u}$ が m 次元のベクトルの場合は，$\boldsymbol{A}$ は $n\times n$ の行列，$\boldsymbol{B}$ は $n\times m$ の行列となる．
1 つ目の式を**状態方程式**，2 つ目の式を**出力方程式**と呼ぶ．

状態変数 $\boldsymbol{x}$ の要素の数 n は，もとの微分方程式を解くときに必要な初期条件の数と同じです．しかし，状態変数の選び方には自由度があるため，状態空間モデルは無数に定義することができます．

状態空間モデルでは，一般に，m 入力 p 出力のシステムを表現することができますが，本書では，1 入力 1 出力に限定し，

$$\mathcal{P}:\begin{cases}\dot{\boldsymbol{x}}(t) &= \boldsymbol{A}\boldsymbol{x}(t)+\boldsymbol{B}u(t)\\ y(t) &= \boldsymbol{C}\boldsymbol{x}(t)+\boldsymbol{D}u(t)\end{cases} \tag{3.13}$$

とします．なお，$\boldsymbol{D}$ はスカラーですので，D と書くべきですが，本書では，$\boldsymbol{D}$ としておきます．ちなみに $\boldsymbol{D}u$ を**直達項**といいます．

状態方程式の導出

式(3.1) は，$p=\dfrac{\mathrm{d}}{\mathrm{d}t}$ とおいて，

$$\begin{cases}A(p)=p^n+a_{n-1}p^{n-1}+\cdots+a_1p+a_0\\ B(p)=b_mp^m+b_{m-1}p^{m-1}+\cdots+b_1p+b_0\end{cases} \tag{3.14}$$

とすると，$A(p)y=B(p)u$ と書くことができます．さらに，新しい変数 v を導入して，

$$A(p)v=u,\quad y=B(p)v \tag{3.15}$$

と分割します．そして，n 次元のベクトル $\boldsymbol{x}$ を

$$\boldsymbol{x}=\begin{bmatrix}x_1\\x_2\\\vdots\\x_n\end{bmatrix}:=\begin{bmatrix}v\\pv\\\vdots\\p^{n-1}v\end{bmatrix} \tag{3.16}$$

と定義すると，

$$\dot{\boldsymbol{x}}=p\boldsymbol{x}=\begin{bmatrix}pv\\p^2v\\\vdots\\p^nv\end{bmatrix}=\begin{bmatrix}x_2\\x_3\\\vdots\\-a_0x_1-a_1x_2-\cdots-a_{n-1}x_n+u\end{bmatrix} \tag{3.17}$$

となります．また，

$$y=b_0v+b_1pv+\cdots+b_mp^mv=b_0x_1+b_1x_2+\cdots+b_mx_{m+1} \tag{3.18}$$

となります．以上を行列表現を用いて書き直すと，

$$
\begin{cases} \dot{\boldsymbol{x}} & = \boldsymbol{A}\boldsymbol{x} + \boldsymbol{B}u \\ y & = \boldsymbol{C}\boldsymbol{x} \end{cases} \tag{3.19}
$$

となります．ただし，

$$
\boldsymbol{A} = \begin{bmatrix} 0 & 1 & 0 & \cdots & 0 \\ \vdots & \ddots & \ddots & \ddots & \vdots \\ \vdots & & \ddots & \ddots & 0 \\ 0 & \cdots & \cdots & 0 & 1 \\ -a_0 & -a_1 & \cdots & \cdots & -a_{n-1} \end{bmatrix}, \quad \boldsymbol{B} = \begin{bmatrix} 0 \\ 0 \\ \vdots \\ 0 \\ 0 \\ 1 \end{bmatrix}, \tag{3.20}
$$

$$
\boldsymbol{C} = [\, b_0 \ \cdots \ b_m \ \ 0 \ \cdots \ 0 \,] \tag{3.21}
$$

です．なお，$m < n$ の場合を説明しましたが，$m = n$ の場合には，直達項 $\boldsymbol{D}u$ が加わります．

3.2.1　台車とアームの状態空間モデル

まず台車とアームの状態空間モデルを導出します．

台車の運動方程式は，$M\ddot{z}(t) + \mu\dot{z}(t) = f(t)$ でした．ここで，

$$
\boldsymbol{x}(t) = \begin{bmatrix} z(t) \\ \dot{z}(t) \end{bmatrix}, \quad u(t) = f(t), \quad y(t) = z(t) \tag{3.22}
$$

とすると，状態方程式は，

$$
\dot{\boldsymbol{x}}(t) = \begin{bmatrix} \dot{z}(t) \\ \ddot{z}(t) \end{bmatrix} = \begin{bmatrix} \dot{z}(t) \\ -\dfrac{\mu}{M}\dot{z}(t) + \dfrac{1}{M}u(t) \end{bmatrix} \tag{3.23}
$$

$$
= \begin{bmatrix} 0 & 1 \\ 0 & -\dfrac{\mu}{M} \end{bmatrix} \begin{bmatrix} z(t) \\ \dot{z}(t) \end{bmatrix} + \begin{bmatrix} 0 \\ \dfrac{1}{M} \end{bmatrix} u(t) \tag{3.24}
$$

$$
= \begin{bmatrix} 0 & 1 \\ 0 & -\dfrac{\mu}{M} \end{bmatrix} \boldsymbol{x}(t) + \begin{bmatrix} 0 \\ \dfrac{1}{M} \end{bmatrix} u(t) \tag{3.25}
$$

となります．一方，出力方程式は，

$$y(t) = z(t) = [\ 1\ \ 0\ ] \begin{bmatrix} z(t) \\ \dot{z}(t) \end{bmatrix} = [\ 1\ \ 0\ ]\boldsymbol{x}(t) \tag{3.26}$$

です．つまり，$\boldsymbol{A}$，$\boldsymbol{B}$，$\boldsymbol{C}$，$\boldsymbol{D}$ は，

$$\boldsymbol{A} = \begin{bmatrix} 0 & 1 \\ 0 & -\dfrac{\mu}{M} \end{bmatrix}, \quad \boldsymbol{B} = \begin{bmatrix} 0 \\ \dfrac{1}{M} \end{bmatrix}, \quad \boldsymbol{C} = [\ 1\ \ 0\ ], \quad \boldsymbol{D} = 0 \tag{3.27}$$

です．また，アームの運動方程式は，式 (3.6) で表されます．

$$\boldsymbol{x}(t) = \begin{bmatrix} \theta(t) \\ \dot{\theta}(t) \end{bmatrix}, \quad u(t) = \tau(t), \quad y(t) = \theta(t) \tag{3.28}$$

とすると，状態方程式は，

$$\dot{\boldsymbol{x}}(t) = \begin{bmatrix} \dot{\theta}(t) \\ \ddot{\theta}(t) \end{bmatrix} = \begin{bmatrix} 0 & 1 \\ -\dfrac{Mg\ell}{J} & -\dfrac{\mu}{J} \end{bmatrix} \boldsymbol{x}(t) + \begin{bmatrix} 0 \\ \dfrac{1}{J} \end{bmatrix} u(t) \tag{3.29}$$

となります．一方，出力方程式は，

$$y(t) = \theta(t) = [\ 1\ \ 0\ ] \begin{bmatrix} \theta(t) \\ \dot{\theta}(t) \end{bmatrix} = [\ 1\ \ 0\ ]\boldsymbol{x}(t) \tag{3.30}$$

です．つまり，$\boldsymbol{A}$，$\boldsymbol{B}$，$\boldsymbol{C}$，$\boldsymbol{D}$ は，

$$\boldsymbol{A} = \begin{bmatrix} 0 & 1 \\ -\dfrac{Mg\ell}{J} & -\dfrac{\mu}{J} \end{bmatrix}, \quad \boldsymbol{B} = \begin{bmatrix} 0 \\ \dfrac{1}{J} \end{bmatrix}, \quad \boldsymbol{C} = [\ 1\ \ 0\ ], \quad \boldsymbol{D} = 0 \tag{3.31}$$

です．

3.2.2 RLC 回路と増幅回路の状態空間モデル

つぎに，RLC 回路と増幅回路の状態空間モデルを導出します．

RLC 回路の回路方程式は，式 (3.7) で表されます．ここで，

$$\boldsymbol{x}(t) = \begin{bmatrix} \int i(\tau)\mathrm{d}\tau \\ i(t) \end{bmatrix}, \quad u(t) = v_{\mathrm{in}}(t), \quad y(t) = \frac{1}{C}\int i(\tau)\mathrm{d}\tau \tag{3.32}$$

とすると，状態方程式は，

$$\dot{\boldsymbol{x}}(t) = \begin{bmatrix} 0 & 1 \\ -\dfrac{1}{LC} & -\dfrac{R}{L} \end{bmatrix} \boldsymbol{x}(t) + \begin{bmatrix} 0 \\ \dfrac{1}{L} \end{bmatrix} u(t) \tag{3.33}$$

となります．一方，出力方程式は，

$$y(t) = \begin{bmatrix} \dfrac{1}{C} & 0 \end{bmatrix} \boldsymbol{x}(t) \tag{3.34}$$

です．つまり，$\boldsymbol{A}$，$\boldsymbol{B}$，$\boldsymbol{C}$，$\boldsymbol{D}$ は，

$$\boldsymbol{A} = \begin{bmatrix} 0 & 1 \\ -\dfrac{1}{LC} & -\dfrac{R}{L} \end{bmatrix}, \quad \boldsymbol{B} = \begin{bmatrix} 0 \\ \dfrac{1}{L} \end{bmatrix}, \quad \boldsymbol{C} = \begin{bmatrix} \dfrac{1}{C} & 0 \end{bmatrix}, \quad \boldsymbol{D} = 0 \tag{3.35}$$

です．増幅回路の回路方程式は，

$$\frac{v_{\rm in}(t)}{R_1} + \frac{v_{\rm out}(t)}{R_2} + C\dot{v}_{\rm out}(t) = 0 \tag{3.36}$$

でした．$x(t) = v_{\rm out}(t)$, $u(t) = v_{\rm in}(t)$, $y(t) = v_{\rm out}(t)$ とすると, 状態方程式は,

$$\dot{x}(t) = -\frac{1}{CR_2}x(t) - \frac{1}{CR_1}u(t) \tag{3.37}$$

となり，出力方程式は，$y(t) = x(t)$ となります．したがって，$\boldsymbol{A} = -\dfrac{1}{CR_2}$，$\boldsymbol{B} = -\dfrac{1}{CR_1}$，$\boldsymbol{C} = 1$，$\boldsymbol{D} = 0$ です．

3.2.3 Python でのモデルの記述

Python では，関数 ss(A, B, C, D) を使って，状態空間モデルを記述します．$\boldsymbol{A}, \boldsymbol{B}, \boldsymbol{C}, \boldsymbol{D}$ 行列は array like data 形式（リスト）または string 形式（文字列）で記述します．

```
from control.matlab import ss, ssdata

# array_like data
A = [ [0, 1], [-1, -1] ]
B = [ [0], [1] ]
C = [ 1, 0 ]
```

```
D = [ 0 ]
P = ss(A, B, C, D)
print(P)
```

```
<LinearIOSystem>: sys[3]
Inputs (1): ['u[0]']
Outputs (1): ['y[0]']
States (2): ['x[0]', 'x[1]']

A = [[ 0.  1.]
     [-1. -1.]]

B = [[0.]
     [1.]]

C = [[1. 0.]]

D = [[0.]]
```

string 形式（文字列）の場合は，下記のように記述します．

```
# string
A = '0 1; -1 -1'
B = '0; 1'
C = '1 0'
D = '0'
```

練習問題

つぎの状態空間モデルを Python で記述しなさい．

$$\mathcal{P}:\left\{\begin{array}{ll}\dot{\boldsymbol{x}}(t) & = \begin{bmatrix} 1 & 1 & 2 \\ 2 & 1 & 1 \\ 3 & 4 & 5 \end{bmatrix} \boldsymbol{x}(t) + \begin{bmatrix} 2 \\ 0 \\ 1 \end{bmatrix} u(t) \\ y(t) & = [\,1 \quad 1 \quad 0\,]\boldsymbol{x}(t) \end{array}\right. \tag{3.38}$$

●解答例

```
A = '1 1 2; 2 1 1; 3 4 5'
B = '2; 0; 1'
C = '1 1 0'
D = '0'
P = ss(A, B, C, D)
```

なお，記述した状態空間モデルの $\boldsymbol{A}, \boldsymbol{B}, \boldsymbol{C}, \boldsymbol{D}$ 行列を抽出する場合は，つぎのようにメソッドを使います．

```
print('A=', P.A)
print('B=', P.B)
print('C=', P.C)
print('D=', P.D)
```

```
A= [[1 1 2]
 [2 1 1]
 [3 4 5]]
B= [[2]
 [0]
 [1]]
C= [[1 1 0]]
D= [[0]]
```

あるいは，ssdata を使って

```
sysA, sysB, sysC, sysD = ssdata(P)
```

とすれば，$\boldsymbol{A}, \boldsymbol{B}, \boldsymbol{C}, \boldsymbol{D}$ 行列が取得できます．

近似線形化

アームの状態空間モデルを導出する際，アームの非線形微分方程式を $y=0$ の近傍で近似線形化しました．これをもう少し一般化します．線形化せずに状態方程式の形で表すと，

$$\dot{\boldsymbol{x}}(t) = F(\boldsymbol{x}, u) \tag{3.39}$$

となります．このとき，$F(\boldsymbol{x}_*, u_*) = 0$ となる平衡点 $(\boldsymbol{x}_*, u_*)$ を一つ選び，そこからの誤差を考えます．すなわち，新たな変数 $\bar{\boldsymbol{x}} := \boldsymbol{x} - \boldsymbol{x}_*$，$\bar{u} := u - u_*$ を定義します．すると

$$\dot{\bar{\boldsymbol{x}}} = F(\boldsymbol{x}_* + \bar{\boldsymbol{x}}, u_* + \bar{u}) \tag{3.40}$$

となりますので，これを，$\bar{\boldsymbol{x}} = 0$，$\bar{u} = 0$ の近傍でテイラー展開して，2 次以上の項を無視することで，

$$\dot{\bar{\boldsymbol{x}}}(t) = \boldsymbol{A}\bar{\boldsymbol{x}}(t) + \boldsymbol{B}\bar{u}(t) \tag{3.41}$$

$$\boldsymbol{A} := \left.\frac{\partial F}{\partial \boldsymbol{x}}\right|_{(\boldsymbol{x}_*, u_*)} \in \mathbb{R}^{n\times n}, \quad \boldsymbol{B} := \left.\frac{\partial F}{\partial u}\right|_{(\boldsymbol{x}_*, u_*)} \in \mathbb{R}^{n\times 1} \tag{3.42}$$

が得られます．アームの場合は，

$$\dot{\boldsymbol{x}}(t) = \begin{bmatrix} \dot{\theta}(t) \\ \ddot{\theta}(t) \end{bmatrix} = \begin{bmatrix} \dot{\theta}(t) \\ -\dfrac{Mg\ell}{J}\sin\theta(t) - \dfrac{\mu}{J}\dot{\theta}(t) + \dfrac{1}{J}u(t) \end{bmatrix} =: \begin{bmatrix} f_1(\boldsymbol{x}, u) \\ f_2(\boldsymbol{x}, u) \end{bmatrix} \tag{3.43}$$

となります．いま，$\theta = \dfrac{\pi}{4}$ で静止している状態を平衡状態にとると，平衡点は

$$\boldsymbol{x}_* = \begin{bmatrix} \dfrac{\pi}{4} \\ 0 \end{bmatrix}, \quad u_* = \frac{Mg\ell}{\sqrt{2}} \tag{3.44}$$

となります．このとき，平衡点まわりで近似線形化すると以下が得られます．

$$\boldsymbol{A} = \left.\begin{bmatrix} \dfrac{\partial f_1}{\partial \theta} & \dfrac{\partial f_1}{\partial \dot{\theta}} \\ \dfrac{\partial f_2}{\partial \theta} & \dfrac{\partial f_2}{\partial \dot{\theta}} \end{bmatrix}\right|_{(\boldsymbol{x}_*, u_*)} = \begin{bmatrix} 0 & 1 \\ -\dfrac{Mg\ell}{\sqrt{2}J} & -\dfrac{\mu}{J} \end{bmatrix} \tag{3.45}$$

$$\boldsymbol{B} = \left.\begin{bmatrix} \dfrac{\partial f_1}{\partial u} \\ \dfrac{\partial f_2}{\partial u} \end{bmatrix}\right|_{(\boldsymbol{x}_*, u_*)} = \begin{bmatrix} 0 \\ \dfrac{1}{J} \end{bmatrix} \tag{3.46}$$

3.3 伝達関数モデル

伝達関数モデルは，微分方程式の両辺を初期値を 0 としてラプラス変換し，入力と出力の比を考えることで得られます．状態空間モデルでは，入力 → 状態 → 出力の関係を記述できますが，伝達関数モデルでは，入力 → 出力の関係を記述することになります．

伝達関数モデルを得るためにはラプラス変換を学ぶ必要がありますが，ここでは，ひとまず，結果を受け入れることにしましょう．ラプラス変換を施すと，時間の関数 $y(t)$ は，複素数 s の関数 $y(s)$ となり，さらに，微分記号は s に，積分記号は $\frac{1}{s}$ となります．たとえば，

$$
\begin{aligned}
y(t) &\to y(s) \\
\dot{y}(t) &\to sy(s) \\
\frac{\mathrm{d}^n}{\mathrm{d}t^n}y(t) &\to s^n y(s) \\
\int y(t)\,\mathrm{d}t &\to \frac{1}{s}y(s) \\
\int\int\cdots\int y(t)\,(\mathrm{d}t)^n &\to \frac{1}{s^n}y(s)
\end{aligned}
$$

という感じになります．つまり，時間領域で微分する操作は，s 領域において s をかける操作になり，時間領域で積分する操作は，s 領域において s で割る操作になります．これを踏まえて，微分方程式の両辺を s の多項式で表します．すると，つぎのように伝達関数モデルが構築されます．

式 (3.1) はつぎの**伝達関数**で表現できる．

$$
\mathcal{P}(s) = \frac{y(s)}{u(s)} = \frac{b_m s^m + b_{m-1}s^{m-1} + \cdots + b_1 s + b_0}{s^n + a_{n-1}s^{n-1} + \cdots + a_1 s + a_0} \tag{3.47}
$$

ただし，$y(s) = \mathcal{L}[y(t)]$，$u(s) = \mathcal{L}[u(t)]$ で，$\mathcal{L}$ はラプラス変換を表している．

伝達関数モデルはシステムの入力 u と出力 y の関係を表すものです．なお，システム $\mathcal{P}(s)$ の出力は $y(s) = \mathcal{P}(s)\,u(s)$ となります．

ラプラス変換

関数 $g(t)$ の**ラプラス変換**は，

$$g(s) = \mathcal{L}[g(t)] := \int_0^\infty g(\tau)e^{-s\tau}\mathrm{d}\tau \tag{3.48}$$

と定義されます．なお，ラプラス変換の諸性質は付録（275 ページ）にまとめています．$\dot{y}(t)$ のラプラス変換は，

$$\begin{aligned}
\mathcal{L}[\dot{y}(t)] &= \int_0^\infty \dot{y}(\tau)e^{-s\tau}\mathrm{d}\tau \\
&= \Big[y(\tau)e^{-s\tau}\Big]_0^\infty - \int_0^\infty -sy(\tau)e^{-s\tau}\mathrm{d}\tau \\
&= \Big[y(\tau)e^{-s\tau}\Big]_0^\infty + s\int_0^\infty y(\tau)e^{-s\tau}\mathrm{d}\tau \\
&= sy(s) - y(0)
\end{aligned} \tag{3.49}$$

となり，初期値が $y(0) = 0$ のとき，$sy(s)$ となります．同様の計算を行うことで，$\mathcal{L}[\ddot{y}(t)] = s^2y(s)$ などとなることも確認できます．つぎに，$y(t)$ の時間積分

$$f(t) = \int_0^t y(\tau)\mathrm{d}\tau \tag{3.50}$$

のラプラス変換を求めます．$\dot{f}(t) = y(t)$ ですので，この左辺をラプラス変換すると，

$$\mathcal{L}[\dot{f}(t)] = sf(s) - f(0) = sf(s) - \int_0^0 y(\tau)\mathrm{d}\tau = sf(s) \tag{3.51}$$

となります．したがって，

$$\begin{aligned}
\mathcal{L}\left[\int_0^t y(\tau)\mathrm{d}\tau\right] &= \mathcal{L}[f(t)] = f(s) = \frac{1}{s}\mathcal{L}[\dot{f}(t)] \\
&= \frac{1}{s}\mathcal{L}[y(t)] = \frac{1}{s}y(s)
\end{aligned} \tag{3.52}$$

となります．同様の計算で，$\mathcal{L}[\iint y(\tau)(\mathrm{d}\tau)^2] = \dfrac{1}{s^2}y(s)$ などとなることもわかります．

3.3.1　台車とアームの伝達関数モデル

まず，台車とアームの伝達関数モデルを導出します．

台車の微分方程式は，式 (3.3) より，$M\dot{y}(t) + \mu y(t) = u(t)$ となります．これを，初期値を 0（$y(0) = 0$, $\dot{y}(0) = 0$）としてラプラス変換すると，$Msy(s) + \mu y(s) = u(s)$ となります．整理すると $(Ms + \mu)y(s) = u(s)$ となるので，

$$\mathcal{P}(s) = \frac{y(s)}{u(s)} = \frac{1}{Ms + \mu} \tag{3.53}$$

が得られます．

同様にアームは，式 (3.6) の両辺をラプラス変換すると，$Js^2y(s) + \mu sy(s) + Mg\ell y(s) = u(s)$ となります．したがって，伝達関数モデルは，

$$\mathcal{P}(s) = \frac{y(s)}{u(s)} = \frac{1}{Js^2 + \mu s + Mg\ell} \tag{3.54}$$

となります．なお，そもそもアームの運動方程式は，式 (3.5) のように，$\sin y(t)$ を含んでいるため非線形です．一方，伝達関数は線形システムを記述するものですので，近似線形化した運動方程式から伝達関数モデルを導出する必要があります．

3.3.2　RLC 回路と増幅回路の伝達関数モデル

つぎに，RLC 回路と増幅回路の伝達関数モデルを導出します．

RLC 回路は，式 (3.8) をラプラス変換すると，$CLs^2y(s) + CRsy(s) + y(s) = u(s)$ となります．これより，

$$\mathcal{P}(s) = \frac{y(s)}{u(s)} = \frac{1}{CLs^2 + CRs + 1} \tag{3.55}$$

が得られます．

同様に，増幅回路は，式 (3.10) より，$R_1R_2Csy(s) + R_1y(s) = -R_2u(s)$ となりますので，つぎの伝達関数が得られます．

$$\mathcal{P}(s) = \frac{y(s)}{u(s)} = -\frac{R_2}{R_1R_2Cs + R_1} \tag{3.56}$$

3.3.3　Python でのモデルの記述

Python では，関数 tf(num, den) を使って伝達関数を記述します．num と den は，多項式の係数を array like 形式（リスト）で与えます．伝達関数

$$\mathcal{P}(s) = \frac{1}{s^2 + 2s + 3} \tag{3.57}$$

を記述したい場合は，

```
from control.matlab import tf, tfdata
Np = [0, 1]     # 伝達関数の分子多項式(0*s + 1)の係数
Dp = [1, 2, 3] # 伝達関数の分母多項式(1*s^2 + 2*s + 3)の係数
P = tf(Np, Dp)
print(P)
```

とします．このときの結果は，

```
      1
-------------
s^2 + 2 s + 3
```

となります．あるいは，

```
P = tf([0, 1], [1, 2, 3])
```

としても同じ結果になります．さらに，以下のように，変数 s を定義してから伝達関数を記述することも可能です．

```
s = tf('s')
P = 1/(s**2 + 2*s + 3)
```

練習問題

(1) つぎの伝達関数を Python で記述しなさい．

$$\mathcal{P}(s) = \frac{s+2}{s^3+5s^2+3s+4} \tag{3.58}$$

●解答例

```
P = tf([1, 2], [1, 5, 3, 4])
```

練習問題

(2) つぎの伝達関数を Python で記述しなさい．

$$\mathcal{P}(s) = \frac{s+3}{(s+1)(s+2)^2} \tag{3.59}$$

●解答例

これは，

$$\mathcal{P}(s) = \frac{s+3}{s^3+5s^2+8s+4} \tag{3.60}$$

と展開[*1]してから

```
P = tf([1, 3], [1, 5, 8, 4])
```

としてもよいですが,

```
P1 = tf([1, 3], [0, 1]) # (s+3)/1
P2 = tf([0, 1], [1, 1]) # 1/(s+1)
P3 = tf([0, 1], [1, 2]) # 1/(s+2)
P = P1 * P2 * P3**2
```

のようにすることもできます.

なお,記述した伝達関数の分子多項式と分母多項式の係数を抽出したい場合は,`P.num` や `P.den` のようにメソッドを使います.

```
print(P.num)
print(P.den)
```

練習問題の (2) の場合,

```
[[array([1, 3])]]
[[array([1, 5, 8, 4])]]
```

となります.しかし,この記述の場合,リストがすでに入れ子構造になっているので,他のプログラムで利用しにくいという問題があります.そこで,つぎのように `tfdata` を使い,さらに返り値を `[[numP]]`, `[[denP]]` のようにして受け取ることで,要素だけ取り出すことができます.

---

*1 展開は,手計算でも行うことができますが,SymPy モジュールを `import sympy as sp` で読み込んで,`s = sp.Symbol('s')` と `sp.expand( (s+1)*(s+2)**2, s)` を実行すると,Python 上で展開した式が得られます.

```
[[numP]], [[denP]] = tfdata(P)
print(numP)
print(denP)
```

```
[1 3]
[1 5 8 4]
```

状態空間モデルと伝達関数モデルの関係

図 3.6 のように，微分方程式は伝達関数モデルと状態空間モデルに変換することができます．ここでは，それら 2 つのモデル表現の関係性を説明します．

まず，状態方程式 $\dot{\boldsymbol{x}} = \boldsymbol{A}\boldsymbol{x} + \boldsymbol{B}u$ の両辺を初期値を 0 としてラプラス変換すると，$s\boldsymbol{x}(s) = \boldsymbol{A}\boldsymbol{x}(s) + \boldsymbol{B}u(s)$ となります．整理すると，$(s\boldsymbol{I} - \boldsymbol{A})\boldsymbol{x}(s) = \boldsymbol{B}u(s)$ となり，

$$\boldsymbol{x}(s) = (s\boldsymbol{I} - \boldsymbol{A})^{-1}\boldsymbol{B}u(s) \tag{3.61}$$

が得られます．

一方，$y(s) = \boldsymbol{C}\boldsymbol{x}(s) + \boldsymbol{D}u(s)$ ですので，$\mathcal{P}(s) = \dfrac{y(s)}{u(s)}$ は

$$\mathcal{P}(s) = \boldsymbol{C}(s\boldsymbol{I} - \boldsymbol{A})^{-1}\boldsymbol{B} + \boldsymbol{D} \tag{3.62}$$

となります．

このように，行列 $\boldsymbol{A}$，$\boldsymbol{B}$，$\boldsymbol{C}$，$\boldsymbol{D}$ で定義される状態空間モデルに対して，入力 u から出力 y への伝達関数は一意に求めることができます．しかしながら，伝達関数モデルから状態空間モデルへの変換は一意ではありません．状態変数の定義の仕方によって，状態空間モデルが無数に存在するからです．たとえば，ある正則な行列 $\boldsymbol{T} \in \mathbb{R}^{n \times n}$ を用いて座標変換

$$\bar{\boldsymbol{x}} = \boldsymbol{T}\boldsymbol{x} \tag{3.63}$$

を考えることで，新しい状態変数 $\bar{\boldsymbol{x}}$ を用いた状態空間モデル

$$\mathcal{P}: \left\{ \begin{array}{ll} \dot{\bar{\boldsymbol{x}}}(t) & = \bar{\boldsymbol{A}}\bar{\boldsymbol{x}}(t) + \bar{\boldsymbol{B}}u(t) \\ \boldsymbol{y}(t) & = \bar{\boldsymbol{C}}\bar{\boldsymbol{x}}(t) + \boldsymbol{D}u(t) \end{array} \right. \tag{3.64}$$

$$\bar{\boldsymbol{A}} = \boldsymbol{T}\boldsymbol{A}\boldsymbol{T}^{-1},\ \bar{\boldsymbol{B}} = \boldsymbol{T}\boldsymbol{B},\ \bar{\boldsymbol{C}} = \boldsymbol{C}\boldsymbol{T}^{-1} \tag{3.65}$$

を得ることができます．なお，この変換を**等価変換**といいます．

そのため，伝達関数モデルから実現する状態空間モデルとして，**可制御正準形**や**可観測正準形**が用いられることが多いです．

Python では，関数 `tf` や `ss2tf` を使って，状態空間モデルを伝達関数モデルに変換できます．また，関数 `ss` や `tf2ss` を使うと，伝達関数モデルを状態空間モデルに変換できます．

```
from control.matlab import tf, tf2ss, ss2tf

P = tf([0, 1], [1, 1, 1])

Pss = tf2ss(P)   # 伝達関数モデルから状態空間モデルへの変換
Ptf = ss2tf(Pss) # 状態空間モデルから伝達関数モデルへの変換
```

ただし，伝達関数モデルから状態空間モデルへの変換では，可制御正準形や可観測正準形とは異なるモデルが得られることがあります．可制御正準形や可観測正準形へ変換する場合は，`canonical_form` 関数を使います．

```
from control import ss, canonical_form

A = '1 2 3; 3 2 1; 4 5 0'
B = '1; 0; 1'
C = '0 2 1'
D = '0'
Pss = ss(A, B, C, D)

Pr, T = canonical_form(Pss, form='reachable')
print(Pr)
```

```
A = [[ 3. 21. 24.]
     [ 1.  0.  0.]
     [ 0.  1.  0.]]

B = [[1.]
     [0.]
     [0.]]

C = [[ 1. 9. 27.]]
```

```
D = [[0.]]
```

この canonical_form(Pss, form='reachable') のように，引数に form='reachable' を指定することで，可制御正準形が得られます*2．なお，返り値の T は，座標変換行列です．

つぎに，以下のように，引数に form='observable' を指定することで，可観測正準形が得られます．

```
Po, T = canonical_form(Pss, form='observable')
print(Po)
```

```
A = [[ 3.  1.  0.]
     [21.  0.  1.]
     [24.  0.  0.]]

B = [[ 1.]
     [ 9.]
     [27.]]

C = [[1. 0. 0.]]

D = [[0.]]
```

あれ，ラプラス変換のところ，すごくあっさりしてた．

使うだけならこれぐらいで十分．本当は，収束性や性質の証明をしたりするんだけどね...

うん．とりあえず，この事実を受け入れることにする．

*2　reachable は「可到達」という意味で，可制御（= controllable）とは異なる性質です．しかし，連続時間の線形システムにおいては，可到達性と可制御性は同じ意味となりますので，多くの書籍では可制御性として説明され，正準形も可制御正準形と呼ばれています．

3.4 ブロック線図

制御工学では，システムを**ブロック線図**を用いて図示します．入力が u で出力が y のシステム $\mathcal{S}$ $(y = \mathcal{S}u)$ をブロック線図で表すと，**図 3.7** となります．四角の箱がシステムで矢印が信号です．そして，矢印の向きが信号の流れの向きに対応しています．左から右に矢印を書くことが多いですが，右から左に書く場合もあります．

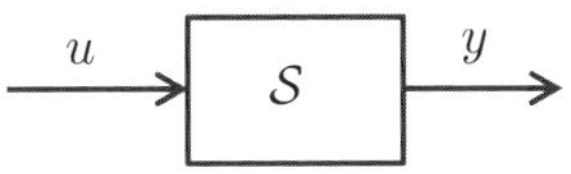

図 3.7 ブロック線図

3.4.1 直列結合

図 3.8 に示すブロック線図のように，2 つのシステムを直列に並べて，片方のシステムの出力をもう一方のシステムの入力となるように結合することを**直列結合**といいます．たとえば，$y = \mathcal{S}_1 u$ と $z = \mathcal{S}_2 y$ を直列結合すると，$z = \mathcal{S}_2 \cdot \mathcal{S}_1 u$ となりますので，システム全体は，

$$\mathcal{S} = \mathcal{S}_2 \cdot \mathcal{S}_1 \tag{3.66}$$

と記述できます．なお，$\mathcal{S}_1$ と $\mathcal{S}_2$ が線形システムで 1 入力 1 出力であれば，順番を入れ替えて，

$$\mathcal{S} = \mathcal{S}_1 \cdot \mathcal{S}_2 \tag{3.67}$$

とすることができますが，非線形システムの場合や多入力多出力の場合には，順番を入れ替えることはできません．

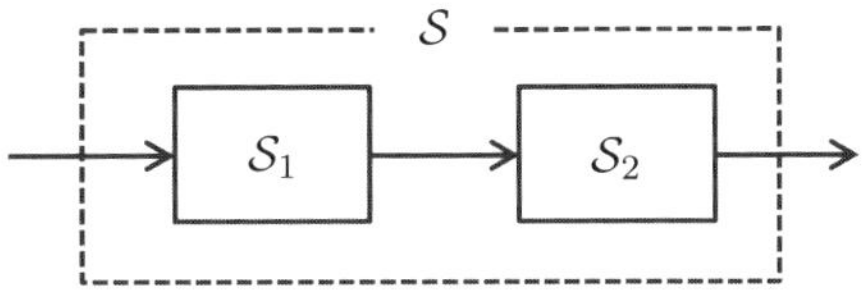

図 3.8 直列結合

Python で直列結合をした結

果のモデルを求めるためには，下記のようにします．

```
from control.matlab import tf, series

S1 = tf([0, 1], [1, 1])
S2 = tf([1, 1], [1, 1, 1])

S = S2 * S1
S = series(S1, S2)
print('S=', S)
```

```
S=
         s + 1
---------------------
s^3 + 2 s^2 + 2 s + 1
```

この例のように，単純にかけ算して求めることができますが，series 関数を使うこともできます．すなわち，series(S1, S2) のように，結合したいモデルを引数として与えます．

ただし，分母多項式と分子多項式に共通因子がある場合，約分を行うことで，よりシンプルな伝達関数（既約な伝達関数）が得られるはずですが，Python では自動的に約分されないことに注意してください．約分するには，minreal 関数（**最小実現**）を用います．

```
print('S=', S.minreal())
```

```
S=
     1
-----------
s^2 + s + 1
```

3.4.2　並列結合

図 3.9 に示すブロック線図のように，2 つのシステムを並列に並べて，入力を共通とし，それぞれの出力を足し合わせるように結合することを

並列結合といいます．黒丸は引き出し点で，もとの信号と引き出された信号は同じ信号であることを意味しています．また，白丸は加え合わせ点で，2 つの信号の足し算となることを表しています．ここで，$y_1 = \mathcal{S}_1 u$，$y_2 = \mathcal{S}_2 u$ を並列結合すると，y_1 と y_2 を足し合わせることになりますので，$y = y_1 + y_2 = \mathcal{S}_1 u + \mathcal{S}_2 u = (\mathcal{S}_1 + \mathcal{S}_2)u$ となります．したがって，システム全体は，

$$\mathcal{S} = \mathcal{S}_1 + \mathcal{S}_2 \tag{3.68}$$

と記述されます．

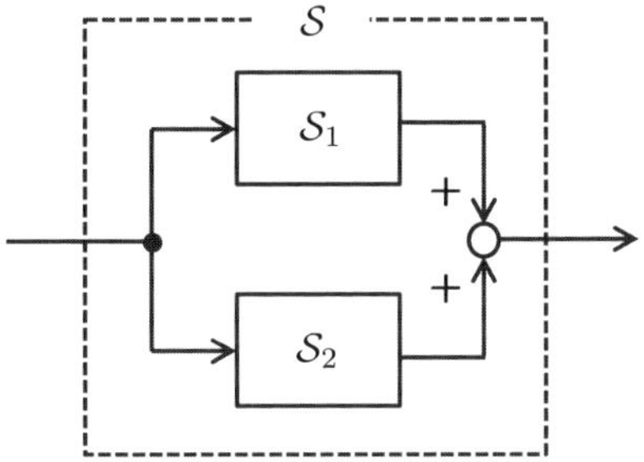

図 3.9　並列結合

Python でこのような並列結合した結果のモデルを求めるには，parallel 関数を使います．すなわち，parallel(S1,S2) のように，結合するモデルを引数として与えます．

```
from control.matlab import parallel
S = S1 + S2
S = parallel(S1, S2)
print('S=', S)
```

```
S=
   2 s^2 + 3 s + 2
---------------------
s^3 + 2 s^2 + 2 s + 1
```

3.4.3　フィードバック結合

また，**図 3.10** に示すブロック線図のように，2 つのシステムを並べて，互いの出力を互いの入力となるように結合することを**フィードバック結合**といいます．図 3.10 の場合は，

$$y = \mathcal{S}_1 u = \mathcal{S}_1(r - z) = \mathcal{S}_1(r - \mathcal{S}_2 y) = \mathcal{S}_1 r - \mathcal{S}_1 \mathcal{S}_2 y \tag{3.69}$$

となります．上式の右辺の y の項を左辺に移動させると，

$$(1 + \mathcal{S}_1 \mathcal{S}_2) y = \mathcal{S}_1 r \tag{3.70}$$

となりますので，

$$y = \frac{\mathcal{S}_1}{1 + \mathcal{S}_1 \mathcal{S}_2} r \tag{3.71}$$

が得られます．

したがって，システム全体（$y = \mathcal{S} r$ の $\mathcal{S}$）は，

$$\mathcal{S} = \frac{\mathcal{S}_1}{1 + \mathcal{S}_1 \mathcal{S}_2} \tag{3.72}$$

と記述されます．

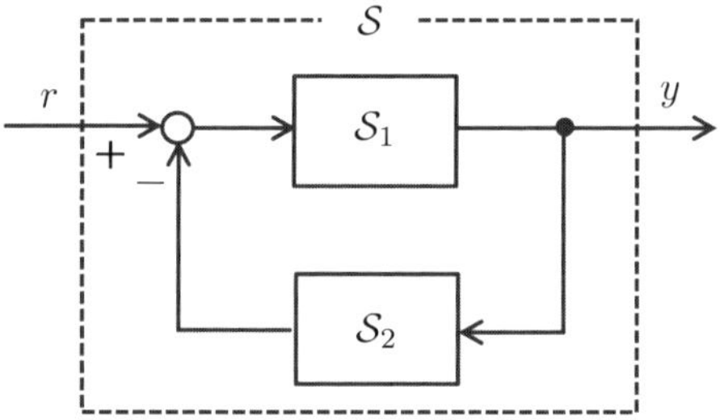

図 3.10　フィードバック結合

システム $\mathcal{S}$ は下記のように直接計算することもできますが，feedback 関数を使っても求めることができます．feedback(S1,S2) のようにすると，システム $\mathcal{S}_1$ に $\mathcal{S}_2$ がフィードバック結合されます．

```
from control.matlab import feedback
S = S1 / (1 + S1*S2)
print('S=', S)
S = feedback(S1, S2)
print('S=', S)
```

```
S=
   s^3 + 2 s^2 + 2 s + 1
---------------------------
s^4 + 3 s^3 + 5 s^2 + 5 s + 2

S=
     s^2 + s + 1
---------------------
s^3 + 2 s^2 + 3 s + 2
```

なお，**図 3.11** のようなブロック線図の場合には，

$$\mathcal{S} = \frac{\mathcal{S}_1 \mathcal{S}_2}{1 + \mathcal{S}_1 \mathcal{S}_2} \tag{3.73}$$

となりますが，これは，$\mathcal{S}_1 \mathcal{S}_2$ に 1 がフィードバック結合されていると考えて，S = feedback(S1*S2, 1) のように記述します[*3]．さらに，feedback では通常，ネガティブフィードバック結合となります．**ポジティブフィードバック**の場合（図 3.11 の加え合わせ点がプラスの場合）には，feedback(S1*S2, 1, sign=1) として，最後の引数に sign=1 を指定します．

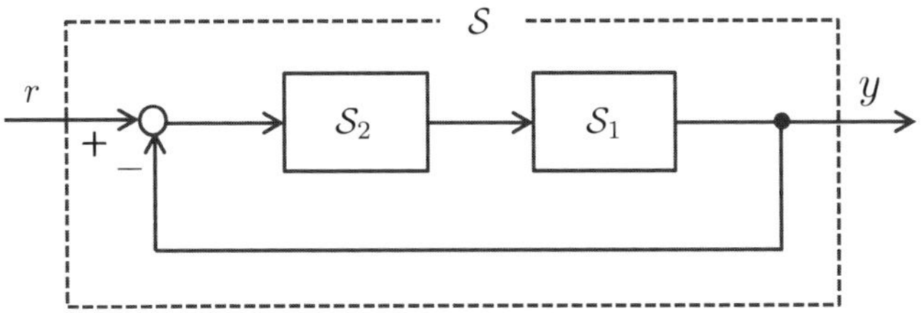

図 3.11　フィードバック結合

＊3　この場合のように，1 をフィードバック結合する場合には，シンプルに feedback(S1*S2) と記述しても同じです．

練習問題

図 3.12 のブロック線図で表されるシステム $\mathcal{S}$ を求めなさい．ただし，

$$\mathcal{S}_1(s) = \frac{1}{s+1},\quad \mathcal{S}_2(s) = \frac{1}{s+2}$$

$$\mathcal{S}_3(s) = \frac{3s+1}{s},\quad \mathcal{S}_4(s) = 2s$$

とします．

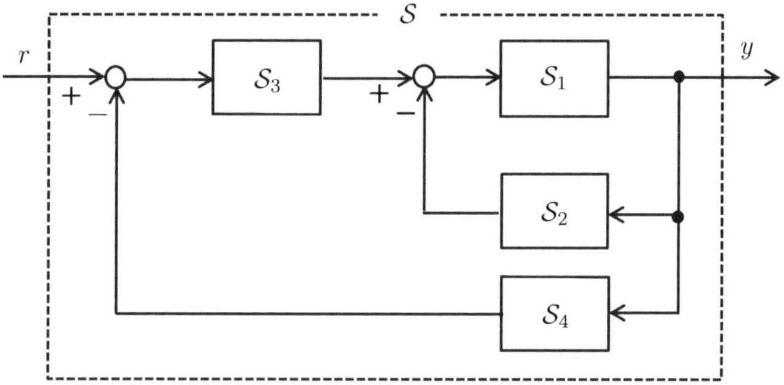

図 3.12　練習問題

●解答例

```
S1 = tf(1, [1, 1])
S2 = tf(1, [1, 2])
S3 = tf([3, 1], [1, 0])
S4 = tf([2, 0], [0, 1])
S12 = feedback(S1, S2)
S123 = series(S3, S12)
S = feedback(S123, S4)
print('S=', S)
```

プロパー性

伝達関数モデルにおいて，分母多項式の次数 n が分子多項式の次数 m より大きい $(n > m)$ とき，**厳密にプロパー**といわれます．また，$n \geq m$ のときは**プロパー**で，$n < m$ のときは，**インプロパー**といわれます．たとえば，$y(t) = \dot{u}(t) + u(t)$ のようなものはインプロパーで，現在の出力 $y(t)$ に未来の入力の情報 $\dot{u}(t)$ が含まれます．そのため，プロパーなシステムは，現実世界で実装できますが，インプロパーなシステムは現実世界で実装できません．またプロパーであれば，状態空間モデルで表すことができますが，インプロパーなシステムは表すことができません．

いま，2 つのシステム $\mathcal{S}_1$ と $\mathcal{S}_2$ の直列結合

$$y = \mathcal{S}_2\mathcal{S}_1 r \tag{3.74}$$

を考えてみましょう．このとき，$y = r$ とすることを目標とします．たとえば，システム $\mathcal{S}_2$ が，

$$\mathcal{S}_2(s) = \frac{1}{s+1} \tag{3.75}$$

であるとき，$\mathcal{S}_1$ を

$$\mathcal{S}_1(s) = s + 1 \tag{3.76}$$

と選べば，$y = r$ となることがわかります．しかし，$\mathcal{S}_1$ はプロパーではないため，現実世界で実装することができません．そのため，$y = r$ を実現するには，上記のような単純に直列結合したフィードフォワード系ではなく，フィードバック結合したフィードバック系を考えて，プロパーな $\mathcal{S}_1$ を設計することになります．

第 3 章のまとめ

動的システムが伝達関数モデルと状態空間モデルで表現できることはわかったよ！

それはよかった．それじゃ，このロボットのモデルを伝達関数で表現してみて．

うーーん．それはまだ無理そうな気がします...

実際の制御対象をモデル化することは，教科書に載っているほど簡単ではないことが多いんだよね．すべての要素を詳細にモデル化するのは難しいしね．

途中に出てきた線形化の話のこと？

そだね．どういった特徴を表現したいかでモデルのつくり方は変わる．なくても影響がなさそうな要素は思い切って削除することも大事なんだよ．

あと，モデル化では，未知のパラメータの値を調べたりする必要があることも覚えておいてね．必要に応じて，重さや長さを測ったり，慣性モーメントを計算したりする．どうしても物理的に個々のパラメータの計測が困難な場合は，何かしらの入力を加えたときの出力の振る舞いを観測し，その入出力関係から未知パラメータを決定するの．こんな**システム同定**の本を参考にするといいよ．

（ドサッ）システム同定の良書が数冊

ありがと．でも制御の方法を早く知りたいから，先に進んでいい？

じゃ，いま勉強したモデルを使って，モデルの特徴をみていこう．いろいろ覚えることがあるから覚悟しておいて！

まとめ

- 機械系・電気系の基本的な制御対象は微分方程式で表すことができる
- 状態空間モデルは，状態変数を導入して，ベクトル値の 1 階の微分方程式で表現したものである
- 伝達関数モデルは，微分方程式をラプラス変換で代数方程式に変換し，出力関係を有理関数の形で表現したものである
- システムはブロック線図で図示することができる

第 4 章

制御対象の振る舞い

ところで，制御対象の特徴って，具体的に何？
どうやって調べるの？

そういえばお姉ちゃん，このまえ，賃貸アパートを見に行ったとき，壁をコンコンってたたいてたよね？あれなに？

何って，壁の薄さを確認してたのよ．

それが答え．壁が制御対象だとすると，たたく行為が制御対象に入力を加えることに対応し，音を聞く行為が制御対象の出力を観測することに対応している．
つまり，入力を加えて出力を観測し，その結果から制御対象の特徴を理解するということだよ．
この場合，壁の薄さで音が変わるから，特徴は壁の薄さね．

なるほど．

ちなみに，その壁コンコンはインパルス入力っていうんだけど，実際は，ステップ状の入力を制御対象に加えることが多いよ．たとえば，モータにスイッチを使って電池をつないで，スイッチをパチッと ON にする．これがステップ入力っていうやつだね．

スイッチを入れると，モータが回るね．その動きが出力の振る舞いってやつね．その動きを観察すると特性がわかるんだね．なるほど，なるほど．

さらに，モータの種類によって，同じ電圧でも，回転速度が違う．
それがモータの特性ということ．

ほかには？

あと，正弦波の入力を加えて，周波数特性を調べたりするんだ．
まぁ，百聞は一見にしかず．あとは，この章を読んでね．

本章以降では，グラフを作成する際に，下記の関数を適宜使用します．お手元の Python 環境（JupyterLab）上で，あらかじめ定義しておいてください．

リスト 4.1　グラフをプロットするときの線種を決めるジェネレータ

```
def linestyle_generator():
    linestyle = ['-', '--', '-.', ':']
    lineID = 0
    while True:
        yield linestyle[lineID]
        lineID = (lineID + 1) % len(linestyle)
```

リスト 4.2　グラフを整える関数

```
def plot_set(fig_ax, *args):
    fig_ax.set_xlabel(args[0]) # x軸のラベルを1つ目の引数で設定
    fig_ax.set_ylabel(args[1]) # y軸のラベルを2つ目の引数で設定
    fig_ax.grid(ls=':')
    if len(args)==3:
        fig_ax.legend(loc=args[2]) # 凡例の位置を3つ目の引数で設定
```

リスト 4.3　ボード線図を整える関数

```
def bodeplot_set(fig_ax, *args):
    # ゲイン線図のグリッドとy軸ラベルの設定
    fig_ax[0].grid(which='both', ls=':')
    fig_ax[0].set_ylabel('Gain [dB]') # 本文中の図では「ゲイン [dB]」と表示
    # 位相線図のグリッドとx軸，y軸ラベルの設定
    fig_ax[1].grid(which='both', ls=':')
    fig_ax[1].set_xlabel('$\\omega$ [rad/s]')
    fig_ax[1].set_ylabel('Phase [deg]') # 本文中の図では「位相 [deg]」と表示
    # 凡例の表示
    if len(args) > 0:
        fig_ax[1].legend(loc=args[0]) # 引数が1つ以上：ゲイン線図に表示
    if len(args) > 1:
        fig_ax[0].legend(loc=args[1]) # 引数が2つ以上：位相線図にも表示
```

4.1　時間応答

ここでは，代表的なシステムである，1 次遅れ系と 2 次遅れ系を対象とします．そして，ステップ状の入力（**ステップ入力**）

$$u(t) = \begin{cases} 1 & (t \geq 0) \\ 0 & (t < 0) \end{cases} \tag{4.1}$$

を加えたときの出力の振る舞いである**ステップ応答**をみていきます[*1]．イメージ図を**図 4.1** に示します．これは，たとえば，モータと電池を ON/OFF スイッチを介して接続し，スイッチを OFF から ON に切り換えたときにモータがどう動くのかを調べることに対応しています．

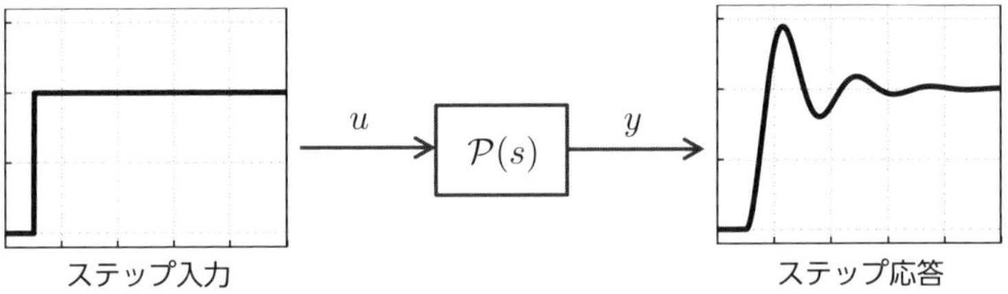

図 4.1　ステップ入力と応答のイメージ図

Python では，step 関数を使ってステップ応答を計算します．

```
y, t = step(sys, Td)
```

ここで，引数は sys と Td で，sys は伝達関数モデルまたは状態空間モデル，Td はシミュレーション時間です．Td は，np.arange(0, 5, 0.01) のようにして与えますが，省略することもできます．step の返り値は y と t で，y が

*1　実際の制御対象では，高次遅れ系となることがありますが，それらも，1 次遅れ系や 2 次遅れ系で近似できることが多いので，1 次遅れ系や 2 次遅れ系の特徴を知っておくことは重要です

モデルの出力応答，t が時間です．

4.1.1 1 次遅れ系

式 (3.53) の台車系の伝達関数モデル（76 ページ）は，

$$\mathcal{P}(s) = \frac{1}{Ms+\mu} = \frac{\dfrac{1}{\mu}}{1+\dfrac{M}{\mu}s} \tag{4.2}$$

とし，$K = \dfrac{1}{\mu}$，$T = \dfrac{M}{\mu}$ とおくと，

$$\mathcal{P}(s) = \frac{K}{1+Ts} \tag{4.3}$$

の形で表現できます（式 (3.56) の増幅回路の伝達関数モデル（76 ページ）も同じ形で表現できます）．この形で表現できるシステムを **1 次遅れ系**と呼びます．そして，1 次遅れ系の K を**ゲイン**，T を**時定数**といいます．とくに時定数は，応答の速さ（**速応性**）を決める重要なパラメータです．

式 (4.3) において，$T = 0.5$，$K = 1$ としたときのステップ応答は，以下の**リスト 4.4** を実行すると，**図 4.2** のようになります．すなわち，初期値 0 からスタートし徐々に値が大きくなり，3 秒ほどで 1.0 に到達します．また，図中の黒丸は，$t = T = 0.5$ の点で，このとき $y = 0.632$ となっています．実は，時定数 T は，出力の定常値（時間が十分経過したときの値）の 63.2% の値に到達する時間を表しています．

リスト 4.4　1 次遅れ系のステップ応答

```
import matplotlib.pyplot as plt
import numpy as np
from control.matlab import tf, step

T, K = 0.5, 1 # 時定数とゲインの設定
P = tf([0, K], [T, 1]) # 1次遅れ系
y, t = step(P, np.arange(0, 5, 0.01)) # ステップ応答

fig, ax = plt.subplots()
ax.plot(t,y)
plot_set(ax, 't', 'y')
```

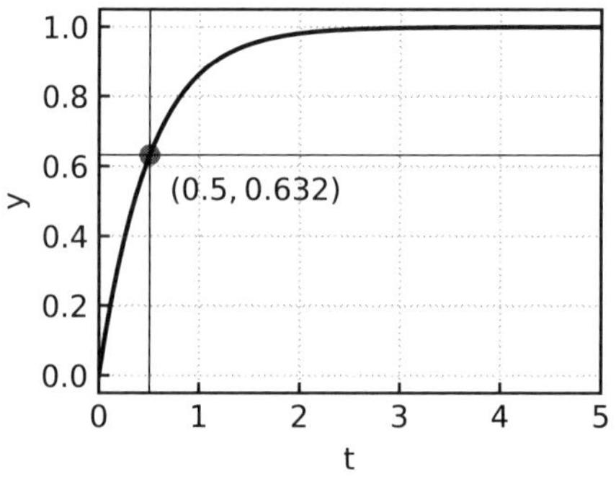

図 4.2　1 次遅れ系のステップ応答

時定数 T を変化させたとき，応答がどのように変わるかを確認してみましょう．定常値の 63.2% に到達する時間が時定数ですので，T を小さくすると応答が速くなり，逆に大きくすると応答が遅くなることが予想できます．

つぎの**リスト 4.5** を実行すると，**図 4.3** が得られます．

リスト 4.5　1 次遅れ系のステップ応答（T を変化させる）

```
LS = linestyle_generator()
fig, ax = plt.subplots()

K = 1
T = [1, 0.5, 0.1]
for i in range(len(T)):
    y, t = step(tf([0, K], [T[i], 1]), np.arange(0, 5, 0.01))
    ax.plot(t, y, ls = next(LS), label=f'T={T[i]}')

plot_set(ax, 't', 'y', 'best')
```

図 4.3 より，T を小さくすると応答が速くなることがわかります．

では，負の値にするとどうなるでしょうか．**図 4.4** は，$T = -1$ としたときのグラフです．このように，T が負の値のときは一定値に収束せず，発散してしまいます．

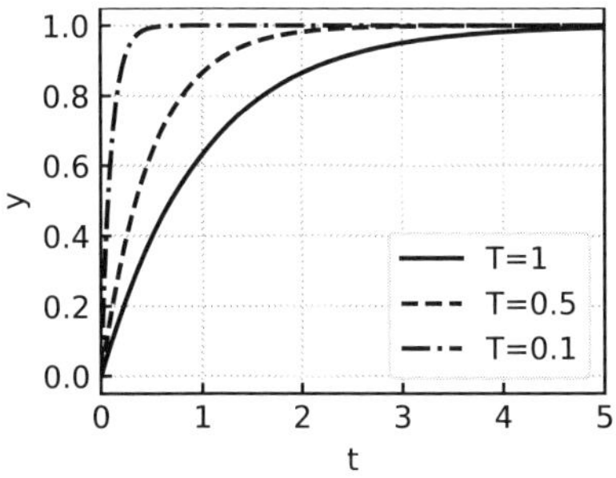

図 4.3 時定数 T を $T = 1, 0.5, 0.1$ と変化させたときのステップ応答

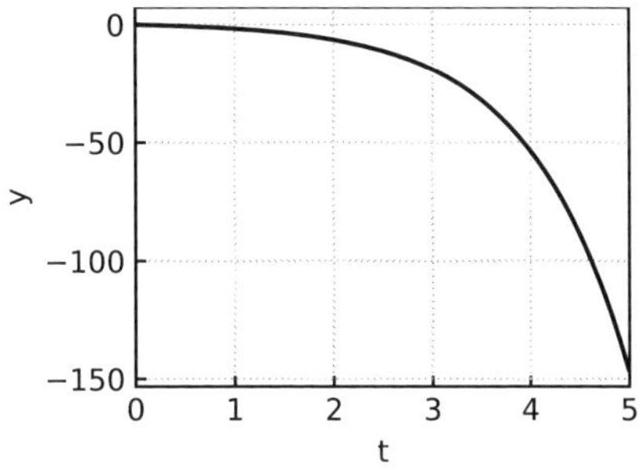

図 4.4 $T = -1$ の場合のステップ応答

今度は，K を変化させてみましょう．

リスト 4.6 1 次遅れ系のステップ応答（K を変化させる）

```
LS = linestyle_generator()
fig, ax = plt.subplots()

T = 0.5
K = [1, 2, 3]
for i in range(len(K)):
    y, t = step(tf([0, K[i]], [T, 1]), np.arange(0, 5, 0.01))
    ax.plot(t,y,ls=next(LS), label=f'K={K[i]}')

plot_set(ax, 't', 'y', 'upper left')
```

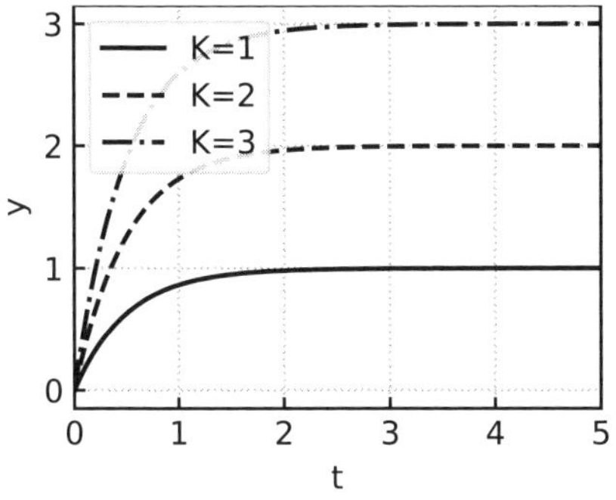

図 4.5 ゲイン K を $K = 1, 2, 3$ と変化させたときのステップ応答

K を大きくすると, y の定常値が変わります．そして, 定常値が $y(\infty) = K$, つまりゲイン K の値であることもわかります.

以上の結果を台車の場合に対応付けて考えてみます．まず，車輪にモータが付いている台車を考えます，このとき，モータに一定の電圧を印加すると，台車は動き出し，やがて一定の速度（等速直線運動）で動き続けるようになります．これを表したのが，図 4.3 です．台車の質量が小さいほど速く動くことは，$T = \dfrac{M}{\mu}$ の値が小さくなることに対応しています．また，粘性摩擦が小さいほど，一定の速度に落ち着くまでの時間が長くなり，さらに，最終的な速度も大きくなります（**図 4.5**）．これは，$T = \dfrac{M}{\mu}$ が大きくなることと，$K = \dfrac{1}{\mu}$ が大きくなることに対応しています.

1 次遅れ系の時間応答の計算

制御対象 $\mathcal{P}(s)$ の出力 $y(s)$ は $y(s) = \mathcal{P}(s)\,u(s)$ で表されます．ここで，ステップ入力の場合，$u(s) = \dfrac{1}{s}$ となりますので，出力は，$y(s) = \dfrac{\mathcal{P}(s)}{s}$ となります．したがって，時間応答 $y(t)$ を求めるには，$y(s)$ を逆ラプラス変換すればよいので，

$$y(t) = \mathcal{L}^{-1}[y(s)] = \mathcal{L}^{-1}\left[\mathcal{P}(s)\frac{1}{s}\right] \tag{4.4}$$

を計算すればよいことになります．なお，逆ラプラス変換は，

$$f(t) = \mathcal{L}^{-1}[f(s)] = \frac{1}{2\pi j}\int_{c-j\infty}^{c+j\infty} f(s)e^{st}\mathrm{d}s \quad (t > 0) \tag{4.5}$$

ですが，この計算を行う必要はありません．すでにわかっている基本的な関数のラプラス変換を思い出しながら（275 ページのラプラス変換表を参照しながら），逆変換をします．

1 次遅れ系の場合には，

$$y(s) = \frac{K}{1+Ts}\frac{1}{s} = K\left(\frac{1}{s} - \frac{T}{1+Ts}\right) = K\left(\frac{1}{s} - \frac{1}{s+\frac{1}{T}}\right) \tag{4.6}$$

となるので，これを逆ラプラス変換して，

$$y(t) = K\left(1 - e^{-\frac{1}{T}t}\right) \tag{4.7}$$

が得られます．ここで，$y(0) = 0$ で，$T > 0$ のとき $y(\infty) = K$ です．そして，$y(T) = 1 - e^{-1} = 0.632$ であることから，これをプロットしたものが，図 4.2 であることがわかります．なお，ラプラス変換の性質の 1 つとして，

$$y(\infty) = \lim_{t\to\infty} y(t) = \lim_{s\to 0} sy(s) \tag{4.8}$$

という関係（**最終値の定理**）があります．これを用いると，

$$y(\infty) = \lim_{s\to 0} s\mathcal{P}(s)\,u(s) = \lim_{s\to 0} s\mathcal{P}(s)\frac{1}{s} = \mathcal{P}(0) = K \tag{4.9}$$

が得られます．式(4.6) における部分分数分解は，Python では，つぎのように数式処理によって求まります．

```
import sympy as sp
sp.init_printing()
s = sp.Symbol('s')
T = sp.Symbol('T', real=True)
P = 1/((1+T*s)*s)
sp.apart(P, s)
```

また，逆ラプラス変換は，SymPy を用いて求めることができます．

```
import sympy as sp
sp.init_printing()
s = sp.Symbol('s')
t = sp.Symbol('t', positive=True)
T = sp.Symbol('T', real=True)
sp.inverse_laplace_transform(1/s-1/(s+1/T), s, t)
```

4.1.2　2 次遅れ系

式 (3.55) の RLC 回路の伝達関数モデル（76 ページ）は，

$$\mathcal{P}(s) = \frac{1}{CLs^2 + CRs + 1} = \frac{\dfrac{1}{CL}}{s^2 + \dfrac{R}{L}s + \dfrac{1}{CL}} \tag{4.10}$$

ですので，

$$K = 1, \quad \omega_{\mathrm{n}} = \sqrt{\frac{1}{CL}}, \quad \zeta = \frac{R}{2}\sqrt{\frac{C}{L}} = \frac{R}{2L\omega_{\mathrm{n}}} \tag{4.11}$$

とすると，

$$\mathcal{P}(s) = \frac{K\omega_{\mathrm{n}}^2}{s^2 + 2\zeta\omega_{\mathrm{n}}s + \omega_{\mathrm{n}}^2} \tag{4.12}$$

で表現できます（式 (3.54) のアームの伝達関数モデル（76 ページ）も同じ形で表すことができます）．このように表現できるシステムを **2 次遅れ系**と呼びます．そして，ζ を**減衰係数**，ω_{n} を**固有角周波数**と呼びます．

それでは，この 2 次遅れ系のステップ応答をみていきましょう（以下では基本的に，$K = 1$ とします）．**リスト 4.7** を実行すると，**図 4.6** が得られます．

初期値 0 からスタートして，徐々に値が大きくなり，$T_{\mathrm{p}} = 0.685$ 秒あたりで最大値 $y_{\mathrm{max}} = 1.25$ をとり，その後，1 に収束しています．なお，最大値と最終的な値の差（この場合，$1.25 - 1 = 0.25$）のことを**最大行き過ぎ量**（**オーバーシュート**）といいます．1 次遅れ系の場合は，オーバーシュートは生じま

リスト 4.7　2 次遅れ系のステップ応答

```
from control.matlab import tf, step

zeta, omega_n = 0.4, 5 # 減衰係数と固有角周波数の設定
# 2次遅れ系のステップ応答
P = tf([0,omega_n**2], [1, 2*zeta*omega_n, omega_n**2])
y, t = step(P, np.arange(0,5,0.01))

fig, ax = plt.subplots()
ax.plot(t, y)
plot_set(ax, 't', 'y')
```

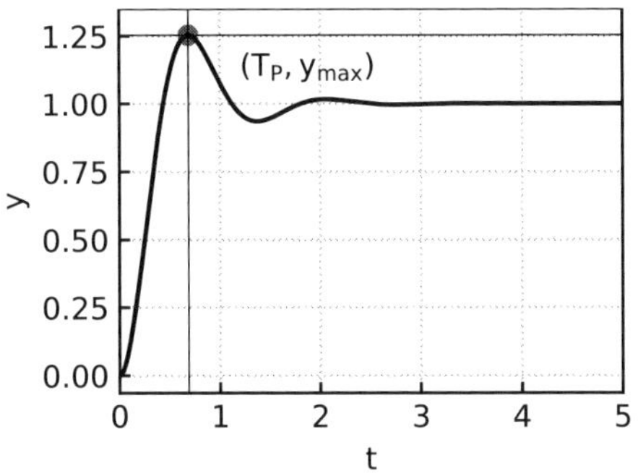

図 4.6　2 次遅れ系のステップ応答

せんでしたが，2 次遅れ系の場合は，生じることがあります．

さて，減衰係数 ζ を変化させると振る舞いはどう変わるでしょうか．実際に Python を使って確認してみましょう．

ζ を $\zeta = 1, 0.7, 0.4$ としたときの結果が**図 4.7** です（**リスト 4.8**）．これより，$\zeta = 1$ のときはオーバーシュートが生じていませんが，$\zeta = 0.7, 0.4$ のときは生じていることがわかります．また，オーバーシュートの大きさは，ζ の値が小さくなるほど大きくなることが確認できます．

リスト 4.8　2 次遅れ系のステップ応答（ζ を変化させる）

```
LS = linestyle_generator()
fig, ax = plt.subplots()

zeta = [1, 0.7, 0.4]
omega_n = 5
for i in range(len(zeta)):
    P = tf([0, omega_n**2], [1, 2*zeta[i]*omega_n, omega_n**2])
    y, t = step(P, np.arange(0, 5, 0.01))

    pltargs = {'ls': next(LS), 'label': f'$\\zeta$={zeta[i]}'}
    ax.plot(t, y, **pltargs)

plot_set(ax, 't', 'y', 'best')
```

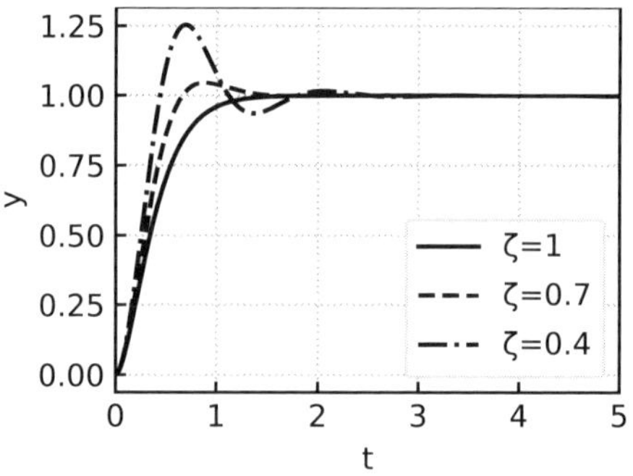

図 4.7　減衰係数 ζ を $\zeta = 1, 0.7, 0.4$ と変化させたときのステップ応答

さらに，ζ を $\zeta = 0.1, 0, -0.05$ としたときの結果が**図 4.8** です．この図から，$\zeta = 0.1$ のときは振動しながら 1.0 に収束していますが，$\zeta = 0$ のときは振動が続いて一定値に収束しないことがわかります．そして，$\zeta = -0.05$ にすると，振動が徐々に大きくなり，発散していくことがわかります．このように，減衰係数 ζ は**減衰性**（**安定度**）を決めるパラメータで，ζ が正の値のとき，出力が一定値に収束し，負の値のときに発散します．そして，$0 < \zeta < 1$ のときは振動しながら収束し，$\zeta \geq 1$ のときは振動せずに収束します．

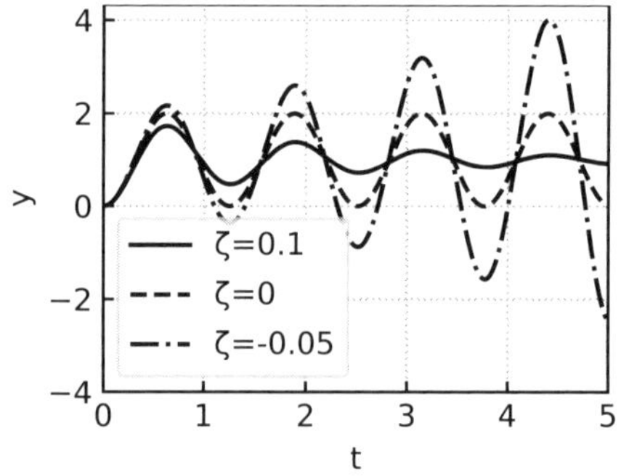

図 4.8　減衰係数 ζ を $\zeta = 0.1, 0, -0.05$ と変化させたときのステップ応答

つぎは，固有角周波数 ω_{n} を $\omega_{\mathrm{n}} = 1, 5, 10$ と変化させてみます（**リスト 4.9**）．

リスト 4.9 2 次遅れ系のステップ応答（ω_{n} を変化させる）

```
LS = linestyle_generator()
fig, ax = plt.subplots()

zeta = 0.7
omega_n = [1, 5, 10]
for i in range(len(omega_n)):
    P = tf([0, omega_n[i]**2], [1, 2*zeta*omega_n[i], omega_n[i]**2])
    y, t = step(P, np.arange(0, 5, 0.01))

    pltargs = {'ls': next(LS), 'label': f'$\\omega_n$={omega_n[i]}'}
    ax.plot(t, y, **pltargs)

plot_set(ax, 't', 'y', 'best')
```

リスト 4.9 を実行すると，**図 4.9** が得られます．これより，ω_{n} を大きくすると，応答が速くなることがわかります．オーバーシュートの大きさは変わりません．つまり，固有角周波数 ω_{n} は，1 次遅れ系のときの時定数 T と同じように，速応性を決めるパラメータであることがわかります．

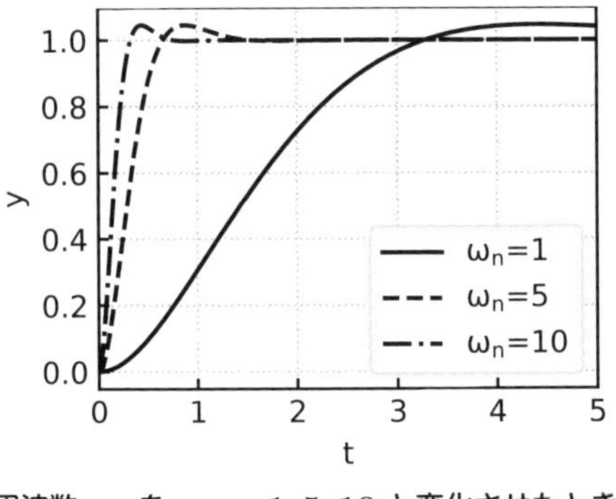

図 4.9 固有角周波数 ω_{n} を $\omega_{\mathrm{n}} = 1, 5, 10$ と変化させたときのステップ応答

上記の結果を RLC 回路に対応付けて考えてみます．RLC 回路に一定の電圧を印加すると，回路に電流が流れてキャパシタに電荷がたまっていきます．そして，徐々に電流が流れなくなり，最終的にキャパシタ両端の電圧は 1 に収束します．

しかし，回路中にコイルがある場合，電流の増加や減少を妨げる方向に起電力が生じます（電磁誘導）．これは，コイルのインダクタンスが大きくなるほど強くなります．これにより，キャパシタ両端の電圧の増加が遅れたり，電圧が一時的に定常値の 1 を超えたりします．前者は，

$$\omega_{\mathrm{n}} = \frac{1}{\sqrt{CL}}$$

ですので，L が大きくなるほど ω_{n} が小さくなり，立ち上がりが遅くなることに対応しています（図 4.9）．また後者は，

$$\zeta = \frac{R\sqrt{C}}{2\sqrt{L}}$$

ですので，L が大きくなるほど，ζ が 0 に近づき，応答が振動的になることに対応しています（図 4.7）．

2 次遅れ系の時間応答の計算

2 次遅れ系のステップ応答は，$\zeta = 1$ のときは，

$$y(s) = \frac{K\omega_{\mathrm{n}}^2}{s^2 + 2\omega_{\mathrm{n}} s + \omega_{\mathrm{n}}^2}\frac{1}{s} = \frac{K\omega_{\mathrm{n}}^2}{s(s+\omega_{\mathrm{n}})^2} \qquad (4.13)$$

です．これを部分分数分解すると，

$$y(s) = K\left(\frac{1}{s} - \frac{1}{s+\omega_{\mathrm{n}}} - \frac{\omega_{\mathrm{n}}}{(s+\omega_{\mathrm{n}})^2}\right) \qquad (4.14)$$

となります．これを逆ラプラス変換して，

$$y(t) = K\left(1 - e^{-\omega_{\mathrm{n}} t} - \omega_{\mathrm{n}} t e^{-\omega_{\mathrm{n}} t}\right) \qquad (4.15)$$

が得られます．これより，$y(0) = 0$，$y(\infty) = K$ であることがわかります．そして，$y(t)$ は指数関数的に K に近づいていきますので，$\zeta = 1$ のときは，振動（オーバーシュート）は生じないことがわかります．なお，式(4.15) は，つぎのように，Python で計算することができます．

```
import sympy as sp
sp.init_printing()
s = sp.Symbol('s')
t = sp.Symbol('t', positive=True)
```

```
w = sp.Symbol('w', real=True)
P = sp.apart(w**2/s/(s+w)**2, s)
sp.inverse_laplace_transform(P, s, t)
```

また，$\zeta \neq 1$ のときは，以下のようになります．

$$y(s) = \frac{K\omega_{\rm n}^2}{s^2 + 2\zeta\omega_{\rm n}s + \omega_{\rm n}^2} \times \frac{1}{s} = \frac{K\omega_{\rm n}^2}{s(s-p_1)(s-p_2)} \tag{4.16}$$

ただし，p_1，$p_2 = (-\zeta \pm \sqrt{\zeta^2 - 1})\omega_{\rm n}$ です．これを部分分数分解すると，

$$y(s) = \frac{K\omega_{\rm n}^2}{p_1 p_2}\left(\frac{1}{s} + \frac{p_2}{(p_1 - p_2)(s - p_1)} - \frac{p_1}{(p_1 - p_2)(s - p_2)}\right) \tag{4.17}$$

となるので，逆ラプラス変換して，

$$y(t) = \frac{K\omega_{\rm n}^2}{p_1 p_2}\left(1 + \frac{p_2}{p_1 - p_2}e^{p_1 t} - \frac{p_1}{p_1 - p_2}e^{p_2 t}\right) \tag{4.18}$$

が得られます．なお，Python ではつぎのようにすると求まります．

```
p1= sp.Symbol('p1', real=True)
p2= sp.Symbol('p2', real=True)
P = sp.apart(w**2/(s*(s-p1)*(s-p2)), s)
sp.inverse_laplace_transform(P, s, t)
```

さらに，$p_1 p_2 = \omega_{\rm n}^2$，$p_1 - p_2 = 2\omega_{\rm n}\sqrt{\zeta^2 - 1}$ を代入すると，

$$\begin{aligned} y(t) &= K\left(1 + \frac{(-\zeta - \sqrt{\zeta^2 - 1})}{2\sqrt{\zeta^2 - 1}}e^{p_1 t} - \frac{(-\zeta + \sqrt{\zeta^2 - 1})}{2\sqrt{\zeta^2 - 1}}e^{p_2 t}\right) \\ &= K\left(1 - \frac{\zeta + \sqrt{\zeta^2 - 1}}{2\sqrt{\zeta^2 - 1}}e^{p_1 t} + \frac{\zeta - \sqrt{\zeta^2 - 1}}{2\sqrt{\zeta^2 - 1}}e^{p_2 t}\right) \end{aligned} \tag{4.19}$$

となります．そして，$\zeta > 1$ の場合には，p_1，$p_2 = (-\zeta \pm \sqrt{\zeta^2 - 1})\omega_{\rm n}$ は負の実数となりますので，$y(t)$ は $y(0) = 0$ から指数関数的に $y(\infty) = K$ に近づいていくことがわかります（オーバーシュートは生じない）．

つぎに，$|\zeta| < 1$ のときには，$p_1, p_2 = -\zeta\omega_{\rm n} \pm j\omega_{\rm n}\sqrt{1 - \zeta^2}$ に注意し，オイラーの公式（$e^{j\theta} = \cos\theta + j\sin\theta$）を用いると，

$$\begin{aligned} y(t) = K\Bigg(1 &- \frac{\zeta + j\sqrt{1 - \zeta^2}}{2j\sqrt{1 - \zeta^2}}e^{-\zeta\omega_{\rm n}t}(\cos\bar{\omega}_{\rm n}t + j\sin\bar{\omega}_{\rm n}t) \\ &+ \frac{\zeta - j\sqrt{1 - \zeta^2}}{2j\sqrt{1 - \zeta^2}}e^{-\zeta\omega_{\rm n}t}(\cos\bar{\omega}_{\rm n}t - j\sin\bar{\omega}_{\rm n}t)\Bigg) \end{aligned}$$

$$= K\left(1 - e^{-\zeta\omega_{\mathrm{n}} t}\cos\bar{\omega}_{\mathrm{n}} t - \frac{\zeta}{\sqrt{1-\zeta^2}}e^{-\zeta\omega_{\mathrm{n}} t}\sin\bar{\omega}_{\mathrm{n}} t\right) \tag{4.20}$$

となります．ただし，$\bar{\omega}_{\mathrm{n}} := \omega_{\mathrm{n}}\sqrt{1-\zeta^2}$ としました．

このように，$|\zeta| < 1$ のときは，cos や sin が現れるため，振動的な振る舞いになることがわかります．

さらに，$0 < \zeta < 1$ であれば，指数関数の部分が時間の経過とともに 0 に収束するため，振動しながら K に収束することがわかります．

また，y の最大値 $y_{\max}$ を求めるために，y の時間微分を計算します．式(4.20)を時間微分すると

$$\dot{y}(t) = \frac{K\omega_n}{\sqrt{1-\zeta^2}}e^{-\zeta\omega_{\mathrm{n}} t}\sin\bar{\omega}_{\mathrm{n}} t \tag{4.21}$$

となるので，

$$T_{\mathrm{p}} = t = \frac{\pi}{\bar{\omega}_n}$$

のとき $\dot{y}(T_{\mathrm{p}}) = 0$ となり，y が最大値をとることがわかります．

$$T_{\mathrm{p}} = \frac{\pi}{\omega_{\mathrm{n}}\sqrt{1-\zeta^2}} \tag{4.22}$$

そして，このときの y の最大値は，

$$y_{\max} = y(T_{\mathrm{p}}) = K(1 + e^{-\zeta\omega_{\mathrm{n}} T_{\mathrm{p}}}) \tag{4.23}$$

となります（オーバーシュートは $y_{\max} - y(\infty) = Ke^{-\zeta\omega_{\mathrm{n}} T_{\mathrm{p}}}$ です）．

なお，y が最大値 $y_{\max}$ をとる時間 T_{p} のことを**行き過ぎ時間**と呼びます．

最後に，$\zeta = 0$ のときは，

$$y(t) = K\left(1 - \cos\omega_{\mathrm{n}} t\right) \tag{4.24}$$

となり，指数関数要素がなくなるため，振幅が K の持続振動となることがわかります．

練習問題

以下の伝達関数のステップ応答を調べなさい．

(1)
$$\mathcal{P}(s) = \frac{s+3}{(s+1)(s+2)} \tag{4.25}$$

(2)
$$\mathcal{P}(s) = \frac{1}{s^3 + 2s^2 + 2s + 1} \tag{4.26}$$

4.2 状態空間モデルの時間応答

つぎは状態空間モデルで時間応答を考えてみましょう．伝達関数モデルでは，入力に対して出力がどのように変化するかに注目していましたが，状態空間モデルでは，それに加えて初期値が出力に与える影響も考えることができます．そこで，入力を $u = 0$ とした $\dot{\boldsymbol{x}}(t) = \boldsymbol{A}\boldsymbol{x}(t)$ の振る舞いを考えてみます．

Python では，初期値応答は，initial 関数を使うと調べることができます．

```
x, t = initial(sys, Td, X0)
```

引数は sys，Td，X0 で，sys と Td は step のときと同じです．X0 は初期状態で，sys の状態の数だけ与えます．たとえば，X0 = [1, 2] のようにリストで渡します．なお，初期状態を 0 とする場合は，省略することができます．initial の返り値は，x と t で，x が状態の応答，t が時間です．なお，多次元の x の各要素を参照する場合は，スライスを用いて x[:,0]，x[:,1] のようにします．

以下では，

$$\boldsymbol{A} = \begin{bmatrix} 0 & 1 \\ -4 & -5 \end{bmatrix}, \quad \boldsymbol{B} = \begin{bmatrix} 0 \\ 1 \end{bmatrix}, \quad \boldsymbol{C} = \begin{bmatrix} 1 & 0 \\ 0 & 1 \end{bmatrix}, \quad \boldsymbol{D} = \begin{bmatrix} 0 \\ 0 \end{bmatrix} \tag{4.27}$$

で与えられるシステムを考えます．ただし，状態 $\boldsymbol{x}$ の振る舞いを調べるために，$\boldsymbol{C}$ を単位行列としています（つまり，$y = \boldsymbol{x}$）．

リスト 4.10　状態空間モデルの初期値応答

```
import matplotlib.pyplot as plt
import numpy as np
from control.matlab import ss, step, initial, lsim

A = [[0, 1],[-4, -5]]
B = [[0], [1]]
```

```
C = np.eye(2) # 2x2の単位行列
D = np.zeros([2, 1]) # 2x1の零行列
P = ss(A, B, C, D)

Td = np.arange(0, 5, 0.01)
X0 = [-0.3, 0.4]
x, t = initial(P, Td, X0) #初期値応答（零入力応答）

fig, ax = plt.subplots()
ax.plot(t, x[:,0], label = '$x_1$')
ax.plot(t, x[:,1], ls = '-.', label = '$x_2$')
plot_set(ax, 't', 'x', 'best')
```

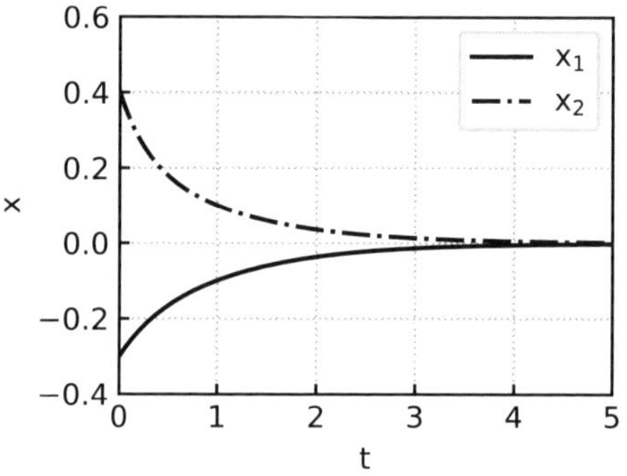

図 4.10　初期値応答（零入力応答）

状態 $\boldsymbol{x} = [x_1\ x_2]^\top$ は 2 次元ですので，**図 4.10** には 2 本の線がプロットされています．すなわち，初期値 $x_1(0) = -0.3$，$x_2(0) = 0.4$ からスタートして，最終的にどちらも 0 に収束しています．ところで，図 3.3（62 ページ）の垂直駆動アームは，初期角度と初期角速度を与えてスタートさせたとき，何も入力がなければ，粘性摩擦と重力の影響を受けて，最終的に鉛直下向きに垂れ下がった状態で静止します．つまり，$x_1(t) \to 0$，$x_2(t) \to 0$ $(t \to \infty)$ となります．上記の例題はこれに対応しています．

さて，微分方程式 $\dot{x}(t) = ax(t)$ の解は，

$$x(t) = e^{at}x(0) \tag{4.28}$$

です．この a が 行列 $\boldsymbol{A}$ に置き換わった状態方程式 $\dot{\boldsymbol{x}}(t) = \boldsymbol{A}\boldsymbol{x}(t)$ の解は，

$$\boldsymbol{x}(t) = e^{\boldsymbol{A}t}\boldsymbol{x}(0) \tag{4.29}$$

となります．ただし，$e^{\boldsymbol{A}t}$ は**行列指数関数**（**状態遷移行列**）で，

$$\begin{aligned} e^{\boldsymbol{A}t} &= \boldsymbol{I} + \boldsymbol{A}t + \frac{\boldsymbol{A}^2t^2}{2!} + \frac{\boldsymbol{A}^3t^3}{3!} + \cdots \\ &= \mathcal{L}^{-1}\left[(s\boldsymbol{I} - \boldsymbol{A})^{-1}\right] \end{aligned} \tag{4.30}$$

となります*2．ただし，$\boldsymbol{I}$ は単位行列です．この行列指数関数が計算できれば，状態方程式の振る舞いを求めることができます．

なお，行列指数関数は，式 (4.30) の逆ラプラス変換を用いる方法により直接手計算で求めることもできますが，つぎのように Python を用いて求めることもできます．

```
import sympy as sp
import numpy as np
sp.init_printing()
s = sp.Symbol('s')
t = sp.Symbol('t', positive=True)

A = np.array([[0, 1],[-4, -5]])
# 行列指数関数の計算（逆ラプラス変換を用いる方法）
G = s*sp.eye(2)-A
exp_At = sp.inverse_laplace_transform(sp.simplify(G.inv()), s, t)
```

また，ある時刻における行列指数関数の値を求める場合には，

```
from scipy.linalg import expm
A = np.array([[0, 1],[-4, -5]])
t = 5
expm(A*t)
```

とします．

つぎに，入力がある場合を考えます．つぎの解の公式を用います．

*2　$\dot{\boldsymbol{x}} = \boldsymbol{A}\boldsymbol{x}$ の両辺をラプラス変換すると，$s\boldsymbol{x}(s) - \boldsymbol{x}(0) = \boldsymbol{A}\boldsymbol{x}(s)$ となります．したがって，$\boldsymbol{x}(s) = (s\boldsymbol{I} - \boldsymbol{A})^{-1}\boldsymbol{x}(0)$ ですので，$\boldsymbol{x}(t) = \mathcal{L}^{-1}[(s\boldsymbol{I} - \boldsymbol{A})^{-1}]\boldsymbol{x}(0)$ が得られ，これと式 (4.29) を比較すれば，式 (4.30) が得られます．

状態方程式 $\dot{\boldsymbol{x}}(t) = \boldsymbol{A}\boldsymbol{x}(t) + \boldsymbol{B}u(t)$ の解は，

$$\boldsymbol{x}(t) = e^{\boldsymbol{A}t}\boldsymbol{x}(0) + \int_0^t e^{\boldsymbol{A}(t-\tau)}\boldsymbol{B}u(\tau)\mathrm{d}\tau \quad (t \geq 0) \tag{4.31}$$

となる．式(4.31) で，第 1 項を**零《ゼロ》入力応答**，第 2 項を**零《ゼロ》状態応答**と呼ぶ．

ここでは，初期値を $\boldsymbol{x}(0) = [0\ 0]^\top$ とし，入力を $u(t) = 1\ (t \geq 0)$（ステップ入力）としたときの応答（零状態応答）

$$\boldsymbol{x}(t) = \int_0^t e^{\boldsymbol{A}(t-\tau)}\boldsymbol{B}\mathrm{d}\tau \tag{4.32}$$

をみてみましょう．

リスト 4.11 のように step 関数を使います．結果は，**図 4.11** となります．

リスト 4.11　状態空間モデルの零状態応答

```
Td = np.arange(0, 5, 0.01)
x, t = step(P, Td) #ステップ応答（零状態応答）

fig, ax = plt.subplots()
ax.plot(t, x[:,0], label = '$x_1$')
ax.plot(t, x[:,1], ls = '-.', label = '$x_2$')
plot_set(ax, 't', 'x', 'best')
```

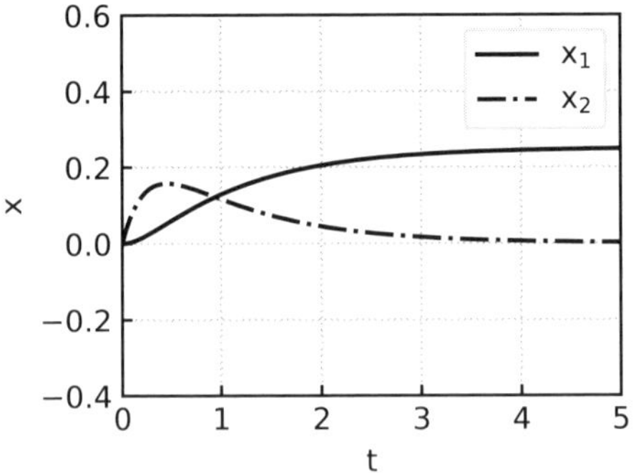

図 4.11　ステップ応答（零状態応答）

また，lsim 関数を使って，式 (4.31) の時間応答を確認します．先ほど調べた初期値応答（零入力応答）と零状態応答を足し合わせたものになります．

```
y, t, x = lsim(sys, Ud, Td, X0)
```

引数は，sys, Ud, Td, X0 で，sys, Td, X0 は initial のときと同じです．Ud は入力信号です．たとえば，Td=np.arange(0, 5, 0.01) としたとき，Ud = 1*(Td>=0) とすれば，ステップ入力を指定することができます．

lsim の返り値は y, t, x で，y がシステムの出力の応答，t が時間，x が状態の応答です．システムの C 行列を単位行列とする場合は，y は状態 x と同じになります．

具体的に，**リスト 4.12** を実行すると，**図 4.12** が得られます．なおリスト 4.12 において，関数の返り値で不要なものは，アンダースコアを用いて無視しています．

リスト 4.12　状態空間モデルの時間応答

```
Td = np.arange(0, 5, 0.01)
Ud = 1*(Td>=0) # ステップ入力
X0 = [-0.3, 0.4]

xst, t = step(P, Td) #零状態応答
xin, _ = initial(P, Td, X0) #零入力応答
x, _, _ = lsim(P, Ud, Td, X0)

fig, ax = plt.subplots(1, 2, figsize=(6, 2.3))
for i in [0, 1]:
    ax[i].plot(t, x[:,i], label='response') #図では「状態の応答」と表示
    ax[i].plot(t, xst[:,i], ls='--', label='zero state') #図では「零状態応
答」と表示
    ax[i].plot(t, xin[:,i], ls='-.', label='zero input') #図では「零入力応
答」と表示

plot_set(ax[0], 't', '$x_1$')
plot_set(ax[1], 't', '$x_2$', 'best')
fig.tight_layout()
```

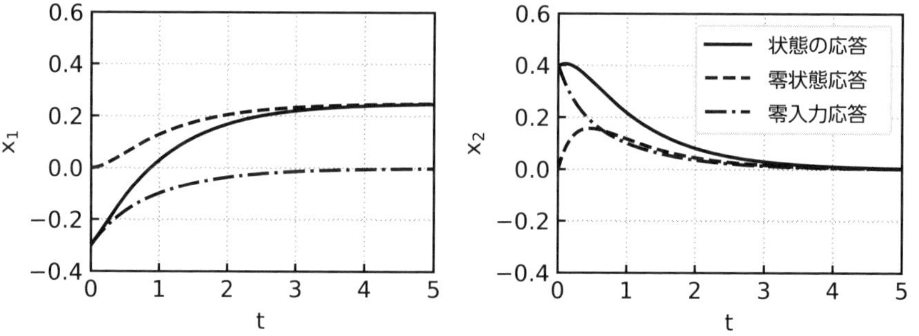

図 4.12　状態空間モデルの時間応答

練習問題

リスト 4.12 を変更し，$u(t) = 3\sin 5t$，$\boldsymbol{x}(0) = [0.5\ 1]^\top$ とした場合の状態の振る舞いを調べなさい．

●解答例

リスト 4.12 において，

```
Ud = 3*np.sin(5*Td)
X0 = [0.5, 1]
xst, t, _ = lsim(P, Ud, Td)
```

のようにすると，**図 4.13** が得られます．

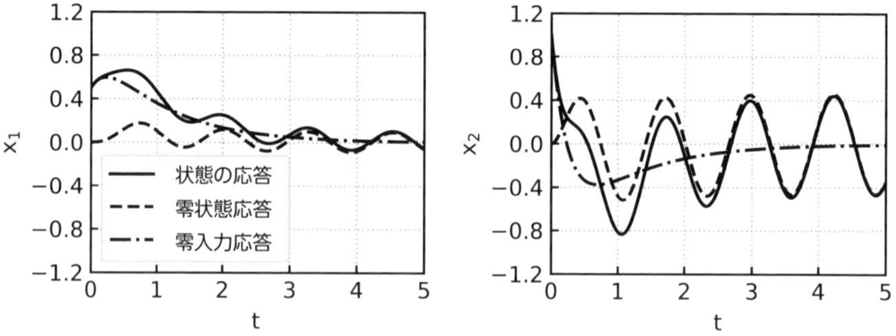

図 4.13　状態空間モデルの時間応答

状態方程式の解

まず，$\dot{\boldsymbol{x}}(t) = \boldsymbol{A}\boldsymbol{x}(t)$ の解が

$$\boldsymbol{x}(t) = e^{\boldsymbol{A}t}\boldsymbol{x}(0) \tag{4.33}$$

であることを確かめます．式(4.33) の両辺を時間で微分します．行列指数関数の定義より，

$$\frac{\mathrm{d}}{\mathrm{d}t}e^{\boldsymbol{A}t} = \boldsymbol{A}e^{\boldsymbol{A}t} \tag{4.34}$$

であることに注意すると，

$$\dot{\boldsymbol{x}}(t) = \boldsymbol{A}e^{\boldsymbol{A}t}\boldsymbol{x}(0) = \boldsymbol{A}\boldsymbol{x}(t) \tag{4.35}$$

となり，確かに解であることがわかります．

つぎに，$\dot{\boldsymbol{x}}(t) = \boldsymbol{A}\boldsymbol{x}(t) + \boldsymbol{B}u(t)$ の解を求めましょう．$\boldsymbol{x}(t) = e^{\boldsymbol{A}t}\boldsymbol{z}(t)$ を解の候補とします．ただし，$\boldsymbol{z}(0) = \boldsymbol{x}(0)$ です．$\boldsymbol{x}(t) = e^{\boldsymbol{A}t}\boldsymbol{z}(t)$ を時間微分すると，

$$\dot{\boldsymbol{x}}(t) = \boldsymbol{A}e^{\boldsymbol{A}t}\boldsymbol{z}(t) + e^{\boldsymbol{A}t}\dot{\boldsymbol{z}}(t) = \boldsymbol{A}\boldsymbol{x}(t) + e^{\boldsymbol{A}t}\dot{\boldsymbol{z}}(t) \tag{4.36}$$

です．したがって，これをもとの状態方程式と一致させるためには，

$$e^{\boldsymbol{A}t}\dot{\boldsymbol{z}}(t) = \boldsymbol{B}u(t) \tag{4.37}$$

を満たす $\boldsymbol{z}(t)$ を求めればよいです．そこで，$\dot{\boldsymbol{z}}(t) = e^{-\boldsymbol{A}t}\boldsymbol{B}u(t)$ を考え，両辺を積分すると，

$$\boldsymbol{z}(t) = \boldsymbol{z}(0) + \int_0^t e^{-\boldsymbol{A}\tau}\boldsymbol{B}u(\tau)\mathrm{d}\tau \tag{4.38}$$

を得ます．したがって，

$$\boldsymbol{x}(t) = e^{\boldsymbol{A}t}\boldsymbol{z}(t) = e^{\boldsymbol{A}t}\boldsymbol{x}(0) + \int_0^t e^{\boldsymbol{A}(t-\tau)}\boldsymbol{B}u(\tau)\mathrm{d}\tau \tag{4.39}$$

が解となります．

4.3 安定性

1 次系や 2 次系の時間応答を見てきたけど，パラメータが変わるだけで，収束したり，発散したり，振動したりするんだね．

でも，いちいちパラメータを変えて，グラフ描いてられない．

そうだね．安定性の条件を知っていると，いつ応答が発散するかとかが伝達関数モデルや状態空間モデルからわかるよ．

そうそう，そういうのが知りたいのよ．

安定性には，入出力安定性と漸近安定性があるから，注意してね．

4.3.1 入出力安定性

1 次遅れ系や 2 次遅れ系のステップ応答を調べた際，パラメータの選び方次第で，出力応答が発散することがありました．これはシステムが**不安定**であることを意味します．そこで，システムの安定性についてもう少し詳しく考えてみましょう．

まず，有界な信号を入力としたときに出力も有界になることを**入出力安定**や **BIBO 安定**（bounded input, bounded output stability：有界入力・有界出力安定），または単に**安定**といいます．ちなみに**有界な信号**とは，無限大に発散しない信号のことで，つぎのように定義されます[*3]．

$$|u(t)| \leq M < \infty, \quad \forall t, \quad \exists M > 0 \tag{4.40}$$

つまり，1 次遅れ系や 2 次遅れ系ではパラメータによって入出力安定でなく

∗3　$\forall t$ は任意の t を，また，$\exists M$ はある M が存在することを表す．

なる場合があるということになります．では，一般的に，いつ不安定になるのでしょうか．これは，伝達関数の**極**（$\mathcal{P}(s) = \infty$ となる s，分母多項式の根）を調べることでわかります．具体的に安定な場合と，不安定な場合，それぞれについて極をみてみましょう．

Python で伝達関数の極を調べるためには，poles 関数を使います．具体的に，sys.poles() のようにメソッドとして実行することで，極が取得できます．また，poles をインポートして，p = poles(sys) のように引数にモデルを指定することで，同様の結果が得られます．

1 次遅れ系で，$K = 1$，$T = 1$，-1 としたときの伝達関数の極を確認します．

```
from control.matlab import tf, tfdata
P1 = tf([0,1], [1, 1])
print('P1:', P1.poles())
P2 = tf([0,1], [-1, 1])
print('P2:', P2.poles())
```

```
P1: [-1.+0.j]
P2: [1.+0.j]
```

$\mathcal{P}_1$ の極は -1，$\mathcal{P}_2$ の極は 1 です．

つぎに，2 次遅れ系で $K = 1$，$\omega_{\rm n} = 1$，$\zeta = 0.025, -0.025$ としたときの伝達関数の極を求めます．

```
P3 = tf([0,1], [1, 0.05, 1])
print('P3:', P3.poles())
P4 = tf([0,1], [1, -0.05, 1])
print('P4:', P4.poles())
```

```
P3: [-0.025+0.99968745j -0.025-0.99968745j]
P4: [0.025+0.99968745j 0.025-0.99968745j]
```

$\mathcal{P}_3$ の極は $-0.025 \pm 0.99968745j$，$\mathcal{P}_4$ の極は $0.025 \pm 0.99968745j$ です．

4.1 節の例題では，$\mathcal{P}_1$，$\mathcal{P}_3$ は安定で，$\mathcal{P}_2$，$\mathcal{P}_4$ は不安定でした．このことを

踏まえると，安定な場合は，極の実部が負になっており，複素平面において左半平面に極が存在していることがわかります．実際，システムの入出力安定性に関して，つぎの結果が知られています．

> システムが入出力安定であるための必要十分条件は，伝達関数のすべての極の実部が負であることである．

すなわち，伝達関数の極が複素平面の左半面内にあれば，システムは入出力安定となります．したがって，伝達関数の極を調べれば，安定性が判別できます．なお，実部が負の極を**安定極**といい，そうでない極を**不安定極**といいます．Python では，極は上記のように poles を用いて求めることができるほか，つぎのように，roots を使って分母多項式の根を求めることもできます．

```
[[Np]], [[Dp]] = tfdata(P4)
print(Dp)
print(np.roots(Dp))
```

```
[ 1.   -0.05 1.  ]
[0.025+0.99968745j 0.025-0.99968745j]
```

ちなみに，分母多項式の根を伝達関数の極といいましたが，分子多項式の根（$\mathcal{P}(s) = 0$ となる s）のことを**零点**《ゼロ》と呼びます．この零点もシステムの応答を決めるものですが，基本的にシステムを不安定にするものではありません．Python では，零点は関数 zeros を用いて調べることができます（もちろん分子多項式の根を求めても同じ結果が得られます）．

ラウスの安定判別法

システムの特性多項式（伝達関数の分母多項式）が $D(s) = a_n s^n + a_{n-1} s^{n-1} + \cdots + a_1 s + a_0$ であるとします．このシステムが入出力安定であるかどうかは，以下の条件を満足するかで判別できます．

条件 1：すべての係数 $a_0, a_1, \ldots, a_n$ が存在して，かつ同符号．

条件 2：つぎのラウス表を作成したとき，第 1 列（ラウス数列）の要素がすべて同符号．

$$
\left|\begin{array}{c|cccc}
s^n & a_n & a_{n-2} & a_{n-4} & \cdots \\
s^{n-1} & a_{n-1} & a_{n-3} & a_{n-5} & \cdots \\
s^{n-2} & b_1 := \dfrac{a_{n-1}a_{n-2} - a_n a_{n-3}}{a_{n-1}} & b_2 := \dfrac{a_{n-1}a_{n-4} - a_n a_{n-5}}{a_{n-1}} & b_3 & \cdots \\
s^{n-3} & c_1 := \dfrac{b_1 a_{n-3} - a_{n-1} b_2}{b_1} & c_2 := \dfrac{b_1 a_{n-5} - a_{n-1} b_3}{b_1} & c_3 & \cdots \\
\vdots & \vdots & \vdots & \vdots & \\
s^0 & & & &
\end{array}\right|
$$

条件 1 は安定性のための必要条件ですので，この条件を満たしていなければ，その時点でシステムは不安定となります．また，条件 2 のラウス数列の正負の符号変化の数は，不安定極の数に等しいことが知られています．いま，例として，

$$
\mathcal{P}(s) = \frac{1}{s^4 + 2s^3 + 3s^2 + 4s + 5}
$$

を考えます．この場合，極は，

```
[-1.28781548+0.85789676j -1.28781548-0.85789676j
 0.28781548+1.41609308j 0.28781548-1.41609308j]
```

で，不安定極が 2 つありますので，不安定です．これを**ラウスの安定判別法**で確認します．まず，分母多項式の係数はすべて正ですので，条件 1 は満たしています．つぎに，ラウス表を作成します．

$$
\left|\begin{array}{c|ccc}
s^4 & 1 & 3 & 5 \\
s^3 & 2 & 4 & 0 \\
s^2 & b_1 := \dfrac{2\cdot 3 - 1\cdot 4}{2} = 1 & b_2 := \dfrac{2\cdot 5 - 1\cdot 0}{2} = 5 & b_3 = 0 \\
s^1 & c_1 := \dfrac{1\cdot 4 - 2\cdot 5}{1} = -6 & c_2 := \dfrac{1\cdot 0 - 2\cdot 0}{1} = 0 & c_3 = 0 \\
s^0 & d_1 := \dfrac{-6\cdot 5 - 1\cdot 0}{-6} = 5 & d_2 := \dfrac{-6\cdot 0 - 1\cdot 0}{-6} = 0 & d_3 = 0
\end{array}\right|
$$

このとき，ラウス数列は，$1, 2, 1, -6, 5$ となりますので，条件 2 は満たされていません．これより，システムは不安定となります．また，ラウス数列の符号が 2 回変わっていますので，不安定極が 2 個あることがわかります．

安定判別法には，このほかに，フルビッツの安定判別法があります．

Python では簡単に伝達関数の極を求めることができますので，ラウスの安定判別法やフルビッツの安定判別法を用いる場面は少ないかもしれません．しかし，条件 1 を知っていれば，極を求めなくても不安定であることを瞬時に判定できる

場合があります．また，s の多項式に $s = s' + \gamma$（γ は実数）を代入して，s' の多項式を求め，それに対して，安定判別法を適用すれば，極の実部が γ 以下であるかどうかを調べることができます．この考え方は，制御系設計において役立ちます．

4.3.2　漸近安定性

前項では伝達関数の安定性を説明しましたが，状態空間モデルの場合はどうでしょうか．状態空間モデルの場合，安定性はシステムの $\boldsymbol{A}$ 行列の**固有値**を調べればわかります．具体的には，固有値の実部が負であればシステムは安定です．

システムが安定であるための必要十分条件は，行列 $\boldsymbol{A}$ のすべての固有値の実部が負であることである．

ただし，ここでの安定性は，

$$\lim_{t \to \infty} \boldsymbol{x}(t) = 0 \tag{4.41}$$

となることで，このような安定性を**漸近安定性**といいます．とくに，状態空間モデルが漸近安定であれば，有界な入力に対して出力は有界（入出力安定，BIBO 安定）となります．これは，行列 $\boldsymbol{A}$ の特性多項式と伝達関数の分母多項式が同じであることからわかります．しかし逆は必ずしも正しくないことに注意してください[*4]．

Python では，行列の固有値は，Numpy の関数 np.linalg.eigvals で調べることができます．

```
A = np.array([[0, 1], [-4, -5]])
np.linalg.eigvals(A)
```

```
[-1. -4.]
```

＊4　なぜなら，行列 $\boldsymbol{B}$, $\boldsymbol{C}$ の性質によっては，伝達関数 $\boldsymbol{C}(s\boldsymbol{I} - \boldsymbol{A})^{-1}\boldsymbol{B}$ の分子多項式と分母多項式の間に共通因子をもち，約分が生じる可能性があるからです．

ところで，**リスト 4.13** を利用して，状態 x_1 と x_2 の**位相面図**（本書では，状態 $\boldsymbol{x}$ の軌道を x_1–x_2 平面にプロットしたものをこのように呼びます）を描くと**図 4.14** のようになります．このグラフから任意の初期値からスタートしたとき，必ず原点に収束する軌跡が描かれていることが確認できます．

図中の直線は，行列 $\boldsymbol{A}$ の固有値に対応する固有ベクトルをプロットしたものです．上記の例の場合，固有値は，-1 と -4 ですので，それらに対応する固有ベクトルが破線で描かれています．

なお，固有ベクトルは，$\dot{\boldsymbol{x}} = \boldsymbol{A}\boldsymbol{x} = \lambda\boldsymbol{x}$ を満たすものですので，この直線の上に一度乗ってしまえば，後は，その直線に沿って状態が遷移します．この直線のことを**不変空間**と呼びます．

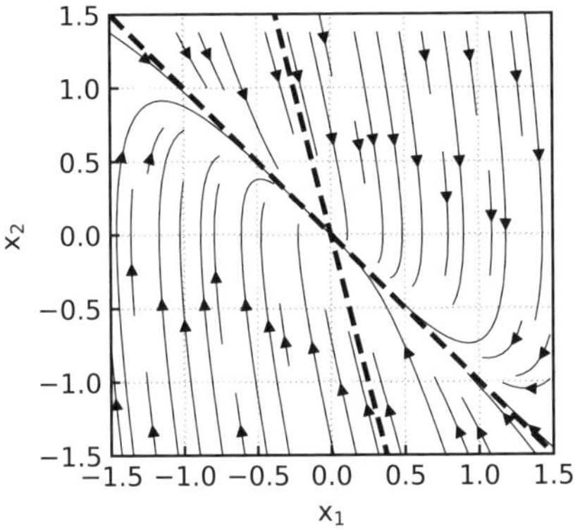

図 4.14 状態の軌跡

リスト 4.13 位相面図

```
w = 1.5 # 刻み幅の設定
Y, X = np.mgrid[-w:w:100j, -w:w:100j]

A = np.array([[0, 1], [-4, -5]])
s, v = np.linalg.eig(A) # 行列Aの固有ベクトルvと固有値s

# \dot{x}=Axを用いて，\dot{x}の成分を計算
U = A[0,0]*X + A[0,1]*Y
V = A[1,0]*X + A[1,1]*Y

t = np.arange(-1.5,1.5,0.01)
```

```
fig, ax = plt.subplots()
# 行列Aが実固有値をもつ場合のみ不変集合をプロット
if s.imag[0] == 0 and s.imag[1] == 0:
    ax.plot(t, (v[1,0]/v[0,0])*t, ls='-')
    ax.plot(t, (v[1,1]/v[0,1])*t, ls='-')
# xの位相面図をプロット
ax.streamplot(X, Y, U, V, density=0.7, color='k')
plot_set(ax, '$x_1$', '$x_2$')
```

練習問題

$\boldsymbol{A}$ 行列を

$$\boldsymbol{A} = \begin{bmatrix} 0 & 1 \\ -4 & 5 \end{bmatrix}$$

とする．$\boldsymbol{A}$ の固有値を求めて安定性を調べなさい．
そして，状態の位相面図を描きなさい．

●解答例

固有値は，1 と 4 ですので，不安定です．位相面図は**図 4.15** となります．これより，どの初期値からスタートしても，原点から遠ざかる軌跡になっていることがわかります．

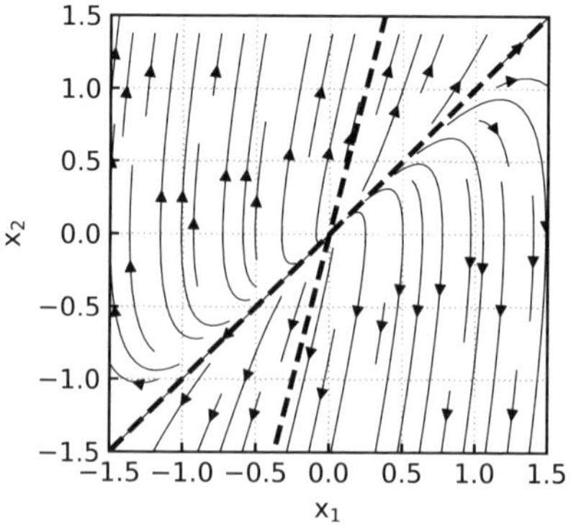

図 4.15　状態の軌跡

リアプノフの安定判別法

状態方程式の安定性を調べるときには，行列 $\boldsymbol{A}$ の固有値を直接調べますが，それをせずに，リアプノフ関数と呼ばれる関数の性質によって，間接的に安定性を調べる方法があります．これは，**リアプノフの安定定理**と呼ばれています．この結果を用いると，行列方程式を解くことでシステムの安定性が判別できます．

システム $\dot{\boldsymbol{x}} = \boldsymbol{A}\boldsymbol{x}$ が漸近安定であることは，以下と等価である．行列 $\boldsymbol{Q} = \boldsymbol{Q}^\top > 0$ が任意に与えられたとき，**リアプノフ方程式**

$$\boldsymbol{P}\boldsymbol{A} + \boldsymbol{A}^\top \boldsymbol{P} = -\boldsymbol{Q} \tag{4.42}$$

を満たす行列 $\boldsymbol{P} = \boldsymbol{P}^\top > 0$ が一意に存在する．

以下の行列の固有値は，-1 と -4 ですので，システムは漸近安定です．

```
A = np.array( [[0, 1],[-4, -5]] )
```

一方，

```
from control.matlab import lyap
Q = np.eye(2)
P = lyap(A.T, Q)
np.linalg.eigvals(P)
```

とすれば，リアプノフ方程式の解 $\boldsymbol{P}$ が求まり，その固有値が

```
[1.1403882 0.1096118]
```

であることから，$\boldsymbol{P}$ が正定であることがわかります．これより，システムが漸近安定であることが確認できます．なお，lyap(M,Q) は $MP + PM^\top = -Q$ の解を求める関数であるため，引数に $\boldsymbol{A}$ の転置を与えています．

4.4 極と振る舞いの関係

伝達関数モデルの極の実部や，状態空間モデルの $\boldsymbol{A}$ 行列の固有値の実部が負であるとき，システムが安定であることがわかりました．ここでは，もう一歩踏み込んで，極や固有値とシステムの振る舞いの関係を説明します．

まず，極が負側に大きくなるほど，応答が速くなります．1 次遅れ系の場合は，極が $s=-\dfrac{1}{T}$ となりますので，T が小さいほど応答が速くなることに対応しています．また 2 次遅れ系の場合には，極が

$$s=-\zeta\omega_{\mathrm{n}}\pm\omega_{\mathrm{n}}\sqrt{\zeta^2-1}$$

ですので，ω_{n} が大きくなると応答が速くなることに対応しています．

つぎに，極の虚部が 0 でないとき，振動的になり，虚部が大きいほど振動が速くなります．1 次遅れ系の極は実部のみですので，振動しないということがわかります．さらに，2 次遅れ系では，ζ の絶対値が 1 より小さいときは，

$$s=-\zeta\omega_{\mathrm{n}}\pm j\omega_{\mathrm{n}}\sqrt{1-\zeta^2}$$

となりますので，ζ が 0 に近いほど虚部の大きさが大きくなり振動的になります．また，$\zeta=0$ のときには，実部が 0 となりますが，この場合は，減衰せずに持続振動となります．

以上の説明を整理したものが，**図 4.16** です．ここで，$\times$ 印は，複素平面上の極（固有値）の位置を示しています（複素数の場合は，共役複素数のペアで存在します）．極が右半平面にある場合，すなわち極の実部が正の場合には，発散します．一方，極が左半平面にある場合，すなわち極の実部が負の場合にはある値に収束します．なお，極が虚軸上にある場合，すなわち極の実部が 0 の場合には持続振動となります．

それから，極が実部だけ（虚部が 0）の場合には振動せずに収束します．そして，極の実部が負側に大きいほど収束が速くなり，極の虚部の大きさが大きいほど振動周期が短くなります．

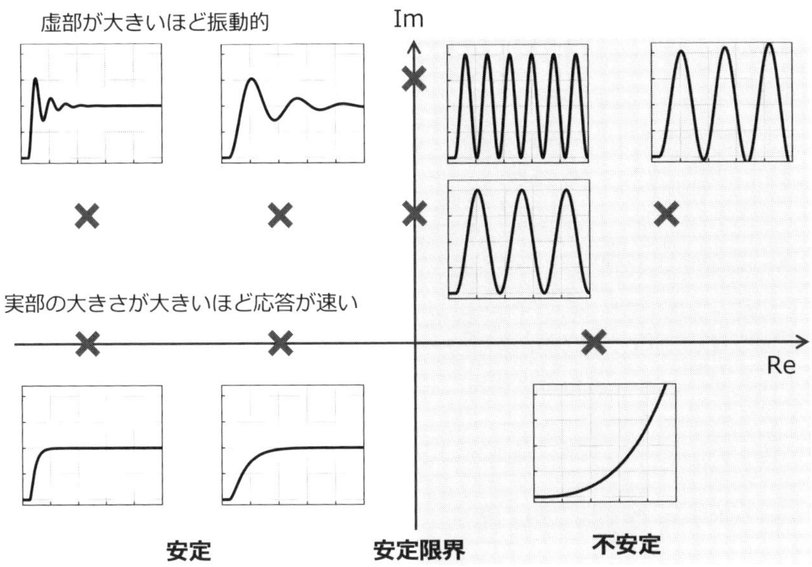

図 4.16　極と応答の関係

最後に，零点と振る舞いの関係を簡単に説明しておきます．ここでは，つぎの 3 つの伝達関数を考えます．

$$\mathcal{P}_1(s) = \frac{\omega_{\mathrm{n}}^2}{s^2 + 2\zeta\omega_{\mathrm{n}}s + \omega_{\mathrm{n}}^2} \tag{4.43}$$

$$\mathcal{P}_2(s) = \frac{3s + \omega_{\mathrm{n}}^2}{s^2 + 2\zeta\omega_{\mathrm{n}}s + \omega_{\mathrm{n}}^2} \tag{4.44}$$

$$\mathcal{P}_3(s) = \frac{3s - \omega_{\mathrm{n}}^2}{s^2 + 2\zeta\omega_{\mathrm{n}}s + \omega_{\mathrm{n}}^2} \tag{4.45}$$

$\mathcal{P}_1$ は零点がない伝達関数です．また，$\mathcal{P}_2$ の零点は $s = -\frac{\omega_{\mathrm{n}}^2}{3}$ で負の値となっています．このような零点を**安定零《ゼロ》点**といいます．対して，$\mathcal{P}_3$ の零点は $s = \frac{\omega_{\mathrm{n}}^2}{3}$ で正の値となります．このような零点を**不安定零点**といいます．さらに，$\mathcal{P}_1$ や $\mathcal{P}_2$ のようなシステムを**最小位相系**といい，$\mathcal{P}_3$ のような不安定零点をもつシステムを**非最小位相系**といいます．

これら 3 つの伝達関数のステップ応答を調べると，**図 4.17** となります．$\mathcal{P}_1$ と $\mathcal{P}_2$ の応答を比べると，零点があるほうが振動が大きくなっていることがわかります．それから，$\mathcal{P}_3$ をみますと，零点の影響により振動的になっていることがわかり，とくに，ステップ入力を加えた直後に**逆ぶれ**が生じていることがわかります．

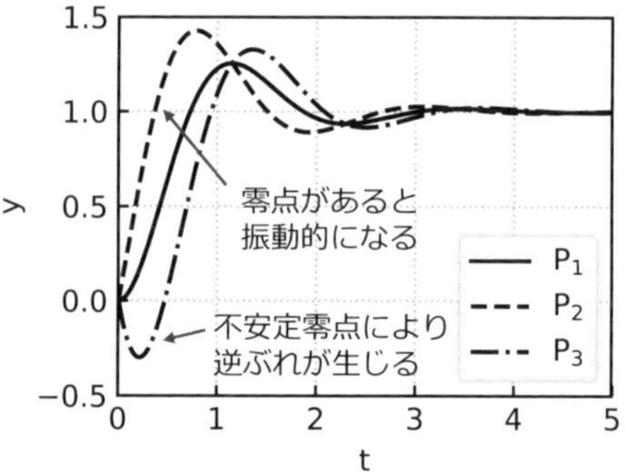

図 4.17　零点の影響

極とステップ応答の関係

いま，伝達関数 $\mathcal{P}(s)$ が

$$\mathcal{P}(s) = \frac{N_{\mathcal{P}}(s)}{(s-p_1)(s-p_2)\cdots(s-p_n)} \qquad (4.46)$$

で表されているとします．ただし，$N_{\mathcal{P}}(s)$ は s の多項式（次数は n より小さい）です．このとき，$\mathcal{P}(s)$ にステップ入力 $u(s) = \frac{1}{s}$ を加えたときの出力は，

$$y(s) = \frac{\alpha_0}{s} + \frac{\alpha_1}{s-p_1} + \frac{\alpha_2}{s-p_2} + \cdots + \frac{\alpha_n}{s-p_n} \qquad (4.47)$$

のようになります．ここで，α_i は部分分数分解の計算で求まる係数です．したがって，ステップ応答は，逆ラプラス変換を施すことにより，

$$y(t) = \alpha_0 + \alpha_1 e^{p_1 t} + \alpha_2 e^{p_2 t} + \cdots + \alpha_n e^{p_n t} \qquad (4.48)$$

となります．p_i が複素数 $p_i = \sigma_i + j\omega_i$ の場合は，$e^{p_i t} = e^{\sigma t} e^{j\omega_i t} = e^{\sigma t}(\cos\omega_i t + j\sin\omega_i t)$ となります（オイラーの公式 $e^{j\theta} = \cos\theta + j\sin\theta$ を用いました）．これを踏まえると，極の実部 σ_i がすべて負であれば，時間の経過とともに y が α_0 に収束することがわかります．

なお，$\mathcal{P}(s)$ の極が互いに異なる場合で説明しましたが，重複がある場合には，$te^{p_i t}$ や $t^2 e^{p_i t}$ など，t の多項式と指数関数の積が現れます．このような場合でも，やはり，極の実部が負であれば，y は α_0 に収束します（$te^{p_i t}$ などの極限は $\dfrac{t}{e^{-p_i t}}$ としてロピタルの定理を使うと 0 になることがわかります）．

4.5 周波数応答

4.1 節では，伝達関数 $\mathcal{P}(s)$ のステップ応答を調べました．ここで，制御対象の出力は，$y(s) = \mathcal{P}(s)\,u(s)$ と表すことができますので，$u(s) = 1$ となる信号を入力したときの応答が伝達関数であることがわかります．実は，$u(s) = 1$ となる信号 $u(t)$ は，**インパルス入力**と呼ばれます．インパルス入力は，**図 4.18** に示す**ディラックのデルタ関数** $\delta(t)$ という超関数で，$t = 0$ のときに ∞ の大きさをもち，$t = 0$ 以外は 0 であるものです．これより，インパルス入力を加えたときの応答（**インパルス応答**）をラプラス変換したものが伝達関数ということになります．

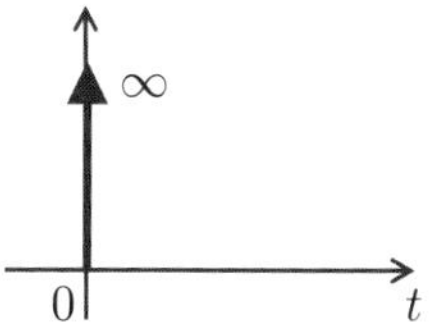

$$\delta(t) = \begin{cases} \infty & (t = 0) \\ 0 & (t \neq 0) \end{cases}$$

図 4.18　インパルス入力

上記を踏まえると，制御対象の特徴を調べるのであれば，インパルス入力を加えて応答を観測すればよさそうに思えます．実際，本章の冒頭で壁をコンコンたたく例を出しましたが，これはインパルス応答を調べていることに対応します．スイカをたたいてよい品を見定めることや，鉄道車両や橋梁の検査などで，ネジをハンマーでたたいて締まり具合を調べることは，インパルス応答を耳で聞いて，制御対象の特性を調べていることになります．

しかし，インパルス入力を加えることは現実的には困難です．なぜなら，一瞬だけの，無限大の大きさの入力が必要だからです．そこで，インパルス入力を別の信号の集まり（線形和）で表現します．具体的には，周波数の異なる複数の余弦波の集まりだとみなします（これは，数学的には，フーリエ変換をすることに対応しています）．実際，周波数の異なる余弦波を 10 個重ね合わ

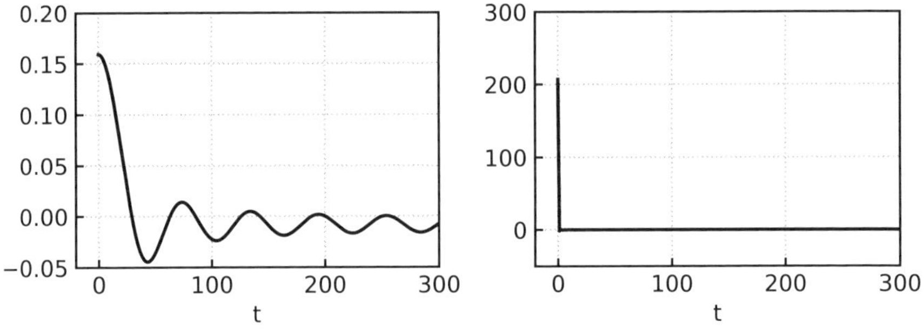

図 4.19　余弦波の重ね合わせ

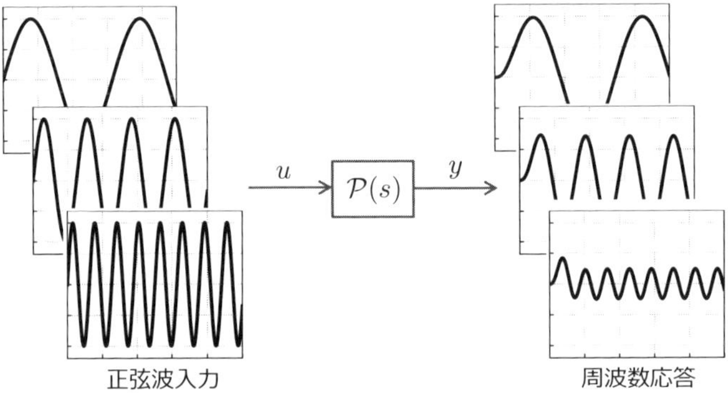

図 4.20　正弦波入力と周波数応答のイメージ図

せると**図 4.19** の左側のようになり，13,000 個重ね合わせると右側のようになり，だんだんインパルス入力のような形になることがわかります．

いいかえれば，インパルス入力は，さまざまな周波数成分を含んだ信号で表現することができます．したがって，さまざまな周波数の余弦波（cos）信号を加えて得られる結果をまとめることで，制御対象の特徴を知ることができます（「制御対象が線形なので，重ね合わせができる」ということを利用しています）．

以下では，制御対象の入力として正弦波（sin）信号（余弦波と形は同じで位相が異なる）を加えたときの出力応答をみてみましょう（**図 4.20**）．Python で正弦波入力を加えてシミュレーションするには，`lsim` を使います．

リスト 4.14 を実行すると**図 4.21** が得られます．図 4.21 より，正弦波信号を加えると，出力も定常状態で正弦波信号になることがわかります．さらに，正弦波の周波数が低いときは，入力と出力の振幅がほぼ同じになり，周波数を高くしていくと，振幅が小さくなることがわかります．また，入力信号の山の位置と出力信号の山の位置がずれている（位相が遅れている）ことがわかります．

リスト 4.14　正弦波を入力したときの応答を調べる

```
import matplotlib.pyplot as plt
import numpy as np
from control.matlab import tf, lsim

fig, ax = plt.subplots(2,2)
# 2次遅れ系
zeta = 0.7
omega_n = 5
P = tf([0,omega_n**2],[1, 2*zeta*omega_n, omega_n**2])

freq = [2, 5, 10, 20] # 周波数を変える
Td = np.arange(0, 5, 0.01)
for i in range(2):
    for j in range(2):
        u = np.sin(freq[2*i+j]*Td) # 正弦波入力
        y, t, _ = lsim(P, u, Td, 0)

        ax[i,j].plot(t, u, ls='--', label='u')
        ax[i,j].plot(t, y, label='y')
        plot_set(ax[i,j], 't', 'u, y')

ax[0,0].legend()
```

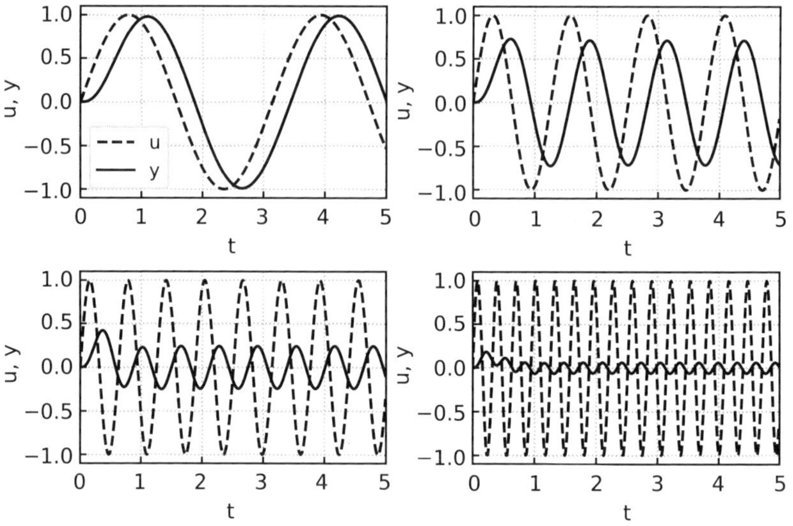

図 4.21　周波数応答

この結果を，「だるまさんが転んだ」に例えてみます．入力は，オニが壁や木の方向を向いたり，子のほうを向いたりすることに対応させることにします．子は，オニが壁の方向を向いているときに動き，オニが振り返ったときには静止します．オニが振り向く頻度が少なければ，子はたくさん動くことができますが，振り向く頻度が多ければ，少ししか動けません．これは，周波数が低いときに，入力と出力の振幅比（**ゲイン**という）が大きく，入力信号の周波数が高いときに，ゲインが小さくなることに対応しています．また，速く振り向くと，子は瞬時に止まれません．これは，**位相**の遅れに対応します．

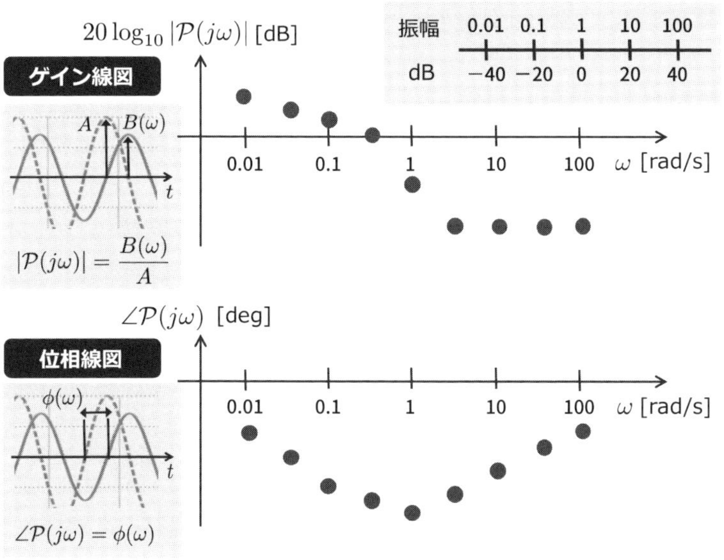

図 4.22　ボード線図（横軸は対数軸）

以上のことを整理します．入力信号が $u(t) = A\sin(\omega t)$ のとき，出力は，$y(t) = B(\omega)\sin(\omega t + \phi(\omega))$ のようになっています．そして，振幅比 $\frac{B(\omega)}{A}$ と位相 $\phi(\omega)$ は周波数によって異なります．

そこで，**図 4.22** のように，周波数に対するゲイン（入出力信号の振幅比）と位相をプロットすることで，制御対象の特性をひと目で確認することができます．

各周波数に対して振幅比を $20\log_{10}\frac{B(\omega)}{A}$ としてデシベル [dB] 表示してプロットしたものを**ゲイン線図**，そして，位相 [deg] をプロットしたものを**位相線図**といい，まとめて，**ボード線図**といいます．

Python では bode 関数を用いることでボード線図（ゲイン線図と位相線図）を得ることができます．

```
mag, phase, w = bode(sys, omega)
```

sys はシステム，omega は計算する周波数帯域を指定するパラメータで，たとえば，$0.01 = 10^{-2}\,\mathrm{rad/s}$ から $100 = 10^{2}\,\mathrm{rad/s}$ を指定する場合には，omega = logspace(-2,2) とします．そして，mag はゲイン，phase は位相，w は周波数です．なお，返り値の mag はデシベル [dB] 表示ではありません．そのため，mag2db(mag) もしくは 20*np.log10(mag) でデシベル表示にします．同様に，phase も度数法の単位の度 [deg] ではなく弧度法の単位 のラジアン [rad] となっていますので，np.rad2deg(phase) または phase*180/np.pi として度の表示にします．

本書では，以下の設定で bode 関数を利用します．

```
args = {'Hz':False, 'dB':True, 'deg':True, 'wrap_phase':False}
mag, phase, w = bode(sys, omega, plot=False, **args)
```

args の内容はデフォルトの設定ですので省略可能です．本書では，plot=False として，自動的にボード線図が描かれないようにしていますが，plot=True とすれば，ボード線図が自動的に描かれます．そのときのボード線図（ゲイン線図と位相線図）の単位は，Hz（ボード線図の横軸の単位），dB（ゲイン線図の縦軸の単位），deg（位相線図の縦軸の単位）で設定します．最後に，wrap_phase は，位相を $[-\pi, \pi)$ の範囲に制限するものです．もし，位相が，$0\,\mathrm{rad}$ であるはずなのに，$-2\pi\,\mathrm{rad}$ となる場合には，wrap_phase = True にします．

4.5.1　1 次遅れ系

さて，1 次遅れ系のボード線図を描いてみましょう．以下の**リスト 4.15** を実行すると，時定数 T を $T = 1, 0.5, 0.1$ と変化させたときのボード線図が得られます．その結果が**図 4.23** です．

まず，ゲイン線図をみてみましょう．低周波域では $0\,\mathrm{dB}$ 付近で，周波数が高くなるにしたがって，ゲインが下がっていきます．これから，入力信号の周波数が低いと出力される信号の振幅は入力信号の振幅とほぼ等しく，そして，周波数が高いと出力信号の振幅が小さくなることがわかります．さらに，1 次遅れ系の場合，周波数が 10 倍大きくなると $-20\,\mathrm{dB}$ 下がります．これを $-20\,\mathrm{dB/dec}$ と書きます（dec は decade の略語で，10 倍の意味です）．また，

リスト 4.15　1 次遅れ系の周波数応答（T を変化させる）

```
from control.matlab import tf, bode, logspace, mag2db
LS = linestyle_generator()
fig, ax = plt.subplots(2,1)

K = 1
T = [1, 0.5, 0.1]
for i in range(len(T)):
    P = tf([0, K],[T[i], 1])
    mag, phase, w = bode(P, logspace(-2,2), plot=False)
    # ボード線図をプロット
    pltargs = {'ls': next(LS), 'label': f'T={T[i]}'}
    ax[0].semilogx(w, mag2db(mag), **pltargs)
    ax[1].semilogx(w, np.rad2deg(phase), **pltargs)

bodeplot_set(ax, 3, 3)
```

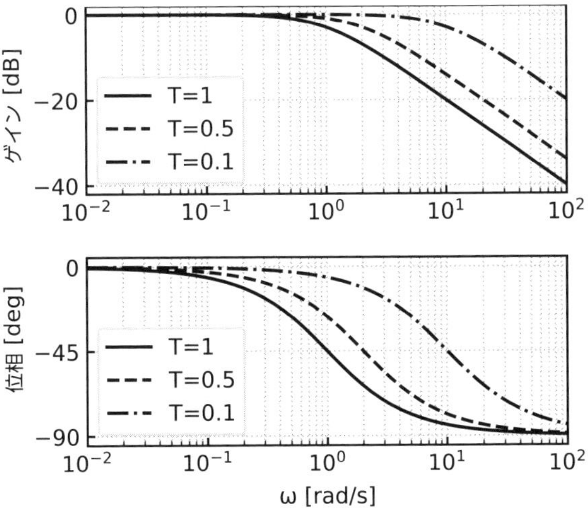

図 4.23　時定数 T を $T = 1, 0.5, 0.1$ と変化させたときの 1 次遅れ系のボード線図

時定数が小さくなるとゲインが下がっていく周波数が高くなることがわかります．実際，$T = 1$ のときは $1\,\mathrm{rad/s}$ 付近であるのに対し，$T = 0.1$ のときは $10\,\mathrm{rad/s}$ 付近となっています．つまり，$\dfrac{1}{T}$ [rad/s] までは，入力信号の振幅が保たれるということです．

つぎに，位相線図をみてみます．低周波域では，0 deg ですが，周波数が高くなるにつれて位相が遅れます．そして，-90 deg に近づいていきます．$\dfrac{1}{T}$ [rad/s] 付近が -45 deg の遅れとなっています．

周波数応答の計算

振幅が 1 の正弦波 $u(t) = \sin(\omega t)$ を安定なシステム $\mathcal{P}(s)$ に入力したときの十分時間が経過したあとの出力は，$y(t) = B(\omega)\sin(\omega t + \phi(\omega))$ のようになります．このとき，振幅 $B(\omega)$ と 位相 $\phi(\omega)$ を使って，

$$\mathcal{P}(j\omega) = B(\omega)e^{j\phi(\omega)} \tag{4.49}$$

と表します．この $\mathcal{P}(j\omega)$ を**周波数伝達関数**と呼びます．周波数伝達関数は，伝達関数 $\mathcal{P}(s)$ の s に $j\omega$ を代入することで得られます．ちなみに，伝達関数 $\mathcal{P}(s)$ は，インパルス応答をラプラス変換したものですが，$s = j\omega$ に限定した場合の周波数伝達関数 $\mathcal{P}(j\omega)$ は，インパルス応答のフーリエ変換に対応しています．$\mathcal{P}(j\omega)$ は複素関数ですので，$\mathcal{P}(j\omega) = \alpha(\omega) + j\beta(\omega)$ と表すとき，その絶対値と偏角は，

$$|\mathcal{P}(j\omega)| = \sqrt{\alpha(\omega)^2 + \beta(\omega)^2}, \quad \angle\mathcal{P}(j\omega) = \tan^{-1}\left(\frac{\beta(\omega)}{\alpha(\omega)}\right) \tag{4.50}$$

となります．そして，ω を変化させたときの $|\mathcal{P}(j\omega)|$ と $\angle\mathcal{P}(j\omega)$ を計算すれば，ボード線図を描くことができます*5．ちなみに，

$$\mathcal{P}(j\omega) = \frac{N_1(j\omega)N_2(j\omega)\cdots N_m(j\omega)}{D_1(j\omega)D_2(j\omega)\cdots D_n(j\omega)} \tag{4.51}$$

のように記述されている場合には，

$$|\mathcal{P}(j\omega)| = \frac{|N_1(j\omega)||N_2(j\omega)|\cdots|N_m(j\omega)|}{|D_1(j\omega)||D_2(j\omega)|\cdots|D_n(j\omega)|} \tag{4.52}$$

$$\angle\mathcal{P}(j\omega) = \sum_{i=1}^{m}\angle N_i(j\omega) - \sum_{i=1}^{n}\angle D_i(j\omega) \tag{4.53}$$

のように計算することができます．また，伝達関数が $\mathcal{P}(s) = \mathcal{P}_1(s)\mathcal{P}_2(s)\cdots\mathcal{P}_n(s)$ のように複数の要素から構成されている場合には，

*5　複素平面上に $(\alpha(\omega), \beta(\omega))$ の軌跡を ω を変化させながら描いたものをベクトル軌跡といいます．

$$20\log_{10}|\mathcal{P}(j\omega)| = \sum_{i=1}^{n} 20\log_{10}|\mathcal{P}_i(j\omega)| \tag{4.54}$$

$$\angle\mathcal{P}(j\omega) = \sum_{i=1}^{n} \angle P_i(j\omega) \tag{4.55}$$

となりますので，それぞれの要素の周波数応答の足し合わせでボード線図を描くことができます．

1 次遅れ系の周波数特性

1 次遅れ系（$K = 1$）の周波数伝達関数は，

$$\mathcal{P}(j\omega) = \frac{1}{1 + j\omega T} \tag{4.56}$$

となります．このとき，ゲインと位相はそれぞれ，

$$|\mathcal{P}(j\omega)| = \frac{1}{\sqrt{1 + (\omega T)^2}} \tag{4.57}$$

$$\angle\mathcal{P}(j\omega) = -\tan^{-1}\omega T \tag{4.58}$$

となります．

これより，ω が十分小さいと $|\mathcal{P}(j\omega)| = 1$（0 dB），$\angle\mathcal{P}(j\omega) = 0\,\mathrm{deg}$ となります．そして，$\omega = \dfrac{1}{T}$ のとき，$|\mathcal{P}(j\omega)| = \dfrac{1}{\sqrt{2}}$（$-3$ dB），$\angle\mathcal{P}(j\omega) = -45\,\mathrm{deg}$，$\omega$ が十分大きいと，$|\mathcal{P}(j\omega)| = \dfrac{1}{\omega T}$（$-20\log_{10}\omega T$ [dB]），$\angle\mathcal{P}(j\omega) = -90\,\mathrm{deg}$ となります．これらを踏まえてグラフと描くと，図 4.23 が得られます．

4.5.2　2 次遅れ系

つぎに 2 次遅れ系のボード線図をみてみましょう．以下の**リスト 4.16** を実行すると，減衰係数 ζ を $\zeta = 1, 0.7, 0.4$ と変化させたときのボード線図が得られます．その結果が**図 4.24** です．

リスト 4.16　2 次遅れ系の周波数応答（ζ を変化させる）

```
from control.matlab import tf, bode, logspace, mag2db
LS = linestyle_generator()
fig, ax = plt.subplots(2,1)

zeta = [1, 0.7, 0.4]
omega_n = 1
for i in range(len(zeta)):
    P = tf([0, omega_n**2], [1, 2*zeta[i]*omega_n, omega_n**2])
    mag, phase, w = bode(P, logspace(-2,2), plot=False)

    pltargs = {'ls': next(LS), 'label': f'$\\zeta$={zeta[i]}'}
    ax[0].semilogx(w, mag2db(mag), **pltargs)
    ax[1].semilogx(w, np.rad2deg(phase), **pltargs)

bodeplot_set(ax, 3, 3)
```

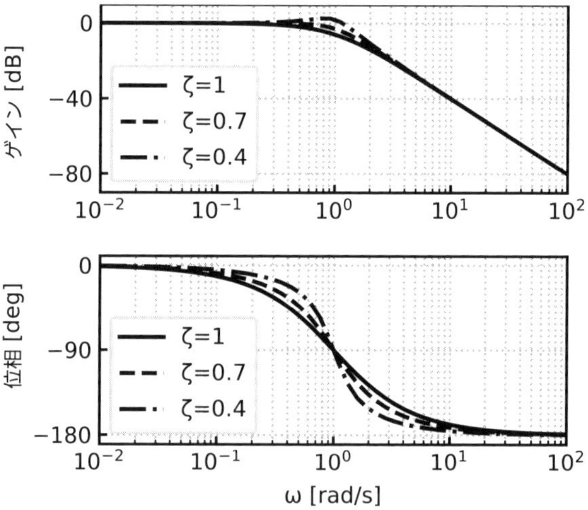

図 4.24　減衰係数 ζ を $\zeta = 1, 0.7, 0.4$ と変化させたときの 2 次遅れ系のボード線図

ゲイン線図をみると，低周波域では，0 dB ですが，高周波域では，ゲインが小さくなっています．そして，2 次遅れ系では，-40 dB/dec の傾きで小さくなっていくことがわかります．また，下がり始める周波数は，ζ を変化させても変わっていませんが，ζ を小さくすると，0 dB より大きくなる部分が生じます．これは，入力信号の振幅より出力信号の振幅が大きくなることを意味しており，時間応答でオーバーシュートが大きくなることに対応しています．

一方，位相線図では，低周波域は $0\,\mathrm{deg}$ で，周波数が高くなると $-180\,\mathrm{deg}$ に近づいていきます．そして，ζ を小さくするほど，$-90\,\mathrm{deg}$ 付近の傾きが急になっていくことがわかります．

さらに，固有角周波数 ω_{n} を $\omega_{\mathrm{n}} = 1, 5, 10$ と変化させてみます．すると，**図 4.25** のゲイン線図より，ω_{n} の値を変えると，ゲインが小さくなっていく周波数が変わることがわかります．実際，$\omega_{\mathrm{n}} = 1$ のとき $1\,\mathrm{rad/s}$，$\omega_{\mathrm{n}} = 10$ のとき $10\,\mathrm{rad/s}$ と，ω_{n} までが入力信号の振幅を保つことができる周波数であることがわかります．また，位相線図では，$-90\,\mathrm{deg}$ の位相遅れになるのが $\omega = \omega_{\mathrm{n}}$ のときであることがわかります．

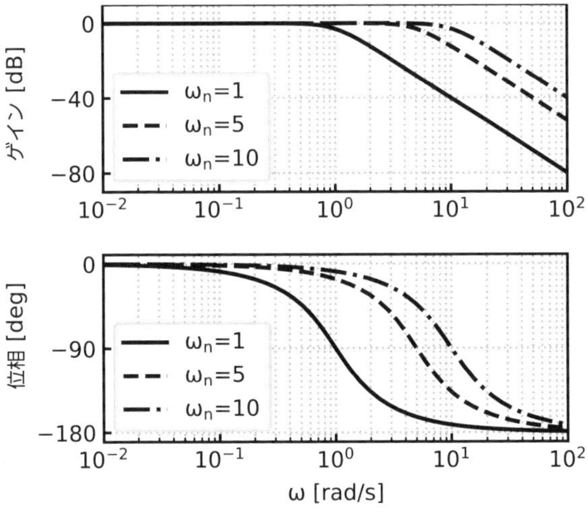

図 4.25 固有角周波数 ω_{n} を $\omega_{\mathrm{n}} = 1, 5, 10$ と変化させたときの 2 次遅れ系のボード線図

2 次遅れ系の周波数特性

2 次遅れ系（$K=1$）の周波数伝達関数は，

$$\mathcal{P}(j\omega)=\frac{\omega_{\mathrm{n}}^2}{\omega_{\mathrm{n}}^2-\omega^2+2j\zeta\omega_{\mathrm{n}}\omega} \tag{4.59}$$

です．したがって，

$$|\mathcal{P}(j\omega)|=\frac{\omega_{\mathrm{n}}^2}{\sqrt{(\omega_{\mathrm{n}}^2-\omega^2)^2+(2\zeta\omega_{\mathrm{n}}\omega)^2}} \tag{4.60}$$

$$\angle\mathcal{P}(j\omega)=-\tan^{-1}\frac{2\zeta\omega_{\mathrm{n}}\omega}{\omega_{\mathrm{n}}^2-\omega^2} \tag{4.61}$$

が得られます．このとき，ω が十分小さいと $|\mathcal{P}(j\omega)|=1$ (0 dB)，$\angle\mathcal{P}(j\omega)=0\,\mathrm{deg}$ となります．そして，$\omega=\omega_{\mathrm{n}}$ のとき，$|\mathcal{P}(j\omega)|=\dfrac{1}{2\zeta}$（$-20\log_{10}2\zeta$ [dB]），$\angle\mathcal{P}(j\omega)=-90\,\mathrm{deg}$ です．さらに，ω が十分大きいと，$|\mathcal{P}(j\omega)|=1/(\dfrac{\omega}{\omega_{\mathrm{n}}})^2$（$-40\log_{10}(\dfrac{\omega}{\omega_{\mathrm{n}}})$ [dB]），$\angle\mathcal{P}(j\omega)=-180\,\mathrm{deg}$ となります．これらを踏まえてグラフと描くと，図 4.24，図 4.25 が得られます．

ゲインが最大となる周波数とそのときのゲインの値（**ピークゲイン**と呼ぶ）を調べておきましょう．つまり，$(\omega_{\mathrm{n}}^2-\omega^2)^2+(2\zeta\omega_{\mathrm{n}}\omega)^2$ が最小となる ω と，そのときの $|\mathcal{P}(j\omega)|$ を計算します．まず，

$$\begin{aligned}\frac{\mathrm{d}}{\mathrm{d}\omega}(\omega_{\mathrm{n}}^2-\omega^2)^2+(2\zeta\omega_{\mathrm{n}}\omega)^2&=-4\omega(\omega_{\mathrm{n}}^2-\omega^2)+8\zeta^2\omega_{\mathrm{n}}^2\omega\\&=4\omega(\omega^2-\omega_{\mathrm{n}}^2(1-2\zeta^2))=0\end{aligned} \tag{4.62}$$

の解を求めると，$\omega=0$，$\omega=\pm\omega_{\mathrm{n}}\sqrt{1-2\zeta^2}$ が得られます．したがって，$0\leq\zeta<\dfrac{1}{\sqrt{2}}$ のときは，$\omega=\omega_{\mathrm{n}}\sqrt{1-2\zeta^2}$ で最小値をとり，

$$\begin{aligned}|\mathcal{P}(j\omega)|&=\frac{\omega_{\mathrm{n}}^2}{\sqrt{(\omega_{\mathrm{n}}^2-\omega_{\mathrm{n}}^2(1-2\zeta^2))^2+(2\zeta\omega_{\mathrm{n}}^2\sqrt{1-2\zeta^2})^2}}\\&=\frac{1}{\sqrt{(1-(1-2\zeta^2))^2+4\zeta^2(1-2\zeta^2)}}\\&=\frac{1}{2\zeta\sqrt{1-\zeta^2}}\end{aligned} \tag{4.63}$$

となります．この $|\mathcal{P}(j\omega)|$ の値がピークゲイン M_{p} です．これに対して，$\zeta\geq\dfrac{1}{\sqrt{2}}$

のとき，$\omega = 0$ で最小値をとり，$|\mathcal{P}(j\omega)| = 1$ となります．つまり，ピークゲインは $M_{\mathrm{p}} = 1$ となります．

練習問題

以下の伝達関数の周波数応答を調べなさい．

(1)
$$\mathcal{P}(s) = \frac{s+3}{(s+1)(s+2)} \tag{4.64}$$

(2)
$$\mathcal{P}(s) = \frac{1}{s^3 + 2s^2 + 2s + 1} \tag{4.65}$$

第4章のまとめ

とりあえず，めんどーな計算は抜きにして，システムのステップ応答や周波数応答を求める方法はわかったね．そして，そこから，どのようなことがわかるかについてもある程度理解できたと思う．

えぇ，いちおー・・・(コマンド打っていっただけだから，だまされているような気が・・・)

不安なら，別の制御工学の良書を読んで，理論的（数学的）なところをもっと勉強したほうがいいよ．

とりあえず，受け入れて，先に進みたいね．まだシステムの特徴をみただけで，制御のすごさは何も伝わってきていないので．

そうだね．この後は，システムの特徴を制御の力で変えていくの．入力を適切につくって，振る舞いを変える．安定化したり，振動をなくしたり．

振る舞いを変えるって，某 SF 映画の「ふぉーす」みたいだね．なんかワクワクしてきた！

まとめ

- 代表的なモデルとして，1 次遅れ系（パラメータは時定数）と 2 次遅れ系（パラメータは減衰係数と固有角周波数）がある．
- ステップ状の入力を加えて時間応答特性を調べる．特性は，応答の速さ，オーバーシュートの大きさ，定常値などをチェックする．
- 正弦波の入力を加えて周波数応答特性を調べる．特性は，入力信号と出力信号の振幅の比（ゲイン）と遅れ（位相）をチェックする．
- 状態空間モデルの時間応答は，零状態応答と零入力応答（初期値応答）で決まる．
- 伝達関数モデルの，すべての極の実部が負であれば，システムは入出力安定である．
- 状態空間モデルの，$\boldsymbol{A}$ 行列のすべての固有値の実部が負であれば，システムは漸近安定である．

第 5 章

閉ループ系に注目した制御系設計

振る舞いを制御で変える・・・，安定化することはわかるんだけど，具体的にどんな振る舞いにするのが正解なの？

それは，設計者がケースバイケースで決めるんだけど・・・，どれだけすばやく動くかとか，定常偏差がないとか，オーバーシュートが小さいとか．

要するに，時間応答のグラフを好き勝手にぐにゃーっと曲げたりするってことね．

ま，そういう理解で間違いじゃないけど... 好き勝手にできない場合もあるから気をつけてね．そういえばお姉ちゃん，テニスやってたよね？

コースをついたり，速い打球や遅い打球，ロビング，ドロップとか状況に合わせて打ち分けるよね．じゃ，コーナーギリギリをねらって，速く落ちるロビングって打てる？

練習し続ければできる・・・かも？

根性論ね．実際は，トレードオフの相反する性能があったりするから，厳しい設計仕様を満足する入力を見つけられないこともある．あとね，制御工学では，制御入力を作る制御器の形を決めてしまうの．そして，そこに含まれているパラメータだけを調整するようにしちゃう．たとえば，PID 制御というのが有名だけど，その場合は，パラメータが 3 つ．それぞれのパラメータを動かすと，振る舞いがどう変わるかの傾向を知っていれば，調整もしやすくなる．

なんか，制御のプロに近づいてきた気がする～

あと，前章で制御対象の極（固有値）と振る舞いの関係も勉強したよね．なら，望みの振る舞いになりそうな極を選んでおいて，制御器を組み込んだときの極がそれに近くなるように，制御器のパラメータを決めることもできるよ．

5.1 閉ループ系の設計仕様

制御対象 $\mathcal{P}$ に対して，**図 5.1** に示す閉ループ系（フィードバック制御系）を構築することを目標とします．$\mathcal{K}$ は制御器，r は目標値，u は制御入力，d は外乱，y は出力，e は偏差です．

閉ループ系が望ましい特性になるように，制御器 $\mathcal{K}$ を設計しますが，その際に必要な評価指標を決めておく必要があります．

以下では，安定性，時間応答特性，周波数応答特性について説明します．

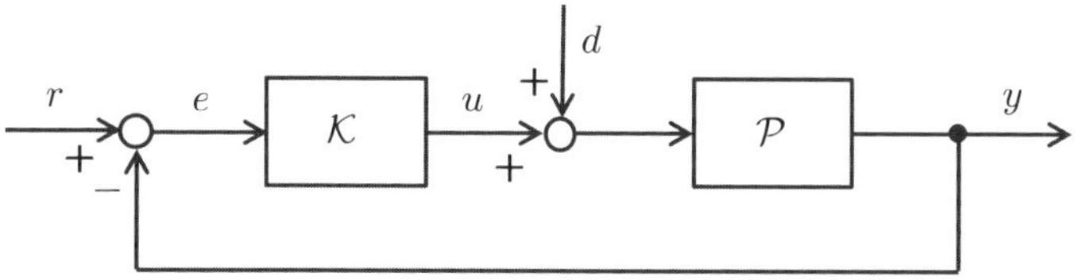

図 5.1　閉ループ系

5.1.1 安定性

制御器を設計して，閉ループ系が不安定になるようでは意味がありませんので，閉ループ系の安定性の条件を知っておくことはもっとも重要です．

閉ループ系では，外部から r と d が入力されます．そして出力は，制御対象の出力 y と制御器の出力 u です．そのため，閉ループ系の安定性は，r から y と u，d から y と u の 4 通りの組み合わせで考える必要があります．

r と d から出力 y への応答のみに注目すればよいように思えますが，制御入力 u が発散する場合は現実のシステムには実装できませんので，r と d から u への応答も考える必要があります．したがって，安定性に関する条件はつぎのようになります．

フィードバック制御系の安定性の必要十分条件は，4 つの伝達関数

$$\mathcal{G}_{yr}(s) = \frac{\mathcal{P}(s)\mathcal{K}(s)}{1+\mathcal{P}(s)\mathcal{K}(s)} \tag{5.1}$$

$$\mathcal{G}_{yd}(s) = \frac{\mathcal{P}(s)}{1+\mathcal{P}(s)\mathcal{K}(s)} \tag{5.2}$$

$$\mathcal{G}_{ur}(s) = \frac{\mathcal{K}(s)}{1+\mathcal{P}(s)\mathcal{K}(s)} \tag{5.3}$$

$$\mathcal{G}_{ud}(s) = -\frac{\mathcal{P}(s)\mathcal{K}(s)}{1+\mathcal{P}(s)\mathcal{K}(s)} \tag{5.4}$$

がすべて入出力安定であることである．この安定性を**内部安定性**という．

また，$\mathcal{P}(s)$ と $\mathcal{K}(s)$ を分子多項式と分母多項式を用いて

$$\mathcal{P}(s) = \frac{N_{\mathcal{P}}(s)}{D_{\mathcal{P}}(s)}, \quad \mathcal{K}(s) = \frac{N_{\mathcal{K}}(s)}{D_{\mathcal{K}}(s)}$$

と記述するとき，4 つの伝達関数の分母多項式は，

$$\phi(s) = D_{\mathcal{P}}(s)D_{\mathcal{K}}(s) + N_{\mathcal{P}}(s)N_{\mathcal{K}}(s) \tag{5.5}$$

となります．これを**特性多項式**といいます．この特性多項式の根が安定であれば，内部安定となります．ちなみに，$\mathcal{P}(s)$ と $\mathcal{K}(s)$ の間に不安定な**極零《ゼロ》相殺**（制御対象の不安定極と制御器の不安定な零点が相殺）がないときは，$\mathcal{G}_{yr}(s)$ が入出力安定であれば，閉ループ系は内部安定となります．

4 つの伝達関数の導出

式(5.1)～式(5.4) の 4 つの伝達関数を導出します．
まず，y は，

$$\begin{aligned} y(s) &= \mathcal{P}(s)(d(s)+u(s)) \\ &= \mathcal{P}(s)d(s) + \mathcal{P}(s)\mathcal{K}(s)(r(s)-y(s)) \end{aligned}$$

$$(1+\mathcal{P}(s)\mathcal{K}(s))y(s) = \mathcal{P}(s)\mathcal{K}(s)r(s) + \mathcal{P}(s)d(s) \tag{5.6}$$

より，

$$y(s) = \frac{\mathcal{P}(s)\mathcal{K}(s)}{1+\mathcal{P}(s)\mathcal{K}(s)}r(s) + \frac{\mathcal{P}(s)}{1+\mathcal{P}(s)\mathcal{K}(s)}d(s) \tag{5.7}$$

となります．これで $\mathcal{G}_{yr}(s)$ と $\mathcal{G}_{yd}(s)$ が求まりました．一方，u は，

$$\begin{aligned} u(s) &= \mathcal{K}(s)(r(s) - y(s)) \\ &= \mathcal{K}(s)r(s) - \mathcal{P}(s)\mathcal{K}(s)(d(s) + u(s)) \\ (1+\mathcal{P}(s)\mathcal{K}(s))u(s) &= \mathcal{K}(s)r(s) - \mathcal{P}(s)\mathcal{K}(s)d(s) \end{aligned} \tag{5.8}$$

より，

$$u(s) = \frac{\mathcal{K}(s)}{1+\mathcal{P}(s)\mathcal{K}(s)}r(s) - \frac{\mathcal{P}(s)\mathcal{K}(s)}{1+\mathcal{P}(s)\mathcal{K}(s)}d(s) \tag{5.9}$$

となります．これで $\mathcal{G}_{ur}(s)$ と $\mathcal{G}_{ud}(s)$ が求まりました．

5.1.2 時間応答特性

制御器を設計して，制御対象の出力 y を目標値 r にできるだけ速やかに到達させるときの評価項目としては，応答の速さ（速応性）や振動の大きさ（減衰性），そして，偏差の大きさ（定常特性）があります．ここでは，それらを時間応答の観点で評価する指標を説明します．

r から y への伝達関数 $\mathcal{G}_{yr}$ の代表的なステップ応答を**図 5.2** に示します．応答波形で振動している部分を**過渡特性**といい，十分時間が経過して振動が収まった部分を**定常特性**といいます．

過渡特性を定量的に評価するものとして，**立ち上がり時間**，**整定時間**，**最大行き過ぎ量**（**オーバーシュート**），**行き過ぎ時間**があります．立ち上がり時間は，ステップ応答が定常値 y_∞ の 10% から 90% に達するまでの時間です．整定時間は，ステップ応答が定常値のある範囲内に落ち着くまでに要する時間です．定常値の ±5% の範囲内に落ち着くまでに要する時間を 5% 整定時間といい，ステップ応答が定常値の ±2% の範囲に落ち着くまでに要する時間のことを 2% 整定時間といいます．最大行き過ぎ量は，ステップ応答が定常値を超えるときの応答の最大値と定常値の差のことで，$y_{\max} - y_\infty$ の値です．行き過ぎ時間は，最大行き過ぎ量 $A_{\max}$ に達するまでに要する時間です．

速応性に関する指標が，立ち上がり時間や行き過ぎ時間，整定時間であり，減衰性に関する指標が，最大行き過ぎ量や整定時間です．

さらに，定常特性を定量的に評価するものが**定常偏差**です．これは，目標値

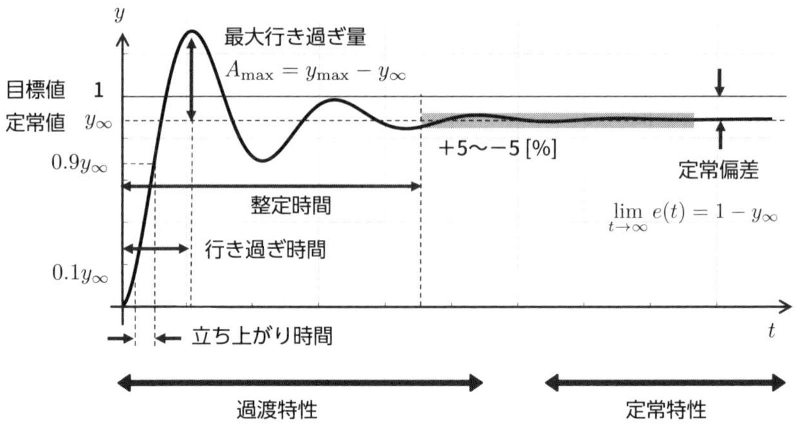

図 5.2　時間応答特性

と定常値の差を表します．

Python には stepinfo 関数があり，これを用いることで，ステップ応答における各種性能指標の値を得ることができます．

```
info = stepinfo(P, SettlingTimeThreshold=0.05)
```

5.1.3　周波数応答特性

閉ループ系の速応性や減衰性，定常特性は，周波数応答特性でも評価することができます．ここでは，周波数領域における評価指標を説明します．

r から y への伝達関数 $\mathcal{G}_{yr}$ の代表的なゲイン線図を**図 5.3** に示します．

この図において，**バンド幅** $\omega_{\rm bw}$ と**ピークゲイン** $M_{\rm p}$ が過渡特性に関する指標となります．バンド幅は，ゲイン $|\mathcal{G}_{yr}(j\omega)|$ が直流ゲイン $|\mathcal{G}_{yr}(0)|$ の $\dfrac{1}{\sqrt{2}}$ になる周波数のことです（デシベル表示の場合は 3 dB 下がる周波数）．バンド幅が大きいほど応答が速くなります．

一方，ピークゲインは，

$$M_{\rm p} = \max_{\omega\geq 0} |\mathcal{G}_{yr}(j\omega)| \tag{5.10}$$

で定義されます．入力信号の振幅と出力信号の振幅の比がゲインですので，そ

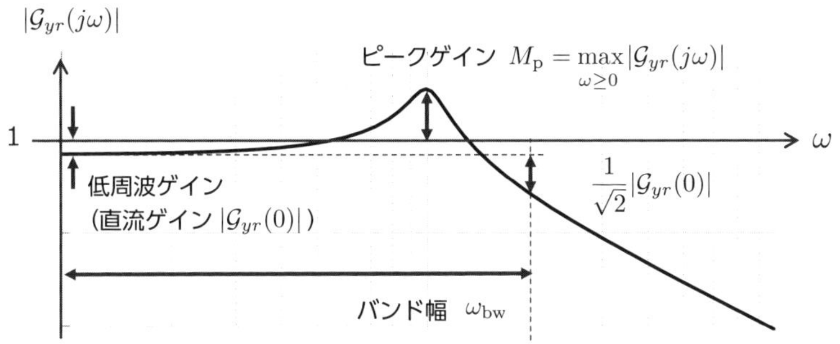

図 5.3 周波数応答（ゲイン線図）

の振幅比の最大値がピークゲインです．したがって，図 5.3 の場合，ピークゲインとなる周波数付近の入力が加わると，出力が入力より大きくなります．これは，時間応答が振動的であることに対応しますので，減衰性の指標となります．ちなみに，ピークゲインは共振ピークとも呼ばれます．

さらに，定常特性に関する指標は，$\omega \to 0$ の低周波ゲイン $|\mathcal{G}_{yr}(j\omega)|$ です．たとえば，直流ゲインが $|\mathcal{G}_{yr}(0)| = 1$（0 dB）であれば，ステップ応答において定常偏差が 0 になります．

Python でピークゲインやバンド幅を求めるには，たとえば，以下のようにします．

```
from control.matlab import bode, logspace, mag2db

# ピークゲイン
mag, _, w = bode(P, logspace(-1,2,1000), plot=False)
print(f'ピークゲイン Mp = {mag2db(mag.max())} [dB]')

# バンド幅
print(f'バンド幅 wbw = {P.bandwidth()} [rad/s]')
```

5.1.4 閉ループ系の設計仕様

前のページまでの指標より，制御系設計で要求する閉ループ系の性能はつぎのとおりです．

- **安定性**　：閉ループ系が内部安定．
- **速応性**　：$\mathcal{G}_{yr}$ のステップ応答において立ち上がり時間や整定時間が小さい．
  $\mathcal{G}_{yr}$ のゲイン線図においてバンド幅 $\omega_{\rm bw}$ が十分大きい．
- **減衰性**　：$\mathcal{G}_{yr}$ のステップ応答において最大行き過ぎ量や整定時間が小さい．
  $\mathcal{G}_{yr}$ のゲイン線図においてピークゲイン $M_{\rm p}$ が小さい．
- **定常特性**：$\mathcal{G}_{yr}$ のステップ応答において定常偏差が小さい．
  $\mathcal{G}_{yr}$ のゲイン線図において直流ゲイン $|\mathcal{G}_{yr}(0)|$ が 1（0dB）に近い．

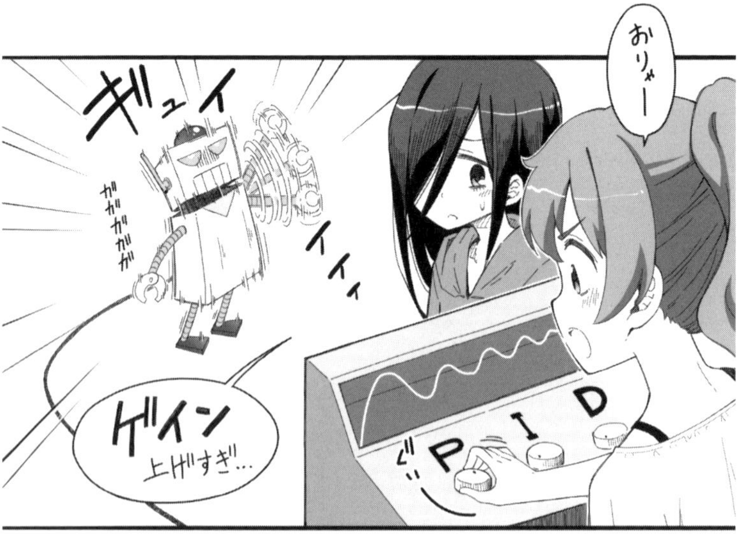

5.2 PID 制御

以下では，制御器 $\mathcal{K}$ として，広く用いられている PID 制御器を考えます．

PID 制御は，比例，積分，微分の 3 つの動作から構成されています．比例は英語で Proportional，積分は Integral，微分は Derivative ですので，それらの頭文字 P，I，D をとって，PID 制御と呼ばれています．

PID 制御では，目標値と出力の差（偏差）に対する各動作の線形和で制御入力を決めます．**図 5.4** に示す垂直駆動アームの角度制御を考えてみましょう．アームの角度 $y(t)$ を目標角度 $r(t)$ に速やかに到達させたいとき，まず，現在の角度と目標角度の差 $e(t) = r(t) - y(t)$ を考えます．このとき，P 制御は，偏差 $e(t)$ の k_{P} 倍を制御入力とするものです．しかし，アームは，重力の影響を受けますので，P 制御だけでは，制御入力が重力により生じるトルクと釣り合ってしまい，目標角度に到達しません．

これを改善するために I 制御を使います．I 制御では，偏差の積分値を k_{I} 倍したものを制御入力に加えます．これにより，重力により生じるトルクに打ち

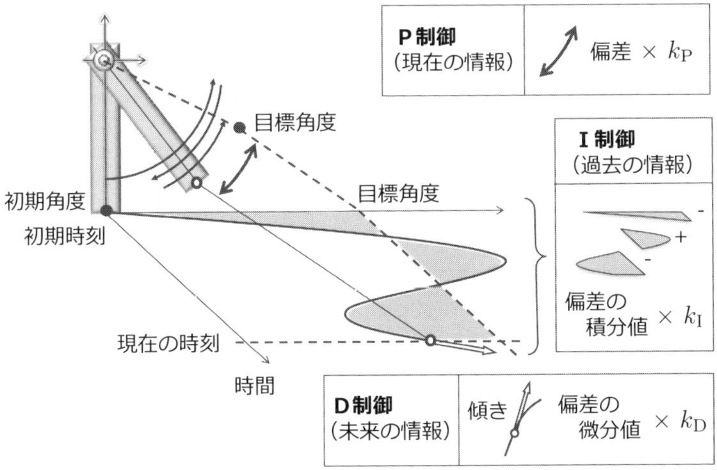

図 5.4 PID 制御

勝つ制御入力を生成することができます．ただし，P 制御や I 制御を強く利かせすぎると，応答が振動的になることがあります．

これを改善するために D 制御を使います．D 制御は，偏差の微分値を k_{D} 倍した量を制御入力に加えるものです．微分情報を利用し，アームの動きの少し未来を予見することで，振動的な振る舞いを生じさせにくくすることができます．

PID 制御を式で表すと，

$$u(t) = k_{\mathrm{P}}e(t) + k_{\mathrm{I}}\int_0^t e(\tau)\mathrm{d}\tau + k_{\mathrm{D}}\dot{e}(t) \tag{5.11}$$

となります．また，ラプラス変換したものは，

$$\begin{aligned} u(s) &= k_{\mathrm{P}}e(s) + \frac{k_{\mathrm{I}}}{s}e(s) + k_{\mathrm{D}}se(s) \\ &= \frac{k_{\mathrm{D}}s^2 + k_{\mathrm{P}}s + k_{\mathrm{I}}}{s}e(s) \end{aligned} \tag{5.12}$$

となります（**図 5.5**）．

k_{P} は**比例ゲイン**，k_{I} は**積分ゲイン**，k_{D} は**微分ゲイン**と呼ばれ，これらを制御仕様に合わせて設計していきます．

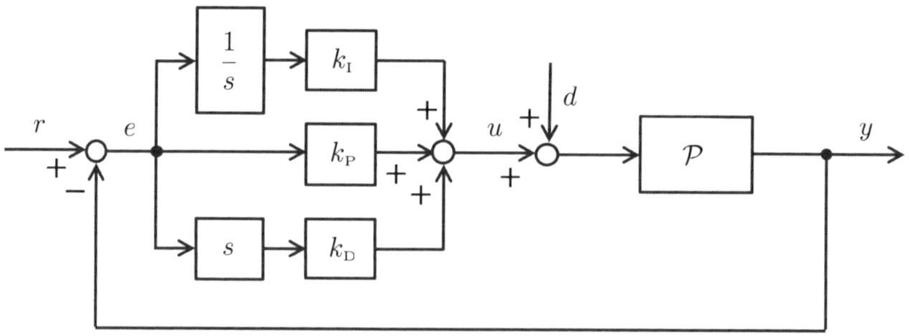

図 5.5　PID 制御

5.2.1 P 制御の性能解析

P 制御は，**図 5.6** に示すように，$\mathcal{K}(s) = k_{\mathrm{P}}$ としたものです．偏差 e に比例した制御入力を計算します．

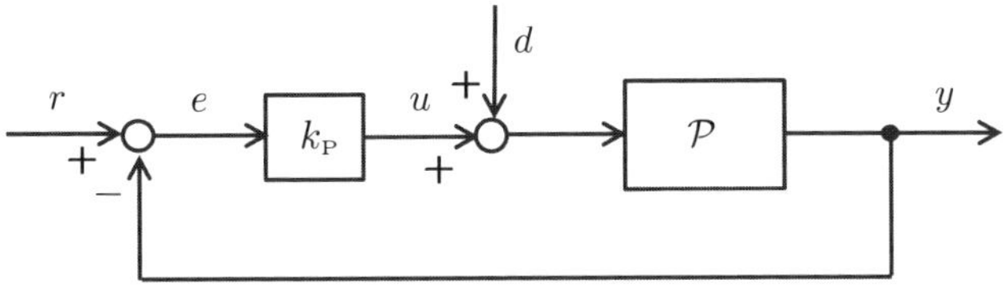

図 5.6　P 制御

実際に垂直駆動アームに対して，P 制御を行ってみましょう．まず，必要なライブラリや関数を使えるようにしておきます．

```
import matplotlib.pyplot as plt
import numpy as np
from control.matlab import tf, feedback, step, bode, logspace, mag2db
```

つぎに，アームのモデルは**リスト 5.1** のように記述します．

リスト 5.1　垂直駆動アームのモデル

```
g  = 9.81                # 重力加速度[m/s^2]
l  = 0.2                 # アームの長さ[m]
M  = 0.5                 # アームの質量[kg]
mu = 1.5e-2              # 粘性摩擦係数[kg*m^2/s]
J  = 1.0e-2              # 慣性モーメント[kg*m^2]

P = tf( [0,1], [J, mu, M*g*l] )

ref = 30 # 目標角度[deg]
```

比例ゲイン k_{P} を変化させたときのステップ応答を確認するために，**リスト 5.2** を実行します．

リスト 5.2　P 制御を用いたときのステップ応答

```
kp = (0.5, 1, 2) # 比例ゲイン

LS = linestyle_generator()
fig, ax = plt.subplots()
for i in range(len(kp)):
    K = tf([0, kp[i]], [0, 1]) # P制御
    Gyr = feedback(P*K, 1) # 閉ループ系
    y,t = step(Gyr, np.arange(0, 2, 0.01)) # ステップ応答

    pltargs = {'ls': next(LS), 'label': f'$k_P$={kp[i]}'}
    ax.plot(t, y*ref, **pltargs)

ax.axhline(ref, color="k", linewidth=0.5)
plot_set(ax, 't', 'y', 'best')
```

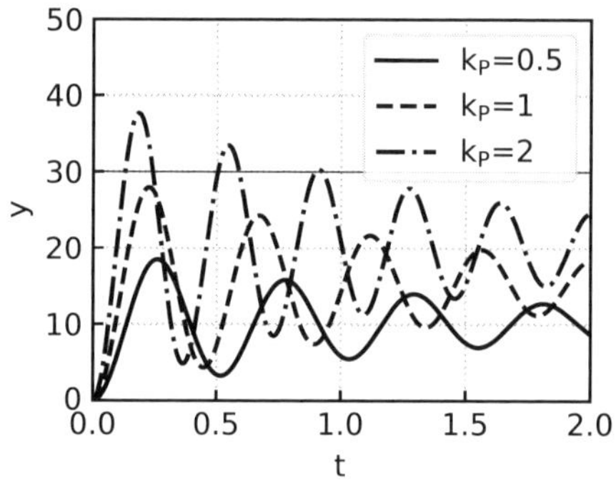

図 5.7　P 制御を用いたときの閉ループ系のステップ応答

比例ゲインを $k_{\mathrm{P}} = 0.5, 1, 2$ と変化させたときのステップ応答を**図 5.7** に示します．ただし，$r = 30\,\mathrm{deg}$，$d = 0$ とします．目標値を $30\,\mathrm{deg}$ にしていますが，P 制御では，出力が目標値に到達できないことがわかります．しかし，比例ゲインを大きくすると，目標値との差が小さくなることがわかります．

さらに，比例ゲインを大きくすると，立ち上がりが速くなり，振動の周期も短くなることが確認できます．

つぎは，閉ループ系のボード線図をみてみます．

リスト 5.3 P 制御を用いたときのボード線図

```
LS = linestyle_generator()
fig, ax = plt.subplots(2, 1)
for i in range(len(kp)):
    K = tf([0, kp[i]], [0, 1]) # P制御
    Gyr = feedback(P*K, 1) # 閉ループ系
    mag, phase, w = bode(Gyr, logspace(-1,2,1000), plot=False) # ボード線図

    pltargs = {'ls': next(LS), 'label': f'$k_P$={kp[i]}'}
    ax[0].semilogx(w, mag2db(mag), **pltargs)
    ax[1].semilogx(w, np.rad2deg(phase), **pltargs)
bodeplot_set(ax, 'lower left')
```

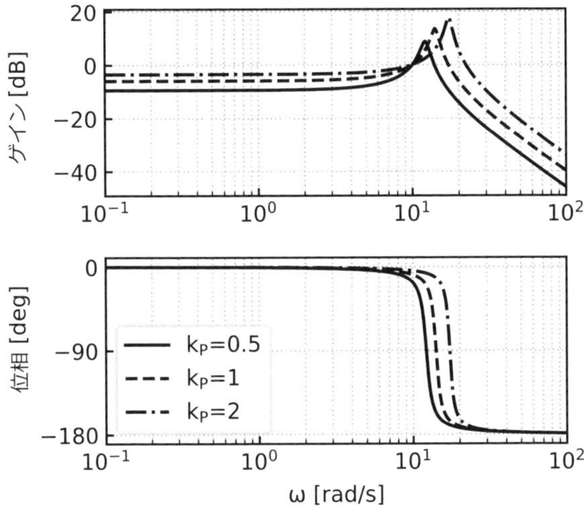

図 5.8 P 制御を用いたときの閉ループ系のボード線図

リスト 5.3 を実行して得られるボード線図を**図 5.8** に示します．まず，比例ゲインを大きくすると，ゲイン線図が上方向に移動しています．これによって，低周波ゲインが大きくなり，また，バンド幅が大きくなることがわかります．さらに，ピークゲインも大きくなっています．

上記より，比例ゲインを大きくすると，低周波ゲインが大きくなり，ステップ応答の定常偏差が小さくなることが確認できます．

そして，バンド幅が大きくなることにより，応答速度が速くなるが，その一方で，ピークゲインが大きくなることで，振動的になる，ということがわかります．

P 制御の性能解析

P 制御のシミュレーションの結果を数式を用いて，確認してみましょう．まず，

$$\mathcal{P}(s) = \frac{1}{Js^2 + \mu s + Mg\ell} \tag{5.13}$$

$$\mathcal{K}(s) = k_{\mathrm{P}} \tag{5.14}$$

ですので，閉ループ系は，

$$\mathcal{G}_{yr}(s) = \frac{\mathcal{P}(s)\mathcal{K}(s)}{1 + \mathcal{P}(s)\mathcal{K}(s)} = \frac{k_{\mathrm{P}}}{Js^2 + \mu s + Mg\ell + k_{\mathrm{P}}} \tag{5.15}$$

です．これを 2 次遅れ系の標準形に対応付けると，

$$\begin{gathered} \mathcal{G}_{yr}(s) = \frac{K\omega_{\mathrm{n}}^2}{s^2 + 2\zeta\omega_{\mathrm{n}}s + \omega_{\mathrm{n}}^2} \\ \omega_{\mathrm{n}} = \sqrt{\frac{Mg\ell + k_{\mathrm{P}}}{J}}, \quad \zeta = \frac{\mu}{2\sqrt{J(Mg\ell + k_{\mathrm{P}})}}, \quad K = \frac{k_{\mathrm{P}}}{Mg\ell + k_{\mathrm{P}}} \end{gathered} \tag{5.16}$$

となります．これより，比例ゲイン k_{P} を大きくすると，ω_{n} が大きくなり，応答が速くなることがわかります．しかし，k_{P} は，ζ の分母にも含まれているため，同時に ζ が小さくなり振動的になります．したがって，速応性と減衰性を同時に改善できないことがわかります．さらに，単位ステップ入力に対して，最終値の定理より，$y(\infty) = \lim_{s\to 0}\mathcal{G}_{yr}(s) = K$ となりますが，$K \neq 1$ ですので，目標値 1 に到達しないことがわかります．また，k_{P} を大きくすれば，K は 1 に近づきますが，無限に大きくすることはできませんので（入力が過大になるので），P 制御では，定常偏差が残ります．

5.2.2 PD 制御

P 制御では，k_{P} を大きくすると，振動的になりました．そこで，D 制御を加えて，振動を小さくします．

PD 制御は，**図 5.9** に示すように，$\mathcal{K}(s) = k_{\mathrm{D}}s + k_{\mathrm{P}}$ としたものです．

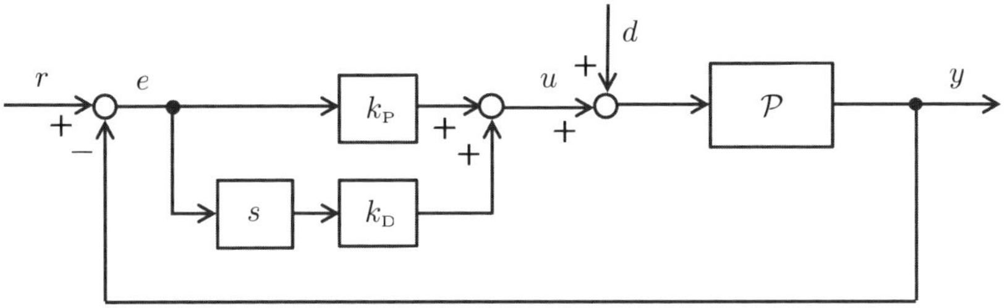

図 5.9　PD 制御

以下の**リスト 5.4** を実行すると**図 5.10** が得られます．

リスト 5.4　PD 制御を用いたときのステップ応答

```
kp = 2 #比例ゲイン
kd = (0, 0.1, 0.2) # 微分ゲイン

LS = linestyle_generator()
fig, ax = plt.subplots()
for i in range(len(kd)):
    K = tf([kd[i], kp], [0, 1]) # PD制御
    Gyr = feedback(P*K, 1) # 閉ループ系
    y,t = step(Gyr,np.arange(0, 2, 0.01)) # ステップ応答

    pltargs = {'ls': next(LS), 'label': f'$k_D$={kd[i]}'}
    ax.plot(t, y*ref, **pltargs)
ax.axhline(ref, color="k", linewidth=0.5)
plot_set(ax, 't', 'y', 'best')
```

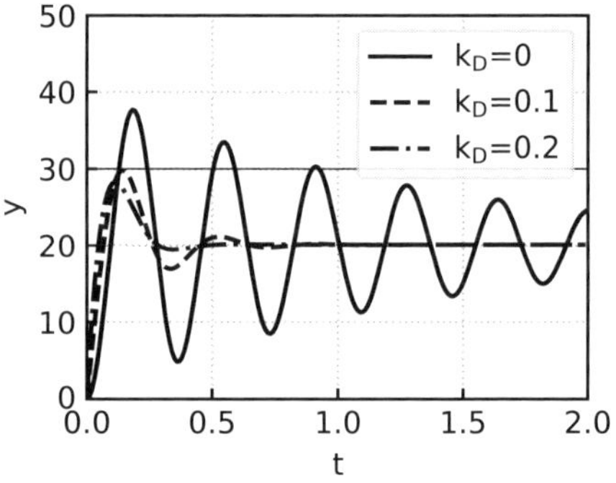

図 5.10　PD 制御を用いたときの閉ループ系のステップ応答

図 5.10 は，比例ゲインを $k_{\rm P}=2$ と固定し，微分ゲイン $k_{\rm D}=0, 0.1, 0.2$ と変化させたときのステップ応答です．D 制御を加えることにより，振動が抑えられていることが確認できます．しかし，定常偏差は P 制御のときと同じで，0 にはなりません．

つぎは，閉ループ系のボード線図を確認します．**リスト 5.5** を実行すると**図 5.11** が得られます．

リスト 5.5　PD 制御を用いたときのボード線図

```
LS = linestyle_generator()
fig, ax = plt.subplots(2, 1)
for i in range(len(kd)):
    K = tf([kd[i], kp], [0,1]) # PD制御
    Gyr = feedback(P*K, 1) # 閉ループ系
    mag, phase, w = bode(Gyr, logspace(-1,2,1000), plot=False) # ボード線図

    pltargs = {'ls': next(LS), 'label': f'$k_D$={kd[i]}'}
    ax[0].semilogx(w, mag2db(mag), **pltargs)
    ax[1].semilogx(w, np.rad2deg(phase), **pltargs)
bodeplot_set(ax, 'lower left')
```

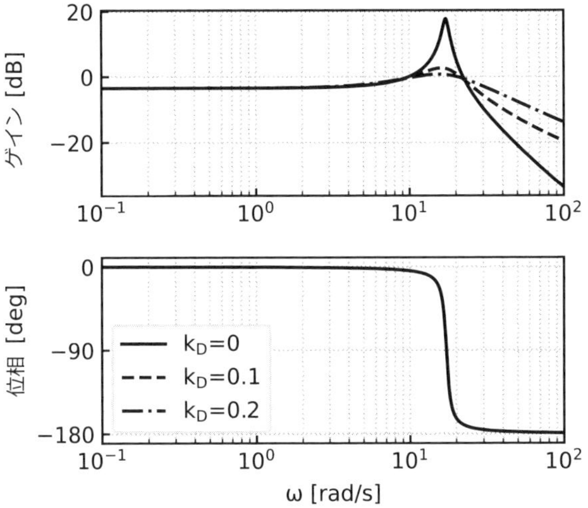

図 5.11 PD 制御を用いたときの閉ループ系のボード線図

このグラフから，k_{D} を大きくしていくことで，ピークゲインが小さくなっていることがわかります．また，バンド幅も少し大きくなっています．これにより，振動が抑えられて，立ち上がりが少し速くなることがわかります．ただし，低周波ゲインは変わっておらず，定常特性は改善されないことがここからも確認できます．

PD 制御の性能解析

PD 制御のシミュレーション結果を，数式を用いて確認してみましょう．PD 制御は，

$$\mathcal{K}(s) = k_{\mathrm{P}} + k_{\mathrm{D}} s \tag{5.17}$$

ですので，閉ループ系は，

$$\mathcal{G}_{yr}(s) = \frac{\mathcal{P}(s)\mathcal{K}(s)}{1+\mathcal{P}(s)\mathcal{K}(s)} = \frac{k_{\mathrm{D}} s + k_{\mathrm{P}}}{Js^2 + (\mu + k_{\mathrm{D}})s + Mg\ell + k_{\mathrm{P}}} \tag{5.18}$$

となります．

ここで，$\mathcal{G}_{yr}(s)$ の極を求めると，

$$s = \frac{-(\mu + k_{\rm D}) \pm \sqrt{(\mu + k_{\rm D})^2 - 4J(Mg\ell + k_{\rm P})}}{2J} \tag{5.19}$$

であり，実部と虚部をそれぞれ，$k_{\rm D}$ と $k_{\rm P}$ を調整することで自由に決められることがわかります．つまり，速応性と減衰性を同時に改善できることがわかります．

これに対して，$\mathcal{G}_{yr}(0)$ の値は，P 制御のときと同じです．したがって，定常特性は変わらず，定常偏差が残ります．

不完全微分

D 制御では，偏差の微分情報を使います．しかし，理想的な微分は制御器として実装できません．たとえば，PD 制御は，$k_{\rm D}s + k_{\rm P}$ ですが，これはインプロパーですので，現実世界の電気回路やプログラムで実装することはできません．

そのため，実際は，**不完全微分器**

$$\frac{s}{1 + T_{\rm lp}s} \tag{5.20}$$

を用いた

$$\mathcal{K}(s) = k_{\rm D}\frac{s}{1 + T_{\rm lp}s} + k_{\rm P} \tag{5.21}$$

の形で実装します．これは，微分に**ローパスフィルタ**（1 次遅れ系）を付加したものとなっており，プロパーな関数です．ここで，時定数 $T_{\rm lp}$ の逆数が**カットオフ周波数**です．ノイズは，微分によって増幅されますが，ローパスフィルタが加わることにより，ノイズの影響を低減することができます．

5.2.3　PID 制御

最後に定常特性を改善するために，I 制御を入れてみましょう．

リスト 5.6 を実行すると，比例ゲインを $k_{\rm P} = 2$，微分ゲインを $k_{\rm D} = 0.1$ に固定し，積分ゲインを $k_{\rm I} = 0, 5, 10$ と変化させたときのステップ応答が得られます．その結果が**図 5.12** です．

リスト 5.6　PID 制御を用いたときのステップ応答

```
kp = 2 # 比例ゲイン
kd = 0.1 # 微分ゲイン
ki = (0, 5, 10) # 積分ゲイン

LS = linestyle_generator()
fig, ax = plt.subplots()
for i in range(len(ki)):
    K = tf([kd, kp, ki[i]], [1, 0]) # PID制御
    Gyr = feedback(P*K, 1) # 閉ループ系
    y, t = step(Gyr, np.arange(0, 2, 0.01)) # ステップ応答

    pltargs = {'ls': next(LS), 'label': f'$k_I$={ki[i]}'}
    ax.plot(t, y*ref, **pltargs)
ax.axhline(ref, color="k", linewidth=0.5)
plot_set(ax, 't', 'y', 'upper left')
```

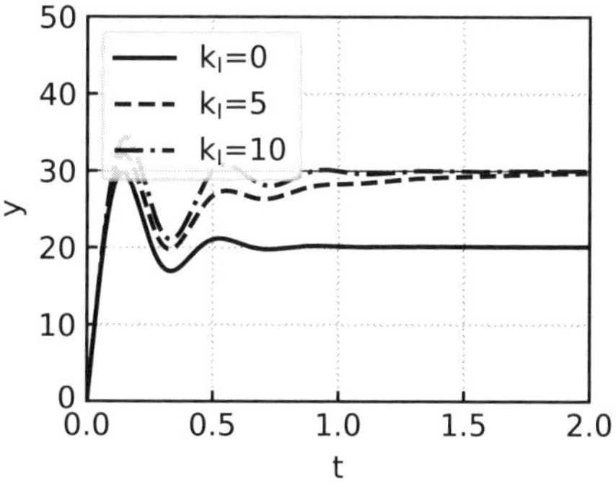

図 5.12　PID 制御を用いたときの閉ループ系のステップ応答

このグラフより，I 制御によって，定常偏差が 0 になっていることが確認できます．また，k_I を大きくするほど，振動的になっていることもわかります．

さらに，閉ループ系のボード線図を確認します．**リスト 5.7** より，**図 5.13** が得られます．このグラフより，低周波ゲインが 0 dB になっていることがわかります．

また，ピークゲインが少し大きくなっています．つまり，定常偏差が 0 になる一方で，ゲインを大きくすると振動的になることがわかります．

リスト 5.7　PID 制御を用いたときのボード線図

```
LS = linestyle_generator()
fig, ax = plt.subplots(2, 1)
for i in range(len(ki)):
    K = tf([kd, kp, ki[i]], [1, 0]) # PID制御
    Gyr = feedback(P*K, 1) # 閉ループ系
    mag, phase, w = bode(Gyr, logspace(-1,2,1000), plot=False,wrap_phase=True)

    pltargs = {'ls': next(LS), 'label': f'$k_I$={ki[i]}'}
    ax[0].semilogx(w, mag2db(mag), **pltargs)
    ax[1].semilogx(w, np.rad2deg(phase), **pltargs)
bodeplot_set(ax, 'best')
```

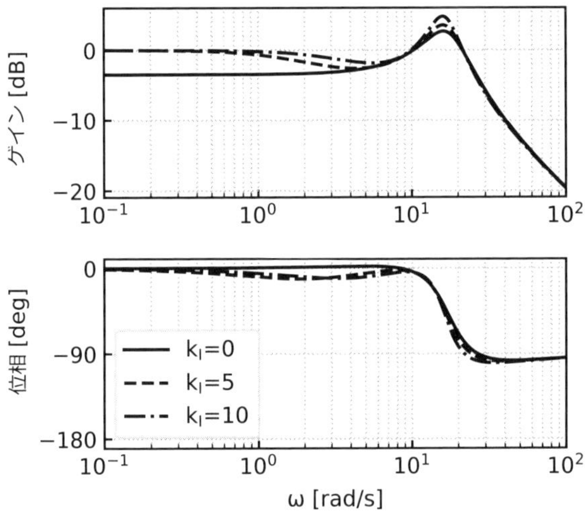

図 5.13　PID 制御を用いたときの閉ループ系のボード線図

PID 制御の性能解析

PID 制御のシミュレーション結果を，数式を用いて確認してみましょう．まず，

$$\mathcal{K}(s) = \frac{k_{\mathrm{D}} s^2 + k_{\mathrm{P}} s + k_{\mathrm{I}}}{s} \tag{5.22}$$

ですので，閉ループ系は，

$$\mathcal{G}_{yr}(s) = \frac{\mathcal{P}(s)\mathcal{K}(s)}{1 + \mathcal{P}(s)\mathcal{K}(s)} = \frac{k_{\mathrm{D}} s^2 + k_{\mathrm{P}} s + k_{\mathrm{I}}}{J s^3 + (\mu + k_{\mathrm{D}}) s^2 + (M g \ell + k_{\mathrm{P}}) s + k_{\mathrm{I}}} \tag{5.23}$$

となります．このとき，$\mathcal{G}_{yr}(0)$ の値は，$\mathcal{G}_{yr}(0) = 1$ となりますので，定常偏差が 0 になることがわかります．

つぎに，外乱 d から出力 y までの伝達関数は，

$$\mathcal{G}_{yd}(s) = \frac{\mathcal{P}(s)}{1 + \mathcal{P}(s)\mathcal{K}(s)} = \frac{s}{J s^3 + (\mu + k_{\mathrm{D}}) s^2 + (M g \ell + k_{\mathrm{P}}) s + k_{\mathrm{I}}} \tag{5.24}$$

となり，$\mathcal{G}_{yd}(0) = 0$ です．つまり，ステップ状の外乱（**定値外乱**）に対して，定常偏差が 0 になることもわかります．

定値外乱

外乱の要因は何でしょうか．機械系の場合，外乱は，たとえば，非線形摩擦があります．粘性摩擦のような速度に比例する線形摩擦は，伝達関数モデルや状態空間モデルに組み込むことができますが，クーロン摩擦や静止摩擦のような位置や速度に比例しない非線形摩擦は組み込むことができません．

これらが，定値外乱の要因と考えることができます．

練習問題

PID 制御の外乱抑制性能として，d から y への伝達関数 $\mathcal{G}_{yd}(s)$ のステップ応答と $\mathcal{G}_{yd}(s)$ のボード線図を確認しなさい．
ただし，図 5.5（148 ページ）において，$d = 1$，$r = 0$ とし，制御対象 $\mathcal{P}$ および制御器 $\mathcal{K}$ はリスト 5.6（157 ページ），リスト 5.7（158 ページ）のときと同じとします．

●解答例

リスト 5.8 を実行すると，**図 5.14** が得られます．

リスト 5.8　PID 制御の外乱抑制性能

```
LS = linestyle_generator()
fig, ax = plt.subplots()
for i in range(len(ki)):
    K = tf([kd, kp, ki[i]], [1, 0])
    Gyd = feedback(P, K)
    y, t = step(Gyd, np.arange(0, 2, 0.01))

    pltargs = {'ls': next(LS), 'label': f'$k_I$={ki[i]}'}
    ax.plot(t, y, **pltargs)
plot_set(ax, 't', 'y', 'center right')
```

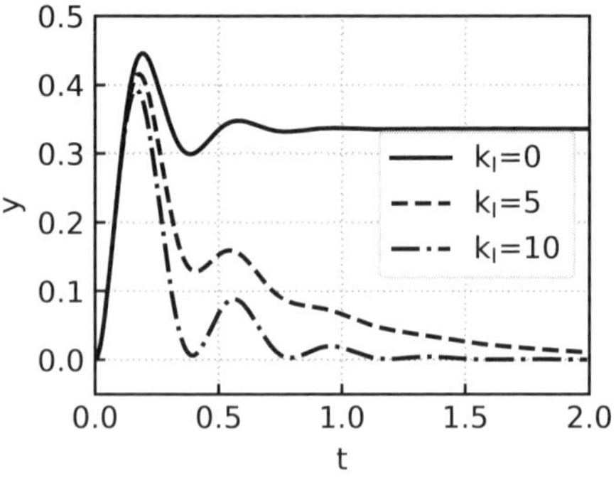

図 5.14　PID 制御の外乱抑制性能（$\mathcal{G}_{yd}$ のステップ応答）

目標値 r は 0 ですので，y が 0 に収束することが望ましい応答です．図より，積分ゲインを大きくすることで，明らかに y が 0 に収束しており，外乱が抑制されることが確認できます．

さらに，**リスト 5.9** を実行すると，**図 5.15** が得られます．これより，低周波ゲインが $-\infty\,\mathrm{dB}$ になっており，低周波の外乱が抑制されることがわかります．

リスト 5.9　PID 制御の外乱抑制性能（ボード線図）

```
LS = linestyle_generator()
fig, ax = plt.subplots(2, 1)
for i in range(len(ki)):
    K = tf([kd, kp, ki[i]], [1,0])
    Gyd = feedback(P, K)
    mag, phase, w = bode(Gyd, logspace(-1,2), Plot=False)

    pltargs = {'ls': next(LS), 'label': f'$k_I$={ki[i]}'}
    ax[0].semilogx(w, mag2db(mag), **pltargs)
    ax[1].semilogx(w, np.rad2deg(phase), **pltargs)
bodeplot_set(ax, 'best')
```

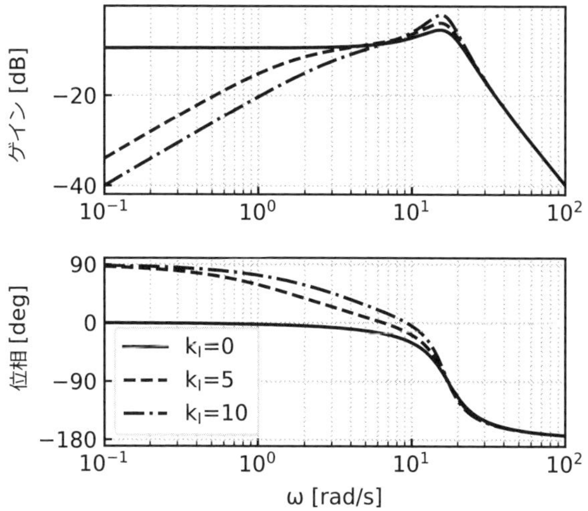

図 5.15　PID 制御の外乱抑制性能（$\mathcal{G}_{yd}$ のボード線図）

5.3　2 自由度制御

PID 制御は現場で使われる制御技術ですが，実際の応用では，PID 制御の改良版が多く使われています．ここでは，その改良型 PID 制御，および，それらと **2 自由度制御**の関係を説明します．

PID 制御では，目標値がステップ状に変化する場合，制御入力 $u(t)$ には微分器で生じるインパルス成分[*1]が含まれます．これは，あまり望ましくないので，**図 5.16** に示すように，微分器が出力にのみ働くようにした **PI-D 制御**（**微分先行型 PID 制御**）が使われます．これを式で表すと，つぎになります．

$$u(s) = k_{\mathrm{P}}e(s) + \frac{k_{\mathrm{I}}}{s}e(s) - k_{\mathrm{D}}sy(s) \tag{5.25}$$

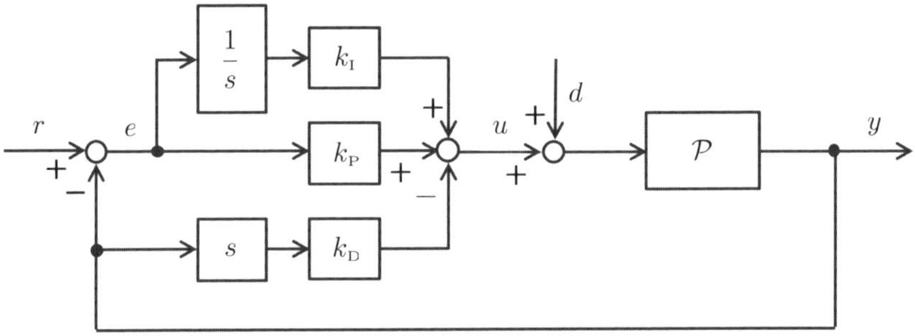

図 5.16　PI-D 制御

また，P 制御においても，ステップ状の信号が入力に含まれますので，これを改善するために，**図 5.17** のブロック線図のように，偏差 e の k_{P} 倍ではなく，出力の k_{P} 倍を入力に反映させることもあります．これは **I-PD 制御**（**比例微分先行型 PID 制御**）と呼ばれます．これを式で表すと，

$$u(s) = -k_{\mathrm{P}}y(s) + \frac{k_{\mathrm{I}}}{s}e(s) - k_{\mathrm{D}}sy(s) \tag{5.26}$$

となります．

---

*1　現実には ∞ の大きさの信号ではないですが，それでも大きな入力となります．

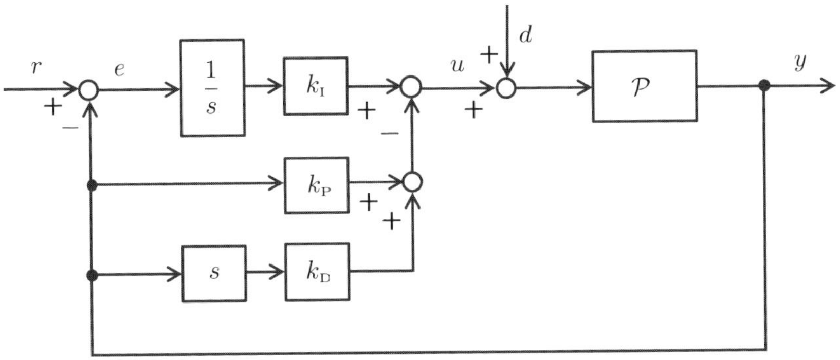

図 5.17　I-PD 制御

PI–D 制御や I–PD 制御は，フィードバック制御にフィードフォワード制御を加えた 2 自由度制御となっています．このことを以下で説明します．

PI–D 制御の場合，制御入力 $u(s)$ は，

$$
\begin{aligned}
u(s) &= \frac{k_{\mathrm{P}}s + k_I}{s} r(s) - \frac{k_{\mathrm{D}}s^2 + k_{\mathrm{P}}s + k_{\mathrm{I}}}{s} y(s) \\
&= \frac{k_{\mathrm{D}}s^2 + k_{\mathrm{P}}s + k_{\mathrm{I}}}{s} \left(\frac{k_{\mathrm{P}}s + k_I}{k_{\mathrm{D}}s^2 + k_{\mathrm{P}}s + k_{\mathrm{I}}} r(s) - y(s) \right) \\
&= \mathcal{K}_1(s)(\mathcal{K}_2(s)r(s) - y(s))
\end{aligned}
\tag{5.27}
$$

のように計算されます．ただし，

$$
\mathcal{K}_1(s) = \frac{k_{\mathrm{D}}s^2 + k_{\mathrm{P}}s + k_{\mathrm{I}}}{s} \tag{5.28}
$$

$$
\mathcal{K}_2(s) = \frac{k_{\mathrm{P}}s + k_{\mathrm{I}}}{k_{\mathrm{D}}s^2 + k_{\mathrm{P}}s + k_{\mathrm{I}}} \tag{5.29}
$$

で，$\mathcal{K}_1(s)$ は PID 制御器です．**図 5.18** のブロック線図に示すように，PI–D 制御では，$r(s)$ と $y(s)$ の差の情報を用いて PID 制御をしているのではなく，$\mathcal{K}_2(s)r(s) - y(s)$ の情報を用いていることがわかります．

また，$\mathcal{K}_2(s)$ は，2 次遅れ系ですので，目標値 r を 2 次のフィルタで整形し，その整形した目標値を用いて PID 制御をしているものと解釈することができます．この目標値を整形する部分がフィードフォワード制御となります．つまり，PI–D 制御では，安定化や外乱抑制をフィードバック制御（PID 制御器 $\mathcal{K}_1(s)$ ）で実現し，目標値応答性能をフィードフォワード制御（目標値フィ

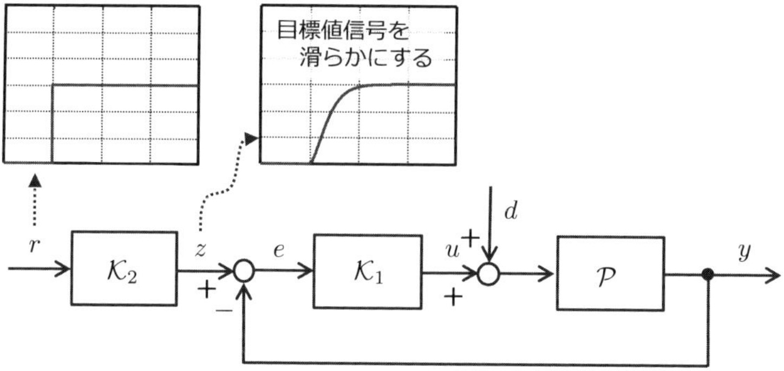

図 5.18　I-PD 制御などの 2 自由度制御としての解釈

ルタ $\mathcal{K}_2(s)$）で改善します．

同様に，I–PD 制御の場合には，$\mathcal{K}_1(s)$ は同じもので，

$$\mathcal{K}_2(s) = \frac{k_\mathrm{I}}{k_\mathrm{D}s^2 + k_\mathrm{P}s + k_\mathrm{I}} \tag{5.30}$$

となります．

以下の**リスト 5.10** を実行して，垂直駆動アームの PID 制御と PI–D 制御，I–PD 制御の違いをみてみましょう．

リスト 5.10　改良型 PID 制御

```
from control.matlab import tf, feedback, lsim

kp, ki, kd = 2, 10, 0.1
K1 = tf([kd, kp, ki], [1, 0]) # PID
K2 = tf([kp, ki], [kd, kp, ki]) # PI-D

# zからyへの伝達関数
Gyz = feedback(P*K1, 1)

Td = np.arange(0, 2, 0.01)
r = 1*(Td>0)

# 目標値rをK2で整形
z, t, _ = lsim(K2, r, Td, 0)
```

```
fig, ax = plt.subplots(1, 2)

# PID制御(z=rとした場合)
y, _, _ = lsim(Gyz, r, Td, 0)
ax[0].plot(t, r*ref, color='k')
ax[1].plot(t, y*ref, ls='--', label='PID', color='k')
# PI-D制御
y, _, _ = lsim(Gyz, z, Td, 0)
ax[0].plot(t, z*ref, color='k')
ax[1].plot(t, y*ref, label='PI-D', color='k')

ax[1].axhline(ref, color="k", linewidth=0.5)
plot_set(ax[0], 't', 'r')
plot_set(ax[1], 't', 'r', 'best')
```

図 5.19 は PID 制御と PI–D 制御の比較の図で，左図に r と $\mathcal{K}_2(s)$ によって整形された信号 z を示しており，右図がそれらを入力としたときの制御対象の出力を示しています．これより，目標値フィルタ $\mathcal{K}_2(s)$ によって，目標値がなめらかになっていることがわかります．しかし，目標値がやや振動的になっていることで，制御対象の出力も PID 制御に比べて振動が大きくなっていることがわかります．

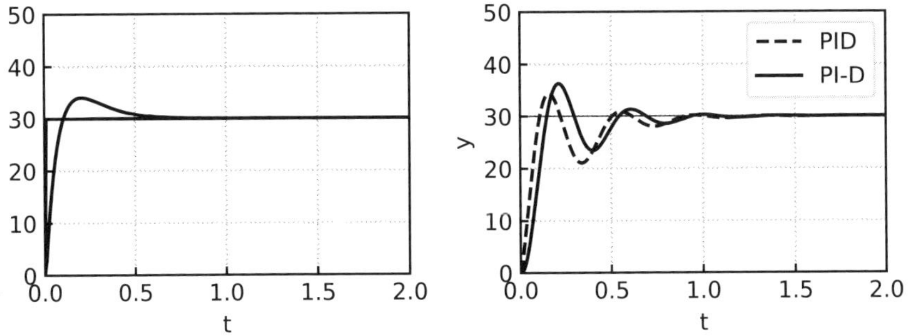

図 5.19　アームの PI–D 制御

つぎに，PID 制御と I–PD 制御を比較します．結果を**図 5.20** に示します．$\mathcal{K}_2(s)$ によって整形された信号の振動が抑えられていることが確認できます．そして，それにより，制御対象の出力の振動も抑えられています．なお，PI–D 制御の場合の $\mathcal{K}_2(s)$ には零点が含まれていますが，I–PD 制御の場合の $\mathcal{K}_2(s)$

には零点がありません．これが原因で，振動が生じたり生じなかったりします．

```
K3 = tf([0, ki], [kd, kp, ki]) # I-PD
z, t, _ = lsim(K3, r, Td, 0)
```

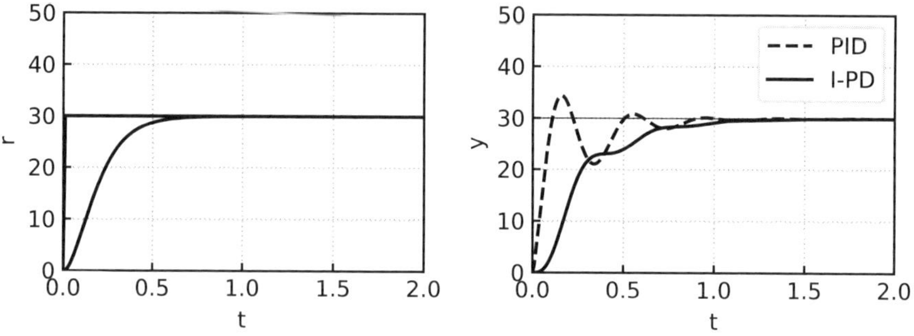

図 5.20　アームの I-PD 制御

なお，そもそも改良型 PID 制御において，急激に変化する目標値を整形してなめらかにしているのは，制御入力 u が過大になることを防ぐためでした．このことが PI–D 制御と I–PD 制御で実現できているかを確認しておきます．上記の数値例において制御入力 u を求めると**図 5.21** のようになります（0 秒から 0.5 秒の部分だけプロットしています）．

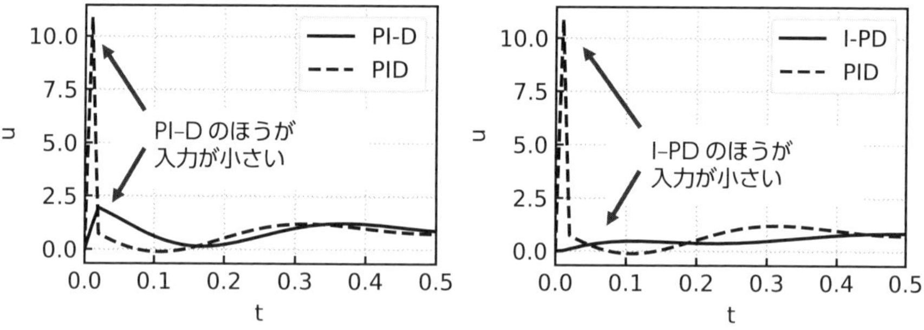

図 5.21　制御入力 u の比較

これより，ステップ入力を加えた直後に PID 制御では過大な入力が生成されているのに対し，PI–D 制御（左図）と I–PD 制御（右図）では，小さい入力が生成されていることが確認できます．

5.4 限界感度法によるゲインチューニング

PID ゲインをチューニングする方法として，**限界感度法**やステップ応答法が知られています[*2]．ここでは，限界感度法について説明します．限界感度法は，簡単な実験を行ってゲインを調整する方法です．制御対象のモデルが不要という長所の一方，実験を繰り返す必要があることや，限界感度（不安定になる手前）付近で実機を動かす必要がある点が欠点です．

限界感度法ではまず，P 制御系を構成し，比例ゲイン k_{P} を大きくしていきます．すると，振動が大きくなり，持続振動が生じますので，そのときの比例ゲイン $k_{\mathrm{P}0}$ と持続振動の周期 T_0 を調べます．理想的な 1 次遅れ系や 2 次遅れ系では比例ゲインを大きくしても持続振動は生じませんが，実際のシステムには，微小な**無駄時間**があるため，その影響で持続振動が生じます（ゲインを大きくすると不安定になります）．

つぎに，**表 5.1** やその改良版である**表 5.2** をもとに，比例ゲイン k_{P}，**積分時間** T_{I}，**微分時間** T_{D} を決定します．ただし，PID 制御は，

$$u(t) = k_{\mathrm{P}}\left(e(t) + \frac{1}{T_{\mathrm{I}}}\int_0^t e(\tau)\mathrm{d}\tau + T_{\mathrm{D}}\frac{\mathrm{d}}{\mathrm{d}t}e(t)\right) \tag{5.31}$$

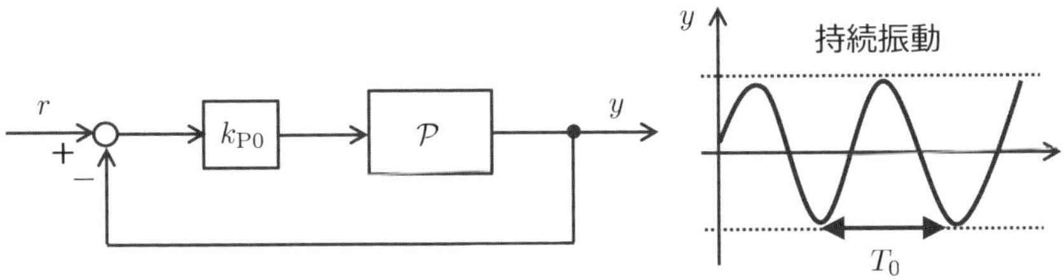

図 5.22　限界感度法のイメージ

＊2　計算機の性能が十分でなかった 1940 年代に提案された方法です．現在では，計算機を利用したデータ駆動型制御（FRIT や VRFT）が注目されています．

としたもので，$k_{\rm I} = \dfrac{k_{\rm P}}{T_{\rm I}}$，$k_{\rm D} = k_{\rm P}T_{\rm D}$ です．

表 5.1　限界感度法

	比例ゲイン $k_{\rm P}$	積分時間 $T_{\rm I}$	微分時間 $T_{\rm D}$
P 制御	$0.5k_{\rm P0}$		
PI 制御	$0.45k_{\rm P0}$	$0.83T_0$	
PID 制御	$0.6k_{\rm P0}$	$0.5T_0$	$0.125T_0$

表 5.2　表 5.1 の改良版（PID 制御）

	比例ゲイン $k_{\rm P}$	積分時間 $T_{\rm I}$	微分時間 $T_{\rm D}$
No Overshoot	$0.2k_{\rm P0}$	$0.5T_0$	$0.33T_0$

さて，制御対象として 2 次遅れ系（垂直駆動アーム：149 ページのリスト 5.1）に微小な無駄時間があるとしたものを考えます．無駄時間系は，e^{-hs} のように無限次元系で表されますが，これを有理関数で近似したものを **パデ近似**といいます．以下では，1 次のパデ近似を用い，無駄時間は 0.005 とします．

```
from control.matlab import tf, pade, feedback, step
num_delay, den_delay = pade( 0.005, 1) # 無駄時間系
Pdelay = P * tf(num_delay, den_delay) # Pはアームのモデル
```

そして，比例ゲイン $k_{\rm P0}$ を 2.9 程度にして P 制御を施すと，**図 5.23** のように持続振動が生じます．グラフから持続振動の周期を計測すると，$T_0 = 0.3$ であることがわかります．これと表 5.1 より，PID ゲインを求めます．

リスト 5.11　限界感度法

```
kp0 = 2.9 # 比例ゲイン
K = tf([0, kp0], [0, 1]) # P制御
Gyr = feedback(Pdelay*K, 1) # 閉ループ系
y,t = step(Gyr, np.arange(0, 2, 0.01)) # ステップ応答

fig, ax = plt.subplots()
ax.plot(t, y*ref)
ax.axhline(ref, color="k", linewidth=0.5)
plot_set(ax, 't', 'y')
```

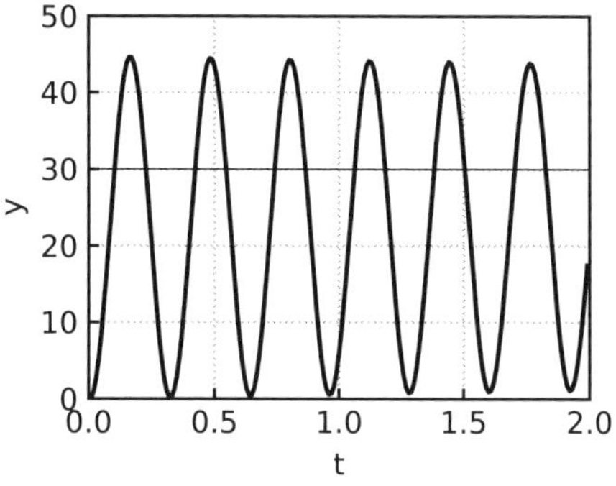

図 5.23　持続振動

図 5.24 に，チューニングした PID ゲインを用いたときの結果を示します（**リスト 5.12** を実行する）．図より，限界感度法によるチューニングでそこそこよい応答が得られていることが確認できます．さらに改良版では，オーバーシュートが生じていないことがわかります．

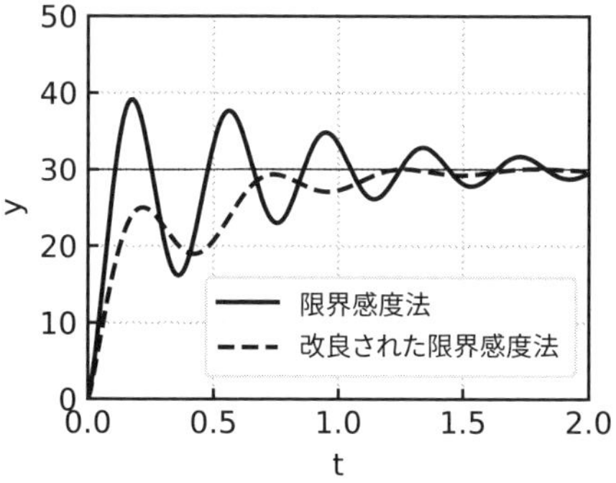

図 5.24　チューニング結果

リスト 5.12　ゲインチューニングの結果

```
kp = [0, 0]
ki = [0, 0]
kd = [0, 0]
Rule = ['', '']

T0 = 0.3
# 限界感度法 (Classic)
```

```
Rule[0] = 'Classic'
kp[0] = 0.6 * kp0
ki[0] = kp[0] / (0.5 * T0)
kd[0] = kp[0] * (0.125 * T0)

# 改良された限界感度法 (No overshoot)
Rule[1] = 'No Overshoot'
kp[1] = 0.2 * kp0
ki[1] = kp[1] / (0.5 * T0)
kd[1] = kp[1] * (0.33 * T0)

LS = linestyle_generator()
fig, ax = plt.subplots()

for i in range(2):
    K = tf([kd[i], kp[i], ki[i]], [1, 0])
    Gyr = feedback(Pdelay*K, 1)
    y, t = step(Gyr, np.arange(0, 2, 0.01))

    ax.plot(t, y*ref, ls=next(LS), label=Rule[i])

    print(Rule[i])
    print('kP=', kp[i])
    print('kI=', ki[i])
    print('kD=', kd[i])
    print('------------------')

ax.axhline(ref, color="k", linewidth=0.5)
plot_set(ax, 't', 'y', 'best')
```

```
Classic
kP= 1.74
kI= 11.6
kD= 0.06525
------------------
No Overshoot
kP= 0.58
kI= 3.8666666666666667
kD= 0.05742
------------------
```

5.5 モデルマッチング法によるゲインチューニング

コントローラ設計って計算機使ってやるもんだと思ってたけど・・・
そんな感じではなかったよ.

お姉ちゃんは焦らされるの好きでしょ？

ここから先で，フィードバック系の極を直接操作する方法が説明されていて，計算機を使うから楽しんでね.

極を操作する？

モデルマッチング法は，**図 5.25** に示すように，ある適切な**規範モデル** $\mathcal{M}(s)$ を与え，それに目標値 r から出力 y までの伝達関数 $\mathcal{G}_{yr}(s)$ を一致させる（または近づける）というものです.

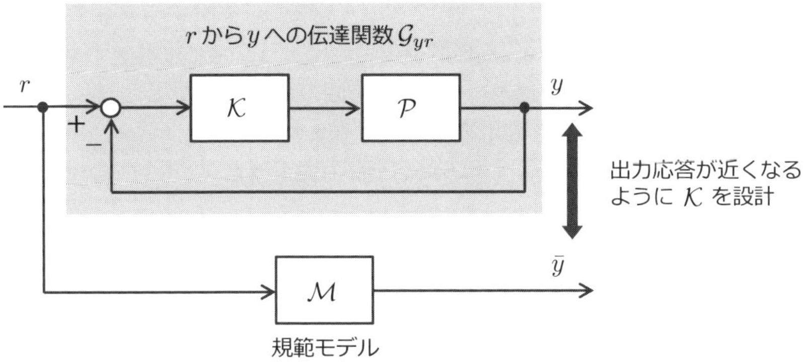

図 5.25　モデルマッチング法のイメージ

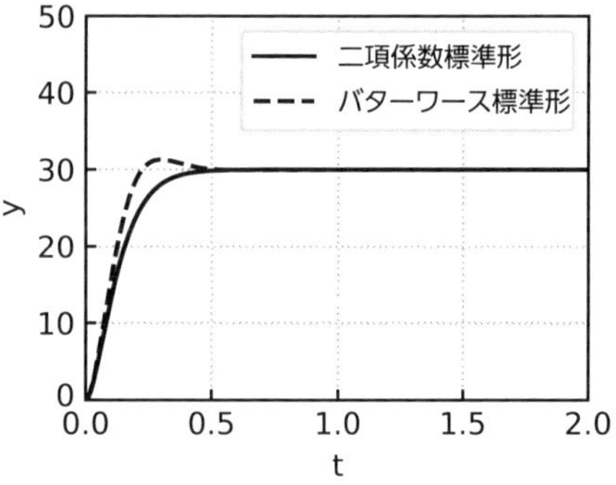

図 5.26　2 次遅れ系の規範モデル

規範モデルとしては，**二項係数標準形**や **バターワース標準形**がよく利用されます．たとえば，2 次系の規範モデル

$$\mathcal{M}(s) = \frac{\omega_{\mathrm{n}}^2}{s^2 + 2\zeta\omega_{\mathrm{n}}s + \omega_{\mathrm{n}}^2} \tag{5.32}$$

において，減衰係数 ζ を $\zeta = 1$ と選んだものが二項係数標準形で，$\zeta = \dfrac{1}{\sqrt{2}}$ としたものがバターワース標準形です（**図 5.26**）．

また，固有角周波数 ω_{n} は速応性に関するパラメータですので，大きな値を指定するほど制御系の立ち上がりが速くなります．

さらに，3 次系の規範モデル

$$\mathcal{M}(s) = \frac{\omega_{\mathrm{n}}^3}{s^3 + \alpha_2\omega_{\mathrm{n}}s^2 + \alpha_1\omega_{\mathrm{n}}^2 s + \omega_{\mathrm{n}}^3} \tag{5.33}$$

では，$(\alpha_1, \alpha_2) = (3, 3)$ が二項係数標準形，$(\alpha_1, \alpha_2) = (2, 2)$ がバターワース標準形です．このほか，偏差の絶対値の時間の重み付き積分 $\int_0^t \tau|e(\tau)|\mathrm{d}\tau$ の値をほぼ最小化する **ITAE 最小標準形**もあります．これは，式 (5.33) において，$(\alpha_1, \alpha_2) = (2.15, 1.75)$ としたものです（**図 5.27**）．

モデルマッチング法では，r から y への伝達関数 $\mathcal{G}_{yr}(s)$ を求め，$\dfrac{1}{\mathcal{G}_{yr}(s)}$ のマクローリン展開と $\dfrac{1}{\mathcal{M}(s)}$ のマクローリン展開を計算します．そして，それらの低次の項から順に一致させるように PID ゲインを決定していきます．

アームの PI–D 制御系のモデルマッチングを考えてみましょう．まず，r か

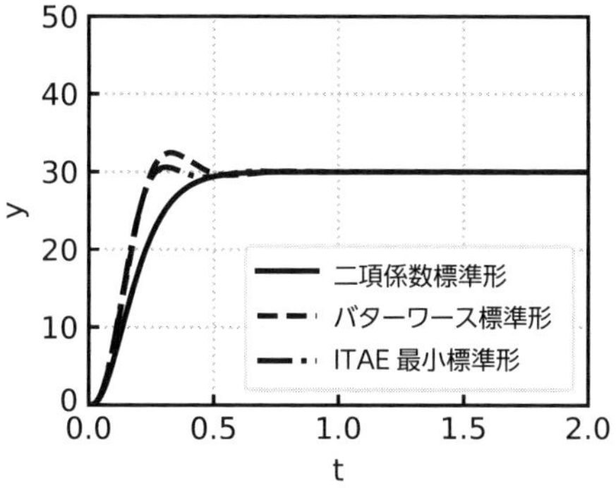

図 5.27　3 次遅れ系の標準形

ら y への伝達関数は,

$$\mathcal{G}_{yr}(s) = \frac{k_{\mathrm{P}}s + k_{\mathrm{I}}}{Js^3 + (\mu + k_{\mathrm{D}})s^2 + (Mg\ell + k_{\mathrm{P}})s + k_{\mathrm{I}}} \tag{5.34}$$

となります.

これを式 (5.32) の 2 次の規範モデル $\mathcal{M}(s)$ に一致させます．まず, $\dfrac{1}{\mathcal{G}_{yr}(s)}$ のマクローリン展開を求めます．手計算だと少し面倒ですので，以下のように，SymPy を用います（**リスト 5.13**).

リスト 5.13　$\dfrac{1}{\mathcal{G}_{yr}}$ のマクローリン展開を求める

```
import sympy as sp
s = sp.Symbol('s')
kp, kd, ki = sp.symbols('k_p k_d k_i')
Mgl, mu, J = sp.symbols('Mgl mu J')
sp.init_printing()

G = (kp*s+ki)/(J*s**3 +(mu+kd)*s**2 + (Mgl + kp)*s + ki)
sp.series(1/G, s, 0, 4)
```

結果は,

$$1 + s^2\left(-\frac{Mglk_p}{k_i^2} + \frac{k_d}{k_i} + \frac{\mu}{k_i}\right) \\ + s^3\left(\frac{J}{k_i} + \frac{Mglk_p^2}{k_i^3} - \frac{k_dk_p}{k_i^2} - \frac{k_p\mu}{k_i^2}\right) + \frac{Mgls}{k_i} + O\left(s^4\right)$$

となります．これより，

$$\frac{1}{\mathcal{G}_{yr}(s)} = 1 + \frac{Mg\ell}{k_{\rm I}}s + \left(\frac{\mu + k_{\rm D}}{k_{\rm I}} - Mg\ell\frac{k_{\rm P}}{k_{\rm I}^2}\right)s^2 + \left(\frac{J}{k_{\rm I}} - \frac{k_{\rm P}(\mu + k_{\rm D})}{k_{\rm I}^2} + Mg\ell\frac{k_{\rm P}^2}{k_{\rm I}^3}\right)s^3 + \cdots \tag{5.35}$$

となることがわかります．

一方，$\dfrac{1}{\mathcal{M}(s)}$ は，

$$\frac{1}{\mathcal{M}(s)} = 1 + \frac{2\zeta}{\omega_{\rm n}}s + \frac{1}{\omega_{\rm n}^2}s^2 \tag{5.36}$$

となります．

つぎに，$\dfrac{1}{\mathcal{G}_{yr}(s)}$ と $\dfrac{1}{\mathcal{M}(s)}$ の s の 1 次，2 次，3 次の項を一致させるように $k_{\rm P}, k_{\rm I}, k_{\rm I}$ を求めます．この計算に SymPy を用います（**リスト 5.14**）．

リスト 5.14　モデルマッチング

```
import sympy as sp
z, wn = sp.symbols('zeta omega_n')
kp, kd, ki = sp.symbols('k_p k_d k_i')
Mgl,mu,J = sp.symbols('Mgl mu J')
sp.init_printing()

f1 = Mgl/ki-2*z/wn
f2 = (mu+kd)/ki-Mgl*kp/(ki**2)-1/(wn**2)
f3 = J/ki-kp*(mu+kd)/(ki**2)+Mgl*kp**2/(ki**3)
sp.solve([f1, f2, f3],[kp, kd, ki])
```

結果は，

$$\left[\left(J\omega_n^2,\quad 2J\omega_n\zeta + \frac{Mgl}{2\omega_n\zeta} - \mu,\quad \frac{Mgl\omega_n}{2\zeta}\right)\right]$$

です．以上より，

$$k_{\rm P} = \omega_{\rm n}^2 J,\quad k_{\rm I} = \frac{\omega_{\rm n} Mg\ell}{2\zeta},\quad k_{\rm D} = 2\zeta\omega_{\rm n} J + \frac{Mg\ell}{2\zeta\omega_{\rm n}} - \mu \tag{5.37}$$

が得られます．この結果を用いて，**リスト 5.15** を実行すると，**図 5.28** が得られます（制御対象は，149 ページのリスト 5.1 に示す垂直駆動アームです．リスト 5.15 の前にリスト 5.1 を実行します）．

これより，閉ループ系 $\mathcal{G}_{yr}(s)$ の応答が規範モデル $\mathcal{M}(s)$ の応答に完全に一致していることがわかります.

リスト 5.15 モデルマッチングによるゲインチューニングの結果

```
from control.matlab import tf, step

# 規範モデル
omega_n = 15
zeta = 0.707
Msys = tf([0,omega_n**2], [1,2*zeta*omega_n,omega_n**2])

# モデルマッチング
kp = omega_n**2*J
ki = omega_n*M*g*l/(2*zeta)
kd = 2*zeta*omega_n*J + M*g*l/(2*zeta*omega_n) - mu
Gyr = tf([kp,ki], [J, mu+kd, M*g*l+kp, ki])

yM, tM = step(Msys, np.arange(0, 2, 0.01))
y, t = step(Gyr, np.arange(0, 2, 0.01))

fig, ax = plt.subplots()
ax.plot(tM, yM*ref, label='M', color='k')
ax.plot(t, y*ref, label='Gyr', color='k')
plot_set(ax, 't', 'y', 'best')
```

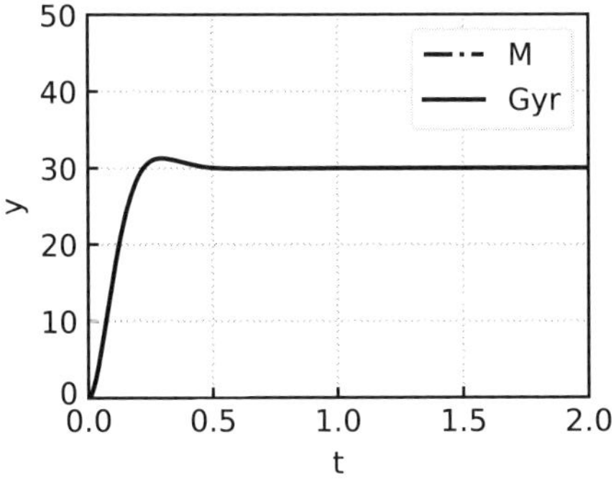

図 5.28 モデルマッチングによる設計

練習問題

アームの I–PD 制御を考えます．閉ループ系 $\mathcal{G}_{yr}(s)$ を 3 次の規範モデルに完全に一致させる PID ゲイン k_{P}，k_{I}，k_{D} を求めなさい．

●解答例

I–PD 制御系の r から y への伝達関数は，

$$\mathcal{G}_{yr}(s) = \frac{k_{\mathrm{I}}}{Js^3 + (\mu + k_{\mathrm{D}})s^2 + (Mg\ell + k_{\mathrm{P}})s + k_{\mathrm{I}}} \tag{5.38}$$

となります．これを 3 次の規範モデルに一致させます．$\dfrac{1}{\mathcal{G}_{yr}(s)}$ と $\dfrac{1}{\mathcal{M}(s)}$ は，

$$\frac{1}{\mathcal{G}_{yr}(s)} = 1 + \frac{Mg\ell + k_{\mathrm{P}}}{k_{\mathrm{I}}}s + \frac{\mu + k_{\mathrm{D}}}{k_{\mathrm{I}}}s^2 + \frac{J}{k_{\mathrm{I}}}s^3 \tag{5.39}$$

$$\frac{1}{\mathcal{M}(s)} = 1 + \frac{\alpha_1}{\omega_{\mathrm{n}}}s + \frac{\alpha_2}{\omega_{\mathrm{n}}^2}s^2 + \frac{1}{\omega_{\mathrm{n}}^3}s^3 \tag{5.40}$$

となります．したがって，

$$k_{\mathrm{P}} = J\alpha_1\omega_{\mathrm{n}}^2 - Mg\ell,\quad k_{\mathrm{I}} = J\omega_{\mathrm{n}}^3,\quad k_{\mathrm{D}} = J\alpha_2\omega_{\mathrm{n}} - \mu \tag{5.41}$$

が得られます．

なお，上記のアームの PI–D 制御と I–PD 制御の例では $\dfrac{1}{\mathcal{G}_{yr}(s)}$ と $\dfrac{1}{\mathcal{M}(s)}$ が完全に一致しましたが，完全に一致しない場合もあります．

その場合には，低次の項から順番に部分的に一致させます．

また，目標値追従特性に注目する場合は，$\mathcal{G}_{yr}(s)$ を用いますが，外乱抑制特性に注目する場合には，$\mathcal{G}_{yd}(s)$ を用います．

5.6 状態フィードバック制御

状態空間モデル $\dot{\boldsymbol{x}} = \boldsymbol{A}\boldsymbol{x} + \boldsymbol{B}u$ で記述されたシステムに対して制御器を設計していきましょう．状態空間モデルには，入力と出力に加えて，状態がありました．ここでは，この状態がセンサなどを用いてすべて観測可能であるとし，その観測された情報を用いて制御入力を決定することを考えます．具体的には，

$$u = \boldsymbol{F}\boldsymbol{x} \tag{5.42}$$

という**状態フィードバック制御**を考えます．図にしたものが**図 5.29** で，状態 $\boldsymbol{x}$ の情報を利用して，制御入力 u を決めるものとなっています．ここで，$\boldsymbol{F}$ は，**状態フィードバックゲイン**と呼ばれます．

状態フィードバック制御は，PD 制御とみることもできます．たとえば，台車系では，状態として，台車の位置 z と速度 $\dot{z}$ をとることができます．このとき，式 (5.42) は，

$$u = \boldsymbol{F}\boldsymbol{x} = f_1 z + f_2 \dot{z} \tag{5.43}$$

のように書くことができます．これは，PD 制御です（f_1 が比例ゲインで f_2

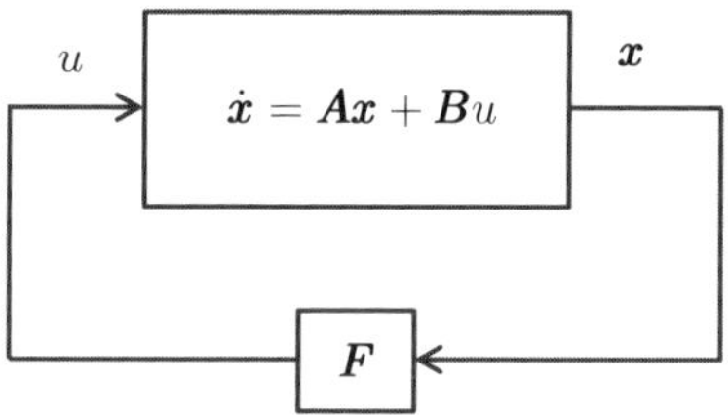

図 5.29　状態フィードバック制御

が微分ゲイン).

また，状態フィードバック制御ではフィードバックゲイン $\boldsymbol{F}$ を設計することになりますが，その代表的な方法として「**極配置法**」と「**最適レギュレータ**」があります.

5.6.1　極配置法

システム $\dot{\boldsymbol{x}} = \boldsymbol{A}\boldsymbol{x} + \boldsymbol{B}u$ に状態フィードバック制御 $u = \boldsymbol{F}\boldsymbol{x}$ を施すと，閉ループ系は,

$$\dot{\boldsymbol{x}} = (\boldsymbol{A} + \boldsymbol{B}\boldsymbol{F})\boldsymbol{x} \tag{5.44}$$

と記述することができます．行列 $\boldsymbol{A} + \boldsymbol{B}\boldsymbol{F}$ のすべての固有値の実部が負であれば，システムが安定となります．したがって，そうなるように $\boldsymbol{F}$ を設計します.

極配置法では，まず，$\boldsymbol{A} + \boldsymbol{B}\boldsymbol{F}$ の固有値を指定します．具体的には，実部が負の固有値を状態の数だけ用意します*3.

つぎに，$\boldsymbol{A} + \boldsymbol{B}\boldsymbol{F}$ の固有値が指定した固有値になるような $\boldsymbol{F}$ を求めます．Python には**アッカーマンの極配置アルゴリズム**が実装された便利な関数 acker が用意されていますので，それを利用します.

```
F = - acker(A, B, p)
```

関数 acker の引数は，$\boldsymbol{A}$，$\boldsymbol{B}$，そして指定する閉ループ極です．返り値が $\boldsymbol{A} - \boldsymbol{B}\boldsymbol{F}$ の固有値が指定極になるような $\boldsymbol{F}$ となりますので，ここでは，負号

*3　複素数とする場合には，必ず共役複素数のペアで指定します.

を付けたものを $\boldsymbol{F}$ としています．これにより，$\boldsymbol{A}+\boldsymbol{BF}$ の固有値が指定極になる $\boldsymbol{F}$ が得られます．

実際，**リスト 5.16** を実行すると，$\boldsymbol{F}$ の値は，$\boldsymbol{F}=[3 \quad -7]$ となります．そして，np.linalg.eigvals(P.A+P.B@F) で固有値を確かめてみると，array([-1., -1.]) となりますので，極配置ができていることがわかります．なお，@ は行列の積を計算する演算子です．

リスト 5.16　極配置

```
from control.matlab import ss, acker, initial

A = '0 1; -4 5'
B = '0; 1'
C = '1 0 ; 0 1'
D = '0; 0'
P = ss(A, B, C, D)

regulator_poles = [-1, -1]
F = -acker(P.A, P.B, regulator_poles)
```

このときの閉ループ系 $\dot{\boldsymbol{x}}=(\boldsymbol{A}+\boldsymbol{BF})\boldsymbol{x}$ の振る舞いをみてみます．初期状態を $\boldsymbol{x}(0)=[-0.3\ 0.4]^\top$ として，**リスト 5.17** を実行すると**図 5.30** が得られます．これより，状態 $\boldsymbol{x}$ が 0 に収束していることが確認できます．

リスト 5.17　状態フィードバック制御

```
Acl = P.A + P.B@F
Pfb = ss(Acl, P.B, P.C, P.D)

Td = np.arange(0, 5, 0.01)
X0 = [-0.3, 0.4]
x, t = initial(Pfb, Td, X0)

fig, ax = plt.subplots()
ax.plot(t, x[:,0], label = '$x_1$')
ax.plot(t, x[:,1], ls = '-.', label = '$x_2$')
plot_set(ax, 't', 'x', 'best')
```

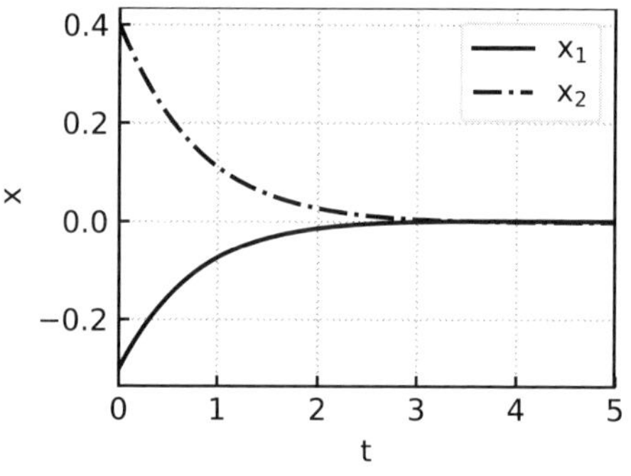

図 5.30　状態フィードバック制御（極配置法）

固有値の選び方

制御対象の振る舞いは，複素平面上で虚軸にもっとも近い実部をもつ極（**代表極**）で特徴付けることができます．ここでは，2 次遅れ系の応答特性から，一般的な制御対象（高次遅れ系）の望ましい応答を特徴付けてみます．

いま，システムとして，

$$\mathcal{P}(s) = \frac{\omega_{\mathrm{n}}^2}{s^2 + 2\zeta\omega_{\mathrm{n}} s + \omega_{\mathrm{n}}^2} \tag{5.45}$$

を考えます．まず，減衰性ですが，$\zeta > \dfrac{1}{\sqrt{2}}$ を満たすとき，ステップ応答における振動が速やかに減衰することが知られています[*4]．さらに，$1 > \zeta > \dfrac{1}{\sqrt{2}}$ のとき，2 次遅れ系の極は，$\lambda = -\zeta\omega_{\mathrm{n}} \pm j\omega_{\mathrm{n}}\sqrt{1-\zeta^2}$ となりますので，$|\mathrm{Im}[\lambda]| < |\mathrm{Re}[\lambda]|$ を満たすような極を選べばよいことになります（**図 5.31** 左図の灰色の領域）．

＊4　106 ページで説明したように，オーバーシュートは，

$$A_{\max} = y_{\max} - y_{\infty} = K\exp\left(-\frac{\pi\zeta}{\sqrt{1-\zeta^2}}\right)$$

となり，$\zeta = \dfrac{1}{\sqrt{2}}$ のとき，$A_{\max} = K\exp(-\pi) = 0.043K$ となります．つまり，$1 > \zeta > \dfrac{1}{\sqrt{2}}$ であれば，オーバーシュートは 5% 未満となります．

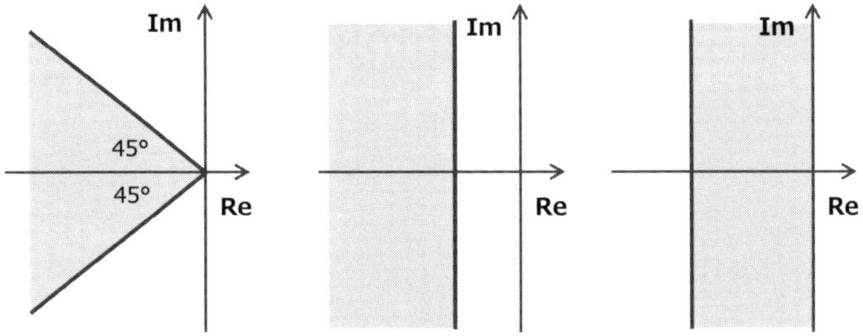

減衰性の観点　　速応性の観点　　制御入力の観点

図 5.31　閉ループ極の位置

つぎに，ステップ応答における 5% 整定時間は，約 $\dfrac{3}{\zeta\omega_{\rm n}}$ となります＊5ので，目標とする整定時間が $T_{\rm s}$ であるとき，$\dfrac{3}{\zeta\omega_{\rm n}} < T_{\rm s}$ を満たすことが望ましいです．そして，2 次遅れ系の極は，$\lambda = -\zeta\omega_{\rm n} \pm j\omega_{\rm n}\sqrt{1-\zeta^2}$ ですので，実部が $-\dfrac{3}{T_{\rm s}}$ より小さければよいことになります（図 5.31 中図の灰色の領域）．

最後に，制御入力の大きさの観点です．極の実部を負側に大きくすると，フィードバックゲインが大きくなります．したがって，実部が負側に大きくならないような極を選ぶことが望ましいといえます（図 5.31 右図の灰色の領域）．

直接法による極配置

極配置法を手計算で行う方法を説明しておきます．

まず，閉ループ極 $p_1, p_2, \ldots, p_n$ を指定します．

つぎに，

$$(s-p_1)(s-p_2)\cdots(s-p_n) = s^n + \delta_{n-1}s^{n-1} + \cdots + \delta_1 s + \delta_0$$

を計算し，係数 $\delta_{n-1}, \ldots, \delta_1, \delta_0$ を求めます．

＊5　ステップ応答の収束の速さは極の実部の大きさで決まります．具体的には，$e^{-\zeta\omega_{\rm n}t} = 0.05$ となる時間が**整定時間**の近似値です．したがって，$t = \dfrac{\ln 20}{\zeta\omega_{\rm n}} \simeq \dfrac{3}{\zeta\omega_{\rm n}}$ となります．

そして，特性多項式

$$\det(sI - (\boldsymbol{A} + \boldsymbol{BF})) = s^n + \alpha_{n-1}s^{n-1} + \cdots + \alpha_1 s + \alpha_0$$

を計算し，$\alpha_{n-1}, \ldots, \alpha_1, \alpha_0$ を求めます．

最後に，

$$\alpha_0 = \delta_0,\ \alpha_1 = \delta_1, \ldots, \alpha_{n-1} = \delta_{n-1}$$

を満足するようなゲイン $\boldsymbol{F} = [f_1\ f_2\ \cdots\ f_n]$ を計算します．

5.6.2　最適レギュレータ

極配置法で状態フィードバックゲインを設計できることがわかりました．しかし，

1. 固有値の実部を負側に大きくすると応答が速くなるが，フィードバックゲイン $\boldsymbol{F}$ が大きくなり入力が大きくなる．
2. 状態変数の中に振れ幅が大きいものが現れることがある．

といった問題点があり，極の選定に苦労することがあります．そこで，システムの動特性や入力エネルギーに関する評価指標を設定して，その値を最小化する状態フィードバックゲインを求める問題を考えます．これは**最適制御問題**（**LQ 最適制御問題**）と呼ばれています．

$\boldsymbol{Q} = \boldsymbol{Q}^\top > 0$，$\boldsymbol{R} = \boldsymbol{R}^\top > 0$ に対して，2 次形式の評価関数

$$J = \int_0^\infty \boldsymbol{x}(t)^\top \boldsymbol{Q}\boldsymbol{x}(t) + u(t)^\top \boldsymbol{R}u(t)\mathrm{d}t \tag{5.46}$$

を最小化するコントローラは，$u = \boldsymbol{F}_{\mathrm{opt}}\boldsymbol{x}$ の形で得られ，$\boldsymbol{F}_{\mathrm{opt}}$ の値は

$$\boldsymbol{F}_{\mathrm{opt}} = -\boldsymbol{R}^{-1}\boldsymbol{B}^\top \boldsymbol{P} \tag{5.47}$$

となる．ただし，$\boldsymbol{P} = \boldsymbol{P}^\top > 0$ は，**リッカチ方程式**

$$\boldsymbol{A}^\top \boldsymbol{P} + \boldsymbol{PA} - \boldsymbol{PBR}^{-1}\boldsymbol{B}^\top \boldsymbol{P} + \boldsymbol{Q} = 0 \tag{5.48}$$

を満たす唯一の正定対称解である．また，J の最小値は，$\boldsymbol{x}(0)^\top \boldsymbol{P}\boldsymbol{x}(0)$ である．

このような評価関数の最適化によって得られる状態フィードバック制御のことを**最適レギュレータ**といいます．最適制御問題では，評価関数 J を最小化する初期時刻から無限時間先までの入力 u を求めますが，その最適制御入力が，状態フィードバック制御則の形で与えられていることがポイントです．

なお，$\boldsymbol{Q}$ は対角行列に設定することがほとんどです．たとえば，

$$\boldsymbol{Q}=\begin{bmatrix} q_1 & 0 \\ 0 & q_2 \end{bmatrix} \tag{5.49}$$

とすると，

$$\boldsymbol{x}(t)^\top \boldsymbol{Q}\boldsymbol{x}(t)=q_1x_1(t)^2+q_2x_2(t)^2 \tag{5.50}$$

となりますので，x_1 を x_2 より速く 0 に収束させたい場合には，$q_1>q_2$ となるように設定します．一方，$\boldsymbol{R}$ は，u が 1 入力の場合には，スカラーになります．$\boldsymbol{R}$ を大きく設定すると，入力が大きくなりすぎないフィードバックゲイン $\boldsymbol{F}$ が得られることが期待できます．

最適レギュレータは，Python では，lqr を用いて設計することができます．

```
F, X, E = lqr(A, B, Q, R)
F = -F
```

引数の A と B は，システムの $\boldsymbol{A}$ 行列と $\boldsymbol{B}$ 行列であり，Q と R は重み行列 $\boldsymbol{Q}$ と $\boldsymbol{R}$ です．また，返り値の F はフィードバックゲイン，X はリッカチ方程式の解，E は閉ループ系の極（$\boldsymbol{A}-\boldsymbol{B}\boldsymbol{F}$ の固有値）です．lqr では，$u(t)=-\boldsymbol{F}\boldsymbol{x}(t)$ に対する $\boldsymbol{F}$ を求めるようになっていますので，F = -F としています．これにより，$\boldsymbol{A}+\boldsymbol{B}\boldsymbol{F}$ が安定となります．

```
from control.matlab import lqr, care

Q = np.diag( [100, 1] )
R = 1

F, X, E = lqr(P.A, P.B, Q, R)
F = -F

print('--- フィードバックゲイン ---')
```

```
print(F)
print(-(1/R)*P.B.T@X)
print('--- 閉ループ極 ---')
print(E)
print(np.linalg.eigvals(P.A+P.B@F))
```

```
--- フィードバックゲイン ---
[[ -6.77032961 -11.28813639]]
[[ -6.77032961 -11.28813639]]
--- 閉ループ極 ---
[-3.1440682+0.94083196j -3.1440682-0.94083196j]
[-3.14406819+0.94083198j -3.14406819-0.94083198j]
```

なお，リッカチ方程式の解を用いて，-(1/R) * (P.B.T) @ X を計算すればフィードバックゲイン $\boldsymbol{F}_{\mathrm{opt}}$ が求まります．

また，最適レギュレータのフィードバックゲイン $\boldsymbol{F}_{\mathrm{opt}}$ を用いると，$\boldsymbol{A}+\boldsymbol{B}\boldsymbol{F}_{\mathrm{opt}}$ の固有値は安定になりますが，その固有値は，**ハミルトン行列**

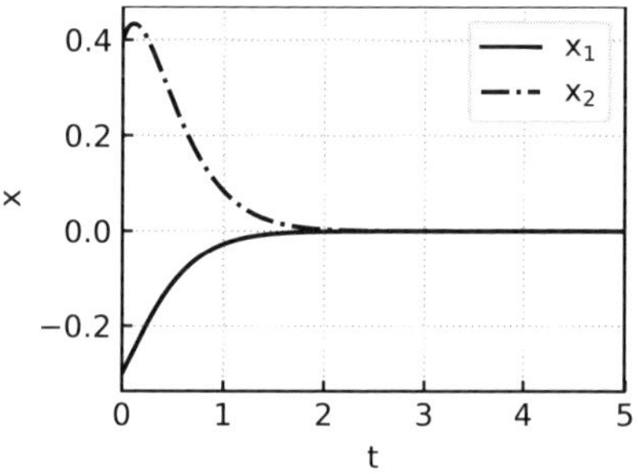

図 5.32　状態フィードバック制御（最適レギュレータ）

$$\boldsymbol{H}=\begin{bmatrix} \boldsymbol{A} & -\boldsymbol{B}R^{-1}\boldsymbol{B}^{\top} \\ -\boldsymbol{Q} & -\boldsymbol{A}^{\top} \end{bmatrix} \tag{5.51}$$

の安定な固有値に等しいことが知られています．したがって，リッカチ方程式を解かなくても，$\boldsymbol{H}$ の安定固有値を求めて極配置法で $\boldsymbol{F}_{\mathrm{opt}}$ を求めることで同じ結果を得ることができます（**リスト 5.18**）．

リスト 5.18　ハミルトン行列の固有値を求める

```
H = np.block( [ [P.A, -P.B*(1/R)@P.B.T], [-Q, -P.A.T] ])
eigH = np.linalg.eigvals(H)
print(eigH)

print('--- ハミルトン行列の安定固有値 ---')
eigH_stable = [ i for i in eigH if i < 0] # 実部が負の固有値を抽出
```

```
print(eigH_stable)

F = -acker(P.A, P.B, eigH_stable)
print('--- フィードバックゲイン ---')
print(F)
```

```
[-3.14406819+0.94083198j -3.14406819-0.94083198j
  3.14406819+0.94083198j 3.14406819-0.94083198j]
--- ハミルトン行列の安定固有値 ---
[(-3.1440681937792814+0.9408319760374388j),
 (-3.1440681937792814-0.9408319760374388j)]
--- フィードバックゲイン ---
[[ -6.77032961 -11.28813639]]
```

最適レギュレータの安定性と最適性

　最適レギュレータを導出するには，最適制御問題を動的計画法や最大原理に基づいて解く必要があります．詳しくは，別の書籍にゆずることにして，ここでは，最適レギュレータが閉ループ系を安定化することと，評価関数を最小化することを確認しておきます．

　まず，安定性を確認します．$-\boldsymbol{P}\boldsymbol{B}\boldsymbol{R}^{-1}\boldsymbol{B}^\top\boldsymbol{P}$ を書き換えた関係式

$$
\begin{aligned}
&-\boldsymbol{P}\boldsymbol{B}\boldsymbol{R}^{-1}\boldsymbol{B}^\top\boldsymbol{P}\\
&=\boldsymbol{P}\boldsymbol{B}(-\boldsymbol{R}^{-1}\boldsymbol{B}^\top\boldsymbol{P})+(-\boldsymbol{P}\boldsymbol{B}\boldsymbol{R}^{-1})\boldsymbol{B}^\top\boldsymbol{P}+(-\boldsymbol{P}\boldsymbol{B}\boldsymbol{R}^{-1})\boldsymbol{R}(-\boldsymbol{R}^{-1}\boldsymbol{B}^\top\boldsymbol{P})\\
&=\boldsymbol{P}\boldsymbol{B}\boldsymbol{F}_{\rm opt}+\boldsymbol{F}_{\rm opt}^\top\boldsymbol{B}^\top\boldsymbol{P}+\boldsymbol{F}_{\rm opt}^\top\boldsymbol{R}\boldsymbol{F}_{\rm opt}
\end{aligned}
$$

をリッカチ方程式に代入すると

$$
\boldsymbol{P}\boldsymbol{A}+\boldsymbol{A}^\top\boldsymbol{P}+\boldsymbol{P}\boldsymbol{B}\boldsymbol{F}_{\rm opt}+\boldsymbol{F}_{\rm opt}^\top\boldsymbol{B}^\top\boldsymbol{P}+\boldsymbol{F}_{\rm opt}^\top\boldsymbol{R}\boldsymbol{F}_{\rm opt}+\boldsymbol{Q}=0 \tag{5.52}
$$

となります．これを整理すると

$$
\boldsymbol{P}\left(\boldsymbol{A}+\boldsymbol{B}\boldsymbol{F}_{\rm opt}\right)+\left(\boldsymbol{A}+\boldsymbol{B}\boldsymbol{F}_{\rm opt}\right)^\top\boldsymbol{P}=-\left(\boldsymbol{F}_{\rm opt}^\top\boldsymbol{R}\boldsymbol{F}_{\rm opt}+\boldsymbol{Q}\right)
$$

が得られます．ここで，$\boldsymbol{A}_{\rm cl}=\boldsymbol{A}+\boldsymbol{B}\boldsymbol{F}_{\rm opt}$，$\boldsymbol{Q}_{\rm cl}=\boldsymbol{F}_{\rm opt}^\top\boldsymbol{R}\boldsymbol{F}_{\rm opt}+\boldsymbol{Q}$ とおくと，$\boldsymbol{P}\boldsymbol{A}_{\rm cl}+\boldsymbol{A}_{\rm cl}^\top\boldsymbol{P}=-\boldsymbol{Q}_{\rm cl}$ となります．これは，リアプノフ方程式です．また，$\boldsymbol{Q}>0$ および $\boldsymbol{R}>0$ より，$\boldsymbol{Q}_{\rm cl}>0$ です．したがって，リアプノフの安定定理（121 ペー

ジ）より，$\boldsymbol{A}_{\rm cl}$ は安定となりますので，閉ループ系が安定であることがわかります．

つぎに，最適性を確認します．$\eta := u + \boldsymbol{R}^{-1}\boldsymbol{B}^\top \boldsymbol{P}\boldsymbol{x}$ とおくと，$\eta = 0$ のとき，$u = -\boldsymbol{R}^{-1}\boldsymbol{B}^\top \boldsymbol{P}\boldsymbol{x}$ となります．したがって，$\eta = 0$ のとき，J が最小になることを確認すればよいです．評価関数 J にリッカチ方程式を代入して $\boldsymbol{Q}$ を消去すると，

$$J = \int_0^\infty \left\{ \boldsymbol{x}^\top \left(\boldsymbol{P}\boldsymbol{B}\boldsymbol{R}^{-1}\boldsymbol{B}^\top \boldsymbol{P} - \left(\boldsymbol{P}\boldsymbol{A} + \boldsymbol{A}^\top \boldsymbol{P} \right) \right) \boldsymbol{x} + u^\top \boldsymbol{R} u \right\} \mathrm{d}t$$

となります．さらに，整理すると，

$$\begin{aligned} J &= \int_0^\infty \left\{ \eta^\top \boldsymbol{R}\eta - \boldsymbol{x}^\top \boldsymbol{P}(\boldsymbol{A}\boldsymbol{x} + \boldsymbol{B}u) - \left(\boldsymbol{x}^\top \boldsymbol{A}^\top + u^\top \boldsymbol{B}^\top \right) \boldsymbol{P}\boldsymbol{x} \right\} \mathrm{d}t \\ &= \int_0^\infty \left\{ \eta^\top \boldsymbol{R}\eta - \left(\boldsymbol{x}^\top \boldsymbol{P}\dot{\boldsymbol{x}} + \dot{\boldsymbol{x}}^\top \boldsymbol{P}\boldsymbol{x} \right) \right\} \mathrm{d}t \\ &= \int_0^\infty \left\{ \eta^\top \boldsymbol{R}\eta - \frac{\mathrm{d}}{\mathrm{d}t} \left(\boldsymbol{x}^\top \boldsymbol{P}\boldsymbol{x} \right) \right\} \mathrm{d}t \end{aligned}$$

となります．ここで，閉ループ系は漸近安定（$\lim_{t\to\infty} \boldsymbol{x}(t) = 0$）ですので，

$$J = \int_0^\infty \eta^\top \boldsymbol{R}\eta \mathrm{d}t + \boldsymbol{x}(0)^\top \boldsymbol{P}\boldsymbol{x}(0)$$

が得られます．上式の第 1 項の被積分関数は，すべての η に対して，0 以上の値となるので，$\eta = 0$ のときに J が最小となることがわかります．

積分型サーボ系

制御対象に定値（もしくはゆっくり振動する）外乱 d が加わる（$u + d$ となる）と，**図 5.33**(a) のように，状態が 0 に収束しません．

```
Pole = [-1, -1]
F = -acker(P.A, P.B, Pole)
Acl = P.A + P.B@F
Pfb = ss(Acl, P.B, P.C, P.D) # 状態FBで安定化したシステム

Td = np.arange(0, 8, 0.01)
Ud = 0.2 * (Td>=0) # ステップ状の外乱
x, t, _ = lsim(Pfb, Ud, Td, [-0.3, 0.4])
```

```
fig, ax = plt.subplots()
ax.plot(t, x[:,0], label = '$x_1$')
ax.plot(t, x[:,1], ls = '-.', label = '$x_2$')
plot_set(ax, 't', 'x', 'best')
```

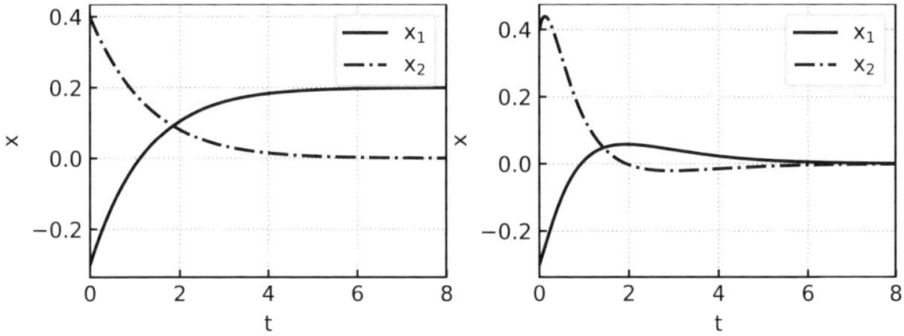

(a) 状態フィードバック制御　　(b) 積分型サーボ制御

図 5.33　入力外乱がある場合

これを解決する 1 つの方法として，**積分型サーボ系**があります．これは，出力 y と目標値 r の差を積分し，それを入力に加えるというものです．つまり，

$$u(t) = \boldsymbol{F}\boldsymbol{x}(t) + G\int_0^t (r - y(\tau))\mathrm{d}\tau \tag{5.53}$$

です．状態フィードバックは PD 制御に対応していますが，この積分型サーボは，PID 制御（正確には，**I-PD 制御**）に対応しています．

さて，制御対象に定値外乱 d が加わる場合を考えます．

$$\begin{cases} \dot{\boldsymbol{x}}(t) = \boldsymbol{A}\boldsymbol{x}(t) + \boldsymbol{B}(u(t) + d) \\ y(t) = \boldsymbol{C}\boldsymbol{x}(t) \end{cases} \tag{5.54}$$

いま，積分器の状態を w とすると，$\dot{w}(t) = r - y(t) = r - \boldsymbol{C}\boldsymbol{x}(t)$ となります．これを用いて，状態を拡大します．ただし，$r = 0$ とします．

$$\begin{cases} \begin{bmatrix} \dot{\boldsymbol{x}}(t) \\ \dot{w}(t) \end{bmatrix} = \begin{bmatrix} \boldsymbol{A} & 0 \\ -\boldsymbol{C} & 0 \end{bmatrix} \begin{bmatrix} \boldsymbol{x}(t) \\ w(t) \end{bmatrix} + \begin{bmatrix} \boldsymbol{B} \\ 0 \end{bmatrix} u(t) + \begin{bmatrix} \boldsymbol{B} \\ 0 \end{bmatrix} d \\ y(t) = [\ \boldsymbol{C}\ \ 0\ ] \begin{bmatrix} \boldsymbol{x}(t) \\ w(t) \end{bmatrix} \end{cases} \tag{5.55}$$

$$\boldsymbol{x}_{\mathrm{e}} = \begin{bmatrix} \boldsymbol{x}(t) \\ w(t) \end{bmatrix},\quad \boldsymbol{A}_{\mathrm{e}} = \begin{bmatrix} \boldsymbol{A} & 0 \\ -\boldsymbol{C} & 0 \end{bmatrix},\quad \boldsymbol{B}_{\mathrm{e}} = \begin{bmatrix} \boldsymbol{B} \\ 0 \end{bmatrix},\quad \boldsymbol{C}_{\mathrm{e}} = [\ \boldsymbol{C}\ \ 0\ ] \tag{5.56}$$

このときの制御則は，

$$u(t) = [\ \boldsymbol{F}\ \ G\ ] \begin{bmatrix} \boldsymbol{x}(t) \\ w(t) \end{bmatrix} \tag{5.57}$$

となりますので，$\boldsymbol{F}_{\rm e} = [\ \boldsymbol{F}\ \ G\ ]$ が拡大系に対する状態フィードバックゲインとなります．また，フィードバックゲイン $\boldsymbol{F}_{\rm e}$ の設計は，通常の状態フィードバック制御のときと同じです．

このようにすれば，詳細は省略しますが，定値外乱に対して状態が 0 に収束します．実際，**リスト 5.19** を実行すると図 5.33(b) が得られ，状態が 0 に収束していることがわかります．なお，積分型サーボ系を構築すると，一定値の目標値 r に出力 y を追従させることもできます．

リスト 5.19　積分型サーボ系

```
from control.matlab import ss, acker, lsim

A = '0 1; -4 5'
B = '0; 1'
C = '1 0'
D = '0'
P = ss(A, B, C, D)
# 拡大系
Ae = np.block([ [P.A, np.zeros((2,1))], [-P.C, 0] ])
Be = np.block([ [P.B], [0] ])
Ce = np.block([ P.C, 0 ])
# 拡大系に対する状態フィードバック制御
Pole = [-1, -1, -5]
Fe = -acker(Ae, Be, Pole)
# 閉ループ系
Acl = Ae + Be@Fe
Pfb = ss(Acl, Be, np.eye(3), np.zeros((3,1)))

Td = np.arange(0, 8, 0.01)
Ud = 0.2 * (Td>=0) # ステップ状の外乱
x, t, _ = lsim(Pfb, Ud, Td, [-0.3, 0.4, 0])

fig, ax = plt.subplots()
ax.plot(t, x[:,0], label = '$x_1$')
ax.plot(t, x[:,1], ls = '-.',label = '$x_2$')
plot_set(ax, 't', 'x', 'best')
```

可制御性

状態フィードバックゲインの極配置による設計において，任意の指定極で極配置を行うためには，システムが**可制御**である必要があります．また，システムが可制御であれば，最適レギュレータで閉ループ系を安定化することができます．このように，可制御性は，コントローラ設計が自由にできるかどうかを事前に把握するための重要な性質です．

システム $\dot{\boldsymbol{x}}(t) = \boldsymbol{A}\boldsymbol{x}(t)+\boldsymbol{B}u(t)$ が可制御であるとは，任意の初期状態 $\boldsymbol{x}(0) = \boldsymbol{x}_0$ から，適当な有限時刻 $t_{\rm f} > 0$ まで適当な入力 $u(t)$ $(0 \leq t \leq t_{\rm f})$ を加えることで，$\boldsymbol{x}(t_{\rm f}) = 0$ とできることをいいます*6．

可制御性をチェックするためには，**可制御性行列**

$$\boldsymbol{U}_{\rm c} = [\boldsymbol{B}\ \boldsymbol{A}\boldsymbol{B}\ \boldsymbol{A}^2\boldsymbol{B}\ \cdots\ \boldsymbol{A}^{n-1}\boldsymbol{B}] \tag{5.58}$$

をつくり，それがフルランクとなることを確かめます．つまり，$\mathrm{rank}\,\boldsymbol{U}_{\rm c} = n$ となっていることを確認します．ちなみに，$\boldsymbol{U}_{\rm c}$ が正方行列の場合は，$\boldsymbol{U}_{\rm c}$ が正則であることを確かめてもかまいません．たとえば，$\det \boldsymbol{U}_{\rm c} \neq 0$ を調べます．

Python では，ctrb 関数を使って，可制御性行列 $\boldsymbol{U}_{\rm c}$ を求めます．

引数は，$\boldsymbol{A}$ 行列と $\boldsymbol{B}$ 行列で，返り値は $\boldsymbol{U}_{\rm c}$ となります．

```
from control.matlab import ss, ctrb

A = '0 1; -4 5'
B = '0; 1'
C = '1 0'
P = ss(A, B, C, 0)

Uc = ctrb(P.A, P.B)
print('Uc=\n',Uc)
print('det(Uc)=', np.linalg.det(Uc))
print('rank(Uc)=', np.linalg.matrix_rank(Uc))
```

*6 連続時間の線形時不変システムに対しては，可制御であれば，任意の初期状態 $\boldsymbol{x}_0$ から任意の最終状態 $\boldsymbol{x}_{\rm f}$ に到達可能です（**可到達性**といいます）．

```
Uc=
 [[0. 1.]
 [1. 5.]]
det(Uc)= -1.0
rank(Uc)= 2
```

可観測性

システムの初期値を推定する問題を考えます．初期時刻から有限時刻 $t_{\mathrm{f}} > 0$ までの出力 $y(t)$ および入力 $u(t)$ から初期状態 $\boldsymbol{x}(0)$ を一意に決定できるとき，システムは**可観測**であるといいます．システムの可観測性は，第 7 章で説明するオブザーバの設計で必要となります．

可観測性をチェックするためには，**可観測性行列**

$$\boldsymbol{U}_{\mathrm{o}} = \begin{bmatrix} \boldsymbol{C} \\ \boldsymbol{C}\boldsymbol{A} \\ \boldsymbol{C}\boldsymbol{A}^2 \\ \vdots \\ \boldsymbol{C}\boldsymbol{A}^{n-1} \end{bmatrix} \tag{5.59}$$

をつくり，それがフルランクとなることを確かめます．つまり，$\mathrm{rank}\,\boldsymbol{U}_{\mathrm{o}} = n$ となっていることを確認します．ちなみに，$\boldsymbol{U}_{\mathrm{o}}$ が正方行列の場合は，$\boldsymbol{U}_{\mathrm{o}}$ が正則であることを確かめてもかまいません．たとえば，$\det \boldsymbol{U}_{\mathrm{o}} \neq 0$ を調べます．

Python では，obsv 関数を用いて可観測性行列 $\boldsymbol{U}_{\mathrm{o}}$ を求めます．

引数は，$\boldsymbol{A}$ 行列と $\boldsymbol{C}$ 行列で，返り値は $\boldsymbol{U}_{\mathrm{o}}$ となります．

```
from control.matlab import ss, obsv

A = '0 1; -4 5'
B = '0; 1'
C = '1 0'
P = ss(A, B, C, 0)
```

```
Uo = obsv(A, C) # 可観測性行列
print('Uo=\n', Uo)
print('det(Uo)=', np.linalg.det(Uo))
print('rank(Uo)=', np.linalg.matrix_rank(Uo))
```

```
Uo=
 [[1. 0.]
 [0. 1.]]
det(Uo)= 1.0
rank(Uo)= 2
```

第5章のまとめ

制御っておもしろいね．
制御器を設計すると楽しくなってきた．

でしょでしょ．
制御を使ってロボットを動かす．
もぉー，最高！

でもなんで，大学では使える制御を教えてくれなかったんだろう．

ほんとに授業出てたの？ 勉強してないだけじゃない？
まぁ，でも，制御系設計は制御工学の授業の後半で習うことが多いし，大学によっては，授業時間数が少なくて設計まで勉強しないところもあるかも．

ラプラス変換の説明とかいらないから，そういったことを教えてほしいわ．

制御を教えている人たちって，まじめな人が多いから，順番にていねいに説明しているのかもね．
もう感じているかもしれないけど，この本も意外とまじめだよね．

たしかに...
最初は，イラストが多くて読みやすそうと思ったけど，第 4 章あたりからグググッと難しくなった気がする.

必要なことがギュッ！と詰まっているからね.
でも，ここまできたら，あと少しがんばってね.
あっ！ スペースが余ってる.
ついでだから，閉ループ系の仕様（閉ループ系の減衰係数，時間応答の行き過ぎ量，周波数応答のピークゲイン）の目安を**表 5.3** にまとめておくね.

表 5.3　閉ループ系の仕様

	サーボ系	プロセス系
減衰係数	0.6～0.8	0.2～0.5
行き過ぎ量	0～25 [%]	0～25 [%]
ピークゲイン	1.1～1.5	1.1～1.5

えっ？ スペース？

なんでもない，こっちの事情.

まとめ

- 閉ループ系の安定性は，内部安定性である.
- 時間応答特性や周波数応答特性から，閉ループ系の設計仕様を決める.
- PID 制御は，伝達関数モデルに対する代表的な制御手法である.
- PID ゲインのチューニング法には，限界感度法やモデルマッチング法がある.
- 状態フィードバック制御は，状態空間モデルに対する代表的な制御手法である.
- 状態フィードバックゲインの設計には，極配置法や最適レギュレータ法を用いる.

第6章 開ループ系に注目した制御系設計

あれっ，このパラメータをいじれば，望みの応答になると思ってたのに・・・

どうしたの？

制御対象 $\mathcal{P}$ と制御器 $\mathcal{K}$ は直列結合だから，制御器のこのゲインを 2 倍にすればうまくいくと思ってたのに，意外と難しい．

フィードバック結合だから，線形じゃないんだよ．よく考えてね．設計している対象は $\dfrac{\mathcal{PK}}{1+\mathcal{PK}}$ でしょ．

あーそうかそうか．

こういう場合は，ループを切った開ループ系，つまり $\mathcal{PK}$ の特徴に注目して設計するの．

ループを切る？
閉ループ系をつくるのに，ループを切るなんて大胆！

ループを考えなくても，閉ループ系の設計ができるっていうのは，すごいことだよ．ちなみに，制御対象のモデルが正確でなかったらどうかな？

モデルを信じていたらだめなの・・・．どうしよう・・・．

実はね，余裕をもたせて設計すればある程度は大丈夫なんだよ．
位相余裕とかゲイン余裕とかっていう指標があってね．
開ループ系の位相余裕やゲイン余裕を指定した値になるように制御器を設計するんだよ．ただ，これを行うには，第 5 章で考えていた安定性とか追従性に関する仕様を開ループ系の仕様に書き換えないといけない．そのあたりから勉強していこう～．

6.1 開ループ系の設計仕様

第 5 章では，閉ループ系の目標値から出力への伝達関数に対して設計仕様を与え，制御器を設計しました．しかし，目標値から出力への伝達関数は

$$\mathcal{G}_{yr}(s) = \frac{\mathcal{P}(s)\,\mathcal{K}(s)}{1+\mathcal{P}(s)\,\mathcal{K}(s)}$$

となるため，制御器や制御対象に関して非線形となっています．つまり，$\mathcal{K}(s)$ を変更したときに，閉ループ系の特徴がどのように変わるかが簡単にわかりません．たとえば，$\mathcal{K}(s)$ のゲインを 10 倍にしても $\mathcal{G}_{yr}(s)$ のゲイン線図が 20 dB 上方向に移動するわけではありません．また，$\mathcal{P}(s)$ についても同じです．たとえば，制御対象のモデルに不確かさがある場合，その不確かさによってどの程度性能が変わるかなどを調べることが容易ではありません．

このような問題を解決する方法として，開ループ系に基づく**ループ整形法**があります．閉ループ系の応答を望ましいものにするという目標は同じですが，閉ループ系ではなく，ループを切った開ループ系

$$\mathcal{H}(s) = \mathcal{P}(s)\,\mathcal{K}(s) \tag{6.1}$$

の特性だけをみて制御器を設計します．つまり，**開ループ伝達関数**（**一巡伝達関数**）に対して設計仕様を与えて，それを満足する制御器を求めます．式 (6.1) の $\mathcal{H}(s)$ は $\mathcal{K}(s)$ や $\mathcal{P}(s)$ に関して線形ですので，どのように $\mathcal{K}(s)$ を変更すれば設計仕様を満足するものになるかや，$\mathcal{P}(s)$ に不確かさがある場合にどの程度不確かさの影響が出てくるかなどを，比較的容易に調べることができます．しかも，ループ整形では，開ループ系 $\mathcal{H}(s)$ の周波数応答がわかれば設計が可能です．したがって，制御対象のモデルがわからなくても，実際に実験によって $\mathcal{H}(s)$ の周波数特性を取得することで設計ができます．また，複数の要素を直列結合したものの周波数特性（ゲイン特性と位相特性）は，それぞれの要素の周波数特性の足し合わせで求めることができます．そのため，望ましい周波数特性になるように，適切な要素を結合していくことで制御器が設計できます．

さて，開ループ系に注目して制御系を設計するためには，開ループ系に対する設計仕様を与える必要があります．そこで，146 ページで述べた閉ループ系の設計仕様

- 安定性　：閉ループ系が内部安定.
- 速応性　：$\mathcal{G}_{yr}$ のバンド幅 $\omega_{\rm bw}$ が大きい.
- 減衰性　：$\mathcal{G}_{yr}$ のピークゲイン $M_{\rm p}$ が小さい.
- 定常特性：$\mathcal{G}_{yr}$ の直流ゲインが 0 dB に近い.

を開ループ系の仕様に書き換えていきます．なお，以下では，$\mathcal{H}(s) = \mathcal{P}(s)\mathcal{K}(s)$ は安定で，$\mathcal{P}(s)$ と $\mathcal{K}(s)$ の間に不安定な極零相殺がないことを仮定します.

6.1.1 安定性

開ループ系での安定性の判別には，**ナイキストの安定判別法**を用います．詳細は後述しますが，ナイキストの安定判別法より，つぎのことがいえます.

> $\mathcal{H}(s) = \mathcal{P}(s)\mathcal{K}(s)$ が安定であるとき，開ループ系 $\mathcal{H}(s)$ の周波数特性において，「位相交差周波数 $\omega_{\rm pc}$ > ゲイン交差周波数 $\omega_{\rm gc}$」であれば，閉ループ系は内部安定である．ただし，**位相交差周波数** $\omega_{\rm pc}$ は，$\angle\mathcal{H}(j\omega) = -180\,{\rm deg} = -\pi\,{\rm rad}$ となるときの周波数，**ゲイン交差周波数** $\omega_{\rm gc}$ は，$|\mathcal{H}(j\omega)| = 1$ (0 dB) となるときの周波数である.

これを確かめるため，安定なシステム $\mathcal{H}(s)$ に，周波数が $\omega_{\rm pc}$ の正弦波信号 $u(t) = \sin\omega_{\rm pc}t$ を印加することを考えます．このとき位相が $180\,{\rm deg} = \pi\,{\rm rad}$ 遅れたとすると，システムの定常出力は,

$$y(t) = |\mathcal{H}(j\omega_{\rm pc})|\sin(\omega_{\rm pc}t - \pi) = -|\mathcal{H}(j\omega_{\rm pc})|\sin(\omega_{\rm pc}t)$$

となります．これをネガティブフィードバックして新しい入力

$$u(t) = \sin\omega_{\rm pc}t + |\mathcal{H}(j\omega_{\rm pc})|\sin\omega_{\rm pc}t = (1 + |\mathcal{H}(j\omega_{\rm pc})|)\sin\omega_{\rm pc}t \qquad (6.2)$$

を生成し，それをシステムに加えます．すると出力は,

$$y(t) = -(|\mathcal{H}(j\omega_{\rm pc})| + |\mathcal{H}(j\omega_{\rm pc})|^2)\sin\omega_{\rm pc}t$$

となります．この操作を繰り返すと，入力信号の振幅は，

$$1 + |\mathcal{H}(j\omega_{\mathrm{pc}})| + |\mathcal{H}(j\omega_{\mathrm{pc}})|^2 + \cdots \tag{6.3}$$

となります*1．したがって，もし $|\mathcal{H}(j\omega_{\mathrm{pc}})| \geq 1$ の場合は，入力信号が発散していき，それにともなって出力信号も発散します．対して，$|\mathcal{H}(j\omega_{\mathrm{pc}})| < 1$ であれば，

$$1 + |\mathcal{H}(j\omega_{\mathrm{pc}})| + |\mathcal{H}(j\omega_{\mathrm{pc}})|^2 + \cdots = \frac{1}{1 - |\mathcal{H}(j\omega_{\mathrm{pc}})|} \tag{6.4}$$

となり，ある有界な値に収束します．これにより，出力信号も有界な信号になります．以上のことを**リスト 6.1** によるシミュレーションで確認してみます．

リスト 6.1　正弦波を入力したときの出力の振幅の変化

```
from control.matlab import tf, lsim, margin

P = tf([0, 1], [1, 1, 1.5, 1])
# 位相が180 deg遅れる周波数を取得
_, _, wpc, _ = margin(P)

t = np.arange(0, 30, 0.1)
u = np.sin(wpc*t)
y = np.zeros_like(t)

fig, ax = plt.subplots(2,2)
for i in range(2):
    for j in range(2):
        # 出力をネガティブフィードバックして次の時刻の入力を生成
        u = np.sin(wpc*t) - y
        y, t, _ = lsim(P, u, t, 0)

        ax[i,j].plot(t, u, ls='--', label='u')
        ax[i,j].plot(t, y, label='y')
        plot_set(ax[i,j], 't', 'u, y')

fig.tight_layout()
```

*1　実際，閉ループ系 $\mathcal{H}(s)/(1+\mathcal{H}(s))$ を構築すると，各時刻で出力がネガティブフィードバックされることになりますが，ここでは説明を簡単にするために，定常状態の出力を用いて新しい入力生成するときのみフィードバックループを接続する形を考えています．

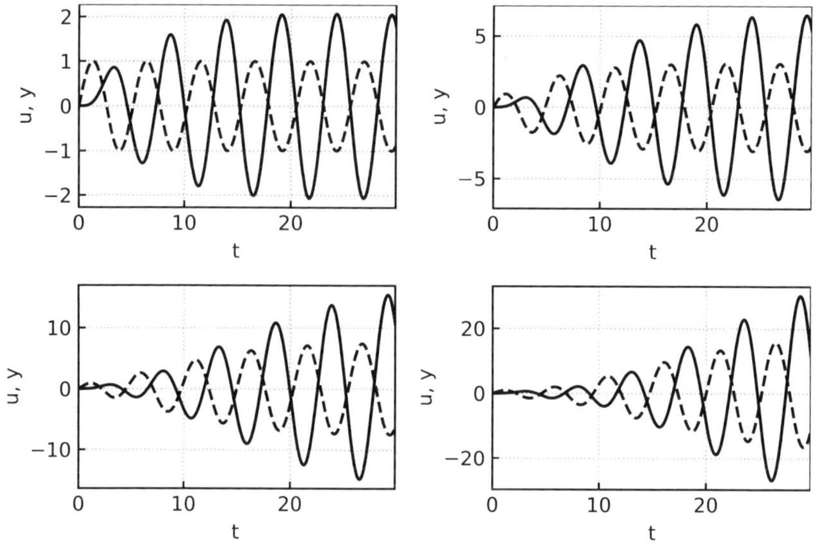

図 6.1　出力の振幅が発散していく様子

リスト 6.1 を実行すると**図 6.1** の結果が得られます．図の破線が入力 u で，実線が出力 y です．入力信号と出力信号の位相が 180 deg ずれていることがわかります．そして，右上の u は，左上の y を用いて $u = y + \sin \omega_{\rm pc} t$ となります．同様に，左下の u は，右上の y を用いて生成され，さらに，右下の u は，左下の y を用いて生成されます．この例の場合，入力信号（波線）の振幅より出力信号（実線）の振幅の方が大きくなっており，これにともない，出力の振幅が発散していくことが確認できます．したがって，この例のような制御対象は，閉ループ系を構築すると不安定になるということがわかります．

別の例として，制御対象を以下のものに変更してみます．

```
P = tf([0, 1], [1, 2, 2, 1])
```

結果は**図 6.2** です．リスト 6.1 の例題と同じように，入力信号と出力信号の位相が 180 deg ずれていることがわかります．しかし，入力信号（波線）の振幅より出力信号（実線）の振幅のほうが小さくなっており，入力信号を何回アップデート（図 6.2 の左上，右上，左下，右下の順）しても，出力の振幅が

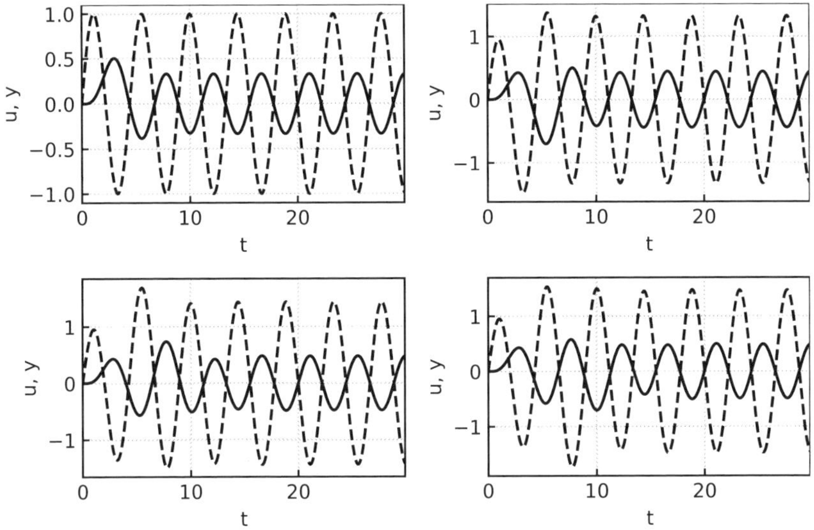

図 6.2 出力の振幅がある値に収束する様子

発散せずに，最終的にある値に収束していることがわかります．つまり，このシステムは安定です．

位相が 180 deg 遅れる周波数 $\omega_{\rm pc}$ において，$|\mathcal{H}(j\omega_{\rm pc})| < 1$ であれば閉ループ系が安定です．そして，制御対象が物理システムであれば，ほとんどの場合，$|\mathcal{H}(j\omega)| \to 0$ $(\omega \to \infty)$ となります．したがって，$|\mathcal{H}(j\omega)| = 1$ となる周波数 ω を $\omega_{\rm gc}$ としたとき，$\omega_{\rm pc} > \omega_{\rm gc}$ であれば安定であることがわかります．

このように開ループ系 $\mathcal{H}(s)$ のゲインや位相の情報から閉ループ系の安定性を図的に調べる方法を**ナイキストの安定判別法**といいます．この判別法では，周波数 ω を $-\infty$ から ∞ に変化させたときの，$\mathcal{H}(j\omega)$ の軌跡（ナイキスト線図という）を複素平面上にプロットし，それが，実軸と交わるときのゲインの値 $|\mathcal{H}(j\omega_{\rm pc})|$ が 1 未満である，すなわち，$(-1, j0)$ の点の右側にナイキスト線図があれば安定，そうでなければ不安定ということになります*2.

ナイキスト線図は，

$$\mathcal{H}(j\omega) = \alpha(\omega) + j\beta(\omega)$$

*2 ナイキストの安定判別法は，$\mathcal{H} = \mathcal{P}\mathcal{K}$ が不安定な場合を含めて一般化されていますが，本書では，実用上重要な $\mathcal{H}$ が安定な場合の結果を紹介しています．

を複素平面上に ω を $-\infty$ から ∞ まで変化させたときの軌跡を描いたものです．Python でナイキスト線図を描くときは，nyquist 関数を用います．nyquist(sys) とするか，**リスト 6.2** のようにします．

リスト 6.2　ナイキスト軌跡を描く

```
from control.matlab import tf, nyquist, logspace

fig, ax = plt.subplots(1,2)

# 閉ループ系が不安定になる場合
P = tf([0, 1], [1, 1, 1.5, 1])
x, y, _ = nyquist(P, logspace(-3,5,1000), plot=False)
ax[0].plot(x, y, color='k')
ax[0].plot(x, -y, ls='--', color='k')
ax[0].scatter(-1, 0, color='k')
plot_set(ax[0], 'Re', 'Im')

# 閉ループ系が安定になる場合
P = tf([0, 1], [1, 2, 2, 1])
x, y, _ = nyquist(P, logspace(-3,5,1000), plot=False)
ax[1].plot(x, y, color='k')
ax[1].plot(x, -y, ls='--', color='k')
ax[1].scatter(-1, 0, color='k')
plot_set(ax[1], 'Re', 'Im')

fig.tight_layout()
```

先ほどの制御対象のナイキスト線図を**図 6.3** に示します．前半の例の場合（左図）は，周波数 ω を 0 から ∞ に変化させるときに，$(-1, j0)$ の点の左側を通っていますので，閉ループ系は不安定となります．一方，後半の例の場合（右図）は，右側を通っていますので，閉ループ系は安定になります．

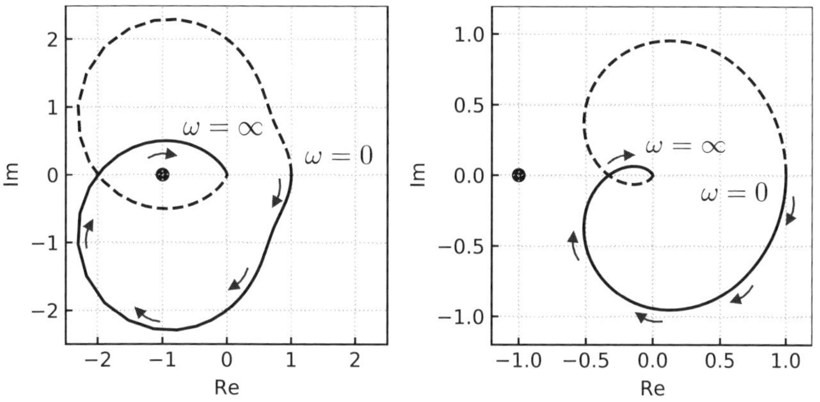

$\omega = \infty$
$\omega = 0$
Im
Re
$\omega = \infty$
$\omega = 0$
Im
Re

図 6.3　ナイキスト線図

不安定
(-1, j0)
安定
ナイキスト
安定

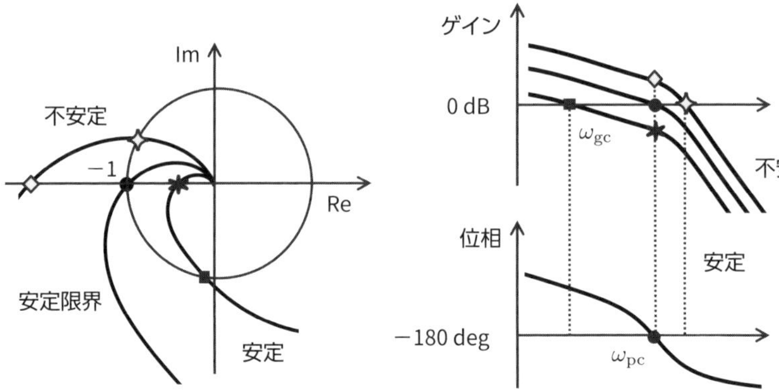

図 6.4　開ループ伝達関数の特性

つぎに，**図 6.4** のように，ナイキスト線図とボード線図を対応させてみます．ここで，ゲイン交差周波数 ω_{gc} と位相交差周波数 ω_{pc} の関係に注目すると，システムが安定な場合には，$\omega_{\mathrm{gc}} < \omega_{\mathrm{pc}}$，不安定な場合には，$\omega_{\mathrm{gc}} \geq \omega_{\mathrm{pc}}$ となっていることがわかります．つまり，開ループ系に設計仕様としての安定性の条件は，

$$\omega_{\mathrm{gc}} < \omega_{\mathrm{pc}} \tag{6.5}$$

となることがわかります．

これを踏まえると，制御器 $\mathcal{K}$ のゲインと閉ループ系の安定性の関係を以下のように説明できます．まず，$\mathcal{H} = \mathcal{P}\mathcal{K}$ より，制御器のゲインを大きくすると $\mathcal{H}$ のゲインが大きくなるので，ゲイン線図が上に平行移動します．それにともなって，ゲイン交差周波数 ω_{gc} が大きくなります．一方，位相線図は変化しません．したがって，制御器のゲインをどんどん大きくすると，いずれ，ゲイン交差周波数 ω_{gc} が位相交差周波数 ω_{pc} より大きくなり，閉ループ系が不安定に（近く）なります．

6.1.2 速応性と減衰性

速応性と減衰性に関しては，開ループ系の仕様はつぎのようになります．

> 開ループ系 $\mathcal{H}$ のゲイン交差周波数 ω_{gc} を大きくすれば，速応性がよくなる．また，**位相余裕** PM を大きくすれば減衰性が改善される．ただし，位相余裕 PM は，ゲイン交差周波数 ω_{gc} における $\mathcal{H}$ の位相 $\angle\mathcal{H}(j\omega_{\mathrm{gc}})$ が -180 deg からどれだけ進んでいるかを表す（**図 6.5**）．つまり，
>
> $$\mathrm{PM} = 180 + \angle\mathcal{H}(j\omega_{\mathrm{gc}})$$
>
> である．

位相余裕は，$\mathcal{H}(j\omega_{\mathrm{gc}})$ が $(-1, j0)$ の点からどれだけ離れているかを表しています．したがって，位相余裕が大きいほど制御対象のパラメータが変動しても不安定になりにくくなります．

また，位相余裕に加えて，**ゲイン余裕** GM という指標もあります（図 6.5）．ゲイン余裕 GM は，位相交差周波数 ω_{pc} における $\mathcal{H}(j\omega_{\mathrm{pc}})$ が $(-1, j0)$ の点からどれだけ離れているかを表しています．これは，$|\mathcal{H}(j\omega_{\mathrm{pc}})|$ の値をあと何倍すると 1 になるかを表しており，$(-1, j0)$ の点から離れて原点に近づくほど大きな値をとります．ここで，$\rho = \dfrac{1}{|\mathcal{H}(j\omega_{\mathrm{pc}})|}$ とすると，ゲイン余裕 GM はデシベル表示で $\mathrm{GM} = 20\log_{10}\rho$ となります．

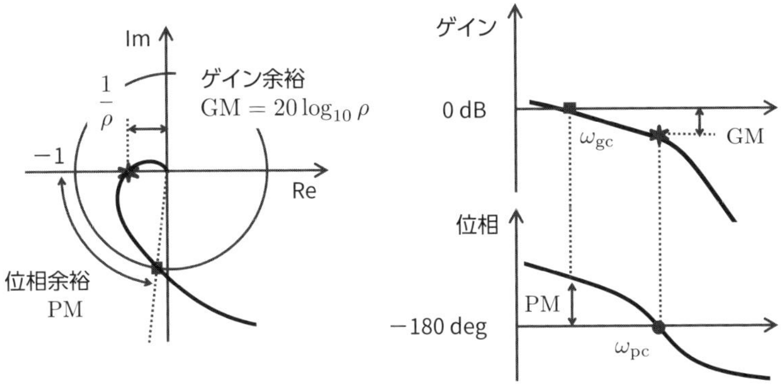

図 6.5 位相余裕とゲイン余裕

閉ループ特性と開ループ特性の関係

閉ループ系では，バンド幅 $\omega_{\rm bw}$ が大きいほど速応性がよくなります．簡単のため，$|\mathcal{G}_{yr}(0)| = 1$ であるとすると，$\mathcal{G}_{yr}$ のバンド幅は，$|\mathcal{G}_{yr}(j\omega_{\rm bw})| = \dfrac{1}{\sqrt{2}}$ となる周波数です．一方，開ループ系 $\mathcal{H}(j\omega)$ では，$|\mathcal{H}(j\omega_{\rm gc})| = 1$ ですので，

$$|\mathcal{G}_{yr}(j\omega_{\rm gc})| = \frac{1}{|1 + \mathcal{H}(j\omega_{\rm gc})|} \tag{6.6}$$

となり，さらに，$|1 + \mathcal{H}(j\omega_{\rm gc})|$ は，**図 6.6** より，

$$|1 + \mathcal{H}(j\omega_{\rm gc})| = 2\sin\frac{\rm PM}{2} \tag{6.7}$$

となります．つまり，

$$|\mathcal{G}_{yr}(j\omega_{\rm gc})| = \frac{1}{2\sin\dfrac{\rm PM}{2}} \tag{6.8}$$

の関係が得られます．

したがって，$\rm PM = 90\,[deg]$ のときは，

$$|\mathcal{G}_{yr}(j\omega_{\rm gc})| = \frac{1}{\sqrt{2}}$$

となり，$\omega_{\rm gc} = \omega_{\rm bw}$ であることがわかります．さらに，$\rm PM < 90\,[deg]$ のとき，

$$|\mathcal{G}_{yr}(j\omega_{\rm gc})| > \frac{1}{\sqrt{2}}$$

ですので，$\omega_{\rm gc} < \omega_{\rm bw}$ という関係になります．

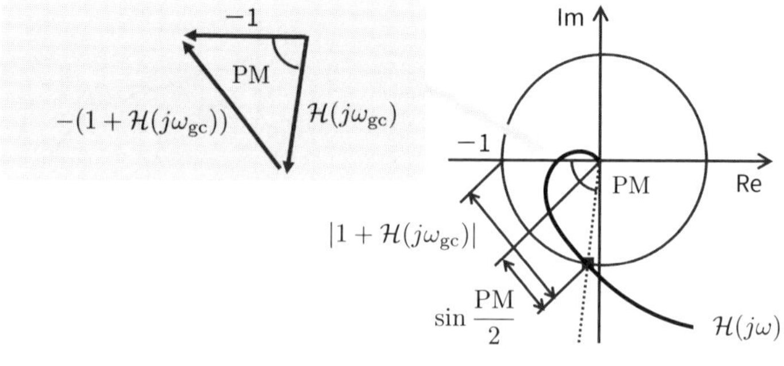

図 6.6　$|1 + \mathcal{H}(j\omega_{\rm gc})|$ と PM の関係

以上をまとめると，$\mathrm{PM} \leq 90$ のとき，$\omega_{\mathrm{gc}} \leq \omega_{\mathrm{bw}}$ の関係が成り立ちます．これより，開ループ系 $\mathcal{H}$ のゲイン交差周波数 ω_{gc} を大きくすれば，閉ループ系 $\mathcal{G}_{yr}$ のバンド幅 ω_{bw} が大きくなり，速応性がよくなります．

つぎは減衰性についてです．閉ループ系では，$\mathcal{G}_{yr}$ のピークゲイン M_{p} が小さいほど減衰性がよくなります．$\mathcal{G}_{yr}$ のピークゲインは，

$$M_{\mathrm{p}} = \max_{\omega} |\mathcal{G}_{yr}(j\omega)| \tag{6.9}$$

です．これと式(6.8) より，

$$M_{\mathrm{p}} > |\mathcal{G}_{yr}(j\omega_{\mathrm{gc}})| = \frac{1}{2\sin\dfrac{\mathrm{PM}}{2}} \tag{6.10}$$

が得られます．これより，位相余裕 PM が小さいと $|\mathcal{G}_{yr}(j\omega_{\mathrm{gc}})|$ が大きくなります．つまり，PM が小さくなると振動的になりやすくなることがわかります．

したがって，減衰性を改善するためには，位相余裕 PM を大きくすればよいことになります．

6.1.3 定常特性

目標値 r から偏差 e への伝達関数 $\mathcal{G}_{er}(s)$ は，

$$\mathcal{G}_{er}(s) = \frac{1}{1+\mathcal{H}(s)} \tag{6.11}$$

ですので，最終値の定理を用いると，ステップ目標値に対する定常偏差は

$$e(\infty) = \frac{1}{1+\mathcal{H}(0)}$$

となります．

したがって，つぎのことがいえます．

開ループ系 $\mathcal{H}$ の低周波のゲイン

$$\lim_{\omega\to 0} |\mathcal{H}(j\omega)| \tag{6.12}$$

を大きく（直流ゲイン $|\mathcal{H}(0)|$ を大きく）すれば，定常偏差が小さくなる．

なお，$\mathcal{K}(s)$ に積分器が含まれていると $|\mathcal{H}(0)| = \infty$ となり，ステップ目標値に定常偏差なく追従します (**1 型の制御系**といいます*3).

6.1.4　開ループ系の設計仕様

上記の指標より，開ループ系に注目した制御系設計ではつぎのことを検討します．

- **安定性**　：ゲイン交差周波数 $\omega_{\rm gc}$ < 位相交差周波数 $\omega_{\rm pc}$ を維持する．
- **速応性**　：ゲイン交差周波数 $\omega_{\rm gc}$ をできるだけ大きくする．
- **減衰性**　：位相余裕 PM を大きくする．
- **定常特性**：低周波ゲインを大きくする（直流ゲインを $|\mathcal{H}(0)| = \infty$ にする）．

Python で，ゲイン余裕，位相余裕，位相交差周波数，ゲイン交差周波数を求めるには，margin 関数を用います．

```
gm, pm, wpc, wgc = margin(sys)
```

ここで，引数はシステム sys です．返り値は 4 つで，gm がゲイン余裕，pm が位相余裕，wpc が位相交差周波数，wgc がゲイン交差周波数です．

また，特定の周波数 ω^* に対するゲインと位相，すなわち，

$$\mathcal{P}(j\omega^*) = |\mathcal{P}(j\omega^*)|e^{j\angle\mathcal{P}(j\omega^*)} \tag{6.13}$$

のときの $|\mathcal{P}(j\omega^*)|$ と $\angle\mathcal{P}(j\omega^*)$ を求める場合は，freqresp 関数を用います．

```
mag, phase, w = freqresp(sys, omega)
```

ここで，引数の omega が ω^* です．返り値の mag が $|\mathcal{P}(j\omega^*)|$ で，phase が $\angle\mathcal{P}(j\omega^*)$ です．

---

*3　積分器の数が ℓ 個のとき，ℓ 型の制御系といいます．目標値のラプラス変換が $\dfrac{1}{s^\ell}$ のとき，ℓ 型の制御系であれば，定常偏差が 0 になります．

6.2 PID 制御

ここでは，垂直駆動アームの角度制御を題材として，開ループ特性を確認しながら PID 制御器を設計します．

6.2.1 P 制御

まずは，**P 制御**です．$\mathcal{K}(s) = k_{\rm P}$ の比例ゲイン $k_{\rm P}$ を変化させたときに，開ループ伝達関数 $\mathcal{H}(s) = \mathcal{P}(s)\mathcal{K}(s)$ の特性がどのように変化するかを以下の**リスト 6.3** を用いて確認します．制御対象 $\mathcal{P}$ は 149 ページのリスト 5.1 と同じです．

リスト 6.3 開ループ系（P 制御）のボード線図

```
from control.matlab import tf, bode, logspace, mag2db, margin, feedback, step

# アームのモデル
g  = 9.81               # 重力加速度[m/s^2]
l  = 0.2                # アームの長さ[m]
M  = 0.5                # アームの質量[kg]
mu = 1.5e-2             # 粘性摩擦係数[kg*m^2/s]
J  = 1.0e-2             # 慣性モーメント[kg*m^2]
P = tf( [0,1], [J, mu, M*g*l] )
ref = 30 # 目標角度 [deg]

kp = (0.5, 1, 2) #比例ゲイン

LS = linestyle_generator()
fig, ax = plt.subplots(2, 1)
for i in range(len(kp)):
    K = tf([0, kp[i]], [0, 1]) # P制御
    H = P * K # 開ループ系
    # ゲイン線図と位相線図
    mag, phase, w = bode(H, logspace(-1,2, 1000), plot=False)
    pltargs = {'ls':next(LS), 'label':f'$k_P$={kp[i]}'}
    ax[0].semilogx(w, mag2db(mag), **pltargs)
```

```
    ax[1].semilogx(w, np.rad2deg(phase), **pltargs)

    # ゲイン余裕，位相余裕，位相交差周波数，ゲイン交差周波数
    gm, pm, wpc, wgc = margin(H)
    ax[0].scatter(wgc, 0)
    print('kP=', kp[i])
    print('(GM, PM, wpc, wgc)')
    print(margin(H))
    print('-----------------')
bodeplot_set(ax, 3)
```

```
kP= 0.5
(GM, PM, wpc, wgc)
(inf, 21.156175957298814, nan, 12.030378476260191)
-----------------
kP= 1
(GM, PM, wpc, wgc)
(inf, 12.118321095140175, nan, 13.995414100411576)
-----------------
kP= 2
(GM, PM, wpc, wgc)
(inf, 7.419183191955369, nan, 17.217014751495988)
-----------------
```

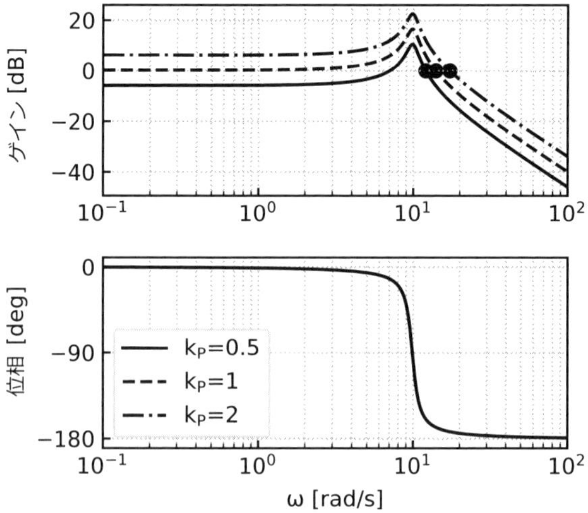

図 6.7　開ループ系（P 制御）のボード線図

図 6.7 のゲイン線図中の丸印はゲイン交差周波数を表しています．これより，比例ゲインを大きくすると，ゲイン交差周波数が大きくなることがわかります．一方，比例ゲインを大きくすると，位相余裕は小さくなることがわかります．これより，比例ゲインを大きくすると，応答が速くなるかわりに，応答が振動的になることがわかります．また，比例ゲインを大きくすると低周波ゲインは大きくなりますが，∞ ではないので，定常偏差が残ります．以上の結果は，図 5.7 の結果（150 ページ）と対応しています．

6.2.2 PI 制御

つぎは，**PI 制御**を考えます．$K(s) = k_{\rm P} + \dfrac{k_{\rm I}}{s}$ の比例ゲイン $k_{\rm P}$ を固定し，積分ゲイン $k_{\rm I}$ を変化させたときの開ループ伝達関数の特性を確認します．**リスト 6.4** を実行すると，**図 6.8** が得られます．

リスト 6.4　開ループ系（PI 制御）のボード線図

```
kp = 2 # 比例ゲイン
ki = (0, 5, 10) # 積分ゲイン
LS = linestyle_generator()
fig, ax = plt.subplots(2, 1)
for i in range(len(ki)):
    K = tf([kp, ki[i]], [1, 0]) # PI制御
    H = P * K # 開ループ系
    # ゲイン線図と位相線図
    mag, phase, w = bode(H, logspace(-1,2, 1000), plot=False)
    pltargs = {'ls':next(LS), 'label':f'$k_I$={ki[i]}'}
    ax[0].semilogx(w, mag2db(mag), **pltargs)
    ax[1].semilogx(w, np.rad2deg(phase), **pltargs)

    # ゲイン余裕，位相余裕，位相交差周波数，ゲイン交差周波数
    gm, pm, wpc, wgc = margin(H)
    ax[0].scatter(wgc,0)
    print('kP=', kp, ', kI=', ki[i])
    print('(GM, PM, wpc, wgc)')
    print(margin(H))
    print('-----------------')
bodeplot_set(ax, 3)
```

```
kP= 2 , kI= 0
(GM, PM, wpc, wgc)
(inf, 7.419183191955369, nan, 17.217014751495988)
-----------------
kP= 2 , kI= 5
(GM, PM, wpc, wgc)
(0.7357499999999995, -0.8650925865891281,
15.660459763365822, 17.277561531058748)
-----------------
kP= 2 , kI= 10
(GM, PM, wpc, wgc)
(0.21021428571428594, -8.761363396424741,
11.838194843085544, 17.44979293154785)
-----------------
```

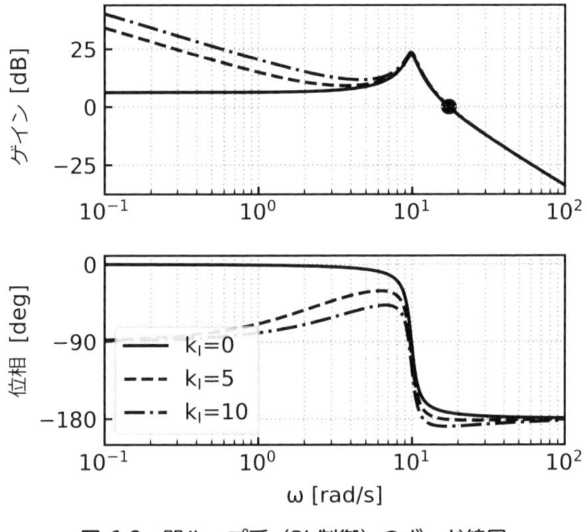

図 6.8　開ループ系（PI 制御）のボード線図

図 6.8 より，積分ゲインを大きくしていくと，低周波ゲインが大きくなることがわかります．さらに，直流ゲインは ∞ となりますので，ステップ目標値に対する定常偏差は 0 になります．

一方，積分ゲインを大きくすると，位相余裕が小さくなることがわかります．そして，それだけでなく，0 deg を下回ってしまい，$\omega_{\mathrm{pc}} > \omega_{\mathrm{gc}}$ の関係が崩れています．これは，閉ループ系が不安定になることを意味しています．つまり，積分ゲインを大きくすると，定常偏差を小さくできる一方で，振動的な応答になったり，不安定になったりします．実際，閉ループ系 $\mathcal{G}_{yr}(s)$ のステップ応答は，**図 6.9**（**リスト 6.5** を実行する）となり，積分ゲインを大きくすることで，不安定になっていることが確認できます．

リスト 6.5　閉ループ系（PI 制御）のステップ応答

```
LS = linestyle_generator()
fig, ax = plt.subplots()
for i in range(len(ki)):
    K = tf([kp, ki[i]], [1, 0])  # PI制御
    Gyr = feedback(P*K, 1) # 閉ループ系
    y, t = step(Gyr, np.arange(0, 2, 0.01)) # ステップ応答

    pltargs = {'ls':next(LS), 'label':f'$k_I$={ki[i]}'}
    ax.plot(t, y*ref, **pltargs)
ax.axhline(ref, color="k", linewidth=0.5)
plot_set(ax, 't', 'y', 'best')
```

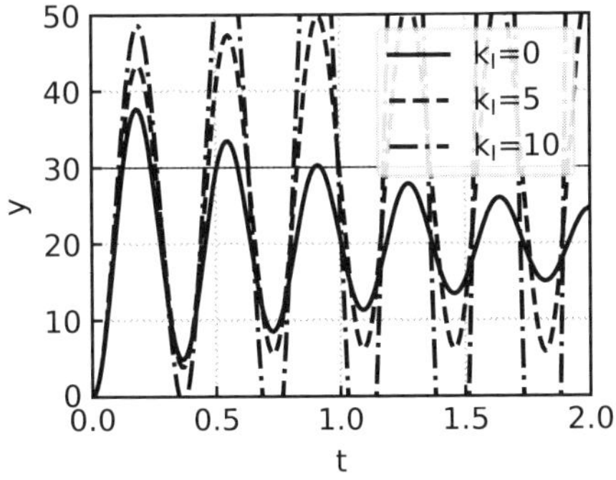

図 6.9　PI 制御を用いたときの閉ループ系のステップ応答

6.2.3　PID 制御

最後に PI 制御に D 制御を加えた **PID 制御**を考えます．$\mathcal{K}(s) = k_{\mathrm{P}} + \dfrac{k_{\mathrm{I}}}{s} + k_{\mathrm{D}}s$ の比例ゲイン k_{P} と積分ゲイン k_{I} を固定して微分ゲイン k_{D} を変化させたときの開ループ特性を確認します．**リスト 6.6** を実行すると，**図 6.10** の

ボード線図が得られます.

リスト 6.6　開ループ系（PID 制御）のボード線図

```
kp = 2 # 比例ゲイン
ki = 5 # 積分ゲイン
kd = (0, 0.1, 0.2) # 微分ゲイン
LS = linestyle_generator()
fig, ax = plt.subplots(2, 1)
for i in range(len(kd)):
        K = tf([kd[i], kp, ki], [1,0]) # PID制御
        H = P * K # 開ループ系
        # ゲイン線図と位相線図
        mag, phase, w = bode(H, logspace(-1,2, 1000), plot=False)
        pltargs = {'ls':next(LS), 'label':f'$k_D$={kd[i]}'}
        ax[0].semilogx(w, mag2db(mag), **pltargs)
        ax[1].semilogx(w, np.rad2deg(phase), **pltargs)

        # ゲイン余裕，位相余裕，位相交差周波数，ゲイン交差周波数
        gm, pm, wpc, wgc = margin(H)
        ax[0].scatter(wgc,0)
        print('kP=', kp, ', kI=', ki, ', kD=', kd[i])
        print('(GM, PM, wpc, wgc)')
        print(margin(H))
        print('-----------------')
bodeplot_set(ax, 3)
```

```
kP= 2 , kI= 5 , kD= 0
(GM, PM, wpc, wgc)
(0.7357499999999995, -0.8650925865891281,
15.660459763365822, 17.277561531058748)
-----------------
kP= 2 , kI= 5 , kD= 0.1
(GM, PM, wpc, wgc)
(inf, 45.21166550163886, nan, 18.803688976275332)
-----------------
kP= 2 , kI= 5 , kD= 0.2
(GM, PM, wpc, wgc)
(inf, 71.27186124757236, nan, 24.730240225794656)
-----------------
```

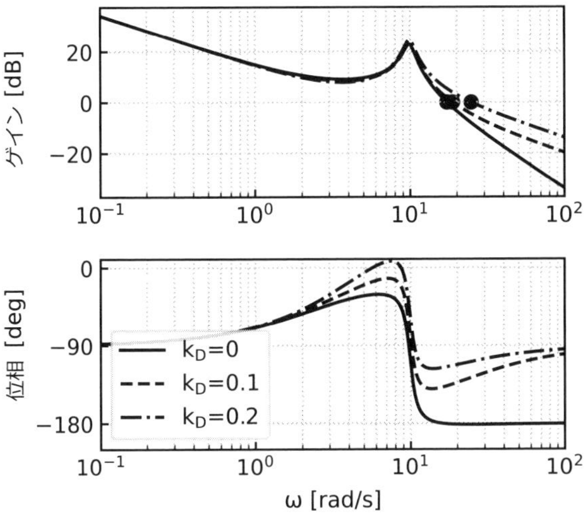

図 6.10 閉ループ系（PID 制御）のボード線図

PI 制御では，積分ゲインを大きくすると閉ループ系が不安定になっていましたが，微分ゲインを大きくしていくと，位相余裕が大きくなり，不安定化を回避できていることがわかります．また，微分ゲインを大きくしても低周波ゲインは変わらないことがわかります．これより，D 制御を加えることで，振動が小さくなるが，定常特性は改善しないことがわかります．同じことは，**図 6.11** の閉ループ系のステップ応答からも確認できます（**リスト 6.7** の実行結果）．

リスト 6.7 閉ループ系（PID 制御）のステップ応答

```
LS = linestyle_generator()
fig, ax = plt.subplots()
for i in range(len(kd)):
    K = tf([kd[i], kp, ki], [1, 0]) # PID制御
    Gyr = feedback(P*K,1) # 閉ループ系
    y, t = step(Gyr,np.arange(0,2,0.01)) # ステップ応答

    pltargs = {'ls':next(LS), 'label':f'$k_D$={kd[i]}'}
    ax.plot(t,y*ref, **pltargs)
ax.axhline(ref, color="k", linewidth=0.5)
plot_set(ax, 't', 'y', 4)
```

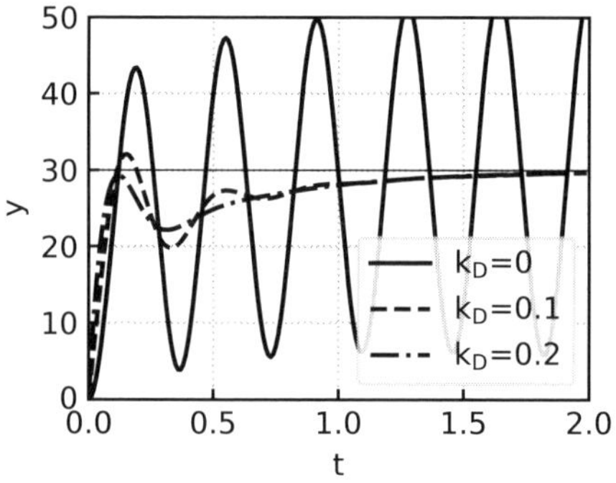

図 6.11　PID 制御を用いたときの閉ループ系のステップ応答

以上のまとめとして，2 つの制御器

- 設計前：$k_{\mathrm{P}} = 1,\ k_{\mathrm{I}} = 0,\ k_{\mathrm{D}} = 0$
- 設計後：$k_{\mathrm{P}} = 2,\ k_{\mathrm{I}} = 5,\ k_{\mathrm{D}} = 0.1$

の性能を以下の**リスト 6.8** を実行して比較します．

リスト 6.8　設計前後の比較（開ループ系のボード線図）

```
kp = (2, 1) # 比例ゲイン
ki = (5, 0) # 積分ゲイン
kd = (0.1, 0) # 微分ゲイン
Label = ('After', 'Before') # 図では，「設計後」「設計前」と表示

LS = linestyle_generator()
fig, ax = plt.subplots(2, 1)
for i in range(2):
    K = tf([kd[i], kp[i], ki[i]], [1,0]) # PID制御
    H = P * K # 開ループ系
    # ゲイン線図と位相線図
    mag, phase, w = bode(H, logspace(-1,2, 1000), plot=False)
    pltargs = {'ls':next(LS), 'label':Label[i]}
    ax[0].semilogx(w, mag2db(mag), **pltargs)
    ax[1].semilogx(w, np.rad2deg(phase), **pltargs)
bodeplot_set(ax, 3)
```

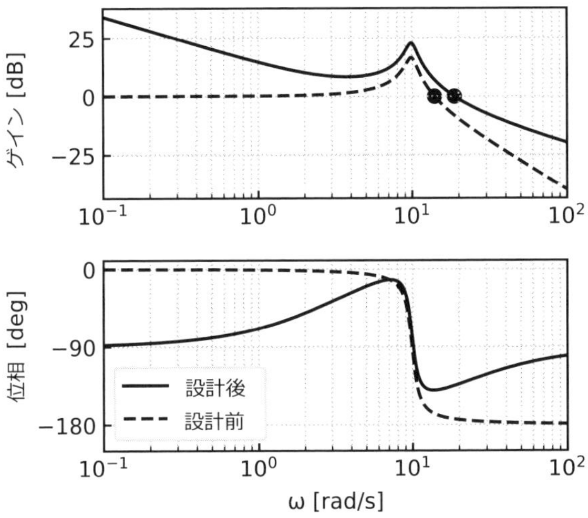

図 6.12 開ループ系（PID 制御）のボード線図の比較

図 6.12 より，開ループ系の仕様（206 ページ）の安定性（$\omega_{\rm gc} < \omega_{\rm pc}$ を維持する），速応性（$\omega_{\rm gc}$ をできるだけ大きくする），減衰性（位相余裕 PM を大きくする），および，定常特性（低周波ゲインを大きくする）の仕様を満足するようにチューニングできていることがわかります．

つぎに，以下の**リスト 6.9** で閉ループ系 $\mathcal{G}_{yr}$ のボード線図を確認します．

リスト 6.9 設計前後の比較（閉ループ系のボード線図）

```
LS = linestyle_generator()
fig, ax = plt.subplots(2, 1)
for i in range(2):
    K = tf( [kd[i], kp[i], ki[i]], [1,0]) # PID制御
    Gyr = feedback(P*K, 1)  # 閉ループ系
    Gyr = Gyr.minreal()
    mag, phase, w = bode(Gyr, logspace(-1,2, 1000), plot=False)
    pltargs = {'ls':next(LS), 'label':Label[i]}
    ax[0].semilogx(w, mag2db(mag), **pltargs)
    ax[1].semilogx(w, np.rad2deg(phase), **pltargs)
bodeplot_set(ax, 3)
```

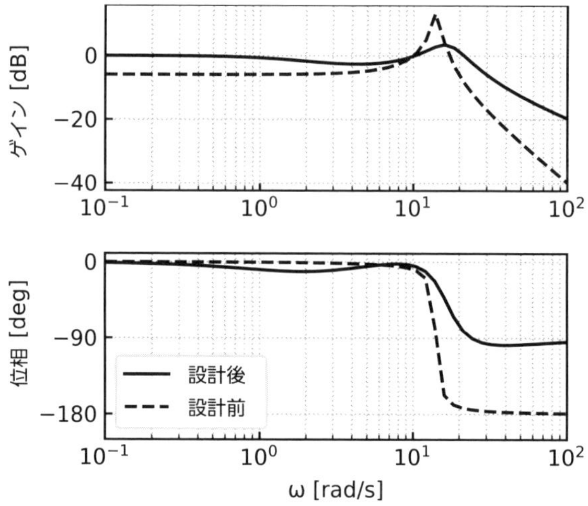

図 6.13　閉ループ系 $\mathcal{G}_{yr}$（PID 制御）のボード線図の比較

図 6.13 のボード線図より，閉ループ系の設計仕様（146 ページ）の速応性（$\mathcal{G}_{yr}$ のゲイン線図においてバンド幅 ω_{bw} が十分大きい），減衰性（$\mathcal{G}_{yr}$ のゲイン線図においてピークゲイン M_{p} が小さい），および，定常特性（$\mathcal{G}_{yr}$ の直流ゲインが 0 dB）の仕様を満足するような設計になっていることが確認できます．

さらに，**リスト 6.10** で閉ループ系のステップ応答を確認します．ステップ応答は**図 6.14** に示します．図より，振動を抑えつつ速やかに目標値に追従していることがわかります．

リスト 6.10　設計前後の比較（閉ループ系のステップ応答）

```
LS = linestyle_generator()
fig, ax = plt.subplots()
for i in range(2):
    K = tf( [kd[i], kp[i], ki[i]], [1, 0])
    Gyr = feedback(P*K, 1)
    y, t = step(Gyr,np.arange(0,2,0.01))
    pltargs = {'ls':next(LS), 'label':Label[i]}
    ax.plot(t, y*ref, **pltargs)
ax.axhline(ref, color="k", linewidth=0.5)
plot_set(ax, 't', 'y', 1)
```

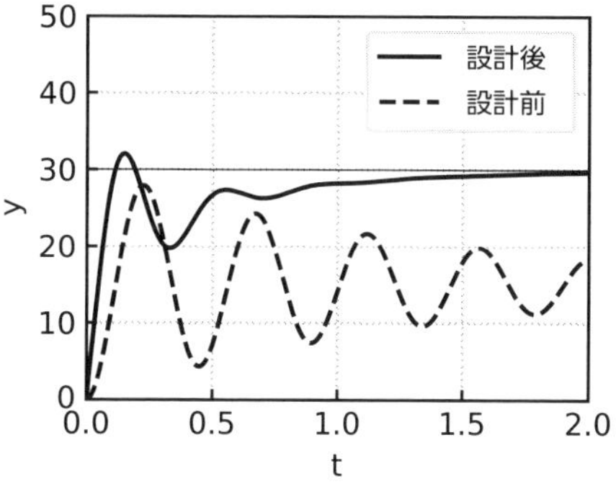

図 6.14　閉ループ系 $\mathcal{G}_{yr}$（PID 制御）のステップ応答の比較

ねぇ，起きてる？

（ビクッ！）う〜ん，なんとか．

でもまだ，開ループと閉ループの仕様が区別できてないかも．
ゲイン交差周波数や位相余裕は，開ループの仕様だったよね？

正解！まぁ，このあたりは慣れが必要だから，あせらずやってよ．
繰り返し設計してると，ボード線図で会話できるようになるよ．

えぇー，そんな人いないでしょ？

・・・

マジ？

6.3 位相進み遅れ補償

つぎに，位相進み補償や位相遅れ補償と呼ばれるものを設計します．PID 制御では，比例，積分，微分の 3 つの要素が並列接続されていましたが，ここでは，**図 6.15** に示すゲイン補償，位相遅れ補償，位相進み補償の 3 つの要素を直列接続したものを考えます．

図 6.15　直列補償

ループ整形では，直列接続は設計の見通しがよくなります．なぜなら，直列接続したシステムのゲイン線図や位相線図が，それぞれの要素のゲイン線図や位相線図を足し合わせて表現できるからです．なお，ゲイン補償は，比例制御と同じで入力を定数倍するものです．以下では，位相遅れ補償と位相進み補償の概要を説明し，その後，設計例を紹介していきます．

6.3.1 位相遅れ補償

位相遅れ補償は，

$$\mathcal{K}_1(s) = \alpha \frac{T_1 s + 1}{\alpha T_1 s + 1} \quad (\alpha > 1) \tag{6.14}$$

と表されます．ここで，$\alpha = 10$，$T_1 = 0.1$ としてボード線図を描くと，**図 6.16** となります．

```
alpha = 10
T1 = 0.1
K1 = tf([alpha*T1, alpha], [alpha*T1, 1])
mag, phase, w = bode(K1, logspace(-2,3), plot=False)
```

```
fig, ax = plt.subplots(2, 1)
ax[0].semilogx(w, mag2db(mag))
ax[1].semilogx(w, np.rad2deg(phase))
bodeplot_set(ax)
```

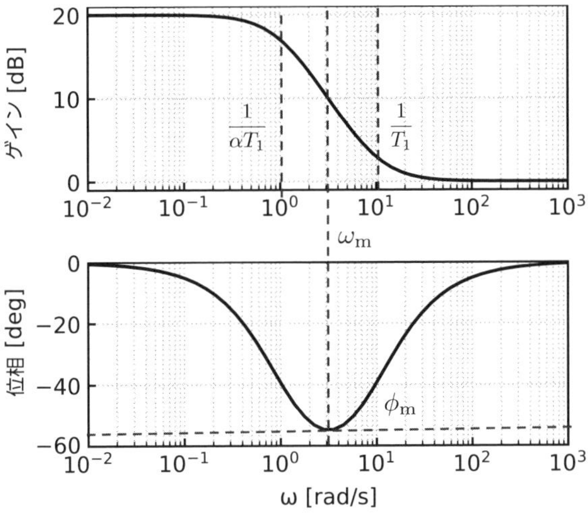

図 6.16 位相遅れ補償

低周波域のゲインを増大させることで，定常特性を改善できることがわかります．低周波ゲインは $20\log_{10}\alpha$ だけ増大します．ただし，$\dfrac{1}{\alpha T_1} \sim \dfrac{1}{T_1}$ の帯域の位相が遅れることがわかります．実際，位相は，$\omega_{\rm m}$ で最大 $\phi_{\rm m}$ 遅れます．

$$\omega_{\rm m} = \frac{1}{T_1\sqrt{\alpha}}, \quad \phi_{\rm m} = \sin^{-1}\frac{1-\alpha}{1+\alpha} \tag{6.15}$$

なお，式 (6.14) において，$\alpha \to \infty$ とすると，$\mathcal{K}_1(s) = 1 + \dfrac{1}{T_1 s}$ と近似できますので，PI 制御に近い性能となります．

これを用いた設計手順はつぎのようになります．

1. 低周波ゲインが $20\log_{10}\alpha\,[\mathrm{dB}]$ 上がることを考慮し，定常偏差に関する仕様を満たすように α を決める．
2. 位相遅れにより安定性が劣化しないように，$\omega = \dfrac{1}{T_1}$ がゲイン交差周波数の設計値の，10 分の 1 より小さくなるように T_1 を選ぶ．

6.3.2 位相進み補償

位相進み補償は,

$$K_2(s) = \frac{T_2 s + 1}{\beta T_2 s + 1} \qquad (\beta < 1) \tag{6.16}$$

と表されます．ここで，$\beta = 0.1$，$T_2 = 1$ としてボード線図を描くと，**図 6.17** となります．

```
beta = 0.1
T2 = 1
K2 = tf([T2, 1],[beta*T2, 1])
mag, phase, w = bode(K2, logspace(-2,3), plot=False, wrap_phase=True)

fig, ax = plt.subplots(2, 1)
ax[0].semilogx(w, mag2db(mag))
ax[1].semilogx(w, np.rad2deg(phase))
bodeplot_set(ax)
```

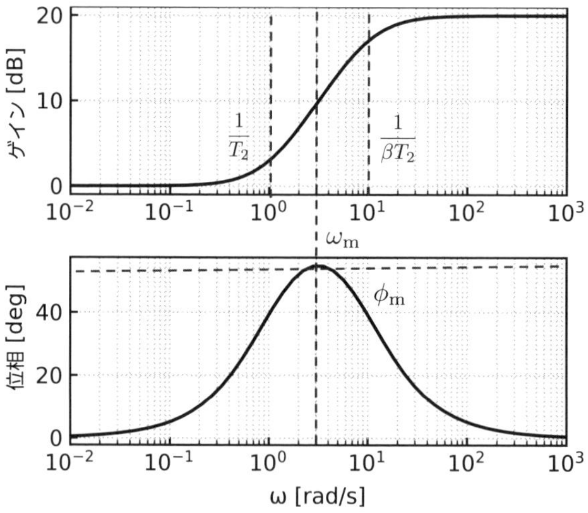

図 6.17　位相進み補償

位相が進みますので，位相余裕を大きくし減衰性が改善します．さらに高周波のゲインが上がりますので，速応性がよくなることがわかります．

実際，位相は，ω_{m} で最大 ϕ_{m} 進みます．

$$\omega_{\mathrm{m}} = \frac{1}{T_2\sqrt{\beta}},\quad \phi_{\mathrm{m}} = \sin^{-1}\frac{1-\beta}{1+\beta} \tag{6.17}$$

なお，式 (6.16) において，$\beta \to 0$ とすると，$\mathcal{K}_2(s) = T_2 s + 1$ と近似できますので，PD 制御に近い性能となります．

これを用いた設計手順はつぎのようになります．

1. $\mathcal{K}_2$ を結合する前の開ループ系の位相余裕 $\widetilde{\mathrm{PM}}$ を評価し，目標とする PM に対して，$\bar{\phi} = \mathrm{PM} - \widetilde{\mathrm{PM}}$ を計算する．そして，$\phi_{\mathrm{m}} = \bar{\phi}$ となるように β を決める．
2. 最終的にゲイン交差周波数に設定したい周波数が ω_{m} となるように，T_2 を決める．

6.3.3 垂直駆動アームの制御系設計

前節と同じ垂直駆動アームに対して，ゲイン補償，位相遅れ補償，位相進み補償から構成される制御器 $\mathcal{K}(s) = k\mathcal{K}_1(s)\mathcal{K}_2(s)$ を設計してみましょう．設計仕様として，ゲイン交差周波数を 40 rad/s，位相余裕を 60 deg とし，定常偏差がなるべく小さくなるようにすることを目指します．

まず，制御対象のボード線図は**図 6.18** となります．

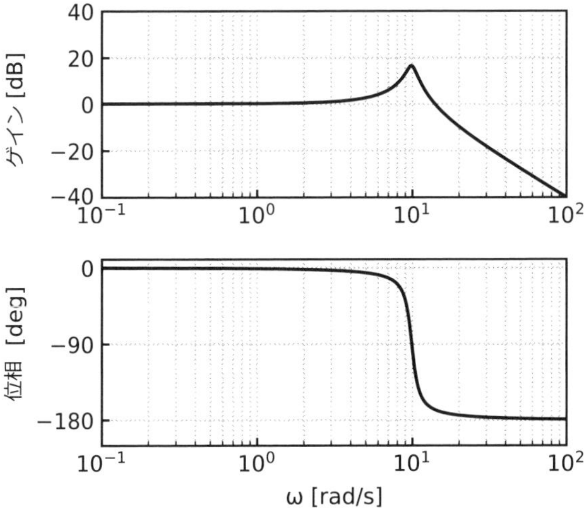

図 6.18 制御対象のボード線図

低周波ゲインが 0 dB ですので，このままフィードバック系を構築しても定常偏差が残ります．そこで，定常偏差を小さくするために，位相遅れ補償によって低周波ゲインを大きくします．

低周波ゲインを上げるために，$\alpha = 20$ とします．ゲインを上げる周波数は，T_1 で決めますが，$\dfrac{1}{T_1}$ の値が最終的なゲイン交差周波数（ゲイン交差周波数の設計値）の 10 分の 1 程度になるようにします．

この例の場合，40 rad/s が設計値ですので，$T_1 = 0.25$ とします（$\dfrac{1}{T_1} = \dfrac{40}{10} = 4$）．したがって，

$$\mathcal{K}_1(s) = \frac{5s + 20}{5s + 1} \tag{6.18}$$

となります．

このとき，開ループ系 $\mathcal{H}_1(s) = \mathcal{P}(s)\mathcal{K}_1(s)$ のボード線図は**図 6.19** となります．図から低周波ゲインが大きくなっていることが確認できます．

リスト 6.11　位相遅れ補償の設計

```
from control.matlab import tf, bode, logspace, mag2db, freqresp, margin

alpha = 20
T1 = 0.25
K1 = tf([alpha*T1, alpha], [alpha*T1, 1]) # 位相遅れ補償器
print('K1=', K1)

H1 = P * K1 # 開ループ系
mag, phase, w = bode(P, logspace(-1,2,1000), plot=False)

fig, ax = plt.subplots(2, 1)
ax[0].semilogx(w, mag2db(mag))
ax[1].semilogx(w, np.rad2deg(phase))
bodeplot_set(ax)

# 40 radにおけるゲインと位相を確認する
[mag], [phase], _ = freqresp(H1, [40])
phaseH1at40 = np.rad2deg(phase)
print('-----------------------')
print('phase at 40rad/s =', phaseH1at40 - 360)
```

```
K1=
5 s + 20
--------
5 s + 1

----------------------
phase at 40rad/s = -183.1364012726378
```

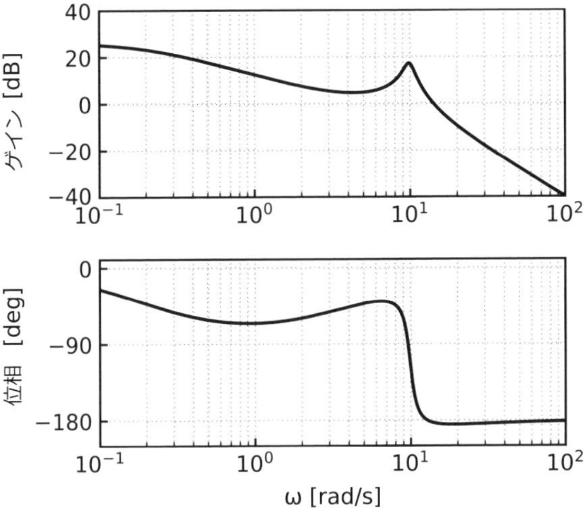

図 6.19 開ループ系 $\mathcal{H}_1$ のボード線図

最終的にゲイン補償によって，ゲイン交差周波数を設計値の 40 rad/s まで上げられるとしても，このままだと，位相余裕が 60 deg を下回ってしまいます．実際，40 rad/s における位相は -183 deg 程度ですので，位相余裕は -3 deg 程度になってしまいます．したがって，位相進み補償により，40 rad/s における位相を -120 deg にします．具体的には，40 rad/s において，$60 - (180 - 183) = 63$ deg 程度，位相を進ませる必要があります．そこで，$\phi_{\mathrm{m}} = 63$ deg とし，β を

$$\beta = \frac{1 - \sin\phi_{\mathrm{m}}}{1 + \sin\phi_{\mathrm{m}}} \tag{6.19}$$

のように計算します．さらに，T_2 は，

$$T_2 = \frac{1}{\omega_{\mathrm{m}}\sqrt{\beta}}$$

とします（$\omega_{\rm m} = 40$ です）．これにより，位相進み補償は

$$\mathcal{K}_2(s) = \frac{0.1047s + 1}{0.005971s + 1} \tag{6.20}$$

となります．このとき，開ループ系 $\mathcal{H}_2(s) = \mathcal{P}(s)\mathcal{K}_1(s)\mathcal{K}_2(s)$ のボード線図は**図 6.20** となります．図から，40 rad/s 付近の位相が進み，-120 deg になっていることがわかります．

リスト 6.12　位相進み補償の設計

```
# 位相の進み量を決める
phim = (60- (180 + phaseH1at40 ) ) * np.pi/180
beta = (1-np.sin(phim))/(1+np.sin(phim))

T2 = 1/40/np.sqrt(beta)
K2 = tf([T2, 1],[beta*T2, 1]) # 位相進み補償器
print('K2=', K2)

fig, ax = plt.subplots(2, 1)
H2 = P * K1 * K2 # 開ループ系
mag, phase, w = bode(H2, logspace(-1,2,1000), plot=False)
ax[0].semilogx(w, mag2db(mag))
ax[1].semilogx(w, np.rad2deg(phase))
bodeplot_set(ax)

# 40 rad/sにおけるゲインと位相を確認する
[mag], [phase], _ = freqresp(H2, [40])
magH2at40 = mag
phaseH2at40 = np.rad2deg(phase)
print('-----------------------')
print('gain at 40 rad/s =', mag2db(magH2at40))
print('phase at 40 rad/s =', phaseH2at40)
```

```
K2=
 0.1047 s + 1
--------------
0.005971 s + 1

-----------------------
gain at 40rad/s = -11.058061395752677
phase at 40rad/s = -119.99999999999997
```

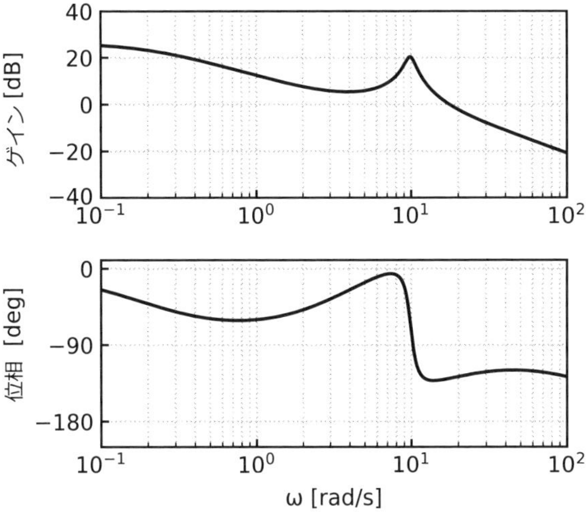

図 6.20　開ループ系 $\mathcal{H}_2$ のボード線図

最後に，ゲイン補償により，$40\,\mathrm{rad/s}$ のゲインを $0\,\mathrm{dB}$ にします．$40\,\mathrm{rad/s}$ におけるゲインが $-11.06\,\mathrm{dB}$ 程度なので，$11.06\,\mathrm{dB}$ 分上に移動させます．そのために，**リスト 6.13** のように，$k=$ 1/magH2at40 をゲイン補償とします．このとき，開ループ系 $\mathcal{H}(s)=\mathcal{P}(s)\,k\,\mathcal{K}_1(s)\,\mathcal{K}_2(s)$ のボード線図は**図 6.21** となり，ゲイン交差周波数が $40\,\mathrm{rad/s}$ となり，位相余裕も $\mathrm{PM}=60\,\mathrm{deg}$ となります．

リスト 6.13　ゲイン補償の設計とループ整形の結果

```
k = 1/magH2at40 # ゲイン補償器
print('k=', k)

H = P * k * K1 * K2 # 開ループ系

fig, ax = plt.subplots(2, 1)
# 設計後の開ループ系（H）のボード線図
mag, phase, w = bode(H, logspace(-1,2,1000), plot=False)
ax[0].semilogx(w, mag2db(mag), label='H')
ax[1].semilogx(w, np.rad2deg(phase), label='H')
# 設計前の開ループ系（P）のボード線図
mag, phase, w = bode(P, logspace(-1,2,1000), plot=False)
ax[0].semilogx(w, mag2db(mag), ls='--', label='P')
ax[1].semilogx(w, np.rad2deg(phase), ls='--', label='P')
```

```
bodeplot_set(ax, 3)

print('-----------------')
print('(GM, PM, wpc, wgc)')
print(margin(H))
```

```
k= 3.571931073029087
-----------------
(GM, PM, wpc, wgc)
(inf, 60.00000000000003, nan, 40.0)
```

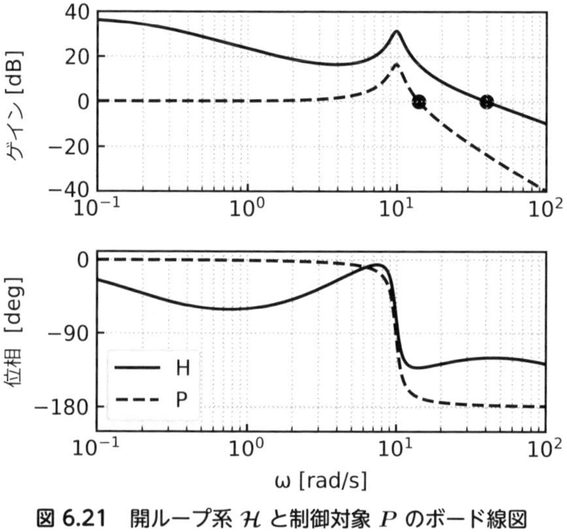

図 6.21　開ループ系 $\mathcal{H}$ と制御対象 P のボード線図

制御系設計が終わりましたので，閉ループ系の特性を確認しておきます．目標値 r から出力 y への伝達関数は

$$\mathcal{G}_{yr} = \frac{\mathcal{H}}{1+\mathcal{H}}$$

で，そのステップ応答は，**リスト 6.14** を実行すると**図 6.22** のように得られます．これより，速やかに目標値付近に到達し，振動や定常偏差が小さくなることがわかります．

リスト 6.14 ループ整形前後の比較（閉ループ系のステップ応答）

```
from control.matlab import feedback, step
fig, ax = plt.subplots()

# 設計後の閉ループ系のステップ応答（本文中では，「ループ整形後」と表示）
Gyr_H = feedback(H, 1)
y, t = step(Gyr_H, np.arange(0,2,0.01))
ax.plot(t, y*ref, label='After')
# 設計前の閉ループ系のステップ応答（本文中では，「ループ整形前」と表示）
Gyr_P = feedback(P, 1)
y, t = step(Gyr_P, np.arange(0,2,0.01))
ax.plot(t, y*ref, ls='--', label='Before')

ax.axhline(ref, color="k", linewidth=0.5)
plot_set(ax, 't', 'y', 'best')
```

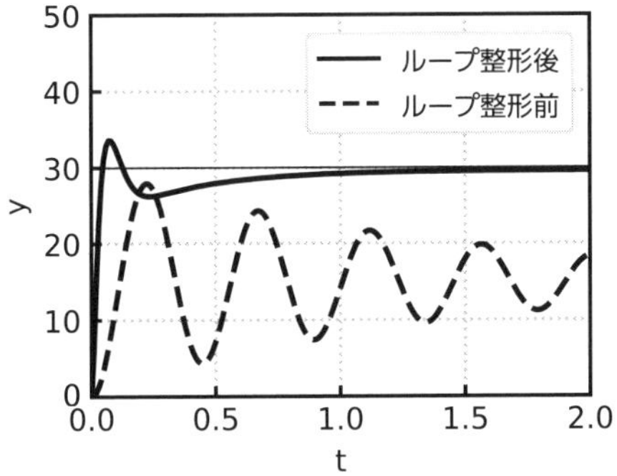

図 6.22 閉ループ系 $\mathcal{G}_{yr}$ のステップ応答の比較

また，閉ループ系 $\mathcal{G}_{yr}$ のボード線図を**図 6.23** に示します（**リスト 6.15**）．設計前は直流ゲインが 0 dB より小さく，ピークゲインも大きかったですが，位相進み・遅れ補償により直流ゲインが 0 dB 付近まで上がり，ピークゲインも抑えられています．さらに，バンド幅も大きくなっています．

リスト 6.15　ループ整形前後の比較（閉ループ系のボード線図）

```
fig, ax = plt.subplots(2, 1)

# 設計後の閉ループ系のボード線図（本文中では，「ループ整形後」と表示）
mag, phase, w = bode(Gyr_H, logspace(-1,2,1000), plot=False)
ax[0].semilogx(w, mag2db(mag), label='After')
ax[1].semilogx(w, np.rad2deg(phase), label='After')
# 設計前の閉ループ系のボード線図（本文中では，「ループ整形前」と表示）
mag, phase, w = bode(Gyr_P, logspace(-1,2,1000), plot=False)
ax[0].semilogx(w, mag2db(mag), ls='--', label='before')
ax[1].semilogx(w, np.rad2deg(phase), ls='--', label='before')

bodeplot_set(ax, 3)
```

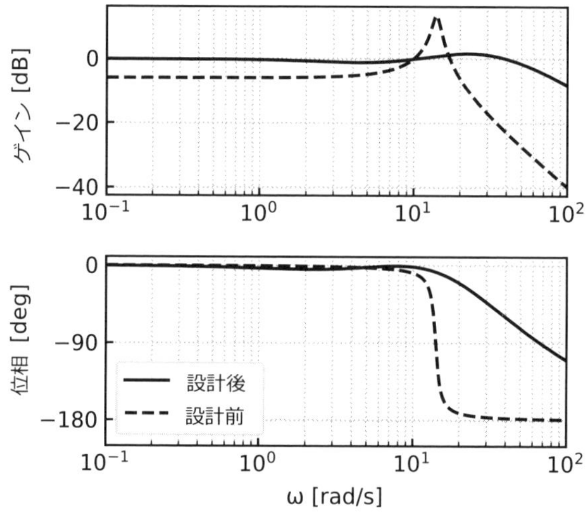

図 6.23　閉ループ系 $\mathcal{G}_{yr}$ のボード線図

練習問題

上記の設計例において，ゲイン交差周波数を 60 rad/s, 位相余裕を 50 deg に設計仕様を変更して，制御器 $\mathcal{K} = k\mathcal{K}_1\mathcal{K}_2$ を設計しなさい．

スモールゲイン定理

ナイキストの安定判別法では，位相交差周波数における開ループ伝達関数のゲイン $|\mathcal{H}(j\omega_{\rm pc})|$ が 1 未満（0 dB 未満）であれば，閉ループ系は安定でした．このナイキストの安定判別法のゲイン特性だけに着目したものは，以下の**スモールゲイン定理**として知られています．

> **開ループ伝達関数 $\mathcal{H}(s)$ が安定な場合，**
>
> $$|\mathcal{H}(j\omega)| < 1, \quad \forall\omega \tag{6.21}$$
>
> **が成り立つとき，フィードバック系は安定となる**[*4]**．**

これは，開ループ伝達関数のベクトル軌跡が複素平面上の単位円内に存在していれば，システムが必ず安定であることを意味しています．ただし，位相を考慮していませんので，十分条件であることに注意してください．つまり，このスモールゲイン定理を満たしていない場合でも，閉ループ系が安定になることがあります．スモールゲイン定理は，第 7 章で説明するロバスト制御で重要なツールとなります．

第 6 章のまとめ

なんかループを切ったりつなげたり，こんがらがるね．

設計するときに注目する部分が違うだけで，やりたいことはフィードバック制御系の設計なんだけどね．

まぁでも，Python とこの本のサンプルコードを応用すれば，自分でも設計できそうな気がするよ．

そうだね．何かをお手本にしながら，実際にいろんな対象に対して，いろんな仕様を満足する制御器を設計することが大切だね．

＊4　$\forall\omega$ は任意の ω のこと．

ところで，位相余裕とかゲイン余裕なんかは，実際にはどれくらいの値にしておくのがよいのかな？

おっ，お姉ちゃんにしてはいい質問．経験則として**表 6.1** のような目安の値はあるよ．

表 6.1　開ループ系の仕様

	サーボ系	プロセス系
位相余裕	40～60 deg	20 deg 以上
ゲイン余裕	10～20 dB	3～10 dB

なるほど．

まとめ

- 開ループ伝達関数の特徴を考慮して閉ループ系を設計する．
- 閉ループ系の設計仕様（安定性，速応性，減衰性，定常特性）を開ループ系の仕様に書き直す．
- ゲイン交差周波数や位相余裕の指標が重要になる．
- 安定判別にはナイキストの安定判別法を用いる．
- 開ループ系の周波数特性を望ましいものにする設計法がループ整形法である．
- 直列補償器（位相進み・遅れ補償）を用いて，開ループ特性を設計することができる．

第 7 章

アドバンストな制御系設計

制御についてだいぶ理解が深まったような気がする.

もう，大学の講義の範囲は十分クリアしたね.
後は，仕事で使うだけだね.
でももしかしたら，現実には使えないかも.

えっ，なんで？
余裕のある制御器もつくれるし，大丈夫っしょ.

じゃ，状態フィードバック制御を使うとき，すべての状態をセンサで取得できない場合は？ 不確かなパラメータをたくさん含んでいるモデルを用いて，目標値追従特性と外乱抑制特性を同時に満足する制御器を設計したい場合は？ 現実は，教科書のようにきれいな問題ばかりじゃないんだよ.

うー.

それらの対策を少しでも知っておくと，困ったときに，何を勉強して，応用すればよいかがわかるよね.

たしかに・・・. じゃ，あと何を知っておくといいの？

オブザーバやロバスト制御，モデル予測制御の基礎ぐらいは押さえておこうか.
あと，つくった制御器を実際にマイコンとかに実装するときに必要な離散化も勉強してみる？

なんか手強そう・・・.
まぁここまでがんばれたし，仕事で使えそうだから，
もう少しがんばってみるか～.

7.1 オブザーバを用いた出力フィードバック制御

PID 制御や位相進み・遅れ補償のような伝達関数モデルをベースとした制御系設計では，制御対象の「出力」をフィードバックしています．一方，状態空間モデルをベースとする状態フィードバック制御では，制御対象の出力ではなく制御対象の「状態」をフィードバックしており，そして，すべての状態の要素が観測可能であることを前提としています．しかし現実には，センサなどを使っても，すべての状態が観測できない場合もあります．そのような場合，状態フィードバック制御を行うことができません．そこで役に立つのが，**オブザーバ**です．これは，**図 7.1** のように，既知の入力 u と出力 y を用いて内部状態 x を推定する動的システムです．

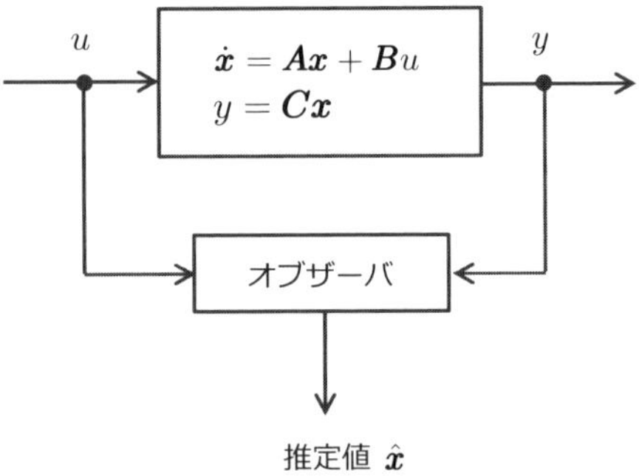

図 7.1　オブザーバ

7.1.1　同一次元オブザーバ

よく用いられるオブザーバが，つぎの**同一次元オブザーバ**です．

$$\dot{\hat{\boldsymbol{x}}}(t) = \boldsymbol{A}\hat{\boldsymbol{x}}(t) + \boldsymbol{B}u(t) - \boldsymbol{L}(y(t) - \boldsymbol{C}\hat{\boldsymbol{x}}(t)) \tag{7.1}$$

ここで，$\hat{\boldsymbol{x}}$ は推定値です．そして，右辺の第 1 項，第 2 項は制御対象のモデルをコピーしたもので，第 3 項は実際に観測される制御対象の出力 y とオブザーバで推定して計算される $\boldsymbol{C}\hat{\boldsymbol{x}}$（出力の推定値）の差をフィードバックするものです．$\boldsymbol{L}$ が設計パラメータで，これを**オブザーバゲイン**といいます．

式 (7.1) に，$y = \boldsymbol{C}\boldsymbol{x}$ を代入して整理すると，

$$\dot{\hat{\boldsymbol{x}}}(t) = (\boldsymbol{A} + \boldsymbol{L}\boldsymbol{C})\hat{\boldsymbol{x}}(t) + \boldsymbol{B}u(t) - \boldsymbol{L}\boldsymbol{C}\boldsymbol{x}(t) \tag{7.2}$$

となります．いま，**推定誤差**を $\boldsymbol{e}(t) = \boldsymbol{x}(t) - \hat{\boldsymbol{x}}(t)$ とすると，

$$\dot{\boldsymbol{e}}(t) = (\boldsymbol{A} + \boldsymbol{L}\boldsymbol{C})\boldsymbol{e}(t) \tag{7.3}$$

となるので，$\boldsymbol{A} + \boldsymbol{L}\boldsymbol{C}$ が安定であれば $\boldsymbol{e}(t) \to 0$ $(t \to \infty)$ ，つまり，$\hat{\boldsymbol{x}}(t) \to \boldsymbol{x}(t)$ $(t \to \infty)$ となり，推定値 $\hat{\boldsymbol{x}}$ が制御対象の状態 $\boldsymbol{x}$ に追従します．

オブザーバゲイン $\boldsymbol{L}$ の設計は，状態フィードバックゲイン $\boldsymbol{F}$ の設計のときと同じように極配置で行います．システムが可観測であれば，任意の位置に極を配置できますので，極を指定して，$\boldsymbol{A} + \boldsymbol{L}\boldsymbol{C}$ の固有値を指定した極になるように $\boldsymbol{L}$ を決めます．

さて，制御対象を

```
from control.matlab import ss, acker, lsim

A = '0 1; -4 -5'
B = '0; 1'
C = '1 0'
D = '0'
P = ss(A, B, C, D)
```

とします．そして，**オブザーバ極**を $-10 \pm 5j$ として，オブザーバゲインを設計します．設計には，acker を使いますが，$(\boldsymbol{A}+\boldsymbol{L}\boldsymbol{C})^\top = \boldsymbol{A}^\top + \boldsymbol{C}^\top \boldsymbol{L}^\top$ と考え，$\boldsymbol{A}^\top$ と $\boldsymbol{C}^\top$ を用いて，$\boldsymbol{L}^\top$ を計算します．ただし，任意の位置に極配置するためには，制御対象が可観測である必要があります[*1]．

```
# オブザーバ極
observer_poles=[-10+5j,-10-5j]

# オブザーバゲインの設計（状態フィードバックの双対）
L = -acker(P.A.T, P.C.T, observer_poles).T
```

この場合，$\boldsymbol{L} = [-15 \quad -46]^\top$ となります．実際，np.linalg.eigvals(P.A + L @ P.C) を実行すると，array([-10.+5.j, -10.-5.j]) となりますので，$\boldsymbol{A}+\boldsymbol{L}\boldsymbol{C}$ の固有値が指定した極になっていることが確認できます．

つぎに，制御対象の初期値を $[-1 \ 0.5]^\top$，オブザーバの初期値を $[0 \ 0]^\top$ とし，**リスト 7.1** を用いてシミュレーションをしてみます．

リスト 7.1 オブザーバによる状態推定

```
fig, ax = plt.subplots(1,2)

# 真の状態の振る舞い
G = ss(P.A, P.B, np.eye(2), [[0],[0]])
Td = np.arange(0, 3, 0.01)
```

∗1 $(\boldsymbol{C}, \boldsymbol{A})$ が可観測であることと $(\boldsymbol{A}^\top, \boldsymbol{C}^\top)$ が可制御であることは等価です．つまり，可制御性と可観測性は**双対**な関係です．この双対性を利用して，acker でオブザーバゲインを設計します．

```
u = np.zeros_like(Td) # 入力
X0 = [-1, 0.5] # 初期状態
x, t, _ = lsim(G, u, Td, X0)
ax[0].plot(t, x[:, 0], ls='-.', label='${x}_1$')
ax[1].plot(t, x[:, 1], ls='-.', label='${x}_2$')

# 出力 y = Cx
y = x[:, 0]

# オブザーバによる状態推定
Obs = ss(P.A + L@P.C, np.c_[P.B, -L], np.eye(2), [[0,0],[0,0]] )
xhat, t, _ = lsim(Obs, np.c_[u, y], Td, [0, 0])
ax[0].plot(t, xhat[:, 0], label='$\hat{x}_1$')
ax[1].plot(t, xhat[:, 1], label='$\hat{x}_2$')

for i in [0, 1]:
    plot_set(ax[i], 't', '', 'best')
ax[0].set_ylabel('$x_1, \hat{x}_1$')
ax[1].set_ylabel('$x_2, \hat{x}_2$')
```

リスト 7.1 では，オブザーバを

$$\dot{\hat{\boldsymbol{x}}}(t) = (\boldsymbol{A} + \boldsymbol{LC})\hat{\boldsymbol{x}}(t) + [\boldsymbol{B}\ \ -\boldsymbol{L}]\begin{bmatrix} u(t) \\ y(t) \end{bmatrix} \tag{7.4}$$

の形で実装していることに注意してください*2．つまり，u と $y = \boldsymbol{Cx}$ が入力で $\hat{\boldsymbol{x}}$ が出力となる状態空間モデルが Obs です．リスト 7.1 の結果は，**図 7.2** となります．時間の経過とともに，$\hat{\boldsymbol{x}}$ が $\boldsymbol{x}$ に追従していることが確認できます．これより，オブザーバにより状態推定が可能であることがわかります．

図 7.3 のように，オブザーバによって推定した状態 $\hat{\boldsymbol{x}}(t)$ を用いて状態フィードバック $u(t) = \boldsymbol{F}\hat{\boldsymbol{x}}(t)$ を施すことができます*3．このとき，

$$\mathcal{K} : \begin{cases} \dot{\hat{\boldsymbol{x}}}(t) = (\boldsymbol{A} + \boldsymbol{BF} + \boldsymbol{LC})\hat{\boldsymbol{x}}(t) - \boldsymbol{L}y(t) \\ u(t) = \boldsymbol{F}\hat{\boldsymbol{x}}(t) \end{cases} \tag{7.5}$$

が制御器となります．制御対象の出力 $y(t)$ から制御入力 $u(t)$ が計算できます．

＊2　リスト 7.1 中の np.c_[A, B] は配列を連結するものです．

＊3　**分離定理**が成り立ちますので，オブザーバと状態フィードバックを独立に設計できます．

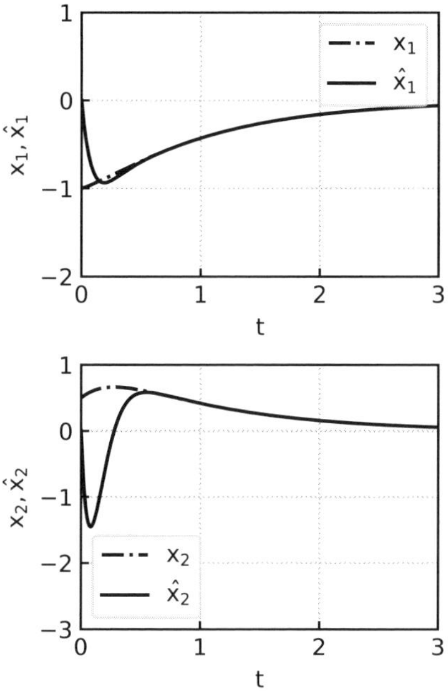

図 7.2　オブザーバによる状態推定

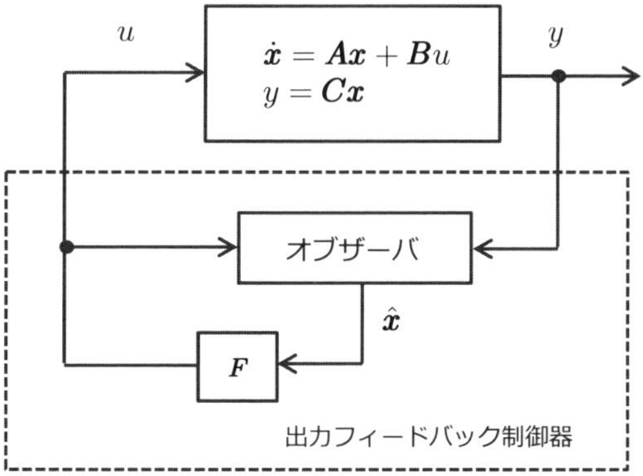

図 7.3　出力フィードバック制御のブロック線図

また，これをラプラス変換したものは，

$$\mathcal{K}(s) = -\boldsymbol{F}(s\boldsymbol{I} - (\boldsymbol{A} + \boldsymbol{BF} + \boldsymbol{LC}))^{-1}\boldsymbol{L}$$

となります．

リスト 7.2　出力フィードバック制御器の設計

```
from control.matlab import tf, feedback, initial

# 状態フィードバックゲインの設計
regulator_poles = [-5+2j, -5-2j]
F = -acker(P.A, P.B, regulator_poles)

# オブザーバゲインの設計
observer_poles=[-10+5j,-10-5j]
L = -acker(P.A.T, P.C.T, observer_poles).T

# 出力フィードバック（オブザーバ+状態フィードバック）
K = ss(P.A+P.B@F+L@P.C, -L, F, 0)
print('K:\n', K)
print('----------------')
print('K(s)=', tf(K))

# 出力フィードバック系
Gfb = feedback(P, K, sign=1)

fig, ax = plt.subplots()
Td = np.arange(0, 3, 0.01)
# 出力フィードバック制御なし（本文中の図では，「出力フィードバック制御なし」と表
示）
y, t = initial(P, Td, [-1, 0.5])
ax.plot(t,y, ls='-.', label='w/o controller')
# 出力フィードバック制御あり（本文中の図では，「出力フィードバック制御あり」と表
示）
y, t = initial(Gfb, Td, [-1, 0.5, 0, 0])
ax.plot(t,y, label='w/ controller')
plot_set(ax, 't', 'y', 'best')
```

リスト 7.2 を実行すると,

```
K:
 <LinearIOSystem>: sys[10]
Inputs (1): ['u[0]']
Outputs (1): ['y[0]']
States (2): ['x[0]', 'x[1]']

A = [[-15.  1.]
     [-75. -10.]]

B = [[15.]
     [46.]]

C = [[-25. -5.]]

D = [[0.]]

----------------
K(s)=
 -605 s - 2725
----------------
s^2 + 25 s + 225
```

が得られます．さらに，出力フィードバック制御の結果を**図 7.4** に示します．オブザーバと状態フィードバックの併用により，応答が改善されています．

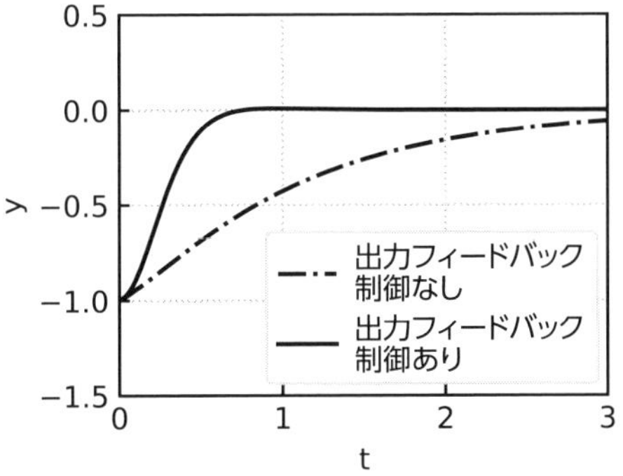

図 7.4　出力フィードバック制御

外乱オブザーバ

出力 y に定値（もしくはゆっくり振動する）外乱が加わると，**図 7.5** のように，オブザーバで正しく状態が推定できません.

```
fig, ax = plt.subplots(1,2, figsize=(6, 2.3))

Td = np.arange(0, 3, 0.01)
X0 = [-1, 0.5]
d = 0.5*(Td>=1.5) # ステップ状の外乱

x, t = initial(G, Td, X0)
ax[0].plot(t, x[:, 0], ls='-.', label='${x}_1$')
ax[1].plot(t, x[:, 1], ls='-.', label='${x}_2$')

# 入力 u
u = np.zeros_like(Td)
# 出力 y = Cx+d
y = x[:, 0]+d
xhat, t, _ = lsim(Obs, np.c_[u, y], Td, [0, 0])
ax[0].plot(t, xhat[:, 0], label='$\hat{x}_1$')
ax[1].plot(t, xhat[:, 1], label='$\hat{x}_2$')
```

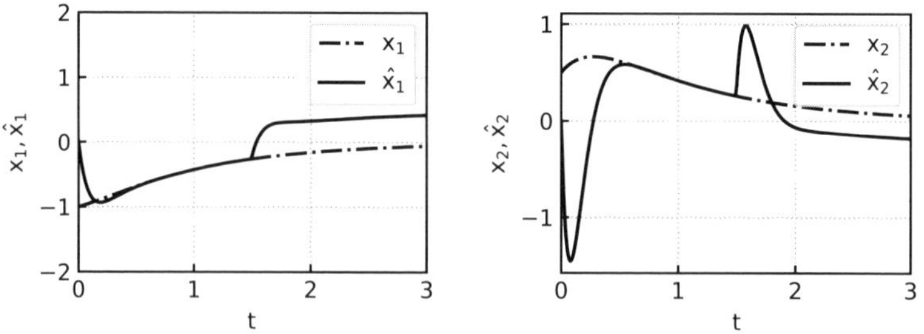

図 7.5　外乱がある場合のオブザーバによる状態推定

これを解決する 1 つのオブザーバとして，**外乱オブザーバ**が知られています．これは，「状態だけでなく，外乱も推定してしまおう」というものです．いま，出力 y に外乱 d が加わる場合を考えます．

$$\begin{cases} \dot{\boldsymbol{x}}(t) = \boldsymbol{A}\boldsymbol{x}(t) + \boldsymbol{B}u(t) \\ y(t) = \boldsymbol{C}\boldsymbol{x}(t) + d(t) \end{cases} \tag{7.6}$$

定値外乱の場合，$\dot{d}(t) = 0$ となりますので，これを用いて，状態を拡大します．

$$\begin{cases} \begin{bmatrix} \dot{\boldsymbol{x}}(t) \\ \dot{d}(t) \end{bmatrix} = \begin{bmatrix} \boldsymbol{A} & 0 \\ 0 & 0 \end{bmatrix} \begin{bmatrix} \boldsymbol{x}(t) \\ d(t) \end{bmatrix} + \begin{bmatrix} \boldsymbol{B} \\ 0 \end{bmatrix} u(t) \\ y(t) = [\ \boldsymbol{C} \ \ 1\ ] \begin{bmatrix} \boldsymbol{x}(t) \\ d(t) \end{bmatrix} \end{cases} \tag{7.7}$$

$$\boldsymbol{x}_{\mathrm{e}} = \begin{bmatrix} \boldsymbol{x}(t) \\ d(t) \end{bmatrix},\ \boldsymbol{A}_{\mathrm{e}} = \begin{bmatrix} \boldsymbol{A} & 0 \\ 0 & 0 \end{bmatrix},\ \boldsymbol{B}_{\mathrm{e}} = \begin{bmatrix} \boldsymbol{B} \\ 0 \end{bmatrix},\ \boldsymbol{C}_{\mathrm{e}} = [\ \boldsymbol{C} \ \ 1\ ] \tag{7.8}$$

この拡大系に対して，オブザーバを構築します．

$$\dot{\hat{\boldsymbol{x}}}_{\mathrm{e}}(t) = \boldsymbol{A}_{\mathrm{e}}\hat{\boldsymbol{x}}_{\mathrm{e}}(t) + \boldsymbol{B}_{\mathrm{e}}u(t) - \boldsymbol{L}_{\mathrm{e}}(y(t) - \boldsymbol{C}_{\mathrm{e}}\hat{\boldsymbol{x}}_{\mathrm{e}}(t)) \tag{7.9}$$

ここで，オブザーバゲイン $\boldsymbol{L}_{\mathrm{e}}$ の設計は，通常のオブザーバと同じです．このオブザーバにより，状態 $\boldsymbol{x}$ の推定と外乱 d の推定が可能になります．

```
# オブザーバ極
observer_poles=[-10+5j,-10-5j, -3]

# オブザーバゲインの設計（拡大系を用いて設計）
Abar = np.block( [ [P.A, np.zeros([2,1])], [np.zeros((1,3))] ])
Bbar = np.block( [ [P.B], [0] ])
Cbar = np.block( [ P.C, 1 ] )

Lbar = -acker(Abar.T, Cbar.T, observer_poles).T

Aob = Abar + Lbar@Cbar
Bob = np.block([Bbar, -Lbar])
Obs = ss(Aob, Bob, np.eye(3), np.zeros([3,2]) )

xhat, t, _ = lsim(Obs, np.c_[u, y], Td, [0, 0, 0])
```

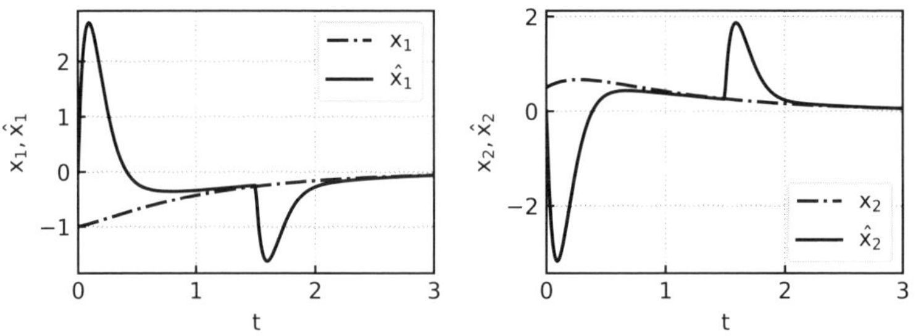

図 7.6　外乱オブザーバを用いた状態推定

7.1.2　定常カルマンフィルタ

オブザーバは制御対象の出力から内部状態を推定するものです．そのため，出力にノイズがのる場合には，正しく推定ができない可能性があります．そのような場合には，ノイズがすべての周波数帯域でエネルギーが均一な**白色雑音**であると仮定したうえで，推定誤差の二乗平均値を最小化するオブザーバゲイン $\boldsymbol{L}$ を設計します．

ここでは，制御対象

$$\begin{cases} \dot{\boldsymbol{x}}(t) = \boldsymbol{A}\boldsymbol{x}(t) + \boldsymbol{B}u(t) + \boldsymbol{v}(t) \\ y(t) = \boldsymbol{C}\boldsymbol{x}(t) + w(t) \end{cases} \tag{7.10}$$

を考えます．ただし，$\boldsymbol{v}$ はシステムノイズ，w は観測ノイズと呼ばれる白色雑音です．さらに，それらの平均と共分散が

$$\mathbb{E}[\boldsymbol{v}(t)] = 0, \quad \mathbb{E}[\boldsymbol{v}(t)\boldsymbol{v}(\tau)^\top] = \boldsymbol{Q}\delta(t-\tau)$$

$$\mathbb{E}[w(t)] = 0, \quad \mathbb{E}[w(t)w(\tau)^\top] = \boldsymbol{R}\,\delta(t-\tau)$$

であり，$\boldsymbol{v}$ と w は互いに独立であるとします[∗4]．

このとき，つぎの結果が知られており，この方法で設計したオブザーバは，**定常カルマンフィルタ**とも呼ばれます．

∗4　$\delta(t)$ はデルタ関数（125 ページ参照）です．また，$\mathbb{E}[X]$ は，確率変数 X の期待値です．

$\boldsymbol{Q} > 0$，$\boldsymbol{R} > 0$ に対して，推定誤差の二乗平均値

$$J = \mathbb{E}\left[(\boldsymbol{x}(t) - \hat{\boldsymbol{x}}(t))^\top (\boldsymbol{x}(t) - \hat{\boldsymbol{x}}(t))\right] \tag{7.11}$$

を最小化するオブザーバ（定常カルマンフィルタ）は，

$$\dot{\hat{\boldsymbol{x}}}(t) = \boldsymbol{A}\hat{\boldsymbol{x}}(t) + \boldsymbol{B}u(t) - \boldsymbol{L}_{\rm opt}(y(t) - \boldsymbol{C}\hat{\boldsymbol{x}}(t)) \tag{7.12}$$

であり，$\boldsymbol{L}_{\rm opt}$ の値は

$$\boldsymbol{L}_{\rm opt} = -\boldsymbol{P}\boldsymbol{C}^\top \boldsymbol{R}^{-1} \tag{7.13}$$

となる．ただし，$\boldsymbol{P} = \boldsymbol{P}^\top > 0$ は，**リッカチ方程式**

$$\boldsymbol{A}\boldsymbol{P} + \boldsymbol{P}\boldsymbol{A}^\top + \boldsymbol{Q} - \boldsymbol{P}\boldsymbol{C}^\top \boldsymbol{R}^{-1}\boldsymbol{C}\boldsymbol{P} = 0 \tag{7.14}$$

を満たす唯一の正定対称解である．

定常カルマンフィルタは，lqe 関数を用いて設計することができます．

```
L, P, E = lqe(A, Bv, C, QN, RN)
L = -L
```

ここで，引数の A，Bv，C は，システム $\dot{\boldsymbol{x}} = \boldsymbol{A}\boldsymbol{x} + \boldsymbol{B}u + \boldsymbol{B}_v\boldsymbol{v}$，$y = \boldsymbol{C}\boldsymbol{v} + w$ の $\boldsymbol{A}$ 行列，$\boldsymbol{B}_v$ 行列，$\boldsymbol{C}$ 行列です．また，QN と RN はノイズの共分散です．それから，返り値の L はオブザーバゲイン，P はリッカチ方程式の解，E は閉ループ系の極（$\boldsymbol{A} - \boldsymbol{L}\boldsymbol{C}$ の固有値）です．式 (7.12) の $\boldsymbol{L}_{\rm opt}$ は，lqe で求まる L に対して，L = -L とすることで得られます．

以下では，

$$\left\{\begin{array}{l} \dot{\boldsymbol{x}}(t) = \begin{bmatrix} 0 & 1 \\ -4 & -5 \end{bmatrix}\boldsymbol{x}(t) + \begin{bmatrix} 0 \\ 1 \end{bmatrix}(u(t) + v(t)) \\ y(t) = \begin{bmatrix} 1 & 0 \end{bmatrix}\boldsymbol{x}(t) + w(t) \end{array}\right. \tag{7.15}$$

に対して，定常カルマンフィルタを設計します．なお，システムノイズと観測ノイズの共分散はどちらも 1 とします．**リスト 7.3** を実行すると，**図 7.7** が得られます．上の図がカルマンフィルタに入力されるノイズを含んだ制御入力と出力です．これらから推定した状態が下の図です．波線が真の状態です．こ

の結果をみると，ノイズがある場合でもカルマンフィルタにより状態が推定できることがわかります．

リスト 7.3　定常カルマンフィルタ

```
from control.matlab import ss, lqe, lsim

A = '0 1; -4 -5'
B = '0; 1'
C = '1 0'
D = '0'
P = ss(A, B, C, D)

QN, RN = 1, 1 #ノイズの共分散
L, _, _ = lqe(P.A, P.B, P.C, QN, RN)
L = -L
Obs = ss(P.A + L@P.C, np.block([P.B, -L]), np.eye(2), np.zeros([2,2]))

Td = np.arange(0, 6, 0.01)
u = 0.5 * np.sin(6*Td) + 0.5 * np.cos(8*Td)
# システムノイズ
w = np.random.normal(loc=0, scale=np.sqrt(QN), size=len(Td))
# 観測ノイズ
v = np.random.normal(loc=0, scale=np.sqrt(RN), size=len(Td))

X0 = [-0.3, 0.2]
sys = ss(P.A, P.B, np.eye(2), np.zeros([2,1]))
_, t, xorg = lsim(sys, u, Td, X0) # ノイズがない場合の制御対象の状態
_, t, x = lsim(sys, u+w, Td, X0) # ノイズがある場合の制御対象の状態
y = x[:, 0]+v # 観測ノイズを含む出力

fig, ax = plt.subplots(2,2)
ax[0,1].plot(t, y, ls='-.', label='$y$', c='gray', lw=0.5)
ax[1,0].plot(t, xorg[:,0], ls='--', label='$x_1$', c='k')
ax[1,1].plot(t, xorg[:,1], ls='--', label='$x_2$', c='k')
ax[0,0].plot(t, u+w, ls='-.', label='$u+w$', c='gray', lw=0.5)

# カルマンフィルタで推定した状態の振る舞い
xhat, t, _ = lsim(Obs, np.c_[u, y], Td, [0, 0])
ax[1,0].plot(t, xhat[:, 0], label='$\hat{x}_1$', c='k')
ax[1,1].plot(t, xhat[:, 1], label='$\hat{x}_2$', c='k')
ax[0,0].plot(t, u, label='$u$', c='k', ls='--')
```

```
for i in [0, 1]:
    for j in [0, 1]:
        plot_set(ax[i,j], '$t$', '', 'best')
        ax[i,j].set_xlim([0, 6])

ax[0,1].set_ylabel('$y$')
ax[0,0].set_ylabel('$u$')
ax[1,0].set_ylabel('$x_1$')
ax[1,1].set_ylabel('$x_2$')
```

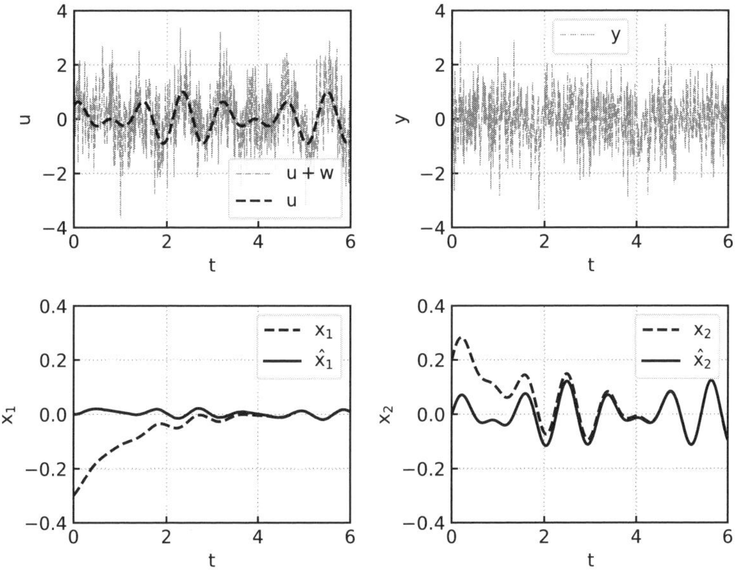

図 7.7　定常カルマンフィルタを用いた状態推定

定常カルマンフィルタの設計って，最適レギュレータの設計に似てない？

制御と観測の間に双対性があるからね～

ちなみに，世間でいうカルマンフィルタは時変なやつだから注意してね．必要ならほかの本を読んでみて．

7.2 ロバスト制御

これまでは，制御対象の重要な特徴を捉えた数学モデルを用いて制御系を構築する方法を説明してきました．しかし，数学モデルは，現実の制御対象の特徴を完ぺきに表すものではなく，モデルには不確かさが避けられません．たとえば，第 5 章の限界感度法によるゲインチューニングのところ（167 ページ）で説明した微小な無駄時間の影響はその一例であり，そのほかにも，モデルのパラメータに含まれる誤差や考慮していない非線形性の影響，外乱による影響，などがあります．

そのため，モデルの不確かさを考慮した制御系設計が必要になります．ここでは，その一手法である**ロバスト制御**の基礎を説明します．

まず，制御対象の伝達関数モデル $\mathcal{P}(s)$ を現実の制御対象と区別するために，ノミナルモデルと呼ぶことにします．そして現実の制御対象を

$$\widetilde{\mathcal{P}}(s) = (1 + \Delta(s)\mathcal{W}_T(s))\mathcal{P}(s) \tag{7.16}$$

と表します．$\mathcal{W}_T(s)$ はある安定な伝達関数で，$\Delta(s)$ は不確かさを表す大きさが 1 以下の安定な伝達関数です．このとき，$\widetilde{\mathcal{P}}(s)$ の集合

$$\mathbb{P} = \{\widetilde{\mathcal{P}}(s) | \widetilde{\mathcal{P}}(s) = (1 + \Delta(s)\mathcal{W}_T(s))\mathcal{P}(s),\ |\Delta(j\omega)| \le 1, \forall\omega\} \tag{7.17}$$

を考えます．$\Delta(s)\mathcal{W}_T(s)$ が不確かさを表しています．$|\Delta(j\omega)|$ の値は周波数ごとに 0 から 1 の間の値を取り，$|\mathcal{W}_T(j\omega)|$ で各周波数ごとの不確かさの大きさを決めるようになっています．このことから，$\mathcal{W}_T$ は**周波数重み関数**と呼ばれます．また，$\Delta(s)\mathcal{W}_T(s)$ を**乗法的な不確かさ**の表現ともいいます．なお，現実の制御対象 $\widetilde{\mathcal{P}}(s)$ は，$\Delta(s) = 0$ のときにノミナルモデル $\mathcal{P}(s)$ と一致します．

たとえば，重み関数 $\mathcal{W}_T(s)$ を

$$\mathcal{W}_T(s) = \frac{10s}{s + 150} \tag{7.18}$$

とすると，現実の制御対象 $\widetilde{\mathcal{P}}(s) = (1 + \Delta(s)\mathcal{W}_T)\mathcal{P}(s)$ は高周波域の不確かさが大きいものとなります．

垂直駆動アームを用いた数値例（**リスト 7.4**）を**図 7.8**（左図）に示します．また，図 7.8（右図）には，不確かさ $\Delta(s)\mathcal{W}_T(s)$ のゲイン線図をプロットしています．これからわかるように，高周波域のゲインがバラついています．これは，入力信号の高周波成分に対する応答がバラつくことを意味しています．たとえば，速応性をよくするために制御器のゲインを大きくしたときに，望ましい応答が得られない（不安定化する）可能性があります．

リスト 7.4 乗法的な不確かさを有する制御対象

```
from control.matlab import tf, bode, logspace, mag2db, ss2tf, step, feedback

# 垂直駆動アームのノミナルモデル
g  = 9.81                # 重力加速度[m/s^2]
l  = 0.2                 # アームの長さ[m]
M  = 0.5                 # アームの質量[kg]
mu = 1.5e-2              # 粘性摩擦係数[kg*m^2/s]
```

```
J  = 1.0e-2              # 慣性モーメント[kg*m^2]
Pn = tf( [0,1], [J, mu, M*g*l] )

# 不確かさ
delta = np.arange(-1, 1 , 0.1)
WT = tf( [10, 0], [1, 150])

fig, ax = plt.subplots(1, 2)

for i in range(len(delta)):
    # 不確かさをもつ制御対象
    P = (1 + WT*delta[i])*Pn
    mag, _, w = bode(P, logspace(-3,3), plot=False)
    ax[0].semilogx(w, mag2db(mag), color = 'k', lw = 0.3)

    # 乗法的な不確かさ
    DT = (P - Pn)/Pn
    mag, _, w = bode(DT, logspace(-3,3), plot=False)
    ax[1].semilogx(w, mag2db(mag), color = 'k', lw = 0.3)

# 本文中の図の左図
mag, _, w = bode(Pn, logspace(-3,3), plot=False)
ax[0].semilogx(w, mag2db(mag), lw =2, color='k')
# 本文中の図の右図
mag, _, w = bode(WT, logspace(-3,3), plot=False)
ax[1].semilogx(w, mag2db(mag), lw =2, color='k')

bodeplot_set(ax)
ax[0].set_xlabel('$\omega$ [rad/s]')
ax[0].set_ylabel('Gain of $P$ [dB]')
ax[1].set_ylabel('Gain of $\Delta W_T$ [dB]')
```

以下では，集合 $\mathbb{P}$ に属するすべての $\widetilde{\mathcal{P}}(s)$ に対してフィードバック系の内部安定性を保証する制御器 $\mathcal{K}(s)$ を設計します．これを**ロバスト安定化問題**といいます．

まず，安定なシステム $\mathcal{G}(s)$ に対して，H_∞ ノルムをつぎのように定義します．

$$\|\mathcal{G}(s)\|_\infty = \sup_{\omega\geq 0} |\mathcal{G}(j\omega)| \tag{7.19}$$

このとき，$\widetilde{\mathcal{P}}(s)$ の集合は

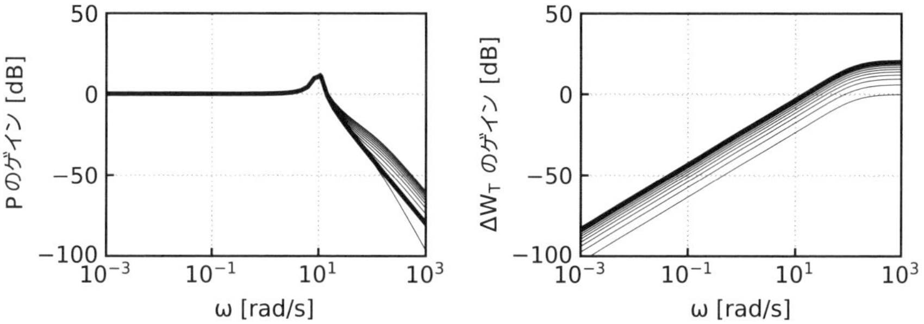

図 7.8　不確かさをもつ制御対象のゲイン線図

$$\mathbb{P} = \{\widetilde{\mathcal{P}}(s) | \widetilde{\mathcal{P}}(s) = (1 + \Delta(s)\mathcal{W}_{\mathcal{T}}(s))\mathcal{P}(s),\ \|\Delta(s)\|_\infty \leq 1\} \tag{7.20}$$

と書くことができます．

つぎに，対象とするフィードバック系は，**図 7.9**（上図）となります．目標値を $r = 0$ とし，ブロック線図を変形すると，図 7.9（下図）が得られます．このとき，図 7.9 の b 点 から a 点への伝達関数は，

$$-\frac{\mathcal{P}(s)\mathcal{K}(s)}{1 + \mathcal{P}(s)\mathcal{K}(s)} = -\mathcal{T}(s) \tag{7.21}$$

となります．ここで，

$$\mathcal{T}(s) = \frac{\mathcal{P}(s)\mathcal{K}(s)}{1 + \mathcal{P}(s)\mathcal{K}(s)} \tag{7.22}$$

は**相補感度関数**と呼ばれます．このとき，不確かさ $\Delta(s)$ と，システム $-\mathcal{W}_{\mathcal{T}}(s)\mathcal{T}(s)$ （灰色の部分）のフィードバック結合に対して，スモールゲイン定理（フィードバック系を構成する伝達関数のゲインが 1 未満であれば，信号の振幅が発散しない）を用います．$\|\Delta(s)\|_\infty \leq 1$ ですので，

$$\|\mathcal{W}_{\mathcal{T}}(s)\mathcal{T}(s)\|_\infty < 1 \tag{7.23}$$

を満たせば，フィードバック系がロバスト安定（集合 $\mathbb{P}$ に属するすべての制御対象について内部安定）となります[*5]．したがって，式 (7.23) を満足する制御器 $\mathcal{K}(s)$ を設計すればよいことになります．

∗5　$\|\Delta(s)\|_\infty \leq 1$，$\|\mathcal{W}_{\mathcal{T}}(s)\mathcal{T}(s)\|_\infty < 1$ であれば，

$$\|\Delta(s)\mathcal{W}_{\mathcal{T}}(s)\mathcal{T}(s)\|_\infty \leq \|\Delta(s)\|_\infty \|\mathcal{W}_{\mathcal{T}}(s)\mathcal{T}(s)\|_\infty \leq \|\mathcal{W}_{\mathcal{T}}(s)\mathcal{T}(s)\|_\infty < 1$$

が成り立ちます．したがって，$|\Delta(j\omega)\mathcal{W}_{\mathcal{T}}(j\omega)\mathcal{T}(j\omega)| < 1\ (\forall\omega)$ ですので，ナイキスト線図は常に単位円内に存在します．これはフィードバック系が安定になることを意味しています．

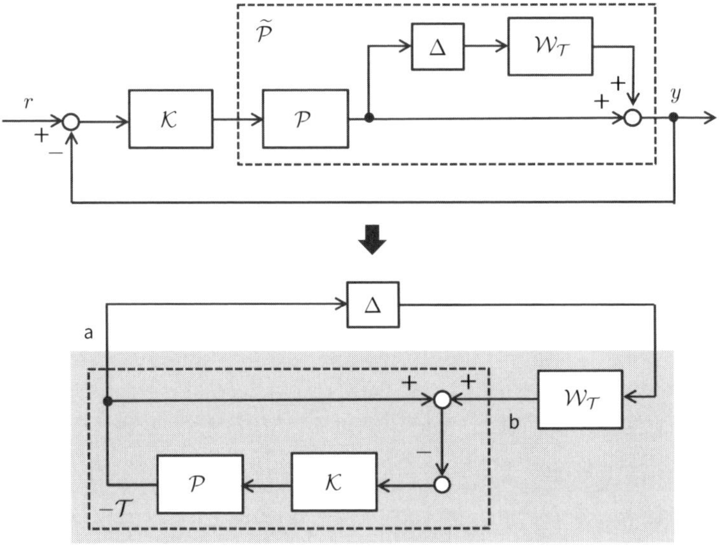

図 7.9 乗法的な不確かさを有する制御対象のロバスト安定化

ただし，実用上は，ロバスト安定性だけでは不十分で，目標値追従特性や外乱抑制特性なども一緒に考える必要があります．というのも，制御対象が安定で，パラメータがいくら変動したとしても，やはり安定である場合，究極のロバスト制御器は $\mathcal{K}(s)=0$（何もしない）となってしまうからです．

ここでは，**図 7.10** のように，制御対象 $\mathcal{P}$ の出力 y に外乱 d が加わる場合を考えます．このブロック線図において，外乱 d（c 点）から出力 y（a 点）への伝達関数は，

$$\mathcal{S}(s)=\frac{1}{1+\mathcal{P}(s)\mathcal{K}(s)} \tag{7.24}$$

と表すことができます．この $\mathcal{S}(s)$ は**感度関数**と呼ばれます．

もし，感度関数の低周波ゲインが小さくなるように制御器 $\mathcal{K}(s)$ を設計すれば，低周波数の外乱の影響が出力に現れにくくなります．これは，$1/|\mathcal{W}_{\mathcal{S}}(j\omega)|$ が低周波域で小さくなるような安定な伝達関数 $\mathcal{W}_{\mathcal{S}}(s)$ を用意して，

$$|\mathcal{S}(j\omega)|<\frac{1}{|\mathcal{W}_{\mathcal{S}}(j\omega)|},\quad \forall\omega \tag{7.25}$$

を満足するように，制御器 $\mathcal{K}(s)$ を決定する問題として記述できます．

さらに，式 (7.25) の条件は，任意の周波数 $(\forall\omega)$ において，$|\mathcal{S}(j\omega)\mathcal{W}_{\mathcal{S}}(j\omega)|<1$

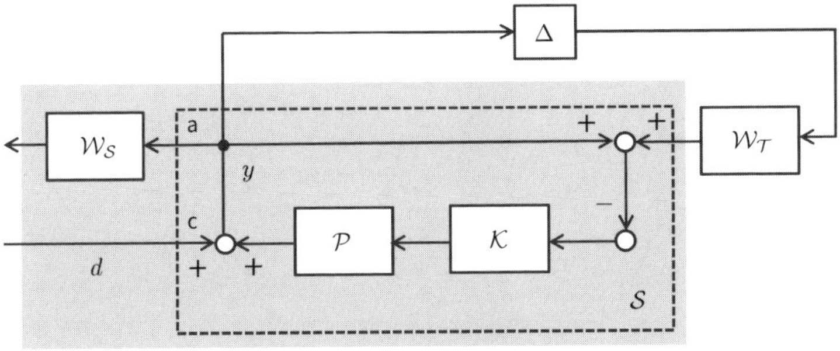

図 7.10　外乱抑制特性の改善

が成り立つことなので，H_∞ ノルムを用いて，

$$\|\mathcal{S}(s)\mathcal{W}_\mathcal{S}(s)\|_\infty < 1 \tag{7.26}$$

と表すことができます．なお，感度関数 $\mathcal{S}(s)$ は，目標値から偏差への伝達関数と同じですので，重み関数 $\mathcal{W}_\mathcal{S}(s)$ を適切に選び，式 (7.25) を満足する制御器の設計問題を解くことによって，目標値追従特性も改善することができます．

以上をまとめると，

$$\|\mathcal{S}(s)\mathcal{W}_\mathcal{S}(s)\|_\infty < 1, \quad \|\mathcal{T}(s)\mathcal{W}_\mathcal{T}(s)\|_\infty < 1 \tag{7.27}$$

を同時に満たす制御器 $\mathcal{K}(s)$ を設計すれば，フィードバック制御系は，**ロバスト性能**（ロバスト安定と目標値追従特性を保持）を有することになります．しかし，$\mathcal{S}(s) + \mathcal{T}(s) = 1$ の関係が成り立ちますので，式 (7.27) の 2 つの条件を独立に最小化することはできません．

そこで，$\mathcal{S}(s)$ の低周波域のゲインを小さくし，$\mathcal{T}(s)$ の高周波域のゲインを小さくするように，重み関数 $\mathcal{W}_\mathcal{S}(s)$ と $\mathcal{W}_\mathcal{T}(s)$ を設定し，式 (7.27) の条件式をまとめた，

$$\left\| \begin{bmatrix} \mathcal{W}_\mathcal{S}(s)\mathcal{S}(s) \\ \mathcal{W}_\mathcal{T}(s)\mathcal{T}(s) \end{bmatrix} \right\|_\infty < \gamma \tag{7.28}$$

を用いて γ を最小化する問題を考えます．これを**混合感度問題**といいます．この問題を解き，γ が 1 以下になれば，得られた $\mathcal{K}(s)$ は式 (7.27) を満たします．

それでは設計例を確認します．重み関数 $\mathcal{W}_\mathcal{S}(s)$ を

$$\mathcal{W}_{\mathcal{S}}(s) = \frac{1}{(s+0.5)^2} \tag{7.29}$$

とし，重み関数 $\mathcal{W}_{\mathcal{T}}(s)$ を式 (7.18) として混合感度問題を解きます．Python では，

```
K, cl, info = mixsyn(sys, w1, w2, w3)
```

を用います．引数の sys はノミナルモデル $\mathcal{P}$ を与えます．そして，w1 が重み関数 $\mathcal{W}_{\mathcal{S}}$ で，w3 が重み関数 $\mathcal{W}_{\mathcal{T}}$ です．w2 は 1 としておきます．なお，mixsyn では，式 (7.28) の γ を最小化する制御器 K が求まります．γ の値は，info の中に格納されています．

リスト 7.5　ロバスト制御器の設計

```
from control import mixsyn

WS = tf( [0, 1], [1, 1, 0.25]) # 感度関数に対する重み関数
WU = tf(1,1)
WT = tf( [10, 0], [1, 150]) # 相補感度関数に対する重み関数

# 混合感度問題
K, _, info = mixsyn(Pn, w1=WS , w2=WU, w3=WT)
print('K=', ss2tf(K))
print('gamma =', info[0])

fig, ax = plt.subplots(1, 2)
# 感度関数
Ssys = feedback(1, Pn*K)
mag, _, w = bode(Ssys, logspace(-3,3), plot=False)
ax[0].semilogx(w, mag2db(mag), ls = '-', lw =2, label='$S$')
mag, _, w = bode(1/WS, logspace(-3,3), plot=False)
ax[0].semilogx(w, mag2db(mag), ls= '-.', lw =1, label='$1/W_S$')

# 相補感度関数
Tsys = feedback(Pn*K, 1)
mag, _, w = bode(Tsys, logspace(-3,3), plot=False)
ax[1].semilogx(w, mag2db(mag), ls = '-', lw =2, label='$T$')
mag, _, w = bode(1/WT, logspace(-3,3), plot=False)
```

```
ax[1].semilogx(w, mag2db(mag), ls= '--', lw =1, label='$1/W_T$')

for i in range(2):
    ax[i].set_ylim(-40, 40)
    ax[i].legend()
    ax[i].grid(which="both", ls=':')
    ax[i].set_ylabel('Gain [dB]')
    ax[i].set_xlabel('$\omega$ [rad/s]')
```

リスト 7.5 を実行すると,

```
K=
    7.21 s^4 + 1098 s^3 + 3259 s^2 + 1.081e+05 s + 9.032e+04
-----------------------------------------------------------------
s^5 + 165.1 s^4 + 2448 s^3 + 2.449e+04 s^2 + 2.273e+04 s + 5540

gamma = 0.9527651218302327
```

が得られます. これより, 混合感度問題を解くと, 5 次の制御器 $\mathcal{K}(s)$ が得られることがわかります. また, γ の値は, $\gamma = 0.9527651218302327$ となっており, 1 より小さい値であることもわかります.

さらに, このときの感度関数 $\mathcal{S}(s)$ と相補感度関数 $\mathcal{T}(s)$ のゲイン線図は**図 7.11** となり, それぞれ, $\dfrac{1}{\mathcal{W}_\mathcal{S}(s)}$ と $\dfrac{1}{\mathcal{W}_\mathcal{T}(s)}$ のゲイン線図より, 下側に描かれていることが確認できます.

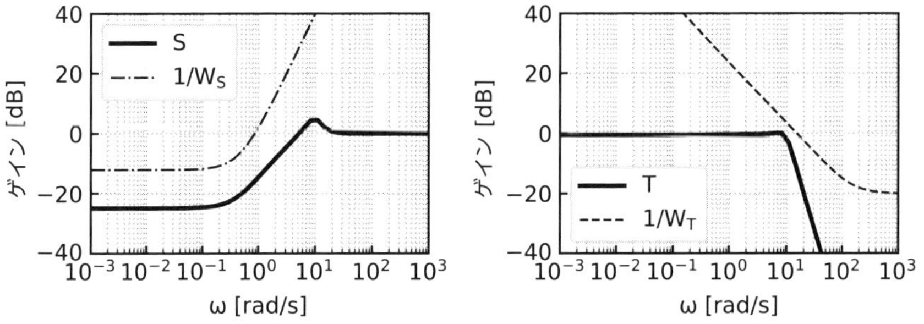

図 7.11　感度関数と相補感度関数

最後に，設計した制御器を用いたときのステップ応答を確認します（**リスト 7.6**）．結果は**図 7.12** となります．速やかに目標値に追従していることと，不確かさがあっても応答があまり変わらないことがわかります．

リスト 7.6　設計した制御器の性能の確認

```
fig, ax = plt.subplots()
ref = 30 # 目標角度[deg]

# 不確かさ有するモデルに対する性能
for i in range(len(delta)):
    P = (1 + WT*delta[i])*Pn
    Gyr = feedback(P*K, 1)
    y, t = step(Gyr, np.arange(0,5,0.01))
    ax.plot(t, y*ref, color ='k', lw = 0.3)

# ノミナルモデルに対する性能
Gyr = feedback(Pn*K, 1)
y, t = step(Gyr, np.arange(0,5,0.01))
ax.plot(t, y*ref, lw = 2, color='k')
plot_set(ax, 't', 'y')
```

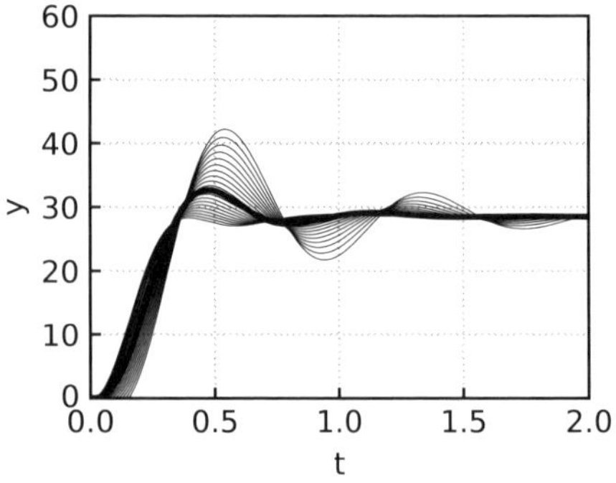

図 7.12　ロバスト制御

7.3 ディジタル実装

設計した制御器をディジタル機器に実装するためには，連続時間の微分方程式で表現される制御器を離散時間の差分方程式で表現し直す必要があります．このような連続時間から離散時間への変換を**離散化**と呼びます．

ディジタル機器へ制御器を実装したときの制御系を**図 7.13** に示します．制御対象からの出力は連続時間の信号ですので，それを**理想サンプラ**を使って一定間隔で**サンプリング**（標本化）します．ここで，$y[k]$ の k は離散時刻を表しています．そして，離散化された制御器 $\mathcal{K}_{\rm d}$ で制御入力を決定します．ただし，離散時間の信号 $u[k]$ をそのまま制御対象の入力にすることはできませんので，**ホールド回路**を通して，連続時間の信号 $u(t)$ に変換します．

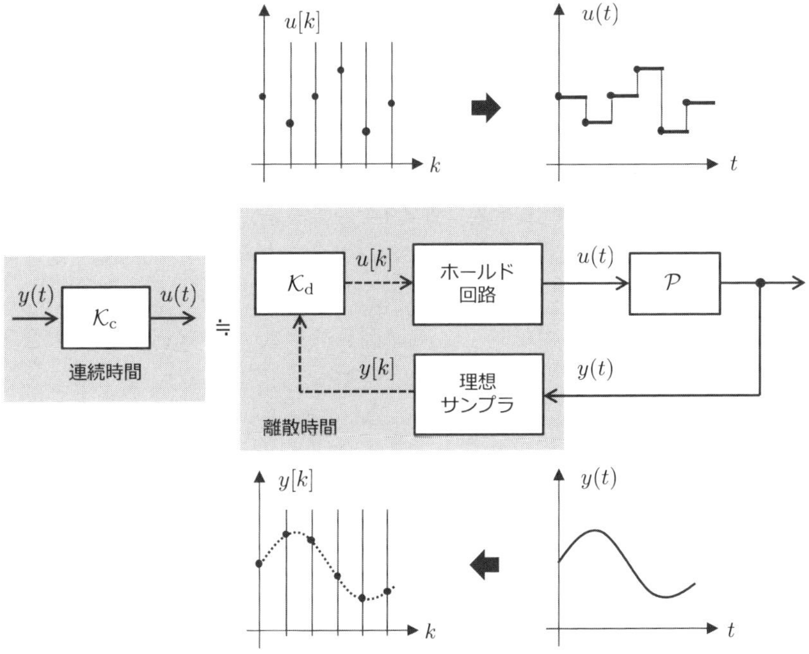

図 7.13　離散化（ホールド回路と理想サンプラ）のイメージ

ここで，理想サンプラは，サンプリング時間を $t_{\rm s}$ とすると，

$$y[k] = y(kt_{\rm s}) \quad (k = 0, 1, 2, \ldots) \tag{7.30}$$

となります．一方，ホールド回路の代表的なものとしては，0 次ホールドがあります．これは，

$$u(t) = u[k] \quad (kt_{\rm s} \leq t < (k+1)t_{\rm s},\ k = 0, 1, 2, \ldots) \tag{7.31}$$

と表されます．このとき，式 (7.30) の理想サンプラと離散化された制御器 $\mathcal{K}_{\rm d}$，式 (7.31) のホールド回路の直列結合（図 7.13 の灰色の部分）が連続時間の制御器 $\mathcal{K}_{\rm c}$ に近い性能となるように，制御器 $\mathcal{K}_{\rm c}$ を $\mathcal{K}_{\rm d}$ に変換します．

以下では，連続時間システム

$$\mathcal{K}_{\rm c} : \begin{cases} \dot{\boldsymbol{x}}(t) = \boldsymbol{A}_{\rm c}\boldsymbol{x}(t) + \boldsymbol{B}_{\rm c}y(t) \\ u(t) = \boldsymbol{C}_{\rm c}\boldsymbol{x}(t) + \boldsymbol{D}_{\rm c}y(t) \end{cases} \tag{7.32}$$

を離散時間システム

$$\mathcal{K}_{\rm d} : \begin{cases} \boldsymbol{x}[k+1] = \boldsymbol{A}_{\rm d}x[k] + \boldsymbol{B}_{\rm d}y[k] \\ u[k] \qquad\ = \boldsymbol{C}_{\rm d}x[k] + \boldsymbol{D}_{\rm d}y[k] \end{cases} \tag{7.33}$$

に変換する代表的な手法として，0 次ホールドによる離散化と双一次変換による離散化について説明します．

7.3.1　0 次ホールドによる離散化

0 次ホールドによる離散化では，**図 7.14** のように，ホールド回路，連続時間システム，サンプラがひとまとまりになっていると考え，その挙動を離散時間システムで表します．

サンプリング時間が $t_{\rm s}$ のとき，連続時間システム $\mathcal{K}_{\rm c}$ のパラメータと離散時間システム $\mathcal{K}_{\rm d}$ のパラメータの関係はつぎのようになります．

$$\boldsymbol{A}_{\rm d} = e^{\boldsymbol{A}_{\rm c}t_{\rm s}},\ \ \boldsymbol{B}_{\rm d} = \int_0^{t_{\rm s}} e^{\boldsymbol{A}_{\rm c}t}{\rm d}t\boldsymbol{B}_{\rm c},\ \ \boldsymbol{C}_{\rm d} = \boldsymbol{C}_{\rm c},\ \ \boldsymbol{D}_{\rm d} = \boldsymbol{D}_{\rm c} \tag{7.34}$$

0 次ホールドによる離散化をした離散時間システムのステップ応答は，もとの連続時間システムのステップ応答とサンプル点上で一致します．このことから，**ステップ不変変換**とも呼ばれます．

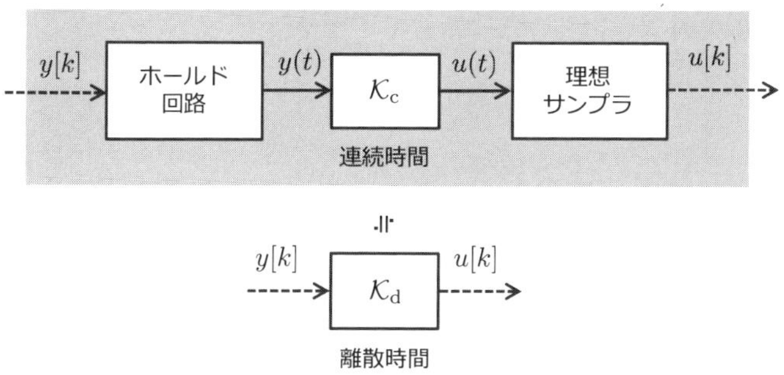

図 7.14　0 次ホールドによる離散化

7.3.2　双一次変換による離散化

双一次変換による離散化（**タスティン変換法**）では，連続時間システムの挙動を離散時間システムで近似的に表します．これは，微分方程式の数値解法が基礎になっており，双一次変換による離散化は，数値積分の台形法を用いたものです．

サンプリング時間が $t_{\rm s}$ のとき，連続時間システム $\mathcal{K}_{\rm c}$ のパラメータと離散時間システム $\mathcal{K}_{\rm d}$ のパラメータの関係はつぎのようになります．

$$\boldsymbol{A}_{\rm d} = \left(\boldsymbol{I} + \frac{t_{\rm s}}{2}\boldsymbol{A}_{\rm c}\right)\left(\boldsymbol{I} - \frac{t_{\rm s}}{2}\boldsymbol{A}_{\rm c}\right)^{-1}, \quad \boldsymbol{B}_{\rm d} = \frac{t_{\rm s}}{2}\left(\boldsymbol{I} - \frac{t_{\rm s}}{2}\boldsymbol{A}_{\rm c}\right)^{-1}\boldsymbol{B}_{\rm c},$$
$$\boldsymbol{C}_{\rm d} = \boldsymbol{C}_{\rm c}(\boldsymbol{A}_{\rm d} + \boldsymbol{I}), \quad \boldsymbol{D}_{\rm d} = \boldsymbol{C}_{\rm c}\boldsymbol{B}_{\rm d} + \boldsymbol{D}_{\rm c} \tag{7.35}$$

双一次変換による離散化では，システムの安定性や位相特性が保存されます．また，$\omega = 0$ において周波数応答が一致します．これは，$\mathcal{K}_{\rm c}(0) = \mathcal{K}_{\rm d}(1)$ が成り立つことを意味しています．

なお，双一次変換による離散化は，システムの伝達関数モデルに，

$$s = \frac{2}{t_{\rm s}}\frac{z-1}{z+1} \tag{7.36}$$

を代入して得られるものとなっています∗6．なお，式 (7.36) の s から z の変換は，双一次変換やメビウス変換と呼ばれます．

7.3.3 Python での離散化

Python では，c2d 関数を用いて離散化します．

```
sysd = c2d(sys, ts, method)
```

ここで，ts はサンプリング時間です．method に method='zoh' や method='tustin' のように書いて離散化手法を指定します．たとえば，以下の**リスト 7.7** のように離散化します．

リスト 7.7　連続時間システムから離散時間システムへの変換

```
from control.matlab import tf, c2d, step, lsim

P = tf([0, 1], [0.5, 1])
print(P)

ts = 0.2 # サンプリング時間

# 0次ホールドによる離散化
Pd1 = c2d(P, ts, method='zoh')
print('離散時間システム（zoh）', Pd1)
# 双一次変換による離散化
Pd2 = c2d(P, ts, method='tustin')
print('離散時間システム（tustin）',Pd2)
```

```
1
---------
0.5 s + 1
```

∗6　z は複素数であり，$z = e^{(\sigma + j\omega)t_{\mathrm{s}}}$ $(0 \leq \omega t_{\mathrm{s}} \leq 2\pi)$ です．また，ほかの数値積分法である後退オイラー法（後退差分法）をベースとする場合は，$s = \dfrac{z-1}{t_{\mathrm{s}} z}$，前進オイラー法（前進差分法）の場合は，$s = \dfrac{z-1}{t_{\mathrm{s}}}$ と置き換えたものになります．

```
離散時間システム (zoh)
  0.3297
----------
z - 0.6703

dt = 0.2

離散時間システム (tustin)
0.1667 z + 0.1667
-----------------
   z - 0.6667

dt = 0.2
```

離散化したモデルのステップ応答をみてみましょう（**リスト 7.8**）．**図 7.15** に連続時間システムのステップ応答と離散時間システムのステップ応答を示します．左図が 0 次ホールドの結果，右図が双一次変換の結果となっています．これより，ステップ応答に関しては，0 次ホールドによる離散化のほうが連続時間システムの特徴を適切に保存できていることがわかります．

リスト 7.8　離散時間システムのステップ応答

```
fig, ax = plt.subplots(1,2)

# 連続時間システム
Tc = np.arange(0, 3, 0.01)
y, t = step(P, Tc)
ax[0].plot(t, y, ls='-.')
ax[1].plot(t, y, ls='-.')

# 離散時間システム (0次ホールドによる離散化)
T = np.arange(0, 3, ts)
y, t = step(Pd1, T)
ax[0].plot(t, y, ls='', marker='o', label='zoh')

# 離散時間システム (双一次変換による離散化)
y, t = step(Pd2, T)
ax[1].plot(t, y, ls='', marker='o', label='tustin')
```

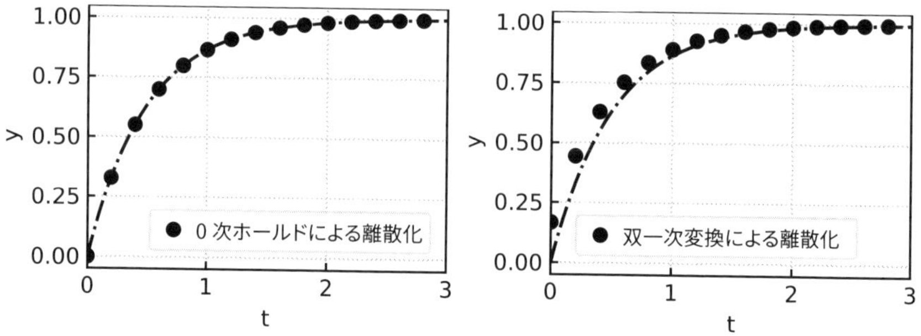

図 7.15　離散時間システムの時間応答（ステップ入力）

対して，$u(t) = 0.5\sin(6t) + 0.5\cos(8t)$ の入力を印加したときの応答が**図 7.16** です．これをみると，双一次変換のほうが連続時間システムの応答に近いことがわかります．

リスト 7.9　離散時間システムの時間応答

```
fig, ax = plt.subplots(1,2)

# 連続時間システム
Tc = np.arange(0, 3, 0.01)
Uc = 0.5 * np.sin(6*Tc) + 0.5 * np.cos(8*Tc)
y, t, x0 = lsim(P, Uc, Tc)
ax[0].plot(t, y, ls='-.')
ax[1].plot(t, y, ls='-.')

# 離散時間システム（0次ホールドによる離散化）
T = np.arange(0, 3, ts)
U = 0.5 * np.sin(6*T) + 0.5 * np.cos(8*T)
y, t, x0 = lsim(Pd1, U, T)
ax[0].plot(t, y, ls='', marker='o', label='zoh')

# 離散時間システム（双一次変換による離散化）
y, t, x0 = lsim(Pd2, U, T)
ax[1].plot(t, y, ls='', marker='o', label='tustin')
```

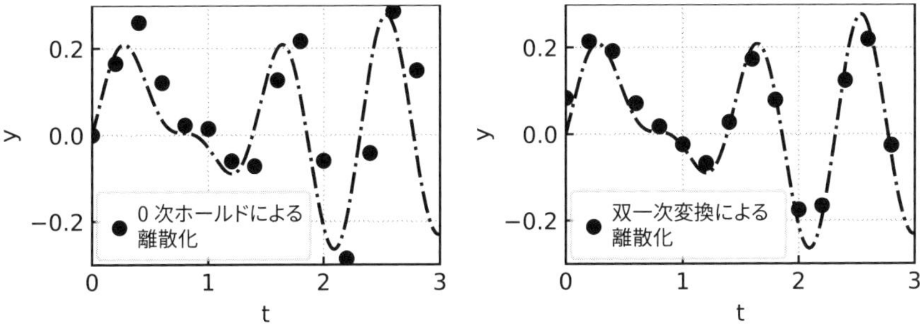

図 7.16　離散時間システムの時間応答

さらに，離散化したモデルの周波数特性を**リスト 7.10** を実行して確認します．**図 7.17** が周波数特性です．なお，離散時間システムの周波数特性は，$0 \leq \omega < \dfrac{\pi}{t_{\mathrm{s}}}$ の範囲でプロットされています．

リスト 7.10　離散時間システムのボード線図

```
from control.matlab import bode, logspace, linspace, mag2db

fig, ax = plt.subplots(2, 1)

# 連続時間システム
mag, phase, w = bode(P, logspace(-2,2), plot=False)
ax[0].semilogx(w, mag2db(mag), ls = '-.', label='continuous')
ax[1].semilogx(w, np.rad2deg(phase), ls = '-.', label='continuous')

# 離散時間システム (0次ホールドによる離散化)
mag, phase, w = bode(Pd1, linspace(0.01, np.pi/ts-0.001, 1000), plot=False)
ax[0].semilogx(w, mag2db(mag), ls = '--', label = 'zoh')
ax[1].semilogx(w, np.rad2deg(phase), ls = '--', label = 'zoh')

# 離散時間システム (双一次変換による離散化)
mag, phase, w = bode(Pd2, linspace(0.01, np.pi/ts-0.001, 1000), plot=False)
ax[0].semilogx(w, mag2db(mag), ls = '-', label = 'tustin')
ax[1].semilogx(w, np.rad2deg(phase), ls = '-', label = 'tustin')

# ナイキスト周波数 w = pi/ts のところに線を引く
ax[0].axvline(np.pi/ts, lw = 0.5, c ='k')
ax[1].axvline(np.pi/ts, lw = 0.5, c ='k')
```

```
bodeplot_set(ax, 3)
```

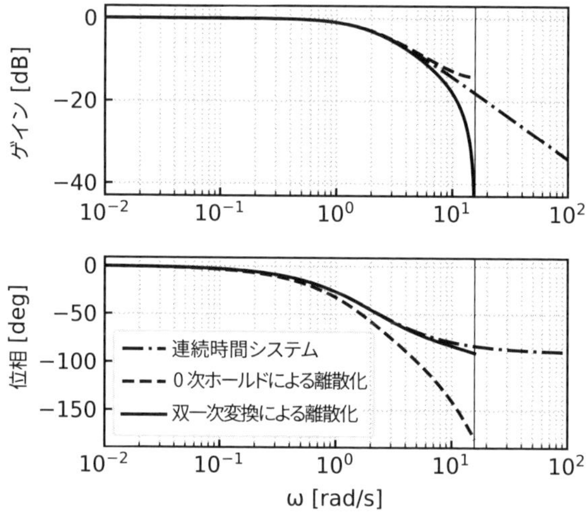

図 7.17　離散時間システムの周波数特性

低周波域では，連続時間システムとほぼ同じ特徴となっていますが，高周波域では，特徴が異なっています．とくに，0 次ホールドで離散化したシステムの位相特性は，連続時間システムの位相特性と大きく異なっています．一方，双一次変換で離散化したシステムの位相特性は連続時間システムの位相特性に近くなっています．図 7.16 の例では，周波数が $\omega = 8$，$\omega = 10$ の入力を加えていますので，0 次ホールドのほうが位相が遅れ，図 7.16 のような結果になったことがわかります．

7.4　最適制御

おっしゃー！　あと1つ！

最後は最適制御だね．これまでは，入力の上限値とか状態が動く範囲とかを考えてなかったけど，実用上重要だよね．最適制御問題は，そういった入力や状態の制約を考慮しつつ最適な入力を求めるものだよ．

たしかに，モータは定格電圧があるし，ロボットアームなら稼働範囲もあるか・・・

聞いたことあるかもしれないけど，「モデル予測制御」は，最適制御問題の評価区間を時間の経過とともにずらしながら入力を決定するものなんだよ．

あっ，先輩が使ってたMPCだ．これだったんだ（これでバカにされずにすむ）．

7.4.1　有限時間最適制御

最適制御問題とは，「システムの数学モデル（微分方程式）と制約条件，評価関数が与えられたとき，評価関数を最小にする制御入力を求めよ」という問題です．たとえば，車で目標地点に移動するときに，速度制限を守りつつ，所要時間や消費燃料を最小にするような移動の仕方を決めるものが最適制御問題です．

基本的な最適制御問題はつぎのように定式化されます．

状態方程式 $\dot{\boldsymbol{x}}(t) = f(\boldsymbol{x}(t), \boldsymbol{u}(t))$, $\boldsymbol{x} \in \mathbb{R}^n$, $\boldsymbol{u} \in \mathbb{R}^m$，初期条件 $\boldsymbol{x}(0) = \boldsymbol{x}_0$，等式制約 $h_i(\boldsymbol{x}, \boldsymbol{u}) = 0 \quad (i = 1, 2, \ldots, q)$，不等式制約 $g_i(\boldsymbol{x}, \boldsymbol{u}) \leq 0 \quad (i = 1, 2, \ldots, k)$ を満たす $\boldsymbol{x}(t)$, $\boldsymbol{u}(t)$ で，評価関数

$$J = \int_0^T L(\boldsymbol{x}(t), \boldsymbol{u}(t))\mathrm{d}t + V(\boldsymbol{x}(T)) \tag{7.37}$$

を最小にするものを求めよ.

評価関数の第 1 項は，応答が速いとか入力が小さいといった，システムの振る舞いに関するコスト，第 2 項は終端状態に関するコストです．T は，終端時刻です．そして，等式制約や不等式制約は，入力の上限値や下限値，終端状態の状態の値などの設定に用いられます．また，この問題において，$T = \infty$ としたものを**無限時間最適制御問題**，$T < \infty$ であるものを**有限時間最適制御問題**といいます．

また，最適制御問題の特別なものとして，LQ 最適制御問題があります．これは，動的システム $\dot{\boldsymbol{x}} = \boldsymbol{A}\boldsymbol{x} + \boldsymbol{B}\boldsymbol{u}$ に対して，二次形式の評価関数

$$J = \int_0^T \left(\boldsymbol{x}(t)^\top \boldsymbol{Q}\boldsymbol{x}(t) + \boldsymbol{u}(t)^\top \boldsymbol{R}\boldsymbol{u}(t)\right) \mathrm{d}t + \boldsymbol{x}(T)^\top \boldsymbol{Q}_f \boldsymbol{x}(T) \tag{7.38}$$

を最小化するものです．ただし，$\boldsymbol{Q}$, $\boldsymbol{R}$, $\boldsymbol{Q}_f$ は正定な行列です．そして，$T = \infty$ とした場合の LQ 最適制御問題の解が 5.6.2 節（182 ページ）で述べた最適レギュレータです．

以下では，Python で最適制御問題を記述し，数値計算で解く方法を説明します．簡単な例題として，システム

$$\dot{x}(t) = x(t) + u(t), \quad x(0) = 1$$

に対して，入力に関する制約条件 $-4 \leq u(t) \leq 4$，状態の終端時刻での制約条件 $x(T) = 0$，評価関数

$$J = \int_0^T 50x(t)^2 + 0.1u(t)^2 \mathrm{d}t$$

を与えて，J を最小化する制御入力 $u(t)$ $(0 \leq t \leq T)$ を求めます．なお，$T = 0.5$ としておきます．

リスト 7.11　最適制御問題の記述と求解

```
import control as ct
import control.optimal as obc

P = ct.ss(1, 1, 1, 0) # システム dxdt=x+u, y=x の記述
sys = ct.ss2io(P) # 状態空間モデルを入出力モデルに変換

xf = 0 # 基準状態，終端状態
uf = 0 # 基準入力
Q = 50 # 状態に関する重み
R = 0.1 # 入力に関する重み

# 評価関数の設定
cost = obc.quadratic_cost(sys, Q, R, x0=xf, u0=uf)

# 制約条件の設定
umin, umax = -4, 4
constraints = [ obc.input_range_constraint(sys, [umin], [umax]) ]
terminal = [ obc.state_range_constraint(sys, [xf], [xf]) ]

Td = np.arange(0, 0.5, 0.01) # シミュレーション時間
x0 = 1 # 初期状態

# 最適制御問題を解く
result = obc.solve_ocp(sys, Td, x0, cost=cost,
                       constraints=constraints, terminal_constraints=terminal)
```

最適制御問題の記述と求解のプログラムを**リスト 7.11** に示します．まず，import control.optimal as obc として，必要な関数が使えるようにします．そして，評価関数の設定では，quadratic_cost 関数を，制約条件の記述では，input_range_constraint および state_range_constraint 関数を用います．最後に，最適制御問題の求解では，solve_ocp 関数を用います．引数には，システムや初期状態のほかに，評価関数 cost と制約条件 constraints，terminal_constraints を与えます．

リスト 7.11 を実行すると，つぎの結果が得られます．

```
Summary statistics:
* Cost function calls: 3939
* Constraint calls: 4080
* System simulations: 1
* Final cost: 5.585727435591741
```

さらに，**リスト 7.12** を実行すると**図 7.18** が得られます．入力の制約を満たしつつ，時刻 $t = 0.5$ で状態 x が 0 に到達しており，最適制御問題の解が求まっていることがわかります．ちなみに，制御対象は不安定ですので，適切な入力を印加しなければ，$x = 0$ に到達させることはできません．

なお，ここでは，終端状態の制約を与えるものを説明しましたが，制約の代わりに，終端コストを設定することもできます．その場合は，term_cost = obc.quadratic_cost(sys, Qf, None, x0=xf) とし，求解の際に terminal_cost=term_cost を引数に加えます．

リスト 7.12　シミュレーションとグラフ描画

```
# 求めた制御入力を用いてシミュレーションをする
resp = ct.input_output_response(sys, Td, result.inputs, x0)

fig, ax = plt.subplots(1, 2)
ax[0].plot(resp.time, resp.outputs) #出力のグラフ
ax[1].plot(resp.time, resp.inputs) #入力のグラフ
plot_set(ax[0], 't', 'x')
plot_set(ax[1], 't', 'u')
```

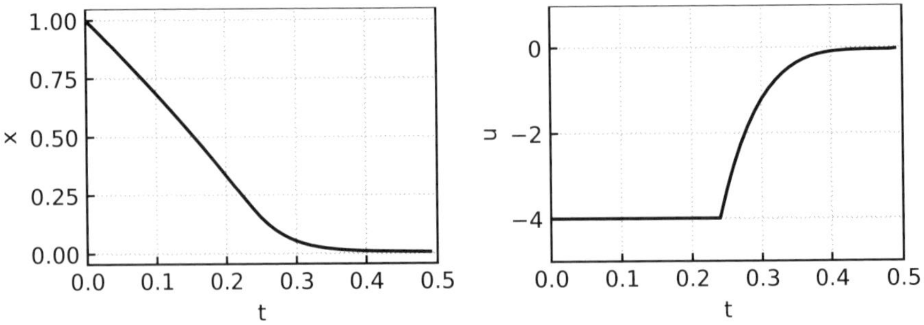

図 7.18　有限時間最適制御

7.4.2 モデル予測制御

いま，人混みをすり抜けて目標地点にたどり着く状況を考えます．そのような状況では，現在地点から目標地点までの状況を完全に把握することは不可能です．もし把握できるなら，最適制御問題を解くことでルートが決まります．そこで，現在地点からちょっと先までの状況を把握し，その情報を利用してルートを決定することにします．ルートが決まれば，少し移動して立ち止まり，再び状況を把握します．先ほどとは異なる景色が見え，新しい障害物も発見できるかもしれません．こうして得られた新しい情報を利用して，再びちょっと先までのルートを決定します．このように，ちょっと先までの状況を把握しルートを決めて移動することを繰り返すことで，最終的に目標地点にたどり着くことができます．このような方法が**モデル予測制御**です．

すなわち，モデル予測制御とは，有限時間未来までの動きをモデルを用いて予測し，有限時間の最適制御問題を解いて，現在の入力を決めるものです．モデル予測制御における評価関数は，

$$J = \int_{t}^{t+N} L(\boldsymbol{x}(\tau), \boldsymbol{u}(\tau))\mathrm{d}\tau + V(\boldsymbol{x}(t+N)) \tag{7.39}$$

です．各時刻において，$\boldsymbol{x}(t)$ を初期状態として，最適制御問題を解きます．そして，求めた制御入力 $\boldsymbol{u}(\tau)$ $(t \leq \tau \leq t+N)$ の初期値 $\boldsymbol{u}(t)$ のみを実際の制

御入力として用います．これを時間を進めながら繰り返します．ここで，評価区間を決める N を**予測ホライズン**といいます．また，このように評価区間が移動していきますので，**Receding Horizon 制御**（リシーディングホライズン制御）とも呼ばれます．

モデル予測制御は，上記のとおり評価区間が有限であるため，必ずしも閉ループ系の安定性は保証されません．ただし，評価区間を移動させて制御入力を求めるため，継続的なフィードバック制御を行うことができます．また，さまざまな制御対象を扱えるだけでなく，評価関数や制約条件の設定によってさまざまな問題を扱えることも利点の 1 つです．

以下では，Python でモデル予測制御を実行する方法を説明します．まず，ここでは，つぎの 2 次の離散時間システム（連続時間モデルをサンプリング時間 0.1 で離散化したモデル）を対象とします．

```
A = [ [0, 1], [-4, -5] ]
B = [ [0], [1] ]
C = np.eye(2)
D = np.zeros([2,1])
P = ct.ss(A, B, C, D)
# 離散時間モデル
Pd = ct.c2d(P, 0.1, name='plant') # Pd に plant という名前をつけておきます
sys = ct.ss2io(Pd) # Pd を入出力システムに変換します
```

そして，評価関数は 2 次形式とし，状態に関する制約条件と入力に関する制約条件をつぎのように設定することにします．

```
xf = [0, 0] # 基準状態
uf = 0 # 基準入力
Q = np.diag([100, 1]) # 状態に関する重み
R = 0.1 # 入力に関する重み

# 評価関数
cost = obc.quadratic_cost(sys, Q, R, x0=xf, u0=uf)

# 制約条件
xmin, xmax = -1.5, 1.5
umin, umax = -8, 8
```

```
constraints = [obc.input_range_constraint(sys, [umin], [umax]),
               obc.state_range_constraint(sys, [xmin, xmin], [xmax, xmax]) ]
```

このとき，モデル予測制御器は，create_mpc_iosystem 関数を用いて定義します．予測ホライズンは，$N = 5$ とします．

```
# モデル予測制御器の設計
N = 5 # 予測ホライズン
ctrl = obc.create_mpc_iosystem(sys, np.arange(0, N)*0.1,
                               cost, constraints, name='controller')
```

あとは，制御対象とモデル予測制御器から構成されるフィードバック制御系を interconnect 関数を用いて求め，時間応答を計算します．

リスト 7.13 を実行すると，**図 7.19** が得られます．この図より，状態制約と入力制約を満たしつつ，目標状態に到達していることが確認できます．

リスト 7.13　閉ループ系の時間応答の計算とグラフ描画

```
# 閉ループ系の定義
loop = ct.interconnect(
    [sys, ctrl], #制御対象と制御器の結合
    connections=[ #信号の接続
        ['plant.u[0]', 'controller.u[0]'],
        ['controller.x[0]', 'plant.y[0]'],
        ['controller.x[1]', 'plant.y[1]']
    ],
    outlist=['plant.y[0]', 'plant.y[1]', 'controller.u[0]']
)

# シミュレーション
Td = np.arange(0, 2.1, 0.1) #シミュレーション時間
X0 = [1, 0, 0, 0, 0, 0, 0] # 初期状態 [1,0]+予測ホライズンの初期値
resp = ct.input_output_response(loop, Td, 0, X0)

fig, ax = plt.subplots(1, 2)
ax[0].plot(resp.time, resp.outputs[0], label='x1', ls='-.') # 状態のグラフ
ax[0].plot(resp.time, resp.outputs[1], label='x2', ) # 状態のグラフ
ax[1].plot(resp.time, resp.outputs[2]) # 制御入力のグラフ
```

```
# 制約条件をプロット
ax[0].hlines(xmin, 0, 2, colors='black', linestyle='dashed', lw=1)
ax[0].hlines(xmax, 0, 2, colors='black', linestyle='dashed', lw=1)
ax[1].hlines(umin, 0, 2, colors='black', linestyle='dashed', lw=1)
ax[1].hlines(umax, 0, 2, colors='black', linestyle='dashed', lw=1)
plot_set(ax[0], 't', 'x', 'best')
plot_set(ax[1], 't', 'u')
```

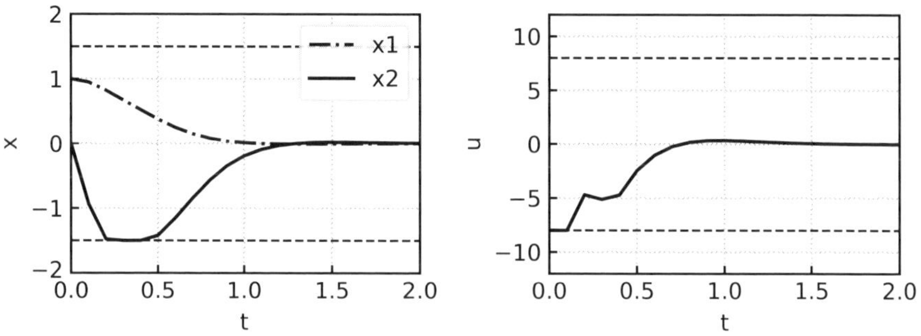

図 7.19　モデル予測制御

第 7 章のまとめ

やっと終わった・・・疲れた～.
でもなんかひと皮剥けた気がするよ.

おつかれさま.
他力本願で飽きっぽいのに，よくがんばったね～

わたしもやるときはやるのよ.
そういえば，この前いってた「えるえむあい」は出てこなかったね.

LMI ね．知りたい？ まぁでもそれはまた今度ね.
その前に，この本の内容を実践したり，お姉ちゃんが最初読んでいた制御工学の良書にもう一度トライしたりして，理解を深めるほうがよいと思うよ．制御工学はとっても奥が深いから，勉強するたびに新しい発見がある.

そうだね．プログラムを書いて実行して，グラフを出して，なんかマスターした気になったけど，そんな甘くないよね．

また，わからないことが出てきたら，聞いてね．
格安で教えたげる．
そういえば，まだ，この本の代金をもらってなかったね．

まとめ

- 状態のすべての要素が観測できない場合は，オブザーバを用いて状態を推定する．信号にノイズがのる場合には，定常カルマンフィルタを用いるとよい．
- 不確かさをもつシステムの制御系設計では，感度関数と相補感度関数の周波数整形の問題を考えればよく，その問題は混合感度問題として定式化される．
- 設計した制御器をマイコンなどのディジタル機器に実装するためには，制御器モデルの離散化（0 次ホールドによる離散化や双一次変換による離散化）をする必要がある．
- 制約条件を満たしつつ評価関数を最小にする制御入力を求める問題を最適制御問題という．また，評価区間を移動させながら最適制御問題を解いて制御入力を求める方法をモデル予測制御という．

めもらんだむ

付 録

数学とプログラムの補足

A.1 複素数

複素数は

$$z = x + jy \tag{A.1}$$

と表されます．ただし，$j = \sqrt{-1}$ は**虚数単位**です．x を**実部**，y を**虚部**と呼びます．この z の虚部を反数にした

$$\bar{z} = x - jy \tag{A.2}$$

を複素数 z の**共役複素数**といい，これらの間には $z + \bar{z} = 2x$，$z - \bar{z} = 2jy$，$z\bar{z} = x^2 + y^2$ が成り立ちます．

複素数 $z = x + jy$ に対して，

$$r = |z| = \sqrt{x^2 + y^2} \tag{A.3}$$

を**絶対値**といい，

$$\theta = \angle z = \tan^{-1} \frac{y}{x} \tag{A.4}$$

を**位相**（**偏角**）といいます．

また，絶対値と位相を用いると，複素数 z は，

$$z = re^{j\theta} \tag{A.5}$$

と書くことができます（**極座標表現**といいます）．ここで，$e^{j\theta}$ は**オイラーの公式**により，

$$e^{j\theta} = \cos\theta + j\sin\theta \tag{A.6}$$

となります．さらに式 (A.6) より，

$$\cos\theta = \frac{e^{j\theta} + e^{-j\theta}}{2}, \quad \sin\theta = \frac{e^{j\theta} - e^{-j\theta}}{2j} \tag{A.7}$$

が得られます．

A.2 ラプラス変換

よく用いられる時間関数の**ラプラス変換**を**表 A.1** にまとめておきます.

表 A.1 ラプラス変換表

$f(t)\ (t \geq 0)$	$f(s) = \mathcal{L}[f(t)]$	$f(t)\ (t \geq 0)$	$f(s) = \mathcal{L}[f(t)]$
δ	1	$\dfrac{t^n}{n!}e^{-at}$	$\dfrac{1}{(s+a)^{n+1}}$
1	$\dfrac{1}{s}$	$\sin \omega t$	$\dfrac{\omega}{s^2+\omega^2}$
t	$\dfrac{1}{s^2}$	$\cos \omega t$	$\dfrac{s}{s^2+\omega^2}$
$\dfrac{t^n}{n!}$	$\dfrac{1}{s^{n+1}}$	$e^{-at}\sin \omega t$	$\dfrac{\omega}{(s+a)^2+\omega^2}$
e^{-at}	$\dfrac{1}{s+a}$	$e^{-at}\cos \omega t$	$\dfrac{s+a}{(s+a)^2+\omega^2}$
te^{-at}	$\dfrac{1}{(s+a)^2}$		

ラプラス変換には以下の性質があります.

(1) 線形性 $\mathcal{L}[ax(t)+by(t)] = a\mathcal{L}[x(t)] + b\mathcal{L}[y(t)]$

(2) 時間微分 $\mathcal{L}\left[\dfrac{\mathrm{d}}{\mathrm{d}t}x(t)\right] = sx(s) - x(0)$

(3) 時間積分 $\mathcal{L}\left[\displaystyle\int_0^t x(\tau)\mathrm{d}\tau\right] = \dfrac{x(s)}{s}$

(4) **たたみ込み積分** $\mathcal{L}[x(t) * y(t)] = x(s)y(s)$

(5) 時間軸推移（**無駄時間**） $\mathcal{L}[x(t-h)] = e^{-hs}x(s)$

(6) **最終値の定理** $\displaystyle\lim_{t\to\infty} x(t) = \lim_{s\to 0} sx(s)$

A.3 行列の固有値と固有ベクトル

$n \times n$ 行列 $\boldsymbol{A}$ に対して

$$\boldsymbol{A}\boldsymbol{x} = \lambda \boldsymbol{x} \tag{A.8}$$

を満たす 0 でないベクトル $\boldsymbol{x}$ とスカラー λ の組み合わせが存在するとき，$\boldsymbol{x}$ を $\boldsymbol{A}$ の**固有ベクトル**，λ を $\boldsymbol{A}$ の**固有値**といいます．

通常，ベクトル $\boldsymbol{x}$ に行列 $\boldsymbol{A}$ をかけると，ベクトル $\boldsymbol{x}$ の方向と大きさが変わります．しかし，固有ベクトルの場合は，式 (A.8) の関係式が成り立ちますので，$\lambda\boldsymbol{x}$ が結果となり，大きさが λ 倍されるだけで，方向は変わりません．

また，固有値は以下の方法で求めることができます．いま，$\boldsymbol{A}\boldsymbol{x} = \lambda\boldsymbol{x}$ を変形して，

$$(\lambda \boldsymbol{I} - \boldsymbol{A})\boldsymbol{x} = 0 \tag{A.9}$$

とします ($\boldsymbol{I}$ は単位行列です)．もし，$(\lambda\boldsymbol{I} - \boldsymbol{A})$ の逆行列が存在すれば，$\boldsymbol{x} = 0$ となりますので，固有ベクトルではなくなります．したがって，$(\lambda\boldsymbol{I} - \boldsymbol{A})$ が逆行列をもたない（正則とならない），すなわち，

$$\det(\lambda \boldsymbol{I} - \boldsymbol{A}) = 0 \tag{A.10}$$

を満たす λ を求めれば，それが $\boldsymbol{A}$ の固有値となります．なお，式 (A.10) で det は**行列式**を表しており，式 (A.10) は**特性方程式**と呼ばれるものです．

$n \times n$ 行列 $\boldsymbol{A}$ の固有値は，重複を含めて n 個あり，実数または共役複素数対です．とくに，行列 $\boldsymbol{A}$ が対称行列（$\boldsymbol{A} = \boldsymbol{A}^{\top}$）の場合は，固有値は実数となります．

さらに，対称行列 $\boldsymbol{A} = \boldsymbol{A}^{\top}$ のすべての固有値が正の実数である場合は，式 (A.8) より，任意の $\boldsymbol{x} \neq 0$ に対して，$\boldsymbol{x}^{\top}\boldsymbol{A}\boldsymbol{x} = \lambda\boldsymbol{x}^{\top}\boldsymbol{x} > 0$ が成り立ちます．このような $\boldsymbol{A}$ を**正定値行列**といいます．

A.4 非線形シミュレーション

Python-Control には，入出力システム（input/output system）という線形システムも非線形システムも記述できるクラスが用意されています．これを利用することで，非線形シミュレーションを行うことができます．第 7 章で説明しているモデル予測制御でも入出力システムのクラスを利用しています．

リスト A.1 では，垂直駆動アームの非線形モデル（61 ページの式 (3.4)）を NonlinearIOSystem 関数を用いて記述しています．まず，arm_model というアームの状態方程式に対応する関数を定義します．ただし，theta は角度 θ，omega は角速度 $\dot{\theta}(=: \omega)$，tau はトルク τ のことです．そして，NonlinearIOSystem の中で，その関数を指定し，入力，出力，状態のそれぞれの信号に名前（ラベル）を付けます．なお，出力方程式も指定できますが，リスト A.1 では，None としています．

リスト A.1　非線形システムの記述

```
import control as ct

# アームの非線形モデル
def arm_model(t, states, inputs, params):
    g = params.get('g', 9.81)
    l = params.get('l', 0.2)
    M = params.get('M', 0.5)
    mu = params.get('mu', 1.5e-2)
    J = params.get('J', 1.0e-2)

    theta, omega = states # 状態変数
    tau = inputs[0] # 入力

    # 非線形状態方程式
    dtheta_dt = omega
    domega_dt = -mu/J*omega - M*g*l/J*np.sin(theta) + (1/J)*tau
    return np.array([dtheta_dt, domega_dt])
```

```
# 入出力システムの記述
arm_sys = ct.NonlinearIOSystem(
    arm_model, None, # 状態方程式と出力方程式を指定
    inputs = ('input'), # 入力の名前
    outputs = ('theta', 'omega'), # 出力の名前
    states = ('theta', 'omega'), # 状態の名前
    name='nonlinear_arm') # システムの名前
```

つぎに，作成した入出力システム arm_sys を用いて，シミュレーションをします．これには，input_output_response 関数を用います．引数はモデル，シミュレーション時間，入力，初期状態です．**リスト A.2** を実行すると**図 A.1** が得られます．

リスト A.2　垂直駆動アームの非線形シミュレーション

```
X0 = [np.pi/3, 0] # 初期状態
T = np.linspace(0, 5, 500) # シミュレーション時間
u = np.zeros_like(T) # 外部入力

# 非線形シミュレーション
t, y = ct.input_output_response(arm_sys, T, u, X0)

fig, ax = plt.subplots(1,2)
ax[0].plot(t, np.rad2deg(y[0])) # アームの角度
ax[1].plot(t, y[1]) # アームの角速度

plot_set(ax[0], 't', 'theta [deg]')
plot_set(ax[1], 't', 'omega [rad/s]')
```

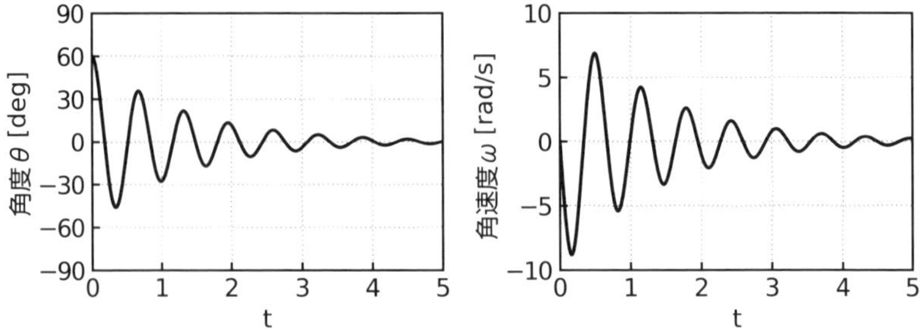

図 A.1　アームの非線形シミュレーション

さらに，平衡点を指定すると，非線形モデルを近似線形化した線形モデルを得ることができます（近似線形化は 73 ページを参照）．ここでは，アームが鉛直下向きに垂れ下がった状態 $\boldsymbol{x}_* = [0\ 0]^\top$, $u_* = 0$ を平衡点とします．

```
# 原点近傍で線形化
lin_arm = ct.linearize(arm_sys, np.array([0,0]), 0)
print(lin_arm)
```

```
<LinearIOSystem>: sys[141]
Inputs (1): ['u[0]']
Outputs (2): ['y[0]', 'y[1]']
States (2): ['x[0]', 'x[1]']

A = [[ 0.    1. ]
     [-98.1  -1.5]]

B = [[ 0.]
     [100.]]

C = [[1. 0.]
     [0. 1.]]

D = [[0.]
     [0.]]
```

非線形モデルと線形モデルのシミュレーション結果を比較してみましょう．そのために，**リスト A.3** を実行します．その結果が**図 A.2** です．平衡点近傍であれば，ほぼ同じ振る舞いをしますが，平衡点から離れると振る舞いに差が出ます．たとえば，初期角度を 240 deg にして，垂れ下がった状態（0 deg）から倒立状態（180 deg）を経由してアームを初期状態にします．そして，静かに手を離すと，アームは落下し，角度は 360 deg となります．一方，線形モデルでは，一度，倒立状態を経由してから，0 deg となっています．これは，現実には起こりえない現象ですので，非線形シミュレーションのほうが適切なシミュレーションができていることがわかります．

リスト A.3　非線形モデルと線形モデルの比較

```
from control.matlab import lsim
X0 = [4*np.pi/3, 0] # 初期状態
T = np.linspace(0, 5, 500) # シミュレーション時間
u = np.zeros_like(T) # 外部入力

# 非線形シミュレーション
t, y = ct.input_output_response(arm_sys, T, u, X0)
# 線形シミュレーション
yl, tl, _ = lsim(lin_arm, u, T, X0)

fig, ax = plt.subplots(figsize=(3, 2.3))
ax.plot(t, np.rad2deg(y[0]), label='Nonlinear model')
ax.plot(tl, np.rad2deg(yl[:,0]), label='Linear model', ls='-.')
plot_set(ax, 't', 'theta [deg]', 'best')
```

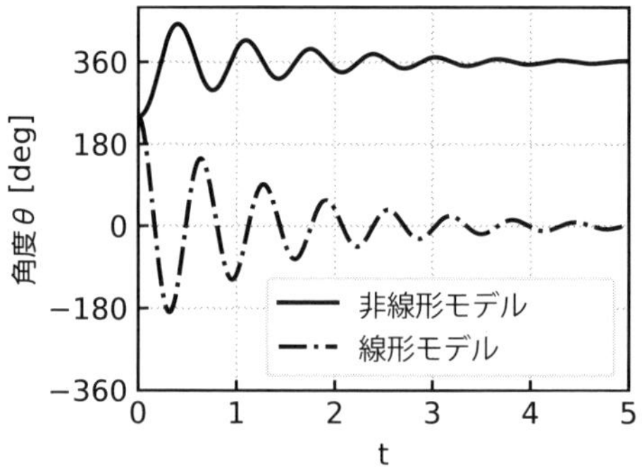

図 A.2　非線形シミュレーションと線形シミュレーションの比較

つぎに，制御器を設計して，アームを制御するシミュレーションをしてみましょう．制御器は PD 制御とします．ここでは，目標値を引数で渡せるように関数を定義します．そして，入出力システムを記述します．

```
def arm_controller(t, states, inputs, params):
    Kp = params.get('Kp', 5.0)
    Kd = params.get('Kd', 0.1)
    theta, omega, theta_ref = inputs
    # 制御則
```

```
    u = Kp * (theta_ref - theta) - Kd * omega
    return np.array(u)

io_controller = ct.NonlinearIOSystem(
    None, arm_controller,
    inputs = ('theta', 'omega', 'ref'),
    outputs = ('control_input'), name = 'controller')
```

作成した制御器とアームモデルをフィードバック結合した閉ループ系を記述します．まず，結合するシステムを指定します．ここでは，[arm_sys, io_controller] としています．そして，各モデルの入出力信号をどのように接続するかを記述します．たとえば，アームの入力 nonlinear_arm.input と制御器の出力 controller.control_input を結合するには，connections のところに，['nonlinear_arm.input', 'controller.control_input'] のように書きます．

```
closed_loop_sys = ct.interconnect(
  [arm_sys, io_controller], # 2つのシステムを結合
  connections=[ # 信号の接続
    ['nonlinear_arm.input', 'controller.control_input'],
    ['controller.theta', 'nonlinear_arm.theta'],
    ['controller.omega', 'nonlinear_arm.omega']
  ],
  inplist=['controller.ref'], # 結合系の入力
  outlist=['nonlinear_arm.theta', 'nonlinear_arm.omega',
  'controller.control_input'] # 結合系の出力
)
```

リスト A.4 を実行すると，**図 A.3** が得られます．目標値を $0 \to 90\,\mathrm{deg} \to 180\,\mathrm{deg}$ と変化させています．目標値が $90\,\mathrm{deg}$ のときは，定常偏差が生じている一方，$180\,\mathrm{deg}$ のときには偏差が生じていません．これは，$Mg\ell\sin\theta$ の項の影響です．これより，正しくシミュレーションができていることが確認できます．

リスト A.4　垂直駆動アームの PD 制御

```
X0 = [0, 0] # 初期状態
r = np.pi/2*(T>1) + np.pi/2*(T>3) # 目標角度

tnl, ynl = ct.input_output_response(closed_loop_sys, T, r, X0)

fig, ax = plt.subplots(1,2)
ax[0].plot(T, np.rad2deg(r), label='Reference', ls='--', c='k') # 目標角度
ax[0].plot(tnl, np.rad2deg(ynl[0]), label='Simulation') # アーム角度
ax[1].plot(tnl, ynl[2]) # トルク

plot_set(ax[0], 't', 'theta [deg]', 'best')
plot_set(ax[1], 't', 'input [Nm]')
```

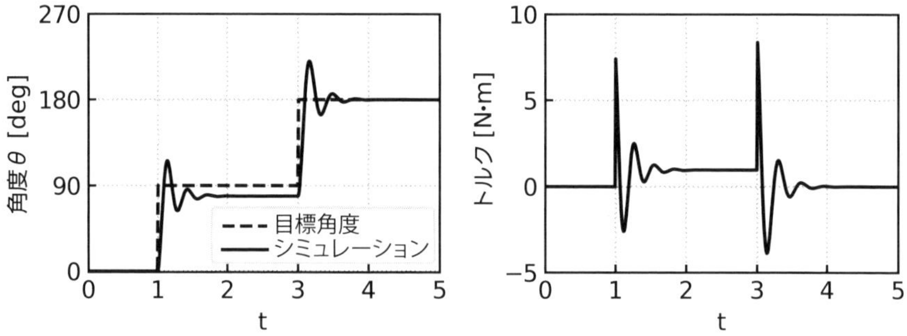

図 A.3　アームの PD 制御

参考文献

数ある制御工学の良書の中の一部を紹介しておきます．

制御工学の導入のための本

1) 示村悦二郎：自動制御とは何か，コロナ社 (1990)
2) 木村英紀：制御工学の考え方，講談社 (2002)
3) 大須賀公一，足立修一：システム制御へのアプローチ，コロナ社 (1999)

古典制御（伝達関数モデルをベースとした制御理論）がメインの本

4) 杉江俊治，藤田政之：フィードバック制御入門，コロナ社 (1999)
5) 川田昌克，西岡勝博：MATLAB/Simulink によるわかりやすい制御工学（第 2 版），森北出版 (2022)
6) 川田昌克：MATLAB/Simulink による制御工学入門，森北出版 (2020)
7) 吉川恒夫：古典制御論，コロナ社 (2014)
8) 片山 徹：新版フィードバック制御の基礎，朝倉書店 (2002)
9) 足立修一：制御工学の基礎，東京電機大学出版局 (2016)
10) 足立修一：制御工学のこころ 古典制御編，東京電機大学出版局 (2021)
11) 荒木光彦：古典制御理論，培風館 (2000)
12) 佐伯正美：制御工学——古典制御からロバスト制御へ——，朝倉書店 (2013)
13) 涌井伸二，橋本誠司，高梨宏之，中村幸紀：現場で役立つ制御工学の基本，コロナ社 (2012)
14) 森 泰親：演習で学ぶ基礎制御工学，森北出版 (2014)
15) 佐藤和也，平元和彦，平田研二：はじめての制御工学 改訂第 2 版，講談社 (2018)
16) 小坂 学：高校数学でマスターする制御工学，コロナ社 (2012)
17) 太田有三ほか：OHM 大学テキスト 制御工学，オーム社 (2012)

現代制御（状態空間モデルをベースとした制御理論）がメインの本

18) 増淵正美：システム制御，コロナ社 (1987)
19) 小郷 寛，美多 勉：システム制御理論入門，実教出版 (1979)
20) 吉川恒夫，井村順一：現代制御論，コロナ社 (2014)
21) 大住 晃：線形システム制御理論，森北出版 (2003)
22) 池田雅夫，藤崎泰正：多変数システム制御，コロナ社 (2010)
23) 荒木光彦，細江繁幸：フィードバック制御，コロナ社 (2012)
24) 足立修一：続 制御工学のこころ モデルベースト制御編，東京電機大学出版局 (2023)
25) 川田昌克：MATLAB/Simulink による現代制御入門，森北出版 (2011)
26) 川田昌克ほか：倒立振子で学ぶ制御工学，森北出版 (2015)

27) 小坂 学：高校数学でマスターする現代制御とディジタル制御，コロナ社 (2015)
28) 佐藤和也，下本陽一，熊澤典良：はじめての現代制御理論 改訂第 2 版，講談社 (2022)
29) 太田有三ほか：OHM 大学テキスト 現代制御，オーム社 (2014)

古典制御と現代制御の両方が書かれている本

30) 大須賀公一：制御工学，共立出版 (1995)
31) 杉江俊治，梶原宏之：システム制御工学演習，コロナ社 (2014)
32) 豊橋技術科学大学・高等専門学校制御工学教育連携プロジェクト：制御工学―技術者のための、理論・設計から実装まで―，実教出版 (2012)
33) 南 裕樹，石川将人：制御系設計論，コロナ社 (2022)

ディジタル制御の本

34) 萩原朋道：ディジタル制御入門，コロナ社 (1999)
35) 大野修一：線形離散時間システム入門 - 基礎から Scilab/MATLAB シミュレーションまで，森北出版 (2008)

最適制御の本

36) 大塚敏之：非線形最適制御入門，コロナ社 (2011)
37) 清水清孝：フィードバック制御理論―安定化と最適化―，コロナ社 (2013)

システム同定の本（第 3 章で妹がもってきた本）

38) 足立修一：制御のためのシステム同定，東京電機大学出版局 (1996)
39) 足立修一：システム同定の基礎，東京電機大学出版局 (2009)
40) 和田 清，奥 宏史，田中秀幸，大松 繁：システム同定，コロナ社 (2017)

ロバスト制御の本（妹が最近勉強に使った本）

41) 平田光男：実践ロバスト制御，コロナ社 (2017)
42) 藤森 篤：ロバスト制御，コロナ社 (2001)
43) 蛯原義雄：LMI によるシステム制御，森北出版 (2012)

索　引

た行

な行

は行

ま行

や行

ら行

数字・アルファベット

〈著者略歴〉

南　　裕樹（みなみ　ゆうき）

大阪大学 大学院工学研究科 機械工学専攻 准教授

2005 年　舞鶴工業高等専門学校 専攻科 修了

2009 年　京都大学 大学院情報学研究科 博士後期課程修了 博士（情報学）

2009 年　舞鶴工業高等専門学校 電子制御工学科 助教

2013 年　京都大学 大学院情報学研究科 特定研究員，特定助教

2014 年　奈良先端科学技術大学院大学 情報科学研究科 助教

2017 年　大阪大学 大学院工学研究科 特任講師，講師

2019 年より，現職.

●イラスト：明川 真弓

Pythonによる制御工学入門（改訂２版）

2019 年 5 月 25 日　　第 1 版第 1 刷発行
2024 年 1 月 16 日　　改訂 2 版第 1 刷発行

著　者　南　裕樹
発 行 者　村 上 和 夫
発 行 所　株式会社 オーム社
　　　　郵便番号　101-8460
　　　　東京都千代田区神田錦町 3-1
　　　　電 話　03(3233)0641(代表)
　　　　URL https://www.ohmsha.co.jp/

組版　Green Cherry　　印刷　三美印刷　　製本　協栄製本
ISBN978-4-274-23153-7　　Printed in Japan